本书部分实例

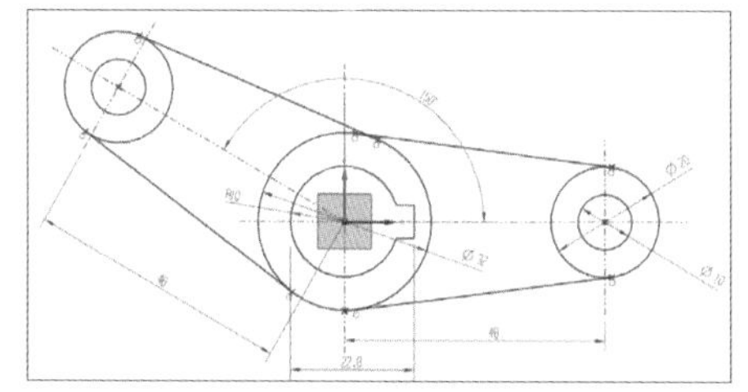

曲柄

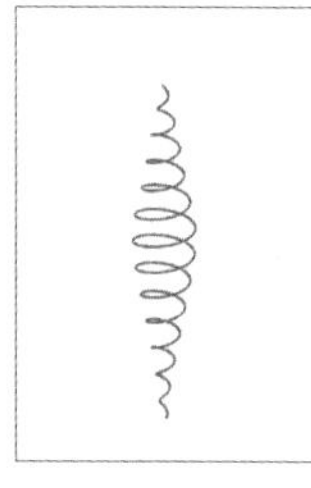

螺旋线

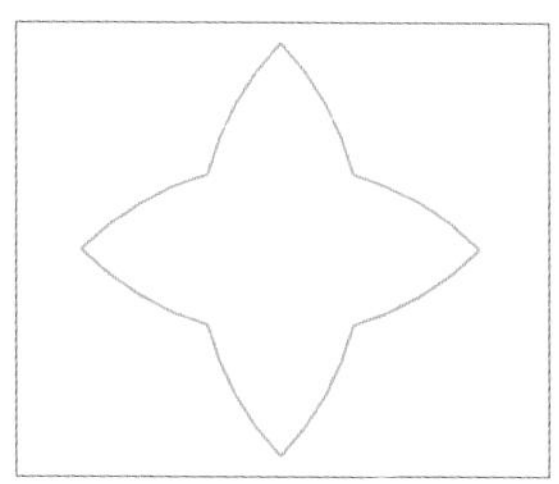

四角形

空心球建模

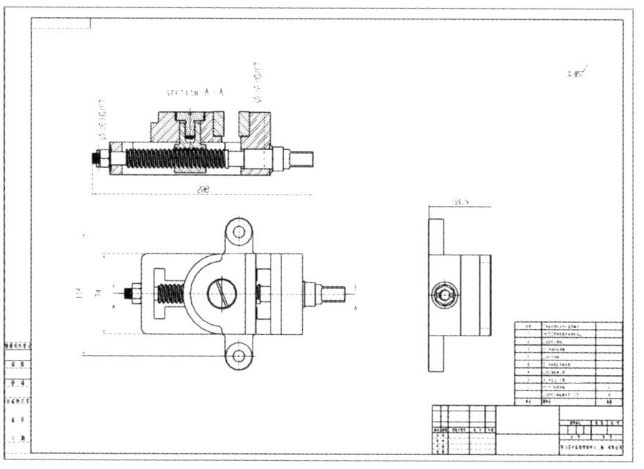

台虎钳工程图

垫圈

轮辐建模

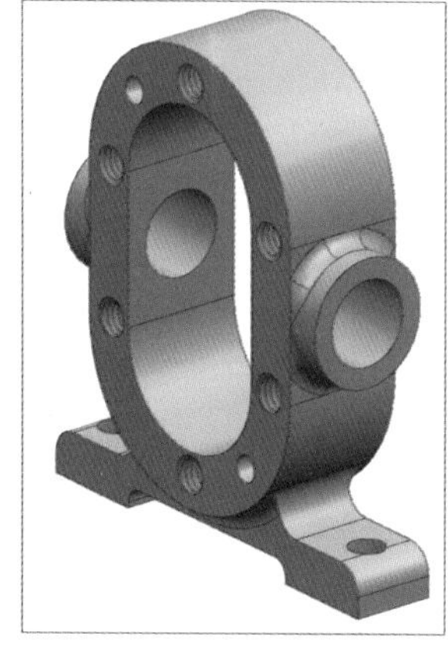

机座

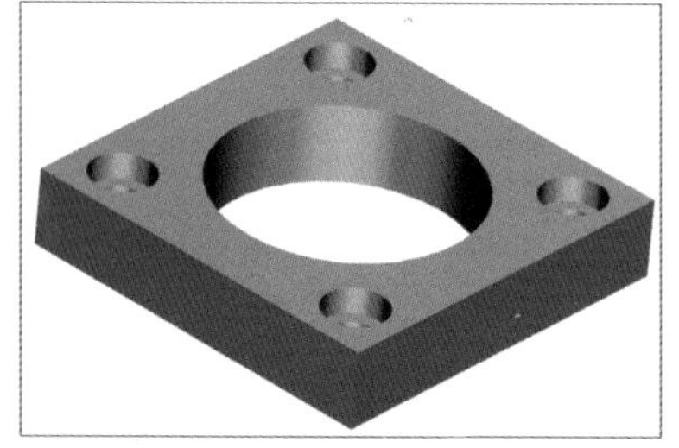

法兰盘

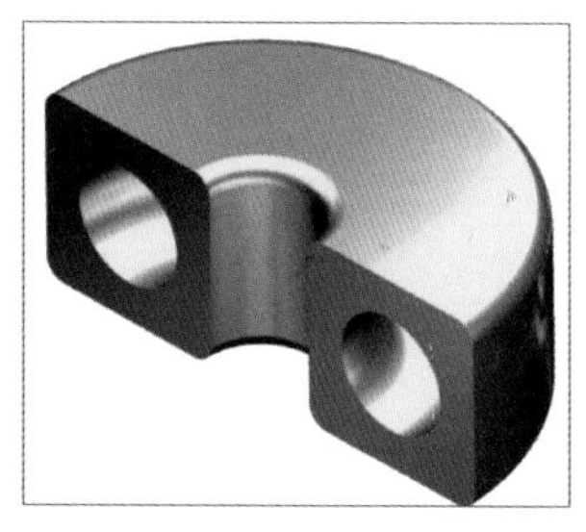

矩形弯管

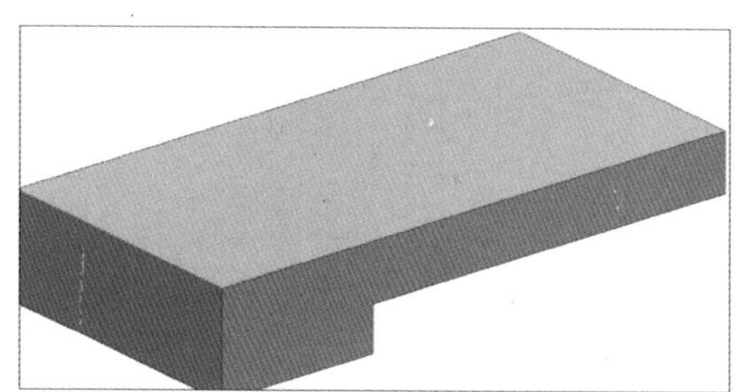

压板

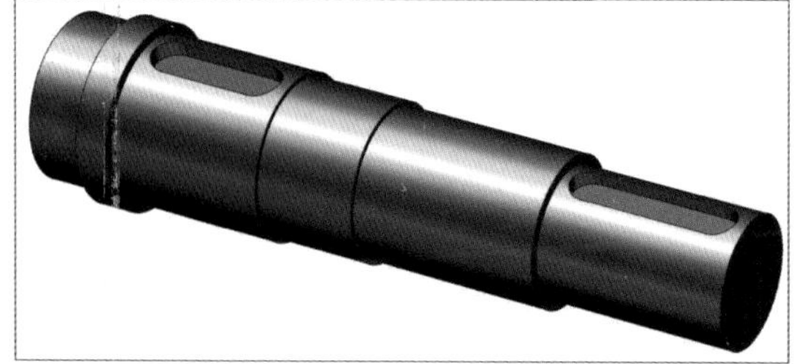

低速轴

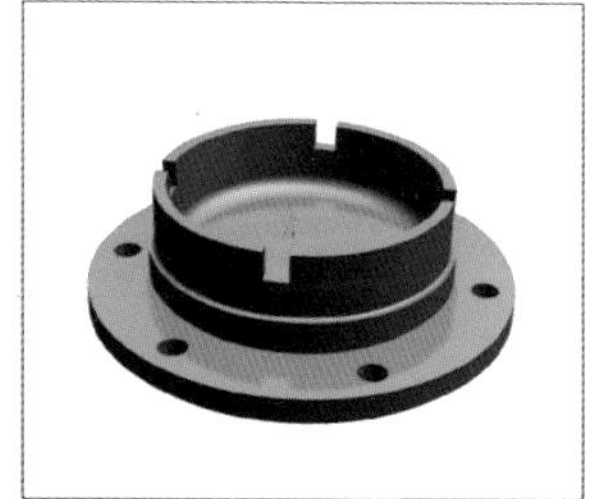

大封盖

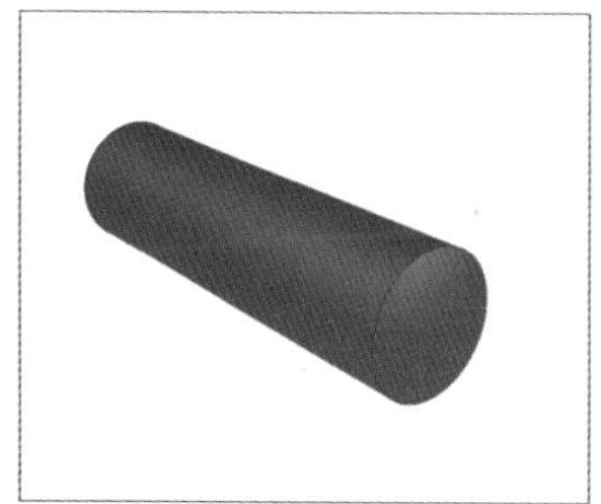

销

本书部分实例

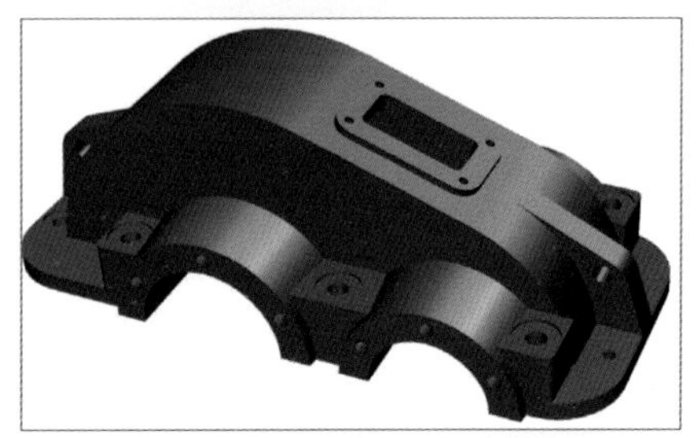

机盖

端盖组件

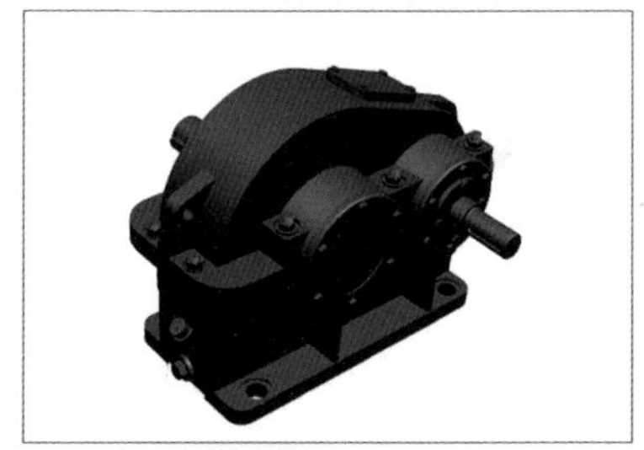

减速器总装

轴承

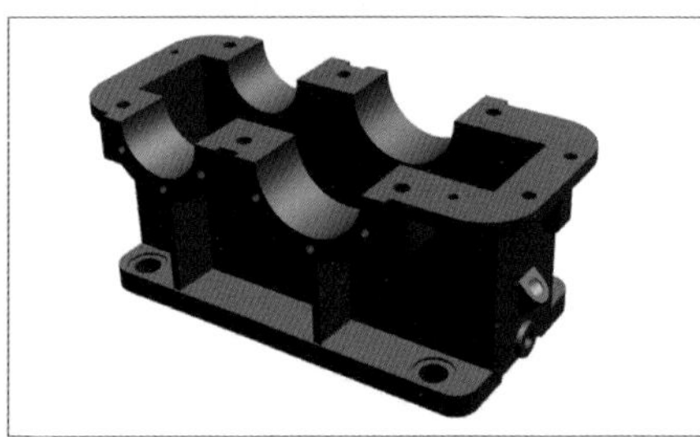

机座附件设计

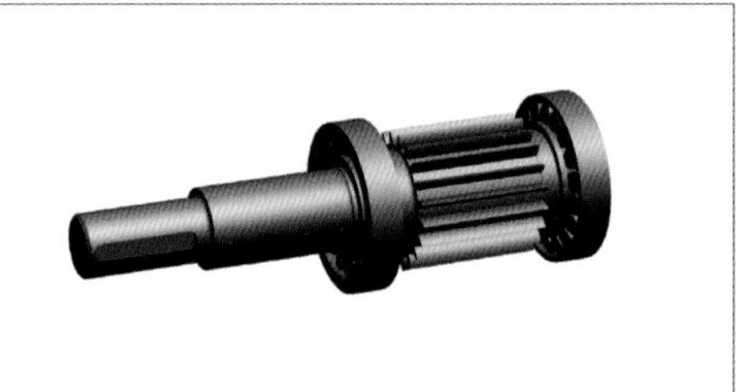

高速轴附件

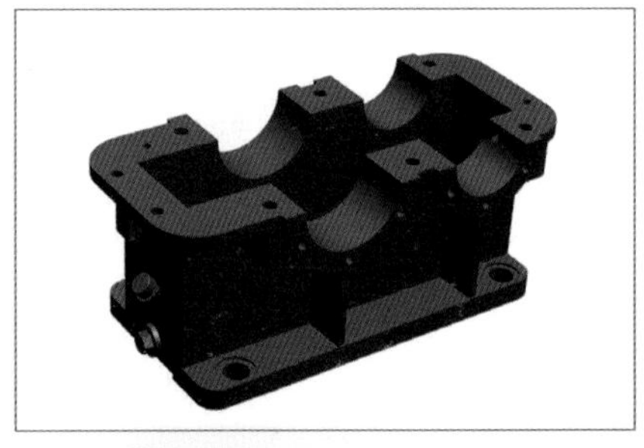

下箱体组件

窥视孔盖-上箱盖配合

低速轴组件

大通盖

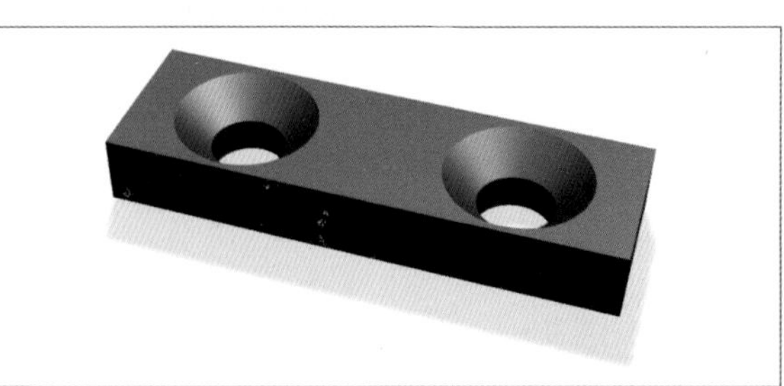

户口板

方块螺母

大齿轮

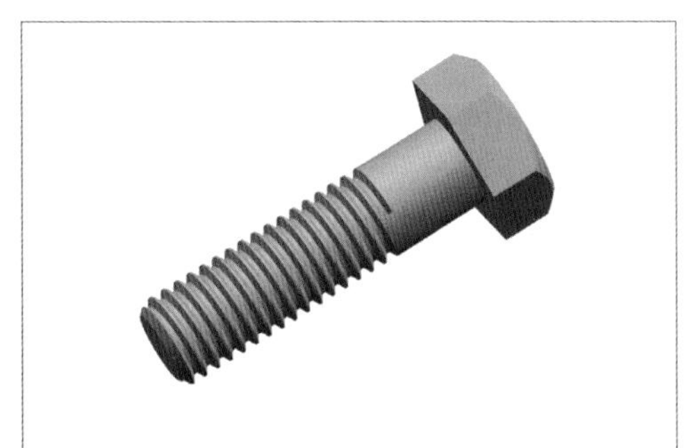

螺栓

活动钳口

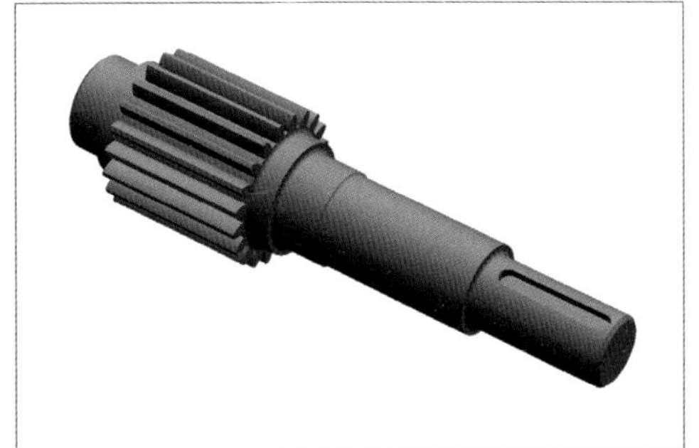

齿轮轴

螺钉

小通盖

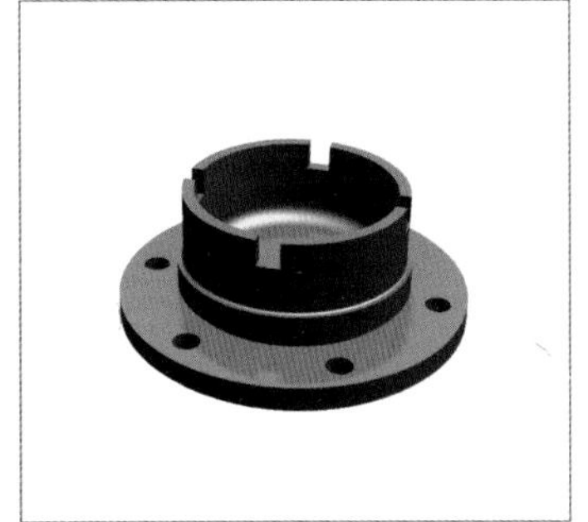

小封盖

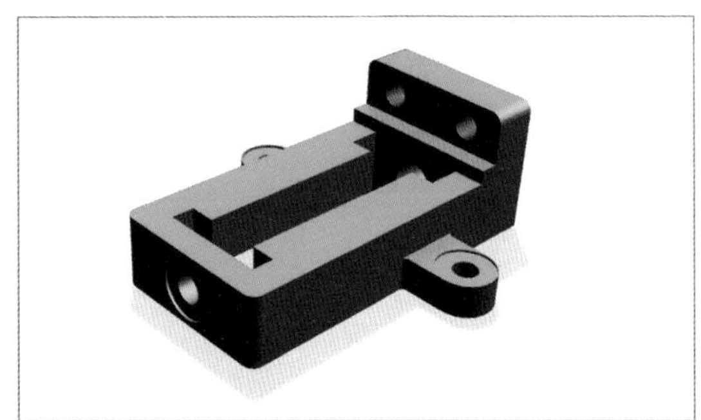

钳座

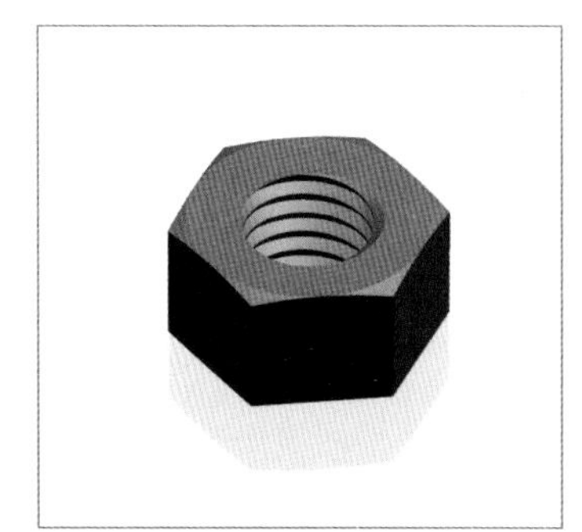

螺母

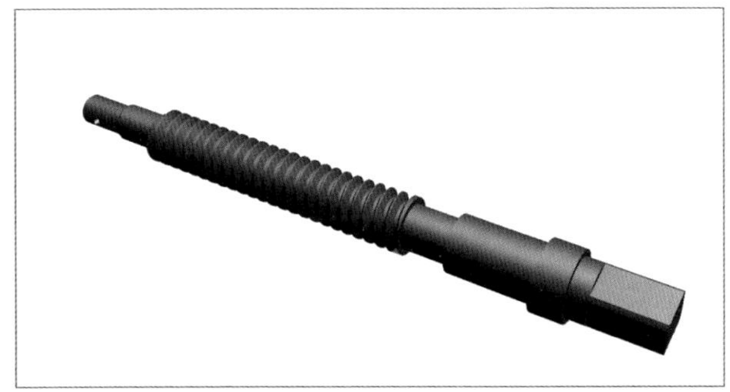

螺杆

销

本书部分实例

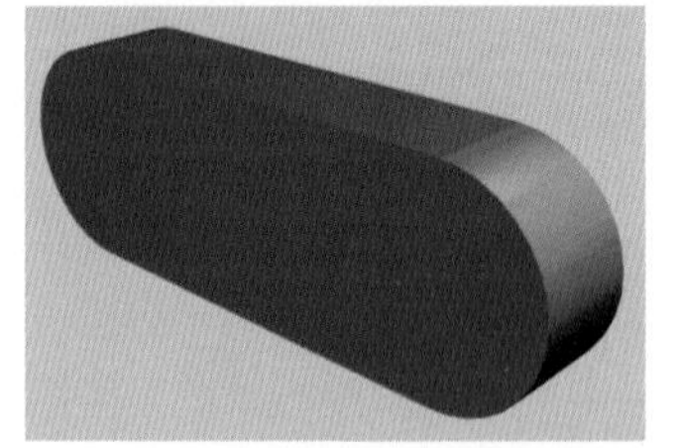

键

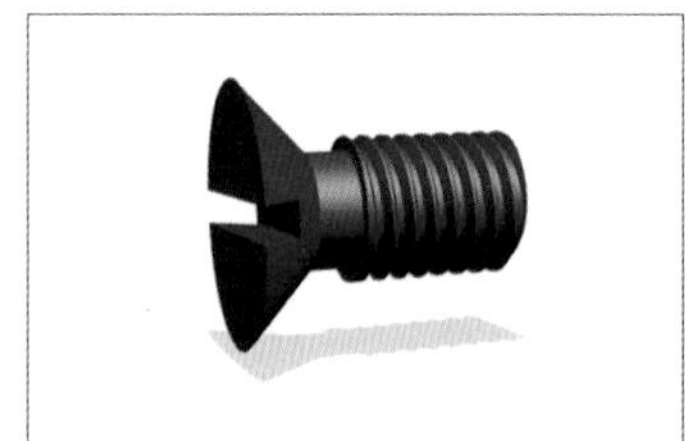

螺钉

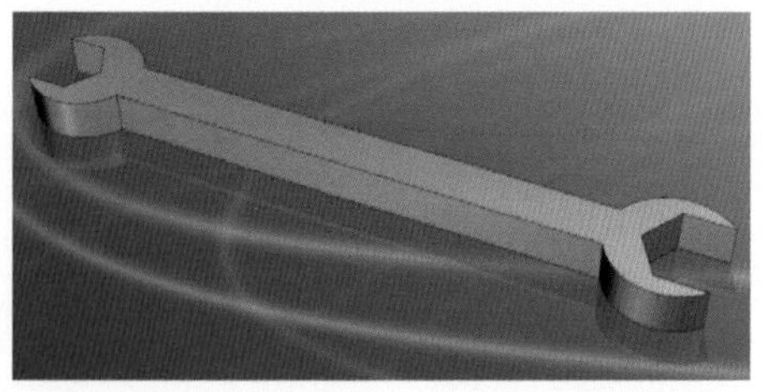

固定开口扳手

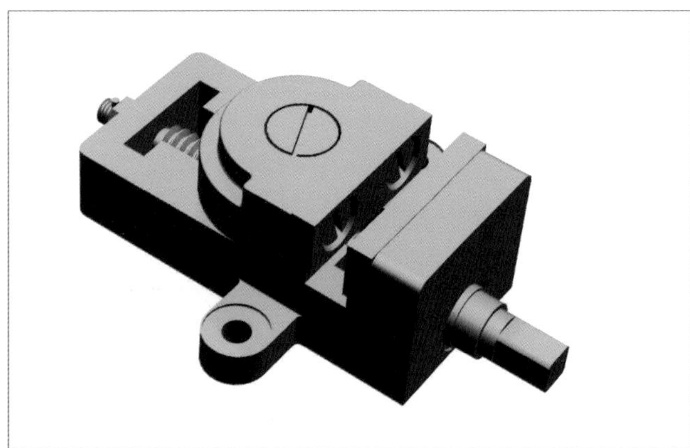

台虎钳装配图

滚轮

O型密封圈

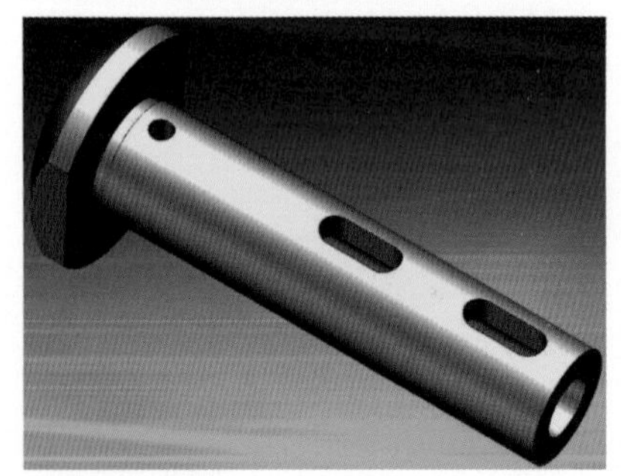

顶杆帽

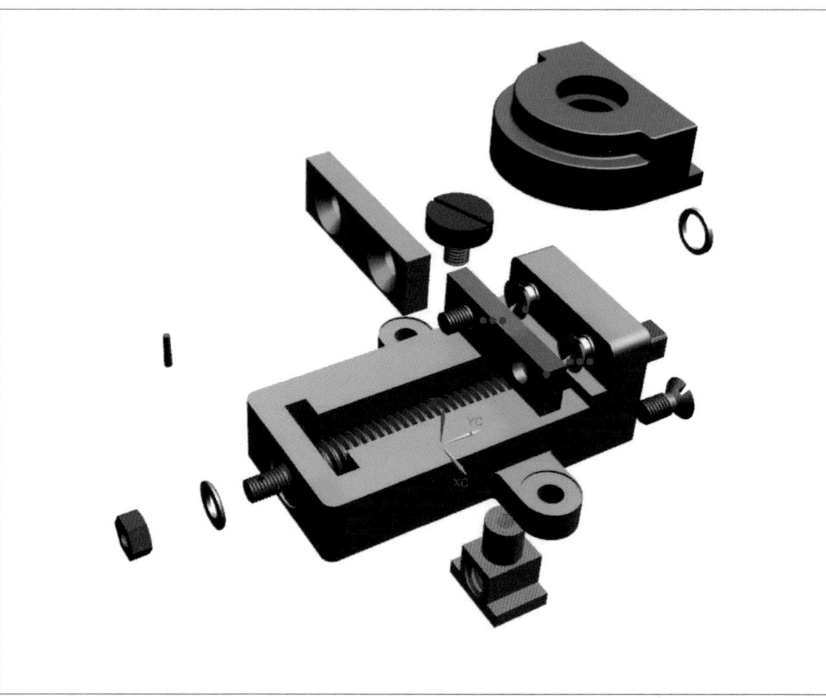

台虎钳爆炸图

UG NX 12.0 中文版机械设计从入门到精通

CAD/CAM/CAE 技术联盟　编著

清华大学出版社

北　京

内 容 简 介

《UG NX 12.0 中文版机械设计从入门到精通》全面讲解了应用 UG NX 12.0 进行机械设计的应用方法与技巧。全书分为 3 篇：第 1 篇为设计起航篇，包括 UG NX 12.0 简介、建立模型准备、草图设计、曲线、建模特征、UG NX 12.0 表达式等知识；第 2 篇为设计实战篇，包括轴套类零件设计、紧固件设计、盘盖类零件的参数化设计、叉架类零件设计、齿轮类零件设计、箱体类零件设计等知识；第 3 篇为高级设计篇，包括装配基础、减速器装配实例、创建工程图、UG/Open API 开发入门、虎钳综合应用实例等知识。

另外，本书随书资源包中还配备了极为丰富的学习资源，具体内容如下。

1. 150 集高清同步微课视频，可像看电影一样轻松学习，然后对照书中实例进行练习。

2. 12 个经典中小型实例，用实例学习上手更快，更专业。

3. 6 种不同类型的综合实例练习，学以致用，动手会做才是硬道理。

4. 附赠 5 套不同类型设计图集及其配套的源文件和视频讲解，可以增强实战能力，拓宽视野。

5. 全书实例的源文件和素材，方便按照书中实例操作时直接调用。

全书实例丰富，讲解透彻，本书可以作为各高校计算机辅助设计课程的辅导教材和教学参考书，也可以作为从事机械和工业设计相关工作人员的自学指导书。

图书在版编目（CIP）数据

UG NX 12.0 中文版机械设计从入门到精通 / CAD/CAM/CAE 技术联盟编著. —北京：清华大学出版社，2020.4
（清华社“视频大讲堂”大系.CAD/CAM/CAE 技术视频大讲堂）
ISBN 978-7-302-53979-7

Ⅰ. ①U…　Ⅱ. ①C…　Ⅲ. ①机械设计－计算机辅助设计－应用软件　Ⅳ. ①TH122

中国版本图书馆 CIP 数据核字（2019）第 230726 号

责任编辑： 杨静华　贾小红
封面设计： 李志伟
版式设计： 文森时代
责任校对： 马军令
责任印制： 杨　艳

出版发行： 清华大学出版社
网　　址：http://www.tup.com.cn，http://www.wqbook.com
地　　址：北京清华大学学研大厦 A 座　　　邮　　编：100084
社 总 机：010-62770175　　　邮　　购：010-62786544
投稿与读者服务：010-62776969，c-service@tup.tsinghua.edu.cn
质量反馈：010-62772015，zhiliang@tup.tsinghua.edu.cn

印 刷 者： 北京富博印刷有限公司
装 订 者： 北京市密云县京文制本装订厂
经　　销： 全国新华书店
开　　本： 203mm×260mm　　**印　　张：** 27.25　　**插　　页：** 2　　**字　　数：** 802 千字
版　　次： 2020 年 4 月第 1 版　　**印　　次：** 2020 年 4 月第 1 次印刷
定　　价： 89.80 元

产品编号：074105-01

前 言

UG 是美国 EDS 公司出品的一套集 CAD/CAM/CAE 于一体的软件系统。它的功能覆盖了从概念设计到产品生产的整个过程，并且广泛地运用在汽车、航天、模具加工及设计和医疗器械行业等方面。它提供了强大的实体建模技术和高效能的曲面建构能力，能够完成复杂的造型设计。除此之外，装配功能、2D 出图功能、模具加工功能及与 PDM 之间的紧密结合，使得 UG 在工业界成为一套无可匹敌的高级 CAD/CAM 系统。

UG 自从 1990 年进入我国以来，以其强大的功能和工程背景，已经在我国的航空、航天、汽车、模具和家电等领域得到广泛的应用。尤其是 UG 软件 PC 版本的推出，为 UG 在我国的普及起到了良好的推动作用。

一、本书的编写目的和特色

UG 只是一个工具，学习 UG 的目的是要进行工程应用，不能只讲述 UG 的知识而忘记它最终要应用的专业知识。本书写作的一个基本出发点是要 UG 与其所应用的专业知识有机地结合起来，将 UG 融入机械设计专业知识中，在讲解 UG 功能的同时，告诉读者怎样在机械设计专业领域应用 UG 完成设计任务。

具体而言，本书具有一些相对明显的特色。

☑ **作者权威**

本书的编者都是在高校从事计算机图形教学研究多年的一线人员，他们具有丰富的教学实践经验与教材编写经验，有一些执笔作者是国内 UG 图书出版界知名的作者，前期出版的一些相关书籍经过市场检验很受读者欢迎。多年的教学工作使他们能够准确地把握学生的心理与实际需求，本书是作者总结多年的设计经验以及教学的心得体会，历时多年精心准备，力求全面、细致地展现 UG 在工业设计应用领域的各种功能和使用方法。

☑ **内容全面**

本书内容全面，涵盖 UG 在机械设计工程应用的各个方面。具体实例覆盖机械设计中所有结构类型的零件，如轴套类零件、紧固件、盘盖类零件、叉架类零件、齿轮类零件、箱体类零件等，以及所有的设计表达形式，如草绘图、三维零件图、三维装配图、工程图等。通过本书学习，读者可以全景式地掌握机械设计的各种基本方法和技巧。

☑ **实例丰富**

本书的实例不管是数量还是种类，都非常丰富。从数量上来说，本书结合大量的工业设计实例详细地讲解 UG 知识要点，全书共包含 50 个实例，让读者在学习案例的过程中潜移默化地掌握 UG 软件操作技巧；从种类上说，根据本书针对专业面宽泛的特点，我们在组织实例的过程中，注意实例的行业分布广泛性，以普通工业造型和机械零件造型为主。

☑ **提升技能**

本书从全面提升 UG 设计能力的角度出发，结合大量的案例来讲解如何利用 UG 进行工程设计，

让读者懂得计算机辅助设计并能够独立地完成各种工程设计。

在本书中有很多实例本身就是工程设计项目案例，经过作者精心提炼和改编，不仅保证了读者能够学好知识点，更重要的是能帮助读者掌握实际的操作技能，同时培养工程设计实践能力。

Note

二、本书的配套资源

本书提供了极为丰富的学习配套资源，可扫描封底的“文泉云盘”二维码获取下载方式，以便读者朋友在最短的时间内学会并掌握这门技术。

1．配套教学视频

针对本书实例专门制作了150集同步教学视频，读者可以扫描书中的二维码观看视频，像看电影一样轻松愉悦地学习本书内容，然后对照课本加以实践和练习，可以大大提高学习效率。

2．5套不同类型的设计图集及其配套的视频讲解

为了帮助读者拓宽视野，本书配套资源赠送了5套不同类型的设计图集、源文件，以及时长2个小时的视频讲解。

3．全书实例的源文件

本书配套资源中包含实例和练习实例的源文件和素材，读者可以安装UG NX 12.0软件后，打开并使用它们。

三、关于本书的服务

1．“UG NX 12.0简体中文版”安装软件的获取

按照本书上的实例进行操作练习，以及使用UG NX 12.0进行绘图，需要事先在电脑上安装UG NX 12.0软件。“UG NX 12.0简体中文版”安装软件可以登录UG官方网站联系购买正版软件，或者使用其试用版。也可以在当地电脑城、软件经销商处购买。

2．关于本书的技术问题或有关本书信息的发布

读者遇到有关本书的技术问题，可以扫描封底“文泉云盘”二维码查看是否已发布相关勘误/解疑文档。如果没有，可在文档下方寻找联系方式，我们将及时回复。

3．关于手机在线学习

扫描书后刮刮卡（需刮开涂层）二维码，即可获取书中二维码的读取权限，再扫描书中二维码，可在手机中观看对应教学视频。充分利用碎片化时间，随时随地提升。需要强调的是，书中给出的是实例的重点步骤，详细操作过程还需读者通过视频来学习并领会。

四、关于作者

本书由CAD/CAM/CAE技术联盟组织编写。CAD/CAM/CAE技术联盟是一个集CAD/CAM/CAE技术研讨、工程开发、培训咨询和图书创作于一体的工程技术人员协作联盟，包含众多专职和兼职CAD/CAM/CAE工程技术专家。

CAD/CAM/CAE技术联盟负责人由Autodesk中国认证考试中心首席专家担任，全面负责Autodesk中国官方认证考试大纲制定、题库建设、技术咨询和师资力量培训工作，成员精通Autodesk系列软件。其创作的很多教材成为国内具有引导性的旗帜作品，在国内相关专业方向图书创作领域具有举足轻重的地位。

五、致谢

在本书的写作过程中，编辑贾小红女士和柴东先生给予了很大的帮助和支持，提出了很多中肯的建议，在此表示感谢。同时，还要感谢清华大学出版社的所有编审人员为本书的出版所付出的辛勤劳动。本书的成功出版是大家共同努力的结果，谢谢所有给予支持和帮助的人们。

编　者

2020 年 4 月

目　录

Contents

第1篇　设计起航篇

Note

第 2 篇　设计实战篇

Note

第3篇 高级设计篇

▶▶第 1 篇

设计起航篇

本篇将全景式地讲解 UG NX 12.0 的基础知识，包括 UG NX 12.0 简介、建模准备、曲线与草绘、建模特征和表达式等。

通过本篇的学习，读者可以大体了解 UG NX 12.0 的基本建模功能，达到初步掌握 UG 建模基础知识的学习目的，为下一篇正式进入机械零件设计实战做必要的知识准备。

UG NX 12.0 简介

（视频讲解：15 分钟）

计算机辅助设计（CAD）技术是现代信息技术领域中设计技术之一，也是使用最广泛的技术之一。Unigraphics Solutions 公司的 UG 作为中高端三维 CAD 软件，具有功能强大、应用范围广等优点，因此被认为是具有统一力的中高端设计解决方案。本章对 UG 软件做简要介绍。

【学习重点】

- 产品综述
- 功能简介
- 工作环境与选项卡定制
- 实例入门——螺栓连接

1.1　产品综述

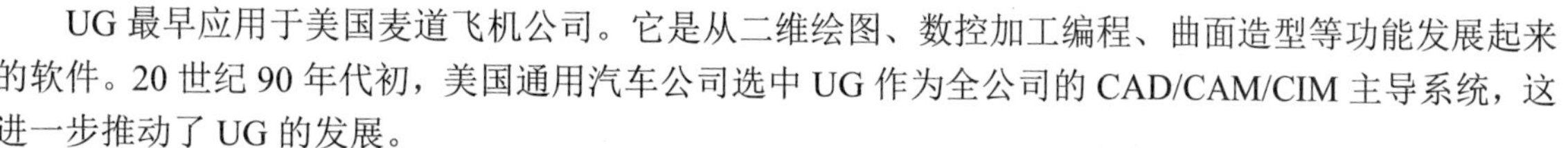

UG 最早应用于美国麦道飞机公司。它是从二维绘图、数控加工编程、曲面造型等功能发展起来的软件。20 世纪 90 年代初，美国通用汽车公司选中 UG 作为全公司的 CAD/CAM/CIM 主导系统，这进一步推动了 UG 的发展。

1997 年 10 月，Unigraphics Solutions 公司与 Intergraph 公司签约，合并了后者的机械 CAD 产品，将微机版的 Solidedge 软件统一到 Parasolid 平台上，由此形成了一个从低端到高端，兼有 UNIX 工作站版和 Windows NT 微机版的较完善的企业级 CAD/CAE/CAM/PDM 集成系统。UG 于 1991 年并入美国 EDS 公司，2001 年 9 月和 SDRC 公司一同并入 EDS 公司，于 2017 年推出 UG NX 12.0 最新版本软件，它在原版本的基础上进行了 300 多处改进。例如，在特征和自由建模方面提供了更加强大的功能，使得用户可以更快、更高效、更加高质量地设计产品。在制图方面也做了重要的改进，使得制图更加直观、快速和精确，并且更加贴近工业标准。它集成了美国航空航天、汽车工业的经验，成为机械集成化 CAD/CAE/CAM 主流软件之一，是知识驱动自动化技术领域中的领先者，实现了设计优化技术与基于产品和过程的知识工程的结合，在航空航天、汽车、通用机械、工业设备、医疗器械，以及其他高科技应用领域的机械设计和模具加工自动化领域得到了广泛的应用，显著地改进了工业生产率。它采用基于约束的特征建模和传统的几何建模为一体的复合建模技术，在曲面造型、数控加工方面是强项；在分析方面较为薄弱，但 UG 提供了分析软件 Nastran、Ansys、Patran 接口，机械系统动力学自动分析软件 Adams，注塑模分析软件 Moldflow 接口等。

UG 具有以下优势。

- ☑ UG 可以为机械设计、模具设计及电器设计单位提供一套完整的设计、分析和制造方案。
- ☑ UG 是一个完全的参数化软件，为零部件的系列化建模、装配和分析提供强大的基础支持。
- ☑ UG 可以管理 CAD 数据及整个产品开发周期中的所有相关数据，实现逆向工程（Reverse Engineering）和并行工程（Concurrent Engineering）等先进设计方法。
- ☑ UG 可以完成包括自由曲面在内的复杂模型的创建，同时在图形显示方面运用了区域化管理方式，节约系统资源。
- ☑ UG 具有强大的装配功能，并在装配模块中运用了引用集的设计思想。为节省计算机资源提出了行之有效的解决方案，可以极大地提高设计效率。

随着 UG 版本的提高，软件的功能越来越强大，复杂程度也越来越高。对于汽车设计者来说，UG 是使用得最广泛的设计软件之一。目前国内的大部分院校、研发部门都在使用该软件，如同济大学、上海汽车工业集团总公司、上海大众汽车公司、上海通用汽车公司、泛亚汽车技术中心等都在教学和研究中使用 UG 作为工作软件。

1.2　功能简介

UG NX 12.0 不仅具有 UG 以前版本的强大功能，而且还在工业设计、数字化分析、工具制作、加工、定制化编程和受控开发环境等方面增加了很多强大的新功能。下面进行简单介绍。

1.2.1 UG 主要功能

UG 软件是一个集成化的 CAD/CAE/CAM 系统软件，它为工程设计人员提供了非常强大的应用工具，这些工具可以对产品进行设计（包括零件设计和装配设计）、工程分析（有限元分析和运动机构分析）、绘制工程图、编制数控加工程序等。随着版本的推陈出新和功能的不断扩充，扩展了其应用范围，并促使其向专业化和智能化方向发展，例如各种模具设计模块（冷冲模、注塑模等）、钣金加工模块、管道布局、体设计及车辆工具包。其主要功能特性如下。

1. 建模的灵活性

与其他三维设计软件的建模功能相比，UG 具有很大的灵活性，具体体现在以下 3 个方面。

（1）复合建模功能。UG 的复合建模功能具有以下特点。

☑ 无须绘制草图，直接通过成型特征和特征操作功能完成几何模型的生成。

☑ 基于特征、草图和装配的参数化设计，给出了从小零件到复杂部件的参数化设计解决方案。

☑ 可直接利用实体边缘进行特征操作，无须定义和参数化新曲线，更方便特征模型的建立。

（2）方便的几何特征和特征操作。UG 的几何特征和特征操作具有以下特点。

☑ 具有如长方体、圆柱、圆锥、球等基本几何特征和较复杂的用户自定义特征操作。

☑ 具有垫块、键槽、凸台、倒斜角、腔等特征。

☑ 具有方便的拉伸、旋转和扫描特征操作。

（3）光顺倒圆。UG 的光顺倒圆技术具有以下特点。

☑ 业界最好的倒圆技术，能使倒圆的最小半径值退化至极限零。

☑ 可自适应于切口、陡峭边缘及两非邻接面等几何构型的倒圆。

2. 协同化和高级装配建模技术

UG 可提供自顶向下、自底向上两种产品结构定义方式，并可在上下文中设计或编辑，以及具有高级的装配导航工具。UG 的协同化和高级装配建模技术具有以下特点。

☑ 以装配树结构显示装配部件的父子关系，可方便、快速地确定各部件位置。

☑ 对装配件的简化表达。

☑ 隐藏或关掉特定组件。

☑ 利用产品空间区域划分及过滤器功能，选择工作组件或显示组件。

☑ 利用局部着色功能，更清晰地显示复杂装配组件。

☑ 各种类型的装配配对条件，满足绝大多数的装配关系。

☑ 方便替换产品中任一零部件功能操作，刷新装配部件以取得最新的工作版本。

☑ 利用先进的协同化技术，方便团队成员并行设计产品中各子装配或零件。

3. 直观的二维绘图

UG 二维绘图简单并富于逻辑性。

☑ 剖视图自动相关于模型和用户设置的剖切线位置。

☑ 正交视图的计算和定位可简便地由一次鼠标操作完成，自动将隐藏线消除。

☑ 自动尺寸排列（不需要了解设计意图），自动完成工程图草图尺寸标注。

4. 强大的数控加工能力

Unigraphics CAM 模块具有强大的刀具轨迹生成方法，包括各种完善的加工方法。

☑ 2~5 轴铣削、车削加工、线切割等加工方法。
☑ 刀轨仿真和验证技术。
☑ 刀具库/标准工艺数据库功能。

5. 领先的钣金件制造技术

UG 的钣金件制造技术具有以下特点。
☑ 可在成型或展开的情况下设计或修改产品结构。
☑ 折弯工序可仿真工艺成型过程。
☑ 钣料展开几何图形自动与产品设计相关联。
☑ 可在一幅工程图中直接展示产品设计和钣料展开几何图形。

6. 集成的数字分析

Unigraphics CAE 模块集成了多种优秀的有限元解算器和机构运动学解算器，真正做到从三维建模到仿真分析的无缝结合。UG 的数字分析技术具有以下特点。
☑ 结构分析和机构运动学分析。
☑ 硬干涉检查和软干涉检查。
☑ 动画过程中的动态干涉检查。

7. 先进的用户开发工具

UG 系统提供 Unigraphics/OPEN UIStyler 辅助开发模块和 Unigraphics/OPEN API 程序设计模块，使用户综合运用先进的二次开发技术，开发出符合用户需求的 CAD 系统。

8. 内嵌的工程电子表格

UG 的内嵌工程电子表格具有以下特点。
☑ 可与其他表格软件交换数据。
☑ 可简便定义零件系列。
☑ 可方便修改表达式。
☑ 可生成扇形图、直方图和曲线图等。

9. 可分阶段实施的数据管理

UG 可以对数据实施分阶段管理。Unigraphics 的数据管理具有以下特点。
☑ 业界最紧密的 CAD/CAM/CAE 与 PDM（产品数据管理）集成。
☑ 可管理 CAD 数据及整个产品开发周期中的所有相关数据。

1.2.2 UG NX 12.0 新功能

NX 12.0 版本具有很多新的计算机辅助设计、工程和制造（CAD/CAE/CAM）功能，以支持产品和过程创新。

1. 工业设计

（1）自由曲面。

NX 12.0 在建模上有重大改进，简化了创建和重定义自由形状的工作流程。在直接的曲线和曲面处理方面，增强了该套工具的功能，以支持控制点和线的相对和绝对运动。当基础对象的自由度或者段数发生变化时会进行更新，这是一项相关建模的功能，而 NX 12.0 在该更新功能上也有改进。加强

了相交曲线，可以进行多重曲线输入以生成一个单一特征。NX 12.0 对风格化倒角和轮廓翻边功能的可用性和控制进行了改进。用更轻的曲线和曲面进行拟合，同时保留原始形状的功能更强大，简化了对曲线和曲面的直接操作，以获得理想的形状。

Note

（2）逆向工程。

NX 12.0 的新工具有助于从实体模型到扫描数据的逆向工程，因为这些新工具可以用样条拟合点集、多面体及其他样条或者曲面，可以全面控制公差和连续性，保持与 G2 的连续性。设计者可以把曲面（不是曲线）拟合到扫描数据或者其他曲面几何图形来开始逆向工程作业，可以全面控制自由度和段数，按照公差拟合和按照方向拟合。设计人员可以选择目标和参考对象，规定偏差范围，从而控制并验证曲面拟合。针状误差显示提供直观的可视化反馈，用于对偏差进行分析。

（3）多边形建模。

有了多边形建模工具，设计者可以对多边形进行细分，轻易地改善多面体几何的平滑度与细节，全面控制模型的精度。

（4）更强的可视化功能。

NX 12.0 增加了高动态范围图像（HDRI）的基于图像的灯光，从而增强了 NX 的渲染和可视化工具。该功能能够在渲染图像里产生十分逼真的效果，不必像传统的做法那样，首先对多重光源进行定义，然后才选择颜色，调整光量。

有了基于图像的灯光，使用 NX 的设计者可以用一个单一的 HDRI 图像来照亮整个景象。HDRI 格式的亮度范围比传统图像的亮度范围要广很多，代表真实世界的光亮度。有了 HDRI 图像和环境贴图，可以对 NX 模型进行渲染，让其与背景和环境进行完美匹配，照明条件非常自然，并能准确反映周围环境。

该项新功能简化并加速了逼真渲染图像的创建过程，在质量和精确度上都有所突破。

（5）高级建模。

NX 12.0 增加了新的翻边、腔体和凸台建模功能，这些是汽车行业白车身设计中常用的功能。新的变量化扫掠和浮雕命令提供直观高效的方法来为这些功能进行建模，可能涉及通用 CAD 系统里面烦琐的多重建模操作。变量化扫掠功能把画在特征线、导轨或者表面装置上的一个简单横截面图作为输入，用来创建真正的偏移翻边曲面，这些翻边曲面与汽车平行或垂直，或者与特征线相正交。浮雕命令可以把形状特征（浮雕和咬合扣）的创建过程自动合二为一，形成一个单一操作，这样设计者就可以轻易地改变用于定义特征的选择和参数。

（6）基于角色的环境。

NX 12.0 在可用性方面的改进包括基于角色的环境，这些环境可以根据用户的经验水平提供一个用户界面和工具箱。基于角色的环境是以对具有不同系统专业知识的 NX 用户进行的调查为基础，是用户界面模板，能够为初学者或者专家级用户提供最常用的命令和界面功能。用户可以选择一个行业类型和经验水平，根据其任务和系统相似性来定制界面。公司可以对基于角色的模板进行定制，以满足公司具体环境和生产工艺的需求。由于发现性和易用性都得到提升，因此促进了生产力的提高。

（7）2D 概念设计。

所有的 NX 12.0 设计解决方案都提供绘制 2D 概念草图和进行 2D 概念设计的新环境。在该环境中，设计者可以快速、简洁地对设计问题进行可视化和评估，并使用智能 2D 草图绘制功能来识别构件和主要系统，以确定其尺寸和位置。草图绘制环境支持由数千个构件组成的大型设计，提供快速创建和编辑几何图形的工具，并通过颜色、可见度控制器和 NX 零件导航器对大型数据集进行组织和可视化处理。在创建 2D 图形时，设计者可以用其他 CAD 系统的 2D 几何图形或者参考 3D 几何图形，轻松使用剪贴、拖放、撤销重做、尺寸标注和标注工具，这些工具可以加速草图绘制过程。2D 设计

可以用于 2D/3D 混合工作流程中，以设计构件和装配的 3D 细部图。

（8）多 CAD 设计。

NX 12.0 带有一种新的多 CAD 设计协作功能，该功能使用标准的 JT 轻便 CAD 中性数据格式，以支持全球化创新网络。NX 12.0 可以直接用 JT 格式的数据来执行装配设计任务，在用 NX 设计的构件和 JT 格式的零件间建立“零件间”关系。多 CAD 功能的各种功能之间是全面关联的，所以对 JT 文件的更改会自动反映在 NX 装配定义的所有下游操作中。

（9）DesignLogic（设计逻辑）。

对 NX 3 中用于知识捕捉和重复使用的各种 DesignLogic 工具，NX 12.0 均进行了扩展。DesignLogic 可以以公式、表达式和方程式的形式对工程知识进行“实时”捕捉，并在建模对话中将其用于设计活动。NX 12.0 引入了一个预包装的标准设计逻辑，设计者可以快速地选取需要的计算程序用于设计对话。用于横梁、轴承、O 形环及其他常用构件的标准工程方程式和公式使设计符合工程要求，从而提高产品质量。

（10）装配设计的提升。

NX 12.0 以领先行业的装配建模功能为基础，并增加了新的功能以提高易用性和生产力。新的构件定位和配套功能包括无向约束和一个新的用户界面，该用户界面更直观，要求的输入大大减少，在很多情况下可以使用户的生产力提高一倍。现在可以用装配导航器来访问匹配约束因素，用户可以通过模型上显示的约束图形来对装配关系进行互动操纵。非关联的各种约束因素可以让设计者快速、简便地对各种装配构件进行移动和定位。NX 新版本对过盈和间隙检查的速度和性能进行了改进，并增加了一项新的功能以显示用户规定的违反值范围。NX 12.0 可以让设计者把间隙问题导出到一个电子表格里，与相关构件保持动态链接，以便快速评估解决间隙和过盈问题。I-deas 装配模型的数据迁移工具已经完成，可以支持附加约束因素和 BOM，因此在 NX 里面，各迁移装配之间仍然保持关联性，并且图纸零件清单准确。可以在装配分解视图里创建痕迹线，有了该项新功能，公司就可以在 NX 设计对话里完成装配的文件制作。

（11）3D 标注（产品和制造信息）。

NX 12.0 含有多种 3D 标注功能，这些标注功能符合用于数字化产品定义数据的 ASME 标准及新的 ISO 标准。随着用非几何产品及制造信息对 3D 模型进行标注的行业标准出现，3D 模型可以与 2D 图纸完美结合，在整个开发周期期间传递信息。在 NX 12.0 的 CAD 系统里面有最完整的工具，可以用这些工具来根据标准对 3D 数字化产品数据进行文件化处理。用户可以用产品和制造信息（PMI）工具把标注分成与模型的一个特定取向相关的多个信息集，同时方便 3D 标注的创建和放置。另外，也可通过 NX 零件导航器来访问 PMI 工具，该工具能够减少或者去掉一些图纸创建步骤，让用户在装配级别时了解构件零件的 PMI，并减少公差分析和 NC 编程等下游应用数据的重复输入，从而简化产品开发。NX 12.0 还直接将 3D 模型的 PMI 导入图纸，以支持绘图。

（12）制图。

NX 12.0 含有完全改写过的纵坐标尺寸功能，大大提高了制图工具功能，使用更简单。为了让 NX 12.0 更简单易学，还增强了其他功能，包括引出线的类型、基准线连接选项，改善了特征控制、框引出线控制，以及附加的详细视图边界控制功能。

（13）增强了人体建模。

NX 人体建模在 NX 3 里面已经引入，它以 UGS 的 Jack 人机工程学技术为基础。NX 12.0 增加了肢体活动分析及手形资料库，从而增强了人体建模功能。该软件能自动计算并显示人体模型的肢体活动范围，并考虑安全带和方向盘位置等约束因素。各个肢体活动范围间完全关联，因此对人体模型的任何更改都会在相应的肢体活动范围内反映出来。另外，NX 人体建模现在还包括一个标准的手位置

资料库（如控制柄、夹栓和垂直握柄），可以快速、准确地对控制位置、操作性和接近性进行建模和评估。这些增强功能有助于在设计的早期阶段对人机工程产品设计进行优化处理，减少或者消除人因工程验证所需的实物原型。

（14）柔性印刷电路板（PCB）设计。

NX 12.0 引入了新的设计工具，以提高柔性印刷电路板的建模速度，并且在设计中融入 PCB 的 3D 模型时增加柔性。新的工具可以设计 PCB 的平面截面，并用符合柔性 PCB 要求的标准和默认值通过弯曲区域来连接各个平面截面。与其他装配构件结合在一起之后，可以把 PCB 模型压平，为制造提供方便。

（15）造船。

NX 12.0 为船舶设计提供了一个新的针对具体过程开发的解决方案。作为一个附加模块，NX 船舶设计（NX Ship Design）把重点放在 NX 建模、制图，以及用于产品开发的其他工具上，可以自动创建船舶特征、结构和制造信息。包括：

☑ 船架和甲板：包括甲板、横肋骨、舱壁和纵肋骨。
☑ 截面：包括用于设计评审和审批的船舶的总平面布置图，用于房间详细视图设计的隔舱图，以及用于每个集装箱堆放区的钢结构设计详细视图。
☑ 钢结构功能：建造船架用的横梁、舱壁和隔舱壁、刚性结构，以及墙壁与舱壁、焊接空间和位置之间的支撑结构。
☑ 制造功能：增加了焊接标签；调整模型几何形状以确定焊缝；创建切割线来对各个零件进行单独定位；把模型几何分配到单个零件以便制造；压平零件以方便制作；创建轧机中心线对零件进行成形处理。
☑ 图纸：创建关键的船舶尺寸（船艉垂线、船舶中心线等）、焊接标志、帮槽和厚度方向符号、断流器中心线区域及对装配图和肋骨钢中各个构件进行识别的标注。

（16）航空航天钣金设计。

NX 12.0 有一个新的模块，该模块内置的航空航天标准和设计规则为具体行业的设计过程提供支持，大大缩短了飞机机体成型零件的设计时间。NX 航空航天钣金对 NX 的通用钣金设计工具进行了扩展，增加了最常见的飞机钣金零件类型用的特征建模命令和打开功能。具体工具包括用于带内外模线的非线性翻边的特征建模，以及用于根据行业标准对带自动参数选择的咬合扣/双咬合扣的特征建模。

2．数字化分析

凭借 UGS 公司 I-deas 30 多年在世界级 CAE 解决方案的积累，NX 12.0 清楚地展示了 UGS 在数字化分析方面的强劲势头。作为本行业的第一个解决方案，NX 12.0 含有一个数字化分析基干，支持高级分析环境和一套强大的设计验证工具。

高级分析功能利用 I-deas 的各种优势，用高级多物理量（multi-physics）对 NX Nastran 进行扩展。该解决方案组包括流动分析（Flow simulation）、热分析（Thermal simulation）、NX Nastran、一个备选的解决方案环境（Nastran、ABAQUS 和 ANSYS）和高级分析建模。

通过使用可重复的最佳实践，UGS 提供了一个高级分析环境，以支持一个由设计验证工具组成的新的设计分析程序组合。该套解决方案允许工程师直接在设计环境里面使用高级分析技术，包括仿真流程工作室（可以通过 Simulation Process Studio 根据特定的客户要求进行定制）、强度向导、设计分析和运动分析。

3. 工具制作（NX Tooling）

（1）电极设计。

NX 电极设计（NX Electrode Design）是 NX 12.0 的一个新软件模块，是对 NX 模具和顺序冲模设计解决方案的补充。NX 电极设计软件模块把行业知识及最佳实践与过程自动化结合在一起，以简化任何需要放电机加工（EDM）的工具项目的电极建模和设计过程。该程序包提供的解决方案节省时间，分步操作，使整个 EDM 开发过程的设计、验证、文件制作、制造和管理实现自动化。

NX Electrode Design 的功能包括自动识别制造过程中的零件几何形状；帮助规定刀具心和型腔上的熔焊、EDM、线 EDM、铣削和研磨过程。软件用专业工具来高效地制作电极头和工作区域的形状模型。电极形状是相关联的，因此刀具心和型腔几何形状的改变都会自动反映在电极设计里面。

NX Electrode Design 可以根据知识表里面预定义的标准尺寸生成电极毛坯。该程序包包括干扰检测、火花区域计算和文件及制作工具，这些工具对制造操作起到了加速作用，并帮助决定 EDM 机器设置。

（2）模具设计。

NX 的模具设计解决方案得到增强，增加了很多新功能。

☑ 受控开发环境——NX 模具设计和 Teamcenter 的集成得到增强，改善了团队同步设计，以进一步管理相关项目和过程数据。

☑ 新的壁厚检查运算法则——增强了根据厚薄设计区域自动验证构件可制造性的功能。

☑ 补孔增强——增加了一套新的简化补孔工具，大大简化了刀具心和型腔的工作流程。

☑ 分模线增强——引入了两项新的表面分模线功能，加速模具型心/型腔的分模线过程。

☑ 阵列制作增强——用新的点阵列定位功能，改善了标准模具构件和系统的插入及定位操作。

☑ 自动生成孔位报告——有助于进行加工前准备。

（3）级进模设计。

高度自动化的 NX 级进模设计解决方案包括多项新功能。

☑ 受控开发环境——NX 级进模设计和 Teamcenter 的集成得到增强，改善了团队同步设计，以进一步管理相关项目和过程数据。

☑ 直接展开冲压钣金的形状——在其他没有特征的 CAD 系统的基本立体上操作。

☑ 极大地增强了相关设计构件和过程之间的关联性，提高了设计变更的效率。

☑ 冲头设计增强——增加了 5 个新功能，提高了自由曲面和形状复杂冲头的设计速度。

☑ 在标准零件库里增加了一个新的 FIBRO 标准模具构件目录，并更新了 MISUMI 零件目录。

☑ 精密冲裁——新功能，可以在冲子和模具间设计正确的间隙，大批量生产时产品的精度和一致性均高。

☑ 自动生成孔位报告——有助于进行加工前准备。

☑ 与 NX 加工的集成性更好——NC 编程与模具里面标准零件之间建立关联的速度更快。

4. 加工

（1）制造流程工作室（向导创建程序）。

NX 12.0 含有能够让公司以过程“向导”形式捕捉并重复使用制造过程的工具。制造流程工作室让有经验的制造专业人士利用图形来捕捉工艺流程，嵌入标准设置和公司最佳实践。生成的“向导”能够发表，让全公司使用，形成更高一级的过程知识，以便重复使用、实施最佳实践。

（2）对铣削和高速加工的支持得到增强。

NX 12.0 带有用于插铣的自动刀具路径创建功能，进而扩展了 NC 编程功能。插铣是铣削方法的

一种，该方法让冲头连续运动，以高效地对毛坯进行粗加工。在加工大量材料（尤其在非常深的区域）时，插铣法比型腔铣法的效率更高。径向力减小，这样就有可能使用更细长的刀具，而且保持高的材料切削速度。所以，对于较难进行精加工的深壁，插铣法不失为一种有吸引力的方法。

Note

（3）改进了摆线刀具路径创建功能。

NX 3 已经引入了摆线切削的刀具路径创建功能，而 NX 12.0 则对其进行了改进，增强了倒圆角和可变摆线宽度，可以对窄槽和角进行加工。作为一种高速粗加工模式，摆线切削可以确保刀具不会被全部嵌入，路径圆滑，并且严格按照规定的步距进行操作。

（4）加工参数数据库。

NX 12.0 含有一个新的硬质钢材切削参数数据库，一般用于模具加工，可以直接从 NC 编程环境进入切削参数数据库。这些切削参数为编程人员提供了关键加工值的初始数据，这些初始数据以经过证明的标准为基础。

（5）针对多轴加工曲面轮廓加工。

NX 12.0 版本含有一个新的模块，该模块可以用于对可变轴线曲面加工进行编程。该程序包生成的路径可以动态地控制刀具轴线，调整超前角，以便刀具的切削轮廓与驱动几何的曲率相匹配。在刀具半径能够与要求的加工表面匹配时，该选项能够极大地缩短加工时间。

（6）对车削和多功能机器的支持得到增强。

NX 增加了一些新功能，让用户能够更灵活地把 Synchronization Manager（同步管理器）用于多功能机器刀具上的多重通道和多重装置。现在，在制工件的 3D 模型在多重铣削和车削功能中得到集成。对于车削操作，NX 12.0 还提供了一个“旋转轮廓”功能，编程人员可以利用该功能来快速决定复杂铣削-车削工件的形状。另外，为了提高车削生产力，NX 还提供了附加的增强功能，例如，在一个单一操作中对多重切口区域进行加工，对车削刀具上的规避性控制和多重跟踪点的扩展等。这些功能更进一步巩固了 NX 在复杂、多功能加工刀具 NC 编程方面的领导地位。

（7）改进了加工模拟功能。

NX 的集成加工模拟功能得到增强，能够支持复杂的、带非直角旋转加工轴的机器。该功能允许用非活动工具来进行干涉检查，这对于复杂配置来说是极为关键的，例如，在接近工件的位置用附加刀具来进行铣削-车削。最初在 NX 3 里面引入的控制器驱动模拟功能，现在可以支持附加模块里的 Siemens 840D 控制器，其结果是模拟更精确、更可靠，能够消除或者减少对加工刀具的检定。

（8）轮廓加工。

轮廓加工的实施增加了处理没有任何标准的零件的能力。由于要加工的壁的复杂性，必须控制可变轴线，因此，有了轮廓加工功能以后，该功能就成为用于复杂零件半精加工和精加工的主要功能。用航空航天及其他零件进行的测试结果显示，与传统编程方法相比，轮廓加工功能能够大幅提高生产力。

5．定制化与编程

NX 12.0 为 Java 应用程序编程界面（API）引入了 NX Open，这样客户就能够用 Java 语言来开发 NX 自动化程序。用于 Java API 的 NX Open 是从 Common API（所有 NX API 的单点基础）衍生而来的，可以让客户全面使用 NX 的核心应用程序功能，允许客户用标准的 Java（1.4.2 版）开发环境来创建高级自动化程序。该产品是为那些希望利用 Java 编程环境和标准的 Java 工具（如本地用户界面和远程工具——Java Swing 和 RMI）的用户设计的。

6．受控开发环境

NX 12.0 增强了由 UGS 的 Teamcenter 驱动的 NX 受控开发环境（NX Managed Development

Environment），以便更好地管理 NX 和多 CAD 设计数据，安装配置更容易。现在，即使在没有由 NX 生成的产品数据的情况下，Teamcenter 也能够相互传送最高级和多 CAD 装配结构。Teamcenter 还可管理 NX 装配数据，包括装配排列、可变构件定位、可变形构件、事件组及其构成，可以为个别设计者对数据进行分组，或者为组决策提供支持。对变更顺序的处理进行了扩展，这样对计划的修改就可以不按顺序进行。简化了客户机及服务器的安装操作，以改善易用性，降低管理和配置成本。

Note

1.3　工作环境与选项卡定制

本节介绍 UG NX 12.0 的工作环境、选项卡定制、选项卡命令定制、选项卡选项定制，以及在 UG 建模模块下的选择条和系统提示的定制方法。

1.3.1　工作环境

视频讲解

本节介绍 UG 的主要工作界面及各部分功能，了解各部分的位置和功能之后才可以有效进行工作设计。UG NX 12.0 主工作区如图 1-1 所示，其中包括标题、菜单、选项卡、工作区、坐标系、快速访问工具条、资源工具条、提示行、状态行和选择条 10 个部分。

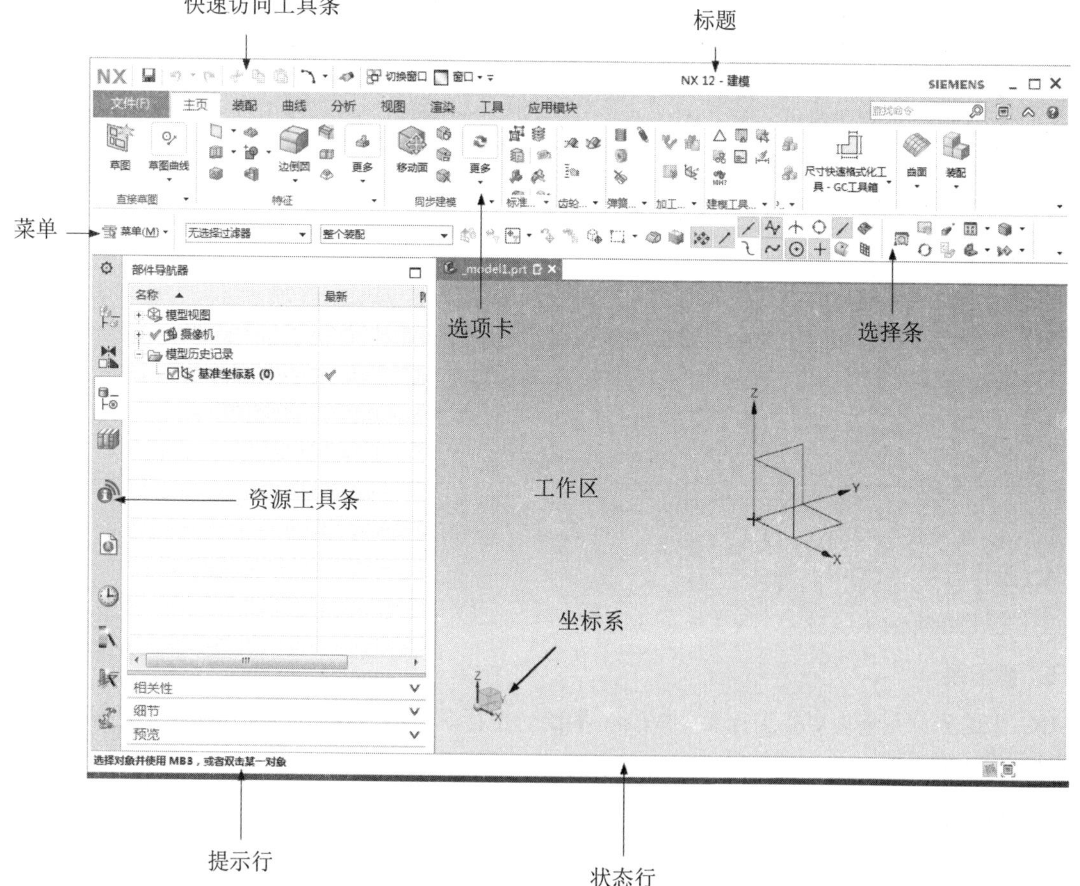

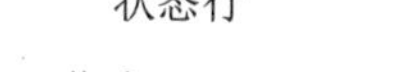

图 1-1　工作窗口

Note

1. 标题

标题用来显示软件版本，以及当前的模块和文件名等信息。

2. 菜单

菜单包含本软件的主要功能，系统的所有命令及设置选项都归属到不同的菜单下，分别是文件（F）、编辑（E）、视图（V）、插入（S）、格式（R）、工具（T）、装配（A）、信息（I）、分析（L）、首选项（P）、窗口（O）、GC工具箱和帮助（H）等菜单。当单击菜单时，在下拉菜单中就会显示所有与该功能有关的命令选项。图1-2为工具下拉菜单的命令选项，有以下特点。

- ☑ 快捷字母：例如，“文件（F）”中的F是系统默认快捷字母命令键，按下Alt+F快捷键即可调用该命令选项。例如，要调用“文件”→“打开”命令，按Alt+F快捷键后再按O键即可调出该命令。
- ☑ 快捷键：命令右方的按钮组合键即是该命令的快捷键，在工作过程中直接按快捷键即可自动执行该命令。
- ☑ 提示箭头：是指菜单命令中右方的三角箭头，表示该命令含有子菜单。
- ☑ 功能命令：是实现软件各个功能所要执行的各个命令，单击它会调出相应功能。

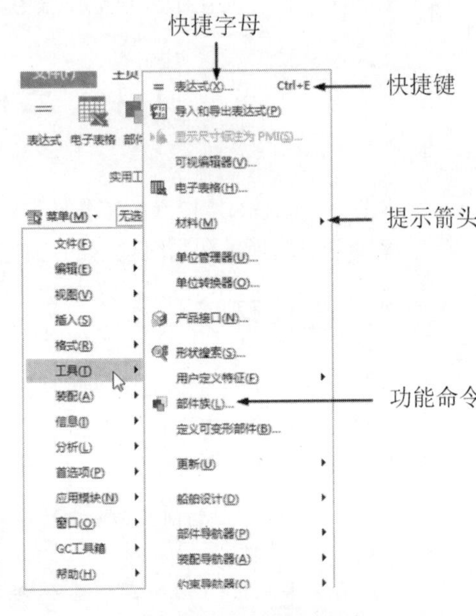

图1-2　工具下拉菜单

3. 选项卡

选项卡的命令以图形的方式在各个组和库中表示命令功能，如图1-3所示。所有选项卡的图形命令都可以在菜单中找到相应的命令，这样可以使用户避免在菜单中查找命令的烦琐，以方便操作。

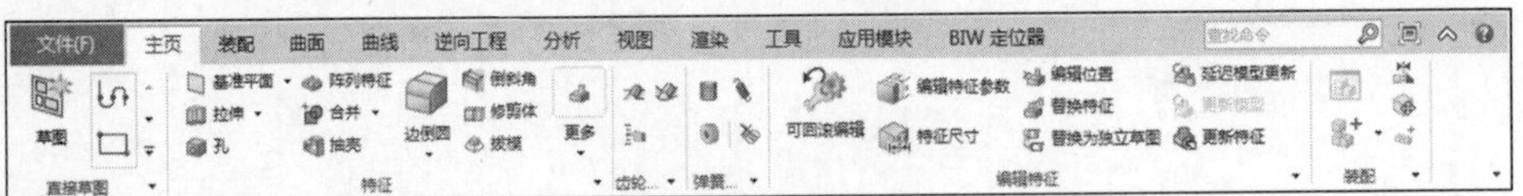

图1-3　选项卡

4. 工作区

工作区是绘图的主区域。

5. 坐标系

UG中的坐标系分为工作坐标系（WCS）和绝对坐标系（ACS），其中工作坐标系是用户在建模时直接应用的坐标系。

6. 快速访问工具条

快速访问工具条在工作区中右击即可打开，其中含有一些常用命令及视图控制命令，以方便绘图工作。

7．资源工具条

资源工具条中包括装配导航器、约束导航器、部件导航器、重用库、Web 浏览器、历史记录等，如图 1-4 所示。

单击导航器或“Web 浏览器”按钮会弹出一个页面显示窗口，单击“资源条”按钮⚙，在打开的快捷菜单中选择“销住”命令，可以切换页面的固定和滑移状态，如图 1-5 所示。

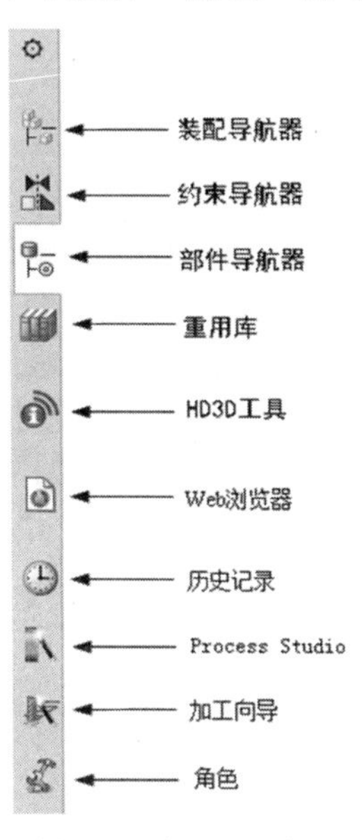

图 1-4　资源工具条

图 1-5　固定窗口

单击“Web 浏览器”按钮，可以显示 UG NX 12.0 的在线帮助、CAST、e-vis、iMan，或其他任何网站和网页。也可选择“菜单”→“首选项”→“用户界面”命令来配置浏览器主页，如图 1-6 所示。

单击“历史记录”按钮，可以访问打开过的零件列表、预览零件及其他相关信息，如图 1-7 所示。

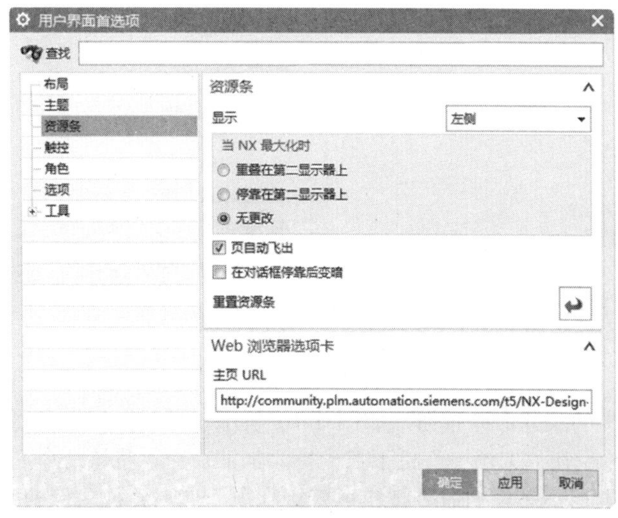

图 1-6　配置浏览器主页

图 1-7　历史信息

Note

视频讲解

8. 提示行

提示行用来提示用户如何操作。执行每个命令时，系统都会在提示栏中显示用户必须执行的下一步操作。对于用户不熟悉的命令，利用提示行帮助，一般都可以顺利完成操作。

9. 状态行

状态行主要用于显示系统或图元的状态，例如显示是否选中图元等信息。

1.3.2 选项卡定制

UG 中提供的选项卡可以为用户工作提供方便，但是进入应用模块之后，UG 只会显示默认的选项卡按钮设置，然而用户可以根据自己的习惯定制独特风格的选项卡。本节将介绍选项卡的设置。

选择“菜单”→“工具”→“定制”命令（见图 1-8）或者在选项卡空白处的任意位置右击，从打开的菜单（见图 1-9）中选择“定制”命令就可以打开“定制”对话框，如图 1-10 所示。在对话框中有 4 个功能选项卡：命令、选项卡/条、快捷方式、按钮/工具提示。单击相应的选项卡后，对话框会随之显示对应的选项卡内容，即可进行选项卡的定制，完成后单击对话框下方的“关闭”按钮即可关闭对话框。

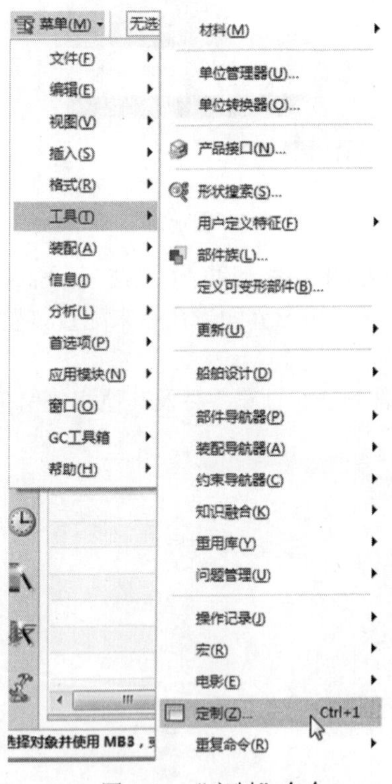

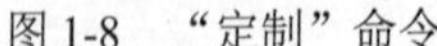

图 1-8 “定制”命令

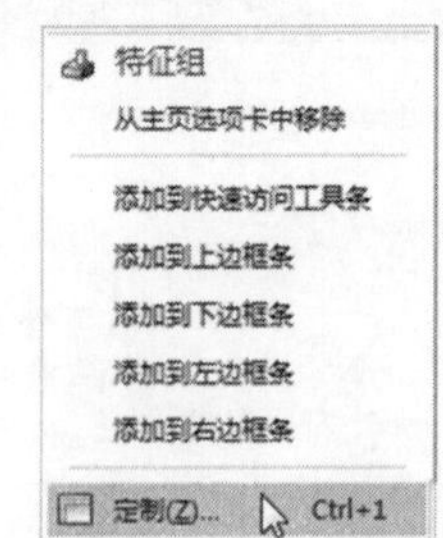

图 1-9 打开的菜单

1. 命令

“命令”选项卡用于显示或隐藏选项卡中的某些命令按钮，如图 1-10 所示。具体操作为在“类别”列表框中找到需要添加命令的选项卡，然后在“选项卡”栏下找到待添加的命令，将该命令拖曳至工作窗口的相应选项卡中即可。对于选项卡上不需要的命令按钮可直接拖出，然后释放鼠标即可。用同样方法也可以将命令按钮拖曳至菜单栏的下拉菜单中。

2．选项卡/条

“选项卡/条”选项卡（见图 1-11）用于显示或隐藏某些选项卡、新建选项卡、装载定义好的选项卡文件（以.tbr 为后缀名），也可以利用“重置”命令来恢复软件默认的选项卡设置。

提示：除了命令可以拖曳到选项卡外，当在“类别”列表框中选择“菜单”时，“项”列表框中的菜单也可以拖曳到选项卡中创建自定义菜单。

图 1-10 “命令”选项卡

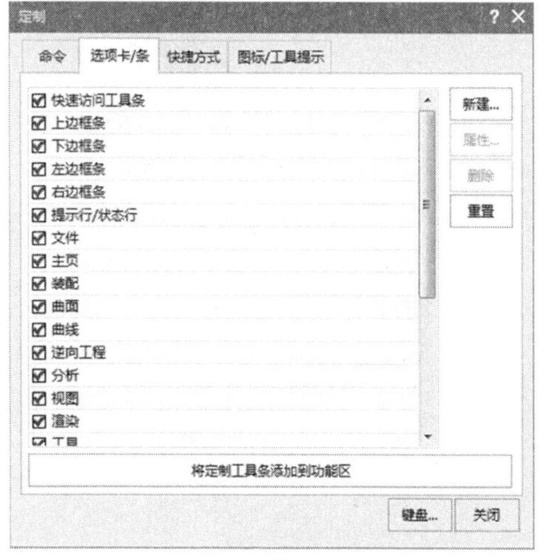

图 1-11 “选项卡/条”选项卡

3．快捷方式

“快捷方式”选项卡（见图 1-12）用于定制快捷工具条和快捷圆盘工具条等。

4．图标/工具提示

“图标/工具提示”选项卡（见图 1-13）用于设置在功能区和菜单上是否显示工具提示、在对话框选项上是否显示工具提示，以及设置功能区、菜单和对话框等图标大小。

图 1-12 “快捷方式”选项卡

图 1-13 “图标/工具提示”选项卡

1.4 实例入门——螺栓连接

Note

视频讲解

本节主要完成在 UG 建模过程中从基本建模到装配，再到工程图的创建。利用一个简单实例进行具体的操作，以完成该流程。需要创建的各组件如图 1-14 所示。

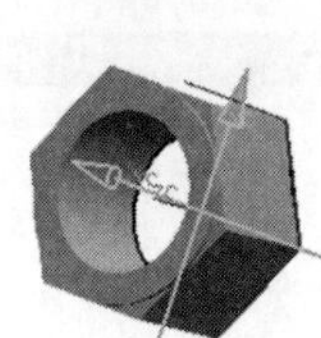

图 1-14　螺母零件和基本装配零件示意图

1.4.1 草图绘制

（1）启动 UG NX 12.0，单击“新建”按钮或选择“菜单”→“文件”→“新建”命令，即新建一个.prt 文件，输入新建文件名 11，如图 1-15 所示。然后单击“确定”按钮，进入建模绘制环境。

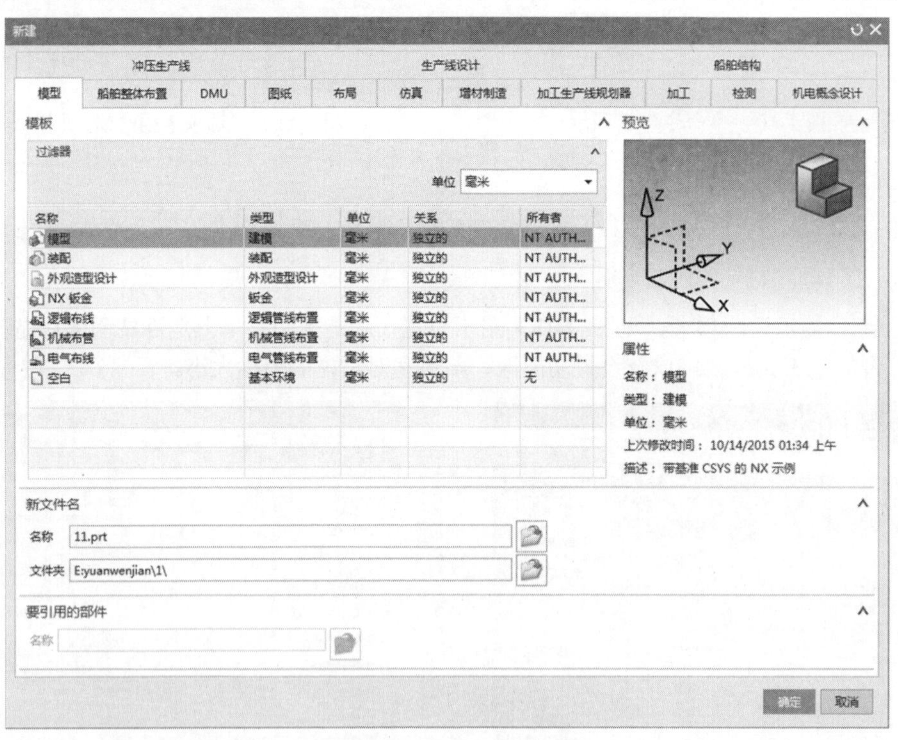

图 1-15 “新建”对话框

（2）单击“在任务环境中绘制草图”按钮或选择“菜单”→“插入”→“在任务环境中绘制草图”命令，打开“创建草图”对话框，选择 XC-YC 平面作为草图绘制平面，单击“确定”按钮，进入草图绘制环境，如图 1-16 所示。

（3）单击“多边形”按钮或选择“菜单”→“插入”→“曲线”→“多边形”命令，打开

如图 1-17 所示的“多边形”对话框，指定原点为多边形中心点，在“边数”数值框中输入 6，在“大小”下拉列表中选择“边长”选项，在“长度”和“旋转”文本框中分别输入 24 和 0，绘制完成的草图如图 1-18 所示。

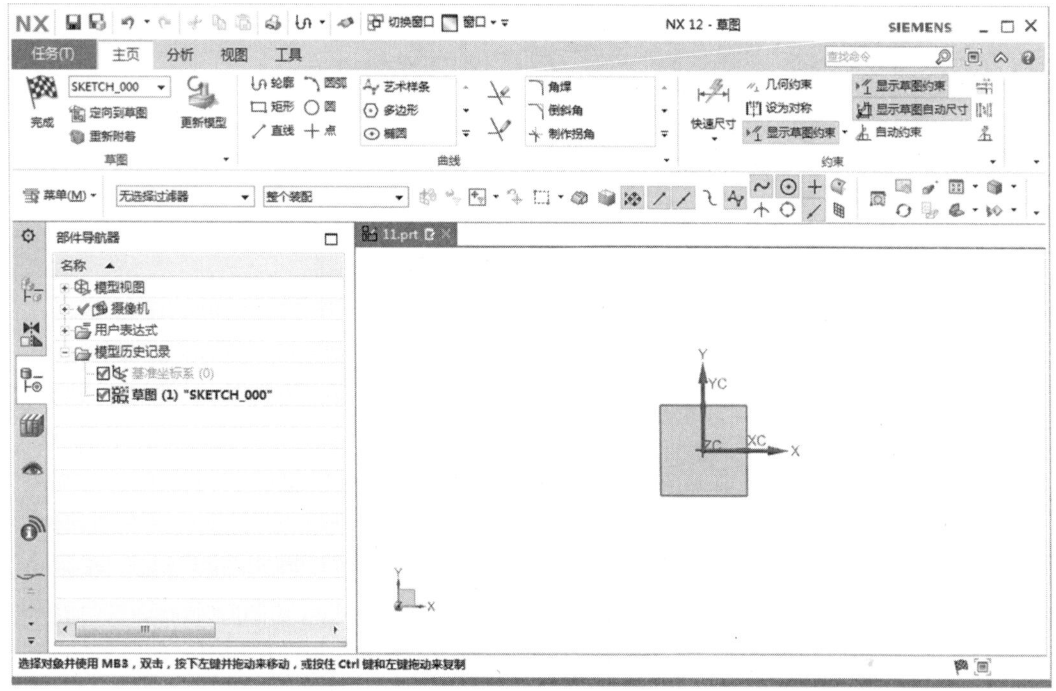

图 1-16　草图绘制环境

图 1-17　“多边形”对话框

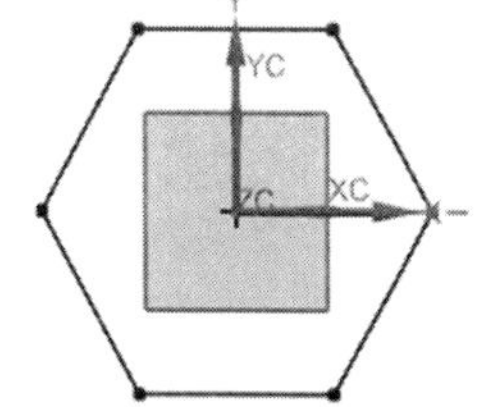

图 1-18　完成后的草图

1.4.2　实体成型

（1）完成草图绘制后，单击“完成”按钮，退出草图模式。单击“拉伸”按钮或选择“菜单”→“插入”→“设计特征”→“拉伸”命令，打开如图 1-19 所示的“拉伸”对话框，选择绘制的多边形为拉伸对象，在“指定矢量”下拉列表中选择“ZC 轴”选项，在“限制”选项组的“结束”的“距离”文本框中输入 25，单击“确定”按钮，即可完成拉伸操作。

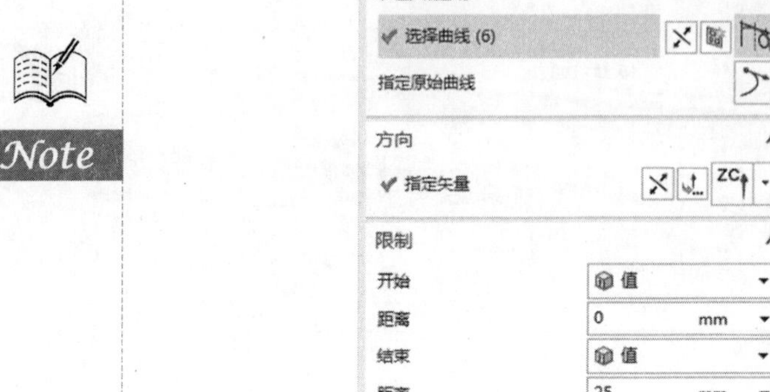

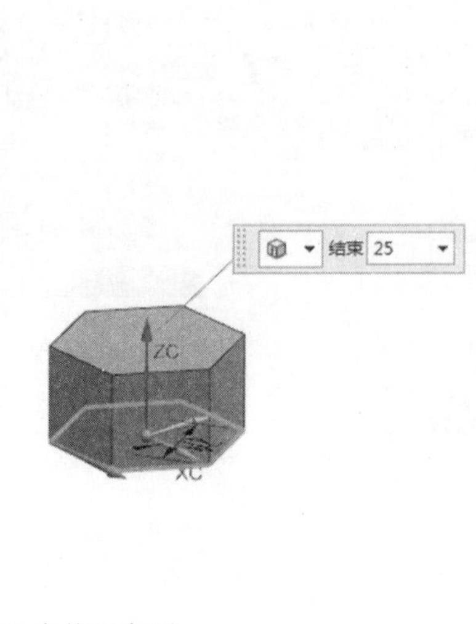

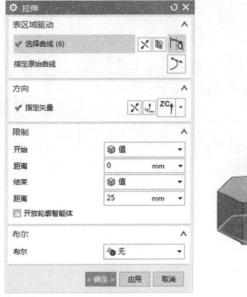

图 1-19 “拉伸”实体示意图

（2）下面完成螺母外缘类似垫圈部分操作，此处利用特征造型。选择“菜单”→“插入”→“曲线”→“直线和圆弧”→“圆（圆心-相切）”命令，打开“圆（圆心-相切）”对话框，捕捉坐标原点为圆心点，然后，捕捉正六边形的一边，即可创建内切于正六边形的内切圆，如图 1-20 所示。

（3）单击“拉伸”按钮或选择“菜单”→“插入”→“设计特征”→“拉伸”命令，打开“拉伸”对话框，选择步骤（2）绘制的内切圆为拉伸曲线，在“指定矢量”下拉列表中选择“ZC 轴”选项，在“结束距离”文本框中输入 26，在“布尔”下拉列表中选择“合并”选项，单击“确定”按钮，完成拉伸操作，如图 1-21 所示。

图 1-20 完成内切圆创建

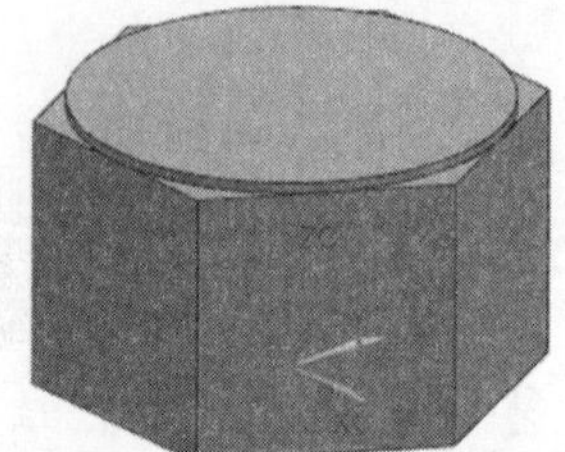

图 1-21 拉伸后实体图

（4）下面要形成螺母内的通孔，可以选择孔创建，也可以利用圆柱求差来造型。单击“孔”按钮或选择“菜单”→“插入”→“设计特征”→“孔”命令，打开如图 1-22 所示的“孔”对话框，选择如图 1-23 所示的圆心位置为孔的放置位置，在“成形”下拉列表中选择“简单孔”选项，在“直

径”“深度”“顶锥角”文本框中分别输入 30、50、118。单击“确定”按钮，完成孔的创建，如图 1-24 所示。

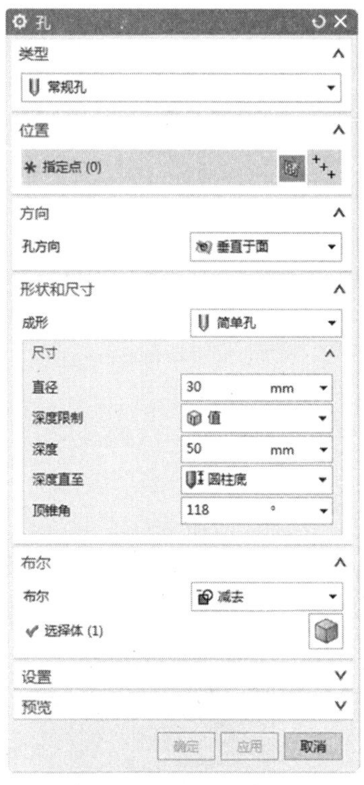

图 1-22 “孔”对话框

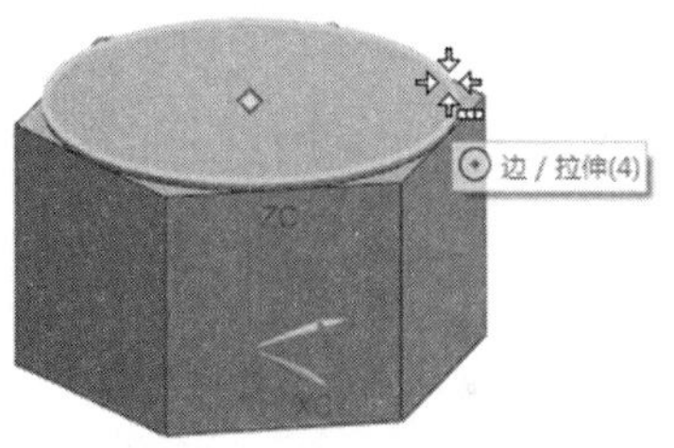

图 1-23　捕捉圆心

（5）以下要完成与螺母装配的零件创建，直接利用圆柱特征建模。新建一个.prt 文件，命名为 22。进入建模环境后，单击“圆柱”按钮或选择“菜单”→“插入”→“设计特征”→“圆柱”命令，创建两个圆柱，且完成“合并”运算。其中细长圆柱高 80mm，直径 30mm；另一圆柱高 10mm，直径 50mm，都以原点为其底面圆心。完成后的基本装配零件如图 1-25 所示。

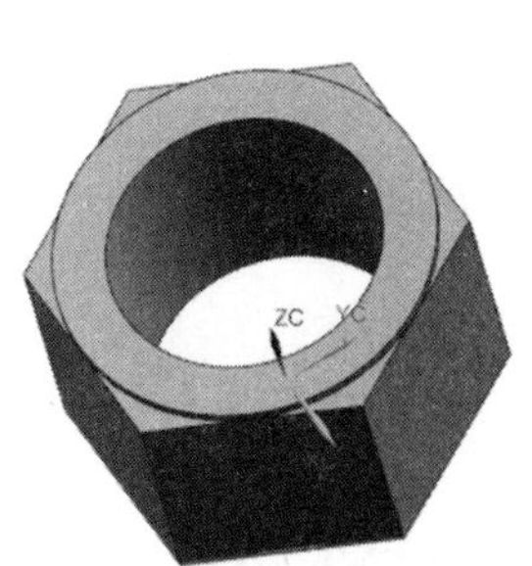

图 1-24　孔创建后实体示意图

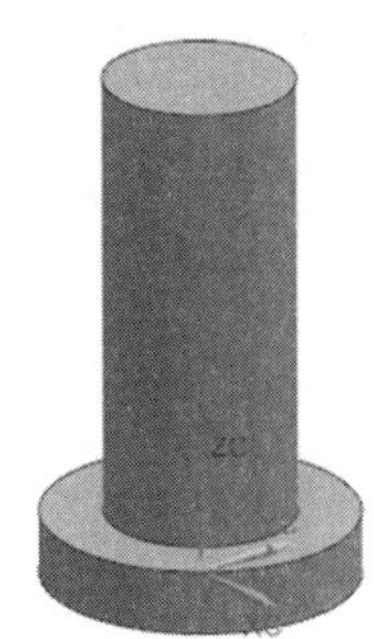

图 1-25　完成后的基本装配零件

1.4.3　装配建模

（1）以下将完成两个零件的组装操作。在 22.prt 的建模环境下，选择“菜单”→“装配”→“组

件”→“添加组件”命令，打开如图 1-26 所示的“添加组件”对话框，然后添加 11.prt 文件，打开“组件预览”对话框，如图 1-27 所示。

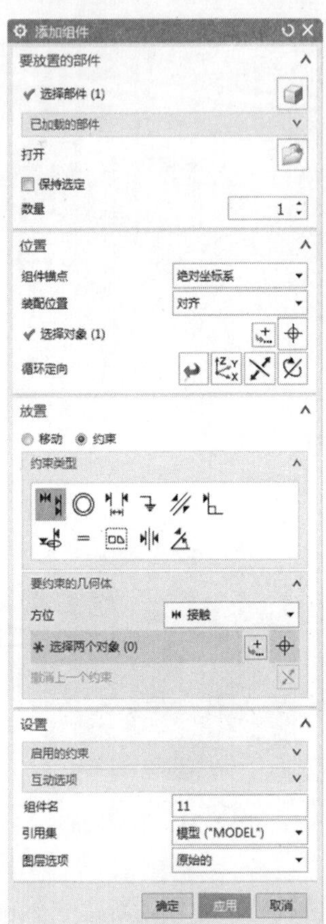

图 1-26 “添加组件”对话框

图 1-27 “组件预览”对话框

（2）在“放置”选项组中选中“约束”单选按钮，在“约束类型”选项组中选择“接触对齐”选项，在“方位”下拉列表中选择“接触”选项，选择如图 1-28 所示的螺栓尾端面和螺母的底面进行装配约束。

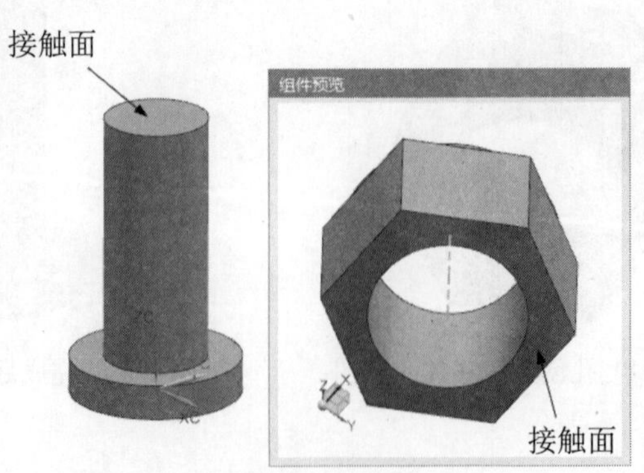

图 1-28 接触面约束

（3）在“方位”下拉列表中选择“自动判断中心/轴”选项，选择如图 1-29 所示的螺栓的圆柱面

和螺母的圆柱面进行装配约束。单击“确定”按钮，最终装配图如图 1-30 所示。

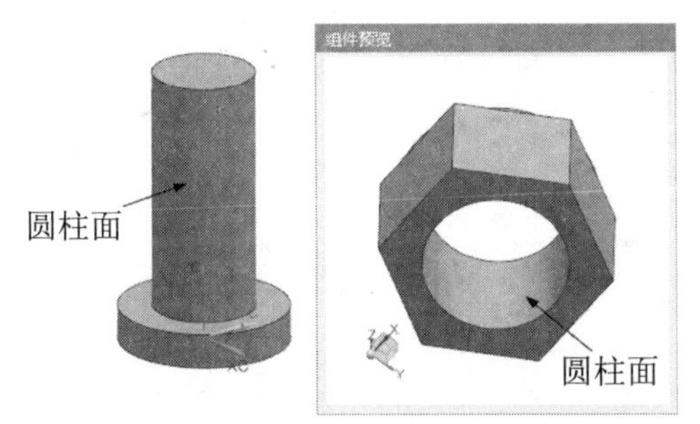

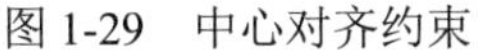

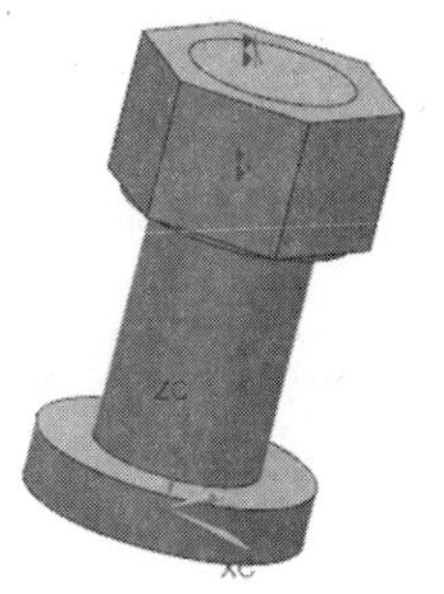

图 1-29 中心对齐约束

图 1-30 最终装配图

1.4.4 工程图

（1）以下将完成螺母零件（即 11.prt 中的零件）工程图的创建。打开 11.prt 文件后，单击“应用模块”选项卡“设计”组中的“制图”按钮，进入工程图环境。

（2）单击“新建图纸页”按钮或选择“菜单”→“插入”→“图纸页”命令，打开如图 1-31 所示的“工作表”对话框，选择“A3-无视图”模板，单击“确定”按钮，打开“视图创建向导”对话框，单击“取消”按钮，关闭“视图创建向导”对话框。

（3）单击“替换模板”按钮或选择“菜单”→“GC 工具箱”→“制图工具”→“替换模板”命令，打开“工程图模板替换”对话框，如图 1-32 所示。单击“确定”按钮，完成模板的替换操作，图板模型如图 1-33 所示。

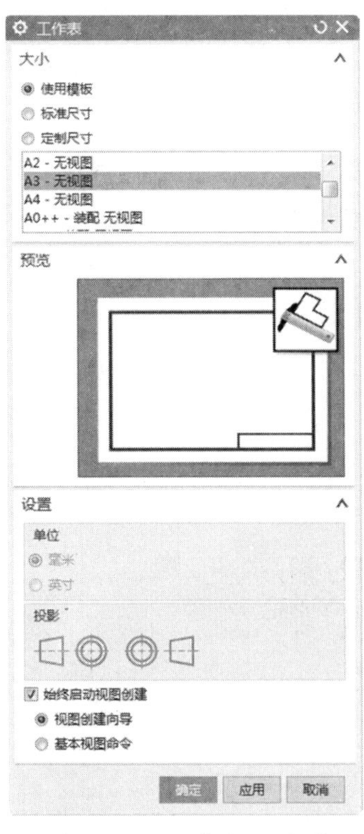

图 1-31 “工作表”对话框

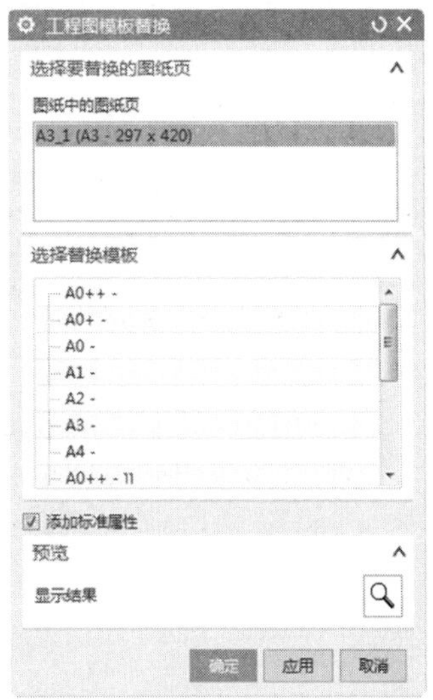

图 1-32 “工程图模板替换”对话框

Note

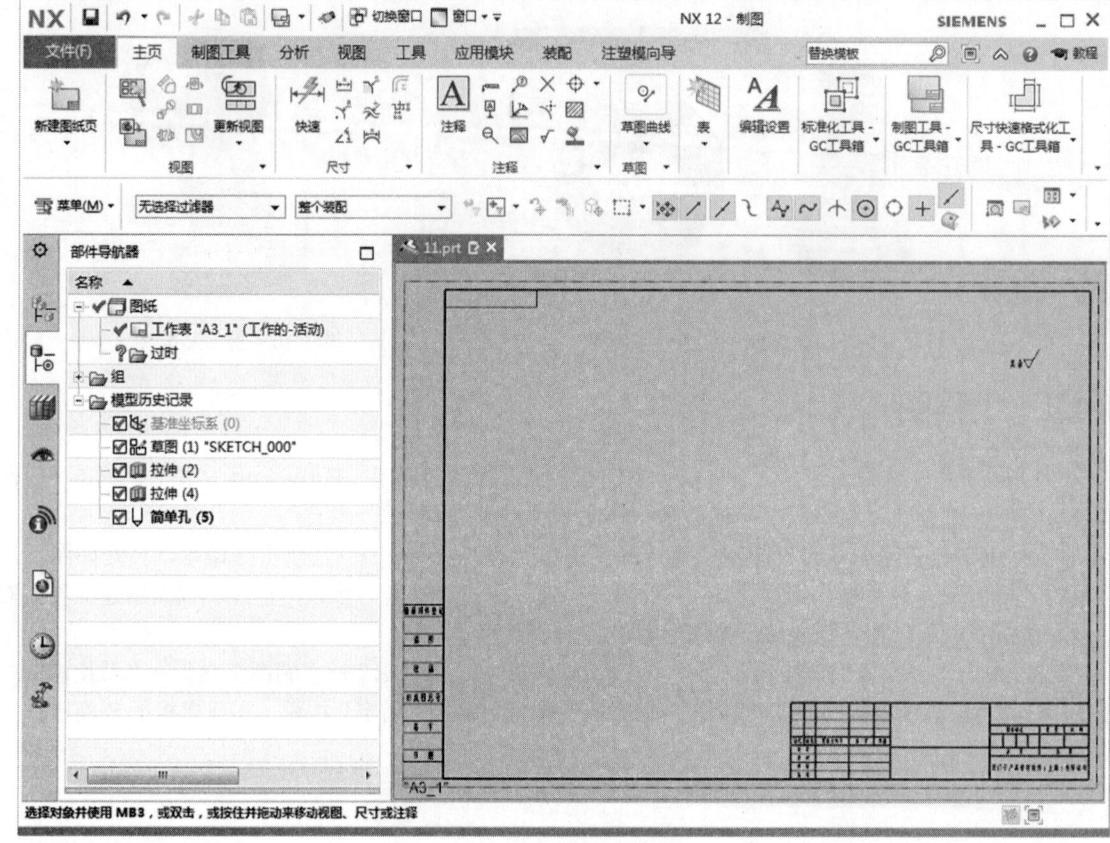

图 1-33　图板模型

（4）单击“基本视图”按钮或选择“菜单”→“插入”→“视图”→“基本”命令，打开如图 1-34 所示的“基本视图”对话框，在“要使用的模型视图”下拉列表中选择“俯视图”选项，将俯视图放置到适当的位置，结果如图 1-35 所示。

图 1-34　“基本视图”对话框

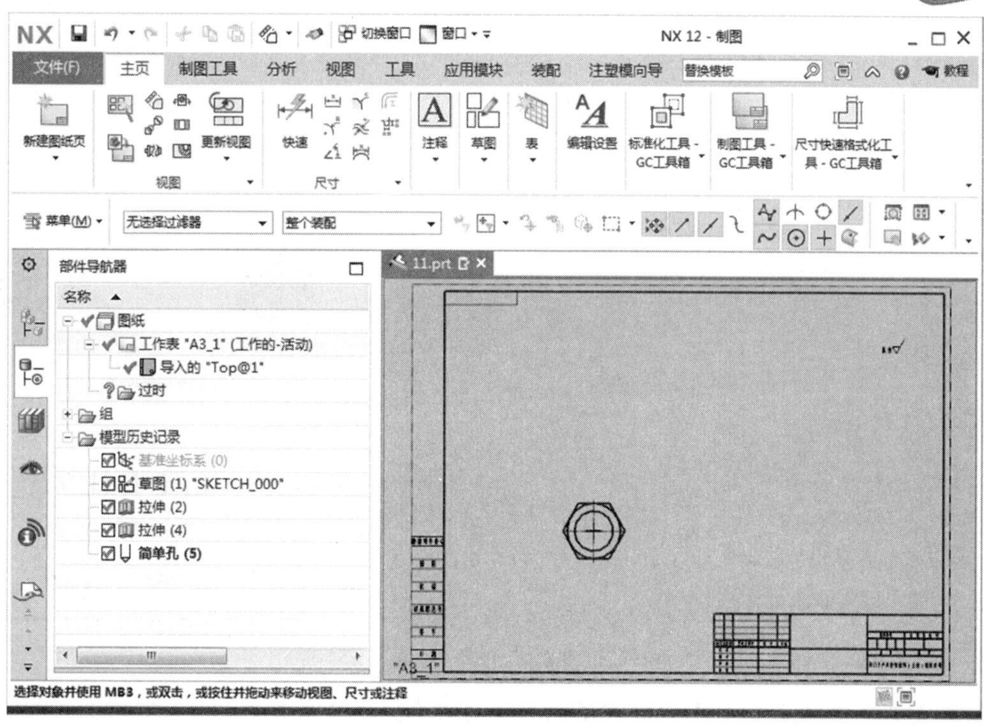

图 1-35　螺母俯视图

（5）重复“基本视图”命令，依次在制图平面创建前视图、左视图和正等测图，将视图放置到适当的位置，以完成工程图视图创建，如图 1-36 所示。

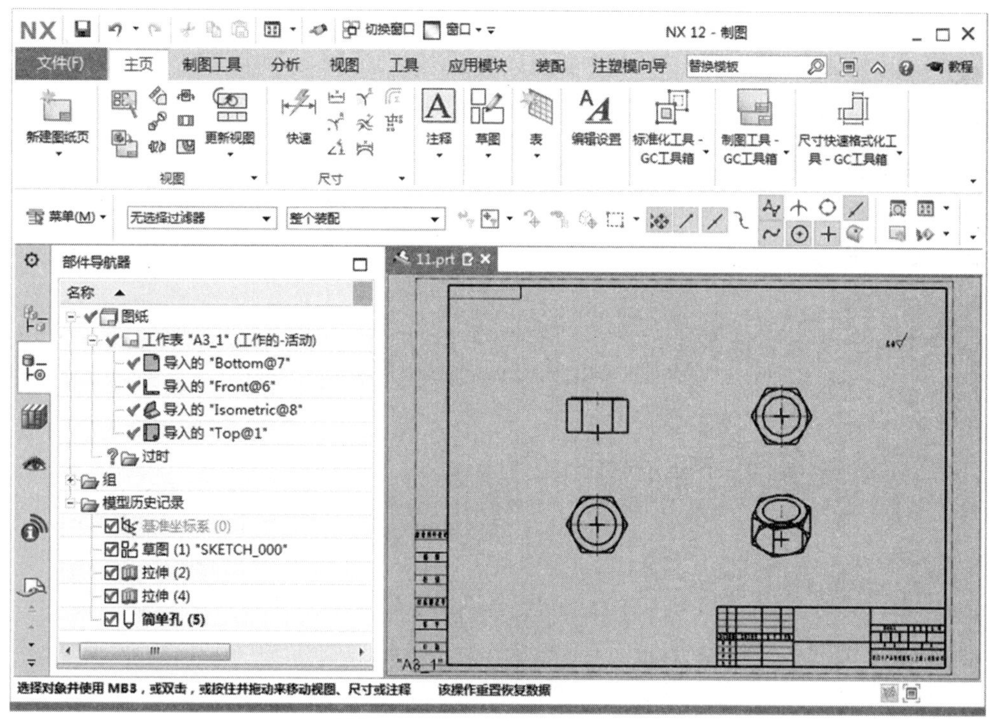

图 1-36　创建基本视图

第2章

建立模型准备

（视频讲解：43分钟）

本章主要介绍建立模型或制图前的相关准备工作。通过本章的学习，使读者了解UG NX 12.0的界面与使用环境、文件操作、文件工具、坐标系操作、图层操作、视图布局、对象操作、几何计算与物理分析、信息功能等有关建立模型要准备的基础知识。

【学习重点】

- 文件操作
- 基本工具
- 坐标系操作
- 图层操作
- 视图布局
- 对象操作
- 几何运算与物理分析
- 信息功能

2.1　文 件 操 作

文件操作是 UG NX 12.0 所有操作的基础。本节将介绍 UG 的新建文件、打开文件、保存文件、关闭文件、导入/导出文件等操作方法。

2.1.1　新建文件

通过桌面快捷方式或 Windows 程序中的执行文件启动 UG NX 12.0，启动后的界面如图 2-1 所示。

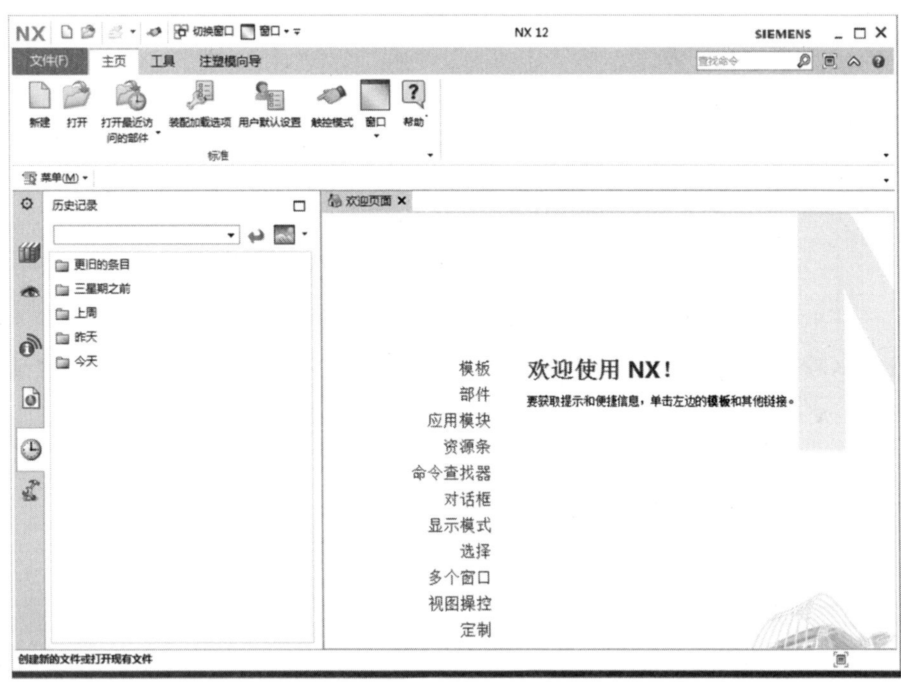

图 2-1　UG NX 12.0 界面

单击“新建”按钮或选择“菜单”→“文件”→“新建”命令，系统打开“新建”对话框，如图 2-2 所示。在该对话框中可以实现以下功能。

☑　名称，文件名最多可以包含 128 个字符。

☑　文件夹：确定新建文件的保存路径。

最后单击“确定”按钮可建立新部件。

2.1.2　打开文件

单击“打开”按钮或选择“菜单”→“文件”→“打开”命令，系统打开“打开”对话框，如图 2-3 所示。在该对话框中可以打开已经存在的 UG 部件文件或者 UG 支持的其他格式的文件。

打开文件的操作方法如下。

☑　在列表框中选择要打开的文件，系统在列表框右侧给出所选文件的预览图，然后单击 OK 按钮打开所选的文件。

Note

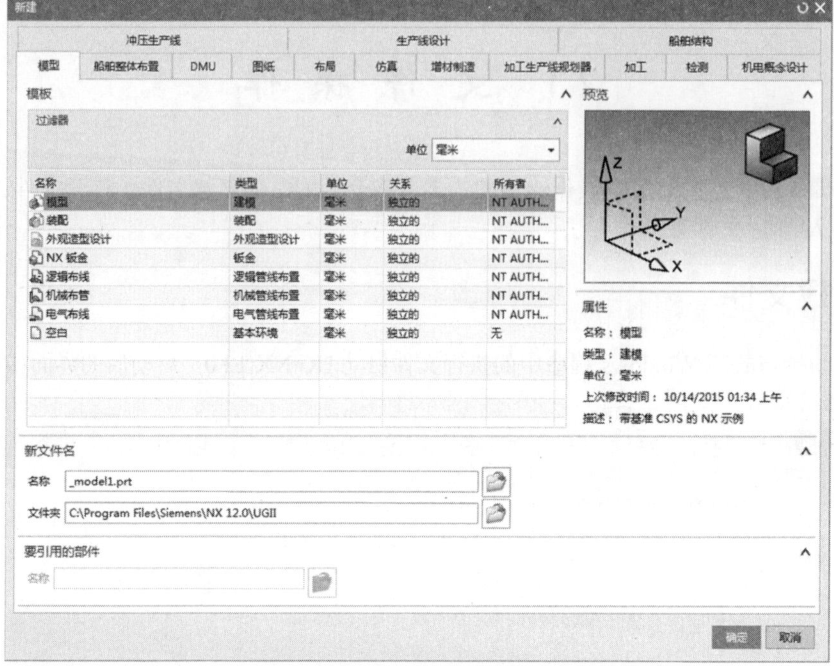

图 2-2 “新建”对话框

☑ 在“文件名”文本框中直接输入存在的 UG 部件文件名，然后单击 OK 按钮或直接按 Enter 键打开文件。

UG 支持的其他格式可在如图 2-3 所示的“文件类型”下拉列表中找到。

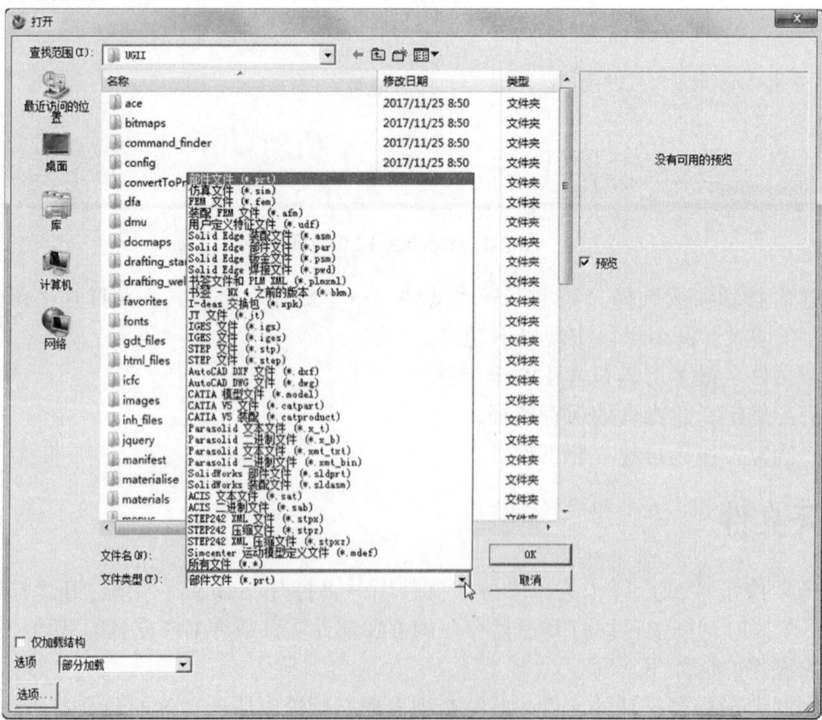

图 2-3 “打开”对话框

视频讲解

Note

视频讲解

2.1.3　保存文件

对新建文件或者打开的文件进行修改后，单击“保存”按钮或选择“文件”→“保存”命令，可以保存对文件所做的修改。

选择“文件”→“另存为”命令，可以为当前文件设定新的文件名和地址进行保存。

2.1.4　关闭文件

选择“文件”→“关闭”命令，系统打开“关闭”子菜单，如图 2-4 所示。

子菜单中各命令的详细功能如下所述。

☑ 选定的部件：选择该命令后，系统打开“关闭部件”对话框，如图 2-5 所示。在该对话框中可以选择性地关闭已经打开的多个文件。如果所打开的文件已经进行了修改，并且没有保存，系统将会打开如图 2-6 所示的“关闭所有文件”对话框，单击“是-保存并关闭”按钮，则保存所做的修改，直接退出；单击“否-关闭”按钮，则不保存所做的修改，直接关闭该文件。

图 2-4　“关闭”子菜单

图 2-5　“关闭部件”对话框

☑ 所有部件：选择该命令则关闭所有已经打开的文件。

☑ 保存并关闭：选择该命令则先保存打开的文件，然后关闭该文件。

☑ 另存并关闭：选择该命令则可以将打开的文件设定新的文件名和地址进行保存，然后关闭该文件。

☑ 全部保存并关闭：选择该命令则先保存打开的所有文件，然后关闭所有文件。

☑ 全部保存并退出：选择该命令则先保存打开的所有文件，然后直接退出 UG。

Note

☑ 关闭并重新打开选定的部件：选择该命令后，系统打开“重新打开部件”对话框，如图 2-7 所示。在该对话框中选择需要重新打开的部件，然后单击“确定”按钮，如果打开的部件已经被修改，则系统打开如图 2-8 所示的对话框。单击 Yes 按钮，则用磁盘上的原文件替代已经打开的文件；单击 No 按钮，则不替换。

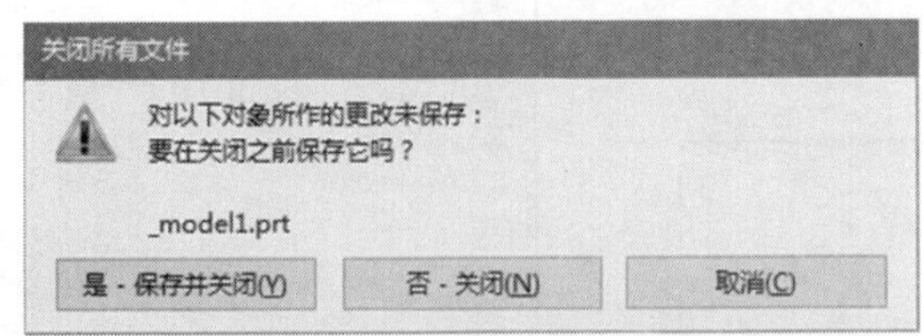

图 2-6　选择是否关闭部件

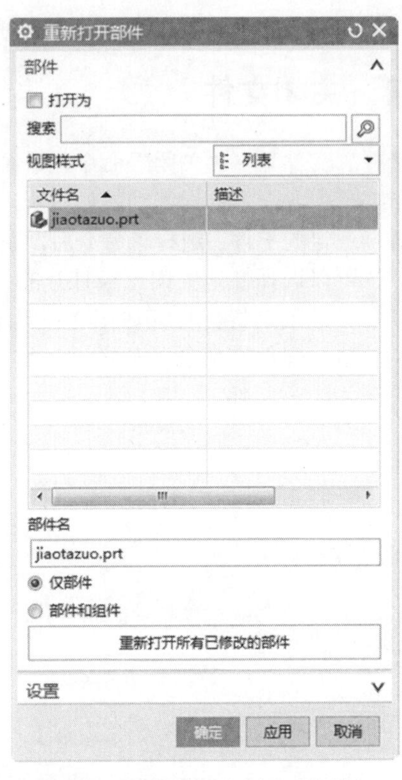

图 2-7　“重新打开部件”对话框

☑ 关闭并重新打开所有修改的部件：选择该命令后，如果打开的部件已经被修改，则系统打开如图 2-9 所示的对话框。单击“是”按钮，则重新打开文件；单击“否”按钮，则不重新打开。

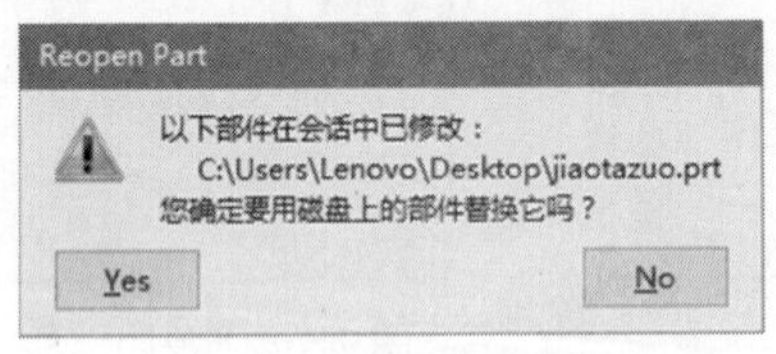

图 2-8　选择是否替换部件

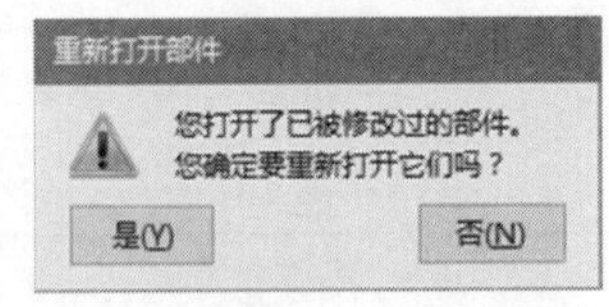

图 2-9　选择是否重新打开部件

视频讲解

2.1.5　导入/导出文件

选择“文件”→“导入”命令，系统打开“导入”子菜单，如图 2-10 所示。在该子菜单中选择相应命令，可以导入 UG 支持的其他类型的文件。

选择“文件”→“导出”命令，系统打开“导出”子菜单，如图 2-11 所示。在该子菜单中选择相应命令，可以将现有模型导出为 UG 支持的其他类型的文件，其中还包括直接导出为图片格式。

图 2-10　“导入”子菜单

图 2-11　“导出”子菜单

2.2 基本工具

本节将介绍 UG NX 12.0 中的点、矢量构成、类选择、构造坐标系等基本工具的使用方法和功能。

2.2.1 点

视频讲解

在 UG NX 12.0 的使用过程中，经常会遇到需要指定点的情况。单击“点”按钮 + 或选择“菜单”→“插入”→“基准/点”→“点”命令，系统将会打开如图 2-12 所示的“点”对话框，利用该对话框可以创建点。

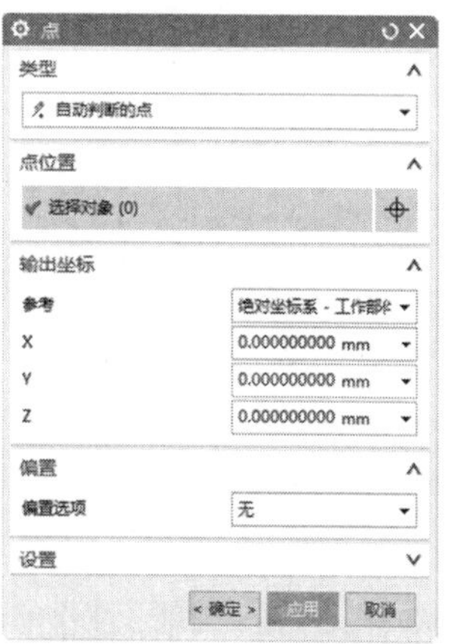

图 2-12　“点”对话框

在“点”对话框中，创建点的方法有3种，具体方法如下所述。

1. 选择相应的点类型建立点

在如图 2-12 所示的“点”对话框的“类型”下拉列表中选择相应的点类型建立点，各类型如表2-1所示。

表2-1 选择相应的点类型建立点的方法

图 标	点 类 型	建立点的方法
	自动判断的点	根据所选对象指定要使用的点类型。系统使用单个选择来确定点，所以自动推断的选项被局限于光标位置（仅当光标位置也是一个有效的点方法时有效）、现有点、端点、控制点以及圆弧/椭圆中心
	光标位置	直接在单击的位置建立点
	现有点	根据已经存在的点，在该点位置上再创建一个点
	端点	根据鼠标选择位置，在靠近鼠标选择位置的端点处建立点。如果选择的特征为完整的圆，那么端点为零象限点
	控制点	建立已经存在的点、直线的中点和端点、二次曲线的端点、圆弧的中点、端点和圆心或者样条曲线的端点和极点
	交点	建立线与线的交点或者线与面的交点
	圆弧中心/椭圆中心/球心	在所选圆弧、椭圆或者球的中心建立点
	圆弧/椭圆上的角度	在如图2-13所示的对话框中输入建立点与起始位置间的角度
	象限点	根据鼠标的位置，建立圆或者椭圆的象限点
	曲线/边上的点	在如图2-14所示的对话框中设置“曲线长度”的值，即在选择的特征上建立点
	面上的点	在如图2-15所示的对话框中设置“U向参数”和“V向参数”的值，即在面上建立点

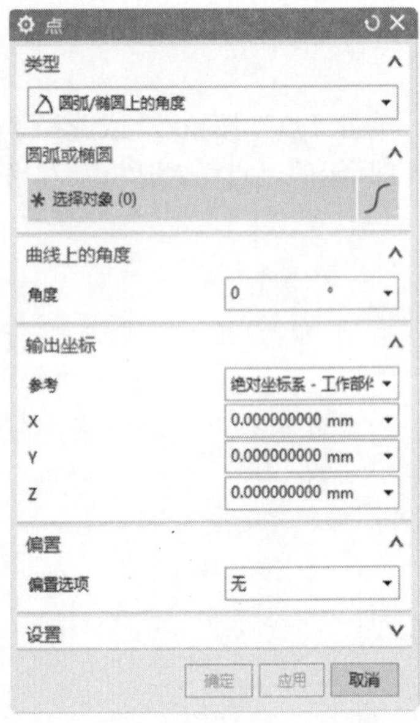

图2-13 建立点与起始位置间的角度

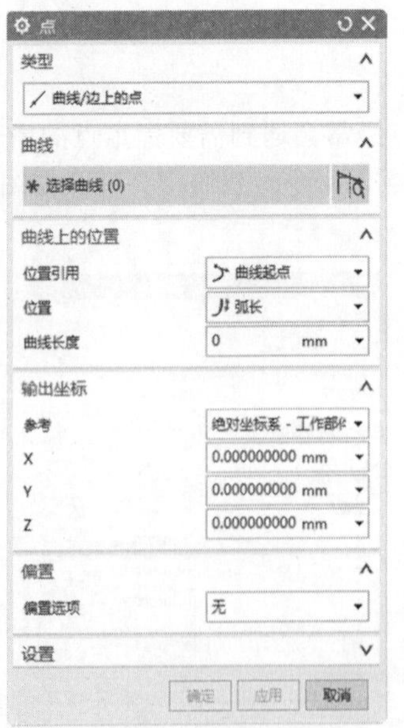

图2-14 设置“曲线长度”的值

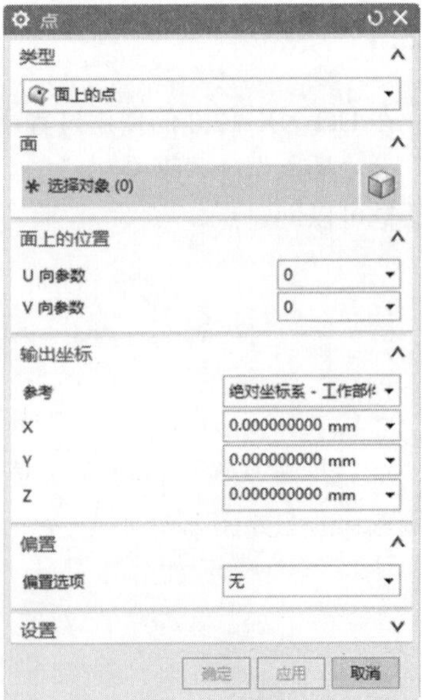

图2-15 设置“U向参数”和“V向参数”的值

"U 向参数"和"V 向参数"的意义如图 2-16 所示。当选择要创建点的曲面之后，系统会在该曲面上建立一个输出坐标，而"U 向参数"和"V 向参数"的值，表示新建的点在 U 和 V 方向上的长度与原曲面在 U 和 V 方向上的长度比。"U 向参数"和"V 向参数"的取值范围是实数。

2．根据坐标值建立点

根据坐标值确定点时有 3 种选择："绝对坐标系-工作部件""绝对坐标系-显示部件"和 WCS。如果选择 WCS，在"点"对话框中输入 XC、YC、ZC 的值，按照工作坐标系建立点；如果选择前两种，则"点"对话框如图 2-17 所示，原"点"对话框中的 XC、YC、ZC 变成了 X、Y、Z，在该对话框中输入 X、Y、Z 的值，则按照绝对坐标系建立点。

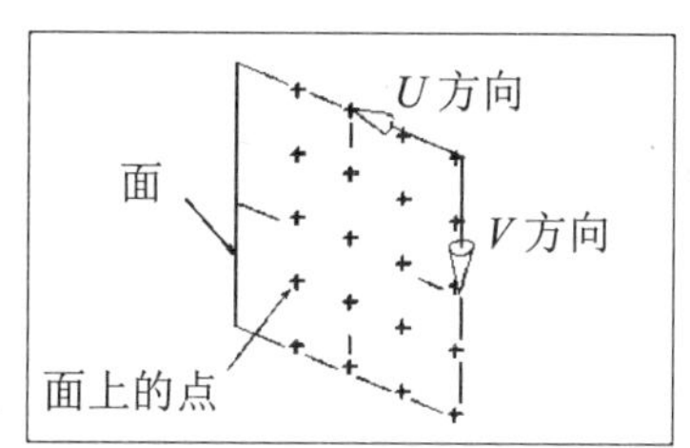

图 2-16　U 向、V 向参数示意图

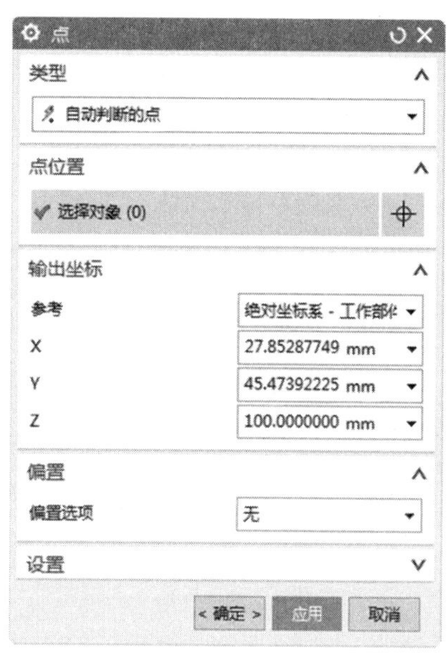

图 2-17　选择"绝对坐标系-工作部件"

3．用偏置的方法建立点

用偏置的方法建立点，就是在已经存在的点的基础上，通过给出其偏置值建立新的点，方法如下所述。

（1）直角坐标偏置方法。

在"点"对话框的"偏置选项"下拉列表中选择"直角坐标"选项，并且选择已经存在的点，则"点"对话框变成如图 2-18 所示。

在"点"对话框的"XC 增量""YC 增量""ZC 增量"文本框中分别输入点在 XC 方向、YC 方向、ZC 方向的增量，增量的取值范围为实数。然后单击"确定"按钮完成偏置点的建立。直角坐标的偏置示意图如图 2-19 所示。

（2）圆柱坐标偏置方法。

在"点"对话框的"偏置选项"下拉列表中选择"圆柱坐标"选项，并且选择已经存在的点，则"点"对话框变成如图 2-20 所示。

在"点"对话框的"半径""角度""ZC 增量"文本框中分别输入圆柱偏置的半径、角度和 ZC 方向的增量，偏置的半径、角度和 ZC 方向的增量取值范围为实数。然后单击"确定"按钮，完成偏

Note

置点的建立。圆柱坐标偏置示意图如图 2-21 所示。

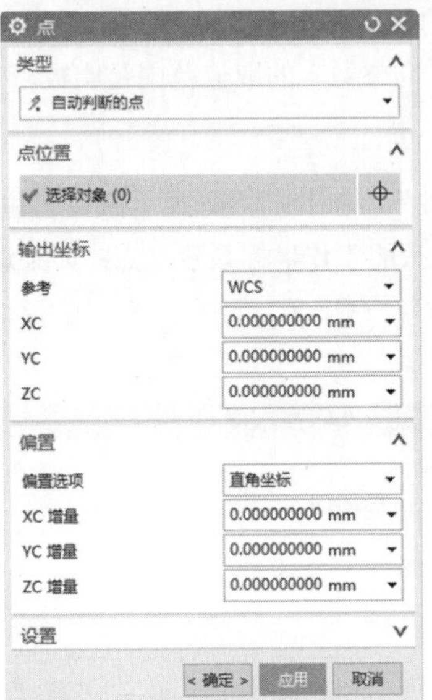

图 2-18　选择“直角坐标”选项

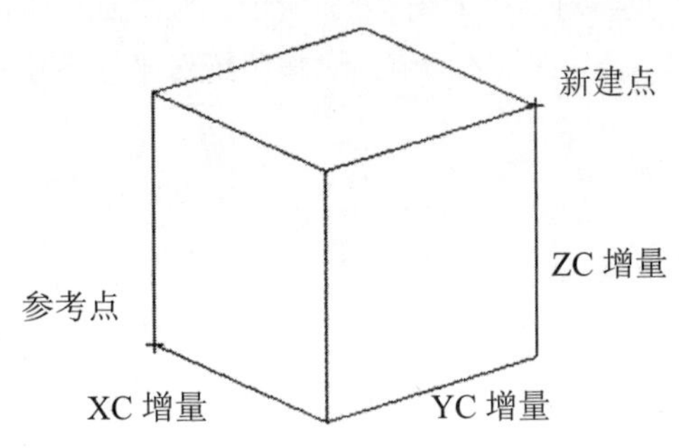

图 2-19　直角坐标偏置示意图

图 2-20　选择“圆柱坐标”选项

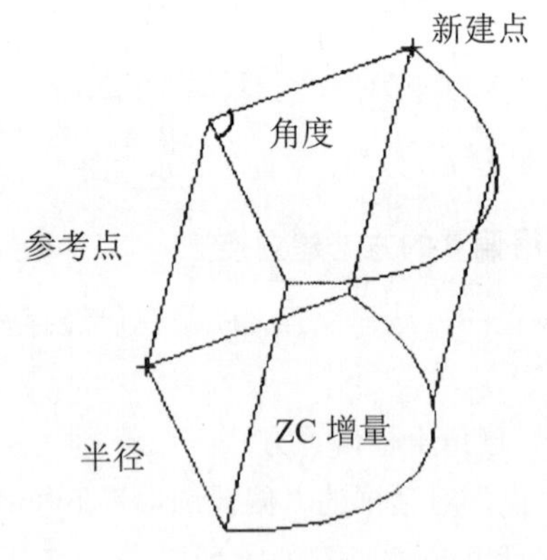

图 2-21　圆柱坐标偏置示意图

（3）球坐标偏置方法。

在“点”对话框的“偏置选项”下拉列表中选择“球坐标”选项，并且选择已经存在的点，“点”对话框变成如图 2-22 所示。

在“点”对话框的“半径”“角度 1”“角度 2”文本框中分别输入球坐标偏置的半径、角度 1 和角度 2，偏置的半径、角度 1 和角度 2 取值范围为实数。然后单击“确定”按钮，完成偏置点的建立。球坐标偏置示意图如图 2-22 所示。

（4）沿矢量偏置方法。

在“点”对话框的“偏置选项”下拉列表中选择“沿矢量”选项，并且选择已经存在的点，首先

选择直线作为偏置参考矢量，选择直线后，“点”对话框变成如图 2-23 所示。

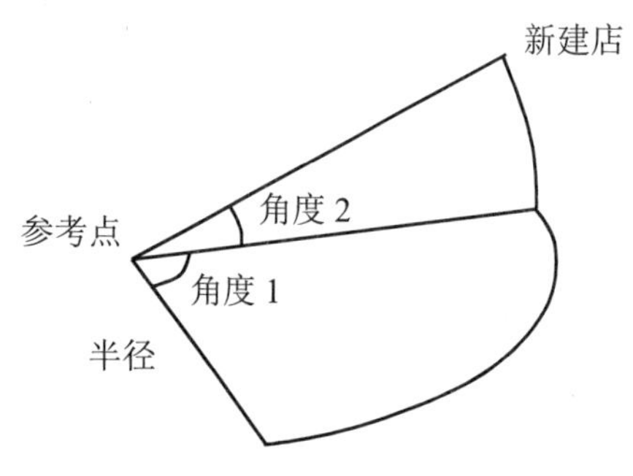

图 2-22　选择“球坐标”选项及球坐标偏置示意图

在“距离”文本框中输入沿矢量方向偏置的距离，单击“确定”按钮，完成偏置点。偏置值取值范围为实数。

（5）沿曲线偏置方法。

在“点”对话框的“偏置选项”下拉列表中选择“沿曲线”选项，并且选择已经存在的点，则“点”对话框变成如图 2-24 所示。

图 2-23　选择“沿矢量”选项

图 2-24　选择“沿曲线”选项

曲线偏置方法有两种：一种是按照弧长进行偏置；另一种为按照百分比进行偏置。选中“弧长”或“百分比”单选按钮，可以进行切换，如图 2-25 所示。在“弧长”或“百分比”文本框中输入偏置值，然后单击“确定”按钮进行偏置完成新建点。弧长偏置值和百分比偏置值的取值范围为实数。

2.2.2 矢量对话框

在 UG NX 12.0 的使用过程中，经常会遇到需要指定矢量的情况，例如，以后将要讲到的拉伸操作中，在“拉伸”对话框中单击“矢量对话框”按钮 ，系统将会打开如图 2-26 所示的“矢量”对话框。构成矢量的方法如表 2-2 所示。

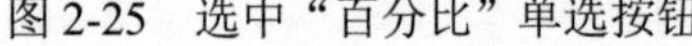

图 2-25　选中“百分比”单选按钮

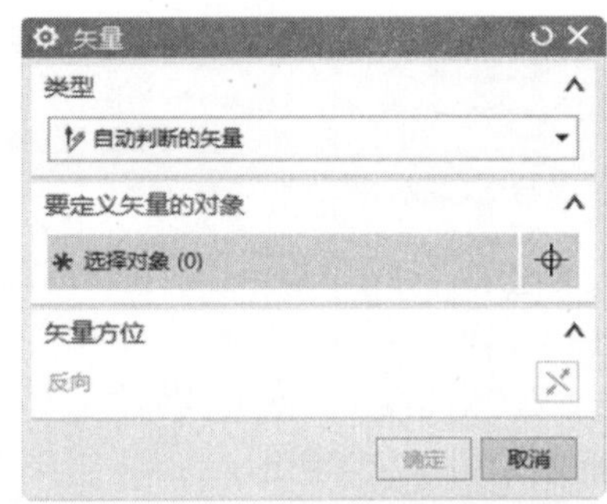

图 2-26　“矢量”对话框

表 2-2　构成矢量的方法

图　标	矢 量 类 型	构成矢量的方法
	自动判断的矢量	根据鼠标选择的对象自动判断构成矢量
	两点	根据指定的两个点构成矢量
	与 XC 成一角度	在如图 2-27 所示的对话框中输入角度，构成矢量与 XC 轴成指定的角度
	曲线/轴矢量	指定与基准轴的轴平行的矢量，或者指定与曲线或边在曲线、边或圆弧起始处相切的矢量。如果是完整的圆，软件将在圆心并垂直于圆面的位置处定义矢量；如果是圆弧，软件将在垂直于圆弧平面并通过圆弧中心的位置处定义矢量
	曲线上矢量	选择一条曲线，在如图 2-28 所示的对话框中，可以通过“弧长”“弧长百分比”或“通过点”来定义矢量的起始位置
	面/平面法向	指定与基准面或平面的法向平行的矢量
XC	XC 轴	平行于 XC 轴
YC	YC 轴	平行于 YC 轴
ZC	ZC 轴	平行于 ZC 轴

续表

图 标	矢量类型	构成矢量的方法
-XC	–XC 轴	平行于–XC 轴
-YC	–YC 轴	平行于–YC 轴
-ZC	–ZC 轴	平行于–ZC 轴
	按系数	按系数指定一个矢量。包括笛卡儿[①]坐标和球坐标两种指定系数的方法，如图 2-29 所示

图 2-27 “与 XC 成一角度”类型

图 2-28 “曲线上矢量”类型

图 2-29 “按系数”类型

在如图 2-29 所示的对话框中分别输入矢量在 X、Y、Z 方向的分量 I、J、K 值，或者输入矢量在球坐标系下的参数 Phi 和 Theta 值可以构成矢量。其中，Phi 为矢量与 ZC 轴的夹角，Theta 为矢量在 XC-YC 平面上的投影与 XC 轴的夹角。以上参数的取值范围均为实数。

2.2.3 类选择

“类选择”对话框也是 UG NX 12.0 中经常出现的对话框，如图 2-30 所示。

① 文中的笛卡儿和图中的笛卡尔为同一内容，后文不再赘述。

Note

选择“菜单”→“编辑”菜单下的“变换”“对象显示”“属性”命令，或者选择“菜单”→“信息”菜单下的“对象”等命令时都可打开“类选择”对话框。在该对话框中，通过各种过滤方式和选择方式可以快速地选择对象，然后对对象进行操作。

对象的选择方式和过滤方式如下所述。

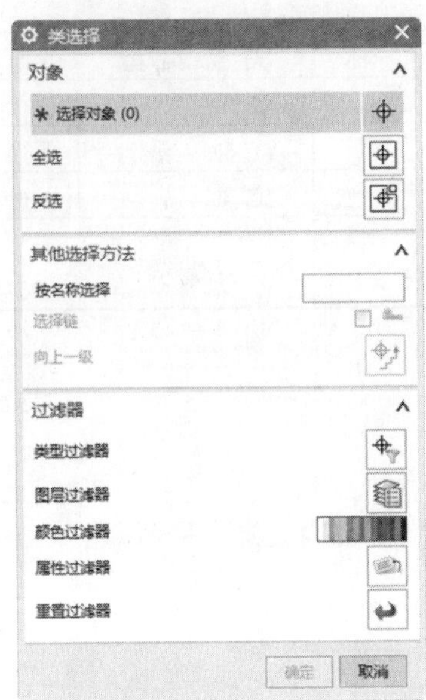

图 2-30 “类选择”对话框

1．对象

“对象”选项组中有“选择对象”“全选”和“反选”3 种选择方式。

☑ 选择对象：用于选取对象。

☑ 全选：用于选取所有的对象。

☑ 反选：用于选取在图形工作区中未被用户选中的对象

2．其他选择方法

“其他选择方法”选项组中有“按名称选择”“选择链”“向上一级”3 种选择方式。

☑ 按名称选择：用于输入预选取对象的名称，可使用通配符“？”或“*”。

☑ 选择链：用于选择首尾相接的多个对象。选择方法是首先单击对象链中的第一个对象，然后单击最后一个对象，使所选对象呈高亮度显示，最后确定，结束选择对象的操作。

☑ 向上一级：用于选取上一级的对象。当选取了含有群组的对象时，“向上一级”按钮才被激活，单击该按钮，系统自动选取群组中当前对象的上一级对象。

3．过滤器

过滤器用于限制要选择对象的范围，该选项组中有“类型过滤器”“图层过滤器”“颜色过滤器”“属性过滤器”“重置过滤器”5 种方式。

☑ 类型过滤器

单击此按钮，打开如图 2-31 所示的“按类型选择”对话框，在该对话框中，可设置在对象选择中需要包括或排除的对象类型。当选取“坐标系”“曲线”“点”“基准”“草图”等对象类型时，单击“细节过滤”按钮，还可以做进一步限制，如图 2-32 所示。

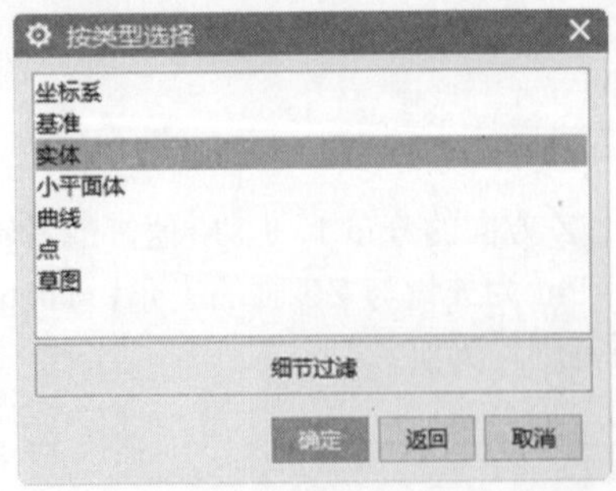

图 2-31 “按类型选择”对话框

图 2-32 “曲线”对话框

☑ 图层过滤器：单击此按钮，打开如图 2-33 所示的“按图层选择”对话框，在该对话框中可以设置在选择对象时，需包括或排除的对象所在的层。

☑　颜色过滤器 ：单击此按钮，打开如图 2-34 所示的“颜色”对话框，在该对话框中通过指定的颜色来限制选择对象的范围。

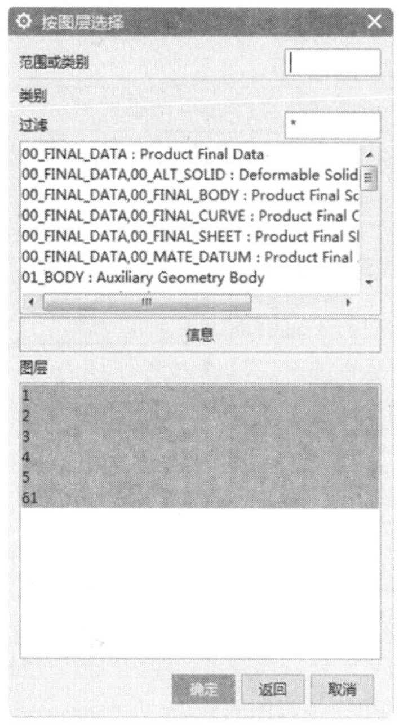

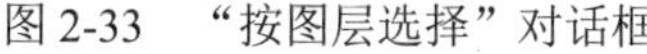

图 2-33　“按图层选择”对话框

图 2-34　“颜色”对话框

☑　属性过滤器 ：单击此按钮，打开如图 2-35 所示的“按属性选择”对话框，在该对话框中，可按对象线型、线宽或其他自定义属性过滤。

☑　重置过滤器 ：单击此按钮，用于恢复成默认的过滤方式。

2.2.4　基准坐标系

单击“基准坐标系”按钮 或选择“菜单”→“插入”→“基准/点”→“基准坐标系”命令，系统打开如图 2-36 所示的“基准坐标系”对话框。建立新坐标系的方法如表 2-3 所示。

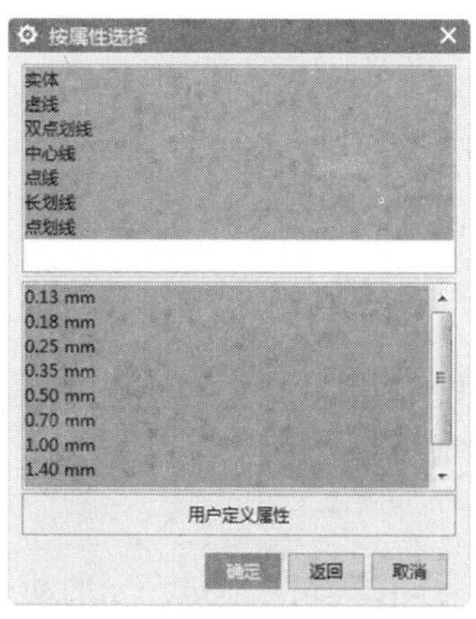

图 2-35　“按属性选择”对话框[②]

图 2-36　“基准坐标系”对话框

② 软件中的“双点划线”“长划线”“点划线”与书中的“双点画线”“长画线”“点画线”为同一内容，后文不再赘述。

Note

表 2-3 建立新坐标系的方法

图 标	坐标系类型	构 造 方 法
	动态	可以实现手动将坐标系移到任何想要的位置或方位，或创建一个相对于选定坐标系的关联、动态偏置坐标系
	自动判断	根据选择对象的不同，自动选择建立任意一种坐标系
	原点，X 点，Y 点	定义三个点，第一个点作为新坐标系的原点，第一个点到第二个点的方向为新坐标系的 X 轴方向，从第二个点到第三个点由右手定则确定 Y 轴方向和 Z 轴方向
	X 轴，Y 轴，原点	以选择或者新建的点作为新坐标系的原点，X 轴平行于第一个矢量，从第一个矢量到第二个矢量按照右手定则确定 Y 轴和 Z 轴
	三平面	以三个平面的交点作为坐标系的原点，以第一个平面的法向量方向作为 X 轴方向，以第二个平面的法向量方向作为 Y 轴方向，Z 轴方向由右手定则确定
	偏置坐标系	该方法通过输入沿 X、Y 和 Z 坐标轴方向相对于选择坐标系的偏距来定义一个新的坐标系。
	绝对坐标系	在绝对坐标为（0,0,0）处定义坐标系，坐标轴的方向与绝对坐标系的方向相同
	当前视图的坐标系	根据当前的视图定义坐标系，坐标系原点为视图原点，坐标系 X 轴平行于视图底边，坐标系 Y 轴平行于视图的侧边

2.3 坐标系操作

在 UG 系统中有两种坐标系，一种为绝对坐标系，另一种为工作坐标系。绝对坐标系是模型空间坐标系，其坐标原点位置和坐标轴方位是固定不变的；而工作坐标系是用户当前使用的坐标系，其坐标原点位置和坐标轴方位是可以改变的。在系统中可以存在多个坐标系，但是只能有一个是工作坐标系。

选择“菜单”→“格式”→WCS 命令，系统打开 WCS 子菜单，如图 2-37 所示。选择该子菜单中的命令可以完成坐标原点位置和坐标轴方位的设置，从而完成对坐标系的操作。

2.3.1 坐标系变换

视频讲解

1. 原点

选择“菜单”→“格式”→WCS→“原点”命令，系统打开“点”对话框，在该对话框中选择或者建立点，坐标系的坐标原点将移动到该点，但是坐标轴方位不变。

2. 动态

选择“菜单”→“格式”→WCS→“动态”命令，系统出现如图 2-38 所示的动态坐标系，选择该坐标系中的移动把手可以移动坐标系，具体操作方法如下。

☑ 选择圆锥形的移动把手，系统出现如图 2-39 所示的移动坐标系。在“距离”文本框中输入距离值后按 Enter 键，坐标系将在该轴方向移动所设定的距离。也可以在选择圆锥形的移动把手后，按住鼠标左键直接移动坐标系到合适的位置，移动时只能在所选轴方向上移动。“对齐”文本框用于设置手动移动的最小步长。

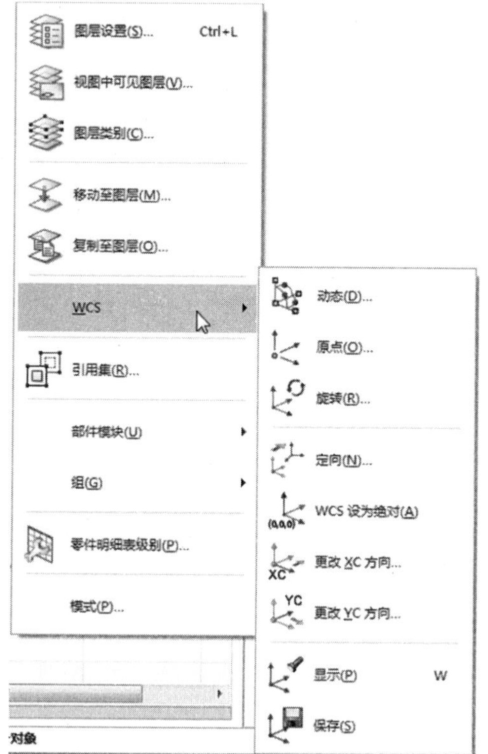

图 2-37　WCS 子菜单

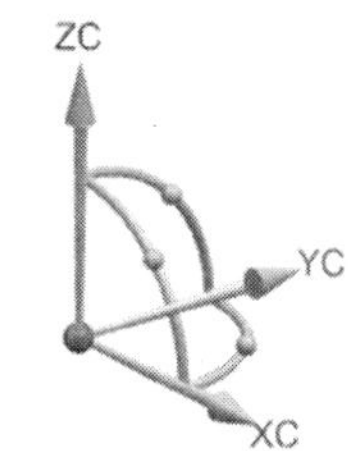

图 2-38　动态坐标系

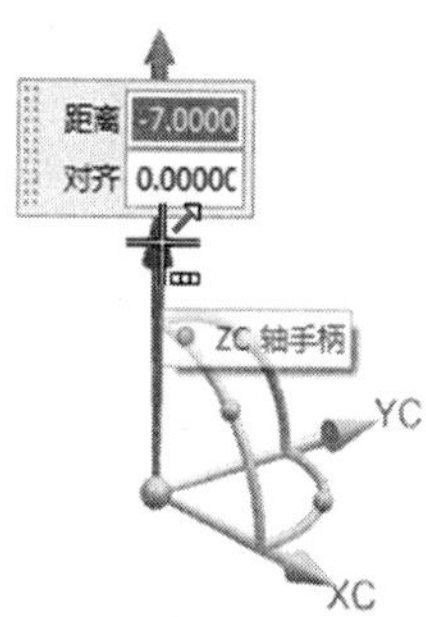

图 2-39　移动坐标系

☑ 选择圆形的原点把手，按住鼠标左键直接移动坐标轴到合适的位置，移动时可以在任意方向移动原点把手。也可以在选择圆形的原点把手后，在系统下方如图 2-40 所示的选择条中，单击“点对话框”按钮，在打开的“点”对话框中选择要移动到的点。

☑ 选择球形的旋转把手，出现如图 2-41 所示的旋转坐标系。在“角度”文本框中输入角度值后按 Enter 键，坐标系绕所选旋转把手对应的轴旋转设定的角度。也可以在选择球形的旋转把手后，按住鼠标左键直接旋转坐标系到合适的位置，旋转时只能绕所选旋转把手对应的轴旋转。“对齐”文本框用于设置手动旋转最小步长。

3．旋转

选择“菜单”→“格式”→WCS→“旋转”命令，系统打开“旋转 WCS 绕”对话框，如图 2-42 所示。在该对话框中，可以将当前的坐标系绕某一轴旋转一定的角度后定义新的坐标系。例如，在图 2-42 中选中“–ZC 轴：YC→XC”单选按钮，则表示原坐标系绕–ZC 轴进行旋转，旋转方向为从 YC 轴到 XC 轴，旋转角度为在该对话框下方“角度”文本框中的设定值。

Note

图 2-40　选择条

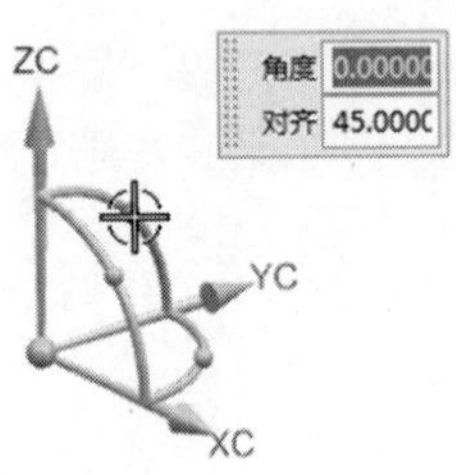

图 2-41　旋转坐标系

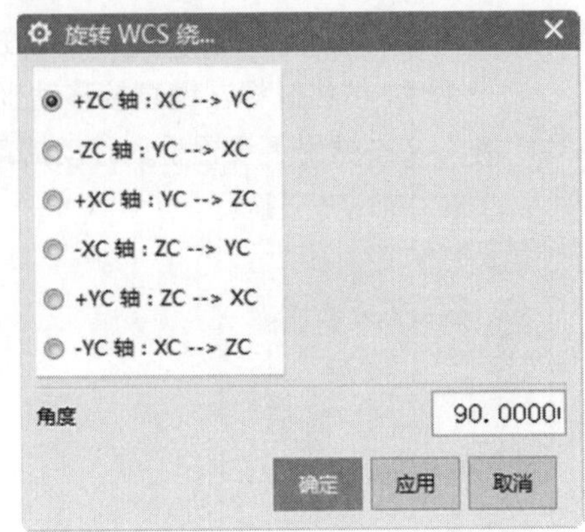

图 2-42　“旋转 WCS 绕”对话框

4．定向

选择“菜单”→“格式”→WCS→“定向”命令，系统打开“坐标系”对话框，此对话框的功能可参见 2.2.4 节中的“基准坐标系”对话框，这里不再赘述了。

5．更改 XC 或 YC 方向

选择“菜单”→“格式”→WCS→“更改 XC 方向”命令，或者选择“格式”→WCS→“更改 YC 方向”命令，系统打开“点”对话框。在该对话框中选择点，系统以原坐标系原点和该点在 XC-YC 平面上的投影点连线方向作为新坐标系 XC 方向或 YC 方向，而原坐标系的 ZC 轴方向不变。

视频讲解

2.3.2　坐标系保存、显示和隐藏

坐标系的保存、显示和隐藏方法如下。

☑　选择“菜单”→“格式”→WCS→“显示”命令，可以切换坐标系的显示状态。

☑　选择“菜单”→“格式”→WCS→“保存”命令，可以将当前工作坐标系保存，使其成为已存坐标系。工作坐标系坐标轴显示为 XC、YC 和 ZC，而已存坐标系坐标轴显示为 X、Y 和 Z。

2.4　图层操作

在 UG 中最多可以设置 256 个图层，在每个图层上可以包含任意数量的对象，而所有的对象也可以位于同一个图层。但是在所有的图层中，只有一个图层是工作图层，通过设置，可以改变其他图层是否可见、是否可选择等属性。图层的设置可以方便操作和管理结构比较复杂而耗时较长的大型项目的设计。

视频讲解

2.4.1　图层类别

选择“菜单”→“格式”→“图层类别”命令，系统打开“图层类别”对话框，如图 2-43 所示。

1. 制定图层类别的步骤

制定图层类别的具体操作步骤如下。

（1）在“图层类别”对话框的“类别”文本框中，输入新的图层类别名称。设置图层类别的目的是为了分类管理和提高操作效率，因此为图层类别命名时，应尽量选择具有特定意义的名称。

（2）在“描述”文本框中输入对该图层类别的描述，以方便将来的操作。描述信息为可选项，既可以设置，也可以不设置。

（3）单击“创建/编辑”按钮，系统打开如图 2-44 所示的对话框，在该对话框中选择图层类别所要包括的图层，可以利用 Ctrl 和 Shift 键进行多项选择。单击“添加”按钮，然后单击“确定”按钮，完成新建图层类别。

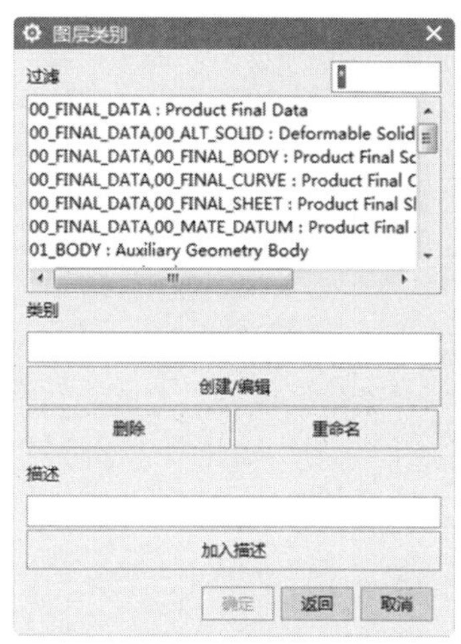

图 2-43　“图层类别”对话框

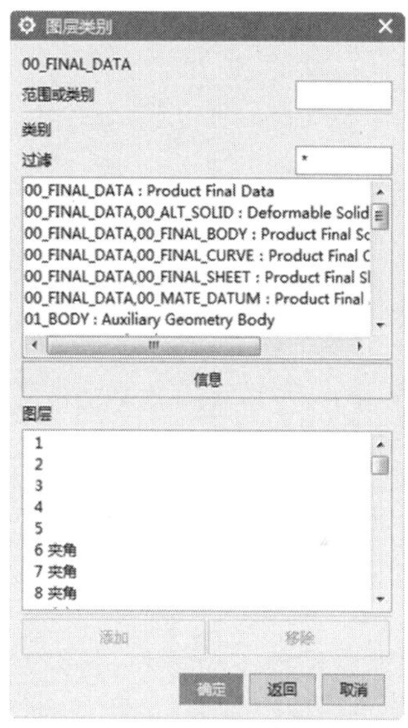

图 2-44　选择图层类别所要包括的层

2. 编辑图层类别

在如图 2-43 所示的“图层类别”对话框中还可以对已经存在的图层类别进行编辑和删除，方法如下。

- ☑ 在如图 2-43 所示的“图层类别”对话框的“过滤”列表框中选择已存在的图层类别，然后单击“删除”按钮即可将其删除。
- ☑ 在如图 2-43 所示的“图层类别”对话框的“过滤”列表框中选择已存在的图层类别，并在“类别”文本框中输入新的图层类别名称，然后单击“重命名”按钮，可以修改选择的图层类别的名称。
- ☑ 在如图 2-43 所示的“图层类别”对话框的“过滤”列表框中选择已存在的图层类别，并在“描述”文本框中输入对该图层类别的新的描述，然后单击“加入描述”按钮，系统将用新的描述代替图层类别原来的描述。
- ☑ 在如图 2-43 所示的“图层类别”对话框的“过滤”列表框中选择已存在的图层类别，然后单击“创建/编辑”按钮，系统打开如图 2-44 所示的对话框。在该对话框的“图层”列表框中选择要包括的层或要删除的层，然后单击“添加”或“移除”按钮，即可完成对图层类别所包括层的修改。

视频讲解

Note

2.4.2 图层设置

选择“菜单”→“格式”→“图层设置”命令，系统打开“图层设置”对话框，如图 2-45 所示。在该对话框中可以对图层进行设置，也可以查询图层的信息，还可以对图层所属类进行编辑，备选项功能介绍如下。

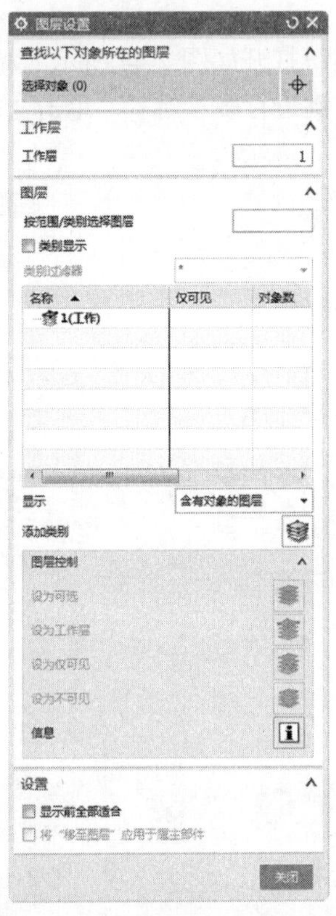

图 2-45 “图层设置”对话框

☑ 工作层：该文本框用于输入需要设置为当前工作层的图层号。当输入图层号后，系统会自动将其设置为工作图层。

☑ 按范围/类别选择图层：该文本框用于输入范围或图层种类的名称进行筛选操作，在文本框中输入种类名称并确定后，系统会自动将所有属于该种类的图层选取，并改变其状态。

☑ 类别过滤器：在该文本框中输入“*”，表示接受所有图层种类。

☑ 名称：该列表框用于显示图层号并指示当前工作层，可以利用 Ctrl+Shift 快捷键进行多项选择。此外，在列表框中双击需要更改状态的图层，系统会自动切换其显示状态。

☑ 仅可见：该选项栏用于将指定的图层设置为仅可见状态。当图层处于仅可见状态时，该图层的所有对象仅可见但不能被选取和编辑。

☑ 显示：该下拉列表用于控制在图层状态列表框中图层的显示情况。该下拉列表中含有“所有图层”“含有对象的图层”“所有可选图层”“所有可见图层”这 4 个选项。

☑ 显示前全部适合：该复选框用于在更新显示前吻合所有的视图，使对象充满显示区域，或在工作区域利用 Ctrl+F 快捷键实现该功能。

Note

2.4.3 移动或复制到图层

移动与复制到图层的操作过程基本一致，不同的是前者将所选对象移出所在的图层而移动到另外的图层，而后者是将所选对象复制一份到另外的图层，源对象还在所在的图层内。移动与复制到图层的具体操作步骤如下。

（1）选择“菜单”→“格式”→“移动至图层”或“复制至图层”命令，系统首先打开“类选择”对话框，利用该对话框选择要移动或复制的对象。

（2）选择要移动或复制的对象后，单击“确定”按钮，系统打开“图层移动”对话框，如图 2-46 所示（选择“复制至图层”命令时，打开“图层复制”对话框）。在该对话框中选择要移动到或复制到的图层，然后单击“确定”按钮，即可完成对象在图层之间的移动或复制。

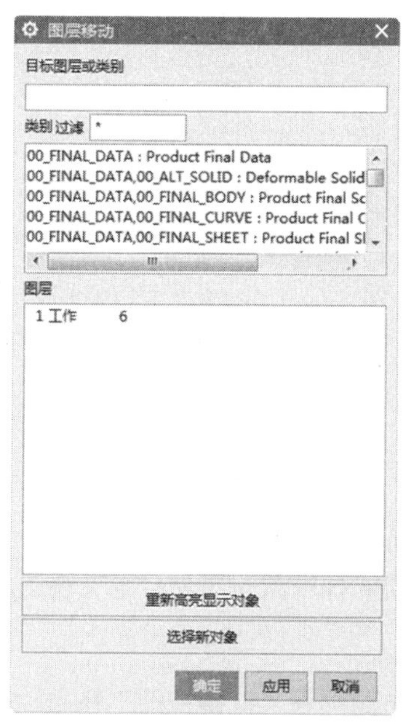

图 2-46 “图层移动”对话框

2.5 视图布局

视图布局是指按照用户定义的方式在图形区域显示的视图集合，一个视图布局最多允许同时排列 9 个视图，用户可以在布局中的任意视图内选择对象，并且视图可以随同部件文件一起保存。

2.5.1 创建视图

选择“菜单”→“视图”→“布局”→“新建”命令，打开“新建布局”对话框，如图 2-47 所示。

新建布局具体操作步骤如下。

（1）首先在“名称”文本框中输入新布局的名称，系统默认的名称为 LAY 再加上一个整数，该整数从 1 开始，增量为 1，对每个使用默认名称的布局命名，如 LAY1，LAY2，…，LAY。

（2）在“布置”下拉列表（见图2-48）中选择系统提供的6种布局之一。

（3）选择某个布局之后，在如图2-47所示的对话框的下部相关灰色方框中将显示所选布局包含的视图，如图2-49所示。单击图2-49中的视图名称，然后在如图2-47所示的对话框的视图列表中选择要替换的视图，最后单击“确定”或“应用”按钮完成新建布局。

Note

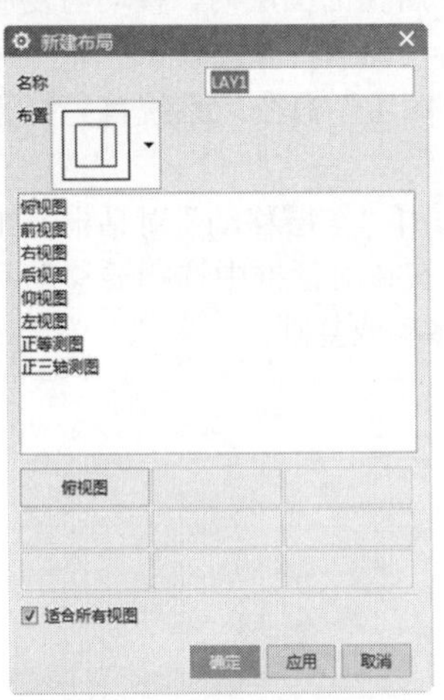

图2-47 “新建布局”对话框

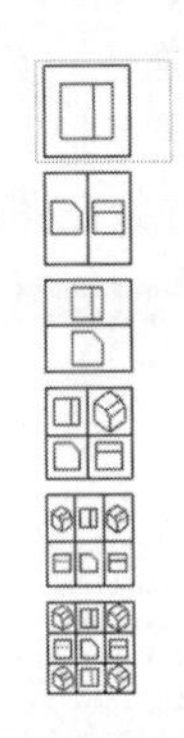

图2-48 “布置”下拉列表

图2-49 视图布局

2.5.2 视图布局的操作

视频讲解

1. 切换视图布局

选择“菜单”→“视图”→“布局”→“打开”命令，系统打开“打开布局”对话框，如图2-50所示。在该对话框中选择系统定义的6种视图布局及自定义视图布局，可以切换视图布局。

2. 替换视图

选择“菜单”→“视图”→“布局”→“替换视图”命令，系统打开“视图替换为...”对话框，如图2-51所示。

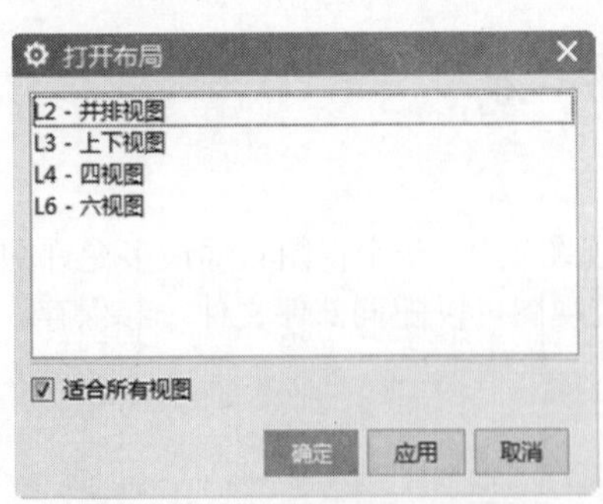

图2-50 “打开布局”对话框

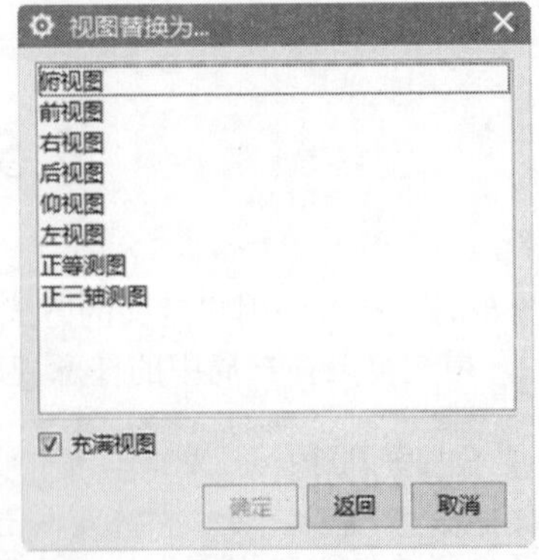

图2-51 “视图替换为...”对话框

替换视图的具体操作步骤如下。

（1）图2-51中列出了当前视图布局中所包含的视图。

（2）选择要替换为的视图，然后单击“确定”按钮，完成对视图布局的替换。

Note

3. 删除视图布局

当用户自定义的视图布局非当前布局时，选择"菜单"→"视图"→"布局"→"删除"命令，系统打开"删除布局"对话框，如图 2-52 所示。在该对话框中可以删除用户自定义的视图布局，但不能删除系统定义的视图布局。

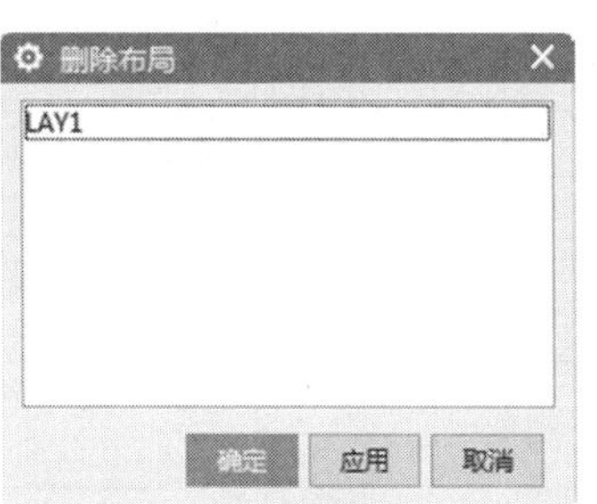

图 2-52 "删除布局"对话框

2.6 对象操作

本节将介绍选择对象、观察对象、视图剖切、编辑对象的显示方式、隐藏与显示对象、特征组、对象变换等相关操作方法。

2.6.1 选择对象

视频讲解

当要对对象进行操作时，首先需要选择对象，选择对象时可以利用鼠标在图形界面中直接选取，也可以在导航器中选取。

选择"菜单"→"编辑"→"选择"命令后，系统会打开如图 2-53 所示的子菜单。其具体功能如表 2-4 所示。

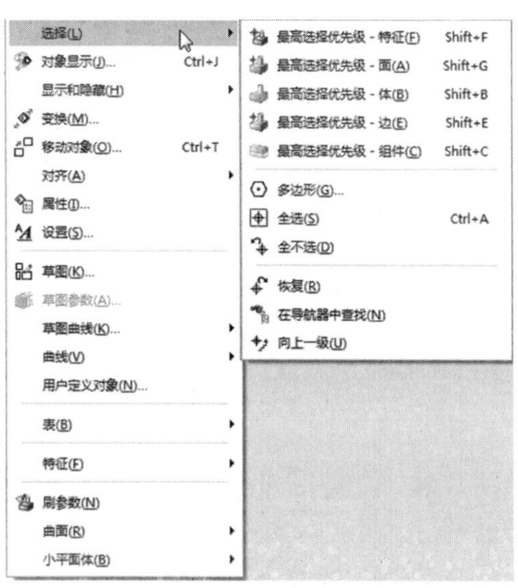

图 2-53 "选择"子菜单

Note

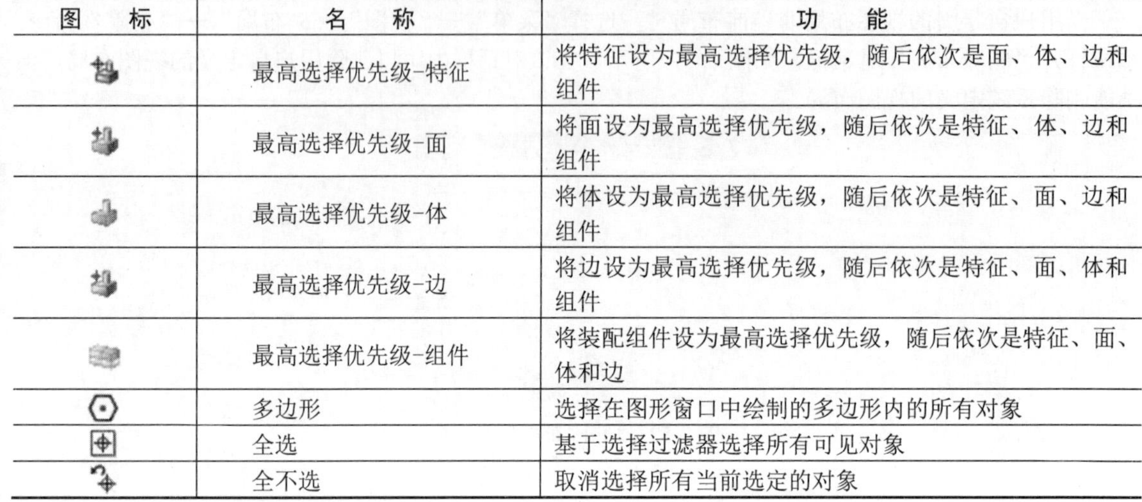

表 2-4 “选择”子菜单的功能

图　标	名　称	功　能
	最高选择优先级-特征	将特征设为最高选择优先级，随后依次是面、体、边和组件
	最高选择优先级-面	将面设为最高选择优先级，随后依次是特征、体、边和组件
	最高选择优先级-体	将体设为最高选择优先级，随后依次是特征、面、边和组件
	最高选择优先级-边	将边设为最高选择优先级，随后依次是特征、面、体和组件
	最高选择优先级-组件	将装配组件设为最高选择优先级，随后依次是特征、面、体和边
	多边形	选择在图形窗口中绘制的多边形内的所有对象
	全选	基于选择过滤器选择所有可见对象
	全不选	取消选择所有当前选定的对象

视频讲解

2.6.2　观察对象

在 UG 各模块的使用过程中，经常会遇到需要改变观察对象的方法和角度等，以便进行操作和分析研究，在这种情况下就需要通过各种操作使对象满足观察的要求。观察对象的方法有以下 3 种。

1．利用按钮观察对象

视图选项卡如图 2-54 所示，其按钮的具体功能介绍如表 2-5 所示。

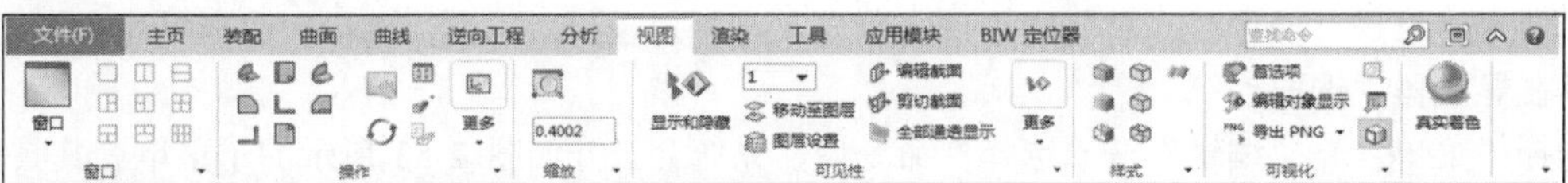

图 2-54 “视图”选项卡

表 2-5 “视图”选项卡的功能

按钮图标	名　称	功　能
	适合窗口	调整工作视图的中心和比例以显示所有对象
	根据选择调整视图	使工作视图适合当前选定的对象
	缩放	自动拟合窗口到鼠标所选中的区域
	放大/缩小	将视图进行缩放
	旋转	对视图进行旋转
	平移	对视图进行平移
	透视	将视图变为透视图
	刷新	用于更新窗口显示，包括更新 WCS 显示；更新由线段逼近的曲线和边缘显示；更新草图和相对定位尺寸/自由度指示符、基准平面和平面显示
	定向	将工作视图定向到指定的坐标系
	精确旋转	启用更精确的视图旋转，在旋转时使用更小的角度增量

2．利用菜单观察对象

在图形窗口中右击，系统打开如图 2-55 所示的快捷菜单。在该菜单中选择相应命令也可以实现上述选项卡中的功能。

该快捷菜单中的“定向视图”和“替换视图”命令的功能大致相同，不同的是：如果选择“定向视图”命令，系统只改变观察点的位置，而不改变视图名；如果选择“替换视图”命令，则用新视图替换原视图，视图名将改变。

选择“菜单”→“视图”→“操作”命令，在系统打开的菜单中也可以实现部分功能。

3．利用鼠标观察对象

如果使用带滚轮的鼠标，那么用鼠标就可以完成视图的放大、缩小、旋转和平移，具体操作方法如下。

（1）视图缩放。

将鼠标置于图形界面中，滚动鼠标滚轮就可以对视图进行缩放；或者在按鼠标滚轮的同时按住 Ctrl 键不放，然后上下移动鼠标也可以对视图进行缩放；或者同时按住鼠标滚轮和鼠标左键不放，然后上下移动鼠标也可以对视图进行缩放。

（2）旋转视图。

将鼠标置于图形界面中，然后按住鼠标滚轮不放，在各个方向移动鼠标就可以旋转视图。

（3）平移视图。

将鼠标置于图形界面中，然后同时按住鼠标滚轮和鼠标右键不放，在各个方向移动鼠标就可以平移视图；或者在按鼠标滚轮的同时按住 Shift 键不放，在各个方向移动鼠标也可以对视图进行平移。

通过各种操作得到一个满意的视图方位后，选择“菜单”→“视图”→“操作”→“另存为”命令，系统打开“保存工作视图”对话框，如图 2-56 所示。在该对话框中输入视图名称，可以将当前视图方位保存，以供其他功能使用。

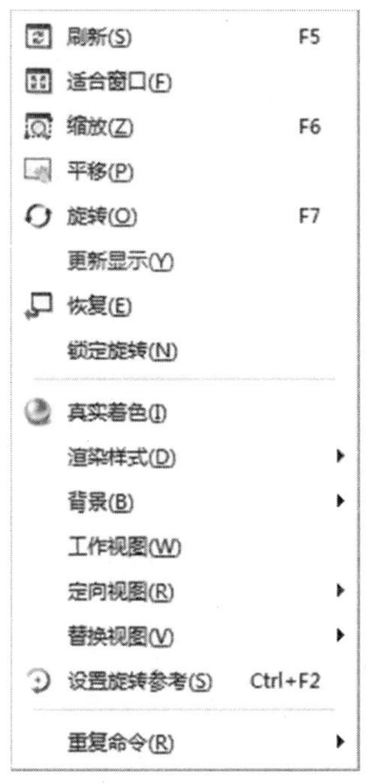

图 2-55　快捷菜单

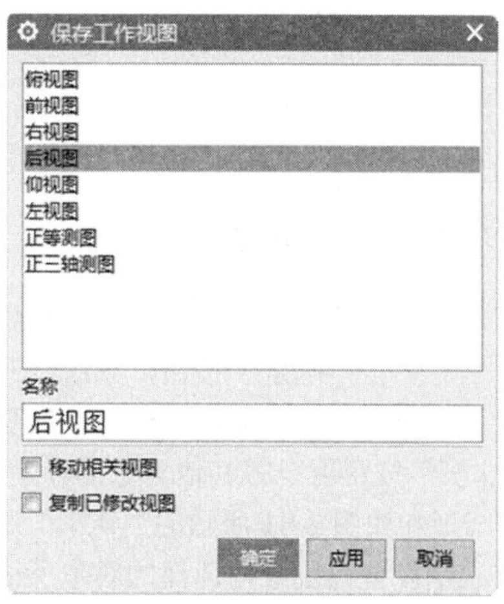

图 2-56　“保存工作视图”对话框

Note

2.6.3 视图剖切

通过建立动态截面，可以更好地观察复杂零件的内部情况，为建立造型横截面确定合理的位置。

选择“菜单”→“视图”→“截面”→“新建截面”命令，系统打开“视图剖切”对话框如图2-57所示。利用该对话框可以建立动态的截面视图，同时图形界面中显示动态截面坐标轴（见图 2-58）和截面（见图 2-59）。在图 2-58 中，选择圆锥形的移动把手，可以在相应坐标轴方向移动截面；选择球形的旋转把手，可以绕相应坐标轴对截面进行旋转；选择方形的原点把手可以任意移动截面。

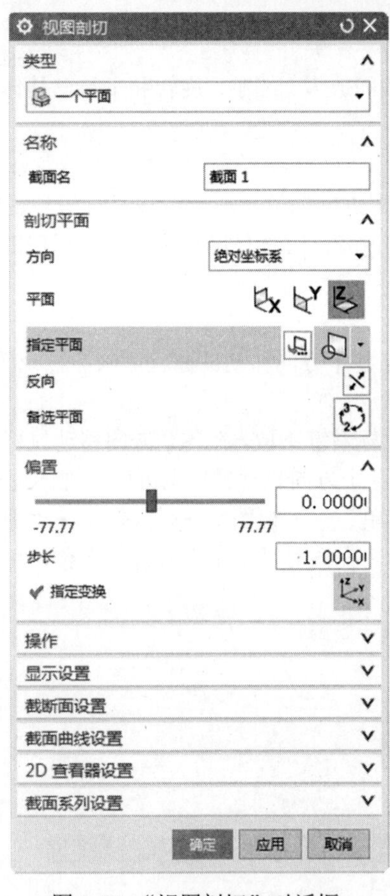

图 2-57 “视图剖切”对话框

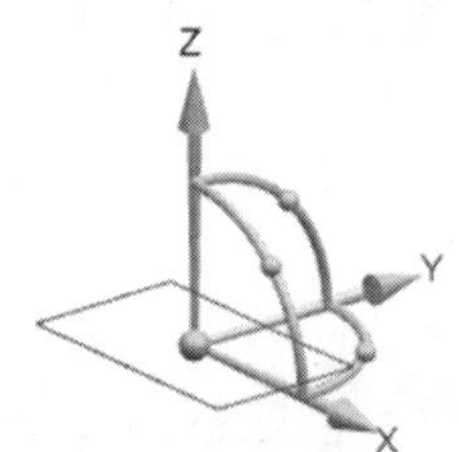

图 2-58 动态截面坐标轴

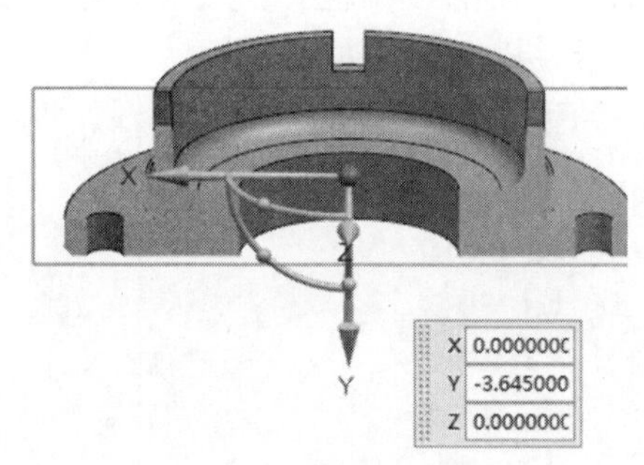

图 2-59 截面示意图

视频讲解

2.6.4 编辑对象的显示方式

选择“菜单”→“编辑”→“对象显示”命令，系统将打开“类选择”对话框，选择要编辑显示方式的对象，然后单击“确定”按钮，系统打开“编辑对象显示”对话框，如图 2-60 所示。在该对话框中，可以改变所选对象的图层、颜色、线型、宽度、透明度和着色状态。

其中，“继承”按钮用于将其他对象的显示设置用于所选的对象上。其使用方法为首先单击“继承”按钮，系统打开如图2-61所示的“继承”对话框，选择要继承的对象；然后单击“确定”按钮，该对象的所有显示设置都被最初选择的对象所继承。“选择新对象”按钮用于选择新的编辑对象。

编辑完对象的显示方式后，单击“应用”按钮，应用修改于所选的对象，但是对话框并不关闭，

可以继续选择其他对象进行编辑。单击“确定”或“取消”按钮退出对话框。

图 2-60　“编辑对象显示”对话框

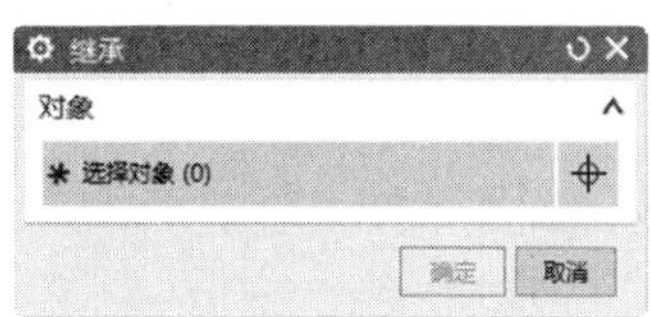

图 2-61　“继承”对话框

Note

视频讲解

2.6.5　隐藏与显示对象

选择“菜单”→“编辑”→“显示和隐藏”命令，系统打开“显示和隐藏”子菜单，如图 2-62 所示。该子菜单中各命令的详细功能如表 2-6 所示。

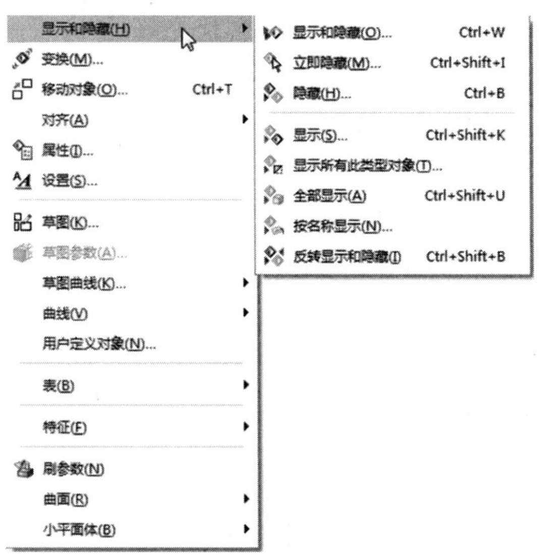

图 2-62　“显示和隐藏”子菜单

Note

表 2-6 “显示和隐藏”子菜单中各命令的功能

选　项	功　能
显示和隐藏	选择该命令，打开如图 2-63 所示的“显示和隐藏”对话框，可控制窗口中对象的可观察性。可以通过暂时隐藏其他对象来关注选定的对象
隐藏	打开“类选择”对话框，选择要隐藏的对象，可以将所选对象隐藏
显示	将所选的隐藏对象重新显示出来，执行此命令，打开“类选择”对话框，此时工作区中将显示所有已经隐藏的对象，用户可以在其中选择需要重新显示的对象
显示所有此类型对象	该命令将重新显示某类型的所有隐藏对象，打开“选择方法”对话框，如图 2-64 所示。通过类型、图层、其他、重置和颜色 5 个按钮或选项来确定对象类别
全部显示	可以通过按 Shift+Ctrl+U 快捷键实现，将重新显示所有在可选层上的隐藏对象
按名称显示	显示在组件属性对话框中命名的隐藏对象

图 2-63 “显示和隐藏”对话框

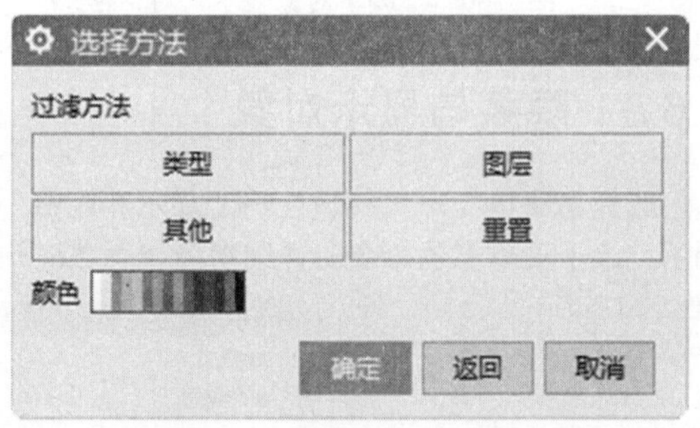

图 2-64 “选择方法”对话框

2.6.6 特征组

选择“菜单”→“格式”→“组”→“特征分组”命令，系统打开“特征组”对话框，如图 2-65 所示。

在该对话框上部的“特征组名称”文本框中，可以设定特征组的组名；在左侧的“部件中的特征”列表框中显示部件中的特征，通过设置“过滤”可以过滤列表框中显示的特征；在左侧的列表框中选择特征，然后单击▶按钮，可以将所选的特征加入组中；在右侧的“组中的特征”列表框中选择特征，然后单击◀按钮，可以将所选的特征从组中取出。最后单击“确定”或“应用”按钮，完成对象成组。

图 2-65　“特征组”对话框

2.6.7　对象变换

选择“菜单”→“编辑”→“变换”命令，系统打开“变换”对话框，该对话框与“类选择”对话框完全相同。变换的具体操作步骤如下。

（1）选择要进行变换的对象。

（2）系统打开“变换”对话框 1，如图 2-66 所示。在该对话框中选择要进行的变换类型，包括“比例”“通过一直线镜像”“矩形阵列”“圆形阵列”“通过一平面镜像”“点拟合”。

（3）选择不同的变换类型，系统将打开对应的各种不同的对话框，在这些对话框中设置变换参数和选择变换参考对象。

（4）最后系统都会打开如图 2-67 所示的“变换”对话框 2，在该对话框中单击“移动”或“复制”按钮及其他按钮完成变换。

在图 2-67 中，如果设置“追踪状态”为“开”，并且选择的变换对象不是实体、片体和边界对象，则系统将绘制出变换对象与原对象之间的轨迹线，所绘制的轨迹线总是位于当前的工作层上，与所设定的目标层没有关系。

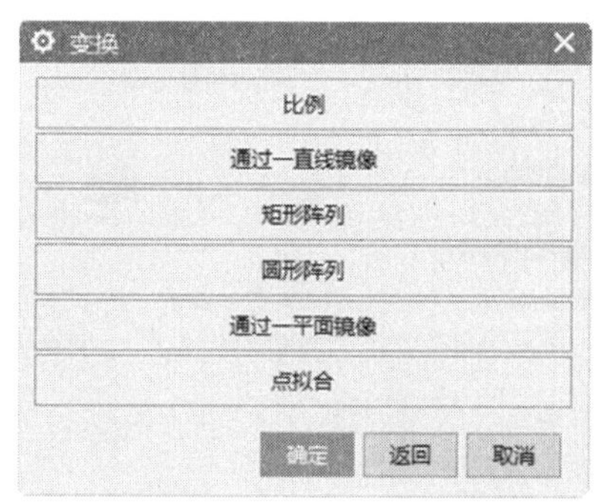

图 2-66　“变换”对话框 1

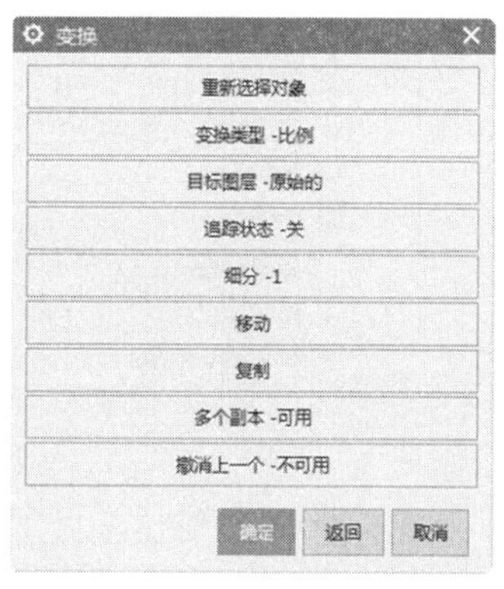

图 2-67　“变换”对话框 2

Note

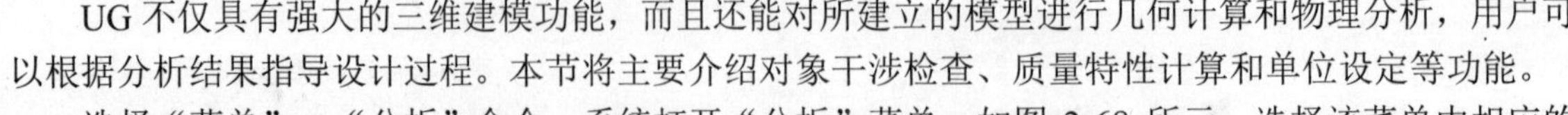

2.7 几何计算与物理分析

UG 不仅具有强大的三维建模功能，而且还能对所建立的模型进行几何计算和物理分析，用户可以根据分析结果指导设计过程。本节将主要介绍对象干涉检查、质量特性计算和单位设定等功能。

选择“菜单”→“分析”命令，系统打开“分析”菜单，如图 2-68 所示。选择该菜单中相应的菜单命令及子菜单命令，可以进行各种几何计算和物理分析。

视频讲解

2.7.1 对象干涉检查

选择“菜单”→“分析”→“简单干涉”命令，系统打开“简单干涉”对话框，如图 2-69 所示。简单干涉检查的结果对象有以下两种。

（1）干涉体：该选项用于以产生干涉体的方式显示给用户发生干涉的对象。在选择了要检查的实体后，则会在工作区中产生一个干涉实体，以便用户快速地找到发生干涉的对象。

（2）高亮显示的面对：该选项主要用于以加亮表面的方式显示给用户干涉的表面。选择要检查干涉的第一体和第二体，高亮显示发生干涉的面。

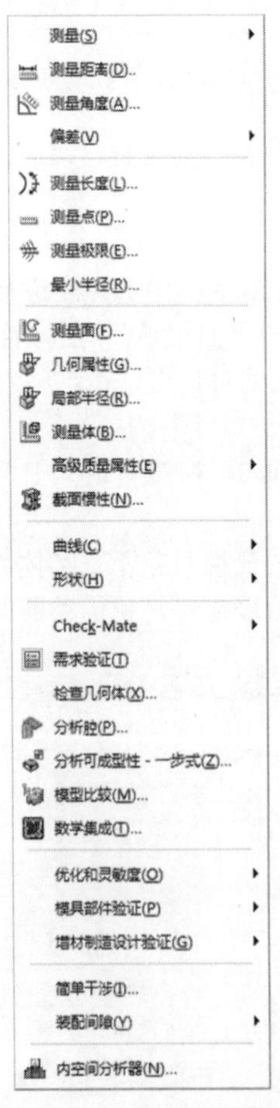

图 2-68 “分析”菜单

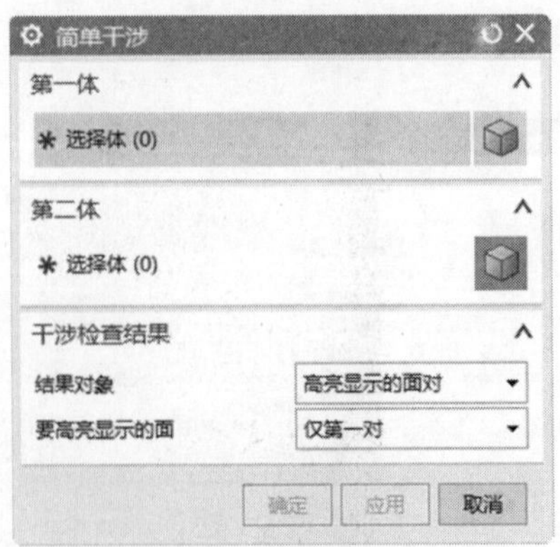

图 2-69 “简单干涉”对话框

视频讲解

Note

2.7.2　质量特性计算

选择“菜单”→“分析”→“高级质量属性”→“高级质量管理”命令，系统打开“重量管理”对话框，如图 2-70 所示。在该对话框中选择要分析的组件，可以得到实体的面积、体积、质量、质心、惯性矩等参数。

选择“菜单”→“编辑”→“特征”→“实体密度”命令，系统打开“指派实体密度”对话框，如图 2-71 所示。在该对话框中可以为没有材料特性的实体设定密度和修改密度单位。

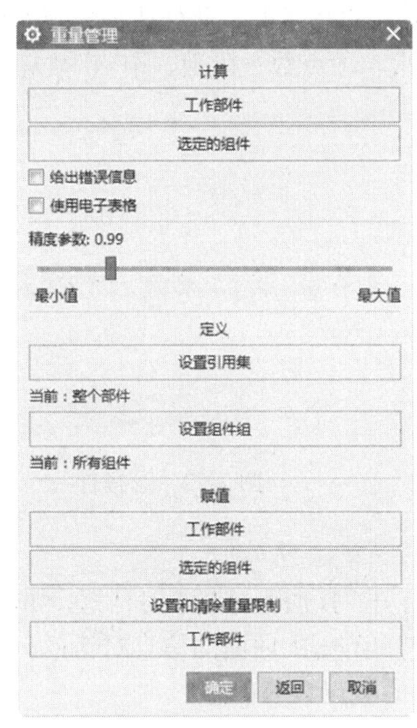

图 2-70　“重量管理”对话框

图 2-71　“指派实体密度”对话框

2.8　信 息 功 能

UG 提供了全面的信息功能，可以查看已经存在的对象的信息，也可以查询帮助信息获取帮助。而导航器则可以提供一些引导信息，帮助用户顺利完成某些功能的操作。

2.8.1　信息查询

视频讲解

选择“信息”菜单下的各命令可以查询对应特征的信息，其中有一些信息，如当前用户名称、当前时间日期、所选对象所在部件的位置和名称等在每一种信息查询中都有，而其他特有的信息如下所述。

1. 对象信息

选择“菜单”→“信息”→“对象”命令，系统打开“类选择”对话框，利用该对话框选择需要查询信息的对象，此处可以选择多个对象。选择好对象后单击“确定”按钮，系统打开所选对象的信息，包括对象所在的层、对象的类型、颜色、对象的几何参数、对象在工作坐标系和绝对坐标系下的坐标，以及对象的依赖关系等。

Note

2. 点信息

选择“菜单”→“信息”→“点”命令，系统打开“点”对话框，利用该对话框选择需要查询信息的点，选择点后系统打开所选点的信息，包括点在工作坐标系和绝对坐标系下的坐标。所选的多个点的信息将在同一个窗口显示。

3. 样条信息

选择“菜单”→“信息”→“样条”命令，系统打开“样条分析”对话框，如图 2-72 所示。设置相关选项后单击“确定”按钮，系统打开如图 2-73 所示的对话框，此处选择要查看信息的样条并单击“确定”按钮，系统打开所选样条的信息，包括阶次、顶点数、段数、节点③数等。

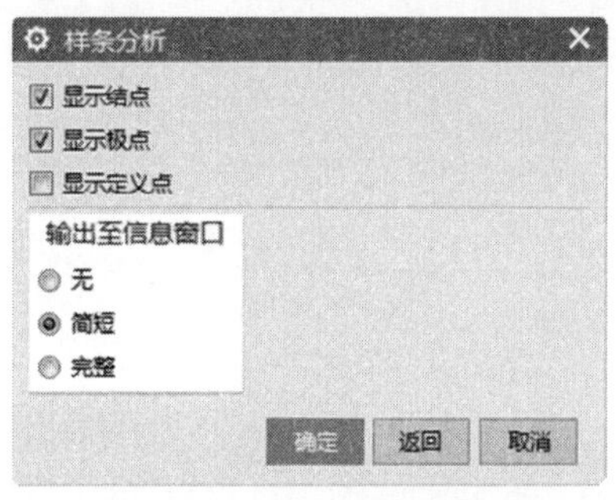

图 2-72 “样条分析”对话框

图 2-73 选择样条

4. B 曲面信息

选择“菜单”→“信息”→“B 曲面”命令，系统打开“B 曲面分析”对话框，如图 2-74 所示。选择要查看信息的 B 曲面并单击“确定”按钮，系统打开所选 B 曲面的信息对话框，信息包括曲面的 U、V 方向的次数，U、V 方向的补片数，U、V 方向的极点数等信息。

5. 表达式信息

选择“菜单”→“信息”→“表达式”命令，系统打开“表达式”子菜单，如图 2-75 所示。当选择“全部列出”命令，系统将列出当前部件的所有表达式；当选择其他命令，系统将根据所选择的命令列出对应的表达式。

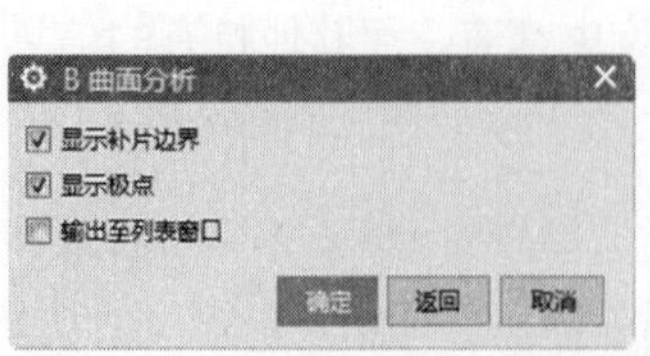

图 2-74 “B 曲面分析”对话框

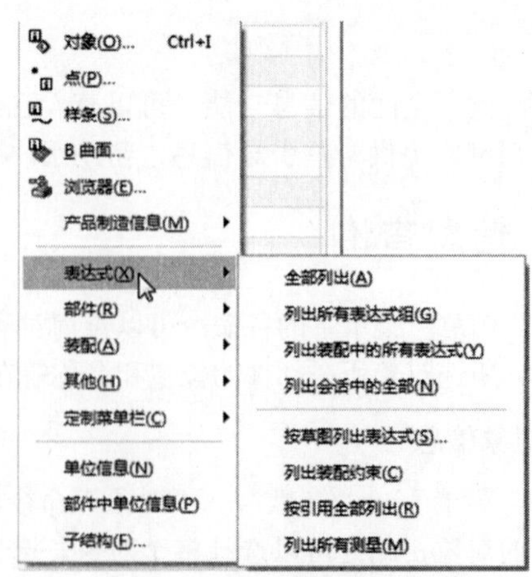

图 2-75 “表达式”子菜单

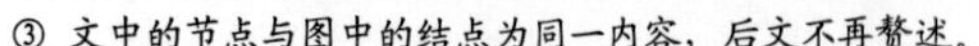

③ 文中的节点与图中的结点为同一内容，后文不再赘述。

Note

6. 其他信息的查询

在“信息”菜单中，还有其他的一些命令，功能如下所述。

☑ 选择“菜单”→“信息”→“部件”→“已加载部件”命令，系统将列出载入部件的信息，包括描述、状态、格式、创建日期时间及单位等。

☑ 选择“菜单”→“信息”→“部件”→“修改”命令，系统会给出该部件在历次修改中所做的修改。

☑ 选择“菜单”→“信息”→“部件”→“部件历史记录”命令，系统会给出该部件的修改历史。

☑ 选择“菜单”→“信息”→“装配”子菜单中的相关命令，可以查询装配的相关信息。

☑ 选择“菜单”→“信息”→“其他”子菜单中的相关命令，系统可以给出图层、视图、布局、图纸、组等信息。

2.8.2 帮助系统

1. 帮助的使用

UG 提供了全面而快捷的系统帮助，该帮助是以超文本格式提供的。在使用过程中遇到困难时选择“菜单”→“帮助”→“上下文帮助”命令或者直接按 F1 键，系统会打开当前所用功能的帮助信息。

选择“菜单”→“帮助”→“NX 帮助”命令，将显示 NX 帮助库的目录，其中包含指向每个应用模块或软件区域的链接。

2. 导航器的使用

导航器位于系统界面的左侧，其中主要包括“装配导航器”按钮、“部件导航器”按钮及“历史记录 ”按钮等。用户可以按导航器的指示进行相应的工作。

第3章 草图设计

（视频讲解：66分钟）

草图（Sketch）是UG建模中建立参数化模型的一个重要工具。通常情况下，用户的三维设计应该从草图设计开始，通过UG中提供的草图功能建立各种基本曲线，对曲线进行几何约束和尺寸约束，然后对二维草图进行拉伸、旋转或者扫略就可以很方便地生成三维实体。此后模型的编辑修改，主要在相应的草图中完成后即可更新模型。

【学习重点】

- 建立和激活草图
- 草图绘制
- 草图操作
- 草图约束
- 综合实例——曲柄

视频讲解

Note

3.1　建立和激活草图

草图是位于指定平面上的曲线和点所组成的一个特征，其默认特征名为 SKETCH。草图由草图平面、草图坐标系、草图曲线和草图约束等组成；草图平面是草图曲线所在的平面，草图坐标系的 XY 平面即为草图平面，草图坐标系由用户在建立草图是确定。一个模型中可以包含多个草图，每一个草图都有一个名称，系统是通过草图名称对草图及其对象进行引用的。

1．建立草图

建立草图的操作步骤如下。

（1）单击“在任务环境中绘制草图”按钮或选择“菜单”→“插入”→“在任务环境中绘制草图”命令，系统打开如图 3-1 所示的“创建草图”对话框。

（2）选择现有平面或创建新平面为草图放置平面，单击“确定”按钮，进入草图绘制环境。草图放置面可以是坐标平面、基准面、实体表面和片体表面等。

（3）在如图 3-2 所示的“主页”选项卡“草图”组中可以修改草图名称或接受系统默认的名称，自定义的草图名称必须以字母开头。

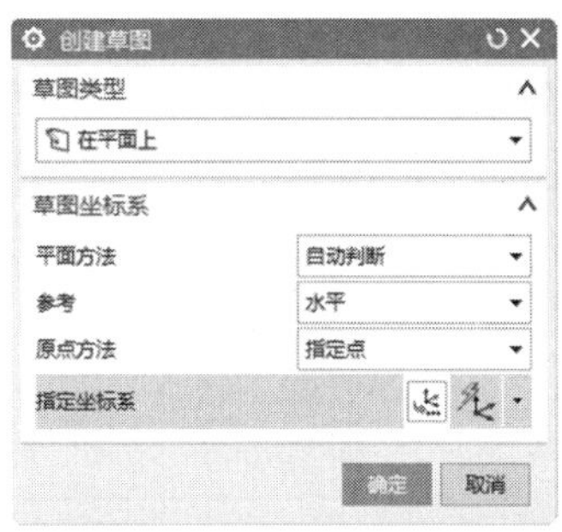

图 3-1　“创建草图”对话框

图 3-2　修改草图名称

2．激活草图

当建立多个草图之后，只能对其中的一个草图进行编辑，因此需要选择要编辑的草图或在草图之间进行切换，其操作方法如下。

- ☑ 在建模环境中，选择“菜单”→“编辑”→“草图”命令，系统打开如图 3-3 所示的“打开草图”对话框，在该对话框中选择要编辑的草图名称，然后单击“确定”按钮打开该草图。
- ☑ 在建模环境中，选择“菜单”→“插入”→“在任务环境中绘制草图”命令，打开“创建草图”对话框，单击“确定”按钮，进入草图绘制环境，打开如图 3-2 所示的“主页”选项卡“草图”组后，在如图 3-4 所示的“草图名”下拉列表中直接选择要编辑的草图。
- ☑ 在建模环境中，在部件导航器中右击要编辑的草图，然后在打开的快捷菜单中选择“编辑”命令；或者在部件导航器中选择要编辑的草图后，单击“在任务环境中绘制草图”按钮进入该草图。
- ☑ 在建模环境中，在图形界面中选择草图中的对象，然后单击“在任务环境中绘制草图”按钮进入该草图。
- ☑ 在草图环境中，在如图 3-4 所示的下拉列表中选择要编辑的草图，可以在草图之间进行切换。

☑ 在草图环境中，选择“任务”→“打开草图”命令，系统打开如图 3-3 所示的“打开草图”对话框，在该对话框中选择要编辑的草图名称，也可以完成在草图之间的切换。

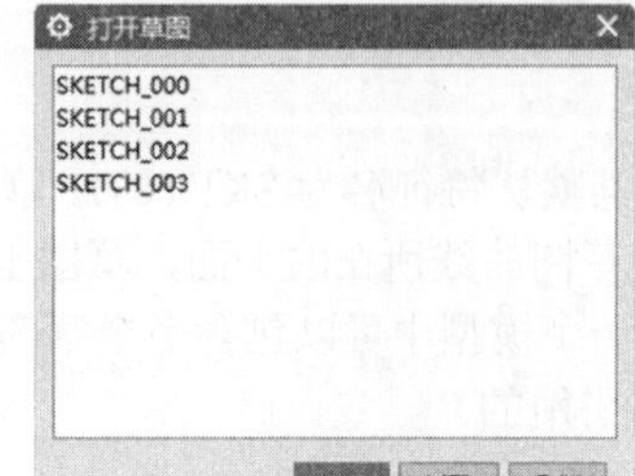

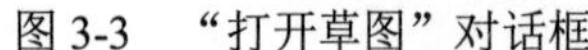

图 3-3　“打开草图”对话框

图 3-4　“草图名”下拉列表

3. 退出草图

在草图环境中，选择“任务”→“完成草图”命令或单击“完成”按钮，可以退出草图模式。

3.2　草图绘制

进入草图工作环境后，在“主页”选项卡中会出现如图 3-5（a）所示的命令按钮，其相关命令也可以在“菜单”→“插入”→“曲线”子菜单中找到，如图 3-5（b）所示，下面就常用的绘图命令进行介绍。

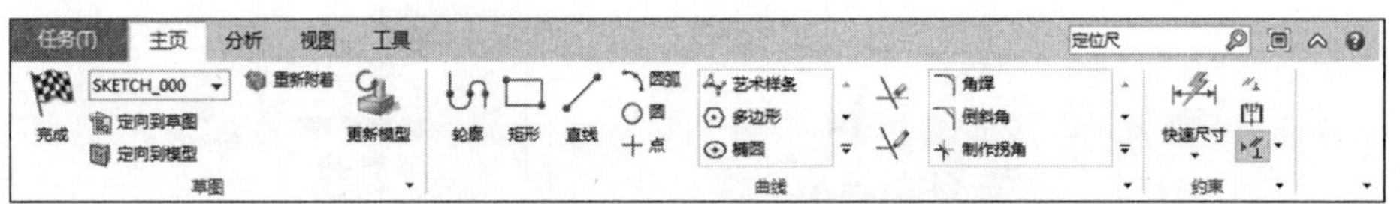

（a）“主页”选项卡

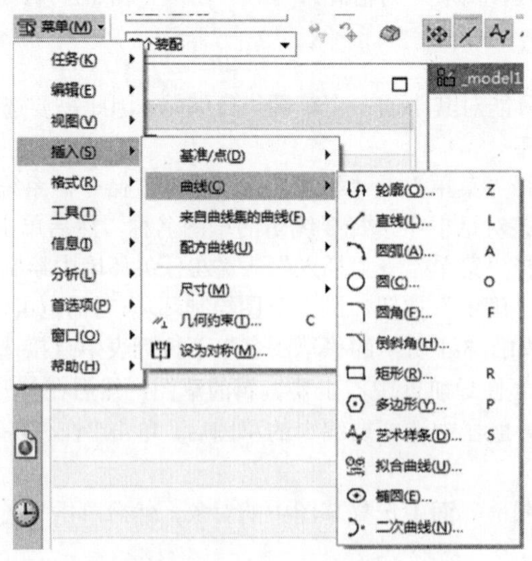

（b）“曲线”子菜单

图 3-5　草图环境下的“主页”选项卡和“曲线”子菜单

视频讲解

Note

3.2.1　直线

图 3-6　“直线”对话框

单击“直线”按钮或选择“菜单”→“插入”→“曲线”→“直线”命令，打开如图 3-6 所示的“直线”对话框。在该对话框中有两种不同的输入模式。

（1）坐标模式：单击“坐标模式”按钮，在视图区显示如图 3-7 所示 XC 和 YC 文本框，在文本框中输入所需数值，确定绘制点。

（2）参数模式：单击“参数模式”按钮，在视图区显示如图 3-8 所示“长度”和“角度”文本框，在文本框中输入所需数值，移动鼠标至所要放置位置处单击，绘制直线。该模式和坐标模式的区别是：在文本框中输入数值后，坐标模式是确定的，而参数模式是浮动的。

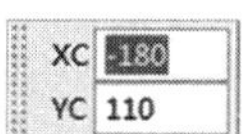

图 3-7　“坐标模式”文本框

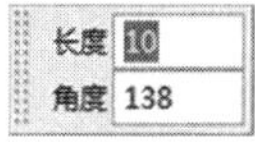

图 3-8　“参数模式”文本框

绘制直线的具体操作步骤如下。

（1）执行上述操作，打开如图 3-6 所示的“直线”对话框。

（2）在适当的位置单击或直接输入坐标确定直线第一点。

（3）移动鼠标至适当位置单击或直接输入坐标完成第一条直线的绘制。

（4）重复步骤（2）和步骤（3）绘制其他直线。

3.2.2　圆

视频讲解

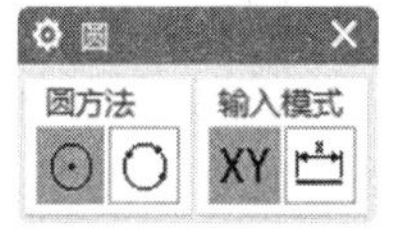

图 3-9　“圆”对话框

单击“圆”按钮或选择“菜单”→“插入”→“曲线”→“圆”命令，打开如图 3-9 所示的“圆”对话框。在该对话框中有两种不同的绘制方法。

（1）圆心和直径定圆：单击“圆心和直径定圆”按钮，通过圆心和直径定圆方法绘制圆。

（2）三点定圆：单击“三点定圆”按钮，通过三点定圆方法绘制圆。

绘制圆的具体操作步骤如下。

（1）执行上述操作，打开如图 3-9 所示的“圆”对话框。

（2）在适当的位置单击或直接输入坐标确定圆心。

（3）输入直径或拖曳鼠标到适当位置单击确定直径。

3.2.3　圆弧

视频讲解

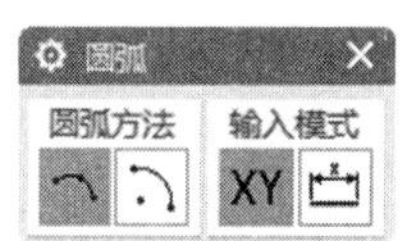

图 3-10　“圆弧”对话框

单击“圆弧”按钮或选择“菜单”→“插入”→“曲线”→“圆弧”命令，打开如图 3-10 所示的“圆弧”对话框。在该对话框中有两种不同的绘制方法。

（1）三点定圆弧：单击“三点定圆弧”按钮，通过三点定圆弧方法绘制弧。

（2）中心和端点定圆弧：单击“中心和端点定圆弧”按钮，通过中心和端点定圆弧方法绘制弧。

绘制圆弧的具体操作步骤如下。

（1）执行上述操作，打开如图 3-10 所示的“圆弧”对话框。

（2）在适当的位置单击或直接输入坐标确定圆弧第一点。

（3）在适当的位置单击确定圆弧第二点。

（4）在适当的位置单击确定圆弧第三点，创建圆弧曲线。

Note

3.2.4 轮廓

视频讲解

“轮廓”命令用于绘制单一或者连续的直线和圆弧。

单击“轮廓”按钮或选择“菜单”→“插入”→“曲线”→“轮廓”命令，打开如图 3-11 所示的“轮廓”对话框。该对话框中的各项功能与 3.2.1 节和 3.2.3 节所述类似。

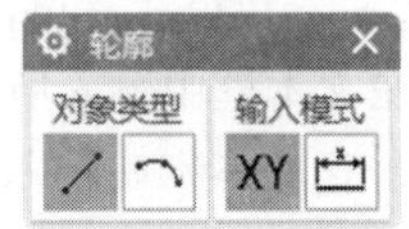

图 3-11　“轮廓”对话框

3.2.5 派生直线

视频讲解

“派生直线”命令用于选择一条或几条直线后，系统自动生成其平行线、中线或角平分线。

单击“派生直线”按钮或选择“菜单”→“插入”→“来自曲线集的曲线”→“派生直线”命令，选择派生曲线方法绘制直线。“派生曲线”方法绘制草图示意图如图 3-12 所示。

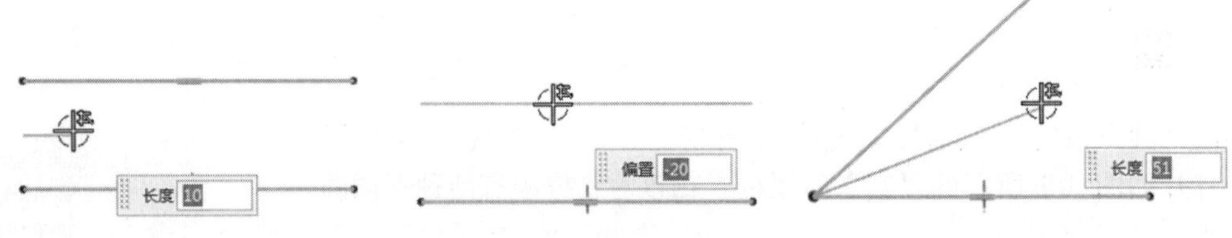

图 3-12　派生曲线方法绘制草图

3.2.6 矩形

视频讲解

使用“矩形”命令可通过 3 种方法来创建矩形。

单击“矩形”按钮或选择“菜单”→“插入”→“曲线”→“矩形”命令，打开如图 3-13 所示的“矩形”对话框。在该对话框中有 3 种不同的绘制矩形方法。

图 3-13　“矩形”对话框

（1）按 2 点：根据对角点上的两点创建矩形，如图 3-14 所示。

（2）按 3 点：用于创建和 XC 轴、YC 轴成角度的矩形。前两个选择的点显示宽度和矩形的角度，第 3 个点指示高度，如图 3-15 所示。

（3）从中心：从中心点、决定角度和宽度的第 2 点以及决定高度的第 3 点来创建矩形，如图 3-16 所示。

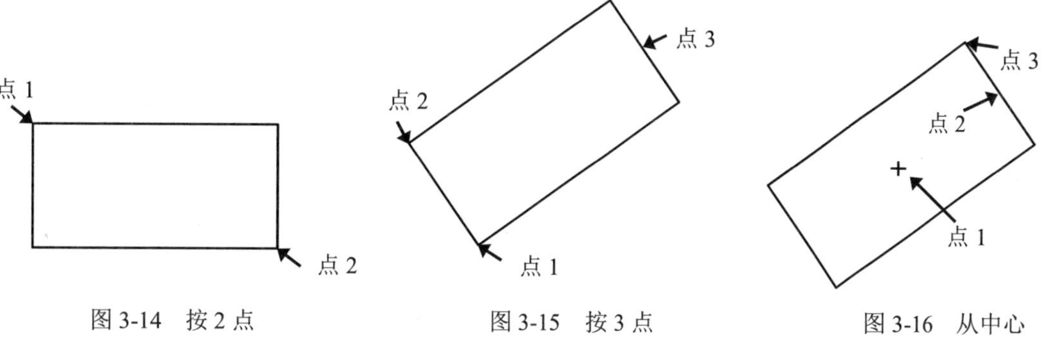

图 3-14　按 2 点　　图 3-15　按 3 点　　图 3-16　从中心

3.2.7　多边形

单击“多边形”按钮⊙或选择“菜单”→“插入”→“曲线”→“多边形”命令，打开如图 3-17 所示的“多边形”对话框。该对话框中主要选项功能介绍如下。

图 3-17　“多边形”对话框

（1）中心点：在适当的位置单击或通过“点”对话框确定中心点。

（2）边：输入多边形的边数。

（3）大小。

☑　指定点：选择点或者通过“点”对话框定义多边形的半径。

☑　大小。

- 内切圆半径：指定从中心点到多边形中心的距离。
- 外接圆半径：指定从中心点到多边形拐角的距离。
- 边长：指定多边形的长度。

☑　半径：设置多边形内切圆和外接圆半径的大小。

☑　旋转：设置从草图水平轴开始测量的旋转角度。

☑　长度：设置多边形边长的长度。

绘制多边形的具体操作步骤如下。

（1）执行上述操作，打开如图 3-17 所示的“多边形”对话框。

（2）在适当的位置单击或直接输入坐标确定多边形的中心。

（3）输入多边形的边数。

（4）选择创建多边形的方法，并设置相应的参数。

（5）单击创建多边形，如图 3-18 所示。

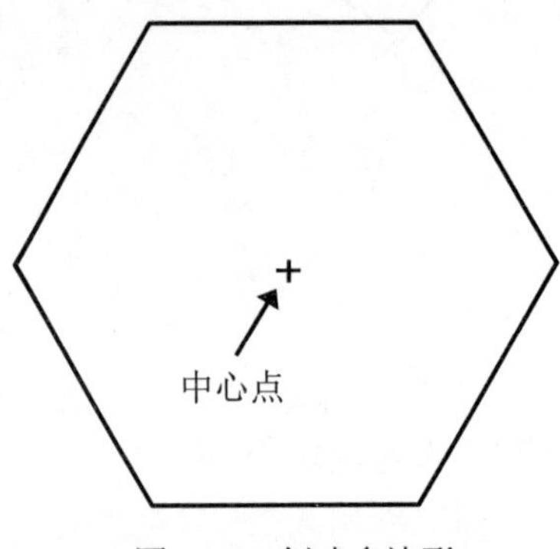

图 3-18　创建多边形

视频讲解

3.2.8　椭圆

单击“椭圆”按钮或选择“菜单”→“插入”→“曲线”→“椭圆”命令，打开如图 3-19 所示的“椭圆”对话框。该对话框中主要选项如下。

（1）中心：在适当的位置单击或通过“点”对话框确定椭圆中心点。

（2）大半径：直接输入长半轴长度，也可以通过“点”对话框来确定长轴长度。

（3）小半径：直接输入短半轴长度，也可以通过“点”对话框来确定短轴长度。

（4）封闭：选中此复选框，创建整圆。若取消选中此复选框，输入起始角和终止角创建椭圆弧。

（5）角度：椭圆的旋转角度是主轴相对于 XC 轴，沿逆时针方向倾斜的角度。

绘制椭圆的具体操作步骤如下。

（1）执行上述操作，打开如图 3-19 所示的“椭圆”对话框。

（2）在适当的位置单击或直接输入坐标确定椭圆的中心。

（3）确定椭圆的长半轴和短半轴，以及旋转角度。

（4）单击“确定”按钮，创建椭圆，如图 3-20 所示。

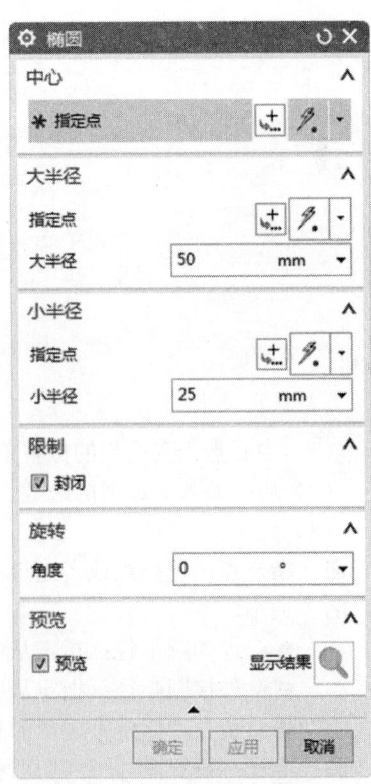

图 3-19　“椭圆”对话框

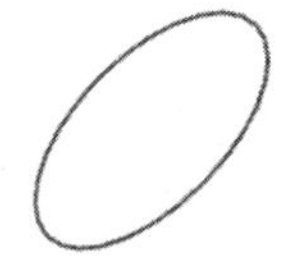

图 3-20 创建椭圆

Note

视频讲解

3.2.9 二次曲线

单击“二次曲线”按钮或选择“菜单”→“插入”→“曲线”→“二次曲线”命令，打开如图 3-21 所示的“二次曲线”对话框，定义 3 个点（即“指定起点”“指定终点”“指定控制点”），在“值”文本框中输入所需的 Rho 值，单击“确定”按钮，即可创建二次曲线。

绘制二次曲线的具体操作步骤如下。

（1）执行上述操作，打开如图 3-21 所示的“二次曲线”对话框。

（2）定义 3 个点，输入所需的 Rho 值。

（3）单击“确定”按钮，创建二次曲线，如图 3-22 所示。

图 3-21 “二次曲线”对话框

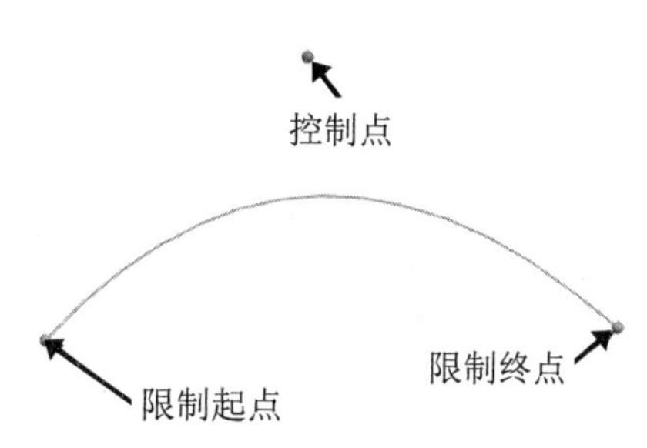

图 3-22 创建二次曲线

3.3 草图操作

建立草图之后，可以对草图进行很多操作，包括镜像、拖曳等，以下将进一步介绍。

视频讲解

3.3.1 快速修剪

使用“快速修剪”命令可以将曲线修剪至任何方向最近的实际交点或虚拟交点。

单击“快速修剪”按钮或选择“菜单”→“编辑”→“曲线”→“快速修剪”命令，打开如

图 3-23 所示的“快速修剪”对话框。

图 3-23 “快速修剪”对话框

修剪草图中不需要的线素有以下 3 种方法。

（1）修剪单一对象：直接选择不需要的线素，修剪边界指定为距离对象最近的曲线，如图 3-24 所示。

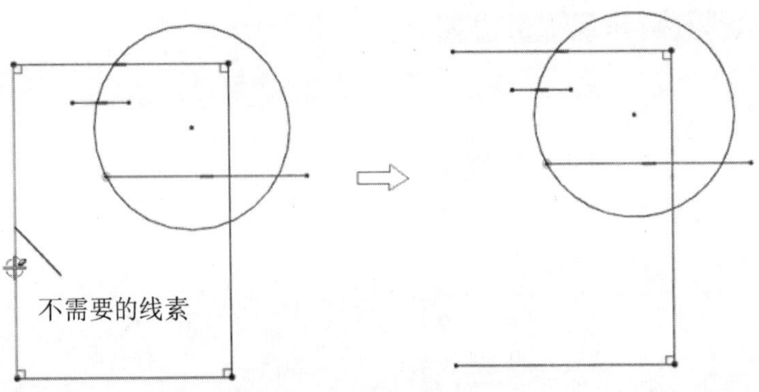

图 3-24 修剪单一对象

（2）修剪多个对象：按住鼠标左键并拖曳，这时光标变成画笔，与画笔画出的曲线相交的线素都被裁剪掉，如图 3-25 所示。

（3）修剪至边界：按住 Ctrl 键，用光标选择剪切边界，然后单击多余的线素，被选中的线素即以边界线为边界被修剪掉，如图 3-26 所示。

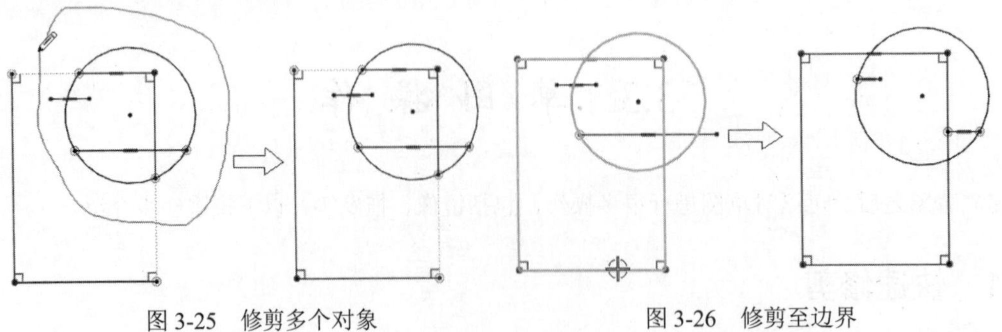

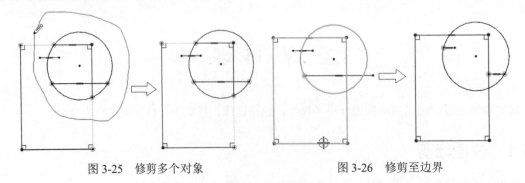

图 3-25 修剪多个对象　　图 3-26 修剪至边界

快速修剪的具体操作步骤如下。

（1）执行上述操作，打开如图 3-23 所示的“快速修剪”对话框。

（2）在单条曲线上修剪多余部分，或拖曳光标画过曲线，画过的曲线都被修剪。

（3）单击“确定”按钮，结束修剪。

Note

3.3.2 快速延伸

视频讲解

使用“快速延伸”命令可以将曲线延伸至它与另一条曲线的实际交点或虚拟交点。

单击“快速延伸”按钮或选择“菜单”→“编辑”→“曲线”→“快速延伸”命令，打开如图 3-27 所示的“快速延伸”对话框。

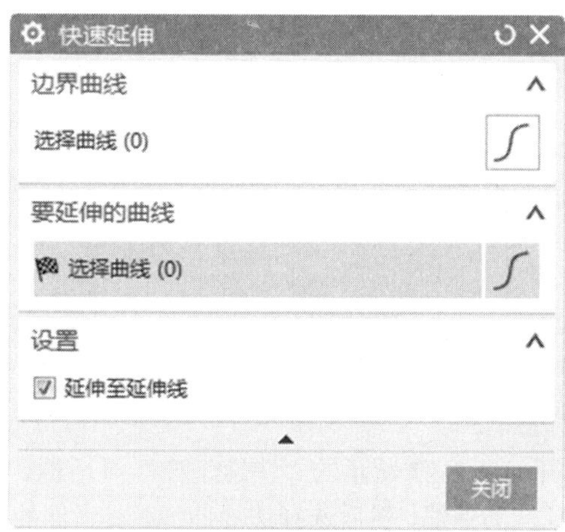

图 3-27 “快速延伸”对话框

延伸指定的线素有以下 3 种方法。

（1）延伸单一对象：直接选择要延伸的线素并单击确定，线素自动延伸至下一个边界，如图 3-28 所示。

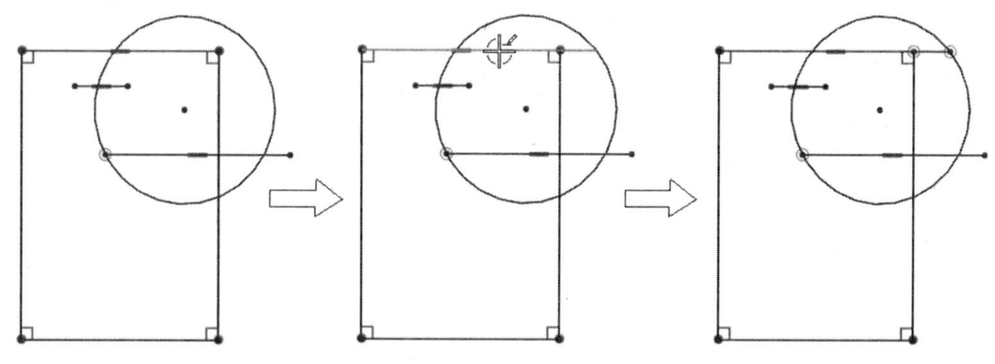

图 3-28 延伸单一对象

（2）延伸多个对象：按住鼠标左键并拖曳，这时光标变成画笔，与画笔画出的曲线相交的线素都会被延伸，如图 3-29 所示。

Note

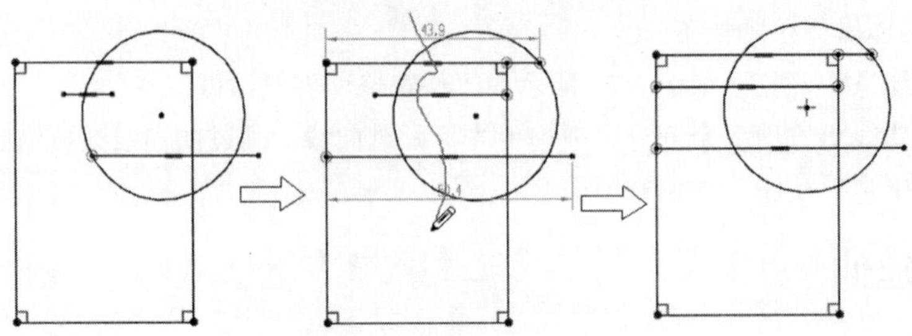

图 3-29　延伸多个对象

（3）延伸至边界：按住 Ctrl 键，用光标选择延伸的边界线，然后单击要延伸的对象，被选中对象延伸至边界线，如图 3-30 所示。

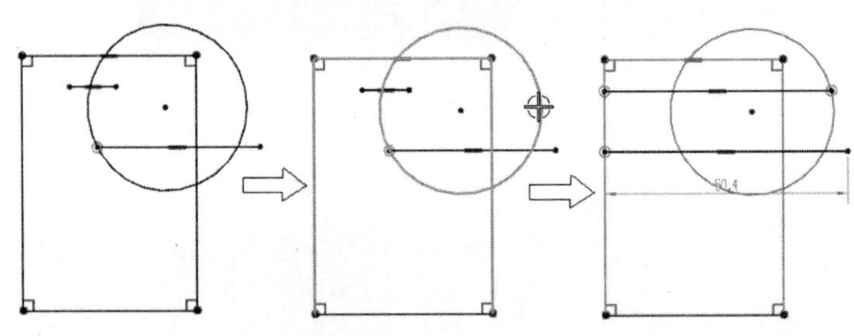

图 3-30　延伸至边界

快速延伸的具体操作步骤如下。

（1）执行上述操作，打开如图 3-27 所示的“快速延伸”对话框。

（2）在视图区中选择要延伸的曲线，然后选择边界曲线，要延伸的曲线会自动延伸至边界曲线。

（3）单击“确定”按钮，结束延伸。

视频讲解

3.3.3　阵列曲线

利用“阵列曲线”命令可将草图曲线进行阵列。

单击“阵列曲线”按钮或选择“菜单”→“插入”→“来自曲线集的曲线”→“阵列曲线”命令，打开如图 3-31 所示的“阵列曲线”对话框。

在“阵列曲线”对话框的“布局”下拉列表中有以下 3 个选项。

（1）线性：使用一个或两个方向定义布局。

（2）圆形：使用旋转点和可选径向间距参数定义布局。

（3）常规：使用一个或多个目标点或坐标系定义的位置来定义布局。

线性阵列的具体操作步骤如下。

（1）在对话框中选择“线性”布局。

（2）选择要阵列的曲线。

（3）选择线性方向 1，设置数量和节距。

（4）选中“使用方向 2”复选框，可以选择线性方向 2，输入数量和节距。

（5）单击“确定”按钮，创建线性阵列。

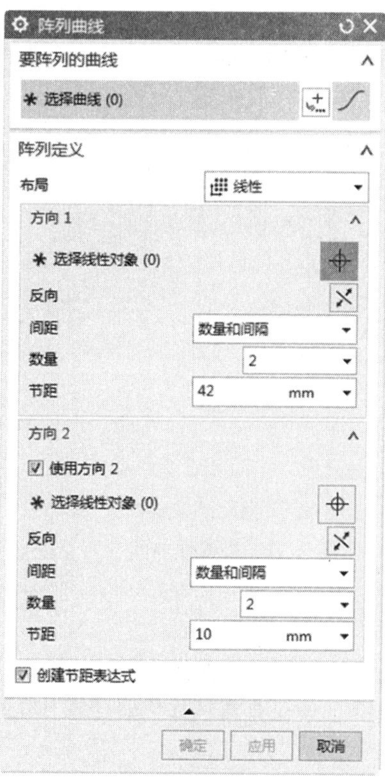

图 3-31 “阵列曲线”对话框

3.3.4 拖曳

当用户在草图中选择了尺寸或曲线后，待光标变成，即可以在图形区域中拖曳它们，从而更改草图。在欠约束的草图中，可以拖曳尺寸和欠约束对象。在完全约束的草图中，可以拖曳尺寸，但不能拖曳对象。用户可以一次选中并拖曳多个对象，但必须单独选中每个尺寸并加以拖曳。

在进行拖曳操作时，与顶点相连的对象是不被分开的。

3.3.5 镜像曲线

“镜像曲线”命令通过草图中现有的任一条直线来镜像草图几何体，示意图如图 3-32 所示。

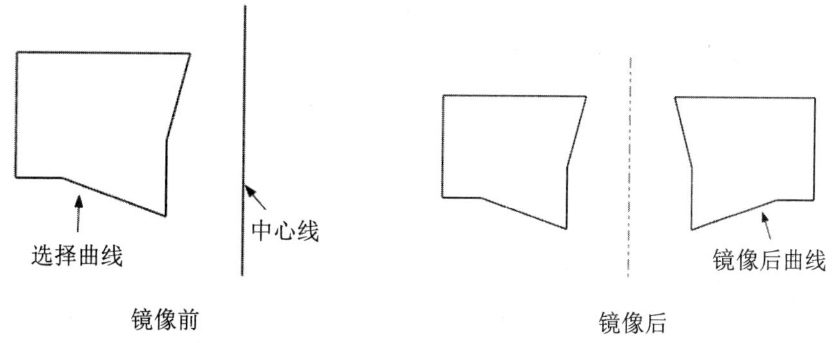

图 3-32 镜像示意图

Note

单击“镜像曲线”按钮或选择“菜单”→“插入”→“来自曲线集的曲线”→“镜像曲线”命令，打开如图3-33所示的“镜像曲线”对话框。

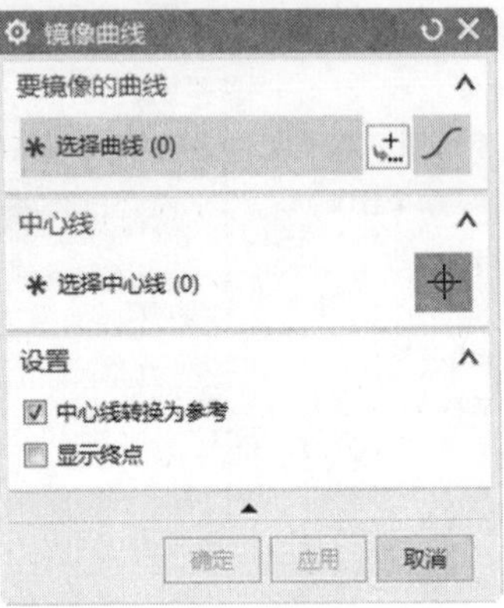

图3-33　“镜像曲线”对话框

其部分选项功能介绍如下。

（1）要镜像的曲线：用于选择将被镜像的曲线。

（2）中心线：该选项用于选择一条已有直线作为镜像操作的中心线（在镜像操作过程中，该直线将成为参考直线）。

镜像曲线的具体操作步骤如下。

（1）执行上述操作，打开如图3-33所示的“镜像曲线”对话框。

（2）选择要进行镜像的曲线。

（3）选择镜像的中心线。

（4）单击“确定”按钮，镜像曲线，如图3-34所示。

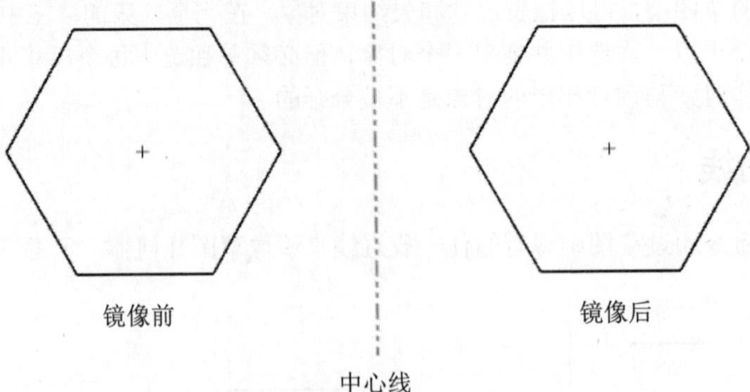

图3-34　镜像曲线示意图

视频讲解

3.3.6　偏置曲线

使用“偏置曲线”命令可以在草图中关联性地偏置抽取的曲线，生成偏置约束。修改原先的曲线，将会更新抽取的曲线和偏置曲线，被偏置的曲线都是单个样条，并且是几何约束。示意图如图3-35所示。

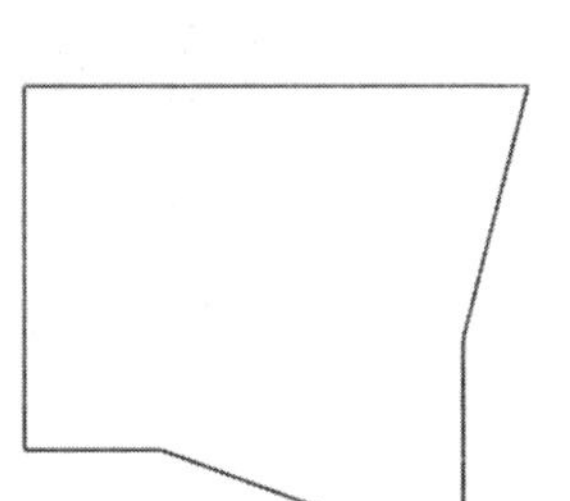

偏置前

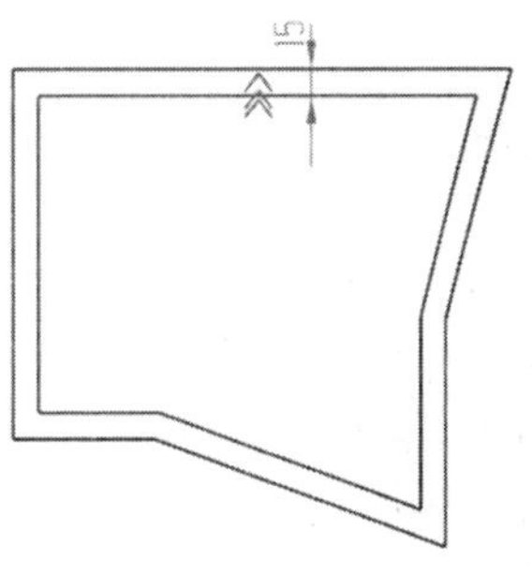

偏置后

图 3-35　偏置曲线示意图

单击“偏置曲线”按钮或选择“菜单”→“插入”→“来自曲线集的曲线”→“偏置曲线”命令，打开如图 3-36 所示的“偏置曲线”对话框。

对话框中大部分功能与基本建模中的曲线偏置功能类似，在此不再赘述。

偏置曲线的具体操作步骤如下。

（1）执行上述操作，打开如图 3-36 所示的“偏置曲线”对话框。

（2）选择要偏置的曲线。

（3）输入偏移距离，更改偏置方向。

（4）输入副本数，复制多份，单击“确定”按钮，偏置曲线，如图 3-37 所示。

图 3-36　“偏置曲线”对话框

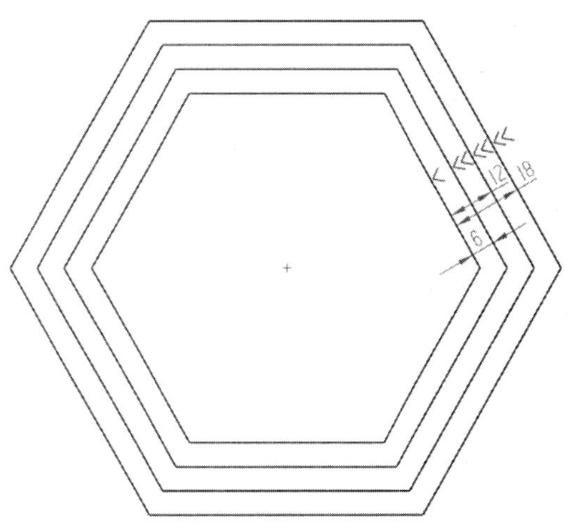

图 3-37　偏置曲线示意图

3.3.7　圆角

使用“圆角”命令可以在两条或三条曲线之间创建一个圆角。

单击“角焊”按钮或选择“菜单”→“插入”→“曲线”→“圆角”命令，打开如图 3-38 所示的“圆角”对话框。

Note

1. 圆角方法

（1）修剪 ：修剪输入曲线。

（2）取消修剪 ：使输入曲线保持取消修剪状态。

2. 选项

（1）删除第三条曲线 ：删除选定的第三条曲线。

（2）创建备选圆角 ：预览互补的圆角。

图 3-38 “圆角”对话框

绘制圆角的具体操作步骤如下。

（1）执行上述操作，打开如图 3-38 所示的“圆角”对话框。

（2）选择要创建圆角的曲线。

（3）移动鼠标确定圆角的大小和位置，也可以输入半径值。

（4）单击创建圆角，示意图如图 3-39 所示。

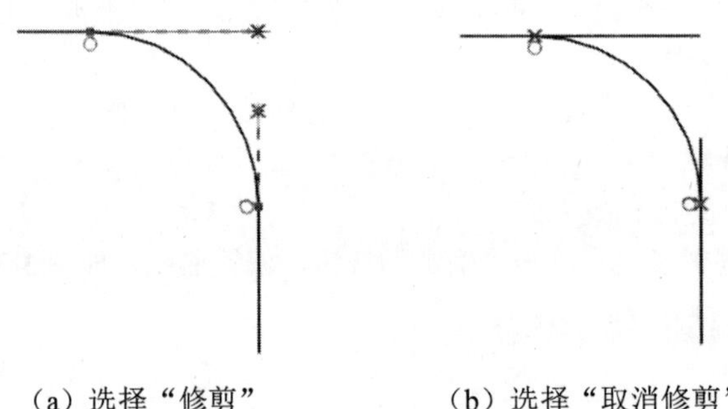

（a）选择“修剪”　　（b）选择“取消修剪”

图 3-39 创建圆角示意图

视频讲解

3.3.8 倒斜角

使用“倒斜角”命令可斜接两条草图线之间的尖角。

单击“倒斜角”按钮 或选择“菜单”→“插入”→“曲线”→“倒斜角”命令，打开如图 3-40 所示的“倒斜角”对话框。

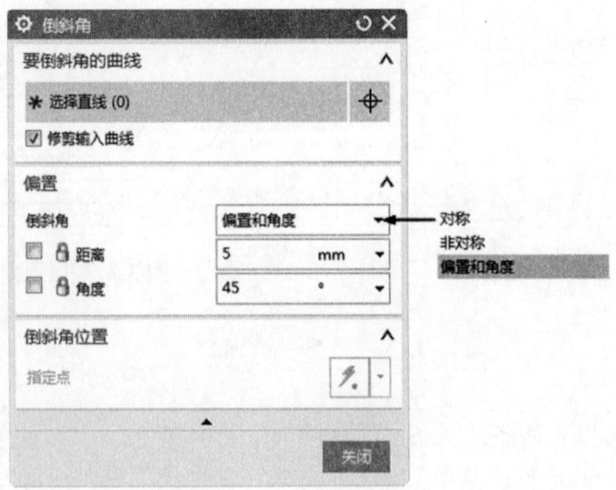

图 3-40 “倒斜角”对话框

1．要倒斜角的曲线

（1）选择直线：通过在相交直线上方拖曳光标以选择多条直线，或按照一次选择一条直线的方法选择多条直线。

（2）修剪输入曲线：选中此复选框，修剪倒斜角的曲线。

2．偏置

（1）倒斜角。

① 对称：指定倒斜角与交点有一定距离，且垂直于等分线。

② 非对称：指定沿选定的两条直线分别测量的距离值。

③ 偏置和角度：指定倒斜角的角度和距离值。

（2）距离：指定从交点到第一条直线的倒斜角的距离。

（3）距离 1/距离 2：设置从交点到第一条/第二条直线的倒斜角的距离。

（4）角度：设置从第一条直线到倒斜角的角度。

3．倒斜角位置

指定点：指定倒斜角的位置。

倒斜角的具体操作步骤如下。

（1）执行上述操作，打开如图 3-40 所示的“倒斜角”对话框。

（2）选择倒斜角的方法。

（3）选择要创建倒斜角的曲线或交点。

（4）移动鼠标确定倒斜角位置，也可以直接输入参数。

（5）单击创建倒斜角，如图 3-41 所示。

图 3-41　倒斜角示意图

3.3.9　添加现有曲线

单击“添加现有曲线”按钮或选择“菜单”→“插入”→“来自曲线集的曲线”→“现有的曲线”命令，可将绝大多数已有的曲线和点，以及椭圆、抛物线和双曲线等二次曲线添加到当前草图。该选项只是简单地将曲线添加到草图，而不会将约束应用于添加的曲线，几何体之间的间隙没有闭合。要使系统应用某些几何约束，可使用“自动约束”功能。

提示：不能将已被拉伸的曲线添加到在拉伸后生成的草图中。

3.3.10　投影曲线

单击“投影曲线”按钮或选择“菜单”→“插入”→“配方曲线”→“投影曲线”命令，打开如图 3-42 所示的“投影曲线”对话框。

“投影曲线”命令用于将选中的对象沿草图平面的法向投影到草图的平面上。通过选择草图外部的对象，可以生成抽取的曲线或线串。能够抽取的对象包括曲线（关联或非关联的）、边、面、其他草图或草图内的曲线、点。

由关联曲线抽取的线串将维持与原先几何体的关联性连接。如果修改了原先的曲线，草图中抽取的线串也将更新；如果原先的曲线被抑制，抽取的线串还是会在草图中保持可见状态；如果选中了面，则它的边会自动被选中，以便进行抽取；如果更改了面及其边的拓扑结构，抽取的线串也将更新；对边的数目的增加或减少，也会反映在抽取的线串中。

Note

图 3-42 “投影曲线”对话框

视频讲解

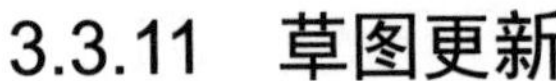

3.3.11 草图更新

选择“菜单”→“工具”→“更新”→“更新模型”命令，可更新模型，以反映对草图所做的更改。如果没有要进行的更新，则此命令是不可用的；如果存在要进行的更新，而且用户退出了“草图工具”对话框，则系统会自动更新模型。

视频讲解

3.3.12 删除与抑制草图

在 UG 中草图是实体造型的特征，删除草图的方法有以下两种：选择“菜单”→“编辑”→“删除”命令或是在部件导航器中右击，在打开的菜单中选择“删除”命令，此方法删除草图时，如果草图在部件导航器特征树中有子特征，则只会删除与其相关的特征，不会删除草图。

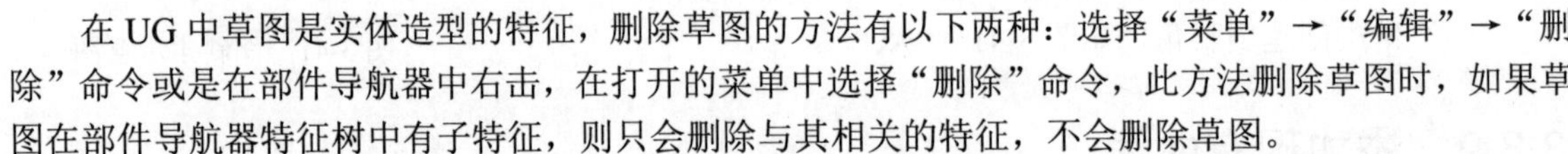

3.4 草图约束

约束能够用于精确地控制草图中的对象。草图约束有两种类型：尺寸约束（也称为草图尺寸）和几何约束。

尺寸约束建立起草图对象的大小（如直线的长度、圆弧的半径等）或是两个对象之间的关系（如两点之间的距离）。尺寸约束看上去更像是图纸上的尺寸。

几何约束建立起草图对象的几何特性（如要求某一直线具有固定长度）或是两个或更多草图对象的关系类型（如要求两条直线垂直或平行，或是几个弧具有相同的半径）。在图形区无法看到几何约束，但是用户可以使用“显示/草图约束”按钮显示有关信息，并显示代表这些约束的直观标记。

视频讲解

3.4.1 建立尺寸约束

建立草图尺寸约束是限制草图几何对象的大小和形状，也就是在草图上标注草图尺寸，并设置尺寸标注线，与此同时建立相应的表达式，以便在后续的编辑工作中实现尺寸的参数化驱动。进入草图工作环境后，在草图环境下的“菜单”→“插入”→“尺寸”子菜单中找到相应命令，如图 3-43 所示。

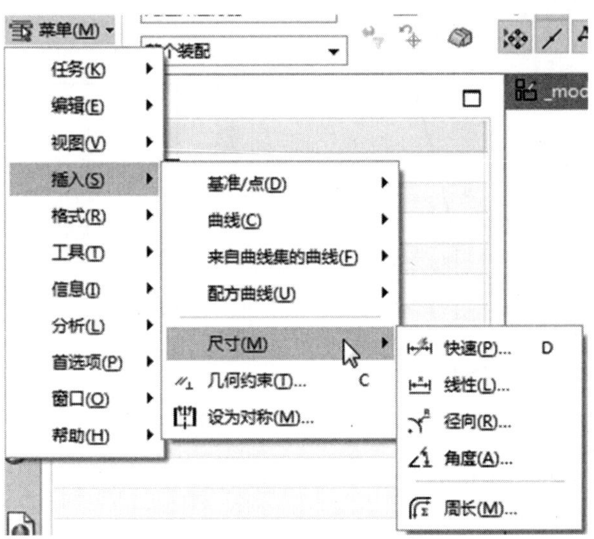

图 3-43 “尺寸”子菜单

（1）在生成尺寸约束时，用户可以选择草图曲线、边、基准平面或基准轴上的点，以生成水平、竖直、平行、垂直和角度尺寸。

（2）生成尺寸约束时，系统会生成一个表达式，其名称和值显示在一打开的对话框文本区域中，如图 3-44 所示，用户可以编辑该表达式的名和值。

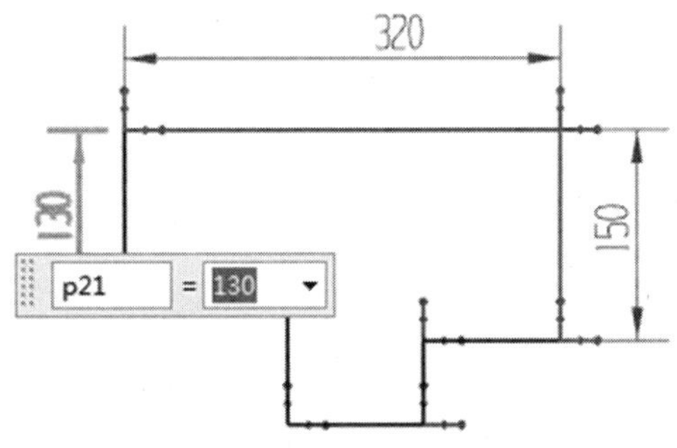

图 3-44 “尺寸约束”编辑示意图

（3）生成尺寸约束时，只要选中了几何体，其尺寸及其延伸线和箭头就会全部显示出来。将尺寸拖曳到位，然后单击。完成尺寸约束后，用户还可以随时更改尺寸约束。只需在图形区选中该值双击，然后可以使用生成过程所采用的同一方法，编辑其名称、值或位置。同时用户还可以使用“动画模拟”功能，在一个指定的范围中，显示动态地改变表达式之值的效果。

以下介绍主要尺寸约束选项功能。

（1）自动判断：使用该选项，在选择几何体后，由系统自动根据所选择的对象搜寻合适尺寸类型进行匹配。

（2）水平：该选项用于指定与约束两点间距离的与 XC 轴平行的尺寸（也就是草图的水平参考），示意图如图 3-45 所示。

（3）竖直：该选项用于指定与约束两点间距离的与 YC 轴平行的尺寸（也就是草图的竖直参考），示意图如图 3-46 所示。

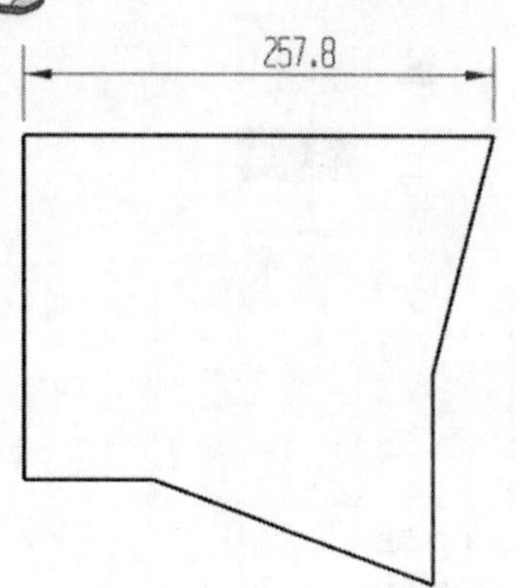

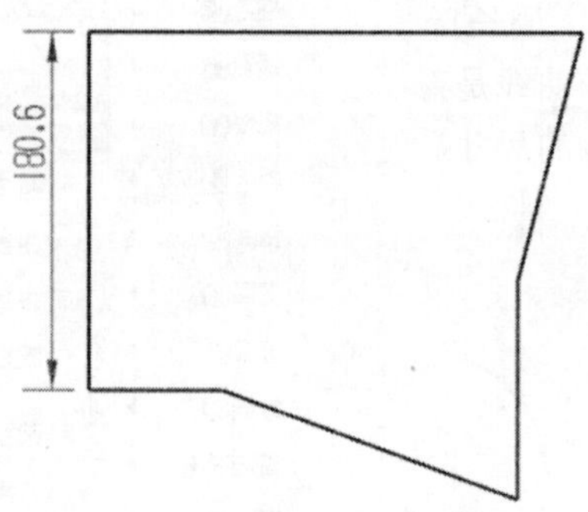

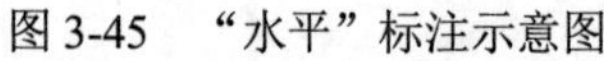

图 3-45　“水平”标注示意图　　　　图 3-46　“竖直”标注示意图

（4）点到点：该选项用于指定平行于两个端点的尺寸。平行尺寸限制两点之间的最短距离，平行标注示意图如图 3-47 所示。

（5）垂直：该选项用于指定直线和所选草图对象端点之间的垂直尺寸，测量到该直线的垂直距离，垂直标注示意图如图 3-48 所示。

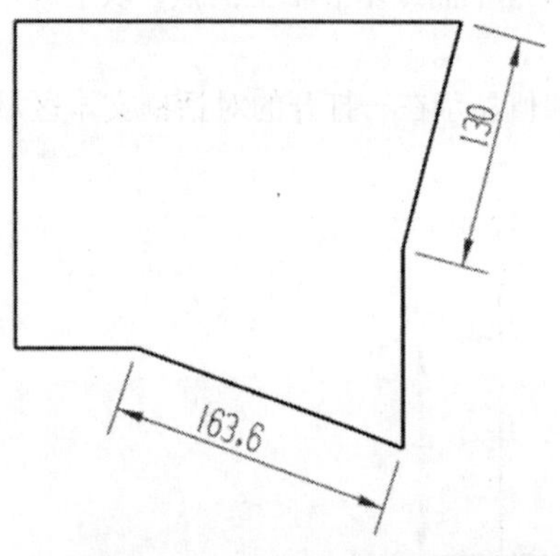

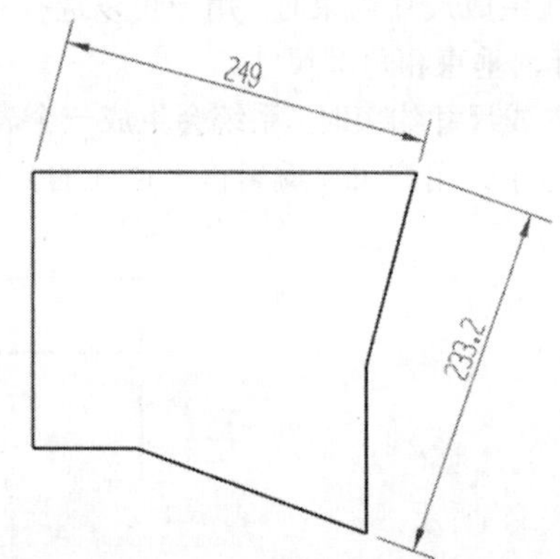

图 3-47　“点到点”标注示意图　　　　图 3-48　“垂直”标注示意图

（6）斜角：该选项用于指定两条线之间的角度尺寸。相对于工作坐标系按照逆时针方向测量角度，斜角标注示意图如图 3-49 所示。

（7）直径：该选项用于为草图的弧/圆指定直径尺寸，直径标注示意图如图 3-50 所示。

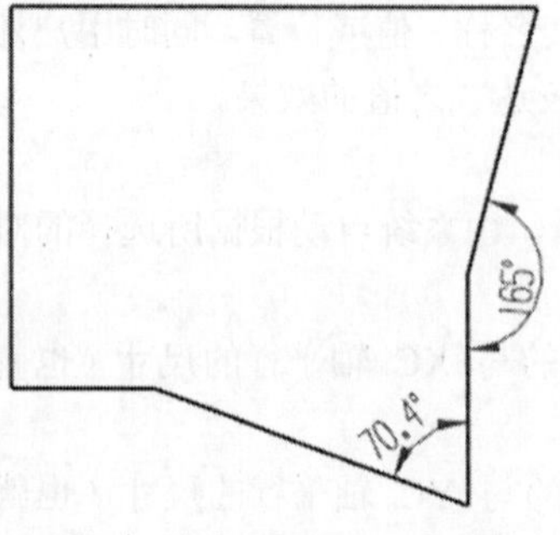

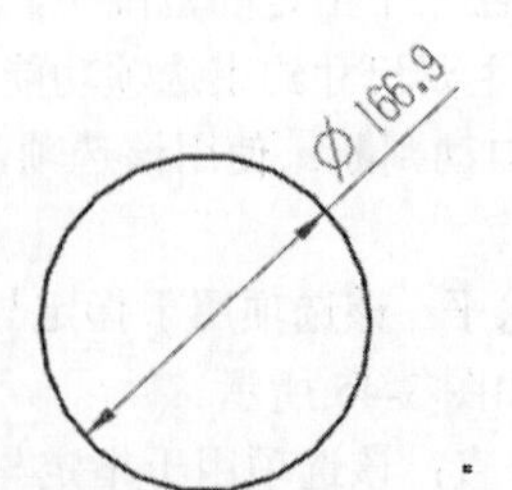

图 3-49　“斜角”标注示意图　　　　图 3-50　“直径”标注示意图

（8）径向：该选项用于为草图的弧/圆指定半径尺寸，如图 3-51 所示。

（9）周长尺寸：该选项用于将所选的草图轮廓曲线的总长度限制为一个需要的值。可以选择周长约束的曲线是直线和弧，选中该选项后，打开如图 3-52 所示的“周长尺寸”对话框，选择曲线后，该曲线的尺寸显示在“距离”文本框中。

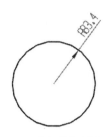

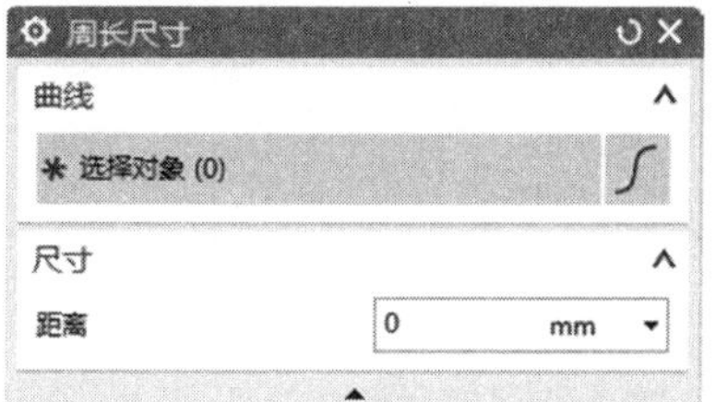

图 3-51　“半径”标注示意图

图 3-52　“周长尺寸”对话框

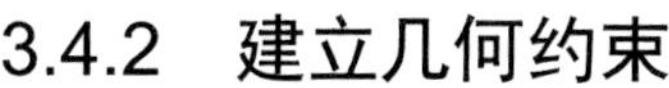

3.4.2　建立几何约束

视频讲解

使用几何约束，可以指定草图对象必须遵守的条件，或是草图对象之间必须维持的关系。“主页”选项卡中的“约束”组如图 3-53 所示，其主要几何约束选项功能如下。

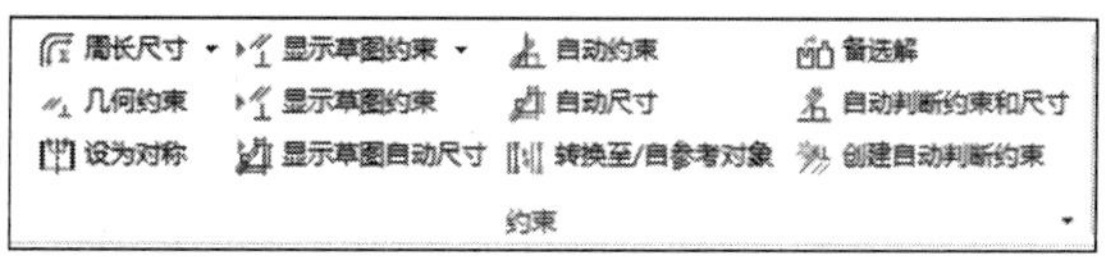

图 3-53　“约束”组

（1）几何约束：单击“几何约束”按钮或选择“菜单”→“插入”→“几何约束”命令，打开如图 3-54 所示的“几何约束”对话框，在“约束”选项组中选择要添加的约束，在“要约束的几何体”选项组中单击“选择要约束的对象”按钮，在视图中选择要约束的对象，在“要约束的几何体”选项组中单击“选择要约束到的对象”按钮，在视图区选择要约束到的对象，可以在“设置”选项组中选中约束添加到“约束”选项组中。选择“垂直”约束的示意图如图 3-54 所示。

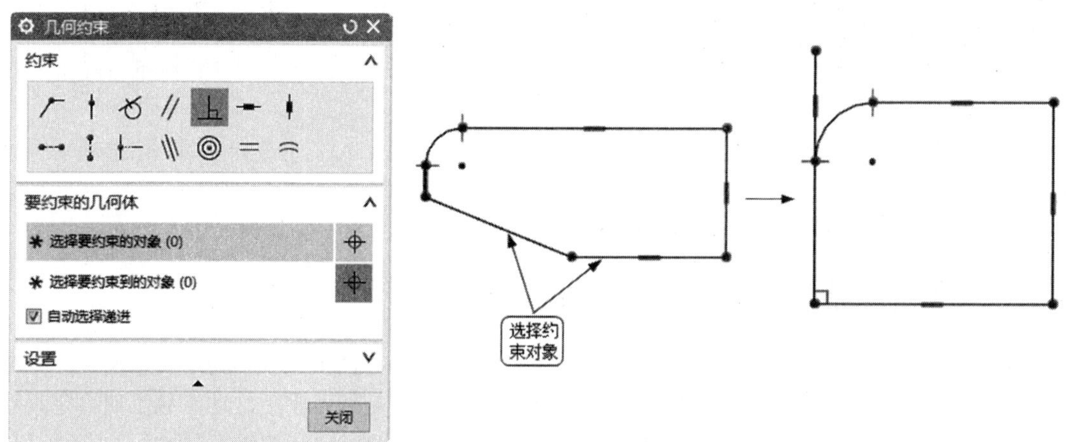

图 3-54　“几何约束”对话框和“垂直”约束示意图

Note

（2）自动约束：选中该选项后系统会打开如图 3-55 所示的“自动约束”对话框，用于设置系统自动要添加的约束。该选项能够在可行的地方自动应用草图的几何约束类型（水平、竖直、相切、平行、垂直、共线、同心、等长、等半径、点在曲线上、重合）。

图 3-55 “自动约束”对话框

“自动约束”对话框相关选项功能如下。

① 全部设置：单击该按钮可选中所有约束类型。

② 全部清除：单击该按钮可清除所有约束类型。

③ 距离公差：该文本框中输入公差值用于控制对象端点的距离必须达到的接近程度才能重合。

④ 角度公差：该文本框中输入公差值用于控制系统要应用水平、竖直、平行或垂直约束，直线必须达到的接近程度。

当将几何体添加到激活的草图时，尤其是当几何体是由其他 CAD 系统导入时，该选项功能会特别有用。

（3）显示草图约束：该选项用于打开所有的约束类型。

视频讲解

3.4.3 动画演示尺寸

单击“动画演示尺寸”按钮或选择“菜单”→“工具”→“约束”→“动画演示尺寸”命令，打开如图 3-56 所示的“动画演示尺寸”对话框，用于在一个指定的范围中，动态显示使给定尺寸发生变化的效果。受这一选定尺寸影响的任一几何体也将同时被模拟。“动画演示尺寸”不会更改草图尺寸，动画模拟完成之后，草图会恢复到原先的状态。

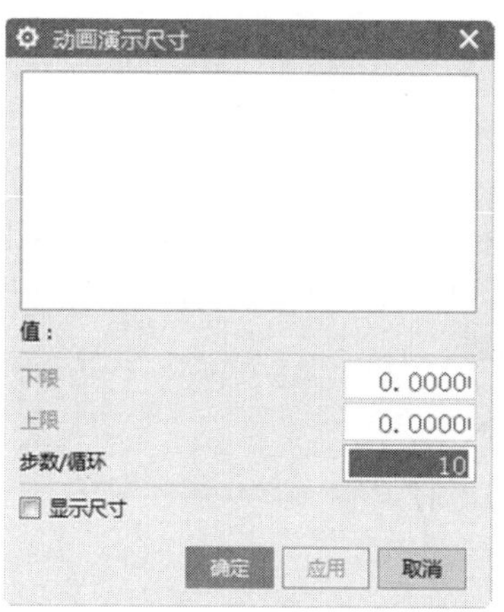

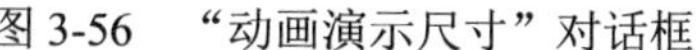

图 3-56 “动画演示尺寸”对话框

“动画演示尺寸”对话框相关选项功能如下。

（1）尺寸列表框：列出可以模拟的尺寸。

（2）值：当前所选尺寸的值（动画模拟过程中不会发生变化）。

（3）下限：动画模拟过程中该尺寸的最小值。

（4）上限：动画模拟过程中该尺寸的最大值。

（5）步数/循环：当尺寸值由上限移动到下限（反之亦然）时所变化（等于大小/增量）的次数。

（6）显示尺寸：选中“显示尺寸”复选框，在动画模拟过程中显示原先的草图尺寸；不选中该复选框，播放动画时不显示尺寸。

3.4.4 转换至/自参考对象

在给草图添加几何约束和尺寸约束的过程中，有时会引起约束冲突。解决约束冲突的方法有两种：一种方法是删除多余的几何约束和尺寸约束；另一种方法就是将草图几何对象或尺寸对象转换为参考对象。

“转换至/自参考对象”命令能够将草图曲线（但不是点）或草图尺寸由激活转换为参考，或由参考转换回激活。参考尺寸显示在用户的草图中，虽然其值被更新，但是它不能控制草图几何体。但其显示参考曲线，但其显示已变灰，并且采用双点画线线型。在拉伸或回转草图时，没有用到它的参考曲线。

单击“转换至/自参考对象”按钮或选择“菜单”→“工具”→“约束”→“转换至/自参考对象”命令，打开如图 3-57 所示的“转换至/自动参考对象”对话框。

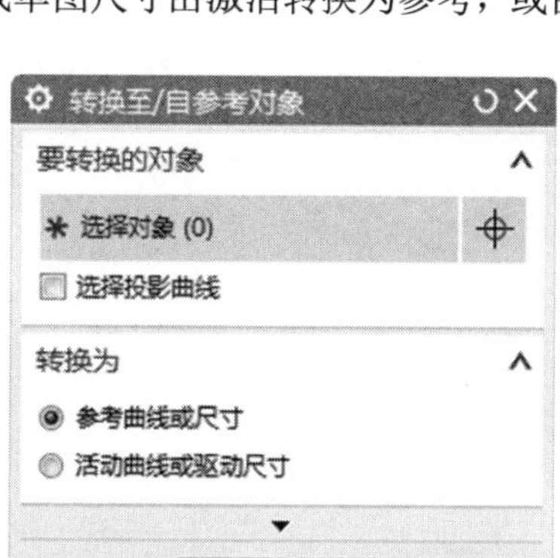

图 3-57 “转换至/自参考对象”对话框

“转换至/自参考对象”对话框中相关选项功能如下。

（1）参考曲线或尺寸：该单选按钮用于将激活对象转换为参考状态。

（2）活动曲线或驱动尺寸：该单选按钮用于将参考对象转换为激活状态。

视频讲解

Note

3.4.5 备选解

单击“备选解”按钮或选择“菜单”→“工具”→“约束”→“备选解”命令，当约束一个草图对象时，同一约束可能存在多种求解结果，采用另解则可以由一个解更换到另一个。

图3-58显示了当将两个圆约束为相切时，同一选择如何产生两个不同的解。两个解都是合法的，而“备选解”可以用于指定正确的解。

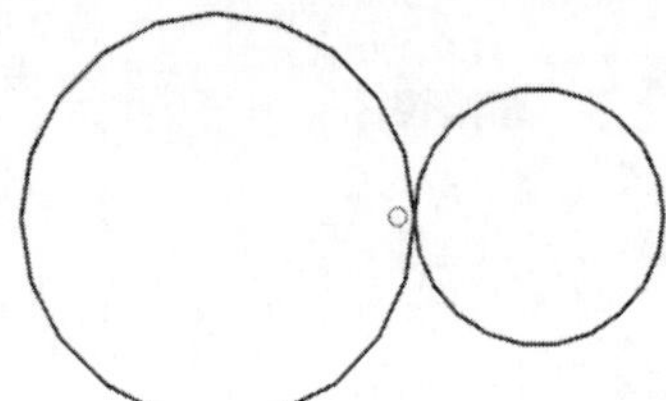

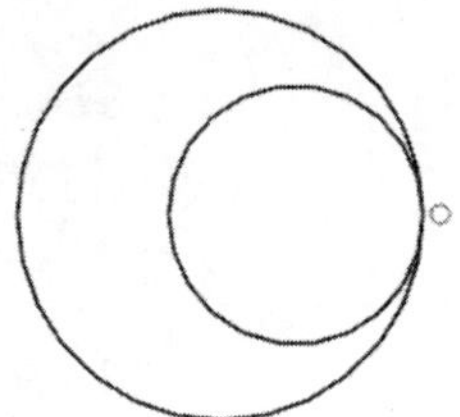

图3-58　“备选解”示意图

视频讲解

3.5 综合实例——曲柄

本例绘制曲柄，如图3-59所示。首先绘制中心线，然后进行尺寸约束，完成其他草图的绘制，并做几何约束和标注尺寸。

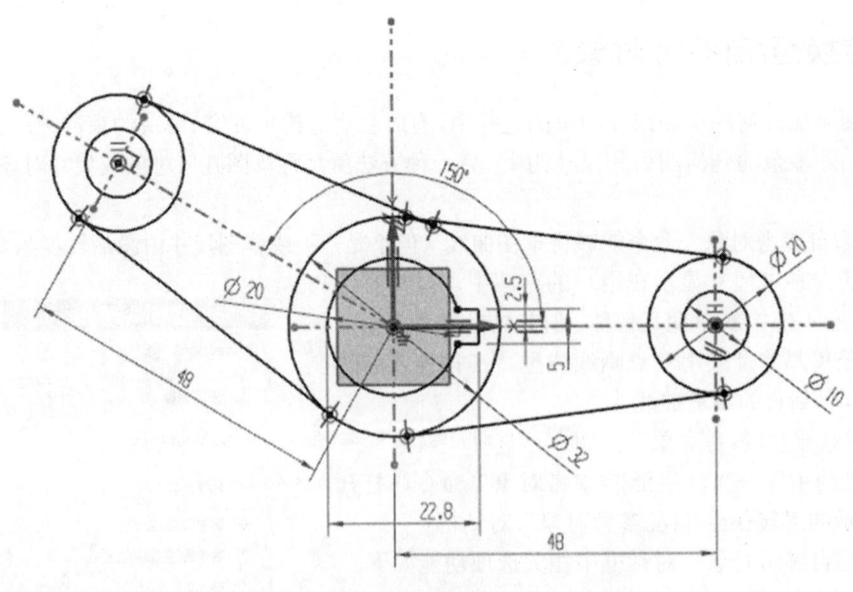

图3-59　曲柄草图

具体操作步骤如下。

1. 新建文件

单击“新建”按钮或选择“菜单”→“文件”→“新建”命令，打开“新建”对话框，在“模型”选项卡中选择适当的模板，文件名为qubing，单击“确定”按钮，进入建模环境。

Note

2. 进入草图环境

选择“菜单”→“插入”→“在任务环境中绘制草图”命令，打开如图 3-60 所示的“创建草图”对话框，选择 XC-YC 平面为基准平面，单击“确定”按钮，进入绘制草图界面。

3. 设置草图首选项

选择“菜单”→“首选项”→“草图”命令，系统打开如图 3-61 所示的“草图首选项”对话框。在“尺寸标签”下拉列表中选择“值”选项，单击“确定”按钮，完成草图设置。

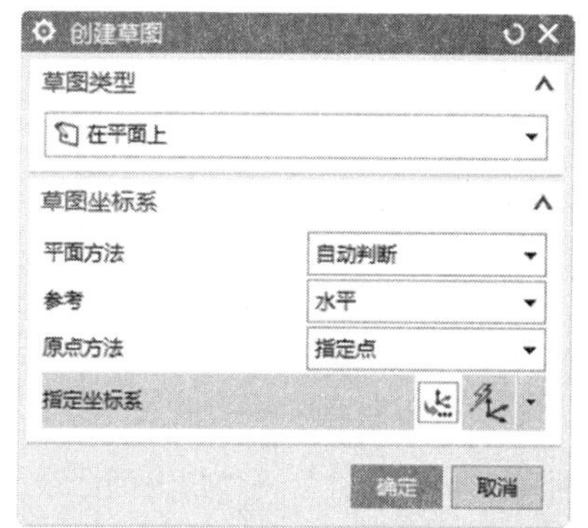

图 3-60 “创建草图”对话框

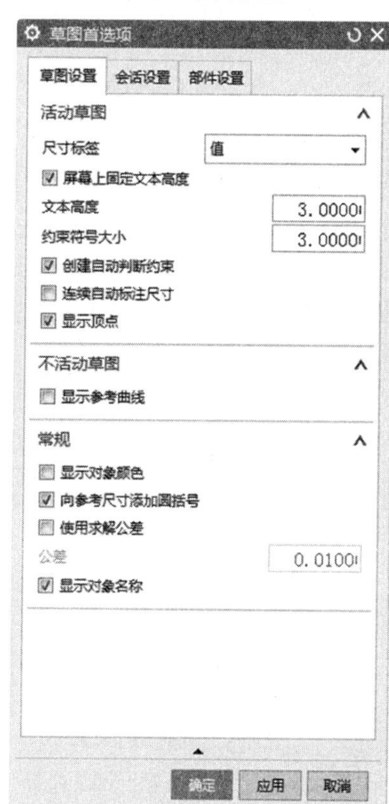

图 3-61 “草图首选项”对话框

4. 绘制中心线

（1）单击“直线”按钮或选择“菜单”→“插入”→“曲线”→“直线”命令，系统打开“直线”对话框，在视图中绘制如图 3-62 所示的图形。

（2）单击“几何约束”按钮或选择“菜单”→“插入”→“几何约束”命令，打开“几何约束”对话框，对草图添加几何约束。在“约束”选项卡单击“共线”按钮，选择图 3-62 中水平线，然后选择图中 XC 轴，使它们具有共线约束。

（3）在“约束”选项卡单击“共线”按钮，选择图中垂直线，然后选择图 3-62 中 YC 轴，使它们具有共线约束。

（4）在“约束”选项卡单击“平行”按钮，选择图 3-62 中两条垂直线，使它们具有平行约束。

（5）单击“直线”按钮或选择“菜单”→“插入”→“曲线”→“直线”命令，系统打开“直线”对话框，在视图中绘制如图 3-63 所示的图形，绘制的两条直线相互垂直。

Note

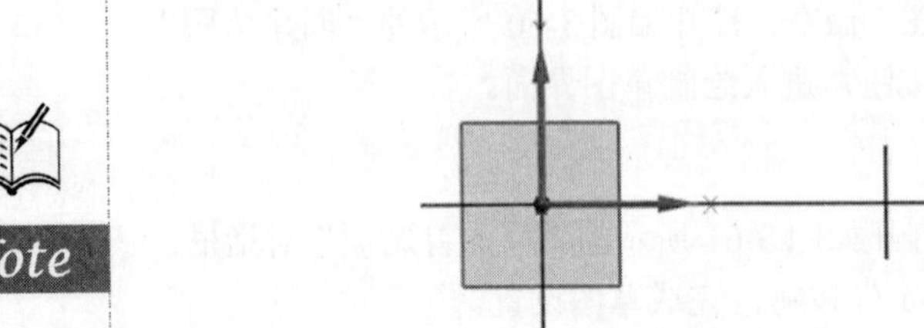

图 3-62　绘制直线

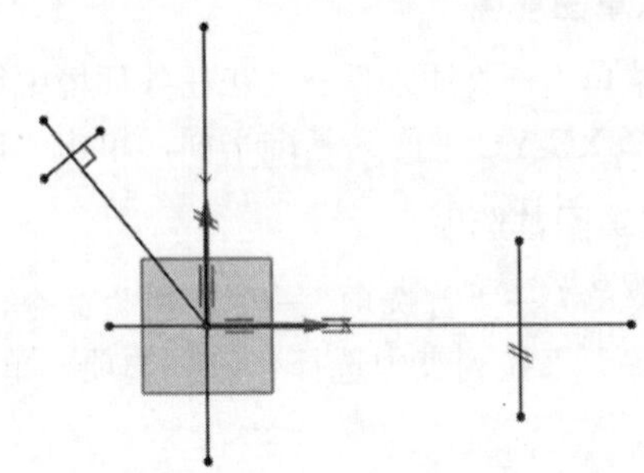

图 3-63　绘制两条相互垂直的直线

5．标注中心线尺寸

（1）单击“快速尺寸”按钮或选择“菜单”→“插入”→“尺寸”→“快速”命令，打开“快速尺寸”对话框，在“方法”下拉列表中选择“水平”，选择两条竖直线，系统自动标注尺寸，单击确定尺寸的位置，在文本框中输入 48 后按 Enter 键，结果如图 3-64 所示。

（2）单击“快速尺寸”按钮或选择“菜单”→“插入”→“尺寸”→“快速”命令，打开“快速尺寸”对话框，在“方法”下拉列表中选择“斜角”，选择斜直线和水平直线，系统自动标注角度尺寸，单击确定尺寸的位置，在文本框中输入 150 后按 Enter 键，结果如图 3-65 所示。

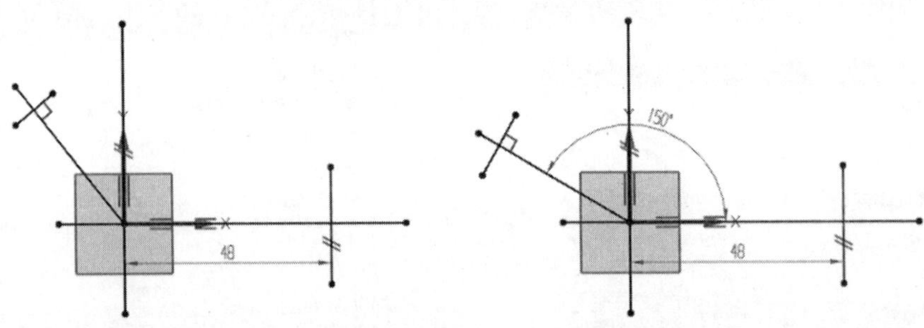

图 3-64　标注水平尺寸　　图 3-65　标注角度尺寸

（3）单击“快速尺寸”按钮或选择“菜单”→“插入”→“尺寸”→“快速”命令，打开“快速尺寸”对话框，在“方法”下拉列表中选择“垂直”选项，选择斜直线 1 和原点，系统自动标注角度尺寸，单击确定尺寸的位置，在文本框中输入 48 后按 Enter 键，结果如图 3-66 所示。

（4）单击“转换至/自参考对象”按钮或选择“菜单”→“工具”→“约束”→“转换至/自参考对象”命令，打开“转换至/自参考对象”对话框，在视图中拾取所有的图元，单击“确定”按钮，所有的图元都转换为中心线，结果如图 3-67 所示。

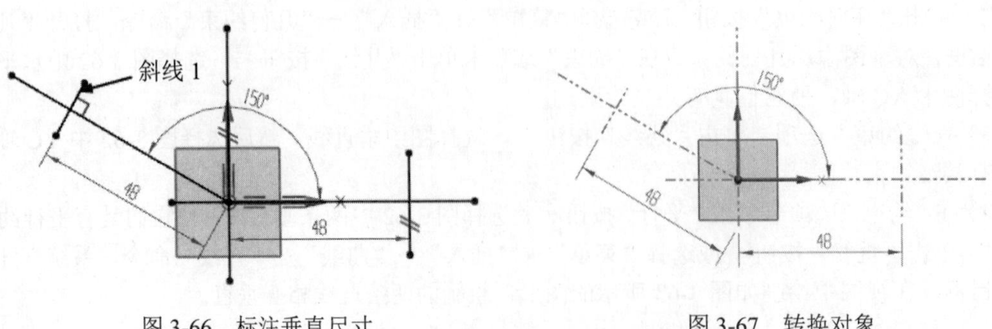

图 3-66　标注垂直尺寸　　图 3-67　转换对象

Note

6．绘制曲柄轮廓

（1）单击“直线”按钮或选择“菜单”→“插入”→“曲线”→“直线”命令和单击“圆”按钮或选择“菜单”→“插入”→“曲线”→“圆”命令，在视图中绘制如图 3-68 所示的图形。

（2）单击“几何约束”按钮或选择“菜单”→“插入”→“几何约束”命令，打开“几何约束”对话框，对草图添加几何约束。单击“约束”选项卡中的“等半径”按钮，分别选择图中左右两边的圆，使它们具有等半径约束。

（3）单击“几何约束”按钮或选择“菜单”→“插入”→“几何约束”命令，打开“几何约束”对话框，对草图添加几何约束。单击“约束”选项卡中的“相切”按钮，分别选择图中的圆和直线，使它们具有相切约束，结果如图 3-69 所示。

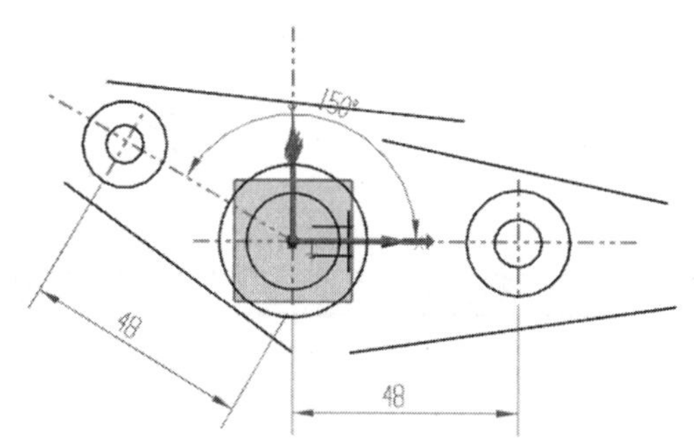

图 3-68　绘制草图

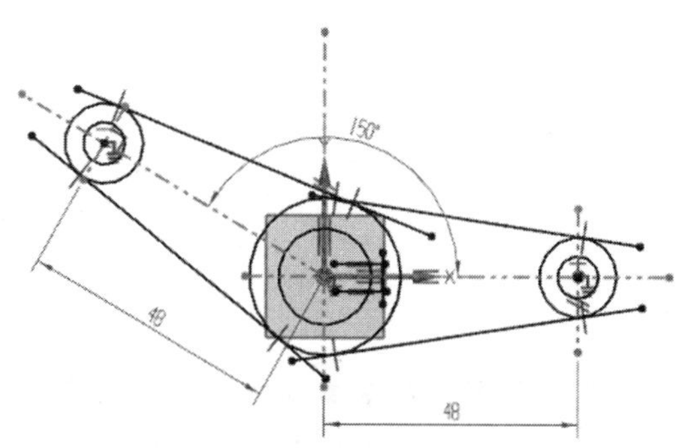

图 3-69　约束草图

（4）单击“快速修剪”按钮或选择“菜单”→“编辑”→“曲线”→“快速修剪”命令，打开“快速修剪”对话框，修剪图中多余的线段，结果如图 3-70 所示。

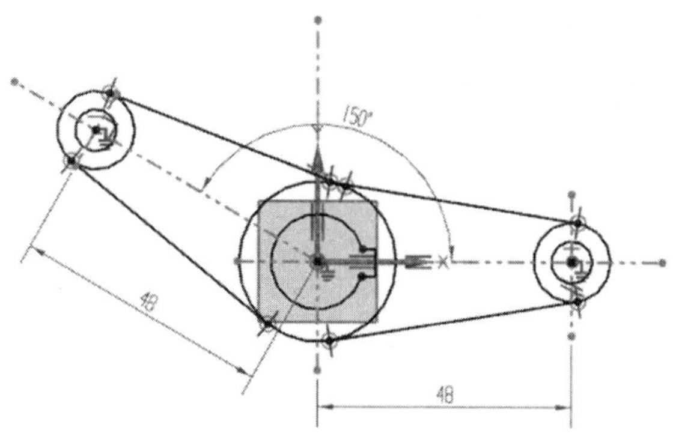

图 3-70　修剪草图

7．标注轮廓尺寸

单击“快速尺寸”按钮或选择“菜单”→“插入”→“尺寸”→“快速”命令，打开“快速尺寸”对话框，标注水平和直径尺寸，结果如图 3-59 所示。

第4章 曲线

（视频讲解：43分钟）

曲线是图形的基本构造，也是生成三维模型的基础。在UG中熟练掌握曲线和曲线操作功能，对于高效建立复杂的三维图形是非常有利的。本章将通过实例详细地介绍常用的生成曲线功能及曲线编辑功能。

【学习重点】

- 点和点集
- 二次曲线
- 样条曲线
- 规律曲线
- 螺旋线
- 派生曲线

4.1 基 本 曲 线

Note

视频讲解

简单的曲线包括直线、圆弧和多边形等，下面简要介绍。

4.1.1 直线

用于创建直线段。单击“直线”按钮 或选择“菜单”→“插入”→“曲线”→“直线”命令，打开“直线”对话框，如图 4-1 所示。

图 4-1 “直线”对话框

其中各选项含义如下。

1. 起点/结束选项

☑ 自动判断：根据选择的对象确定要使用的起点和终点选项。
☑ 点：通过一个或多个点创建直线。
☑ 相切：用于创建与弯曲对象相切的直线。

2. 平面选项

☑ 自动平面：根据指定的起点和终点自动判断临时平面。
☑ 锁定平面：选择此选项，如果更改起点或终点，自动平面不可移动。锁定的平面以基准平面对象的颜色显示。
☑ 选择平面：通过指定平面下拉列表或“平面”对话框来创建平面。

3. 起始/终止限制

☑ 值：用于为直线的起始或终止限制指定数值。

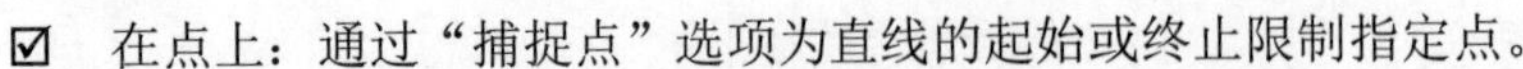

☑ 在点上：通过“捕捉点”选项为直线的起始或终止限制指定点。

☑ 直至选定：用于在所选对象的限制处开始或结束直线。

绘制直线的具体操作步骤如下。

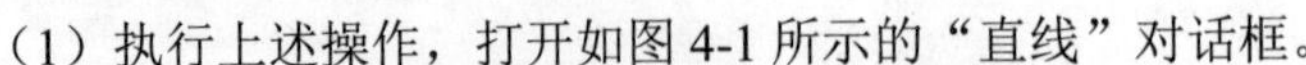

（1）执行上述操作，打开如图 4-1 所示的“直线”对话框。

（2）选择起点，出现一条直线并自动生成平面。

（3）在适当的位置单击以确定终点，或捕捉点获得终点。

（4）单击“确定”按钮，创建直线。

Note

视频讲解

4.1.2 圆弧/圆

用于创建关联的圆弧和圆曲线。单击“圆弧/圆”按钮或选择“菜单”→“插入”→“曲线”→“圆弧/圆”命令，打开如图 4-2 所示的“圆弧/圆”对话框。

其中各选项含义如下。

图 4-2 “圆弧/圆”对话框

1. 类型

☑ 三点画圆弧：通过指定的三个点或指定两个点和半径来创建圆弧。

☑ 从中心开始的圆弧/圆：通过圆弧中心及第二点或半径来创建圆弧。

2. 起点/端点/中点选项

☑ 自动判断：根据选择的对象来确定要使用的起点/端点/中点选项。

☑ 点：用于指定圆弧的起点/端点/中点。

☑ 相切：用于选择曲线对象，以从其派生与所选对象相切的起点/端点/中点。

3. 平面选项

☑ 自动平面：根据圆弧或圆的起点和终点来自动判断临时平面。

☑ 锁定平面：选择此选项，如果更改起点或终点，自动平面不可移动。可以双击解锁或锁定自动平面。

☑ 选择平面：用于选择现有平面或新建平面。

4. 限制

☑ 起始/终止限制。

- 值：用于为圆弧的起始或终止限制指定数值。
- 在点上：通过“捕捉点”选项为圆弧的起始或终止限制指定点。
- 直至选定：用于在所选对象的限制处开始或结束圆弧。

☑ 整圆：用于将圆弧指定为完整的圆。

☑ 补弧：用于创建圆弧的补弧。

以“从中心开始的圆弧/圆”方式绘制圆弧的具体操作步骤如下。

（1）在“类型”下拉列表中选择“从中心开始的圆弧/圆”。

（2）选择圆弧的中心点。

（3）指定圆弧的半径。

（4）选择对象，限制圆弧的终点。

（5）单击“确定”按钮，创建圆弧。

其他曲线（包括多边形等）的绘制方法与上述的直线和圆弧类似，这里就不再赘述。

视频讲解

4.1.3 实例——四角形

本实例采用多边形和弧线创建四角形轮廓，然后使用修剪操作生成最后曲线，如图4-3所示。具体操作步骤如下。

（1）单击“新建”按钮或选择“菜单”→“文件”→“新建”命令，打开“新建”对话框。在“文件名”中输入sijiaoxing，单击“确定”按钮，进入UG界面。

（2）选择“菜单”→“插入”→“在任务环境中绘制草图”命令，打开“创建草图”对话框，单击“确定”按钮，进入草图绘制环境。

（3）创建正方形。单击“多边形”按钮或选择“菜单”→“插入”→“曲线”→“多边形”命令，打开如图4-4所示的“多边形”对话框，选择坐标原点为中心点，在“边数”数值框中输入4，在“大小”下拉列表中选择“内切圆半径”选项，在“半径”和“旋转”文本框中分别输入1和45，按Enter键，完成正方形的绘制，单击“完成”按钮，退出草图绘制环境，结果如图4-5所示。

图4-3 四角形

图4-4 “多边形”对话框

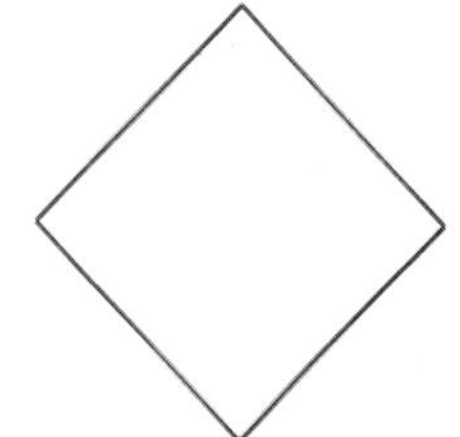

图4-5 四边形

（4）创建圆弧。单击“圆弧”按钮或选择“菜单”→“插入”→“曲线”→“圆弧/圆”命令，打开如图4-6所示的“圆弧/圆”对话框。在“类型”下拉列表中选择“从中心开始的圆弧/圆”，根据系统要求定义圆弧中心，此时屏幕中的光标带捕捉功能，选择正方形右顶点为圆弧中心，系统提示定义圆弧终点；选择系统上顶点，并在对话框中“起始限制角度”和“终止限制角度”文本框中分别输入0和90，单击“确定”按钮，生成如图4-7所示圆弧。依据上述步骤绘制其他弧线，生成图形如图4-8所示。

图 4-6 “圆弧/圆”对话框

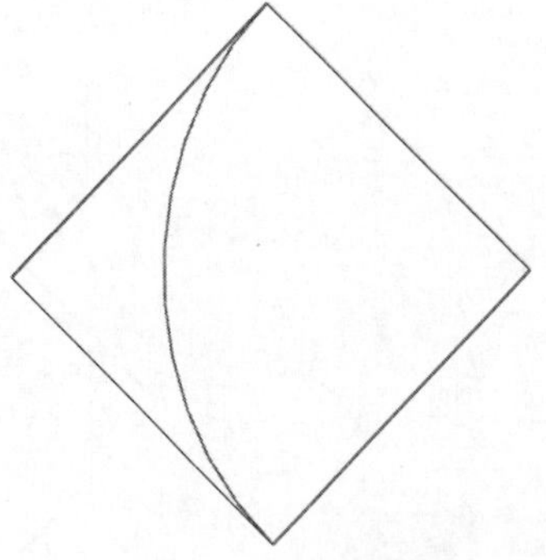

图 4-7 绘制圆弧

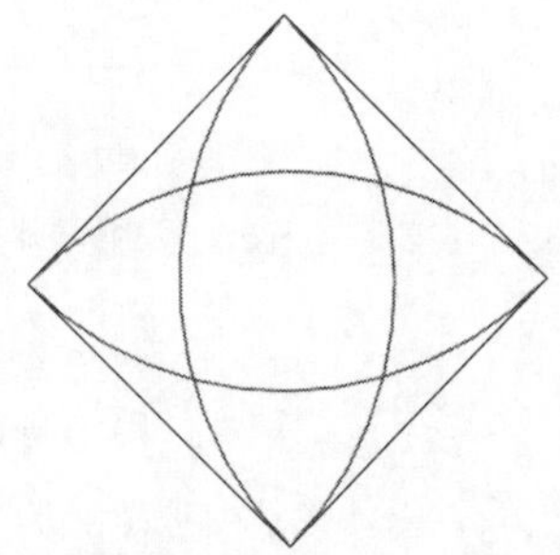

图 4-8 绘制多段圆弧

（5）分割曲线。单击“分割曲线”按钮 或选择“菜单”→“编辑”→“曲线”→“分割”命令，打开如图 4-9 所示的“分割曲线”对话框。在“类型”下拉列表中选择“等分段”，在屏幕中选择一段圆弧，打开如图 4-10 所示的提示对话框，单击“是”按钮，在“段长度”下拉列表中选择“等弧长”选项并在“段数”文本框中输入 3，单击“确定”按钮，完成分割曲线操作。同步骤（4），完成另外 3 条圆弧的分割操作。

（6）隐藏曲线。选择“菜单”→“编辑”→“显示和隐藏”→“隐藏”命令，打开如图 4-11 所示的“类选择”对话框。分别选择正方形各边和圆弧中间各段圆弧，单击“确定”按钮，隐藏各选择曲线，完成四角形造型的创建，效果如图 4-3 所示。

图 4-9 “分割曲线”对话框

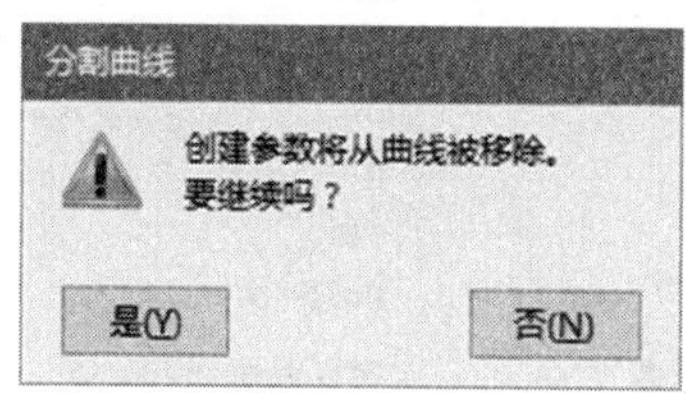

图 4-10 提示对话框

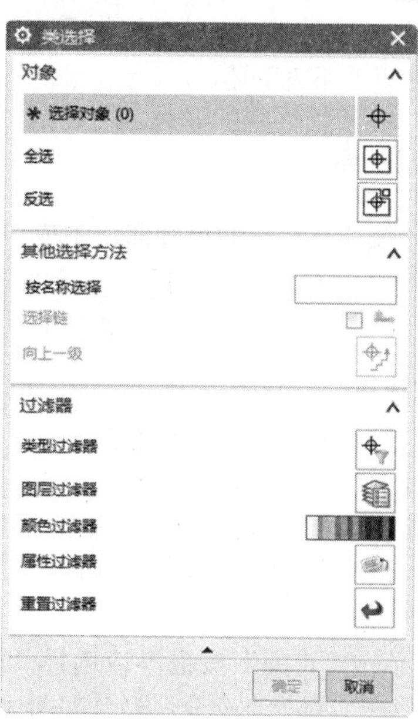

图 4-11 “类选择”对话框

4.2 点和点集

点可以用来构造曲线和曲面，也可以用来定位。本节主要介绍点与点集的创建。

4.2.1 点

点是构造曲线的基本要素，在 UG 中通过点构造器生成点的方式有多种。选择“菜单”→“插入”→“基准/点”→“点”命令，打开“点”对话框，如图 4-12 所示。

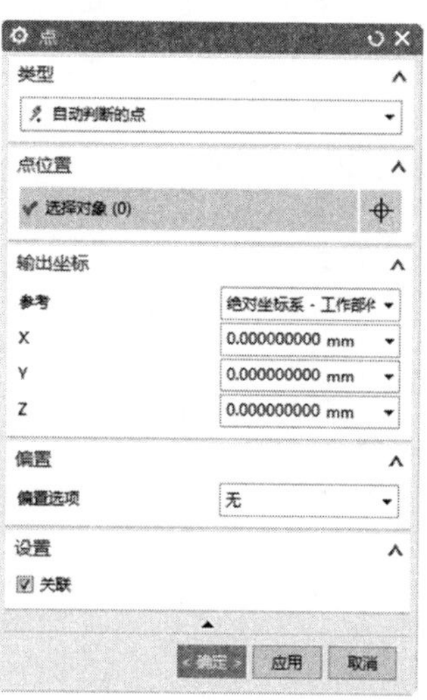

图 4-12 “点”对话框

“点”对话框提供15种类型，通过它们可以直接生成需要的点，操作比较简单，在2.2.1节中已有介绍，这里就不再赘述。

4.2.2 点集

Note

视频讲解

点集一般通过存在的已知曲线生成一组点，单击“点集”按钮或选择“菜单”→“插入”→“基准/点”→“点集”命令，打开如图4-13所示的“点集”对话框。

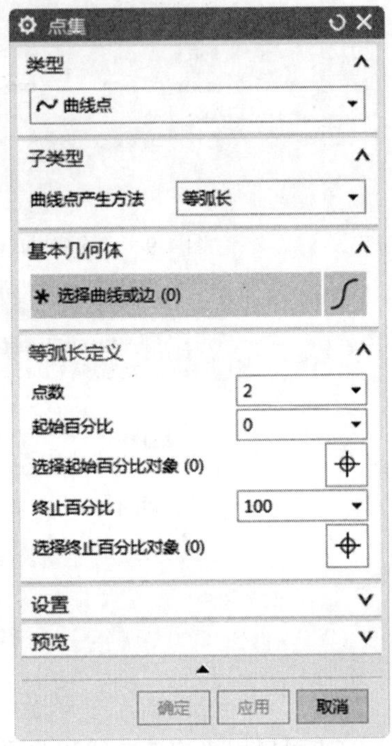

图4-13 “点集”对话框

1．曲线点

根据已知的曲线，按照不同的方法在曲线上生成点。系统共给出7种方法生成点集：等弧长、等参数、几何级数、弦公差、增长弧长、投影点和曲线百分比。

曲线点生成点集的操作步骤如下。

（1）绘制一个圆。

（2）单击“点集”按钮或选择“菜单”→“插入”→“基准/点”→“点集”命令，打开如图4-13所示的“点集”对话框。

（3）在“类型”下拉列表中选择“曲线点”选项。

（4）在“曲线点产生方法”下拉列表中选择“几何级数”选项。

（5）单击屏幕上的圆。

（6）分别在“点数”“起始百分比”“终止百分比”“比率”文本框中输入4、0、100和2，如图4-14所示。单击“确定”按钮，生成如图4-15所示的点集。

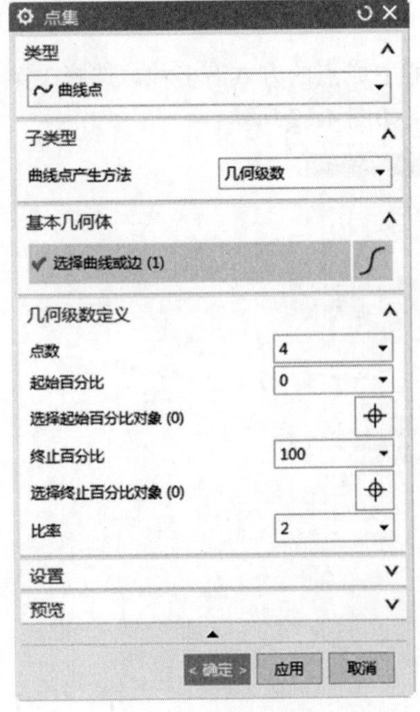

图4-14 设置点参数

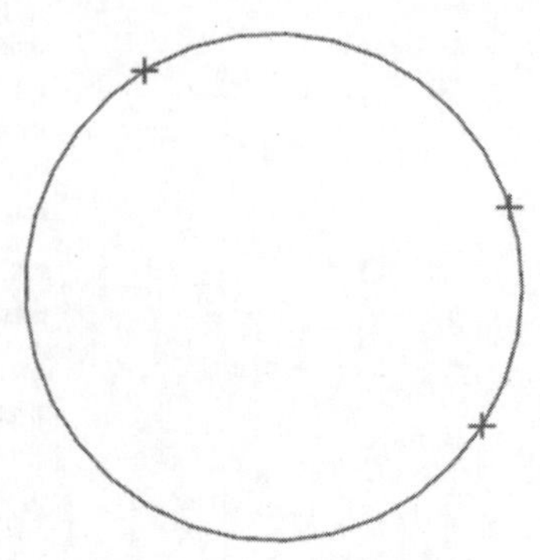

图4-15 生成的点集

2. 样条点

“样条点”类型是用于利用绘制样条曲线时的定义点来创建点集。选择该类型，系统提示选取曲线，然后根据这条样条曲线的定义点来创建点集。

在“样条点类型”下拉列表中选择样条上点的创建类型，包括：

☑ 定义点：用于利用绘制样条曲线时的定义点来创建点集。

☑ 节点：用于利用绘制样条曲线时的节点来创建点集。

☑ 极点：用于利用绘制样条曲线时的极点来创建点集。

3. 面的点

“面的点”类型是用于产生曲面上的点集。选择该类型，对话框如图 4-16 所示。

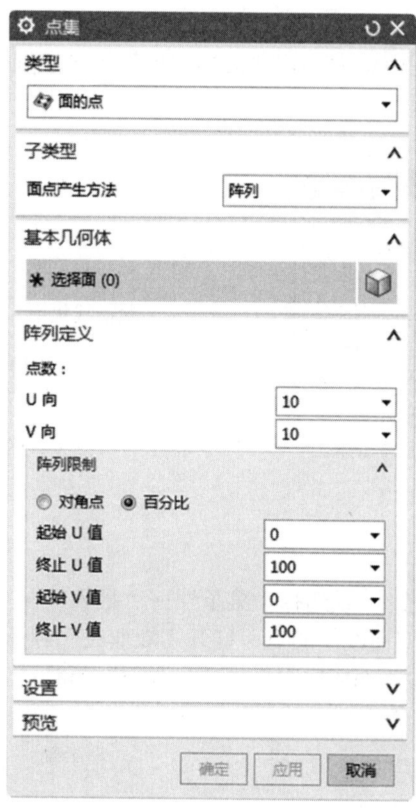

图 4-16 “面的点”类型

（1）阵列定义：用于设置曲面上点集的点数，即点集分布在曲面的 U 和 V 方向上，在“U 向”和“V 向”文本框中分别输入用户所需点数。

（2）阵列限制：用于设置点集的边界。

☑ 对角点：用于以对角点方式来限制点集的分布范围。选中该单选按钮时，系统会提示用户在绘图区中选取一点，完成后再选取另一点，这样就以这两点为对角点设置了点集的边界。

☑ 百分比：用于以曲面参数百分比的形式来限制点集的分布范围。选中该单选按钮时，用户在如图 4-16 所示的对话框的“起始 U 值”“终止 U 值”“起始 V 值”“终止 V 值”文本框中分别输入相应数值来设置点集相对于选定曲面 U、V 方向的分布范围。

4.3 二次曲线

Note

二次曲线与 4.2 节介绍的曲线相比要复杂得多，这类曲线通常由多项参数才能确定下来，但在 UG 中只需要给出几个相关参数就能方便地得到相应的曲线。二次曲线包括抛物线、双曲线和一般二次曲线。

视频讲解

4.3.1 抛物线

在 UG 中单击“抛物线”按钮或选择“菜单”→“插入”→“曲线”→“抛物线”命令，打开“点”对话框；在屏幕上确定抛物线顶点，打开“抛物线”对话框，如图 4-17 所示。在“抛物线”对话框中输入“焦距”“最小 DY”“最大 DY”“旋转角度”等各项参数，然后单击“确定”按钮，生成如图 4-18 所示的抛物线。

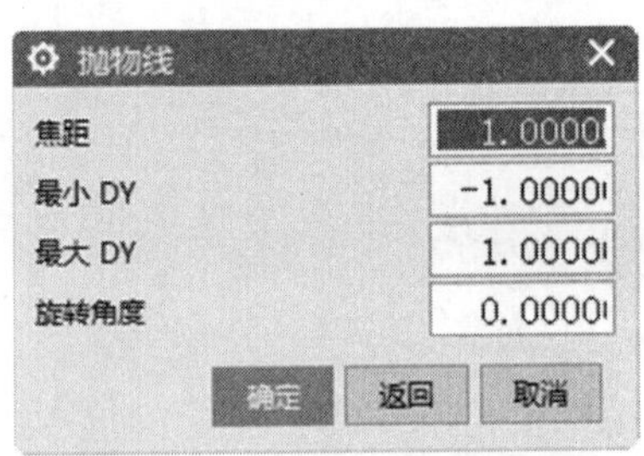

图 4-17 “抛物线”对话框

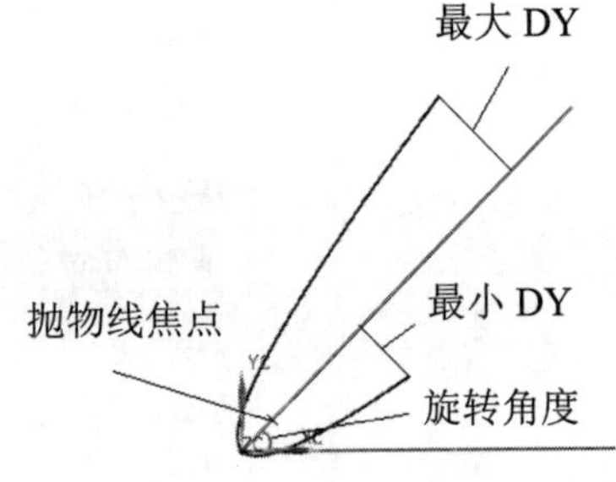

图 4-18 生成的抛物线

视频讲解

4.3.2 双曲线

在 UG 中单击“双曲线”按钮或选择“菜单”→“插入”→“曲线”→“双曲线”命令，打开“点”对话框；在屏幕上确定双曲线中心点，打开“双曲线”对话框，如图 4-19 所示。

确定“实半轴”“虚半轴”“最小 DY”“最大 DY”和“旋转角度”等各项参数，然后单击“确定”按钮，生成如图 4-20 所示的双曲线。

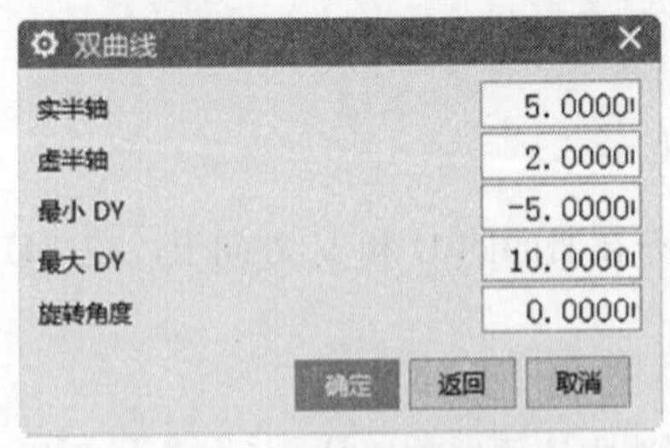

图 4-19 设置双曲线参数

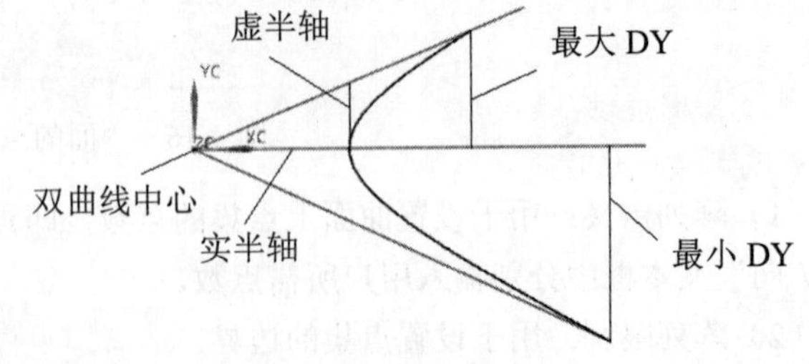

图 4-20 生成的双曲线

4.3.3 一般二次曲线

在 UG 中，单击“一般二次曲线”按钮或选择“菜单”→“插入”→“曲线”→“一般二次

曲线”命令，打开如图 4-21 所示的对话框。

图 4-21 “一般二次曲线”对话框

一般二次曲线有 7 种类型：5 点；4 点，1 个斜率；3 点，2 个斜率；3 点，锚点；2 点，锚点，Rho；2 点，2 个斜率，Rho；系数。在实际中运用较少，这里不做详细介绍。

4.4 规律曲线

规律曲线与样条曲线不同，样条曲线通过在屏幕上输入点，经过数学处理得到曲线。规律曲线是通过定义曲线 X，Y，Z 3 个分量的表达式来表示的一类曲线，而不必输入点。当定义某一分量为零时，规律曲线就设计成为二维曲线。由表达式方式设计，使规律曲线在设计和修改三维曲线时，特别方便。

单击“规律曲线”按钮 或选择“菜单”→“插入”→“曲线”→“规律曲线”命令，打开“规律曲线”对话框，如图 4-22 所示。

- ☑ 恒定：定义某分量为常值，曲线在三维坐标系中表示为二维曲线。
- ☑ 线性：定义曲线某分量的变化按线性变化，此种方式需要指定起始点和终点，曲线某分量就在起点和终点间按线性规律变化。
- ☑ 三次：定义曲线某分量按三次多项式变化。
- ☑ 沿脊线的线性：利用两个点或多个点沿脊线线性变化，当选择脊线后，指定若干个点，每个点可以对应一个数值。
- ☑ 沿脊线的三次：利用两个点或多个点沿脊线三次多项式变化，当选择脊线后，指定若干个点，每个点可以对应一个数值。

Note

☑ 根据方程：利用表达式或表达式变量定义曲线某分量，在使用该选项前，应该首先在工具表达式中定义表达式或表达式变量。

☑ 根据规律曲线：选择一条已存在的光滑曲线定义规律函数。在选择了这条曲线后，系统还需要用户选择一条直线作为基线，为规律函数定义一个矢量方向。如果用户未指定基线，则系统会默认选择绝对坐标系的 X 轴作为规律曲线的矢量方向。

生成规律曲线的操作步骤如下。

（1）单击“规律曲线”按钮或选择“菜单”→“插入”→“曲线”→“规律曲线”命令，打开“规律曲线”对话框，如图 4-22 所示。

（2）在“X 规律”选项组“规律类型”下拉列表中选择“线性”选项，在“起点”和“终点”文本框中输入数值。

（3）在“Y 规律”选项组“规律类型”下拉列表中选择“三次”选项，在“起点”和“终点”文本框中输入数值。

（4）在“Z 规律”选项组“规律类型”下拉列表中选择“三次”选项，在“起点”和“终点”文本框中输入数值。

（5）单击“坐标系对话框”按钮，打开“坐标系”对话框，系统默认给定曲线坐标系方向，单击“确定”按钮。生成的规律曲线如图 4-23 所示。

图 4-22 “规律曲线”对话框

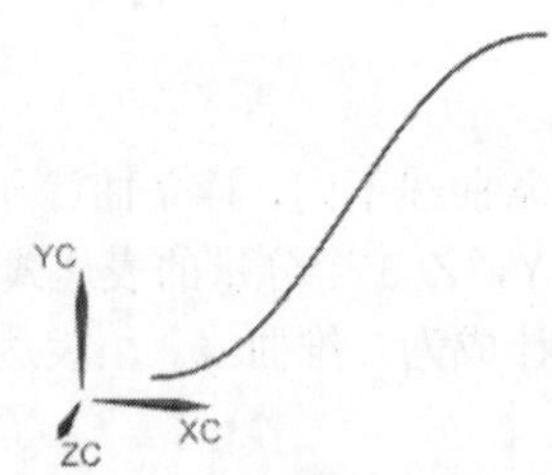

图 4-23 生成的规律曲线

注意：定义方向在屏幕上必须存在直线或棱边。

4.5 螺 旋 线

在工程设计中，螺旋线的应用非常广泛，它是规律曲线的一种。但由于螺旋线由很多圈组成，在 UG 中将其单独作为一类曲线生成方法。

4.5.1 操作方法

单击“螺旋线”按钮或选择“菜单”→“插入”→“曲线”→“螺旋”命令，打开“螺旋”对话框，如图4-24所示。

（1）旋转方向：按照右手原则给定曲线旋转方向。

（2）方位：该选项能够使用坐标系工具的 Z 轴、X 点选项来定义螺旋线方向。可以使用“坐标系”对话框或通过指出光标位置来定义基点。

如果不定义方向，则使用当前的工作坐标系；如果不定义基点，则使用当前的 XC=0、YC=0 和 ZC=0 作为默认基点。

（3）大小：指定螺旋的定义方式，可通过使用“规律类型”或“输入半径/直径”来定义半径或直径。

☑ 规律类型：能够使用规律函数来控制螺旋线的半径或直径变化。在下拉列表中选择一种规律来控制螺旋线的半径或直径。

☑ 值：该选项为默认值，输入螺旋线的半径或直径值，该值在整个螺旋线上都是常数。

（4）螺距：螺旋曲线每圈之间的间距。

（5）圈数：表示螺旋曲线旋转圈数。

按照各选项输入参数值或确定方位，即可生成所需的螺旋曲线。

图4-24 “螺旋”对话框

4.5.2 实例——螺旋线

本实例采用曲线绘制圆弧生成变直径的螺旋曲线，如图4-25所示，具体操作步骤如下。

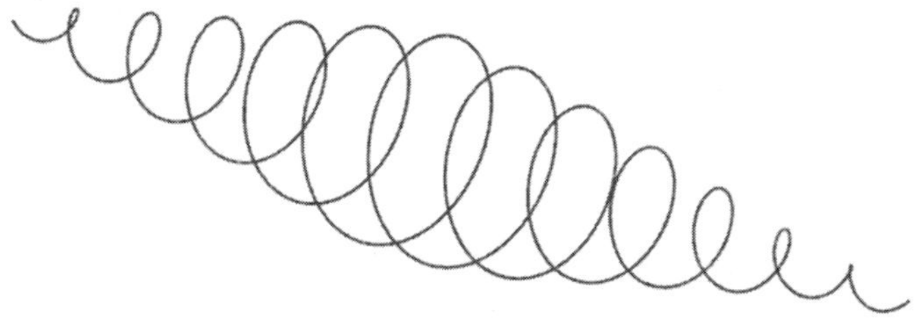

图4-25 螺旋线

（1）单击“新建”按钮或选择“菜单”→“文件”→“新建”命令，打开“新建”对话框。在“名称”文本框中输入 luoxuanxian，单击“确定”按钮，进入建模环境。

（2）选择“菜单”→“插入”→“在任务环境中绘制草图”命令，打开“创建草图”对话框，单击“确定”按钮，进入草图绘制环境。

（3）创建螺旋线导引直线。单击“直线”按钮或选择“菜单”→“插入”→“曲线”→“直线”命令，打开如图4-26所示的“直线”对话框，单击“坐标模式”按钮XY，在 XC 和 YC 数值框中输入坐标（0,0），在“长度”和“角度”数值框中分别输入100和90，单击“完成”按钮

图4-26 “直线”对话框

，退出草图绘制环境，结果如图 4-27 所示。

（4）创建等分点。单击“点集”按钮或选择“菜单”→“插入”→“基准/点”→“点集”命令，打开如图 4-28 所示的“点集”对话框。选择“曲线点”类型，在“曲线点产生方法”下拉列表中选择“等弧长”选项，在“点数”“起始百分比”“终止百分比”文本框中分别输入 10，0 和 100，在屏幕中选择第（3）步创建的直线，单击“确定”按钮，在直线上创建 10 个等分点。

Note

（5）创建螺旋线。单击“螺旋线”按钮或选择“菜单”→“插入”→“曲线”→“螺旋”命令，打开如图 4-29 所示的“螺旋”对话框，在“大小”选项组选中“半径”单选按钮；在“规律类型”下拉列表中选择“沿脊线的三次”选项，选择步骤（3）绘制的直线为脊线；在“指定新的位置”下拉列表中选择“现有点”选项，依次选择直线点集中的点并分别赋予规律值为 1、3、5、7、9、8、6、4、2、1；在“螺距”选项组“规律类型”下拉列表中选择“恒定”选项，在“值”文本框中输入 8；在“长度”选项组“方法”下拉列表中选择“圈数”选项，在“圈数”文本框中输入 12.5。单击“确定”按钮，生成半径按上述定义的规律变化的螺旋曲线，如图 4-30 所示。

（6）隐藏直线和点。选择“菜单”→“编辑”→“显示和隐藏”→“隐藏”命令，打开如图 4-31 所示的“类选择”对话框，用鼠标在屏幕中拖曳出一个矩形框将需要隐藏的直线和各点包括其中，单击“确定”按钮，完成隐藏操作，结果如图 4-25 所示。

图 4-27　直线

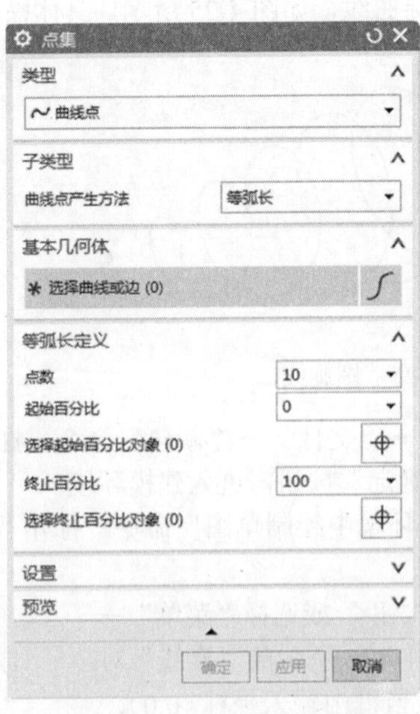

图 4-28　“点集”对话框

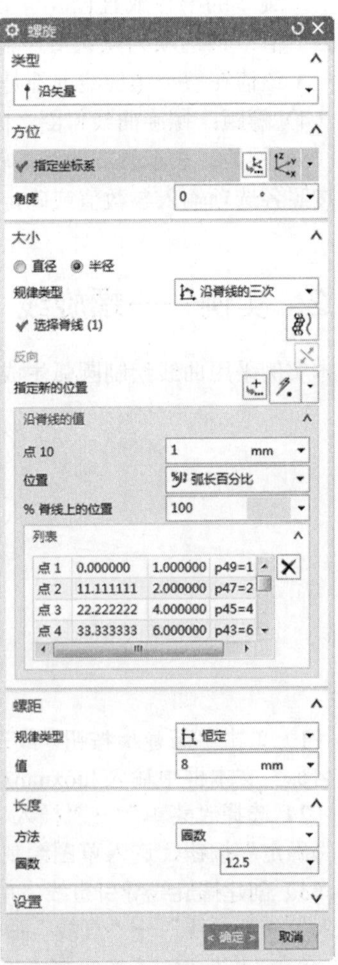

图 4-29　“螺旋”对话框

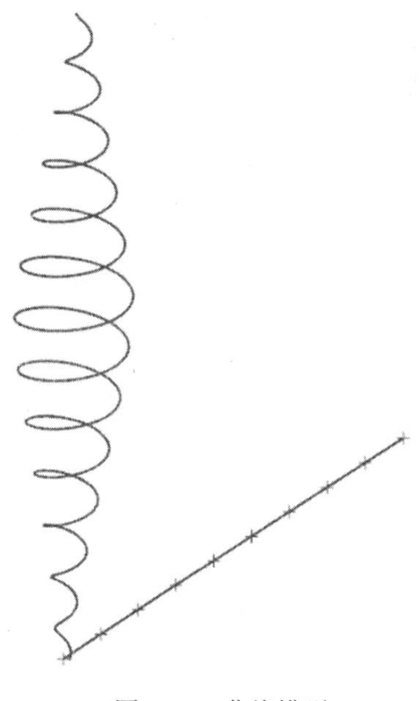

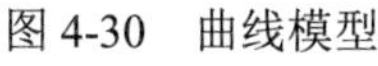

图 4-30 曲线模型

图 4-31 “类选择”对话框

4.6 派 生 曲 线

在实际设计中，很多曲线并不是依靠第 2 章中所述方法直接生成的，通常是在设计的基础上加上一系列曲线操作才能满足设计要求。例如偏置曲线、投影曲线、桥接曲线、复合曲线等曲线操作。“派生曲线”功能区如图 4-32 所示。

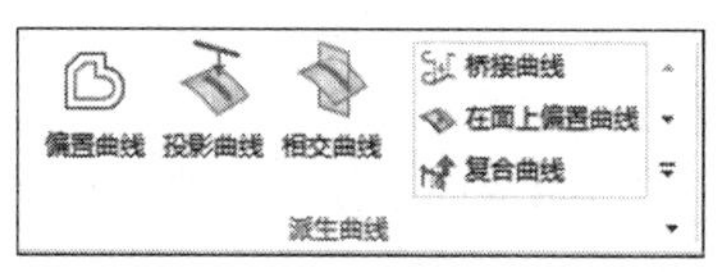

图 4-32 “派生曲线”功能区

4.6.1 偏置曲线

偏置曲线是沿曲线上每点的法向偏置一个距离，得到一个新的曲线。它可以对各类曲线、实体边进行偏置，还可以在不同面上进行曲线偏置。在进行偏置时，UG 系统还提供偏置曲线和原曲线是否关联选项，如果选中“关联”复选框，则表示偏置曲线随原曲线变化而变化。

生成偏置曲线的操作步骤如下。

（1）打开文件 4.5.1.prt。

（2）单击“偏置曲线”按钮或选择“菜单”→“插入”→“来自曲线集的曲线”→“偏置曲线”命令，打开“偏置曲线”对话框，如图 4-33 所示。

（3）选择需要偏置的曲线。

（4）在“偏置类型”下拉列表中选择“规律控制”选项。

（5）在“规律类型”下拉列表中选择“线性”选项，在“起点”和“终点”文本框中输入 1 和 15。

（6）单击“确定”按钮，生成如图 4-34 所示的偏置曲线。

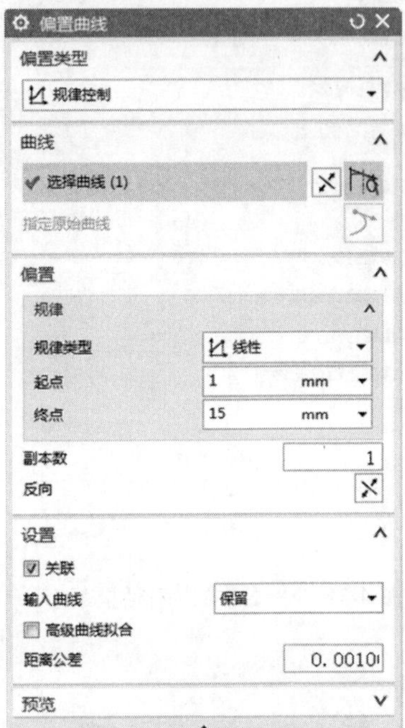

图 4-33 “偏置曲线”对话框

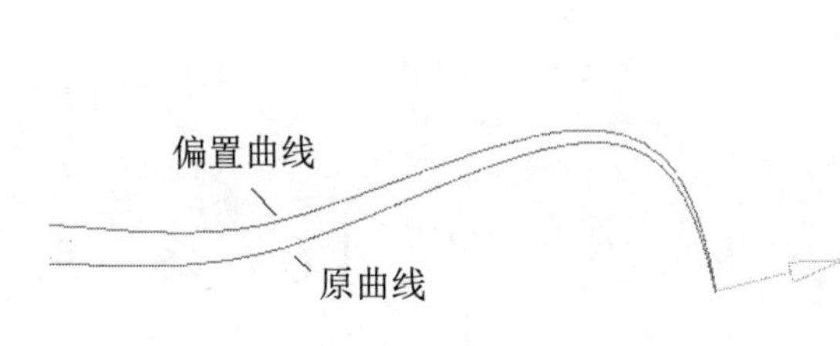

图 4-34 生成的偏置曲线

“偏置曲线”对话框中主要选项的含义如下。

（1）偏置类型：在偏置曲线操作中，有 4 种偏置根据。

- ☑ 距离：直接在“偏置曲线”对话框中输入距离值，得到一条与原曲线在同一平面平行的曲线。平面是由原曲线和一个指定点确定的。
- ☑ 拔模：生成的偏置曲线和原曲线组成的平面与原曲线和指定点组成的平面成一定的角度，这个角度就是拔模角。拔模高表示两平面间的距离。
- ☑ 规律控制：偏置曲线相对于原曲线各对应点的距离是变化的，这个距离变化有恒定、线性、三次等。当距离为恒定时，两条曲线就是平行的。
- ☑ 3D 轴向：即给定曲线偏置方向，然后输入偏置值生成偏置曲线。

上述输入值有 5 种设定方法，分别根据测量的数值、公式、函数、参考或常数设定。

（2）修剪：它为多条曲线偏置提供了非常方便的修剪功能。当多条曲线偏置时，若选择“无”，则表示多条曲线只是按单条曲线偏置方法偏置；若选择“相切延伸”，则表示将偏置曲线延伸到相交点；若选择“圆角”，则表示偏置曲线间按圆角连接。

（3）关联：当选中“关联”复选框时，表示原曲线和偏置曲线间存在关联性，当原曲线变化时，偏置曲线自动按照原曲线修改。

（4）输入曲线：在输入曲线下拉列表中有保留、隐藏、删除和替换 4 个选项，它是对原曲线的 4 种操作。

视频讲解

Note

4.6.2　桥接曲线

桥接曲线为两条不相连的曲线补充一段光滑的曲线。在 UG 系统中桥接曲线按照用户指定的连续条件、连接部位和方向来创建。单击“桥接曲线”按钮或选择“菜单”→“插入”→“派生曲线”→“桥接”命令，打开“桥接曲线”对话框，如图 4-35 所示。

其中主要选项含义如下。

（1）连续性：桥接曲线与两条曲线在连接处可以设定为相切或指定曲率连续。连接点可以通过对话框的“开始/结束”选项确定，有位置、相切、曲率和流 4 种确定方法。

☑　相切：表示桥接曲线与第一条曲线、第二条曲线在连接点处相切连续，且为三阶样条曲线。

☑　曲率：表示桥接曲线与第一条曲线、第二条曲线在连接点处曲率连续，且为五阶或七阶样条曲线。

（2）形状控制：桥接曲线有 5 种形状控制方法。

☑　相切幅值：通过改变桥接曲线与第一条曲线和第二条曲线连接点的切矢量值，来控制桥接曲线的形状。

☑　深度和歪斜度：当选择该控制方法时，“桥接曲线”对话框的变化如图 4-36 所示。

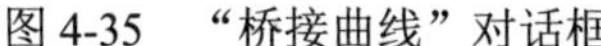

图 4-35　“桥接曲线”对话框

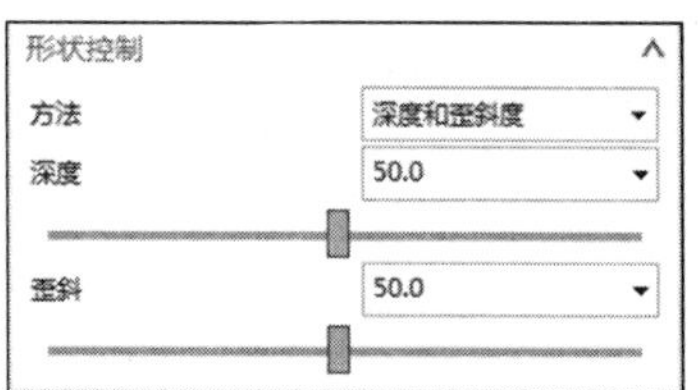

图 4-36　“深度和歪斜度”选项

☑　深度：是指桥接曲线峰值点的深度，即影响桥接曲线形状的曲率的百分比，其值可拖曳下面的滑尺或直接在“深度”文本框中输入百分比实现。

☑　歪斜度：是指桥接曲线峰值点的倾斜度，即设定沿桥接曲线从第一条曲线向第二条曲线度量时峰值点位置的百分比。

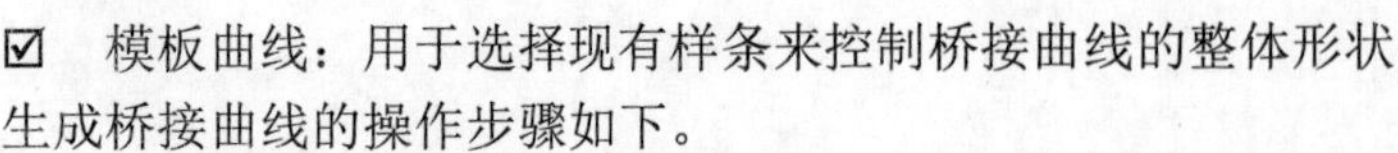

☑ 模板曲线：用于选择现有样条来控制桥接曲线的整体形状。

生成桥接曲线的操作步骤如下。

（1）打开文件 4.5.3.prt。

（2）单击“桥接曲线”按钮或选择“菜单”→“插入”→“派生曲线”→“桥接”命令，打开“桥接曲线”对话框，如图 4-35 所示。

（3）设置“桥接曲线”对话框中的各项参数，在屏幕上依次选择两条曲线，生成一条桥接曲线。

（4）若用户对生成的曲线感到不满意，可以调整对话框中的选项，桥接曲线根据要求动态地改变，直到达到用户的要求为止。生成的桥接曲线如图 4-37 所示。

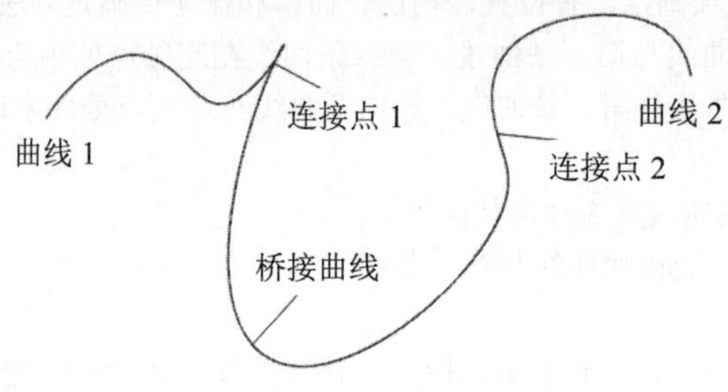

图 4-37　生成的桥接曲线

桥接曲线与曲线 1 的连接点在曲线 1 的 77.49%处，同曲线 1 是按连续曲率连接的；桥接曲线与曲线 2 的连接点在曲线 2 的端点处，同曲线 2 按相切方法连接。

4.6.3　简化曲线

视频讲解

简化曲线的主要功能是把复杂的曲线分解成直线和圆弧段。

简化曲线的操作步骤如下。

（1）单击“简化曲线”按钮或选择“菜单”→“插入”→“派生曲线”→“简化”命令，打开如图 4-38 所示的“简化曲线”对话框。

（2）对话框中的 3 个按钮表示对原曲线的状态选择，这里单击“保持”按钮。

（3）选择屏幕中的样条曲线，单击“确定”按钮，生成如图 4-39 所示的简化曲线。

原样条曲线经过简化曲线操作后，分成了 3 部分圆弧，半径分别是 67.4mm、48.3mm 和 45.5mm。

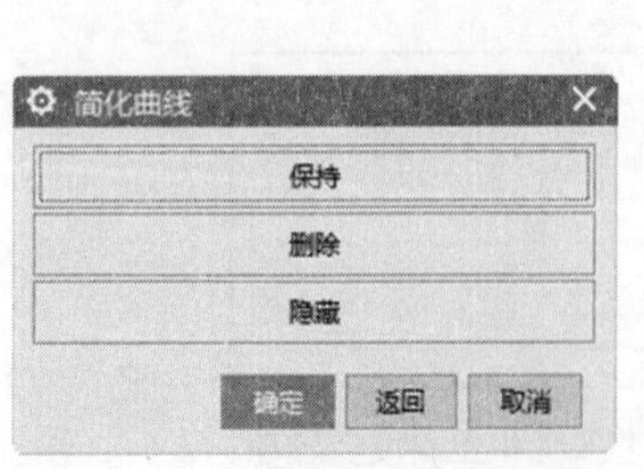

图 4-38　“简化曲线”对话框

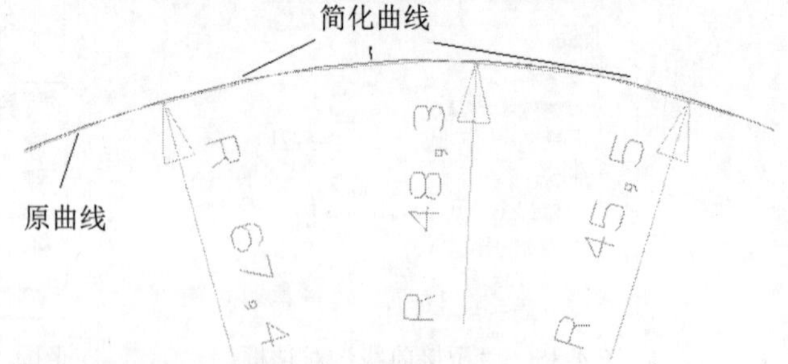

图 4-39　生成的简化曲线

4.6.4　投影曲线

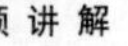

视频讲解

投影是将已存在曲线向某个平面投影得到一条新的曲线。投影对象包括点和曲线，投影面包括曲

面、平面和基准面。

单击“投影曲线”按钮或选择“菜单”→“插入”→“派生曲线”→“投影”命令，打开“投影曲线”对话框，如图 4-40 所示。“投影曲线”对话框中主要选项的含义如下。

（1）要投影的曲线或点：用于确定要投影的曲线、点、边或草图。

（2）要投影的对象。

☑ 选择对象：用于选择面、小平面化的体或基准平面以在其上投影。

☑ 指定平面：通过在下拉列表中或在“平面”对话框中选择平面构造方法来创建目标平面。

（3）方向：该选项用于指定将对象投影到片体、面和平面上时所使用的方向。

☑ 沿面的法向：该选项用于沿着面和平面的法向投影对象。

☑ 朝向点：该选项可向一个指定点投影对象。对于投影的点，可以在选中点与投影点之间的直线上获得交点，如图 4-41 所示。

☑ 朝向直线：该选项可沿垂直于一指定直线或基准轴的矢量投影对象。对于投影的点，可以在通过选中点垂直于与指定直线的直线上获得交点，如图 4-42 所示。

☑ 沿矢量：该选项可沿指定矢量（该矢量是通过矢量构造器定义的）投影选中对象。可以在该矢量指示的单个方向上投影曲线，或者在两个方向（指示的方向和它的反方向）上投影，如图 4-43 所示。

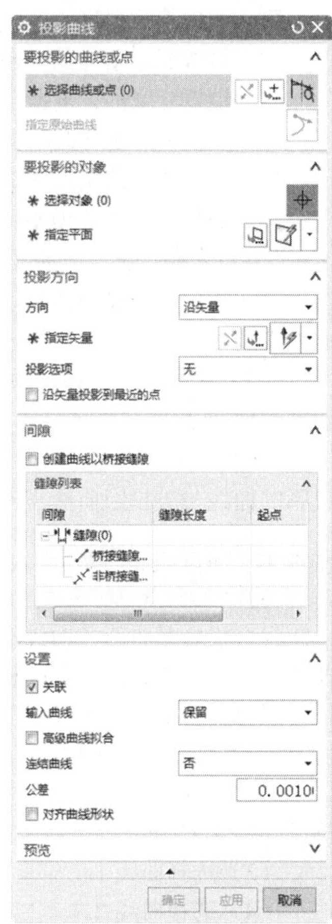

图 4-40 “投影曲线”对话框

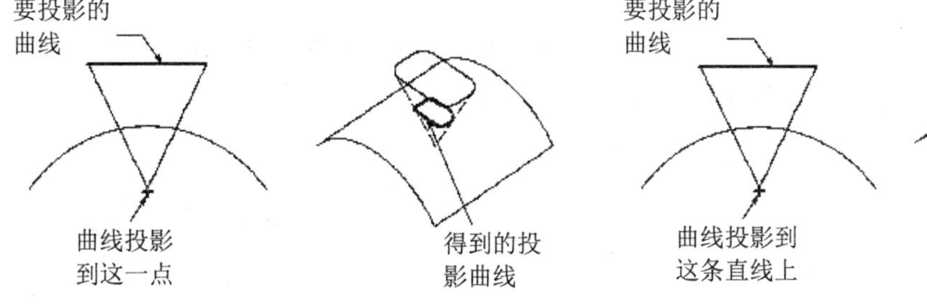

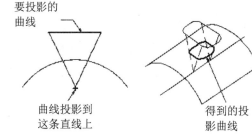

图 4-41 “朝向点”示意图　　图 4-42 “朝向直线”示意图

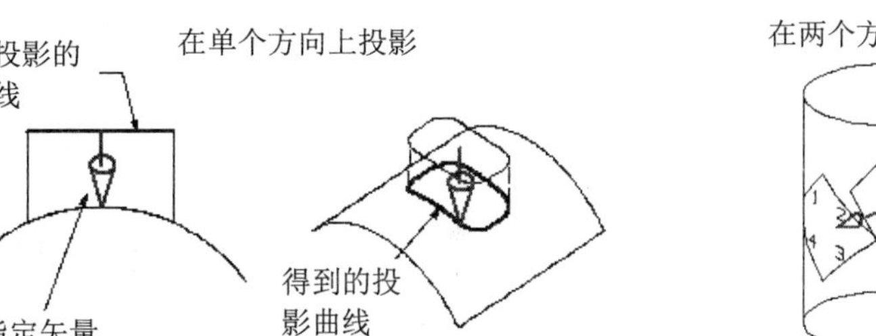

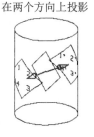

图 4-43 “沿矢量”示意图

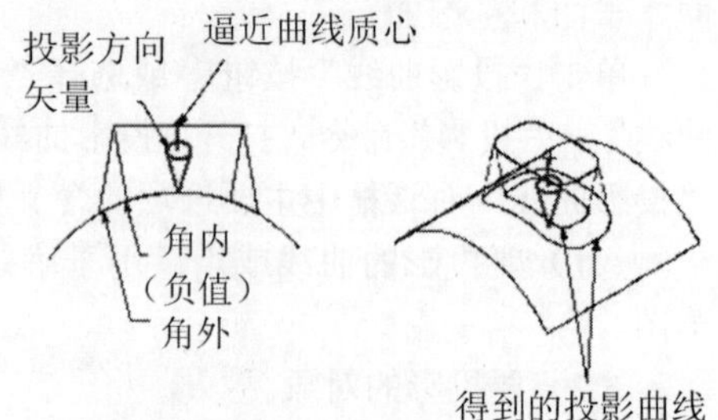

图 4-44 “与矢量成角度”示意图

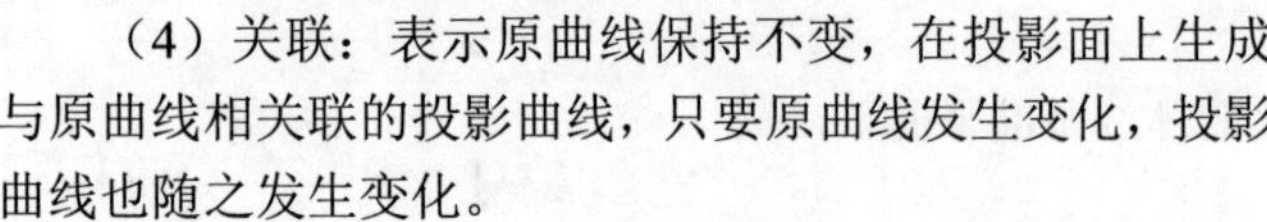

☑ 与矢量成角度：该选项可将选中曲线按与指定矢量成指定角度的方向投影，该矢量是使用矢量构造器定义的。根据选择的角度值（向内的角度为负值），该投影可以相对于曲线的近似形心按向外或向内的角度生成，如图 4-44 所示。对于点的投影，该选项不可用。

（4）关联：表示原曲线保持不变，在投影面上生成与原曲线相关联的投影曲线，只要原曲线发生变化，投影曲线也随之发生变化。

（5）连结曲线：该选项用于设置曲线拟合的阶次，可以选择“三次”“五次”或者“常规”，一般推荐使用三次。

（6）公差：该选项用于设置公差，其默认值是在建模预设置对话框中设置的。该公差值决定所投影的曲线与被投影曲线在投影面上投影的相似程度。

视频讲解

4.6.5 组合投影

组合投影是将两条曲线沿不同方向进行投影，在空间相交合成一条曲线。组合投影操作对象包括曲线、实体边界、面、草图和线串。投影方向由用户自己确定。

组合投影的操作步骤如下。

（1）打开文件 4.5.5.prt。

（2）单击“组合投影”按钮或选择“菜单”→“插入”→“派生曲线”→“组合投影”命令，打开如图 4-45 所示的“组合投影”对话框。

（3）选择曲线 1。

（4）选择曲线 2。

（5）在“投影方向”下拉列表中选择“沿矢量”选项，在“指定矢量”下拉列表中选择“ZC 轴”选项。

（6）在“投影方向”下拉列表中选择“垂直于曲线平面”选项，生成如图 4-46 所示的组合投影。

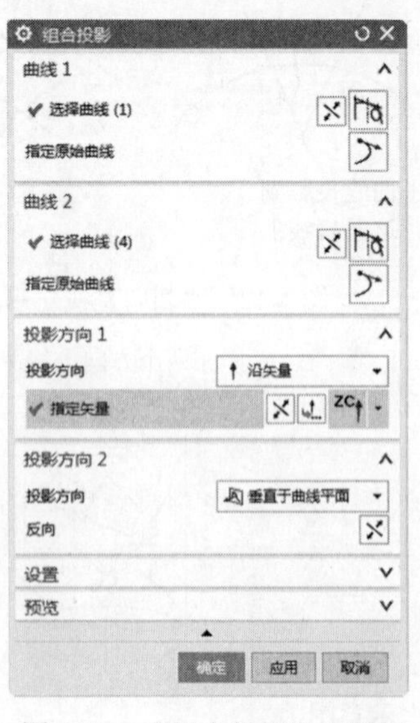

图 4-45 “组合投影”对话框

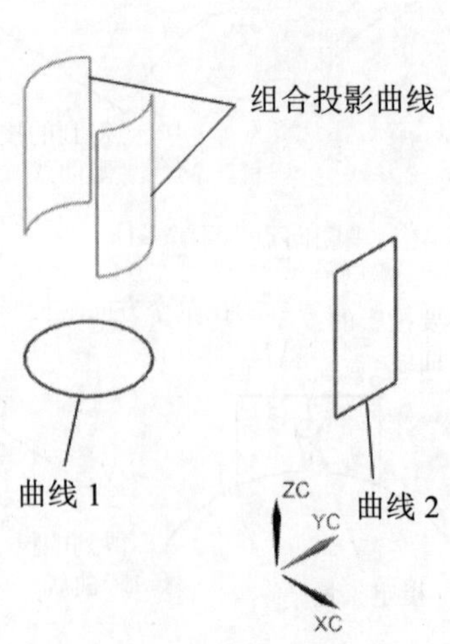

图 4-46 生成的组合投影

视频讲解

Note

4.6.6 相交曲线

相交曲线利用两个曲面相交生成交线。

相交曲线的操作步骤如下。

（1）打开文件：4.5.6.prt。

（2）单击“相交曲线”按钮或选择“菜单”→“插入”→“派生曲线”→“相交”命令，打开如图 4-47 所示的“相交曲线”对话框。

（3）选择第一组面。

（4）选择第二组面，单击“确定”按钮，生成如图 4-48 所示的相交曲线。

图 4-47 “相交曲线”对话框

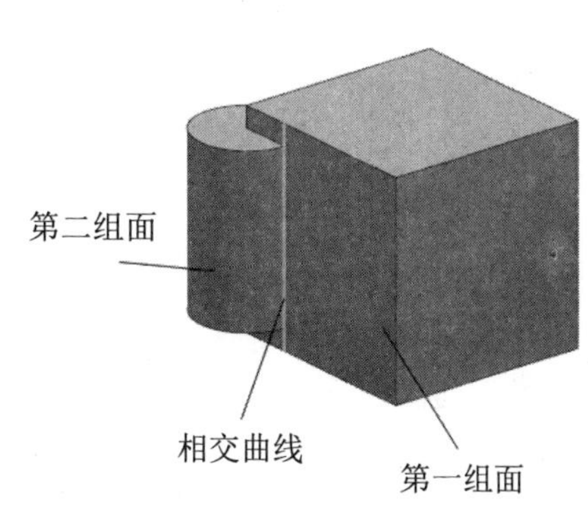

图 4-48 生成的相交曲线

4.6.7 截面曲线

视频讲解

截面曲线是使用一个平面去截一个实体生成的曲线。单击“截面曲线”按钮或选择“菜单”→“插入”→“派生曲线”→“截面”命令，打开如图 4-49 所示的“截面曲线”对话框。“截面曲线”对话框中主要选项的含义如下。

1. 类型

（1）选定的平面：在屏幕中选择已存在的平面。

（2）平行平面：通过在屏幕中选择基准平面，定义平行平面生成方向和相关参数，以得到一组平行平面。

（3）径向平面：同步骤（2），给定步进、起点和终点值，选择截面旋转轴，生成一系列绕同一轴线的截面。

（4）垂直于曲线的平面：在屏幕上选择已存在的曲线，然后在该曲线上选择若干点，生成一系列过该点的曲线法平面为截面。

间距有 5 种确定方式：等弧长、等参数、几何级数、弦公差和增量弧长。

Note

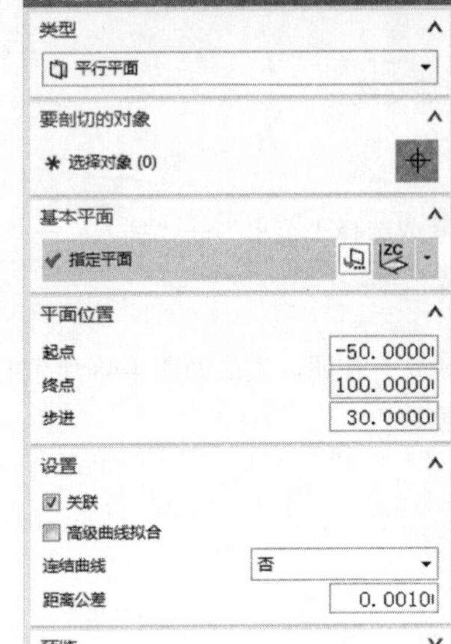

图 4-49 “截面曲线”对话框

2．平面位置

（1）起点：表示相对于基平面的角度，径向面由此角度开始。按右手法则确定正方向。限制角不必是步长角度的偶数倍。

（2）终点：表示相对于基础平面的角度，径向面在此角度处结束。

（3）步进：表示径向平面之间所需的夹角。

3．连结曲线

（1）否：创建截面曲线，作为每个相交面或平面上的单独曲线段。

（2）三次：连结截面曲线以形成三次多项式样条曲线。如果选择高级曲线拟合，则此选项不可用。

（3）常规：连结截面曲线以形成常规样条曲线。

（4）五次：连结截面曲线以形成五次多项式样条曲线。如果选择高级曲线拟合，则此选项不可用。

4．组对象

选择此项表示可以创建包含截面曲线的组。

截面曲线的操作步骤如下。

（1）打开文件 4.5.7.prt。

（2）单击“截面曲线”按钮或选择“菜单”→“插入”→“派生曲线”→“截面”命令，打开如图 4-49 所示的“截面曲线”对话框。

（3）在“类型”下拉列表中选择“平行平面”选项，选择圆柱面为要剖切的对象。

（4）在“指定平面”下拉列表中选择“XC-YC 平面”选项。

（5）分别在“起点”“终点”“步进”文本框中分别输入-50、100 和 30。

（6）单击“确定”按钮，生成如图 4-50 所示的截面曲线。

Note

在上述步骤（3）中，若“类型”选择“径向平面”，选择圆柱面为要剖切的对象，指定 ZC 轴为径向轴，指定圆柱上端面的端点为参考平面上的点，在“起点”“终点”“步进”文本框中分别输入 30、0、10，单击“确定”按钮，生成如图 4-51 所示的曲线。

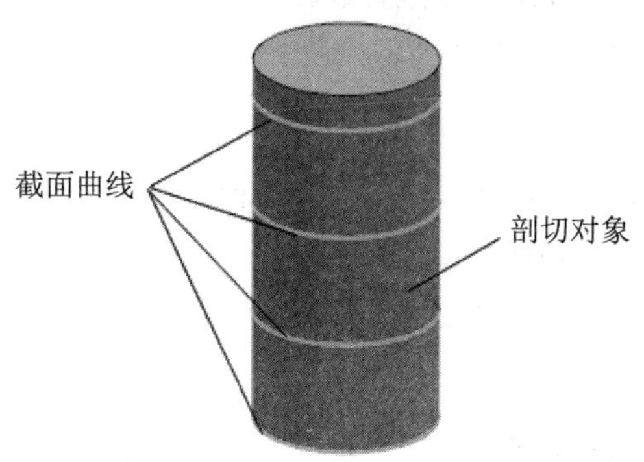

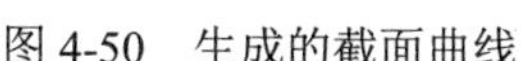
图 4-50 生成的截面曲线

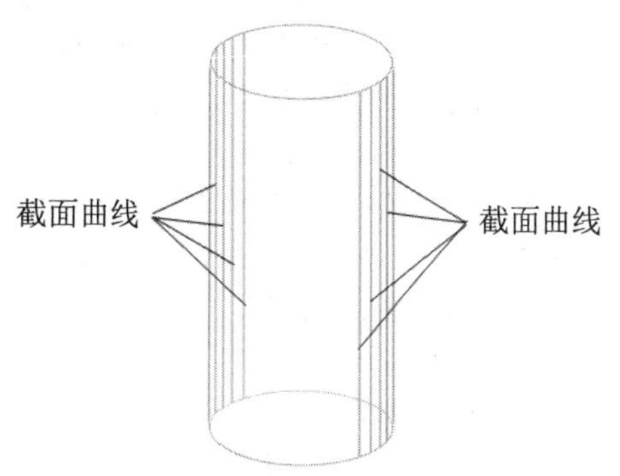

图 4-51 选择径向平面生成的曲线

4.6.8 在面上偏置曲线

视频讲解

通过在曲面上选择曲线并在曲面内偏置，偏置的曲线必须在曲面内，若移出曲面则操作无效。

在面上偏置曲线的操作步骤如下。

（1）打开文件 4.5.8.prt。

（2）单击“在面上偏置曲线”按钮或选择“菜单”→“插入”→“派生曲线”→“在面上偏置”命令，系统打开“在面上偏置曲线”对话框，如图 4-52 所示。

（3）选择曲面中的曲线，在“截面线 1：偏置 1”文本框中输入 100。

（4）选择曲面。

（5）单击“确定”按钮，生成的偏置曲线如图 4-53 所示。

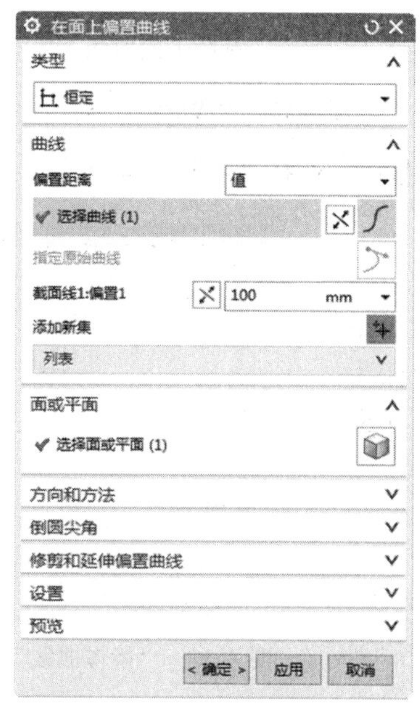

图 4-52 “在面上偏置曲线”对话框

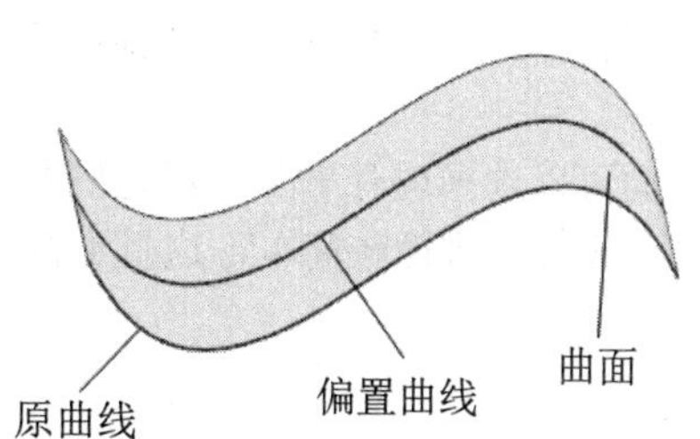

图 4-53 生成偏置曲线

视频讲解

Note

4.6.9 缠绕/展开

缠绕和展开是两种相反曲线操作，如果将平面上的曲线缠绕到圆柱或圆锥面上，则选择缠绕操作；如果将圆柱或圆锥面上的曲线展开到平面上，则使用展开操作。

缠绕曲线的操作步骤如下。

（1）打开文件 4.5.9.prt。

（2）单击“缠绕/展开曲线”按钮或选择“菜单”→“插入”→“派生曲线”→“缠绕/展开曲线”命令，打开如图 4-54 所示的“缠绕/展开曲线”对话框。

（3）选择要缠绕的曲线。

（4）选择圆柱面。

（5）选择缠绕平面。

（6）单击“确定”按钮，生成如图 4-55 所示的缠绕曲线。

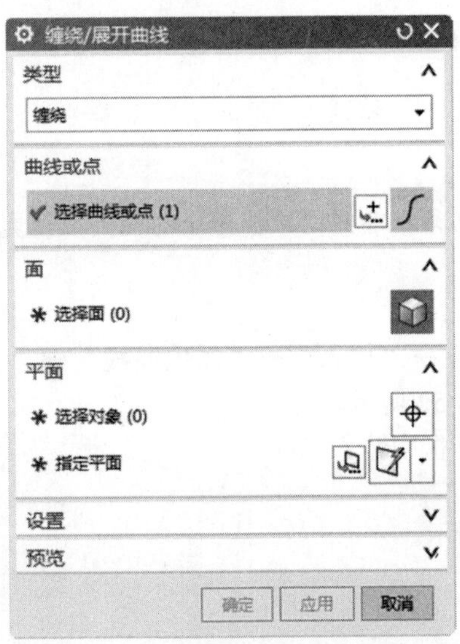

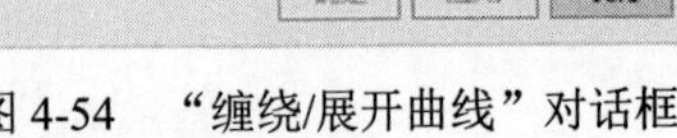

图 4-54 “缠绕/展开曲线”对话框

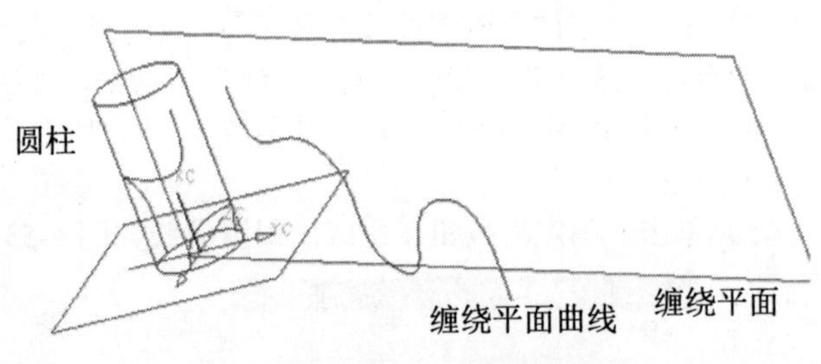

图 4-55 生成缠绕曲线

展开与缠绕操作类似，只是在“缠绕/展开曲线”对话框中，选择“展开”类型。

视频讲解

4.6.10 镜像曲线

镜像曲线根据用户选定的平面对曲线进行镜像操作。单击“镜像曲线”按钮或选择“菜单”→“插入”→“派生曲线”→“镜像”命令，打开“镜像曲线”对话框，如图 4-56 所示。

镜像平面可以选择现有平面或新建平面。

镜像曲线操作步骤比较简单，这里不再详细介绍。

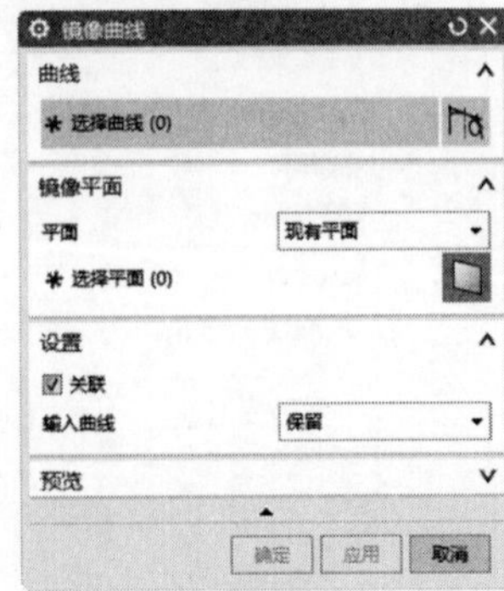

图 4-56 “镜像曲线”对话框

第5章 建模特征

（视频讲解：114 分钟）

UG 设计零件主要有两种方法：一种是首先设计二维草图或曲线轮廓，然后生成三维物体；另一种是直接生成一个三维实体。在设计过程中，这两种方法可以同时使用。本章将讲述直接进行三维实体建模的各种方法。

【学习重点】

- 建模基准
- 基本体特征
- 扫描特征
- 设计特征
- 其他特征
- 细节特征
- 编辑特征

5.1 建模基准

Note

在 UG 的使用过程中，经常会遇到需要指定基准特征的情况。例如，在圆柱面上生成键槽时，需要指定平面作为键槽放置面，此时就需要建立基准平面。在建立特征的辅助轴线或参考方向时需要建立基准轴，在有些情况下还需要建立基准坐标系。本节将介绍基准平面、基准轴和基准坐标系的建立方法。

视频讲解

5.1.1 基准平面

单击“基准平面”按钮或选择“菜单”→“插入”→“基准/点”→“基准平面”命令，打开“基准平面”对话框，如图 5-1 所示。利用该对话框可以建立基准平面。建立基准平面的常用方法为以下 6 种。

1. 点和方向

“点和方向”方法通过选择一个参考点和一个参考矢量建立基准平面，该平面通过该点而垂直于所选矢量。

以矩形的一个顶点为参考点，并以它的一条对角线为矢量，由此生成的基准平面如图 5-2 所示。

图 5-1 “基准平面”对话框

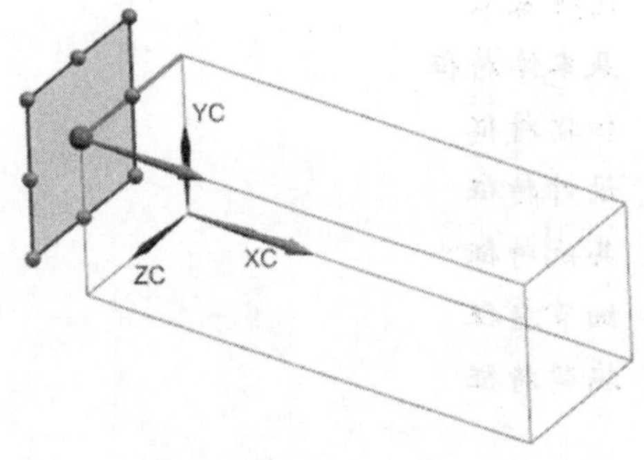

图 5-2 点和方向生成基准平面

2. 曲线上

通过选择一条参考曲线建立基准平面，该平面垂直于该曲线某点处的切矢量或法向矢量。

以矩形的一条边为参考曲线，生成的基准平面如图 5-3 所示。

3. 按某一距离

选择一个平面或基准面并且输入距离值，系统会建立一基准平面，如图 5-4 所示。

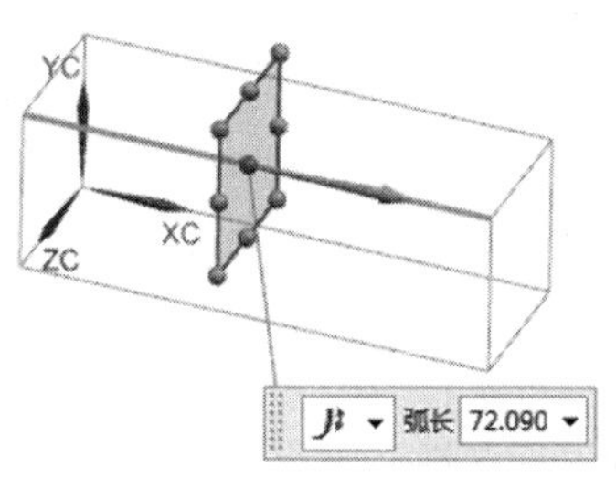

图 5-3　曲线上生成基准平面

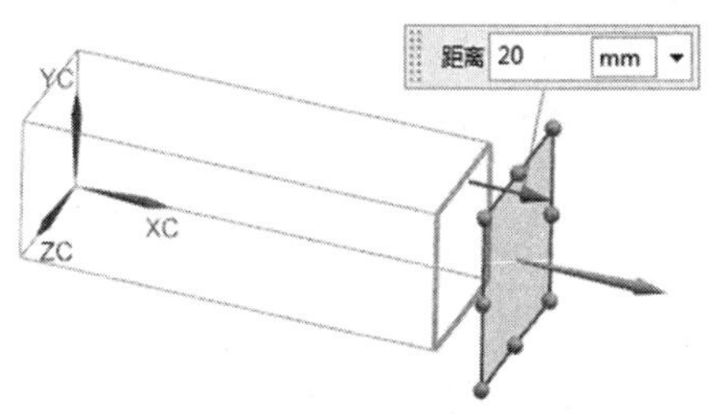

图 5-4　按某一距离生成基准平面

4. 二等分

选择两个平行平面或基准面，系统会在所选的两平面之间建立基准平面，该平面与两平面距离相同，如图 5-5 所示。

5. 成一角度

通过与一个平面或基准面成指定角度来创建基准平面，如图 5-6 所示。

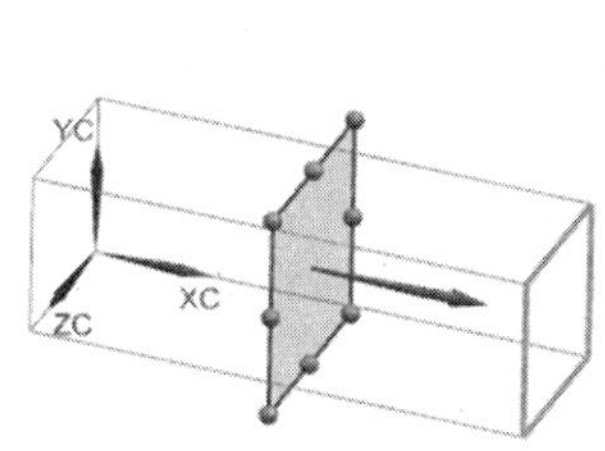

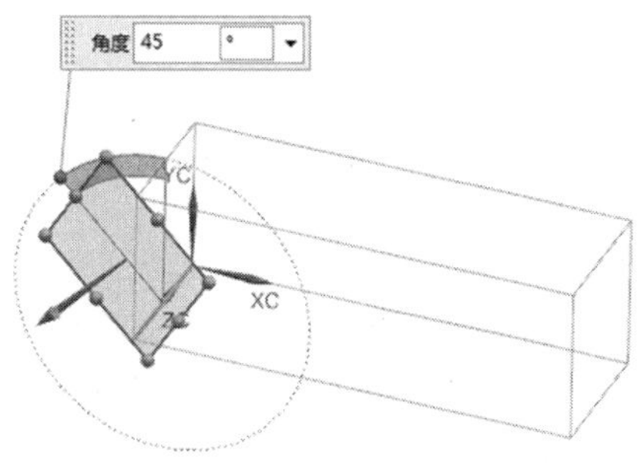

图 5-5　二等分生成基准平面

图 5-6　成一角度生成基准平面

6. 自动判断

“自动判断”能完成多种约束方式的操作：重合、三点、平行、垂直、中心、相切、偏置和角度等。这里介绍一下三点法。该方法通过选择 3 个参考点，建立基准平面，该平面通过这 3 个点。选择参考点时可以利用“点构造器”来帮助进行选择。所选约束同样可以进行修改。

以矩形的 3 个顶点为 3 个参考点，生成的基准平面如图 5-7 所示。

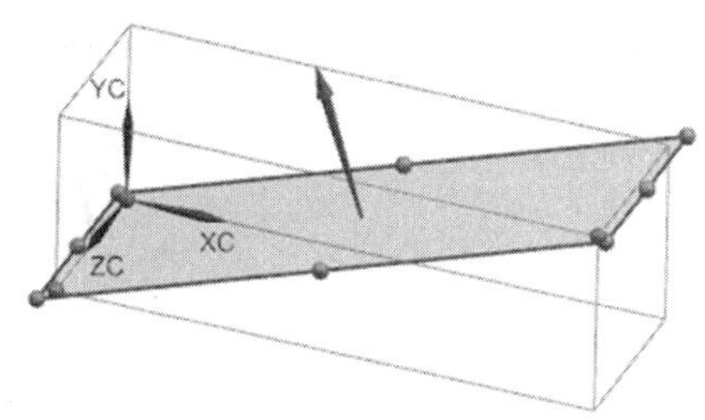

图 5-7　三点生成基准平面

5.1.2　基准轴

视频讲解

单击“基准轴”按钮或选择“菜单”→“插入”→“基准/点”→“基准轴”命令，系统打开“基准轴”对话框，如图 5-8 所示。利用该对话框可以建立基准轴。

Note

建立基准轴的5种方法如下所述。

1. 点和方向

“点和方向”方法通过选择一个参考点和一个参考矢量，建立基准轴通过该点且平行于所选矢量，其步骤如下。

（1）选择一个通过点，选择时可以利用“点”对话框来帮助进行选择。

（2）选择一个矢量，选择时可以利用“矢量”对话框来帮助进行选择。

（3）单击“确定”按钮或“应用”按钮，生成基准轴，如图5-9所示。

图5-8 “基准轴”对话框1

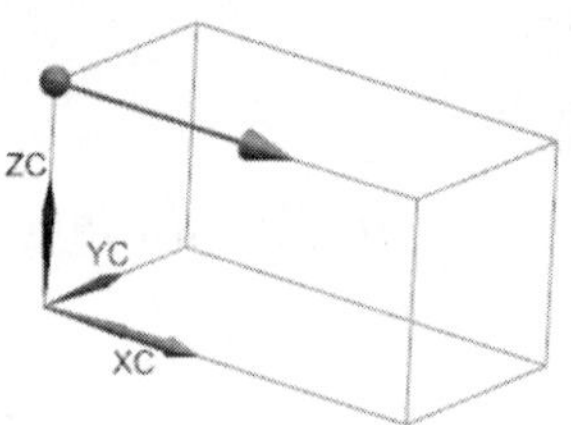

图5-9 点和方向生成基准轴

2. 两点

“两点”方法通过选择两个点来定义基准轴，选择时可以利用“点”对话框来帮助进行选择。生成的基准轴如图5-10所示，图中的两个参考点为矩形对角的两个顶点。

3. 曲线上矢量

“曲线上矢量”方法通过选择一条参考曲线，建立基准轴平行于该曲线某点处的切矢量或法向矢量，其操作步骤如下。

（1）选择参考曲线或边界。

（2）“基准轴”对话框变为如图5-11所示，在该对话框的“弧长”文本框中设定参数，设置曲线上点的位置。在图形界面中拖动所选点处出现的把手也可以改变点的位置。

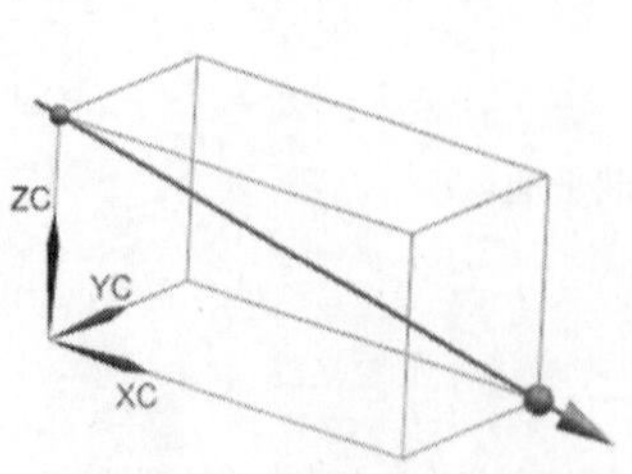

图5-10 两点生成基准轴

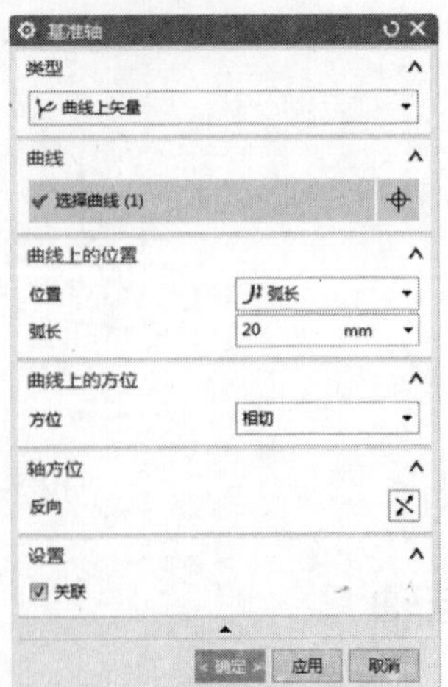

图5-11 “基准轴”对话框2

（3）设置好参数后，单击“确定”按钮或“应用”按钮，生成基准轴。

生成的基准轴如图 5-12 所示，图中的曲线为矩形的一条边。

4. 交点

选择“交点”类型，“基准轴”对话框变为如图 5-13 所示。该方法通过选择两相交对象的交点来创建基准轴，如图 5-14 所示。

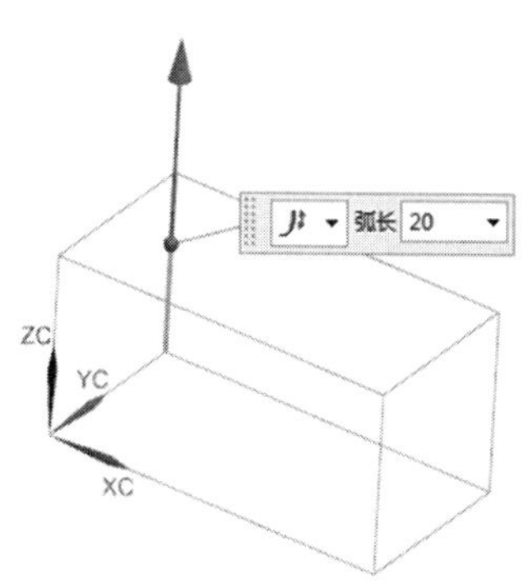

图 5-12　曲线上矢量生成基准轴

图 5-13　“基准轴”对话框 3

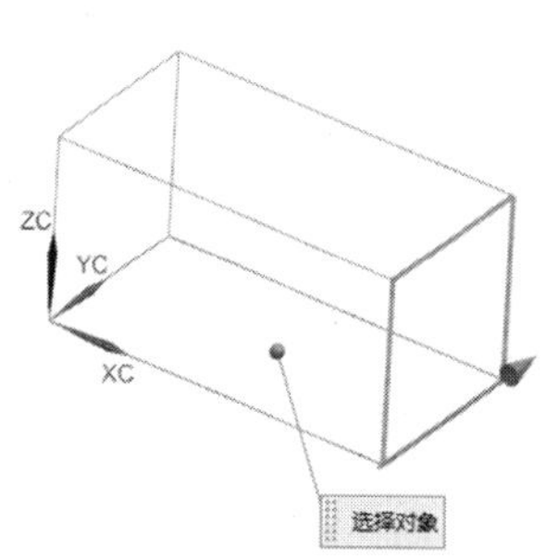

图 5-14　交点生成基准轴

5. 自动判断

“自动判断”的约束方式有 3 种：重合、平行和垂直。在自动判断方式下系统根据所选对象选择可用的约束。如果指定一种约束，则只能选择该约束条件允许选择的对象。

5.1.3　基准坐标系

视频讲解

单击“基准坐标系”按钮或选择“菜单”→“插入”→“基准/点”→“基准坐标系”命令，系统打开“基准坐标系”对话框，如图 5-15 所示。利用该对话框可以创建基准坐标系。

创建基准坐标系方法与第 2 章中创建坐标系的方法类似，此处不做详细介绍。

创建的基准坐标系会作为特征显示在部件导航器中，选择“菜单”→“编辑”→“特征”→“编辑参数”命令可以对其进行修改，其坐标轴、坐标平面和原点可以单独用于其他操作。

图 5-15　“基准坐标系”对话框

5.2　基本体特征

直接生成实体的方法一般称作基本体特征，它只适用于简单形状的物体，如长方体、圆柱、球、圆锥。三维基本体是以特征的形式提供给用户的，共有 4 种。由于形状简单，在设计时只要给出目标体的相关参数和在屏幕中的位置，就可以生成用户要求的三维图形。这里只介绍长方体特征，其他 3 种生成方式较为类似，用户可以根据提示自己完成操作过程。

视频讲解

Note

5.2.1 基本体特征的生成

每种基本体单元的定义参数都有多种形式，生成实体的形式也有多种，下面以生成长方体为例，介绍其基本操作过程。

（1）单击“长方体”按钮或选择“菜单”→“插入”→“设计特征”→“长方体”命令，打开如图 5-16 所示的“长方体”对话框。

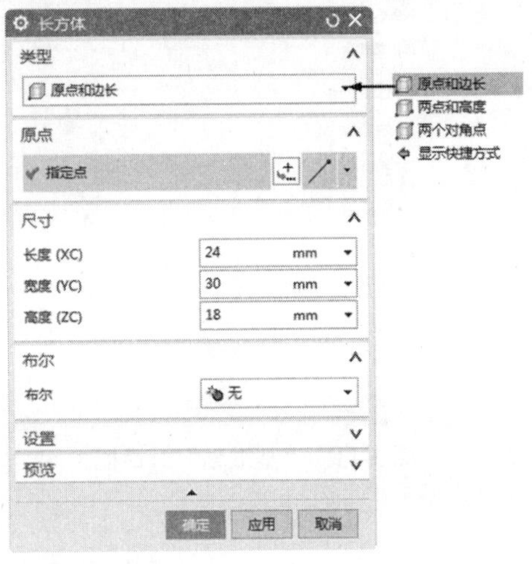

图 5-16 “长方体”对话框

（2）在“类型”下拉列表中选择创建长方体的类型（以“原点和边长”类型为例）。

（3）指定原点的位置，确定长方体长度、宽度和高度值。

（4）在“布尔”下拉列表中选择布尔运算方式。

（5）单击“确定”按钮生成长方体。

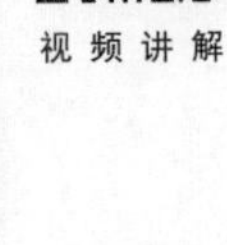

视频讲解

5.2.2 基本体特征的修改

体特征的修改主要是修改它的定义参数，可以双击要修改的目标体，也可以通过选择“菜单”→“编辑”→“特征”→“编辑参数”命令来完成。修改定义参数和生成定义参数相似，用户只要选择要修改的体特征和参数，在对话框中输入新的参数即可。需要注意的是，如果用户在体特征生成时是通过布尔运算和其他实体做了布尔操作，那么当修改实体参数时可能导致布尔操作错误，修改过程失败。

视频讲解

5.2.3 实例——空心球建模

本实例采用基本建模工具建立空心球体，如图 5-17 所示。首先创建一个大的球体，然后创建小球体，并对两模型进行布尔差操作，生成一空心球体。

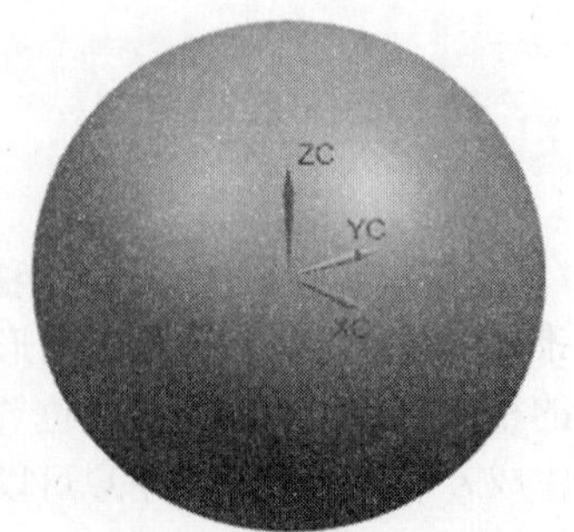

图 5-17 空心球

具体操作步骤如下。

（1）新建文件。单击“新建”按钮或选择“菜单”→“文件”→“新建”命令，打开如图 5-18 所示的“新建”对话框。

在“名称”文本框中输入 kongxinqiu，单击“确定”按钮，进入 UG 建模环境。

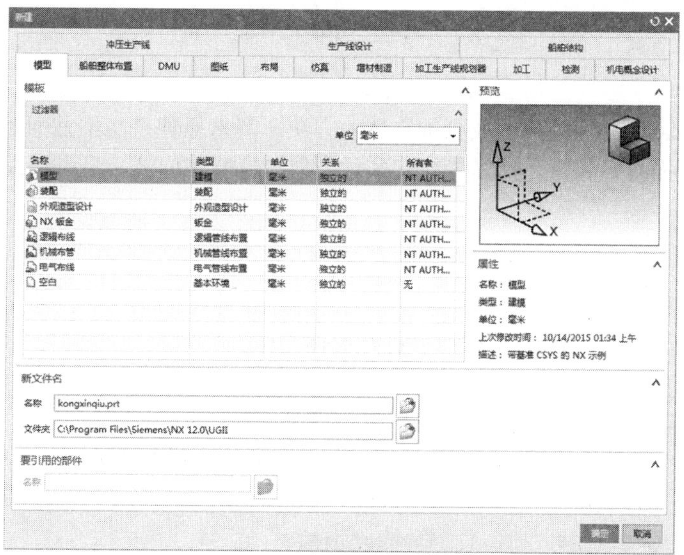

图 5-18　“新建”对话框

（2）创建大球。单击“球”按钮或选择“菜单”→“插入”→“设计特征”→“球”命令，打开如图 5-19 所示的“球”对话框。在“类型”下拉列表中选择“中心点和直径”选项，指定圆心位置为球心位置，在“直径”文本框中输入 38，在“布尔”下拉列表中选择“无”选项，单击“确定”按钮，完成大球的创建。

（3）创建小球。单击“球”按钮或选择“菜单”→“插入”→“设计特征”→“球”命令，打开如图 5-20 所示的“球”对话框。在“类型”下拉列表中选择“中心点和直径”选项，指定圆心位置为球心位置，在“直径”文本框中输入 37，在“布尔”下拉列表中选择“减去”选项，单击“确定”按钮，完成小球的创建。最终生成如图 5-17 所示的球体。

图 5-19　“球”对话框 1

图 5-20　“球”对话框 2

5.3 扫 描 特 征

扫描特征是一种利用二维轮廓生成三维实体的方法，基本原理是二维截面轮廓线（曲线、草图）沿一条引导线运动扫描得到实体。扫描特征有多种类型：拉伸、旋转、沿引导线扫掠和管等。

5.3.1 拉伸

单击“拉伸”按钮或选择“菜单”→“插入”→“设计特征”→“拉伸”命令，打开“拉伸”对话框，如图 5-21 所示。利用该对话框可以进行拉伸操作。

拉伸的操作步骤如下。

（1）选择需要拉伸的曲线。

（2）单击“指定矢量”按钮右侧的下拉三角得到矢量选择方式的下拉列表，如图 5-22 所示。在该下拉列表中选择一种矢量方式作为拉伸方向。

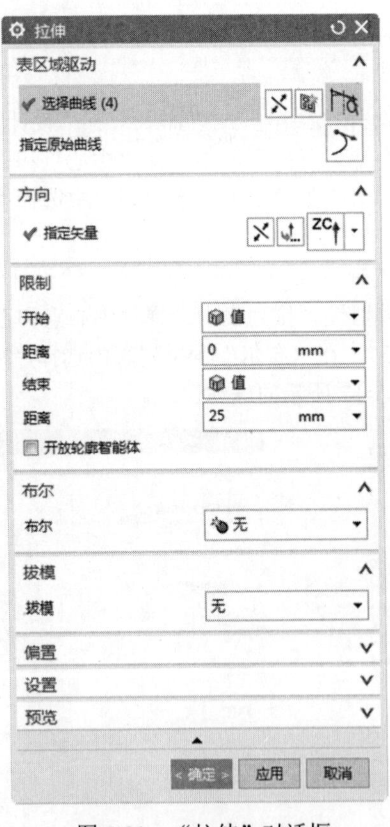

图 5-21 “拉伸”对话框

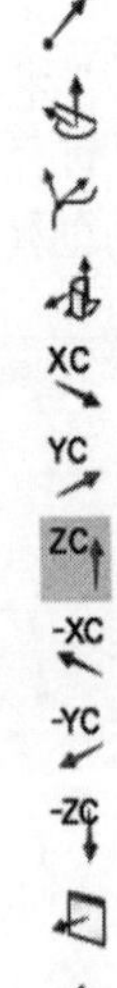

图 5-22 矢量选择

（3）在“布尔”下拉列表中选择一种布尔运算，如图 5-23 所示。

（4）在“拉伸”对话框的“限制”选项组中选择拉伸体的“开始”和“结束”的限制方式和值。“开始”和“结束”下拉列表中的选项如图 5-24 所示，有 6 种限制方式：值、对称值、直至下一个、直至选定、直至延伸部分和贯通。

（5）单击“确定”或者“应用”按钮后，完成拉伸操作。

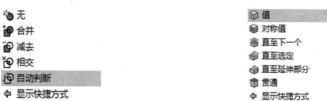

图 5-23 布尔运算　　图 5-24 “开始”“结束”下拉列表中的选项

视频讲解

5.3.2 实例——开口扳手建模

本例采用基本曲线、多边形等建立扳手平面曲线，然后进行拉伸操作，生成如图 5-25 所示的固定开口扳手。

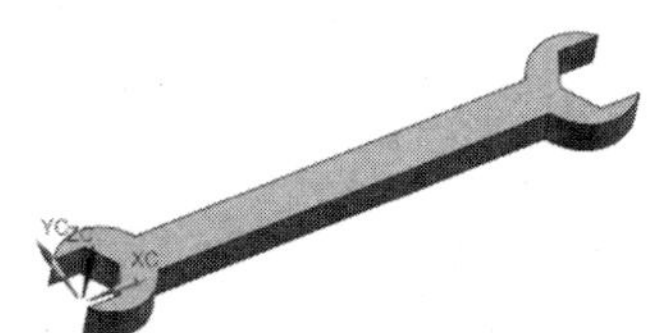

图 5-25 固定开口扳手

具体操作步骤如下。

（1）新建文件。单击“新建”按钮或选择“菜单”→“文件”→“新建”命令，打开“新建”对话框。在“名称”文本框中输入 kaikoubanshou，单击“确定”按钮，进入 UG 建模环境。

（2）创建草图。选择“菜单”→“插入”→“在任务环境中绘制草图”命令，打开“创建草图”对话框，选择 XC-YC 平面为基准平面，单击“确定”按钮，进入草图绘制界面。

（3）创建六边形。单击“多边形”按钮或选择“菜单”→“插入”→“曲线”→“多边形”命令，打开如图 5-26 所示的“多边形”对话框，指定原点为多边形的中心点，在“边数”数值框中输入 6，在“大小”下拉列表中选择“外接圆半径”选项，在“半径”和“旋转”文本框中分别输入 5 和 0，按 Enter 键完成正六边形的绘制，同理创建中心点坐标为（80,0,0）、外接圆半径为 5mm 的正六边形，单击“完成”按钮，退出草图绘制界面，生成两个六边形，如图 5-27 所示。

图 5-26 “多边形”对话框

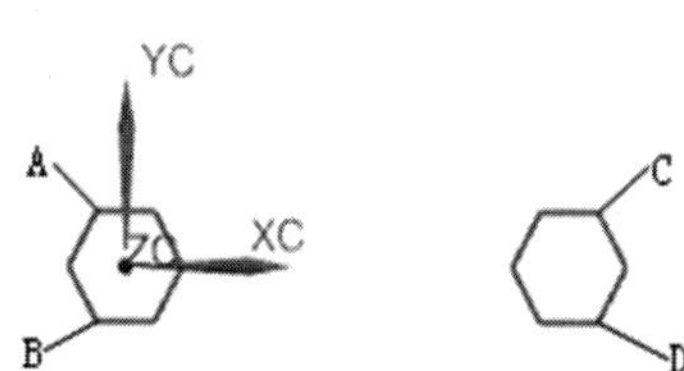

图 5-27 生成六边形

（4）建立外圆轮廓。选择“菜单”→“插入”→“曲线”→“直线和圆弧”→“圆（点-点-点）”命令，打开“圆”对话框和点坐标输入框，系统依次提示输入圆的起点、终点和中点，单击多边形A点、B点和输入坐标点（10,0,0）生成一个经过上述3点的圆形。同步骤（3）生成一个经过C点、D点和坐标点（70,0,0）的圆，如图5-28所示。

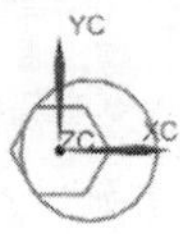

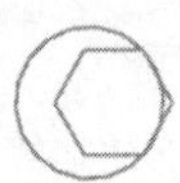

图5-28　创建圆

（5）建立两条平行直线。单击“直线”按钮或选择“菜单”→“插入”→“曲线”→“直线”命令，打开如图5-29所示的“直线”对话框。在“开始”选项组中单击“点对话框”按钮，打开“点”对话框，输入点（5,3,0），单击“确定”按钮，返回“直线”对话框，在“结束”选项组中单击“点对话框”按钮，打开“点”对话框，输入点（75,3,0），单击“确定”按钮，返回“直线”对话框，单击“确定”按钮，生成线段一。按步骤（4）输入点（5,−3,0）和（75,−3,0），生成线段二。创建的线段如图5-30所示。

（6）修剪线段。单击“修剪曲线”按钮或选择“菜单”→“编辑”→“曲线”→“修剪”命令，打开“修剪曲线”对话框，如图5-31所示。在对话框中设置各选项，选择两条平行直线为要修剪的曲线，选择左边圆和右边圆为边界对象，选择线段一和线段二在两圆之间的部分为要保留的区域，完成修剪操作，单击“确定”按钮。生成的曲线如图5-32所示。

图5-29　“直线”对话框

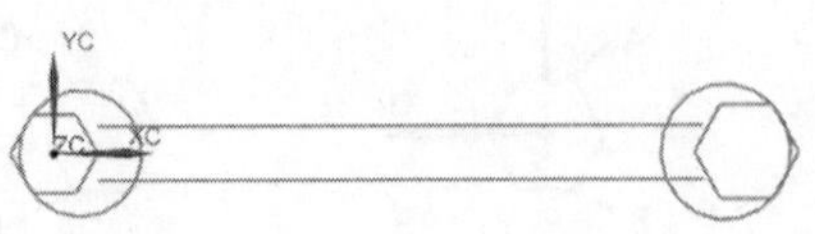

图5-30　创建线段

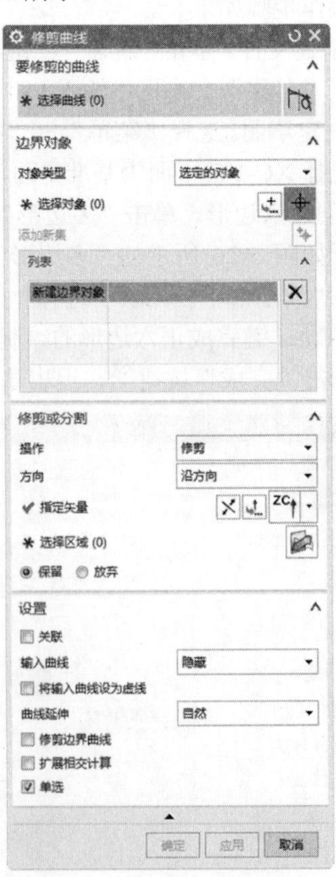

图5-31　“修剪曲线”对话框

（7）修剪圆弧。单击“修剪曲线”按钮或选择“菜单”→“编辑”→“曲线”→“修剪”命令，打开“修剪曲线”对话框，如图 5-31 所示。在对话框中设置各选项，选择线段一和线段二分别为边界对象，并选择两边的圆为修剪对象，完成对圆弧在两线段间的修剪，同步骤（6），选择边一、边二、边三和边四分别为边界对象，并选择圆弧为修剪对象，经过修剪后生成如图 5-33 所示的曲线。

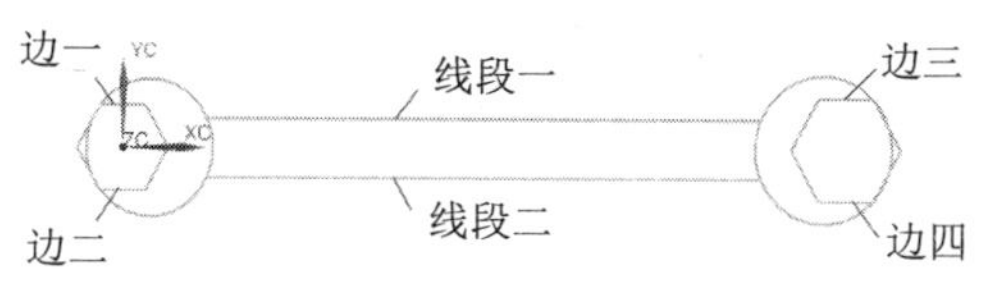

图 5-32 修剪线段后曲线

图 5-33 修剪圆弧后曲线

（8）创建拉伸。单击“拉伸”按钮或选择“菜单”→“插入”→“设计特征”→“拉伸”命令，打开如图 5-34 所示的“拉伸”对话框。选择图 5-32 中的线段一、线段二、多段圆弧和在圆弧内侧的多边形边为拉伸对象，在“指定矢量”下拉列表中选择“ZC 轴”选项为拉伸方向，在“限制”选项组“开始”的“距离”文本框中输入 0，在“结束”的“距离”文本框中输入 5，单击“确定”按钮，生成如图 5-35 所示的固定开口扳手。

图 5-34 “拉伸”对话框

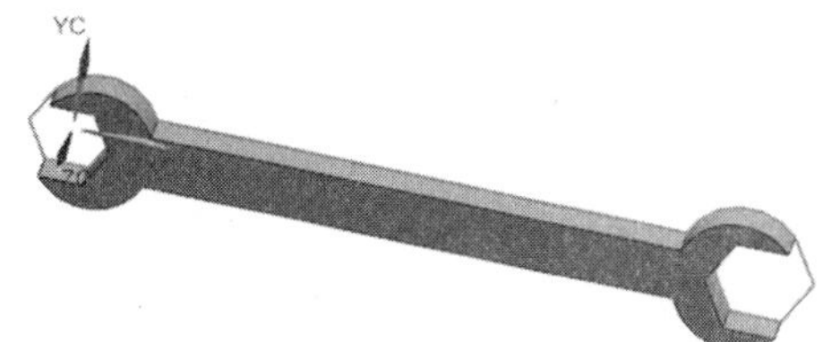

图 5-35 固定开口扳手

（9）隐藏曲线。选择“菜单”→“编辑”→“显示和隐藏”→“隐藏”命令，打开“类选择”对话框，如图 5-36 所示。单击“类型过滤器”按钮，打开“按类型选择”对话框，如图 5-37 所示。在对话框中选择“曲线”和“草图”选项并单击“确定”按钮，返回“类选择”对话框，单击“全选”按钮，再单击“确定”按钮，则屏幕中所有曲线都被隐藏起来。

Note

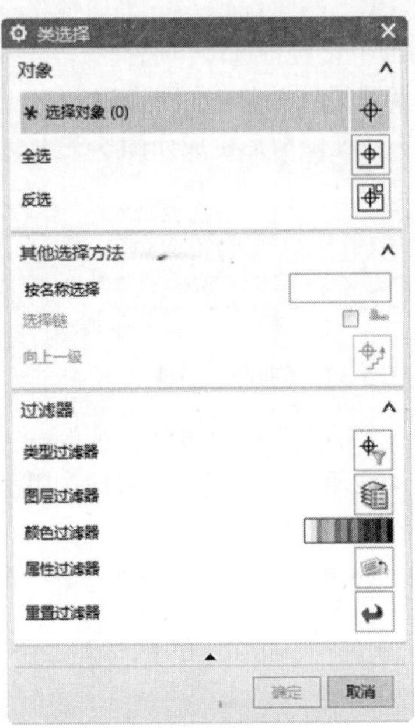

图 5-36 “类选择”对话框

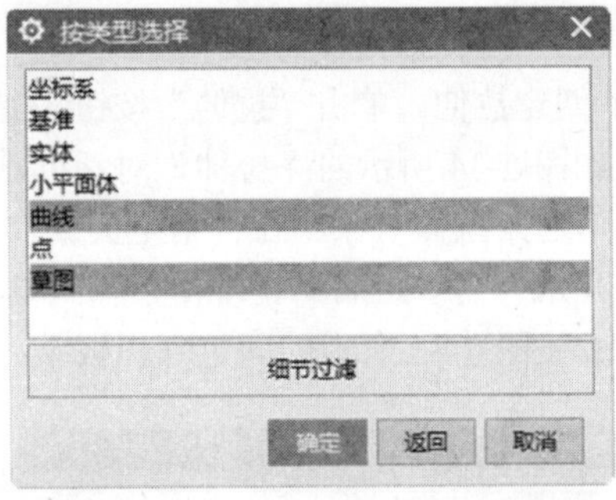

图 5-37 “按类型选择”对话框

5.3.3 旋转

单击“旋转”按钮或选择“菜单”→“插入”→“设计特征”→“旋转”命令，系统打开“旋转”对话框，如图 5-38 所示。利用该对话框可以进行旋转操作。

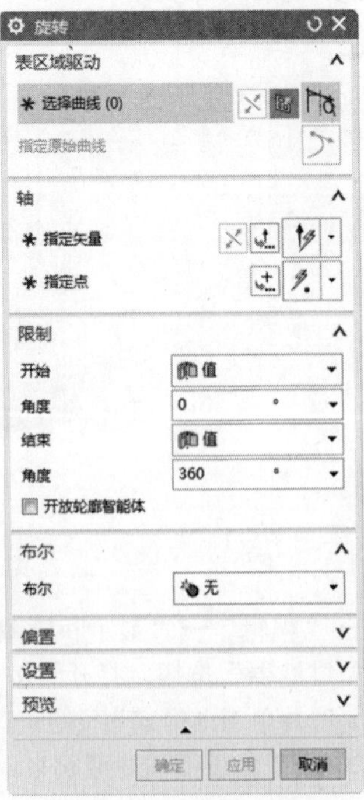

图 5-38 “旋转”对话框

旋转的操作步骤如下。

（1）选择需要旋转的曲线。

（2）单击“指定矢量”按钮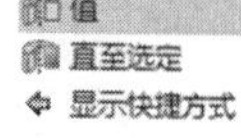右侧下拉三角得到矢量选择方式的下拉列表，选择一种方式作为轴的旋转方向，再在图形界面中选择一点作为轴的原点。

（3）在“布尔”下拉列表中选择布尔运算。

（4）在“限制”选项组中选择开始和结束的限制方式和角度值。“开始”和“结束”下拉列表中的选项如图 5-39 所示，共有两种限制方式：“值”和“直至选定”。

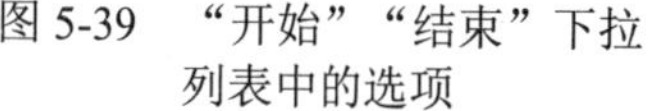

图 5-39　“开始”“结束”下拉列表中的选项

（5）单击“确定”或者“应用”按钮后，完成旋转操作。

Note

视频讲解

5.3.4　实例——弯管建模

本例首先采用基本曲线创建矩形弯管截面轮廓，然后使用旋转操作，生成如图 5-40 所示的模型。

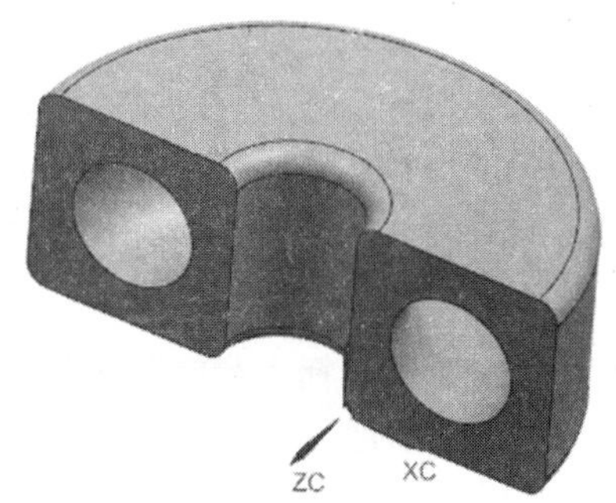

图 5-40　矩形弯管

具体操作步骤如下。

（1）单击“新建”按钮或选择“菜单”→“文件”→“新建”命令，打开“新建”对话框。命名为 juxingwanguan，单击“确定”按钮，进入 UG 建模环境。

（2）选择“菜单”→“插入”→“在任务环境中绘制草图”命令，打开 “创建草图”对话框，选择 XC-YC 平面为基准平面，单击“确定”按钮，进入草图绘制界面。

（3）创建矩形。单击“矩形”按钮或选择“菜单”→“插入”→“曲线”→“矩形”命令，打开如图 5-41 所示的“矩形”对话框，单击“按 2 点”按钮，在 XC 和 YC 文本框中均输入 0 和 0，单击“参数模式”按钮，在“宽度”和“高度”文本框中均输入 10，单击并确定矩形的位置，然后关闭“矩形”对话框。

（4）创建圆。单击“圆”按钮或选择“菜单”→“插入”→“曲线”→“圆”命令，打开“圆”对话框，如图 5-42 所示。单击“圆心和直径定圆”按钮，在 XC 和 YC 文本框中均输入 5，单击“参数模式”按钮，在对话框中单击“圆”按钮，在“直径”文本框中输入 6，关闭“圆”对话框，生成如图 5-43 所示的曲线。

（5）创建圆角。单击“角焊”按钮或选择“菜单”→“插入”→“曲线”→“圆角”命令，打开“圆角”对话框，如图 5-44 所示。单击“修剪”按钮，在“半径”数值文本框中输入 1，在屏幕中选择矩形四角，完成圆角操作。单击“完成”按钮或选择“菜单”→“任务”→“完成草图”命令，退出草图绘制环境，绘制的曲线如图 5-45 所示。

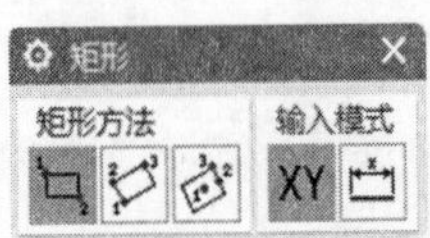

图 5-41 “矩形”对话框

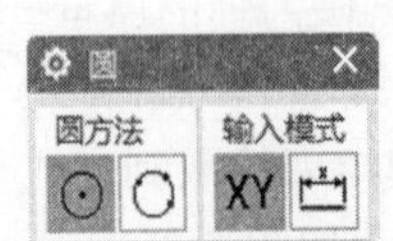

图 5-42 “圆”对话框

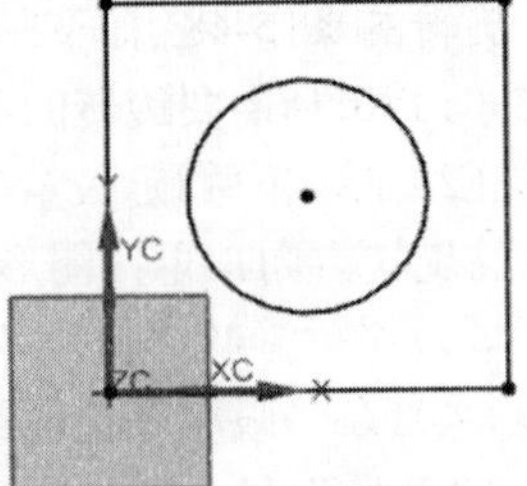

图 5-43 曲线

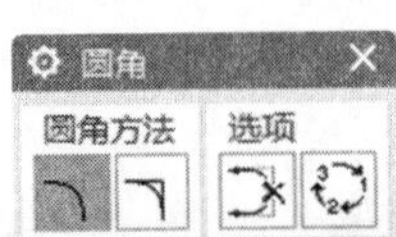

图 5-44 “圆角”对话框

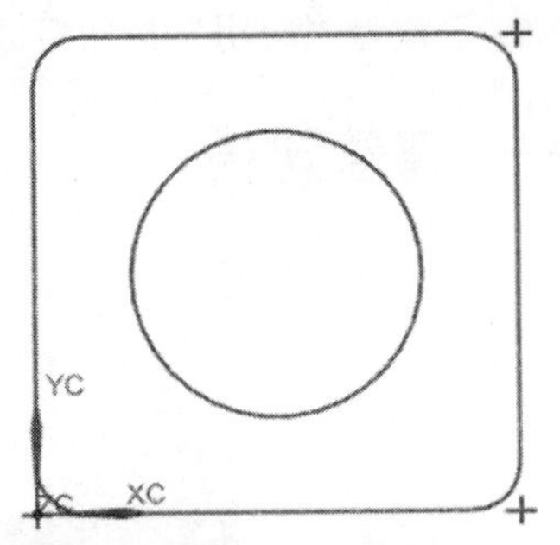

图 5-45 创建圆角

（6）创建直线。单击“直线”按钮或选择“菜单”→“插入”→“曲线”→“直线”命令，打开如图 5-46 所示的“直线”对话框。在“起点选项”下拉列表中选择“点”选项，在屏幕中跟随图标按钮打开坐标输入框，输入（-3,0,0），确定直线第一点。在“终点选项”下拉列表中选择“YC 沿 YC”选项，在“限制”选项“终止限制”下拉列表中选择“值”选项，在“距离”文本框中输入 10，单击“确定”按钮，完成直线的创建，如图 5-47 所示。

图 5-46 “直线”对话框

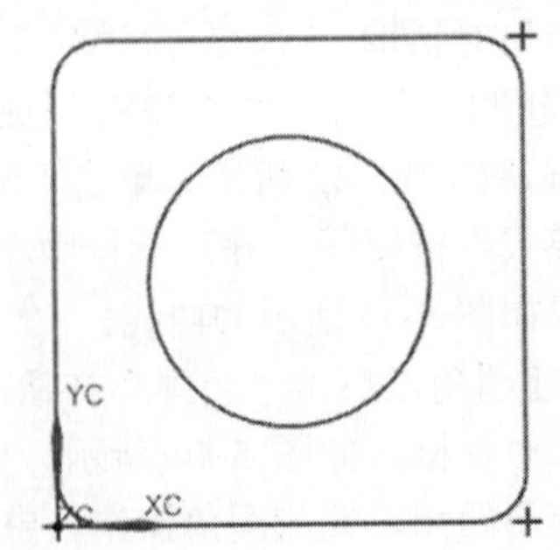

图 5-47 创建直线

（7）创建旋转。单击“旋转”按钮或选择“菜单”→“插入”→“设计特征”→“旋转”命

令，打开如图 5-48 所示的“旋转”对话框。选择矩形和圆为旋转曲线，将开始角度和结束角度设计为 0 和 180，在“指定矢量”下拉列表中选择“两点”选项，根据系统提示依次选择步骤（6）创建的直线上、下两端点，单击“确定”按钮，完成旋转操作。

（8）隐藏曲线。选择“菜单”→“编辑”→“显示和隐藏”→“隐藏”命令，打开“类选择”对话框，如图 5-49 所示。单击“类型过滤器”按钮，打开“按类型选择”对话框，选择“曲线”“坐标系”“点”“草图”，单击“确定”按钮，返回“类选择”对话框，单击“全选”按钮，再单击“确定”按钮，完成隐藏曲线操作。最终生成如图 5-40 所示的矩形弯管。

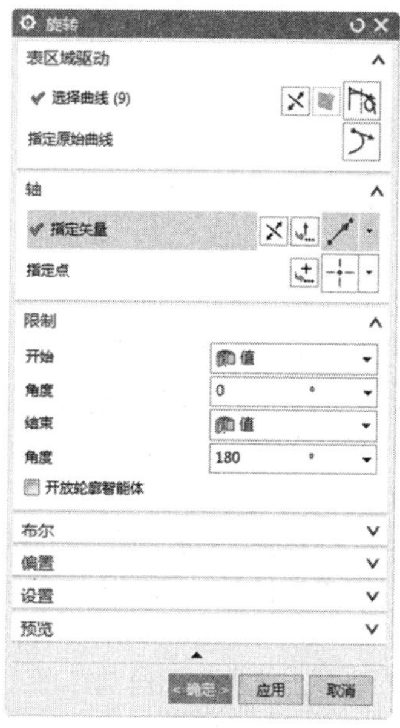

图 5-48　“旋转”对话框

图 5-49　“类选择”对话框

5.3.5　沿引导线扫掠

沿引导线扫掠实现截面线沿引导线运动得到实体，引导线可以是直线、圆弧、样条等曲线，截面线可以偏置。它是扫描特征里用途最广和最灵活的造型方法。

沿引导线扫掠细节特征的操作步骤如下。

（1）单击“沿引导线扫掠”按钮或选择“菜单”→“插入”→“扫掠”→“沿引导线扫掠”命令，打开如图 5-50 所示的对话框。

（2）选择截面曲线。

（3）选择引导曲线。

（4）选择布尔方式，包括无、合并、减去和相交 4 种方式。

（5）输入第一偏置、第二偏置值，单击“确定”按钮。如果偏置为零，则拉伸出一个实体；如果偏置不为零，则可拉伸出一个具有一定壁厚的空心实体。

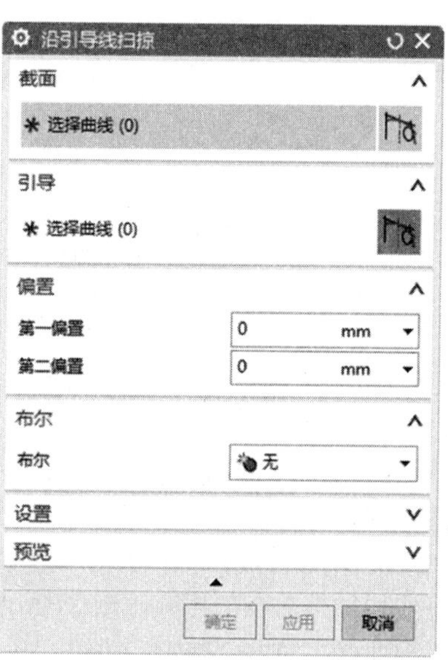

图 5-50　“沿引导线扫掠”对话框

视频讲解

Note

5.3.6 实例——O 型密封圈建模

本例采用基本曲线建立 O 型密封圈截面曲线，然后进行沿引导线扫掠操作，生成如图 5-51 所示的 O 型密封圈。

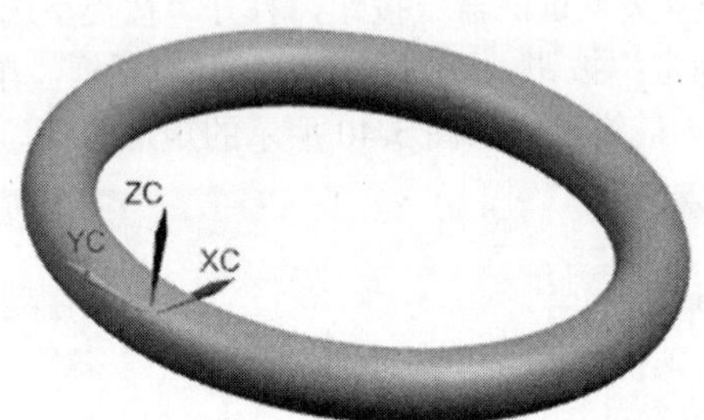

图 5-51 O 型密封圈

具体操作步骤如下。

（1）新建文件。单击“新建”按钮或选择“菜单”→“文件”→“新建”命令，打开“新建”对话框。在“名称”文本框中输入 Oxingmifengquan，单击“确定”按钮，进入 UG 建模环境。

（2）创建草图。选择“菜单”→“插入”→“在任务环境中绘制草图”命令，打开“创建草图”对话框，单击“确定”按钮，进入草图绘制界面。

（3）创建圆。单击“圆”按钮或选择“菜单”→“插入”→“曲线”→“圆”命令，打开如图 5-52 所示的“圆”对话框。单击“圆心和直径定圆”按钮，在 XC 和 YC 文本框中的输入 0，单击“参数模式”按钮，在“直径”文本框中输入 2，生成圆心在坐标原点上、半径为 1mm 的圆。单击“完成”按钮或选择“菜单”→“任务”→“完成草图”命令，退出草图绘制环境。

（4）旋转坐标系。选择“菜单”→“格式”→WCS→“旋转”命令，打开如图 5-53 所示的“旋转 WCS 绕”对话框。选中“+XC 轴：YC→ZC”单选按钮，单击“确定”按钮，坐标系统 XC 轴逆时针旋转 90°。

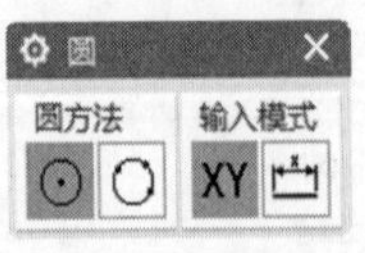

图 5-52 “圆”对话框

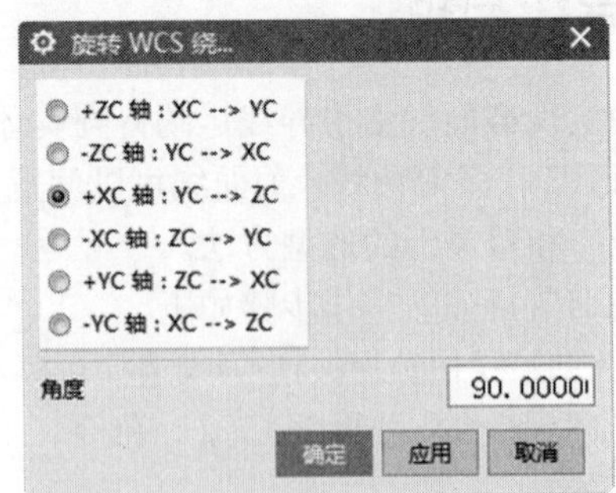

图 5-53 “旋转 WCS 绕”对话框

（5）建立引导线。按步骤（2）和步骤（3）建立一圆心在点（8,0）、直径为 16mm 的圆，生成曲线如图 5-54 所示。

（6）沿引导线扫掠。单击“沿引导线扫掠”按钮或选择“菜单”→“插入”→“扫掠”→“沿引导线扫掠”命令，打开如图 5-55 所示的“沿引导线扫掠”对话框。选择小圆为截面线，选择大圆为引导曲线，单击“确定”按钮，在“第一偏置”和“第二偏置”文本框中文本框中均输入 0，单击“确定”按钮，生成如图 5-51 所示的 O 形密封圈。

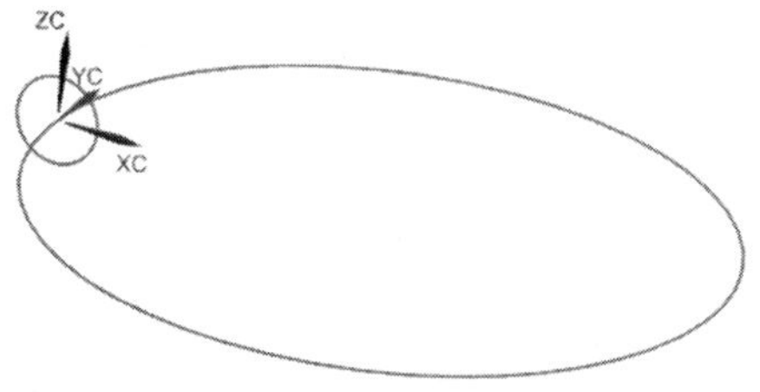

图 5-54　曲线

图 5-55　“沿引导线扫掠”对话框

5.3.7　管

管是扫掠的特例，其截面只能是圆。管的生成方法需要输入管的外径和内径，若内径为零，则为实心管。生成的原理是：截面圆（内圆和外圆）沿着一条引导线运动扫描出实体，引导线可以由多段线组成，但必须是连续的。

管的操作步骤如下。

（1）单击“新建”按钮或选择“菜单”→“文件”→“新建”命令，打开“新建”对话框。在“名称”文本框中输入 ruanguan，然后单击“确定”按钮，进入 UG 建模环境。

（2）创建样条曲线。单击“艺术样条”按钮或选择“菜单”→“插入”→“曲线”→“艺术样条”命令，打开如图 5-56 所示的“艺术样条”对话框，绘制如图 5-57 所示的样条曲线。

（3）管操作。单击“管”按钮或选择“菜单”→“插入”→“扫掠”→“管”命令，打开如图 5-58 所示的对话框。选择样条曲线为路径曲线，在“外径”和“内径”文本框中分别输入 5 和 2，在“输出”下拉列表中选择“多段”选项，单击“确定”按钮，生成如图 5-59 所示的管。

图 5-56　“艺术样条”对话框

Note

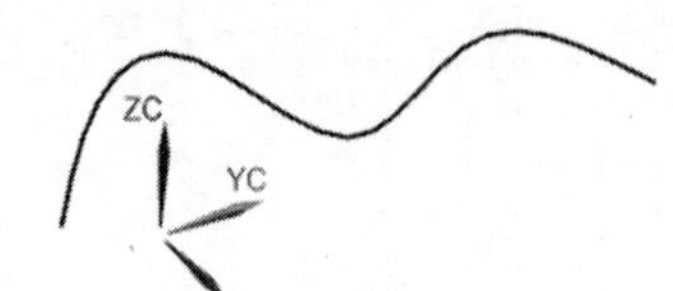

图 5-57　样条曲线

图 5-58　“管”对话框

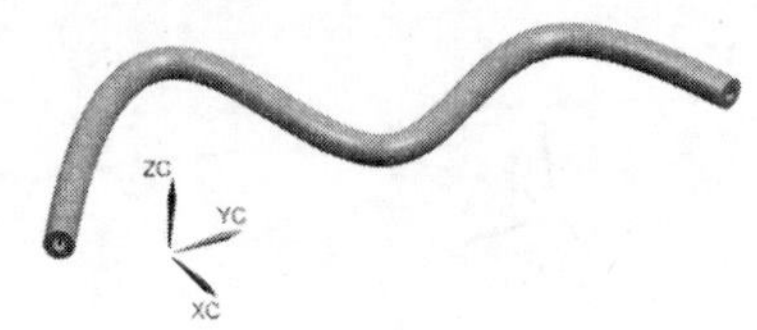

图 5-59　管

5.4　设计特征

设计特征一般是指在某些实体的基础上生成的特征，设计特征的生成方式是参数化的，设置或修改特征参数，刷新模型即得到修改的特征。

各种设计特征的基本操作过程是一样的，具体如下。

（1）选择一个设计特征。

（2）选择设计特征的类型。

（3）选择设计特征的放置面。

（4）设置设计特征的形状或深度参数（有些设计特征要求指定穿通面）。

（5）选择设计特征的定位方式。

（6）选择目标实体和工具实体的几何对象，输入定位尺寸。

5.4.1　孔特征

孔操作是设计零件时常用的功能，UG 提供 5 种孔类型操作：常规孔、钻形孔、螺钉间隙孔、螺纹孔和孔系列，每种类型可以通过是否指定穿通面控制是否在实体上生成通孔。单击“孔”按钮或选择“菜单”→“插入”→“设计特征”→“孔”命令，打开如图 5-60 所示的“孔”对话框。

1. 常规孔

☑ 简单孔：简单孔即直孔，孔的底面可以是平底，也可以是锥体，让用户以指定的直径、深度和顶锥角生成一个简单的孔。当孔为通孔时，不需要指定孔深，需要设置的孔的参数如图 5-60 对话框中部所示，参数意义如图 5-61 所示。

☑ 沉头：指定沉头直径、沉头深度、直径、深度限制、深度、深度直至和顶锥角值来创建沉头孔。当孔为通孔时，也不需要指定孔深。需要设置的孔的参数如图 5-62 所示，参数意义如图 5-63 所示。

☑ 埋头：指定埋头直径、埋头角度、直径、深度限制、深度、深度直至和顶锥角值来创建埋头孔。当为通孔时同上。需要设置的孔的参数如图 5-64 所示，参数意义如图 5-65 所示。

图 5-60 “孔”对话框

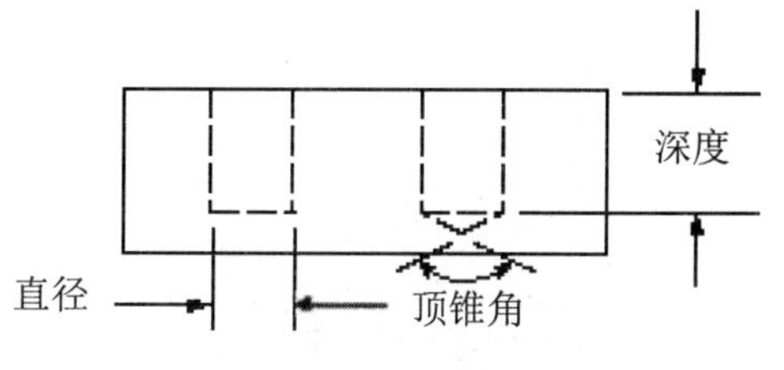

图 5-61 简单孔示意图

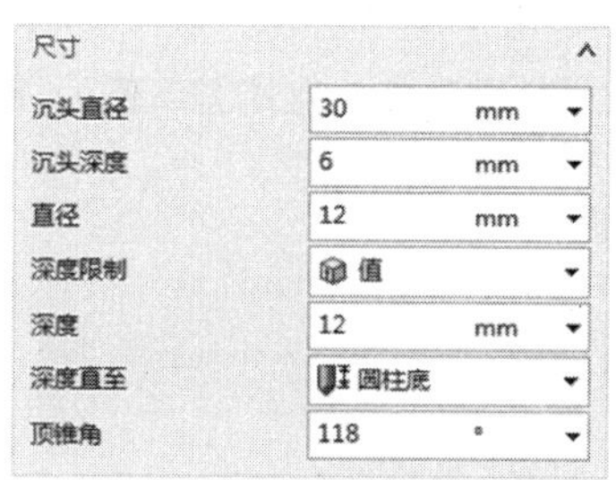

图 5-62 沉头孔的参数

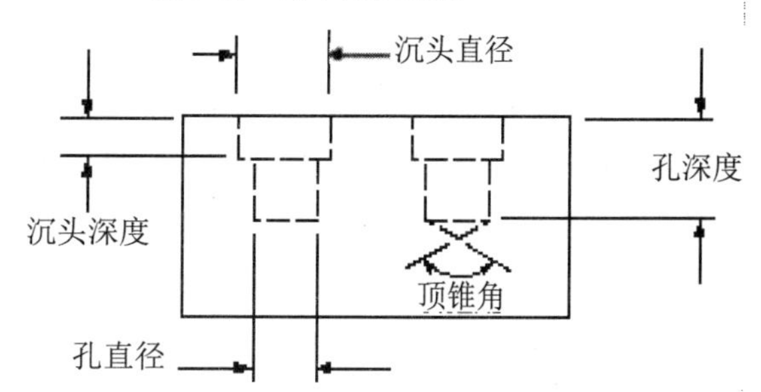

图 5-63 沉头孔示意图

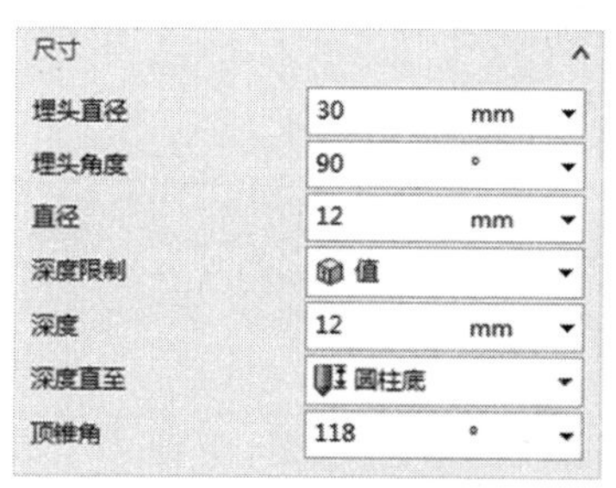

图 5-64 埋头孔的参数

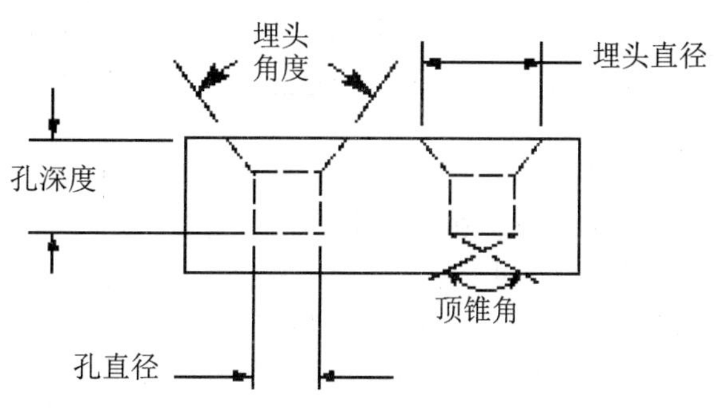

图 5-65 埋头孔示意图

2. 螺钉间隙孔

创建简单、沉头或埋头通孔，为具体应用而设计。

Note

3．螺纹孔

创建螺纹孔，其尺寸标注由标准、螺纹尺寸和径向进刀定义。

4．孔系列

创建起始、中间和端点孔尺寸一致的多形状、多目标体的对齐孔。

下面是使用埋头孔在长方体上生成孔特征的操作步骤。

（1）单击“孔”按钮或选择“菜单”→“插入”→“设计特征”→“孔”命令，打开如图5-60所示的对话框。

（2）在“类型”下拉列表中选择“常规孔”选项，在“成形”下拉列表中选择“埋头”选项。

（3）单击“绘制截面”按钮，打开“创建草图”对话框，选择如图5-66所示的面为草图绘制平面，单击“确定”按钮，打开“草图点”对话框，绘制如图5-67所示的草图，单击“完成”按钮，返回“孔”对话框。

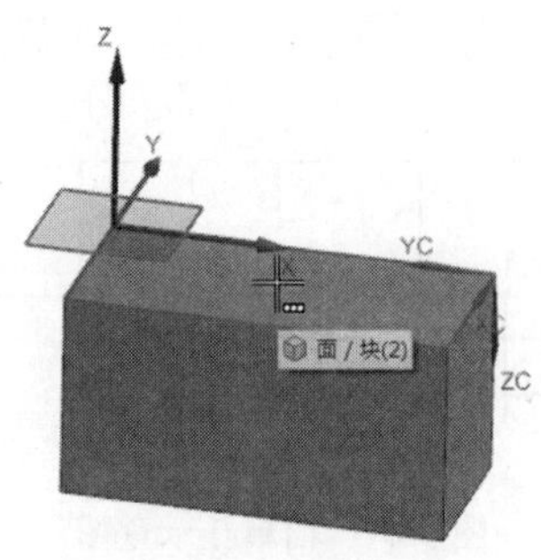

图5-66　捕捉草图绘制平面

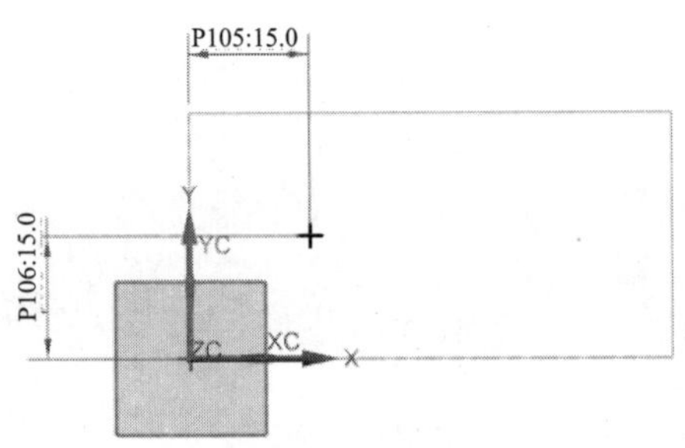

图5-67　绘制草图

（4）设置孔的各项参数（若是通孔，选择贯通体，则用鼠标左键选择长方体另一侧），单击“确定”按钮，完成孔细节特征的生成，如图5-68所示。

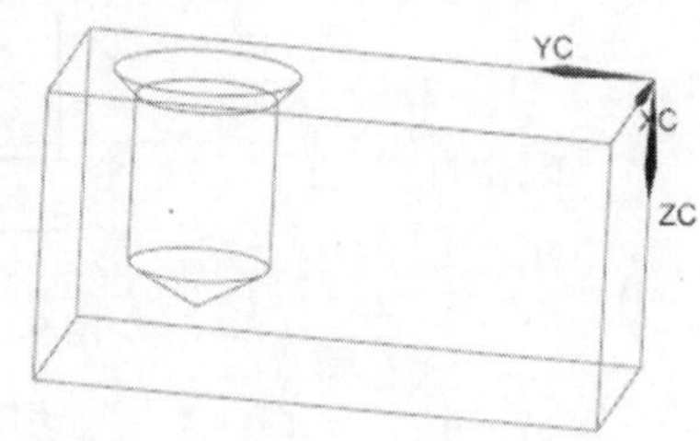

图5-68　孔特征的生成

5．钻形孔

使用ANSI或ISO标准创建简单钻形孔特征。

☑　大小：用于创建钻形孔特征的钻孔尺寸。

☑　等尺寸配对：指定孔所需的等尺寸配对。

☑　起始倒斜角：将起始倒斜角添加到孔特征。

☑　终止倒斜角：将终止倒斜角添加到孔特征。

视频讲解

5.4.2　实例——压板建模

本例主要介绍采用实体建模方式建立长方体和孔，生成如图5-69所示的压板。

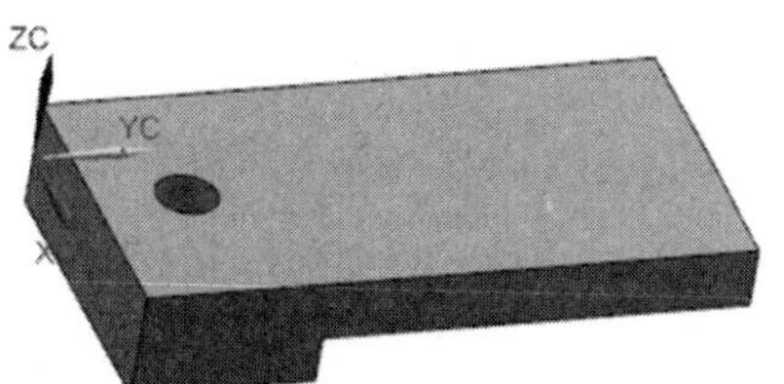

图 5-69 压板

具体操作步骤如下。

（1）新建文件。单击“新建”按钮或选择“菜单”→“文件”→“新建”命令，打开“新建”对话框。在“名称”文本框中输入 yaban, 单击“确定”按钮，进入 UG 建模环境。

（2）创建长方体。单击“长方体”按钮或选择“菜单”→“插入”→“设计特征”→“长方体”命令，打开如图 5-70 所示的对话框，在“长度”“宽度”和“高度”文本框中分别输入 50、100、10，单击“点对话框”按钮，打开如图 5-71 所示的“点”对话框，输入坐标为（0,0,0），单击“确定”按钮，返回“长方体”对话框，单击“确定”按钮，生成一长方体。同上，在“长方体”对话框中的“长度”“宽度”和“高度”文本框中分别输入 50、30、8，长方体原点坐标为（0,0,−8），在“布尔”下拉列表中选择“合并”选项，单击“确定”按钮，生成另一长方体，如图 5-72 所示。

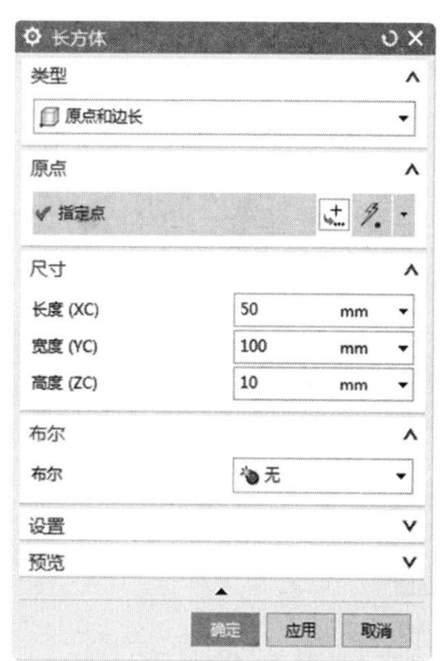

图 5-70 “长方体”对话框

图 5-71 “点”对话框

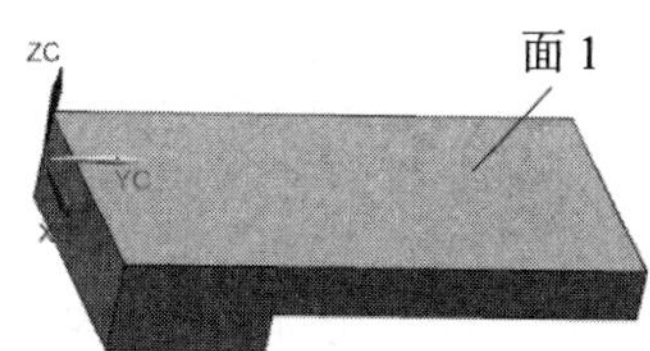

图 5-72 创建长方体

（3）创建孔。单击“孔”按钮或选择“菜单”→“插入”→“设计特征”→“孔”命令，打开如图 5-73 所示的“孔”对话框，单击“绘制截面”按钮，打开“创建草图”对话框，选择面 1 为草图绘制平面，单击“确定”按钮，打开“草图点”对话框，绘制如图 5-74 所示的草图，单击“完成”按钮，返回“孔”对话框，在“成形”下拉列表中选择“简单孔”选项，在“直径”“深度”和“顶锥角”文本框中分别输入 10、18、0，单击“确定”按钮，完成孔的创建。最终生成如图 5-69 所示的压板。

Note

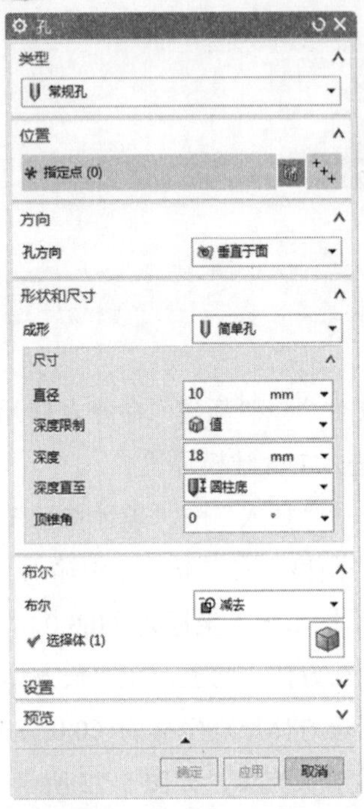

图 5-73 “孔”对话框

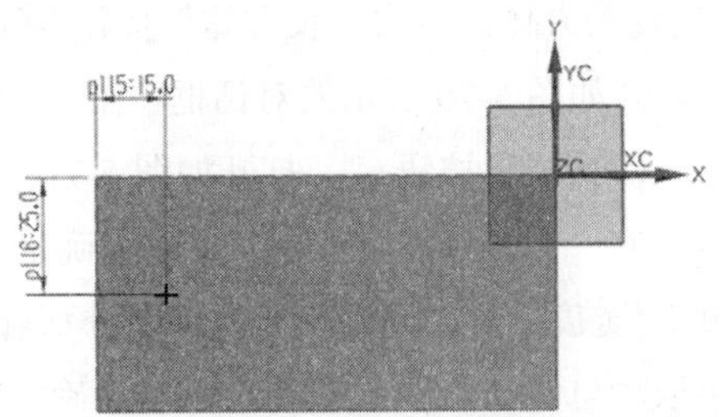

图 5-74 绘制草图

视频讲解

5.4.3 凸起特征

单击“凸起”按钮或选择“菜单”→“插入”→“设计特征”→“凸起”命令，打开如图 5-75 所示的“凸起”对话框。

“凸起”对话框中各选项功能如下。

☑ 选择面：用于选择一个或多个面以在其上创建凸起。

☑ 端盖：端盖定义凸起特征的限制地板或天花板，用于使用以下方法之一为端盖选择源几何体。

➢ 凸起的面：从选定用于凸起的面创建端盖。

➢ 基准平面：从选择的基准平面创建端盖。

➢ 截面平面：在选定的截面处创建端盖。

➢ 选定的面：从选择的面创建端盖。

☑ 位置。

➢ 平移：通过按凸起方向指定的方向平移源几何体来创建端盖几何体。

➢ 偏置：通过偏置源几何体来创建端盖几何体。

☑ 拔模：指定在拔模操作过程中保持固定的侧壁位置。

➢ 从端盖：使用端盖作为固定边的边界。

➢ 从凸起的面：使用投影截面和凸起面的交线作为固定曲线。

➢ 从选定的面：使用投影截面和所选的面的交线作为固定曲线。

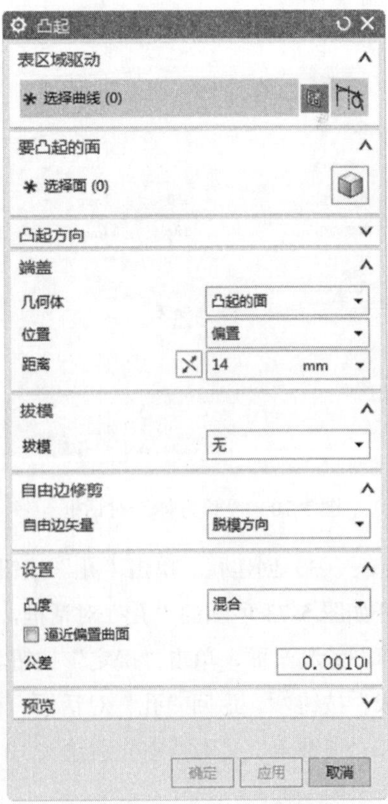

图 5-75 “凸起”对话框

- ➢ 从选定的基准：使用投影截面和所选的基准平面的交线作为固定曲线。
- ➢ 从截面：使用截面作为固定曲线。
- ➢ 无：指定不为侧壁添加拔模。

☑ 自由边修剪：用于定义当凸起的投影截面跨过一条自由边（要凸起的面中不包括的边）时修剪凸起的矢量。

- ➢ 脱模方向：使用脱模方向矢量来修剪自由边。
- ➢ 垂直于曲面：使用与自由边相接的凸起面的曲面法向执行修剪。
- ➢ 用户定义：用于定义一个矢量来修剪与自由边相接的凸起。

☑ 凸度：当端盖与要凸起的面相交时，可以创建带有垫块、凹腔和混合类型凸度的凸起。

- ➢ 垫块：如果矢量先碰到目标曲面，后碰到端盖曲面，则认为它是垫块。
- ➢ 凹腔：如果矢量先碰到端盖曲面，后碰到目标，则认为它是凹腔。

凸起的具体操作步骤如下。

（1）单击“新建”按钮或选择“菜单”→“文件”→“新建”命令，打开“新建”对话框。在“名称”文本框中输入 tuqi，然后单击“确定”按钮，进入 UG 建模环境。

（2）创建圆柱。单击“圆柱”按钮或选择“菜单”→“插入”→“设计特征”→“圆柱”命令，打开如图 5-76 所示的“圆柱”对话框，以原点为中心点，在“指定矢量”下拉列表中选择“ZC 轴”选项，在“直径”和“高度”文本框中分别输入 30 和 20，单击“确定”按钮，完成圆柱的创建，如图 5-77 所示。

图 5-76 “圆柱”对话框

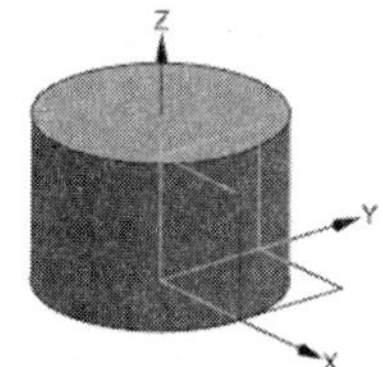

图 5-77 创建圆柱

（3）创建凸起。单击“凸起”按钮或选择“菜单”→“插入”→“设计特征”→“凸起”命令，打开如图 5-75 所示的“凸起”对话框。单击“绘制截面”按钮，打开“创建草图”对话框，选择圆柱的顶面作为草图绘制平面，单击“确定”按钮，进入草图绘制界面。单击“圆”按钮○或选择“菜单”→“插入”→“曲线”→“圆”命令，打开“圆”对话框，绘制如图 5-78 所示的圆心在原点、直径为 16mm 的圆。单击“完成”按钮或选择“菜单”→“任务”→“完成草图”命令，退出草图绘制环境，返回“凸起”对话框。选择绘制的圆为要创建凸起的曲线，选择圆柱顶面为要凸

起的面。在“距离”文本框中输入 14，此时“凸起”对话框设置如图 5-79 所示。单击“确定”按钮，创建的凸起如图 5-80 所示。

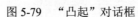

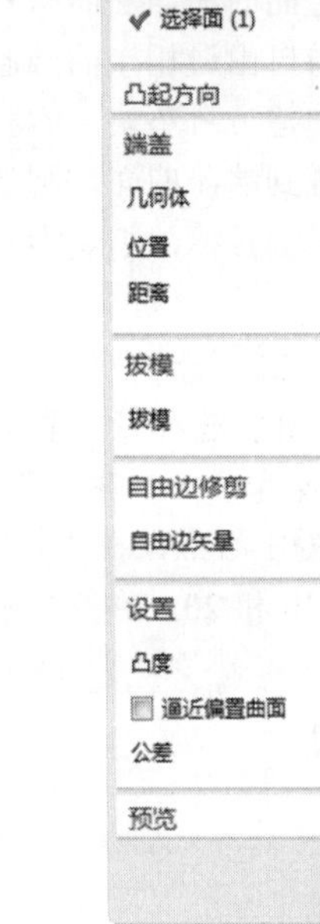

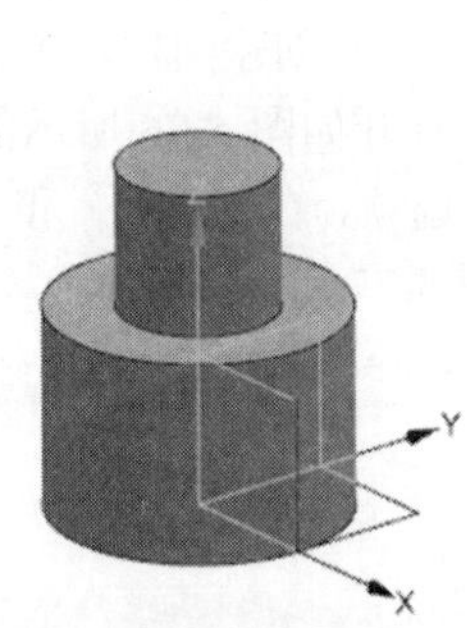

图 5-78　绘制圆　　图 5-79　“凸起”对话框　　图 5-80　创建凸起

视频讲解

5.4.4　槽特征

与键槽特征不同，槽特征是在圆柱面或圆锥面上开槽的设计特征。单击“槽”按钮或选择“菜单”→“插入”→“设计特征”→“槽”命令，系统打开“槽”对话框，如图 5-81 所示。利用该对话框中的各选项可以生成槽。

生成槽的操作步骤如下。

（1）在如图 5-81 所示的对话框中选择一种槽类型。

（2）系统打开如图 5-82 所示的对话框，利用该对话框选择槽的放置面，放置面只能是圆柱面或圆锥面。

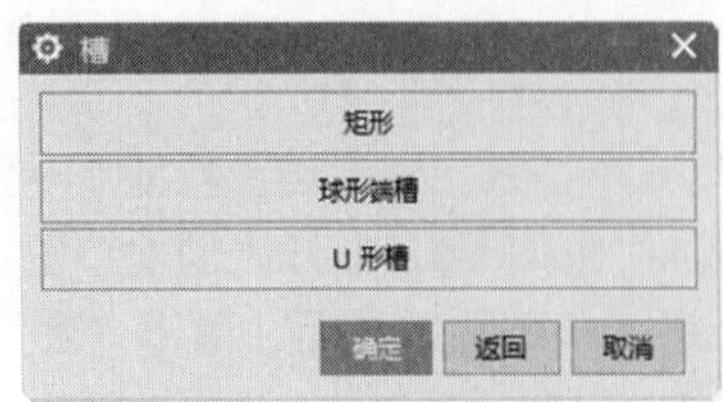

图 5-81　“槽”对话框　　图 5-82　选择槽放置面

（3）选择好放置面后，根据所选槽类型的不同，系统打开不同的槽参数对话框，在该对话框中设定槽的参数。

（4）设定好槽参数后，系统打开“定位槽”对话框，如图 5-83 所示。为创建的槽定位生成槽。槽的定位方式不同于其他特征，定位步骤如下。

① 利用如图 5-83 所示的对话框，在放置面上选择一条边作为目标参考边。

② 选择目标参考边后，系统再次打开如图 5-83 所示的对话框，此时在槽上选择一条边作为刀具参考边。

（5）在系统打开的如图 5-84 所示的对话框中输入两条参考边的距离定位槽。

目标参考边、刀具参考边，以及生成的槽示意图如图 5-85 所示。

图 5-83　“定位槽”对话框

图 5-84　“创建表达式”对话框

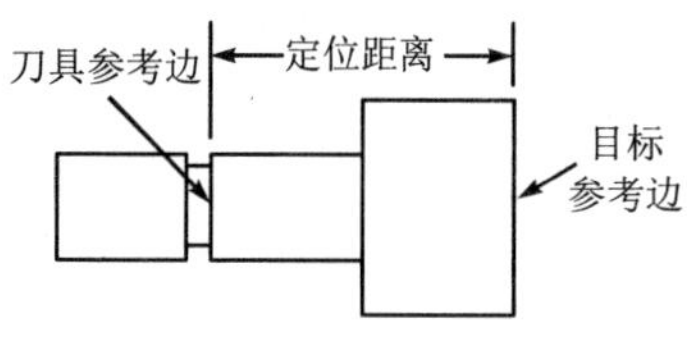

图 5-85　生成槽示意图

槽除了可以建立在圆柱外表面上外，还可以建立在内圆柱面上成为内槽。

不同槽类型的槽参数对话框和槽示意图如下。

☑　矩形槽：“矩形槽”对话框和示意图如图 5-86 所示。

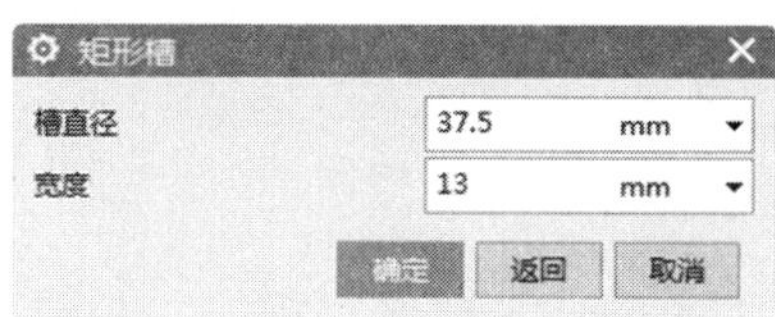

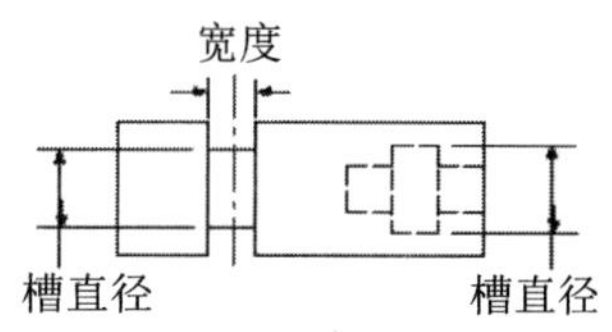

图 5-86　矩形槽

☑　球形端槽：“球形端槽”对话框和示意图如图 5-87 所示。

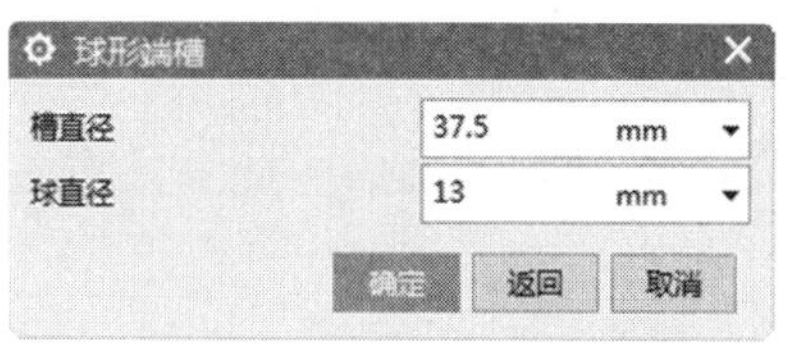

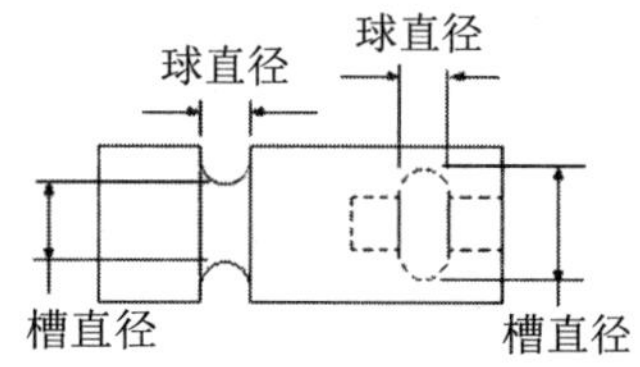

图 5-87　球形端槽

☑　U 形槽：“U 形槽”对话框和示意图如图 5-88 所示。

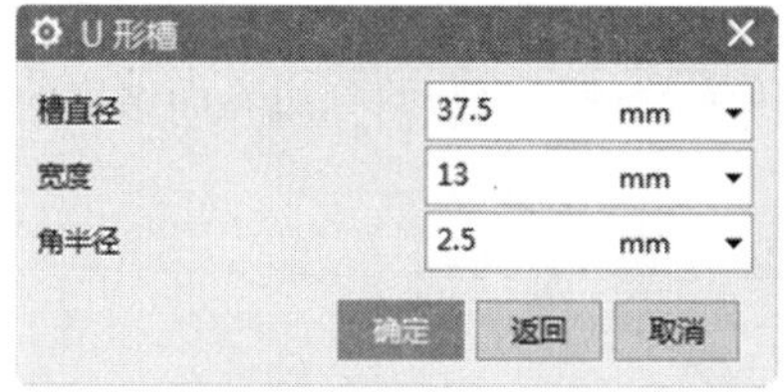

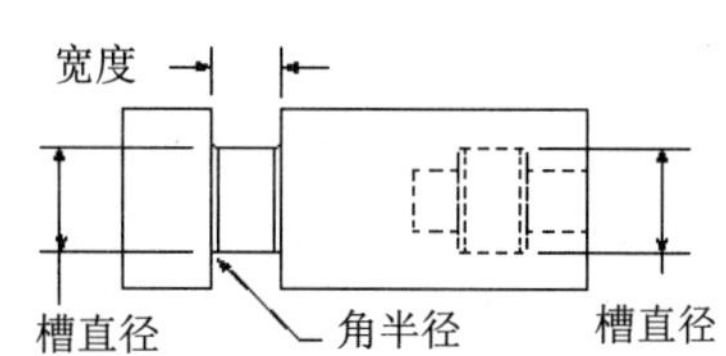

图 5-88　U 形槽

5.5 其他特征

其他特征包括抽取几何特征、曲线成片体、有界平面和加厚等。

Note

5.5.1 抽取几何特征

视频讲解

在零件设计中，常会使用抽取几何体特征。例如，在一个实体上抽取一个孔的边界圆，对这个圆进行拉伸得到圆柱。用户可以从实体上抽取曲线、面、区域和体 4 种类型。抽取几何体特征可以充分利用已有实体来完成设计工作，并且通过抽取几何体生成的特征同原特征具有相关性，当孔径改变时，与之相关的圆柱直径也随之变化，大大提高了设计效率。

抽取几何特征与曲线操作中的抽取曲线相似，但它抽取范围更广泛，抽取曲线的方式较少。UG 系统中抽取几何特征包括以下 8 种类型。

1. 复合曲线

创建从曲线或边抽取的曲线。

2. 点

抽取点的副本。

3. 基准

抽取基准平面、基准轴或基准坐标系的副本。

4. 草图

抽取草图的副本。

5. 面

抽取体的选定面的副本。

☑ 单个面：选择单个面。

☑ 面与相邻面：选择单个面和同一体中的所有相邻面。

☑ 体的面： 选择体中的所有面。

☑ 面链：选择体的多个面。

在按第一种方式生成曲面时，可以对抽取表面中的孔进行删除操作。若在对话框中选中删除孔选项，则抽取的表面没有孔。

6. 面区域

面区域表示从几何体中抽取一组曲面，抽取范围为从种子面开始到边界面结束的所有曲面（包括种子面但不包括边界面）。区域选项包括：

☑ 遍历内部边：选择指定边界面内除边界面以外的所有面。

☑ 使用相切边角度：限制已遍历的内部边。

面区域的操作步骤如下。

（1）打开文件 5.5.1.prt。

（2）单击“抽取几何特征”按钮或选择“菜单”→“插入”→“关联复制”→“抽取几何特

征”命令，打开如图 5-89 所示的“抽取几何特征”对话框。

（3）选择图 5-90 中立方体的面 1 为种子面。

（4）选择图 5-90 中立方体的面 2、面 3 和面 4 为边界面。

（5）选中“隐藏原先的”复选框，单击“确定”按钮，创建的抽取体如图 5-91 所示。

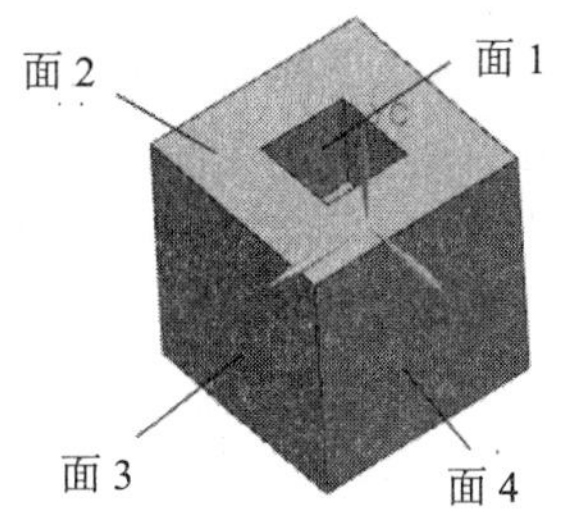

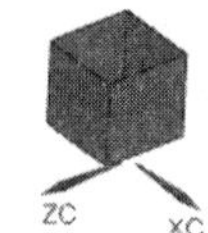

图 5-89　“抽取几何特征”对话框　　图 5-90　原目标几何体　　图 5-91　抽取体

7．体

抽取体操作从目标体抽取实体作为操作结果。

注意：在面、面区域和体抽取类型中有“固定于当前时间戳记”选项，它表示当前的抽取类型是否随后续特征变化而变化。如果选中，则表示当原目标几何体特征发生变化时，不影响在这之前发生的抽取特征；若不选中，则表示原目标几何体特征发生变化时，在这之前发生的抽取特征随之变化。

8．镜像体

抽取跨基准平面镜像的整个体的副本。

5.5.2　曲线成片体

曲线成片体操作通过选择一组曲线生成曲面。例如，通过选择闭合曲线生成一个平面，或者通过上下两个圆生成圆柱面或凸台面，并包括上下两底面。从曲线获得面的操作步骤如下。

（1）打开文件 5.5.2.prt。

Note

视频讲解

（2）单击“曲线成片体”按钮或选择“菜单”→“插入”→“曲面”→“曲线成片体”命令，打开如图 5-92 所示的“从曲线获得面”对话框。

“从曲线获得面”对话框中各选项含义如下。

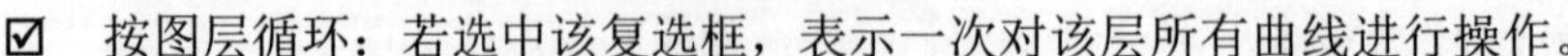

Note

☑ 按图层循环：若选中该复选框，表示一次对该层所有曲线进行操作。

☑ 警告：若选中该复选框，则表示出现错误时显示警告信息并终止操作。

（3）选中“警告”复选框，单击“确定”按钮。

（4）打开“类选择”对话框，选择屏幕中上下两圆，然后单击“确定”按钮，生成如图 5-93 所示的凸台。

图 5-92 “从曲线获得面”对话框

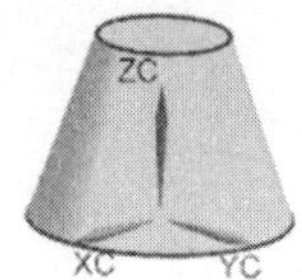

图 5-93 凸台

5.5.3 有界平面

视频讲解

有界平面同曲线成面相似，但它的使用范围更广，通过选择一组在同一平面的实体面边界、实体边缘或曲线生成有界平面，但各边界都不能相交。有界平面的操作步骤如下。

（1）打开文件 5.5.3.prt，如图 5-94 所示。

（2）单击“有界平面”按钮或选择“菜单”→“插入”→“曲面”→“有界平面”命令，打开如图 5-95 所示的“有界平面”对话框。

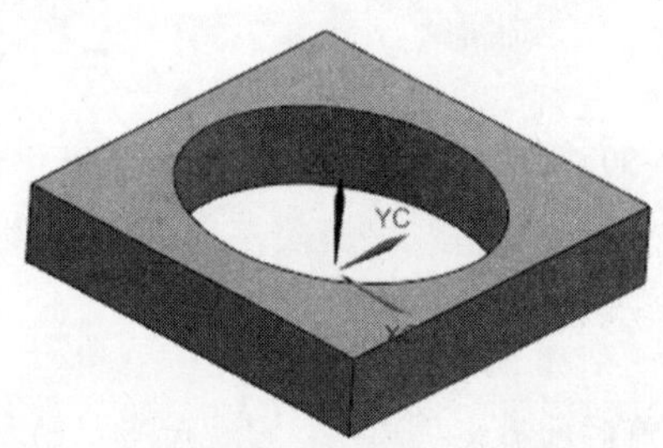

图 5-94 选择立方体顶面

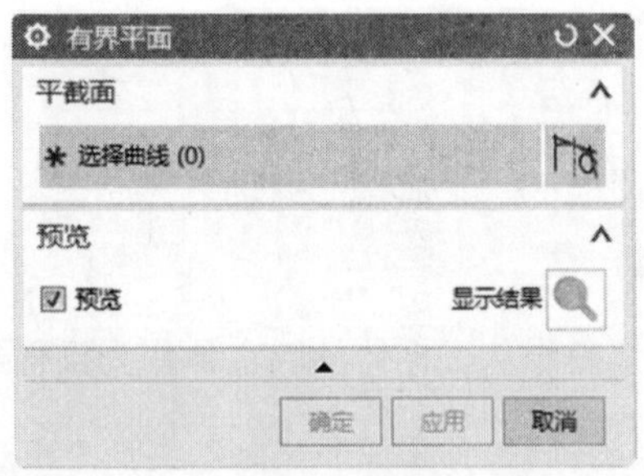

图 5-95 “有界平面”对话框

（3）在图 5-94 中选择立方体顶面四边，然后单击“确定”按钮，生成如图 5-96 所示的有界平面。

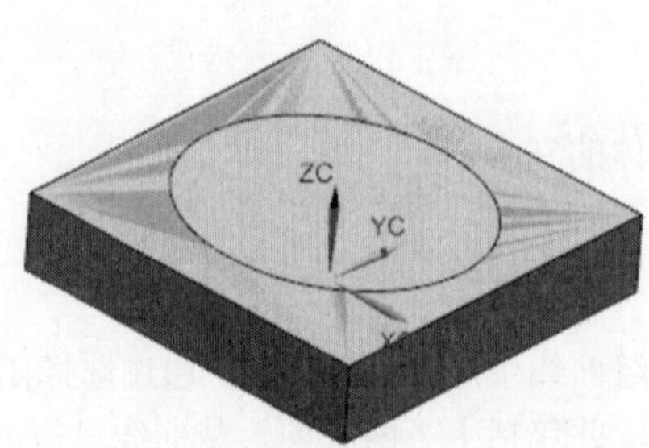

图 5-96 曲面

5.5.4　加厚

加厚通过对曲面进行法向偏置生成实体。加厚的操作步骤如下。

（1）打开文件 5.5.4.prt。

（2）单击“加厚”按钮或选择“菜单”→“插入”→“偏置/缩放”→“加厚”命令，打开如图 5-97 所示的“加厚”对话框。

（3）选择如图 5-98（a）所示的曲面。

（4）按图 5-97 所示输入各参数，然后单击“确定”按钮，生成如图 5-98（b）所示的片实体。

图 5-97　“加厚”对话框

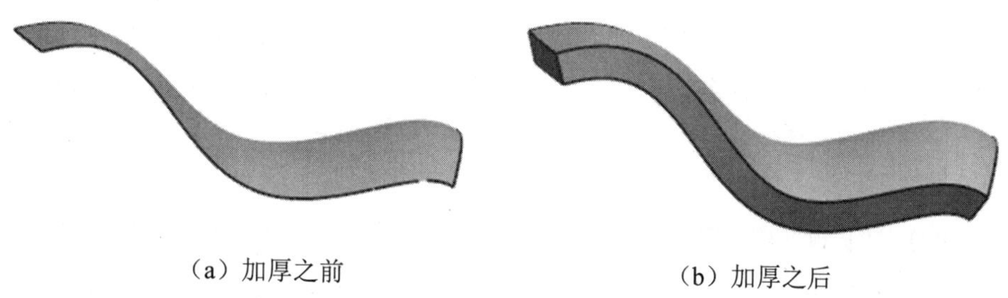

（a）加厚之前　　（b）加厚之后

图 5-98　片实体

5.6　细节特征

在建立三维实体模型后，通过细节特征可以建立更加复杂的特征，本节将介绍拔模、边倒圆、倒斜角、抽壳、螺纹、偏置面、缩放体、修剪等细节特征方法。

5.6.1　拔模

单击“拔模”按钮或选择“插入”→“细节特征”→“拔模”命令，系统打开“拔模”对话

Note

框，如图 5-99 所示。利用该对话框可以进行拔模操作。

拔模的操作步骤如下。

（1）在“拔模”对话框“类型”下拉列表中选择拔模的类型。

（2）在“脱模方向”选项组的“指定矢量”下拉列表中选择脱模方向。

（3）选择参考面，对于“边”选择参考边，对于“与面相切”没有这步选择。

（4）选择要拔模的面，对于“分型边”类型，选择分割边。

（5）输入拔模角度后单击“确定”或“应用”按钮完成拔模。

各拔模类型介绍如下。

1. 面

选择“面”拔模类型时，定义的参考点用于确定在拔模后截面形状保持不变的面，如图 5-100 所示。从图中可以看出在其他参数相同的条件下，由于参考点选择的不同，结果也不相同。

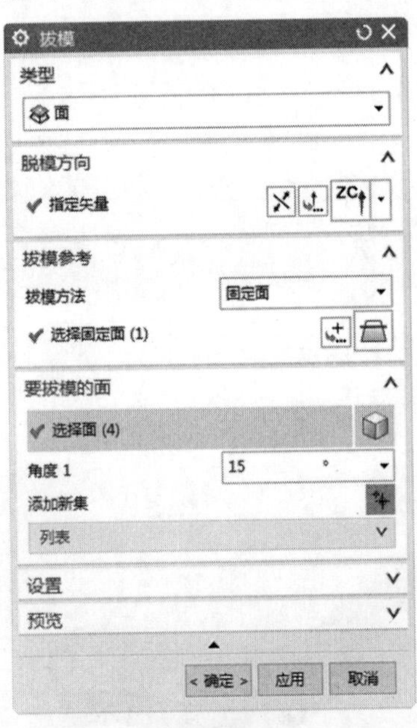

图 5-99 “拔模”对话框

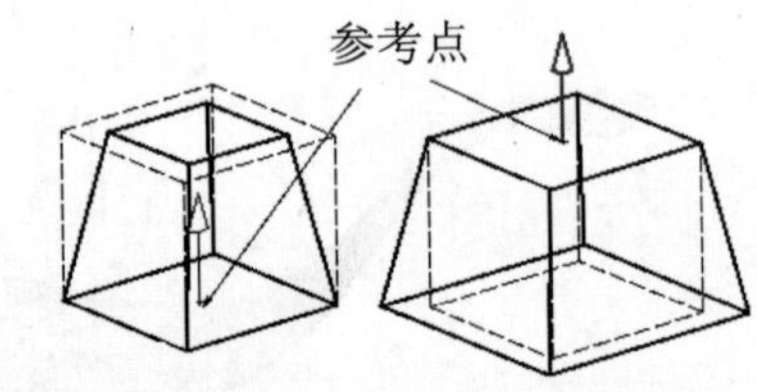

图 5-100 “面”拔模示意图

注意：在参数相同的条件下，拔模内表面和外表面方向相反，如图 5-101 所示。

2. 边

“边”拔模类型用于对不在同一平面内的边缘进行拔模。当选择“边”拔模类型，并且选择好要拔模的边和拔模矢量后，选择“可变拔模点”选项，出现如图 5-102 所示的对话框，利用该对话框可以建立变角度的拔模，变角度拔模示意图如图 5-103 所示。

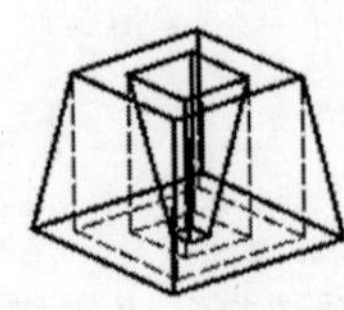

图 5-101 内外表面拔模示意图

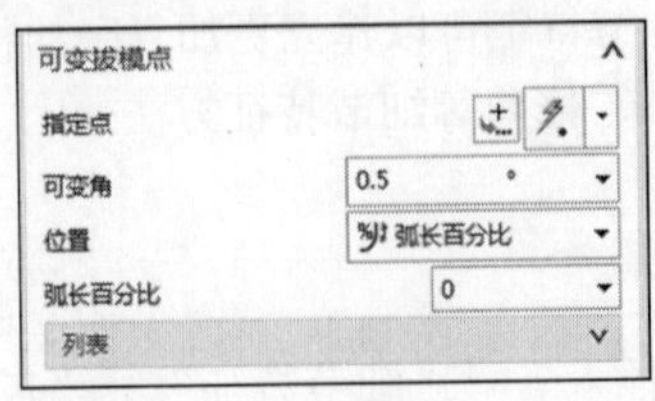

图 5-102 “可变拔模点”选项

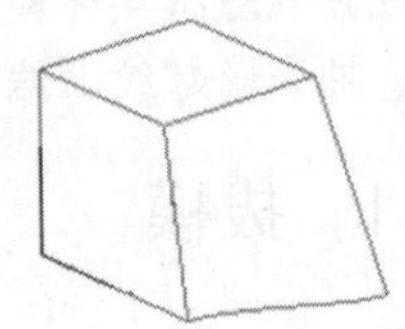

图 5-103 变角度拔模示意图

3. 与面相切

选择“与面相切”类型可以使拔模后的面与所选的面相切。使用该方法在拔模后只能增加材料而不能减去材料。

在图 5-104 中，在其他参数相同的条件下，当选择面 1 作为拔模面时，生成的拔模结果如中间图所示，当同时选择面 1 和面 2 作为拔模面时，生成的拔模结果如右图所示。

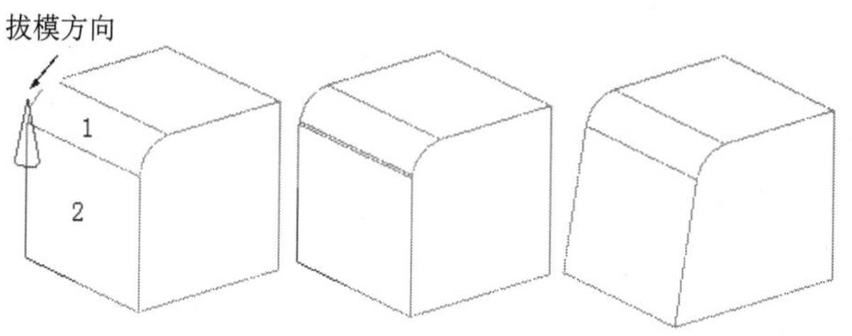

图 5-104 与面相切拔模示意图

4. 分型边

“分型边”类型方法以所选参考点作为拔模表面的起点沿所选分割线进行拔模。在其他参数相同的条件下，所选参考点位置不同结果也不同，如图 5-105 所示。

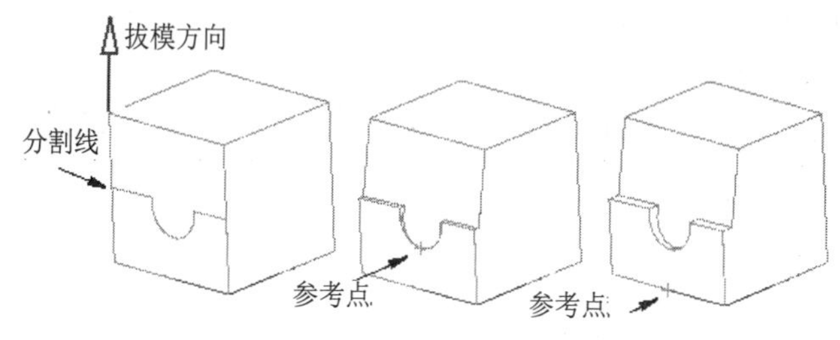

图 5-105 分型边示意图

5.6.2 边倒圆

选择“插入”→“细节特征”→“边倒圆”命令，系统打开“边倒圆”对话框，如图 5-106 所示。利用该对话框可以进行边倒圆操作。

边倒圆的操作步骤如下。

(1) 选择边。

(2) 在“形状”下拉列表中选择“圆形”选项。

(3) 在“半径 1”文本框中设置圆角半径。

(4) 单击“应用”或“确定”按钮完成边倒圆。

在选择好要进行倒圆角的边后，在如图 5-106 所示的对话框中选择“变半径”选项，对话框变成如图 5-107 所示，利用该对话框可以生成变半径边圆角。变半径边圆角示意图如图 5-108 所示，在“V 半径 1”文本框中输入 10，在“弧长百分比”文本框中输入 50；在“V 半径 2”文本框中输入 8，在“弧长百分比”文本框中输入 20，结果如图 5-108 中的右图所示。

图 5-106 “边倒圆”对话框

Note

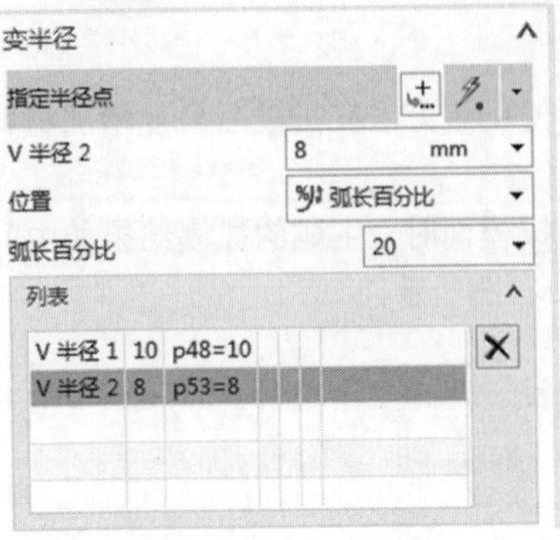

图 5-107 变半径圆角

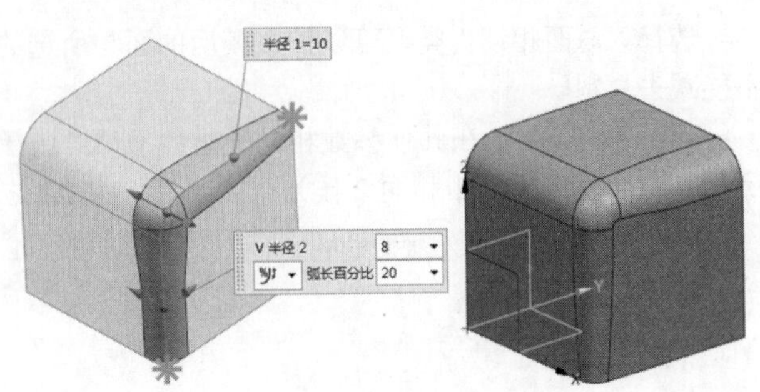

图 5-108 变半径圆角示意图

视频讲解

5.6.3 倒斜角

单击“倒斜角”按钮或选择“菜单”→“插入”→“细节特征”→“倒斜角”命令，系统打开“倒斜角”对话框，如图 5-109 所示。利用该对话框可以进行倒斜角操作。

倒斜角 d 操作步骤如下。

（1）在如图 5-109 所示的对话框中选择一种横截面。

（2）选择需要倒角的边。

（3）系统根据不同的倒角类型打开不同的参数设置对话框，在该对话框中设定倒角的参数生成倒角。

3 种横截面介绍如下。

1. 对称

“对称”参数设置对话框如图 5-109 所示，该方法在相邻两个面形成的偏置距离相同，如图 5-110 所示。

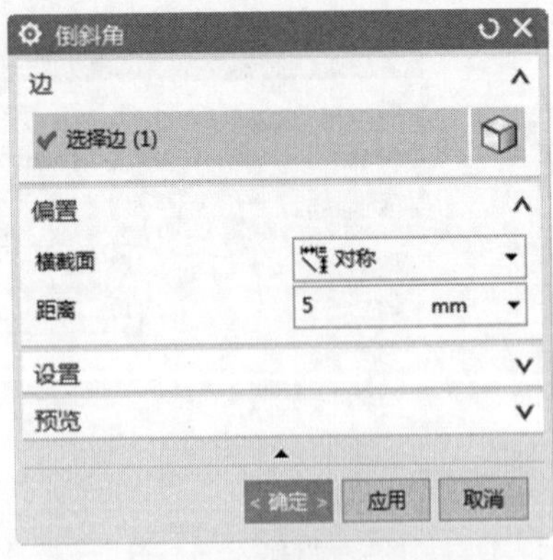

图 5-109 “倒斜角”对话框

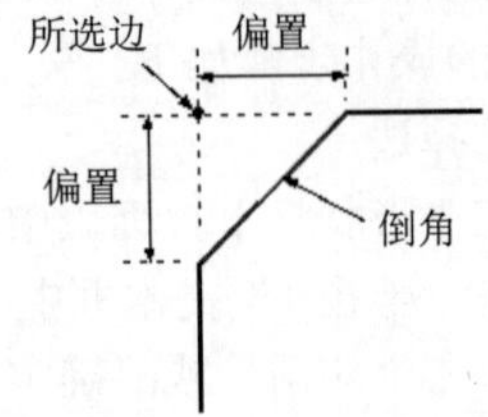

图 5-110 “对称”倒斜角示意图

2. 非对称

“非对称”参数设置对话框如图 5-111 所示，该方法在相邻两个面形成的偏置距离不同，如图 5-112 所示。

图 5-111　设置非对称参数

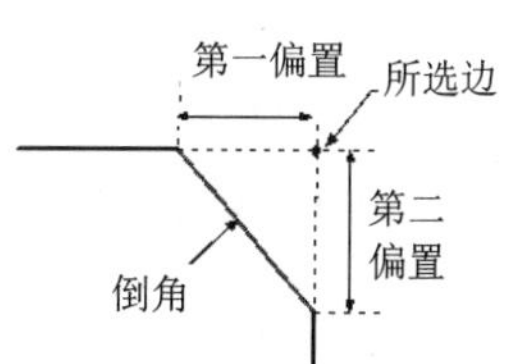

图 5-112　“非对称”倒斜角示意图

3. 偏置和角度

“偏置和角度”参数设置对话框如图 5-113 所示，该方法用偏置距离和角度两个参数定义倒角，如图 5-114 所示。

图 5-113　设置偏置和角度参数

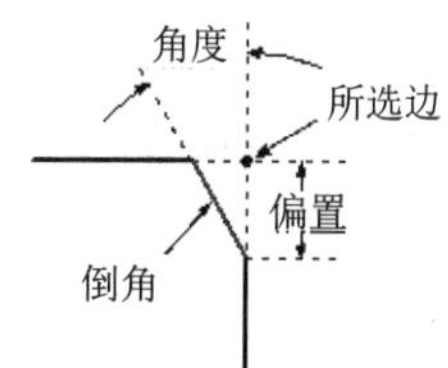

图 5-114　偏置和角度示意图

5.6.4　实例——滚轮建模

滚轮端面是由草图曲线拉伸生成，然后在拉伸实体上创建凸起和球体，生成模型如图 5-115 所示。

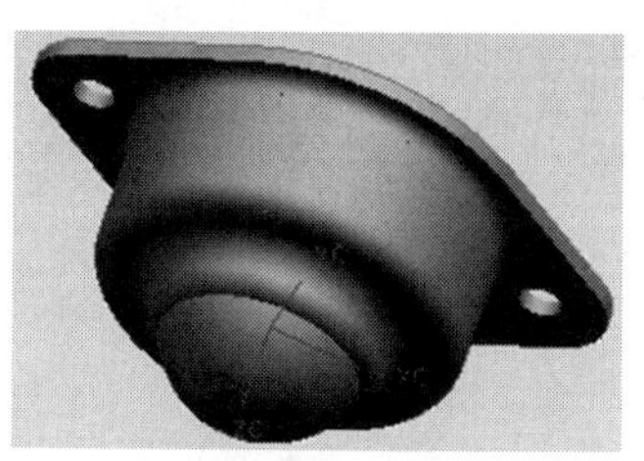

图 5-115　滚轮

Note

具体操作步骤如下。

（1）新建文件。单击“新建”按钮或选择“菜单”→“文件”→“新建”命令，打开“新建”对话框。在“名称”文本框中输入 gunlun，单击“确定”按钮，进入 UG 建模环境。

（2）创建草图曲线。选择“菜单”→“插入”→“在任务环境中绘制草图”命令，打开“创建草图”对话框，如图 5-116 所示，接受默认选项，单击“确定”按钮，进入草图绘制环境。

（3）创建圆弧。单击“圆”按钮或选择“菜单”→“插入”→“曲线”→“圆”命令，根据系统提示在坐标输入框内输入圆心坐标（0,0），按 Enter 键，打开直径值输入框，输入 44，按 Enter 键，完成圆弧 1 的创建。同步骤（2）分别创建圆心在（0,0）、直径为 51mm 的圆弧 2，圆心位于（−29,0）、直径为 15mm 的圆弧 3，圆心位于（29,0）、直径为 15mm 的圆弧 4，生成曲线如图 5-117 所示。

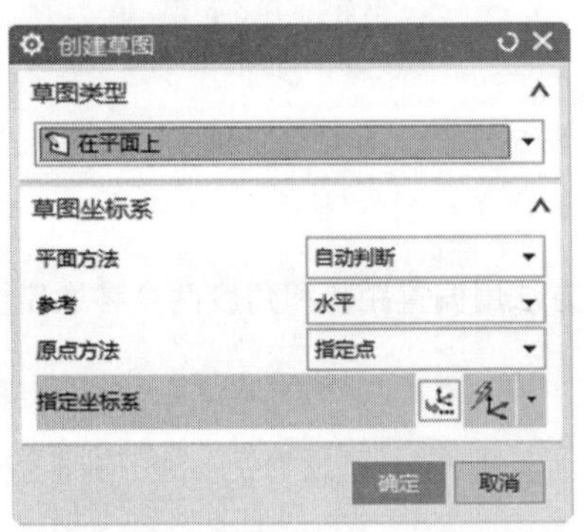

图 5-116 “创建草图”对话框

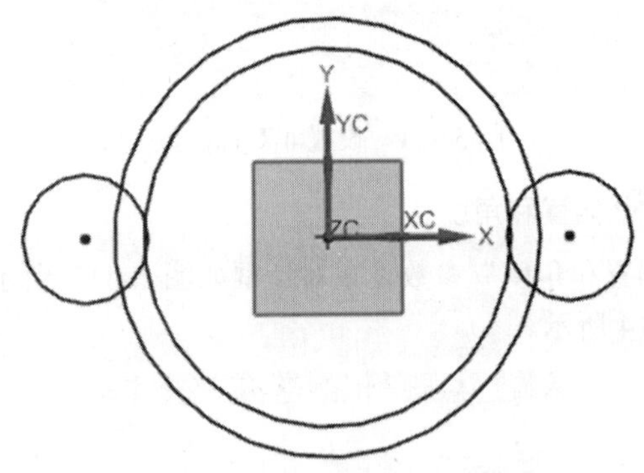

图 5-117 草图曲线

（4）创建相切直线。单击“直线”按钮或选择“菜单”→“插入”→“曲线”→“直线”命令，打开直线点输入对话框并激活选择条，在选择条中单击“点在曲线上”按钮，通过鼠标选择圆弧 3，单击，通过鼠标选择圆弧 2，当在两圆弧附近出现相切标志时（见图 5-118）单击，完成切线 1 的创建。同步骤（3）创建另外 3 条切线，如图 5-119 所示。

（5）修剪曲线。单击“快速修剪”按钮或选择“菜单”→“编辑”→“曲线”→“快速修剪”命令，选择屏幕上各段曲线，修剪后曲线如图 5-120 所示。

（6）单击“完成”按钮或选择“菜单”→“任务”→“完成草图”命令，退出草图绘制环境。

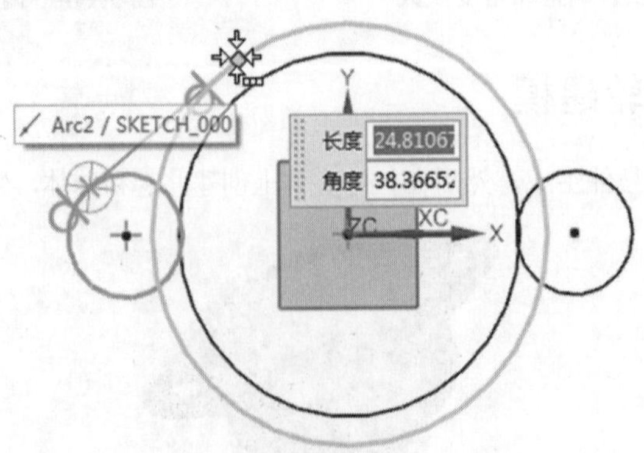

图 5-118 草图曲线

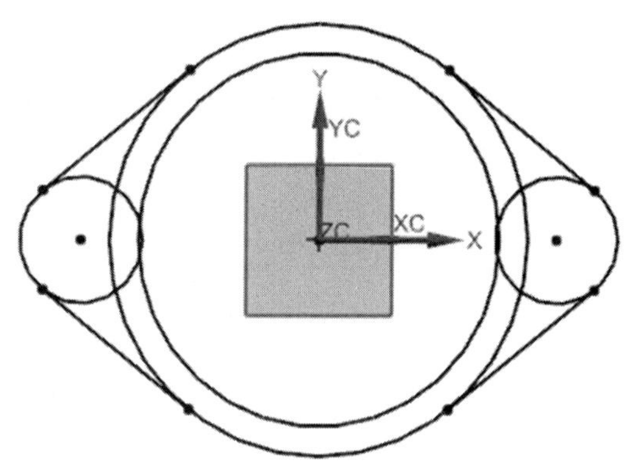

图 5-119 草图曲线

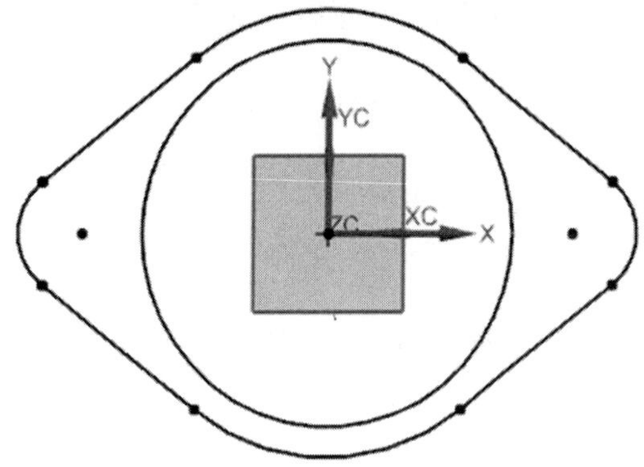

图 5-120 修剪后草图曲线

（7）创建拉伸。单击“拉伸”按钮或选择“菜单”→“插入”→“设计特征”→“拉伸”命令，打开如图 5-121 所示的“拉伸”对话框。在“限制”选项组的“开始”的“距离”文本框中输入 0，在“结束”的“距离”文本框中输入 2，选择屏幕中的草图曲线，在“指定矢量”下拉列表中选择“ZC 轴”选项。单击“确定”按钮，完成拉伸操作，生成的模型如图 5-122 所示。

图 5-121 “拉伸”对话框

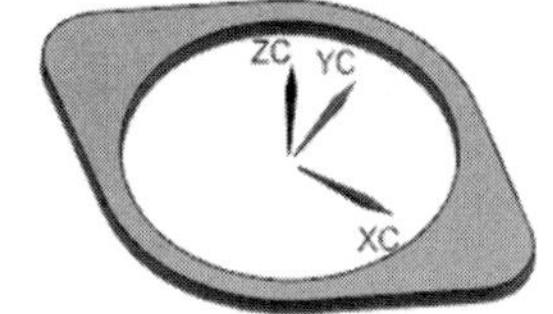

图 5-122 拉伸模型

（8）创建圆柱。单击“圆柱”按钮或选择“菜单”→“插入”→“设计特征”→“圆柱”命令，打开如图 5-123 所示的对话框。在“类型”下拉列表中选择“轴、直径和高度”选项，在“指定矢量”下拉列表中选择“ZC 轴”（圆柱按 Z 轴方向创建）选项，以拉伸实体下端面圆心为圆柱体中心，在“直径”和“高度”文本框中分别输入 44 和 19，单击“确定”按钮，完成圆柱的创建，生成的圆柱如图 5-124 所示。

Note

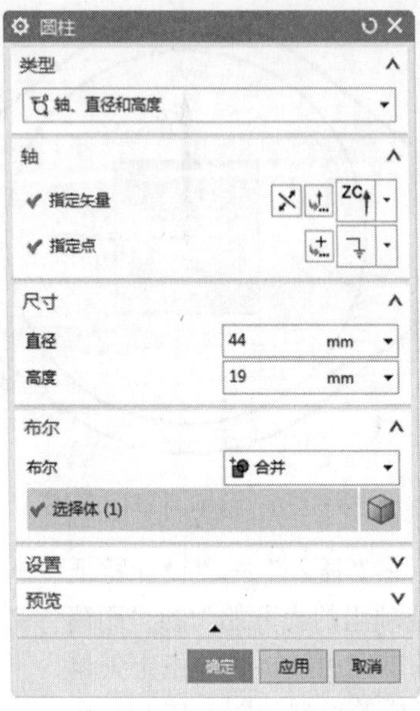

图 5-123 “圆柱”对话框

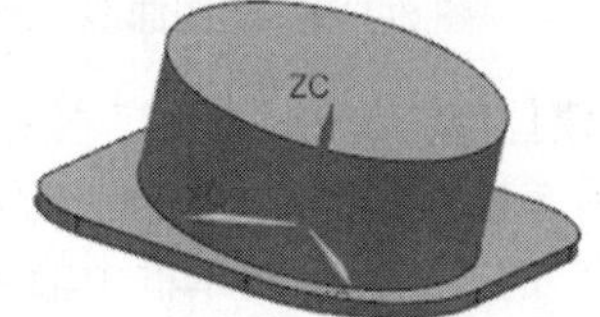

图 5-124 创建圆柱

（9）创建凸起。单击“凸起”按钮或选择“菜单”→“插入”→“设计特征”→“凸起”命令，打开如图 5-125 所示的“凸起”对话框。单击“绘制截面”按钮，打开“创建草图”对话框，选择步骤（8）创建的圆柱的顶面为基准平面，绘制圆心在原点、直径为 28mm 的圆，如图 5-126 所示。单击“完成”按钮或选择“菜单”→“任务”→“完成草图”命令，退出草图绘制界面，返回“凸起”对话框，选择绘制的圆为要创建凸起的曲线，选择步骤（8）创建的圆柱的顶面为要凸起的面，在“距离”文本框中输入 6，单击“确定”按钮，创建的模型如图 5-127 所示。

图 5-125 “凸起”对话框

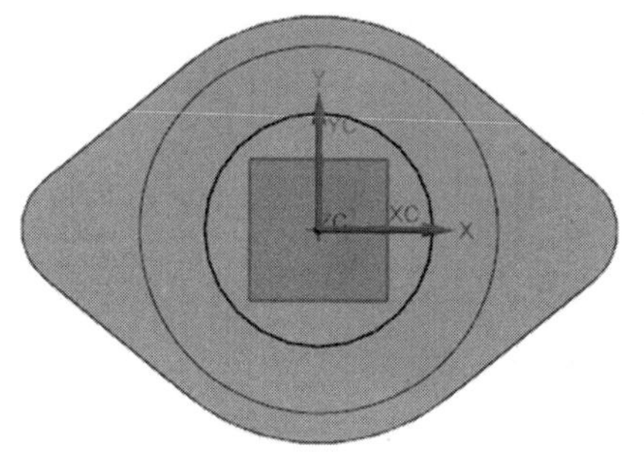

图 5-126　绘制圆

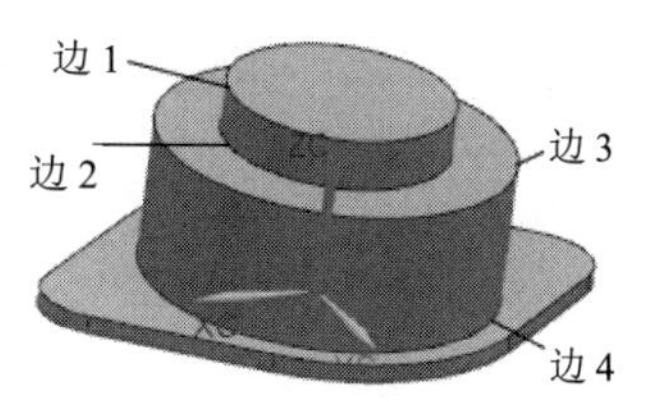

图 5-127　创建凸起

（10）边倒圆。单击“边倒圆”按钮或选择“菜单”→“插入”→“细节特征”→“边倒圆”命令，打开如图 5-128 所示的“边倒圆”对话框，分别为图 5-127 所示圆弧边 1、2、3 和 4 倒圆，倒圆半径分别为 3mm、4mm、3mm 和 2mm。

（11）创建球体。单击“球”按钮或选择“菜单”→“插入”→“设计特征”→“球”命令，打开如图 5-129 所示的“球”对话框。在“类型”下拉列表中选择“中心点和直径”选项，单击“点对话框”按钮，打开“点”对话框，输入坐标为（0,0,20），单击“确定”按钮，完成球中心位置的确定，返回“球”对话框，在“直径”文本框中输入 26，在“布尔”下拉列表中选择“合并”选项，单击“确定”按钮，完成球的创建，生成的模型如图 5-130 所示。

图 5-128　“边倒圆”对话框

图 5-129　“球”对话框

（12）创建简单孔。单击“孔”按钮或选择“菜单”→“插入”→“设计特征”→“孔”命令，打开如图 5-131 所示的“孔”对话框，在“成形”下拉列表中选择“简单孔”选项，在“直径”“深度”和“顶锥角”文本框中分别输入 5、2、0。选择如图 5-132 所示的圆心位置为孔的放置位置，单击“确定”按钮，完成简单孔的创建，如图 5-133 所示。

Note

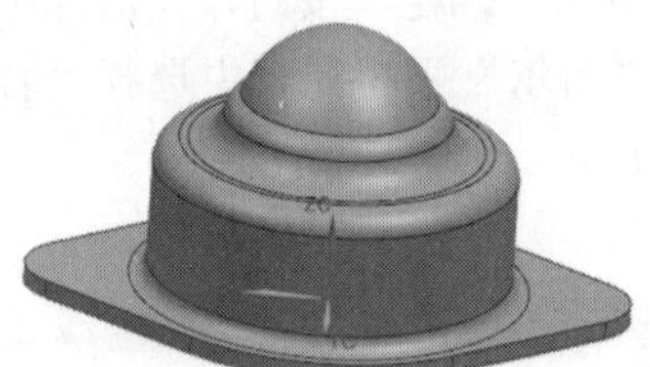

图 5-130　创建球体后的模型

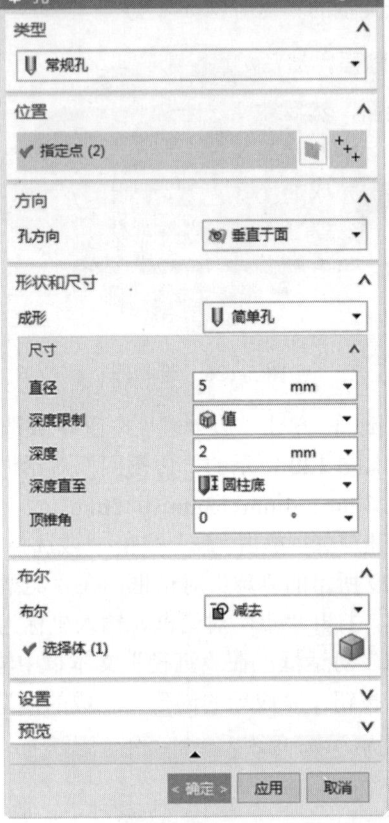

图 5-131　“孔”对话框

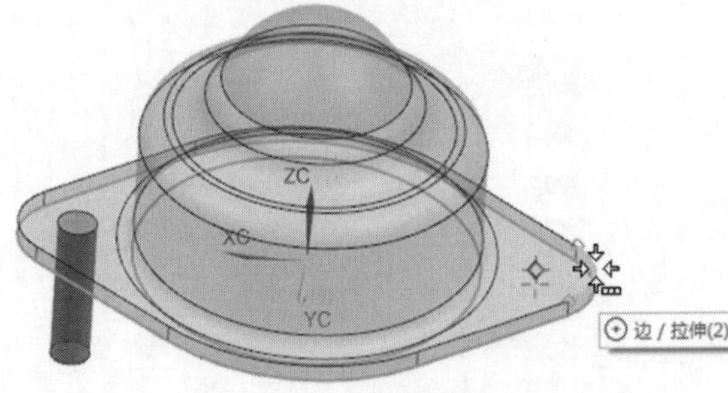

图 5-132　选择圆心

图 5-133　创建简单孔

视频讲解

5.6.5　抽壳

单击“抽壳”按钮或选择“菜单”→“插入”→“偏置/缩放”→“抽壳”命令，系统打开“抽壳”对话框，如图 5-134 所示。利用该对话框可以进行抽壳，以此来挖空实体或在实体周围建立薄壳。

抽壳的操作步骤如下。

（1）在如图 5-134 所示的对话框中选择一种抽壳类型。

（2）根据所选的不同抽壳类型选择不同抽壳的目标对象和参考对象。

（3）设定抽壳默认厚度或备选厚度参数，完成抽壳。

两种抽壳类型的具体方法如下。

1. 移除面，然后抽壳

在“移除面，然后抽壳”方法中，所选目标面在抽壳操作后将被移除。

如果要进行等厚度的抽壳，则在选择好要抽壳的面和设置好默认厚度后，直接单击“确定”按钮或“应用”按钮完成抽壳。

如果要进行变厚度的抽壳，则在选择好要抽壳的面后，选择“备选厚度”选项，选择要设定变厚度抽壳的表面，并在“厚度 1”文本框中输入可变厚度值，则该表面抽壳后的厚度为新设定的可变厚度。

变厚度抽壳示意图如图 5-135 所示，图中各个表面的厚度均不相同。

图 5-134 “抽壳”对话框

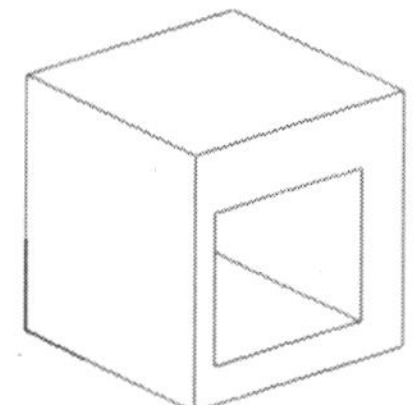

图 5-135 变厚度抽壳示意图

2. 对所有面抽壳

选择“对所有面抽壳”方法后，需要选择一个实体，系统将按照设置的厚度进行抽壳，抽壳后原实体变成一个空心实体。如果厚度为正，则空心实体的外表面为原实体的表面；如果厚度为负，则空心实体的内表面为原实体的表面，如图 5-136 所示。

选择“备选厚度”选项也可以设置变厚度，设置方法与面抽壳类型相同。

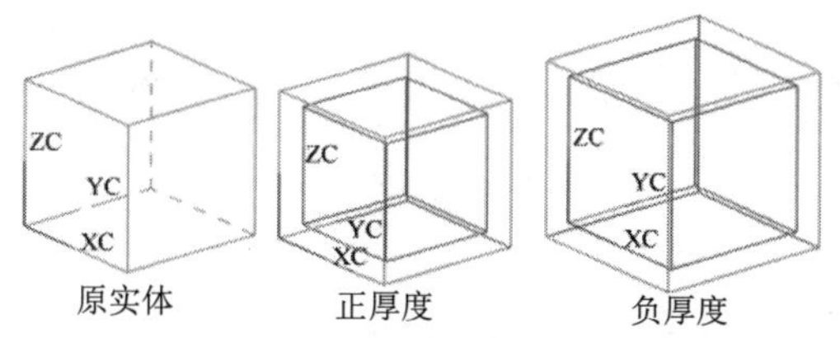

图 5-136 对所有面抽壳示意图

视频讲解

Note

5.6.6 螺纹

单击“螺纹刀”按钮或选择“菜单”→“插入”→“设计特征”→“螺纹”命令，系统打开“螺纹切削”对话框，如图 5-137 所示。利用该对话框可以生成螺纹。

图 5-137 为“符号”螺纹类型对话框，如果选择“详细”螺纹类型，则对话框如图 5-138 所示。二者的区别在于：“符号”螺纹类型只在所选圆柱面上建立虚线圆，而不建立真实的螺纹；“详细”螺纹类型则建立真实的螺纹。

生成螺纹的操作步骤如下。

（1）选择螺纹放置面，放置面必须是圆柱面。

（2）在“螺纹头数”文本框中设置螺纹的头数。

（3）在“长度”文本框中设置螺纹的长度，选中“完整螺纹”复选框，则在整个所选圆柱面上建立螺纹。

（4）选中“手工输入”复选框，则自定义螺纹的一些参数，否则螺纹的某些参数是不能修改的。

（5）选中“右旋”或“左旋”单选按钮，可定义螺纹的旋转方向。

（6）单击“选择起始”按钮用于选择螺纹起始面。

（7）设置好参数后，单击“确定”按钮或“应用”按钮生成螺纹。

图 5-137 “符号”螺纹类型

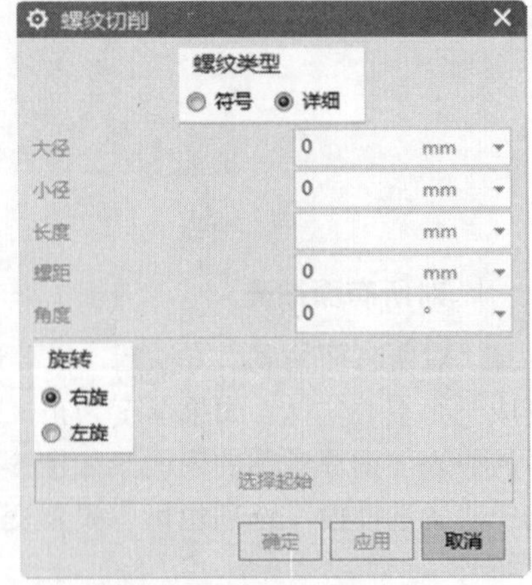

图 5-138 “详细”螺纹类型

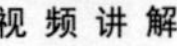

5.6.7 阵列特征

单击“阵列特征”按钮或选择“菜单”→“插入”→“关联复制”→“阵列特征”命令，系统

Note

打开如图 5-139 所示的“阵列特征”对话框。

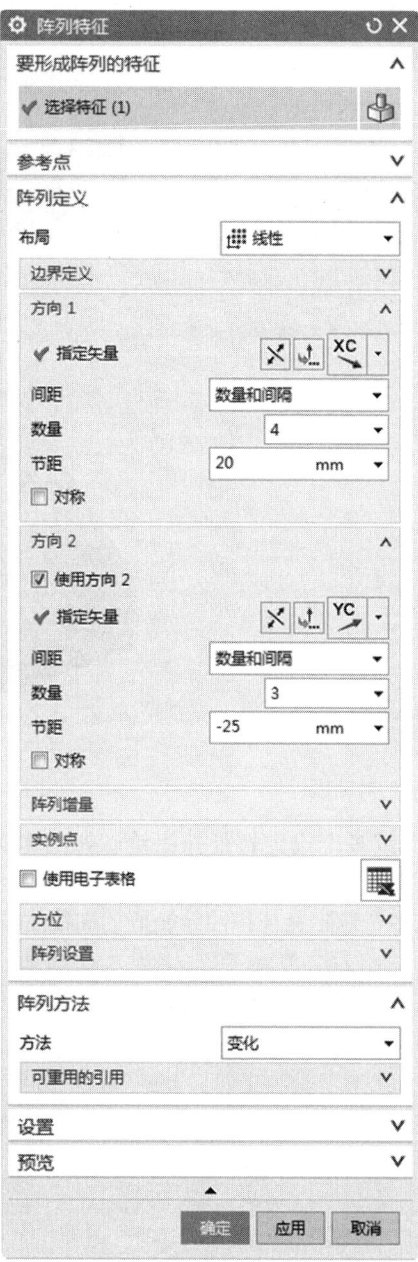

图 5-139　“阵列特征”对话框

“列阵特征”对话框“布局”下拉列表中的部分选项的功能如下。

（1）线性：该选项（见图 5-140）从一个或多个选定特征生成图样的线性阵列。线性阵列既可以是二维的（在 XC 和 YC 方向上，即几行特征），也可以是一维的（在 XC 或 YC 方向上，即一行特征）。其操作后的示意图如图 5-141 所示。

（2）圆形：该选项从一个或多个选定特征生成圆形图样的阵列，示意图如图 5-142 所示。

（3）多边形：该选项从一个或多个选定特征按照绘制好的多边形生成图样的阵列。

Note

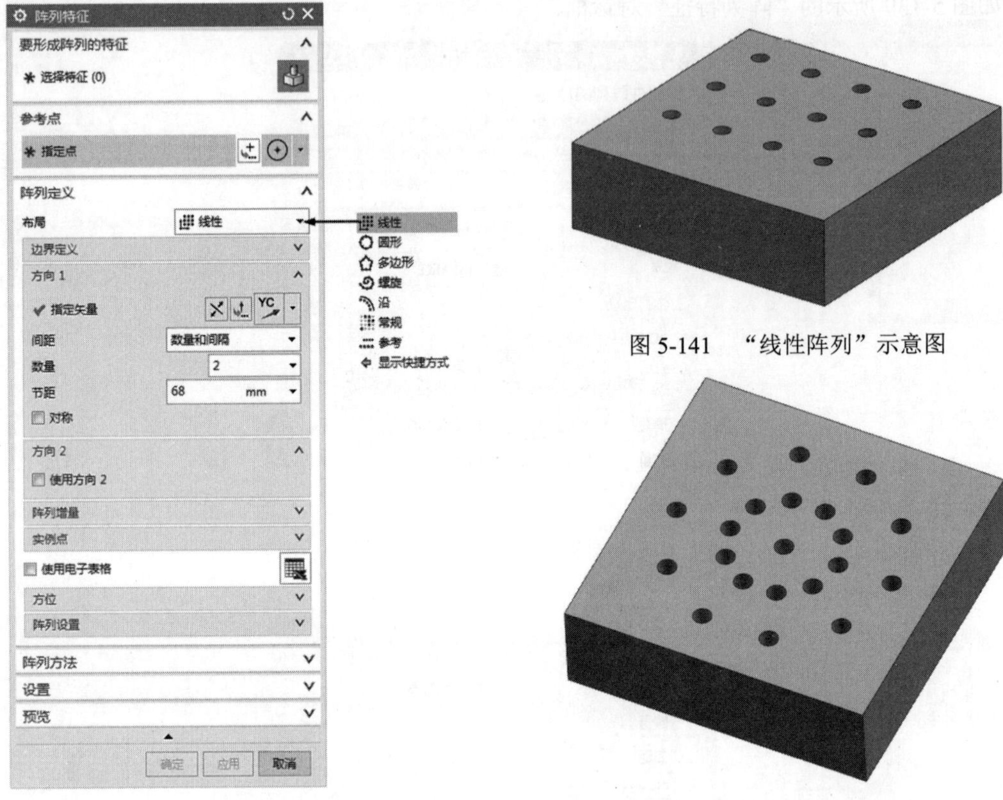

图 5-140 “阵列特征”对话框

图 5-141 “线性阵列”示意图

图 5-142 “圆形”示意图

（4）螺旋：该选项从一个或多个选定特征按照绘制好的螺旋线生成图样的阵列，示意图如图 5-143 所示。

（5）沿：该选项从一个或多个选定特征按照绘制好的曲线生成图样的阵列，示意图如图 5-144 所示。

（6）常规：该选项从一个或多个选定特征在指定点处生成图样，示意图如图 5-145 所示。

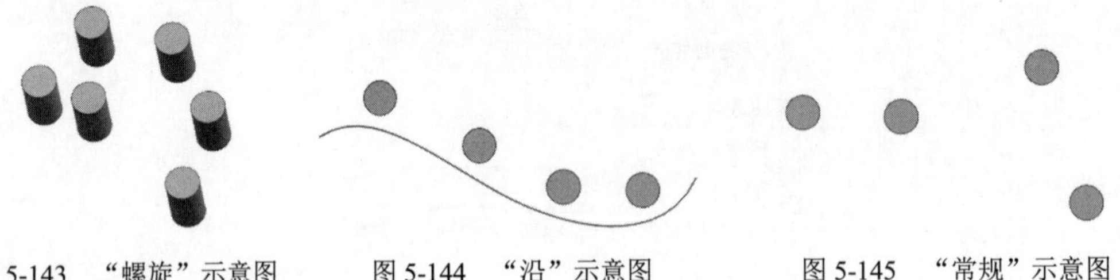

图 5-143 “螺旋”示意图　　图 5-144 “沿”示意图　　图 5-145 “常规”示意图

视频讲解

5.6.8 镜像特征

单击“镜像特征”按钮或选择“菜单”→“插入”→“关联复制”→“镜像特征”命令，打开如图 5-146 所示的“镜像特征”对话框，通过基准平面或平面镜像选定特征的方法来生成对称的模型。镜像特征可以在体内进行，示意图如图 5-147 所示。

图 5-146 “镜像特征”对话框

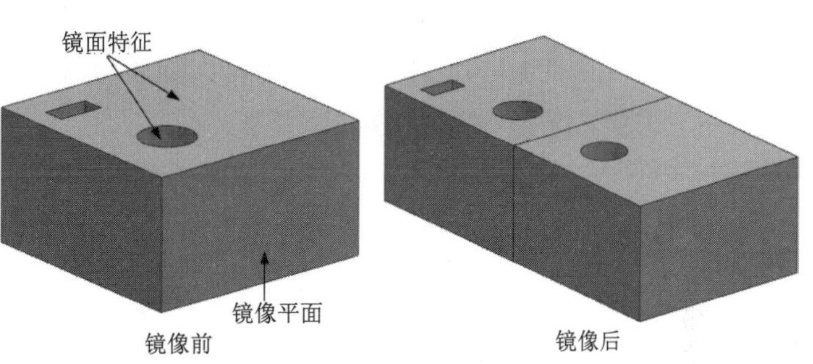

图 5-147 “镜像特征”示意图

“镜像特征”对话框中部分选项功能如下。

（1）选择特征：该选项用于选择想要进行镜像的部件中的特征。要指定需要镜像的特征，它在列表中高亮显示。

（2）镜像平面：该选项用于指定镜像选定特征所用的平面或基准平面。

5.6.9 实例——法兰盘建模

本例主要介绍在长方体上创建孔，并对孔特征进行环形阵列操作，生成模型如图 5-148 所示。

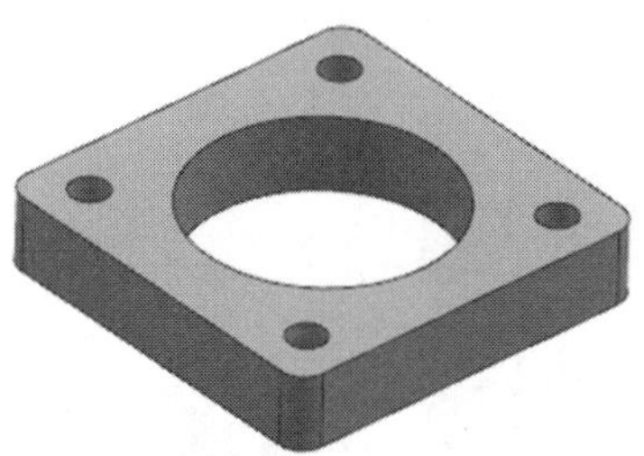

图 5-148 法兰盘

具体操作步骤如下。

（1）新建文件。单击“新建”按钮或选择“菜单”→“文件”→“新建”命令，打开“新建”对话框。在“名称”文本框中输入 falanpan，单击“确定”按钮，进入 UG 建模环境。

（2）创建长方体。单击“长方体”按钮或选择“菜单”→“插入”→“设计特征”→“长方体”命令，打开如图 5-149 所示的“长方体”对话框。在“长度”“宽度”和“高度”文本框中分别输入 30、30、6，单击“确定”按钮，创建一长方体。

（3）创建孔。单击“孔”按钮或选择“菜单”→“插入”→“设计特征”→“孔”命令，打开如图 5-150 所示的“孔”对话框。在“成形”下拉列表中选择“简单孔”选项，在“直径”“深度”和“顶锥角”文本框中分别输入 20、6、0。单击“绘制截面”按钮，打开“创建草图”对话框，选择长方体的上表面为孔放置面，进入草图绘制环境。打开“草图点”对话框，创建点。单击“完成”

按钮🏁，草图绘制完毕，如图 5-151 所示。返回“孔”对话框，单击“确定”按钮，完成孔的创建，如图 5-152 所示。

图 5-149 “长方体”对话框

图 5-150 “孔”对话框

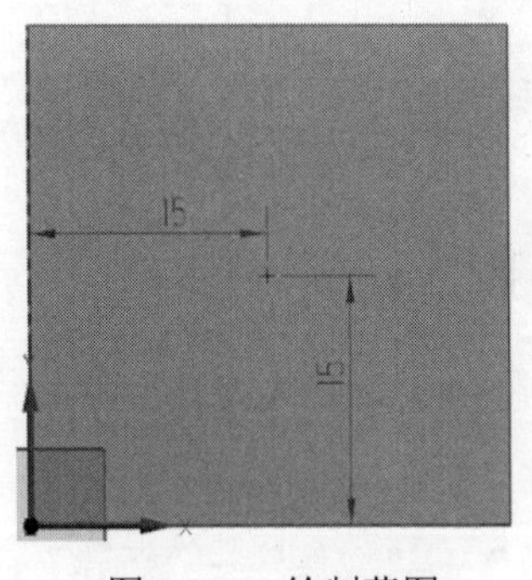

图 5-151 绘制草图

图 5-152 创建孔

（4）创建安装孔。单击“孔”按钮或选择“菜单”→“插入”→“设计特征”→“孔”命令，打开如图 5-153 所示的“孔”对话框。在“成形”下拉列表中选择“简单孔”，在“直径”“深度”和“顶锥角”文本框中分别输入 3、6、0。单击“绘制截面”按钮，打开“创建草图”对话框，选择长方体的上表面为孔放置面，进入草图绘制环境。打开“草图点”对话框，创建点。单击“完成”按钮🏁，草图绘制完毕，如图 5-154 所示。返回“孔”对话框，单击“确定”按钮，完成孔的创建，如图 5-155 所示。

图 5-153　“孔”对话框

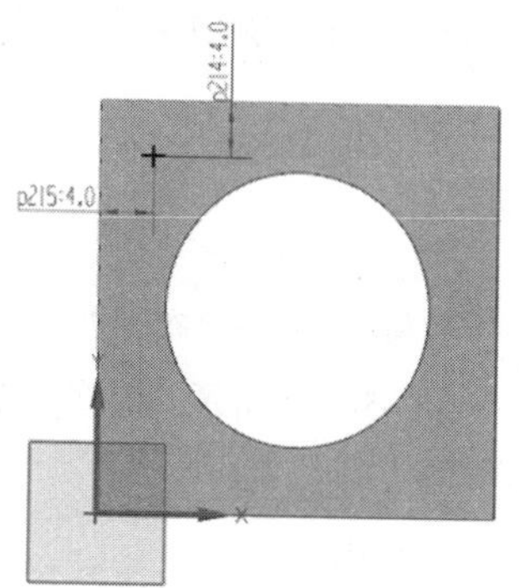

图 5-154　绘制草图

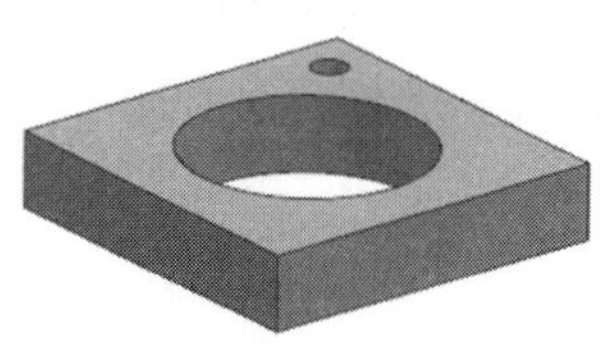

图 5-155　创建安装孔

（5）阵列特征操作。单击“阵列特征”按钮或选择“菜单”→“插入”→“关联复制”→“阵列特征”命令，打开“阵列特征”对话框，如图 5-156 所示。在“布局”下拉列表中选择“圆形”选项，在“指定矢量”下拉列表中选择“ZC 轴”选项，单击“点对话框”按钮，打开“点”对话框，输入坐标（15,15,0）为阵列原点，在“间距”下拉列表中选择“数量和间隔”选项，在“数量”和“节距角”文本框中分别输入 4 和 90。单击“确定”按钮，完成阵列特征的操作，结果如图 5-157 所示。

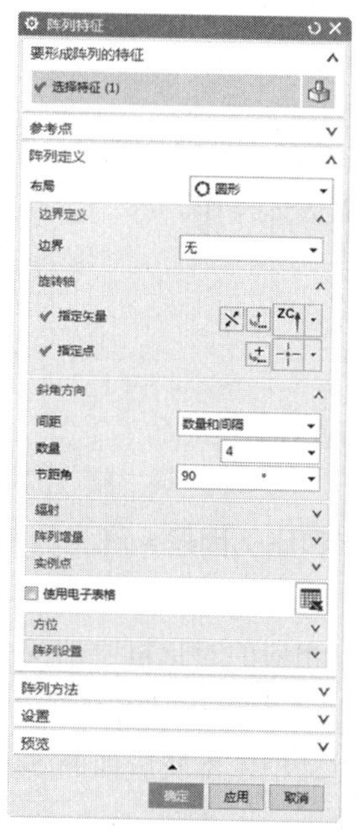

图 5-156 “阵列特征”对话框

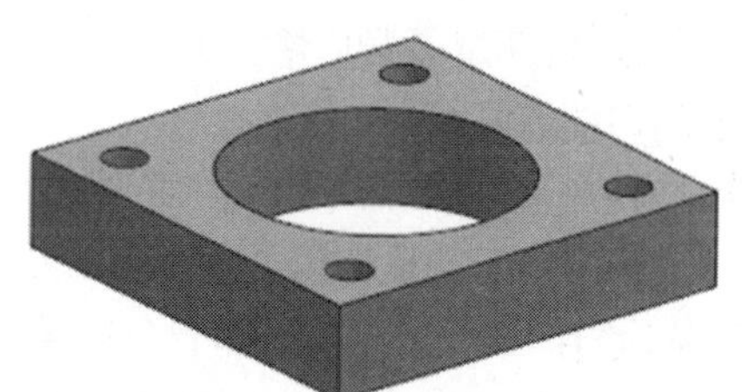

图 5-157　阵列孔

（6）边倒圆。为法兰盘 4 个侧边倒圆，倒圆半径为 2mm，操作步骤略。最终生成如图 5-148 所示的法兰盘。

Note

视频讲解

5.6.10 偏置面

单击“偏置面”按钮或选择“菜单”→“插入”→“偏置/缩放”→“偏置面”命令，系统打开“偏置面”对话框，如图 5-158 所示。选择要偏置的面后设定偏置值，然后单击“应用”按钮或“确定”按钮可以将所选平面进行偏置。

在下面两种情况下不能进行偏置。

☑ 如果偏置后实体的拓扑结构发生改变，如图 5-159 所示，偏置后实体面减少，则不能进行偏置。

☑ 如果偏置后发生自交也不能进行偏置。

图 5-158 “偏置面”对话框

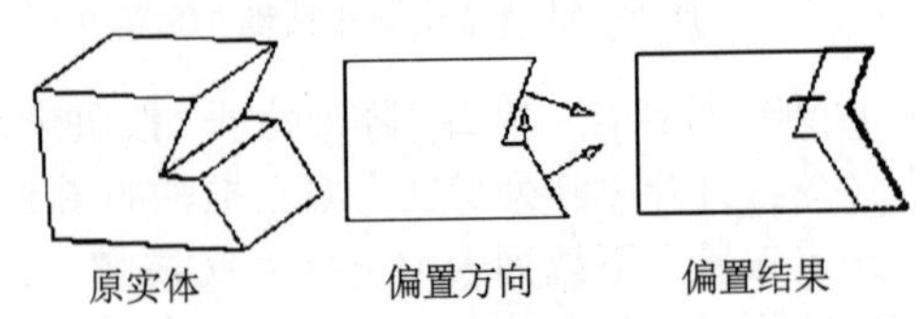

图 5-159 拓扑结构发生变化示意图

视频讲解

5.6.11 缩放体

单击“缩放体”按钮或选择“菜单”→“插入”→“偏置/缩放”→“缩放体”命令，系统打开“缩放体”对话框，如图 5-160 所示。利用该对话框可以进行缩放体操作。

缩放体的操作步骤如下。

（1）选择要进行缩放的实体或片体。

（2）选择缩放操作的类型。

（3）根据所选的不同缩放类型设定不同的参数，完成缩放体操作。

“缩放体”对话框中的 3 种类型介绍如下。

☑ 均匀：该类型需要选择一个参考点，根据所选参考点和比例因子，在坐标系所有方向上进行均匀缩放。

☑ 轴对称：该类型需要选择一个参考点和一个参考轴，相应的对话框中部变成如图 5-161 所示，根据所设的比例因子在所选轴方向和垂直于该轴的方向进行等比例缩放。

☑ 不均匀：该类型需要选择一个参考坐标系，相应的对话框中部变成如图 5-162 所示，根据所设的比例因子在 X、Y、Z 这 3 个轴向进行比例缩放。

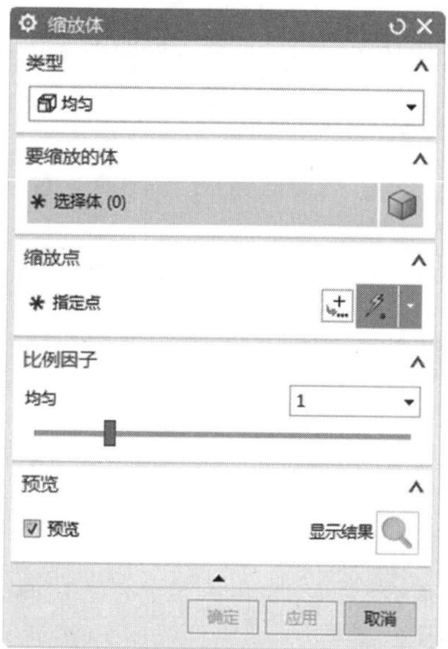

图 5-160 “缩放体”对话框

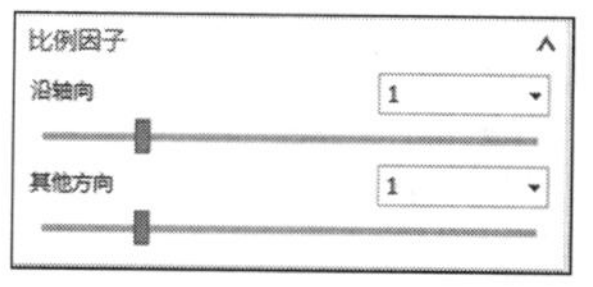

图 5-161 “轴对称”设置参数

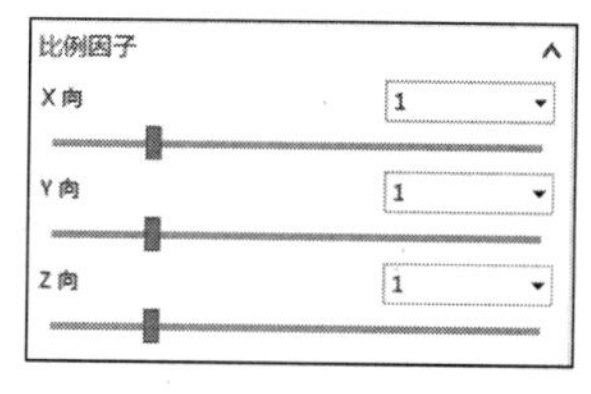

图 5-162 “不均匀”设置参数

5.6.12 修剪体

单击“修剪体”按钮或选择“菜单”→“插入”→“修剪”→“修剪体”命令，系统打开“修剪体”对话框，如图 5-163 所示。利用该对话框可以进行修剪体操作。

图 5-163 “修剪体”对话框

修剪体操的作步骤如下。

（1）选择要修剪的目标体。

（2）选择工具面。

（3）单击按钮改变修剪方向。

（4）单击“确定”按钮，图形界面中箭头所指向的部分被切除。

5.6.13 分割面

单击“分割面”按钮或选择“菜单”→“插入”→“修剪”→“分割面”命令，系统打开如

Note

图 5-164 所示的“分割面”对话框，此命令用于使用曲线、边、面、基准平面和/或实体之类的多个分割对象，来分割某个现有体的一个或多个面。

图 5-164 “分割面”对话框

分割面的操作步骤如下。

（1）选择一个或多个要分割的面。

（2）选择分割对象。

（3）单击“确定”按钮，创建分割面特征，如图 5-165 所示。

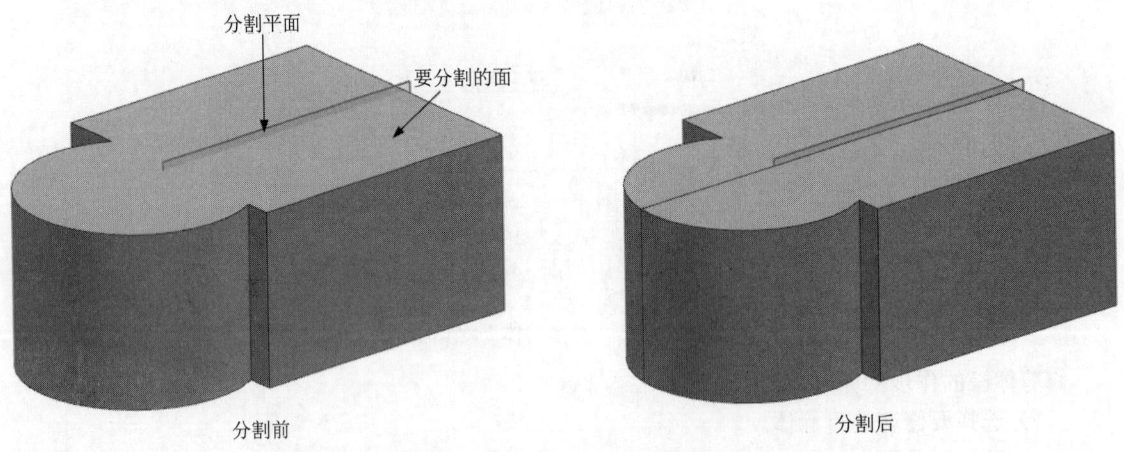

图 5-165 “分割面”示意图

视频讲解

5.6.14 实例——轮辐建模

轮辐模型采用基本曲线绘制模型大致轮廓，然后通过管等操作生成模型，如图 5-166 所示。

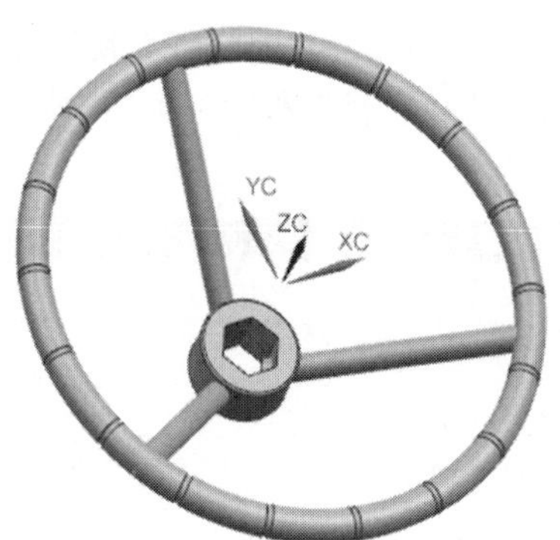

图 5-166 轮辐

具体操作步骤如下。

（1）新建文件。单击“新建”按钮或选择“菜单”→“文件”→“新建”命令，打开“新建”对话框，在“模型”选项卡中选择“模型”模板，设置文件名为 lunfu，单击“确定”按钮，进入建模环境。

（2）创建圆。选择“菜单”→“插入”→“曲线”→“直线和圆弧”→“圆（圆心-点）”命令，打开“圆”对话框，根据系统提示输入圆中心坐标（0,0,0），输入圆上一点坐标（200,0,0），关闭“圆”对话框，完成圆 1 的创建。同步骤（1）创建圆心在（0,0,-120）、圆上一点坐标为（20,0,-120）的圆 2。

（3）创建直线。单击“直线”按钮或选择“菜单”→“插入”→“曲线”→“直线”命令，打开如图 5-167 所示的“直线”对话框。依次选择圆 1 和圆 2 的第一象限点，单击“确定”按钮，完成直线的创建，生成的曲线模型如图 5-168 所示。

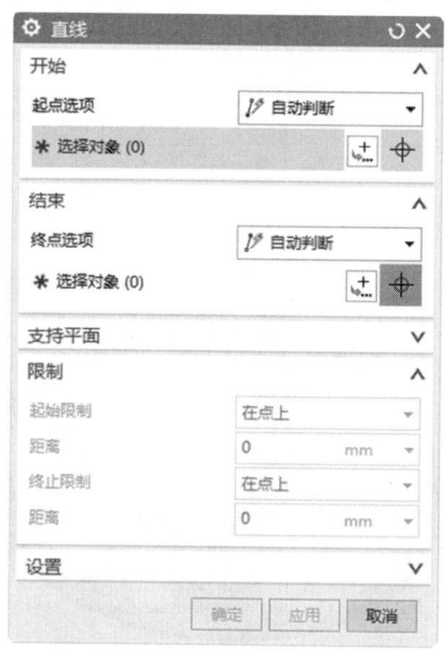

图 5-167　“直线”对话框

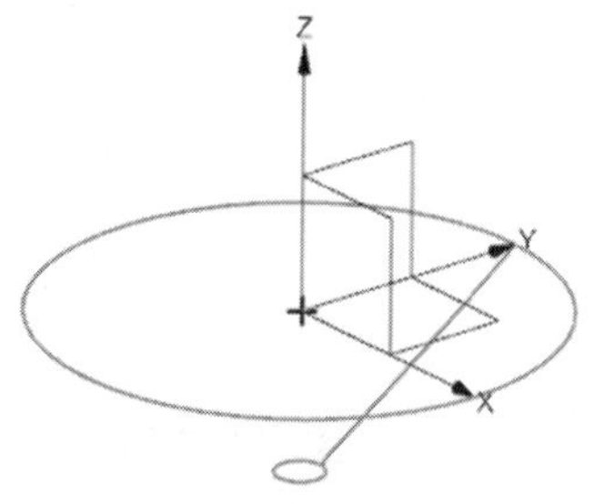

图 5-168　曲线模型

（4）创建圆柱。单击“圆柱”按钮或选择“菜单”→“插入”→“设计特征”→“圆柱”命令，打开如图 5-169 所示的“圆柱”对话框。在“类型”下拉列表中选择“轴、直径和高度”选项，

选择“ZC 轴”选项为圆柱的指定矢量，单击“点对话框”按钮，打开“点”对话框为圆柱定位，输入（0,0,-130），单击“确定”按钮，在“直径”和“高度”文本框中分别输入 80、0，连续单击“确定”按钮，完成圆柱的创建。

图 5-169 “圆柱”对话框

（5）创建管。单击“管”按钮或选择“菜单”→“插入”→“扫掠”→“管”命令，打开如图 5-170 所示的“管”对话框。在对话框中的“外径”和“内径”文本框中分别输入 25、0，在“输出”下拉列表中选择“单段”选项，选择圆 1 为软管导引线，单击“确定”按钮，完成软管 1 的创建。同步骤（4），在“外径”和“内径”文本框中分别输入 20 和 0，选择直线为软管导引线，创建软管 2。生成的模型如图 5-171 所示。

图 5-170 “管”对话框

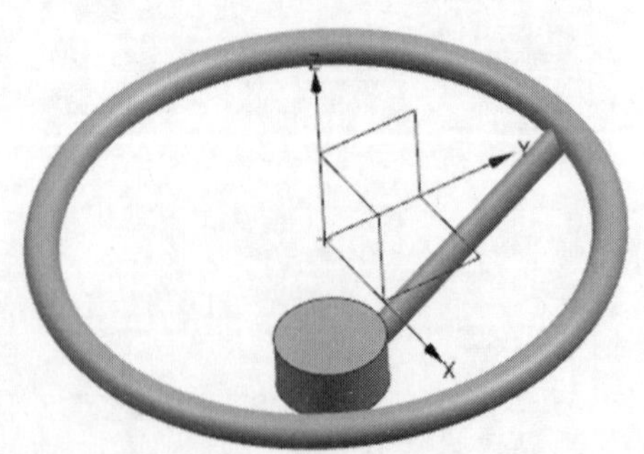

图 5-171 模型

（6）布尔操作。单击“合并”按钮或选择“菜单”→“插入”→“组合”→“合并”命令，打开如图 5-172 所示的“合并”对话框。对图 5-171 中 3 个实体模型进行布尔合并操作。

（7）创建阵列特征。单击“阵列特征”按钮或选择“菜单”→“插入”→“关联复制”→“阵列特征”命令，打开如图 5-173 所示的“阵列特征”对话框。选择管 2 为要阵列的特征，在“布局”下拉列表中选择“圆形”选项，在“指定矢量”下拉列表中选择“ZC 轴”，指定原点为阵列的圆心，在“间距”下拉列表中选择“数量和间隔”选项，在“数量”和“节距角”文本框中分别输入 3 和 120。单击“确定”按钮，完成阵列特征的操作，生成的模型如图 5-174 所示。按照步骤（6），将阵列的软管与实体模型进行布尔合并操作。

图 5-172　“合并”对话框

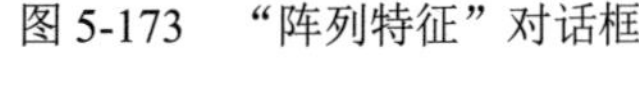

图 5-173　“阵列特征”对话框

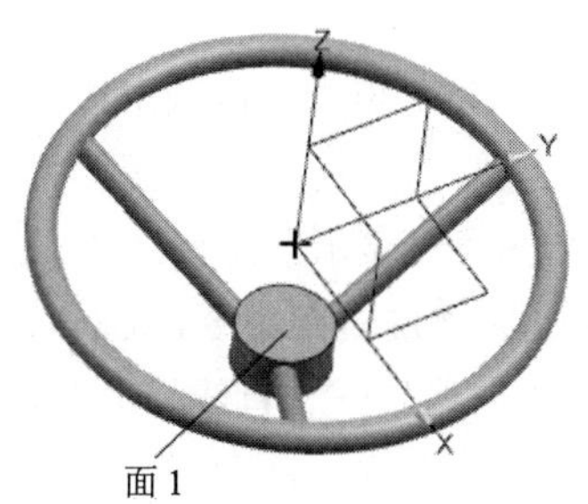

图 5-174　模型

Note

（8）创建多边形。选择“菜单”→“插入”→“在任务环境中绘制草图”命令，打开“创建草图”对话框，选择面1为草图绘制平面，单击“确定”按钮，进入草图绘制界面。单击“多边形”按钮或选择“菜单”→“插入”→“曲线”→“多边形”命令，打开如图5-175所示的对话框，以原点为多边形的中心点，在“边数”数值框中输入6，在“大小”下拉列表中选择“外接圆半径”选项，在“半径”和“旋转”文本框中输入25和0，按Enter键，完成六边形的创建。关闭“多边形”对话框，单击“完成”按钮或选择“菜单”→“任务”→“完成草图”命令，退出草图绘制界面。

（9）创建拉伸。单击“拉伸”按钮或选择“菜单”→“插入”→“设计特征”→“拉伸”命令，打开如图5-176所示的“拉伸”对话框。指定矢量为“ZC轴”，在“限制”选项组中设置开始距离为0mm，结束距离为-40mm，选择屏幕中的六边形曲线，单击“确定”按钮，完成拉伸操作。生成的模型如图5-177所示。

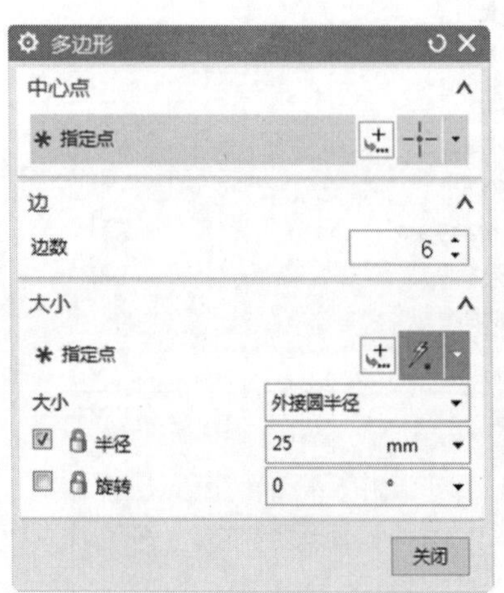

图5-175 “多边形”对话框

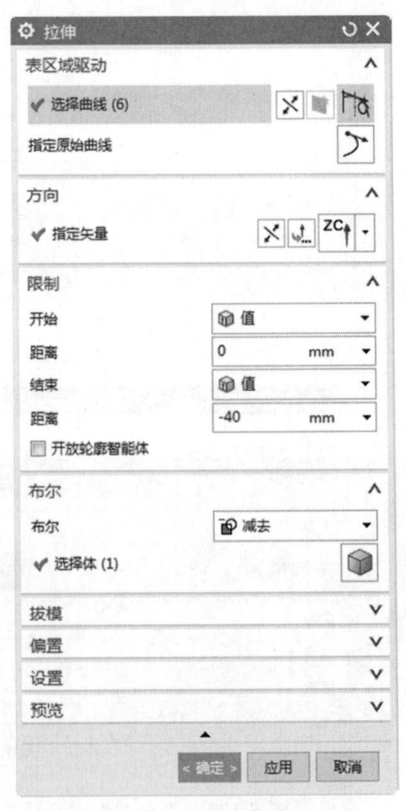

图5-176 “拉伸”对话框

（10）边倒圆。对圆柱上下两端圆弧进行倒圆，倒圆半径为2mm。

（11）动态调整坐标系。

① 选择“菜单”→“格式”→WCS→“显示”命令。

② 选择“菜单”→“格式”→WCS→“旋转”命令，绕+ZC轴，旋转角度为10°。单击“直线”按钮或选择“菜单”→“插入”→“曲线”→“直线”命令，“起点”选择坐标原点，“终点”选择YC，距离为300mm。

③ 选择“菜单”→“格式”→WCS→“动态”命令，按住鼠标右键，向左移动鼠标选择“静态线框”，选择将坐标系移动到步骤（2）所做直线与圆1的交点上（在菜单右边捕捉点处可选择“相

交”），移动完成后，按住鼠标右键，向上移动鼠标选择“带边着色”，再选择“菜单”→“格式”→WCS→“旋转”命令，绕+YC 轴旋转 90°，如图 5-178 所示。

图 5-177　模型

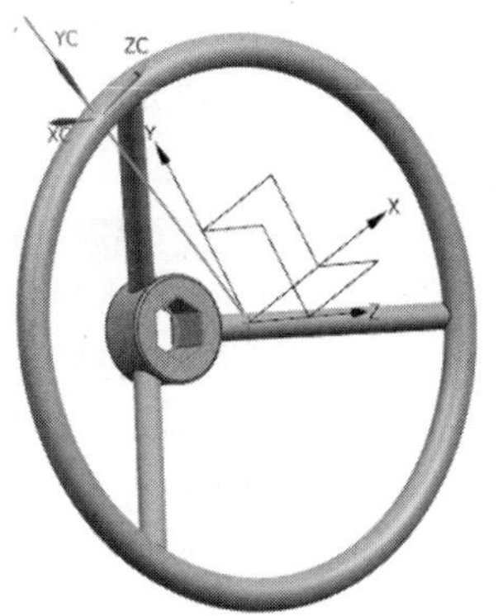

图 5-178　变换 WCS 位置

（12）创建圆。选择“菜单”→“插入”→“曲线”→“直线和圆弧”→“圆（圆心-点）”命令，打开“圆”对话框，根据系统提示输入圆中心坐标（0,0,0），按 Enter 键，系统提示输入圆上一点坐标，此处输入（14,0,0），按 Enter 键，完成圆 3 的创建。

（13）创建管。单击“管”按钮或选择“菜单”→“插入”→“扫掠”→“管”命令，打开如图 5-179 所示的“管”对话框。在“管”对话框“外径”和“内径”文本框中分别输入 6、0，在“输入”下拉列表中选择“单段”选项，在“布尔”下拉列表中选择“减去”选项，在屏幕中选择圆 3 为管导引线，单击“确定”按钮，完成管 3 的创建。生成的模型如图 5-180 所示。

图 5-179　“管”对话框

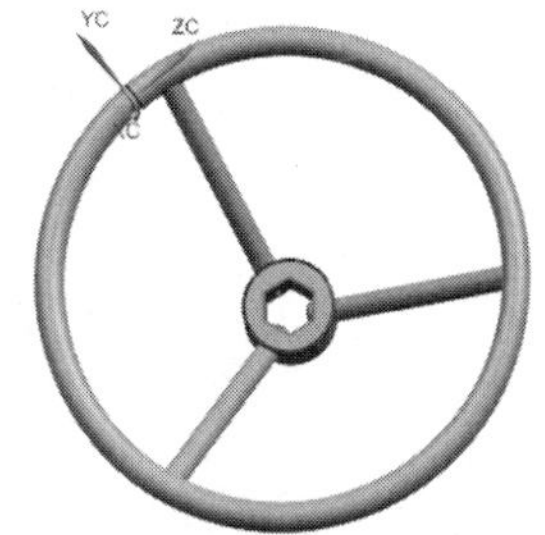

图 5-180　模型

（14）动态调整坐标系。选择“菜单”→“格式”→WCS→“WCS 设置为绝对”命令，将坐标系调整回原坐标原点和方向矢量。

（15）创建阵列特征。单击“阵列特征”按钮或选择“菜单”→“插入”→“关联复

制”→“阵列特征”按钮，打开如图 5-181 所示的“阵列特征”对话框，选择管 3 为要阵列的特征，在“布局”下拉列表中选择“圆形”选项，在“指定矢量”下拉列表中选择“ZC 轴”选项，选择原点为圆形阵列的原点，在“间距”下拉列表中选择“数量和间隔”选项，在“数量”和“节距角”文本框中分别输入 18、20，单击“确定”按钮，完成阵列特征的创建。最终生成的模型如图 5-166 所示。

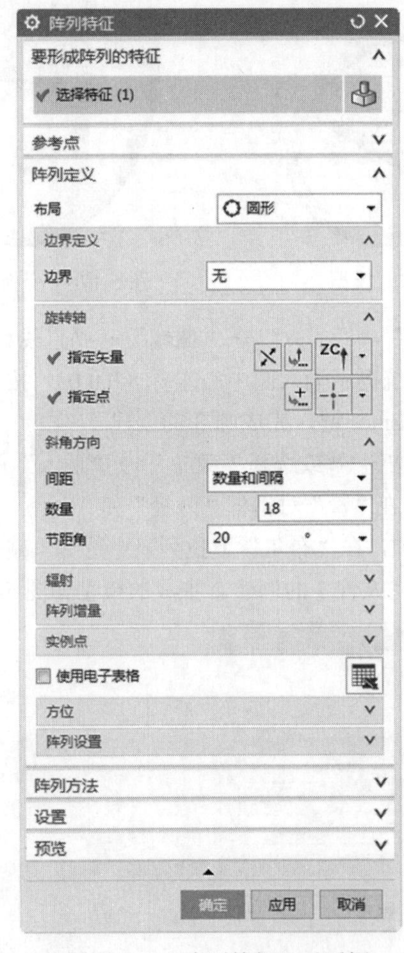

图 5-181 “阵列特征”对话框

5.7 编 辑 特 征

在建模时，有时需要对某些特征进行更改，UG 的特征编辑功能为特征的变动与修改带来了极大的方便。本节将主要介绍参数编辑、移动特征、特征重排序、抑制和取消抑制、布尔运算等知识。

选择“菜单”→“编辑”→“特征”命令，系统打开“特征”子菜单，如图 5-182 所示。利用该菜单可以对现有特征进行编辑。

视频讲解

Note

5.7.1　参数编辑

选择“菜单”→“编辑”→“特征”→“编辑参数”命令，系统打开“编辑参数”对话框，在该对话框中选择要编辑的特征，或者直接在图形界面中选择要编辑的特征。系统根据所选的不同特征打开不同的对话框，对所选特征进行编辑，主要情况有以下几种。

- ☑ 对于某些特征，如基准面、基准轴、圆角等，系统直接打开类似建立特征时的对话框，编辑特征参数的方法与建立特征时的方法类似。
- ☑ 对于多数成形特征，系统打开类似图 5-183 所示的对话框，有的情况下，对话框只包括其中的一、两项。
  - ➢ “特征对话框”用于编辑特征基本参数，如所选特征为孔，则编辑孔的直径、深度、角度等。
  - ➢ “重新附着”用于改变特征的放置面、水平参考、原点位置等参数。
  - ➢ “更改类型”用于改变所选特征的类型，如所选特征为孔，则可将所选孔的类型改变为简单孔、沉头孔或埋头孔。

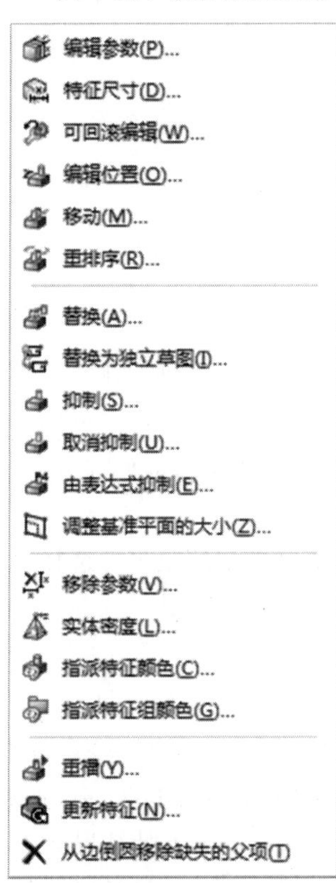

图 5-182　“特征”子菜单

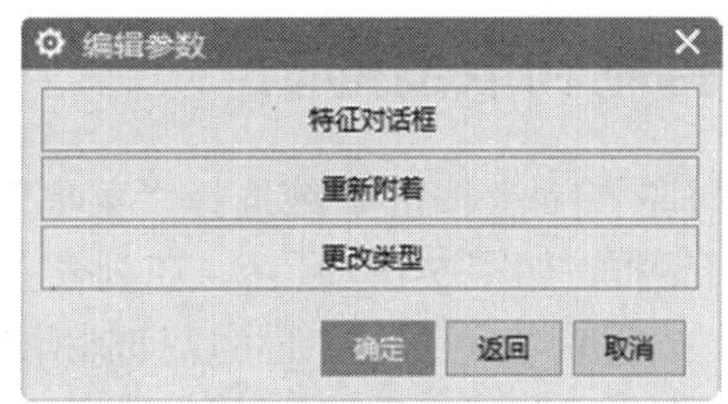

图 5-183　“编辑参数”对话框

5.7.2　移动特征

视频讲解

单击“移动特征”按钮或选择“菜单”→“编辑”→“特征”→“移动”命令，系统打开“移动特征”对话框，如图 5-184 所示。利用该对话框可以移动所选特征。

视频讲解

Note

5.7.3 特征重排序

单击“特征重排序”按钮或选择“菜单”→“编辑”→“特征”→“重排序”命令，打开“特征重排序”对话框，如图 5-185 所示。

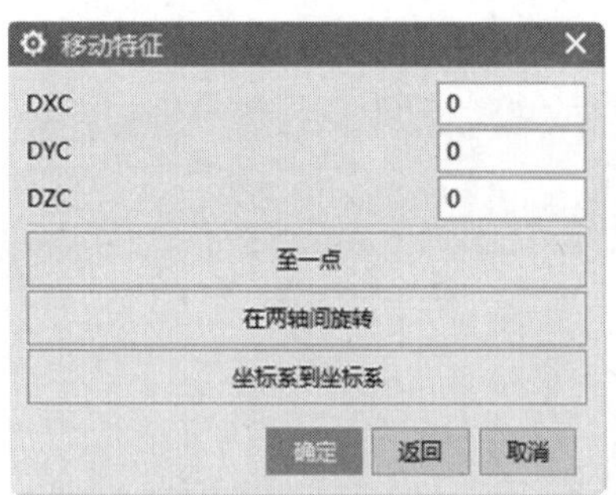

图 5-184 “移动特征”对话框

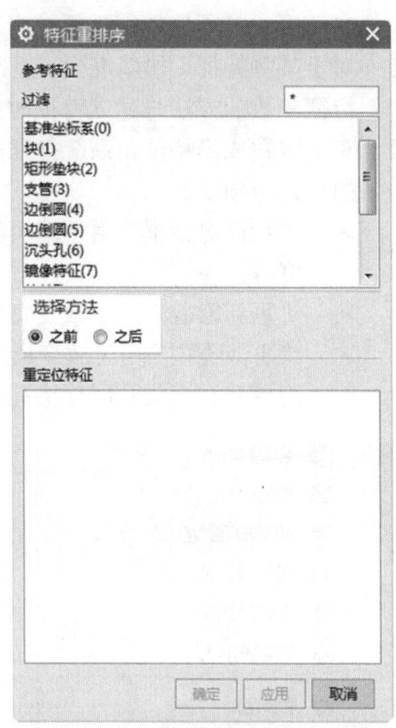

图 5-185 “特征重排序”对话框

在列表中选择要重新排序的特征，或者在图形界面中直接选取特征，选取后相关特征出现在“重定位特征”列表框中；选择排序方法“之前”或“之后”，然后在“重定位特征”列表框中选择定位特征，单击“应用”按钮或“确定”按钮完成重排序。

在部件导航器中右击要重排序的特征，系统打开如图 5-186 所示的快捷菜单，选择“重排在前”或“重排在后”命令，然后在打开的对话框中选择定位特征也可以进行重排序。

视频讲解

5.7.4 抑制和取消抑制

单击“抑制特征”按钮或选择“菜单”→“编辑”→“特征”→“抑制”命令，系统打开“抑制特征”对话框，如图 5-187 所示。在列表中选择要抑制的特征或者直接在图形界面中选取，然后单击“确定”按钮或“应用”按钮可以抑制所选特征，与所选特征相关联的其他特征也被同时抑制。

单击“取消抑制特征”按钮或选择“菜单”→“编辑”→“特征”→“取消抑制”命令，系统打开“取消抑制特征”对话框，如图 5-188 所示。在列表中选择要取消的特征，然后单击“确定”按钮或“应用”按钮可以取消所选特征。

在部件导航器中右击要抑制的特征，系统打开如图 5-186 所示的快捷菜单，选择“抑制”命令可以抑制所选特征。同样在部件导航器中右击要取消的特征，在打开的快捷菜单中选择“取消抑制”命令可以取消被抑制的特征。在部件导航器的特征列表中直接去掉特征前方框中的“√”，可以快速抑制特征；单击被抑制的特征前的方框可以取消被抑制的特征。

Note

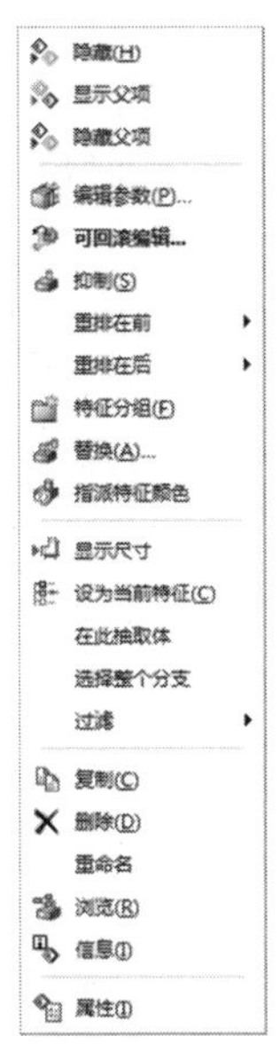

图 5-186 快捷菜单

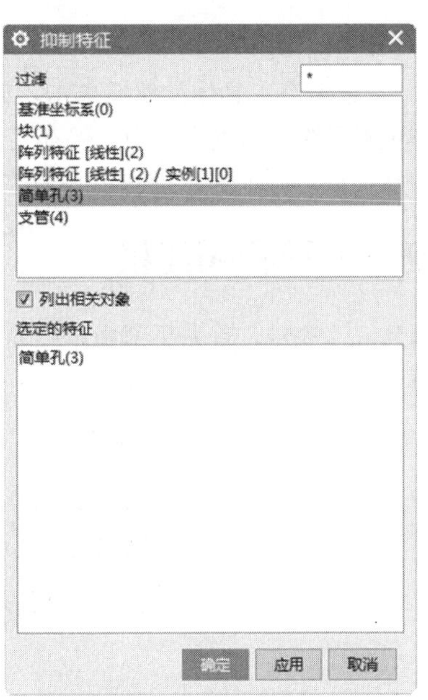

图 5-187 “抑制特征”对话框

5.7.5 布尔运算

视频讲解

布尔操作也是 UG 使用过程中经常用到的操作，在建立孔、凸台、腔等特征，进行拉伸、旋转等操作时都会遇到。布尔操作的“合并”操作用于将实体合并成一体，“减去”操作用于从目标实体上减去工具体，“相交”操作用于生成两个体的重合部分，它们的操作方法基本相同。布尔操作的具体步骤如下。

（1）选择“菜单”→“插入”→“组合”命令，选择一种布尔操作类型，系统打开类似图 5-189 所示的“合并”对话框。

图 5-188 “取消抑制特征”对话框

图 5-189 “合并”对话框

（2）选择一个目标体。

（3）选择一个或多个工具体，然后单击“确定”按钮或“应用”按钮完成布尔操作。

在如图 5-189 所示的对话框中选中“保存工具”复选框，则在布尔操作后保留完整的工具体；选中“保存目标”复选框，则在布尔操作后保留完整的目标体。

Note

视频讲解

5.7.6 实例——顶杆帽建模

顶杆帽建模分三步完成，首先头部由草图曲线旋转生成，然后使用凸起和孔操作创建杆部，最后创建杆部的开槽部分，模型如图 5-190 所示。

图 5-190 顶杆帽

具体操作步骤如下。

（1）新建文件。单击“新建”按钮或选择“菜单”→“文件”→“新建”命令，打开“新建”对话框。在“名称”文本框中输入 dingganmao，单击“确定”按钮，进入 UG 建模环境。

（2）创建草图 1。选择“菜单”→“插入”→“在任务环境中绘制草图”命令，打开“创建草图”对话框，如图 5-191 所示。设置 XC-YC 平面为草图绘制平面，单击“确定”按钮，进入草图绘制界面。

（3）创建圆。单击“圆”按钮○或选择“菜单”→“插入”→“曲线”→“圆”命令，打开如图 5-192 所示的“圆”对话框，单击对话框中的“圆心和直径定圆”按钮和“坐标模式”按钮XY，在 XC 和 YC 文本框中均输入 0 为圆中心坐标，在“直径”文本框中输入 52，按 Enter 键完成圆的创建。

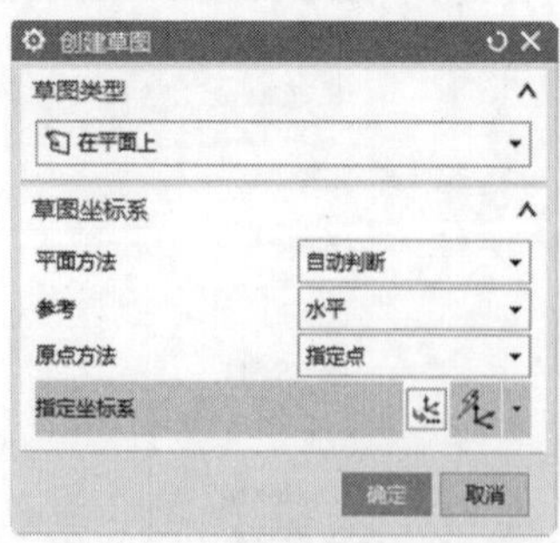

图 5-191 “创建草图”对话框

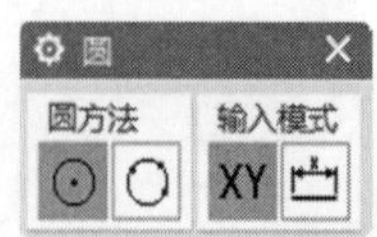

图 5-192 “圆”对话框

（4）创建直线。单击“直线”按钮或选择“菜单”→“插入”→“曲线”→“直线”命令，打开“直线”对话框，如图 5-193 所示。创建以圆上象限点为起点，长度和角度分别为 12mm、−90° 的直线 1；创建以直线 1 的终点为起点，长度和角度分别为 19mm、0° 的直线 2；创建以直线 2 的终

点为起点，与 YC 轴方向一致且与圆相交的直线 3。生成的曲线模型如图 5-194 所示。

图 5-193　“直线”对话框

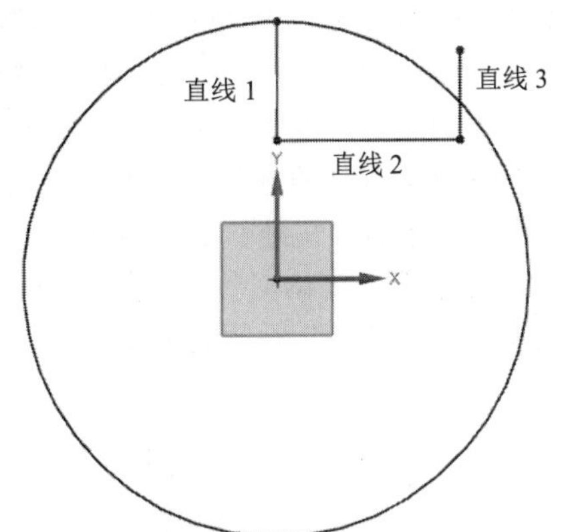

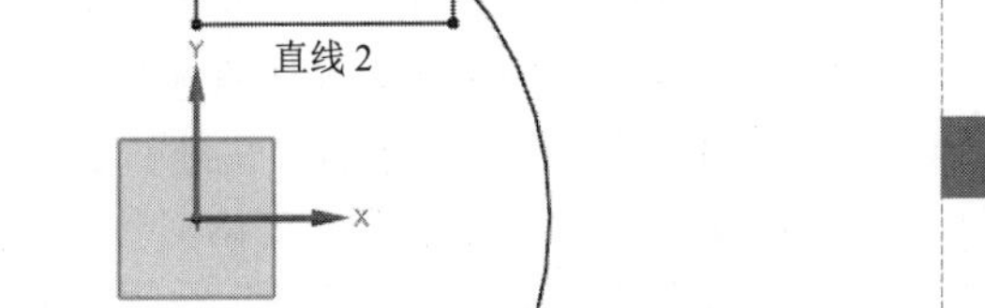

图 5-194　草图曲线

（5）修剪曲线。单击“快速修剪”按钮或选择“菜单”→“编辑”→“曲线”→“快速修剪”命令，按系统提示选择需修剪各段曲线，修剪完成后曲线如图 5-195 所示。单击“完成”按钮或选择“菜单”→“任务”→“完成草图”命令，返回建模模块。

（6）创建旋转体。单击“旋转”按钮或选择“菜单”→“插入”→“设计特征”→“旋转”命令，打开如图 5-196 所示的“旋转”对话框。单击草图曲线 1 为旋转曲线，在“指定矢量”下拉列表中选择“（YC 轴）”选项，确定基点在坐标原点上，单击“确定”按钮，完成旋转操作，生成如图 5-197 所示模型。

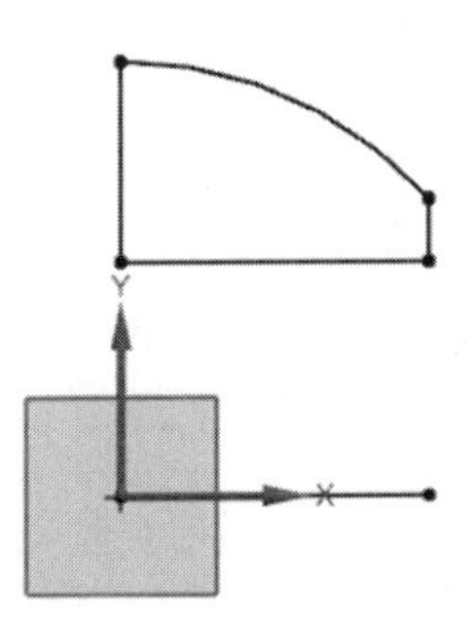

图 5-195　修剪后草图曲线

图 5-196　“旋转”对话框

（7）创建草图 2。选择“菜单”→“插入”→“在任务环境中绘制草图”命令，打开“创建草图”对话框，选择“XC-ZC 平面”为基准平面，单击“确定”按钮，进入草图绘制界面。

（8）创建直线。单击“直线”按钮或选择“菜单”→“插入”→“曲线”→“直线”命令，

打开“直线”对话框。在坐标模式下输入（-20,16）为直线起点，（20,16）为直线终点，按 Enter 键完成直线 1 的创建。同步骤（7）创建直线起点和终点分别为（-20,-16）、（20,-16）的直线 2。

（9）创建圆。单击“圆”按钮或选择“菜单”→“插入”→“曲线”→“圆”命令，打开“圆”对话框，单击对话框中的“圆心和直径定圆”按钮和“坐标模式”按钮XY，在坐标文本框中输入（0,0）为圆中心，在“直径”文本框中输入 38，按 Enter 键完成圆的创建。

（10）修剪曲线。单击“快速修剪”按钮或选择“菜单”→“编辑”→“曲线”→“快速修剪”命令，按系统提示选择需修剪各段曲线，修剪完成后的曲线如图 5-198 所示。单击“完成”按钮或选择“菜单”→“任务”→“完成草图”命令，退出绘制草图界面。

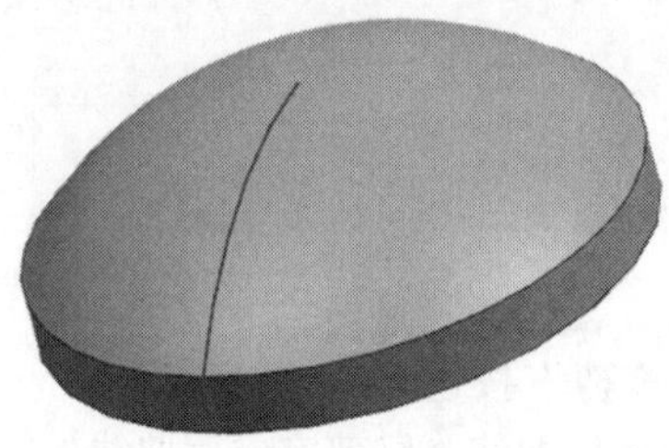

图 5-197　旋转模型

（11）创建拉伸。单击“拉伸”按钮或选择“菜单”→“插入”→“设计特征”→“拉伸”命令，打开如图 5-199 所示的“拉伸”对话框。选择图 5-198 所示的草图曲线为拉伸曲线，在“指定矢量”下拉列表中选择“YC 轴”选项，在“限制”选项组“开始”的“距离”文本框中输入 0，在“结束”的“距离”文本框中输入 30，在“布尔”下拉列表中选择“减去”选项。单击“确定”按钮，完成拉伸操作。

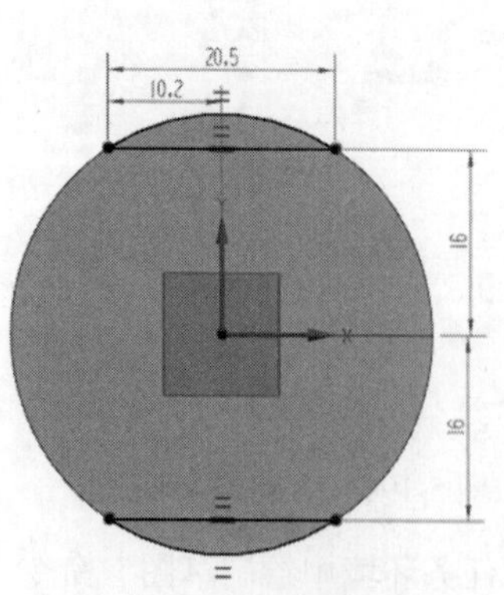

图 5-198　草图曲线

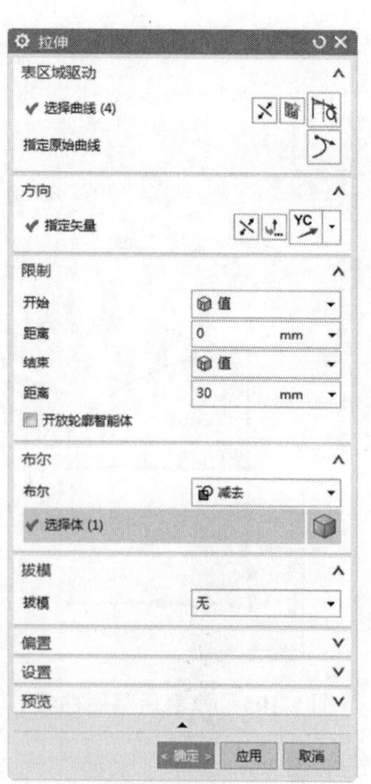

图 5-199　“拉伸”对话框

（12）隐藏曲线。选择“菜单”→“编辑”→“显示和隐藏”→“隐藏”命令，打开“类选择”对话框，如图 5-200 所示。单击“类型过滤器”按钮，打开如图 5-201 所示的“按类型选择”对话框，在对话框中选择“曲线”并单击“确定”按钮，返回“类选择”对话框，单击“对象”选项组中的“全选”按钮，再单击“确定”按钮，则屏幕中所有曲线都被隐藏，如图 5-202 所示。

图 5-200　“类选择”对话框

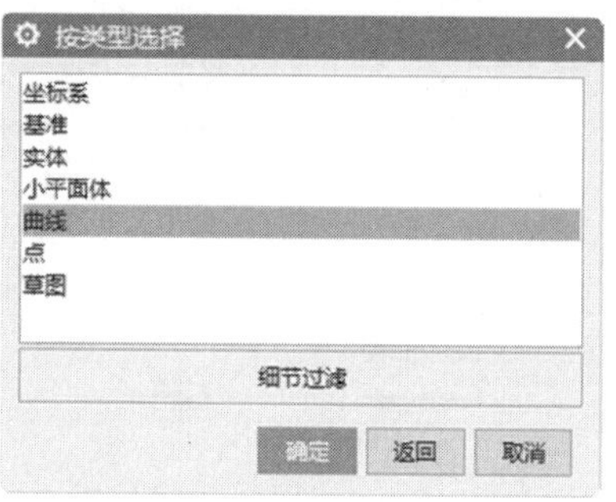

图 5-201　“按类型选择”对话框

图 5-202　模型

（13）创建凸起。单击“凸起”按钮或选择“菜单”→“插入”→“设计特征”→“凸起”命令，打开如图 5-203 所示的“凸起”对话框。单击“绘制截面”按钮，打开“创建草图”对话框，选择旋转体底平面为草图绘制平面，单击“确定”按钮，进入草图绘制界面，选择旋转体底面圆弧中心为圆心，绘制如图 5-204 所示的直径为 18mm 的圆，单击“完成”按钮或选择“菜单”→“任务”→“完成草图”命令，退出草图绘制界面，返回“凸起”对话框。选择刚绘制的圆为凸起的曲线，选择旋转体底平面为要凸起的面，在“距离”文本框中输入 2，单击“确定”按钮，生成的凸起定位于旋转体底面圆弧中心。

（14）创建草图 3。选择“菜单”→“插入”→“在任务环境中绘制草图”命令，打开“创建草图”对话框，选择凸起顶面为草图绘制平面，绘制圆心在原点、直径为 19mm 的圆，单击“完成”按钮或选择“菜单”→“任务”→“完成草图”命令，退出草图绘制界面。

（15）创建拉伸。单击“拉伸”按钮或选择“菜单”→“插入”→“设计特征”→“拉伸”命令，打开如图 5-205 所示的“拉伸”对话框。选择屏幕中的草图曲线 3，在“指定矢量”下拉列表中选择“-YC 轴”选项，在“限制”选项组中“开始”的“距离”文本框中输入 0，“结束”的“距离”文本框中输入 78，在“布尔”下拉列表中选择“合并”选项。单击“确定”按钮，完成拉伸操作。创建的模型如图 5-206 所示。

Note

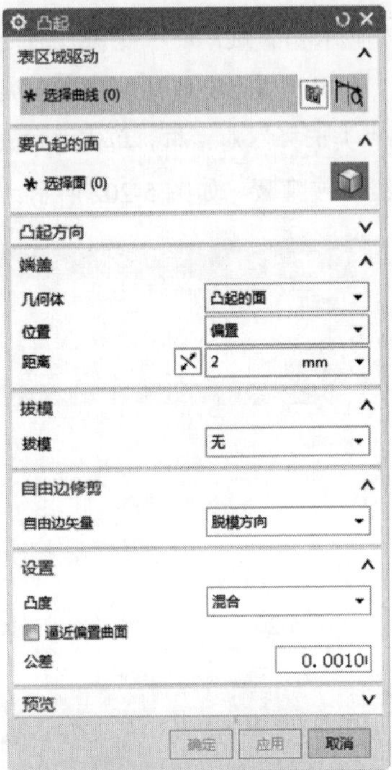

图 5-203 “凸起”对话框

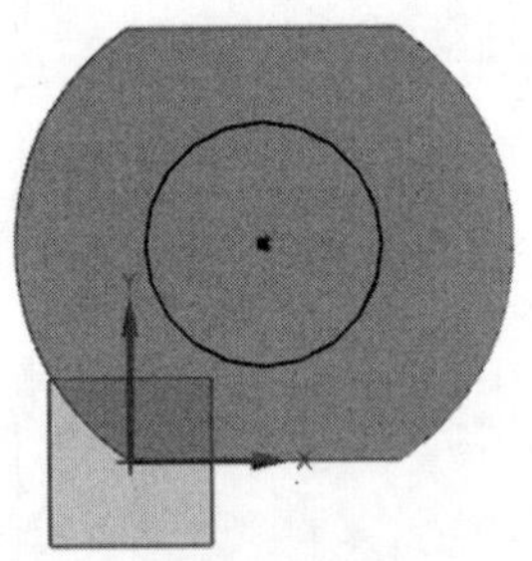

图 5-204 绘制圆

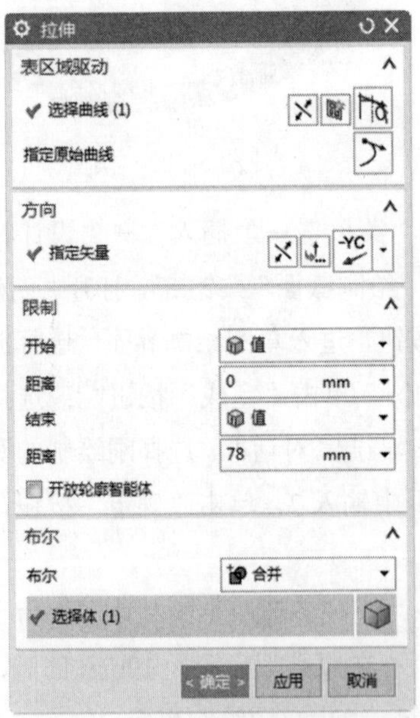

图 5-205 “拉伸”对话框

图 5-206 模型

（16）创建简单孔。单击“孔”按钮或选择“菜单”→“插入”→“设计特征”→“孔”命令，打开“孔”对话框，如图 5-207 所示。在“成形”下拉列表中选择“简单孔”选项，在“直径”“深度”和“顶锥角”文本框中分别输入 10、77、120，捕捉如图 5-208 所示的圆心位置为孔的放置位置。单击“确定”按钮，完成简单孔 1 的创建。

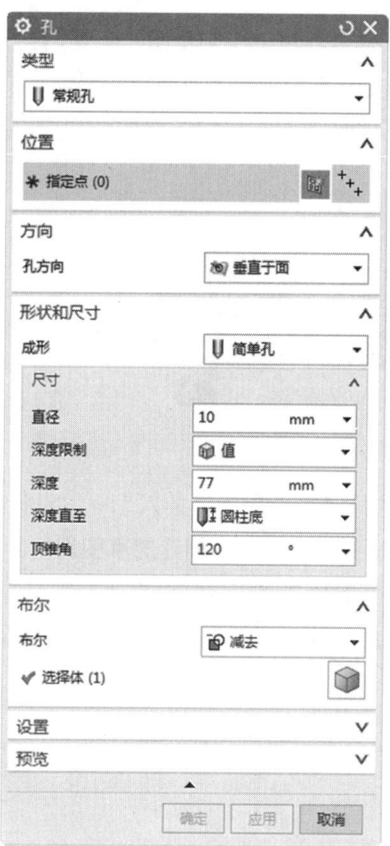

图 5-207　“孔”对话框

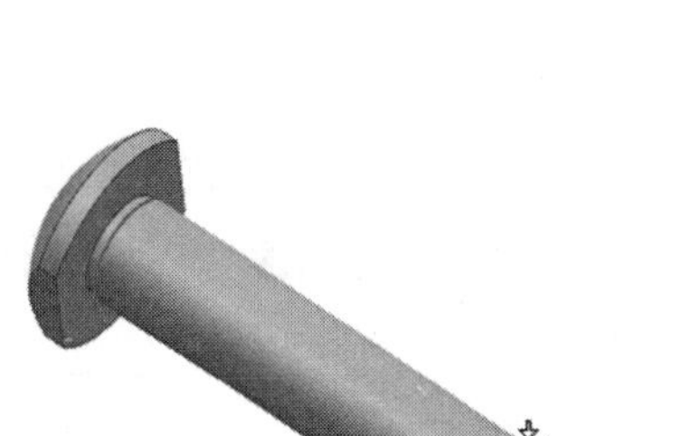

图 5-208　捕捉圆心

（17）创建基准平面。单击“基准平面”按钮或选择“菜单”→“插入”→“基准/点”→“基准平面”命令，打开“基准平面”对话框，在“类型”下拉列表框中选择 YC-ZC 选项，在“距离”文本框中输入 9.5，单击“确定”按钮，完成基准平面 1 的创建。

（18）创建简单孔。单击“孔”按钮或选择“菜单”→“插入”→“设计特征”→“孔”命令，打开“孔”对话框，在“成形”下拉列表中选择“简单孔”选项，在“直径”“深度”和“顶锥角”文本框中分别输入 4、20、0。单击“绘制截面”按钮，选择创建的基准平面 1 为草图绘制面，绘制基准点，如图 5-209 所示。单击“完成”按钮或选择“菜单”→“任务”→“完成草图”命令，草图绘制完毕。单击“确定”按钮，完成如图 5-210 所示的孔 2 的创建。

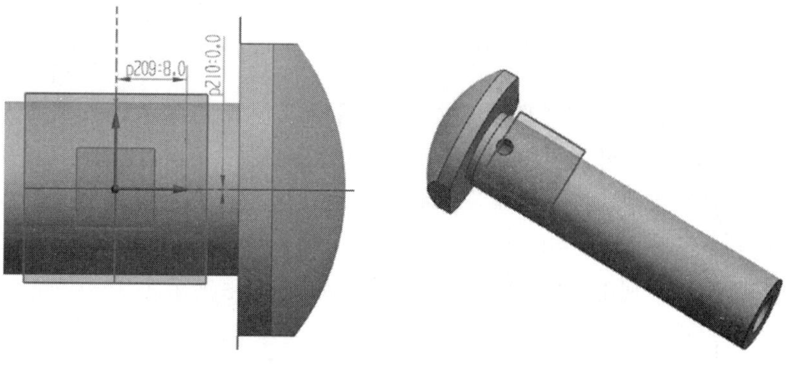

图 5-209　绘制草图

图 5-210　创建孔 2

Note

（19）创建草图。选择“菜单”→“插入”→“在任务环境中绘制草图”命令，打开“创建草图”对话框，选择基准平面1为草图绘制平面，单击“确定”按钮，进入草图绘制界面。绘制如图5-211所示的草图，单击“完成”按钮或选择“菜单”→“任务”→“完成草图”命令，退出草图绘制界面。

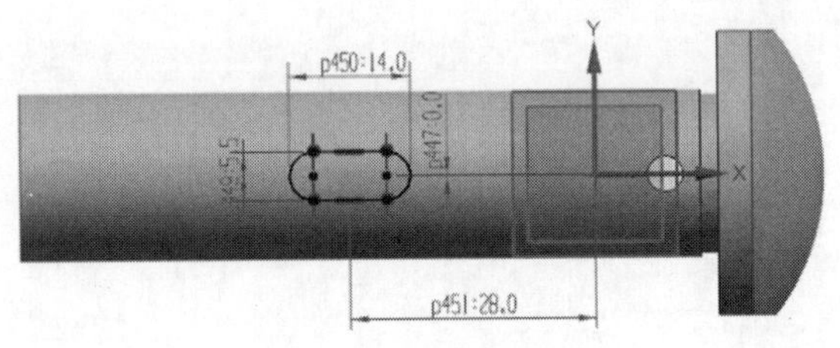

图5-211　绘制草图

（20）创建拉伸特征。单击“拉伸”按钮或选择“菜单”→“插入”→“设计特征”→“拉伸”命令，打开如图5-212所示的“拉伸”对话框，选择步骤（19）创建的草图为拉伸曲线，在“指定矢量”下拉列表中选择“-XC轴”选项，在“结束”下拉列表中选择“贯通”选项，在“布尔”下拉列表中选择“减去”选项，单击“确定”按钮，完成拉伸特征的创建，如图5-213所示。

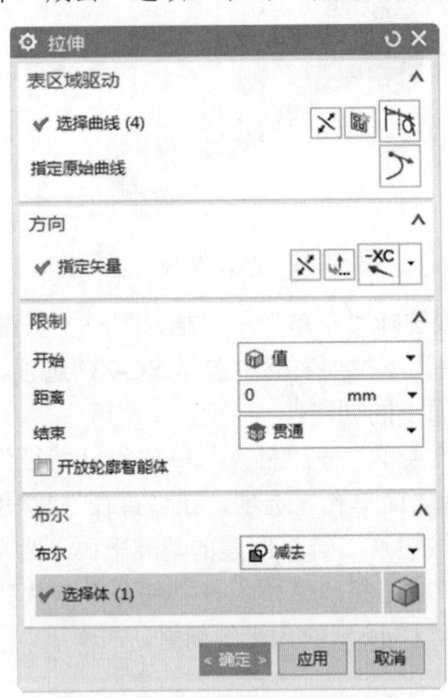

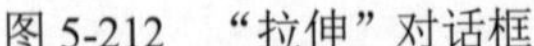

图5-212　“拉伸”对话框

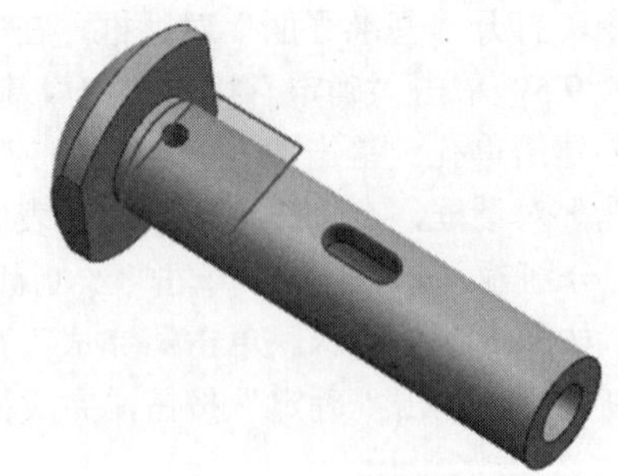

图5-213　创建拉伸特征

（21）创建阵列特征。单击“阵列特征”按钮或选择“菜单”→“插入”→“关联复制”→“阵列特征”命令，打开如图5-214所示的“阵列特征”对话框，选择创建的键槽为要阵列的特征，在“布局”下拉列表中选择“线性”选项，在“指定矢量”下拉列表中选择“YC轴”选项，在“间距”下拉列表中选择“数量和间隔”选项，在“数量”和“节距”文本框中分别输入2和26，单击“确定”按钮，完成阵列特征的创建，生成的模型如图5-215所示。

图 5-214 “阵列特征”对话框

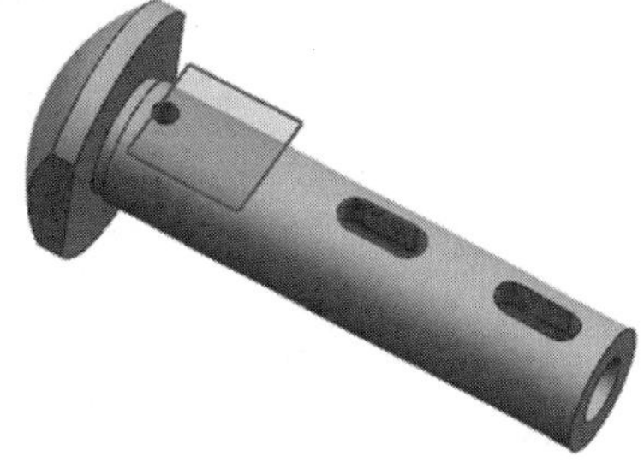

图 5-215 模型

（22）创建槽。单击“槽”按钮或选择“菜单”→“插入”→“设计特征”→“槽”命令，打开“槽”对话框，如图 5-216 所示。单击“矩形”按钮，打开矩形槽放置面对话框，选择第一孔内表面为槽放置面，打开“矩形槽”对话框，如图 5-217 所示。在“槽直径”和“宽度”文本框中分别输入 11、2，单击“确定”按钮，打开“定位槽”对话框，选择拉伸（7）的上端面边缘为基准，选择槽上端面边缘为刀具边，打开“创建表达式”对话框，在该对话框的文本框中输入 62，单击“确定”按钮，完成槽的创建，如图 5-218 所示。

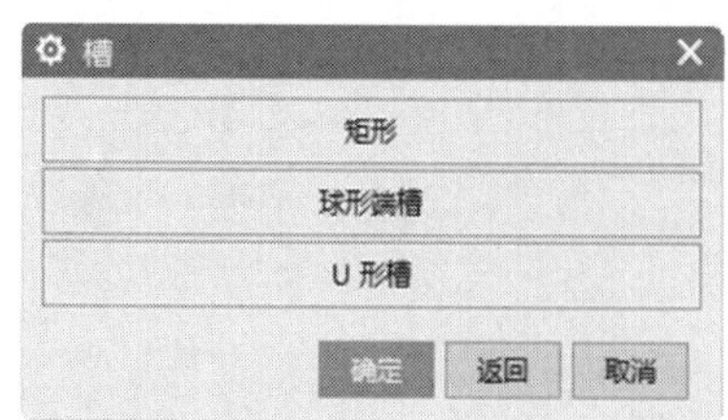

图 5-216 “槽”对话框

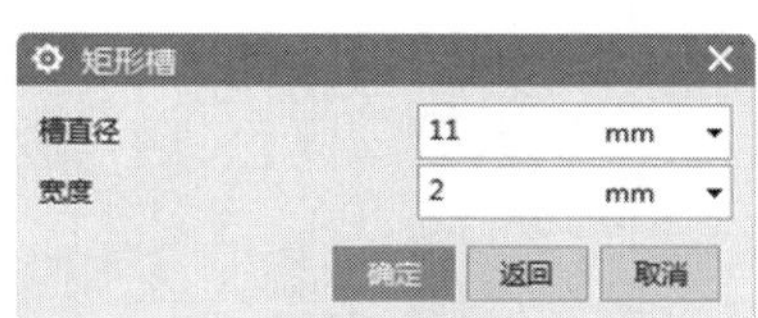

图 5-217 “矩形槽”对话框

（23）创建倒斜角。单击“倒斜角”按钮或选择“菜单”→“插入”→“细节特征”→“倒

斜角”命令，打开如图 5-219 所示的“倒斜角”对话框。在“横截面”下拉列表中选择“对称”选项，在屏幕中选择如图 5-220 所示的边，在“距离”文本框中输入 2，单击“确定”按钮，完成倒斜角。最终生成的模型如图 5-190 所示。

Note

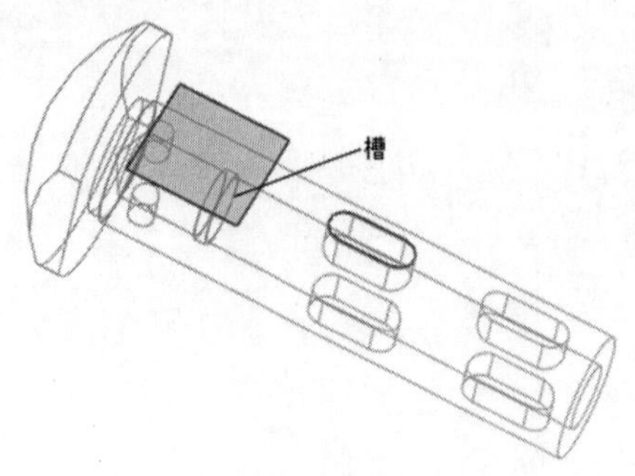

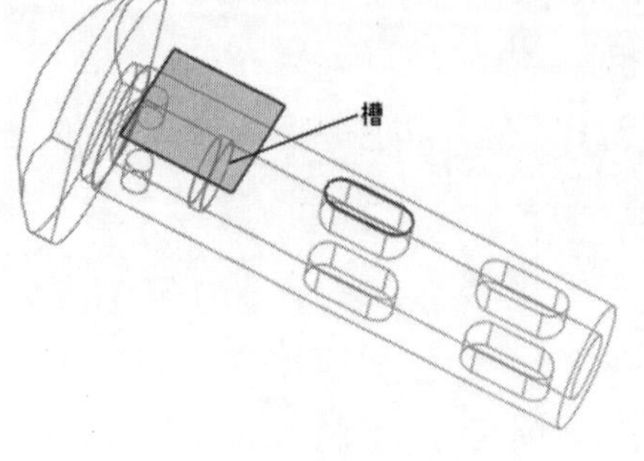

图 5-218　创建槽

图 5-219　“倒斜角”对话框

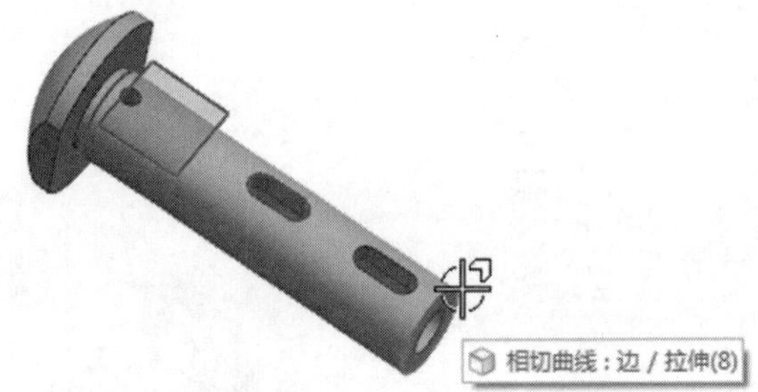

图 5-220　选择边

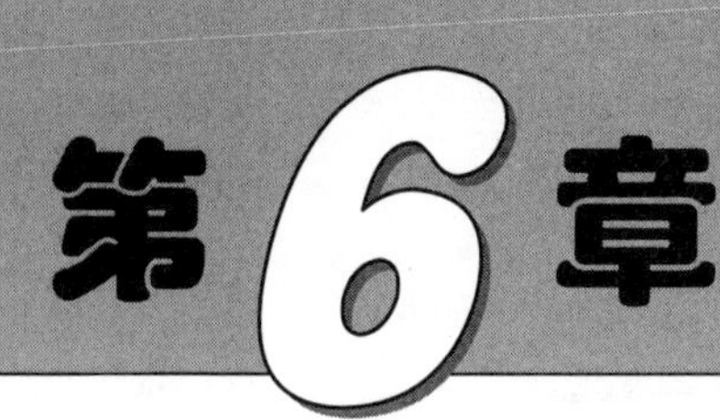

第6章 UG NX 12.0 表达式

（视频讲解：16 分钟）

表达式（Expression）是 UG 的一个工具，可用在多个模块中。通过算术和条件表达式，用户可以控制部件的特性，如控制部件中特征或对象的尺寸。表达式是参数化设计的重要工具，通过表达式不但可以控制部件中特征与特征之间、对象与对象之间、特征与对象之间的相互尺寸与位置关系，而且可以控制装配中的部件与部件之间的尺寸与位置关系。

【学习重点】

- 表达式综述
- 表达式语言
- “表达式”对话框
- 部件间表达式

在 UG NX 12.0 中关于表达式的命令功能在“工具”菜单下。另外，“信息”菜单下也有关于表达式的查询命令，如图 6-1 所示。

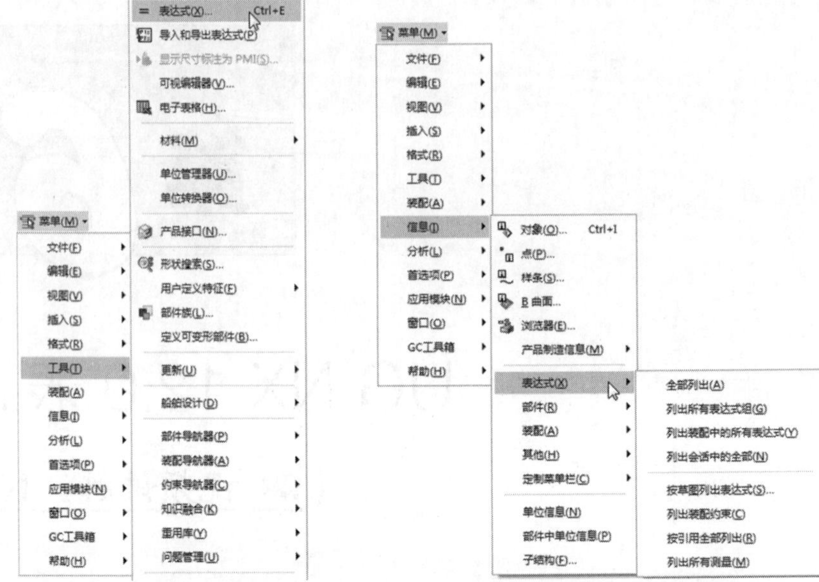

“工具”→“表达式”命令　　　　“信息”→“表达式”子菜单命令

图 6-1　“表达式”相关命令

视 频 讲 解

6.1　表达式综述

6.1.1　表达式的概念

表达式是可以用来控制部件特性的算术或条件语句，它可以定义和控制模型的许多尺寸，如特征或草图的尺寸。表达式在参数化设计中是十分有意义的，它可以用来控制同一个零件上的不同特征之间的关系或者一个装配中不同的零件关系。举一个最简单的例子，如果一个立方体的高度可以用它与长度的关系来表达，那么当立方体的长度变化时，则其高度也随之自动更新。

表达式是定义关系的语句，所有的表达式都有一个赋给表达式左侧的值（一个可能有，也可能没有小数部分的数）。表达式关系式包括表达式等式的左侧和右侧部分（即 a = b + c 形式）。要得出该值，系统就计算表达式的右侧，它可以是算术语句或条件语句；而表达式的左侧必须是一个单个的变量。

在表达式关系式的左侧，a 是 a = b + c 中的表达式变量，表达式的左侧也是此表达式的名称；在表达式的右侧，b + c 是 a = b + c 中的表达式字符串，如图 6-2 所示。

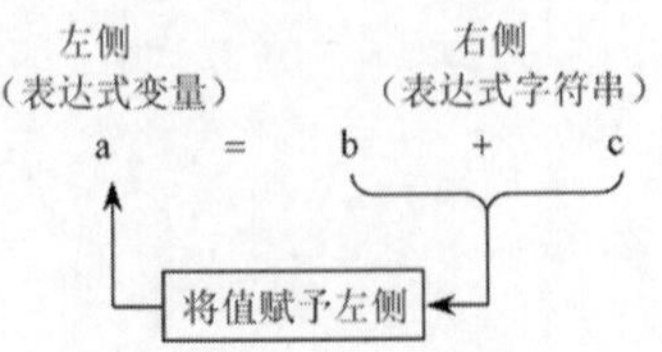

图 6-2　表达式关系式示意图

在创建表达式时必须注意以下几点。

☑　表达式等式左侧必须是一个简单变量，等式右侧是一个数学语句或一个条件语句。

☑　所有表达式均有一个值（实数或整数），该值被赋给表达式的左侧变量。

☑　表达式等式的右侧可以是含有变量、数字、运算符和符号的组合或常数。

6.1.2　表达式的建立方式

表达式可以自动建立或手工建立。

系统自动生成开头用 p 限定符（即 p0、p1、p2）表示的表达式关系式。

以下情况将自动建立表达式。

☑　创建草图时，用两个表达式定义草图基准 XC 和 YC 坐标。

☑　定义草图尺寸约束时，每个定位尺寸用一个表达式表示。

☑　特征或草图定位时，每个定位尺寸用一个表达式表示。

☑　建立特征时，某些特征参数将用相应的表达式表示。

☑　建立装配配对条件时。用户可以通过下列任意一种方式手工生成表达式。

- ➢　从草图生成表达式。
- ➢　将已有的表达式更名。选择“菜单”→“工具”→“表达式”命令来选择旧的表达式，并选择更名。
- ➢　在文本文件中输入表达式，然后将它们导入表达式变量表中。选择“菜单”→“工具”→“导入和导出表达式”命令即可。

6.2　表达式语言

视频讲解

表达式语言与其他语言一样，由变量名、运算符、函数、条件表达式及几何表达式组成。

6.2.1　变量名

变量名是字母数字型的字符串，但这些字符串必须以一个字母开头。变量名中也可以使用下画线“_”。

请记住表达式是区分大小写的，因此变量名 X1 不同于 x1。

所有的表达式名（表达式的左侧）也是变量，必须遵循变量名的所有约定。所有变量在用于其他表达式之前，必须以表达式名的形式出现。

6.2.2　运算符

在表达式语言中可能会用到几种运算符。UG 表达式运算符分为算术运算符、关系及逻辑运算符，与其他计算机书中介绍的内容相同。

6.2.3　内置函数

当建立表达式时，可以使用 UG 的任一内置函数。表 6-1 和表 6-2 中列出了 UG 的部分内置函数，它可以分为两类：一类是数学函数；另一类是单位转换函数。

Note

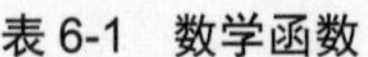

表 6-1　数学函数

函 数 名	函 数 表 示	函 数 意 义	备　注
abs	abs(x)=$\lvert x\rvert$	绝对值函数	结果为弧度
arcsin	arcsin(x)	反正弦函数	结果为弧度
arccos	arccos(x)	反余弦函数	结果为弧度
arctan(x)	arctan(x)	反正切函数	结果为弧度
arctan2	arctan2(x,y)	反正切函数	arctan2(x/y)，结果为弧度
sin	sin(x)	正弦函数	x 为角度度数
cos	cos(x)	余弦函数	x 为角度度数
tan	tan(x)	正切函数	x 为角度度数
sinh	sinh(x)	双曲正弦函数	x 为角度度数
cosh	cosh(x)	双曲余弦函数	x 为角度度数
tanh	tanh(x)	双曲正切函数	x 为角度度数
rad	rad(x)	将弧度转换为角度	x 为弧度
deg	deg(x)	将角度转换为弧度	x 为角度
Radians	Radians(x)	将以度数为单位的角度转换为弧度	x 为以度数为单位的角度
Angle2Vectors	Angle2Vectors(<v1>, <v2>, <v3>)	返回 v3 向量视图中 v1 和 v2 向量的夹角	v1 为指定的基向量 v2 为指定的一个测量向量 v3 为向量指定的一个视图
log	log(x)	自然对数	log(x) = ln (x) = loge (x)
log10	log10(x)	常用对数	log10(x)＝lg(x)
exp	exp(x)	指数	e^x
fact	fact(x)	阶乘	x!
ceiling	ceiling(x)	大于或等于 x 的最小整数	
floor	floor(x)	小于或等于 x 的最大整数	
max	max(x)	从给定数字和其他数字中返回最大数	
min	min(x)	从给定数字和其他数字中返回最小数	
pi	pi()	圆周率 π	返回 3.14159265358979
mod	mod (x,y)	返回给定分子除以指定分母时（按整数除法）的余数（模数）	
Equal	Equal (x,y)	比较函数	如果两个给定输入相等，返回 true
dist	dist(<P1，<P2>)	返回两个给定的点之间的距离	P1，P2 是给定的点
round	round(x)	返回给定数字最接近的整数，如果给定的数字以.5 结尾，则返回偶数	
ug_excel_read	ug_excel_read("<SPREADSHEET_NAME>", <CELL>)	从电子表格中读取数据，返回单元格的值	SPREADSHEET_NAME 是电子表格名称，CELL 是指定的单元格

表 6-2 单位转换函数

函数名	函数表示	函数意义
cm	cm(*x*)	将厘米转换成部件文件的默认单位
ft	ft(*x*)	将英尺转换成部件文件的默认单位
In	In(*x*)	将英寸转换成部件文件的默认单位
km	km(*x*)	将千米转换成部件文件的默认单位
mc	mc(*x*)	将微米转换成部件文件的默认单位
min	min(*x*)	将角度分转换成度数
ml	ml(*x*)	将千分之一英寸转换成部件文件的默认单位
mm	mm(*x*)	将毫米转换成部件文件的默认单位
mtr	mtr(*x*)	将米转换成部件文件的默认单位
sec	sec(*x*)	将角度秒分转换成度数
yd	yd(*x*)	将码转换成部件文件的默认单位

6.2.4 条件表达式

表达式可以分为三类：数学表达式、条件表达式和几何表达式。数学表达式很简单，也就是用数学的方法，利用前面提到的运算符和内置函数等，对表达式等式左端进行定义。例如对 p2 进行赋值，其数学表达式可以表达为 p2=p7+p3。

条件表达式可以通过使用以下语法的 if…else 结构生成。

```
VAR = if (expr1) (expr2) else (expr3)
```

表示的含义是：如果表达式 expr1 成立，则变量取 expr2 的值；如果表达式 expr1 不成立，则变量取 expr3 的值。

例如：

```
width = if (length<10) (7) else (8)
```

即如果长度小于 10，则宽度将是 7；如果长度大于或等于 10，则宽度将是 8。

6.2.5 表达式中的注释

在实际注释前使用双正斜线“//”可以在表达式中生成注释。双正斜线表示让系统忽略它后面的内容，注释一直持续到该行的末端。如果注释与表达式在同一行，则需要先写表达式内容。例如：

```
length = 2*width //comment        有效
//comment// width'0 = 7           无效
```

6.2.6 几何表达式

UG 中几何表达式是一类特殊的表达式，引用某些几何特性为定义特征参数的约束，一般用于定义曲线（或实体边）的长度，两点（或两个对象）之间的最小距离或者两条直线（或圆弧）之间的角度。

通常，几何表达式是被引用在其他表达式中参与表达式的计算，从而建立其他非几何表达式与被引用的几何表达式之间的相关关系。当几何表达式所代表的长度、距离或角度等变化时，引用该几何

表达式的非几何表达式的值也会改变。

Note

几何表达式的类型有以下几种。

☑ 长度表达式：一个基于曲线或边缘长度的表达式。

☑ 距离表达式：一个基于在两个对象、一个点和一个对象，或两个点间最小距离的表达式。

☑ 角度表达式：一个基于在两条直线、一个弧和一条线，或两个圆弧间角度的表达式。

例如：

```
p2=length(20)
p3=distance(22)
p4=angle(27)
```

视频讲解

6.3 “表达式”对话框

如果要在部件文件中编辑表达式，则选择“菜单”→“工具”→“表达式”命令，系统会打开如图 6-3 所示的“表达式”对话框。该对话框提供当前部件中表达式的列表、编辑表达式的各种选项和控制与其他部件中表达式链接的选项。

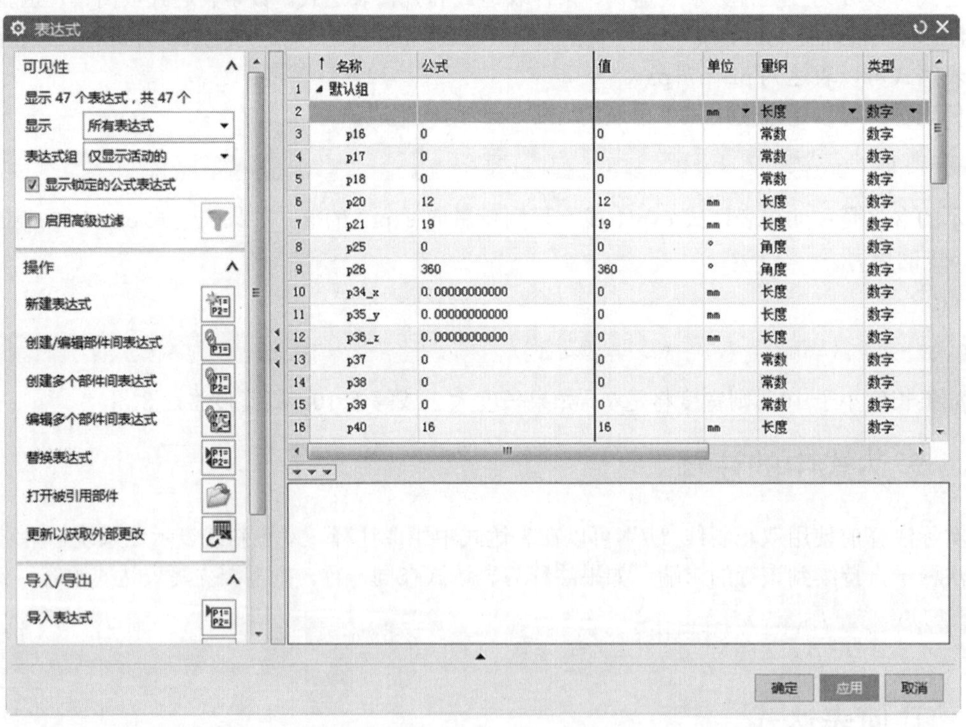

图 6-3 “表达式”对话框

6.3.1 显示

“显示”选项定义了在“表达式”对话框中的表达式。用户可以从下拉列表中选择一种方式列出表达式，如图 6-4 所示。

Note

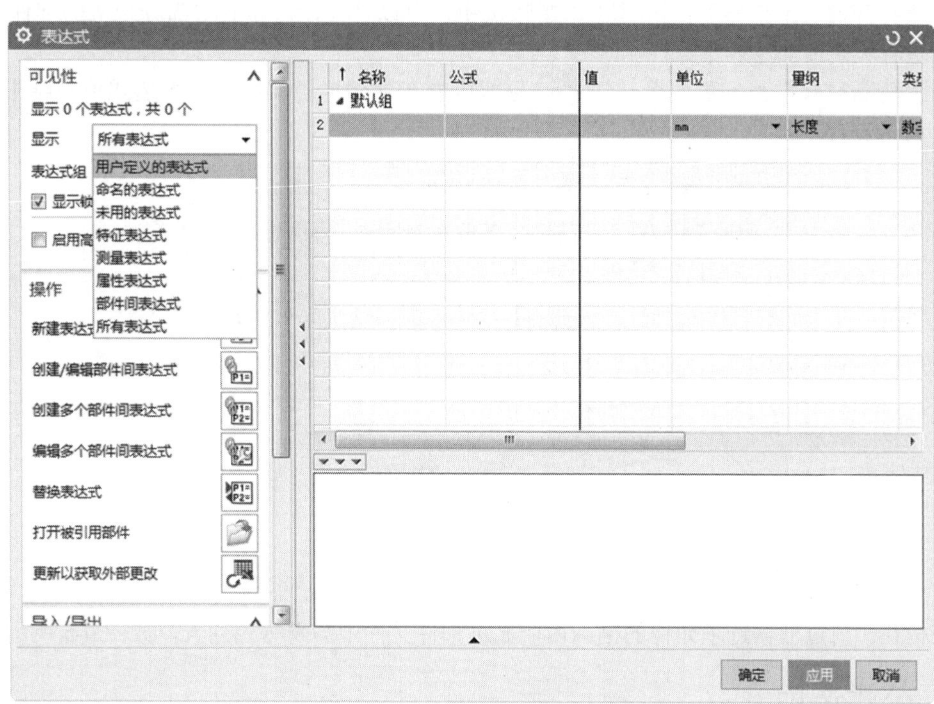

图 6-4 “显示”选项

“显示”下拉列表中的各选项介绍如下。

☑ 用户定义的表达式：列出用户通过对话框创建的表达式。

☑ 命名的表达式：列出用户创建和没有创建只是重命名的表达式，包括系统自动生成的名字，如 p0 或 p7。

☑ 未用的表达式：列出没有被任何特征或其他表达式引用的表达式。

☑ 特征表达式：列出在图形窗口或部件导航中选定的某一特征的表达式。

☑ 测量表达式：列出部件文件中的所有测量表达式。

☑ 属性表达式：列出部件文件中存在的所有部件和对象属性表达式。

☑ 部件间表达式：列出部件文件之间存在的表达式。

☑ 所有表达式：列出部件文件中的所有表达式。

6.3.2 操作

“表达式”对话框中的“操作”选项介绍如下。

☑ “新建表达式”按钮：新建一个表达式。

☑ “创建/编辑部件间表达式”按钮：列出作业中可用的单个部件。一旦选择了部件以后，便列出了该部件中的所有表达式。

☑ “创建多个部件间表达式”按钮：列出作业中可用的多个部件。

☑ “编辑多个部件间表达式”按钮：控制从一个部件文件到其他部件中的表达式的外部参考。选择该选项将显示包含所有部件列表的对话框，这些部件包含工作部件涉及的表达式。

☑ “替换表达式”按钮：允许使用另一个字符串替换当前工作部件中某个表达式的公式字符串的所有实例。

- ☑ “打开被引用部件”按钮：单击该按钮，可以打开任何作业中部分载入的部件，常用于进行大规模加工操作。
- ☑ “更新以获取外部更改”按钮：更新可能在外部电子表格中的表达式值，结果如图 6-5 所示。

	↑ 名称	公式	值	单位	量纲	类型	源	状态
1	◢ 默认组							
2				mm ▾	长度 ▾	数字 ▾		
3	p6	55	55	mm	长度	数字	(圆柱(1) …	
4	p7	21	21	mm	长度	数字	(圆柱(1) …	
5	p8	65	65	mm	长度	数字	(支管(2) …	
6	p9	12	12	mm	长度	数字	(支管(2) …	
7	p10	0	0	°	角度	数字	(支管(2) …	
8	p11	0.0	0	mm	长度	数字	(支管(2) …	
9	p12	58	58	mm	长度	数字	(支管(3) …	
10	p13	57	57	mm	长度	数字	(支管(3) …	
11	p14	0	0	°	角度	数字	(支管(3) …	

图 6-5　表达式列表框

6.3.3　表达式列表框

列表框在当前过滤器选项允许的范围内，显示部件文件中的表达式列表，如图 6-5 所示。

6.3.4　公式选项

- ☑ 名称：在该文本框中，可以给一个新的表达式命名，也可以重新命名一个已经存在的表达式。表达式命名要符合一定的规则。
- ☑ 公式：可以编辑一个在表达式列表框中选中的表达式，也可给新的表达式输入公式，还可给部件间的表达式创建引用。
- ☑ 值：显示从公式或测量数据派生的值。
- ☑ 单位：对于选定的量纲，指定相应的单位，如图 6-6 所示。
- ☑ 量纲：通过该下拉列表框，可以指定一个新表达式的量纲，但不可以改变已经存在的表达式的量纲，如图 6-7 所示。

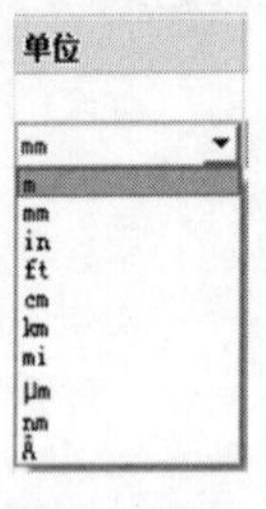

图 6-6　单位

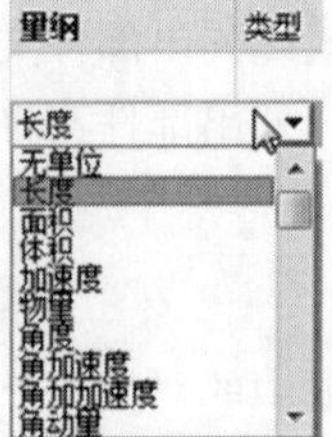

图 6-7　量纲

- ☑ 类型：指定表达式数据类型，包括数字、字符串、布尔运算、整数、点、矢量和列表等类型。
- ☑ 源：对于软件表达式，附加参数文本显示在源列中，该列描述关联的特征和参数选项。
- ☑ 附注：添加了表达式附注，则会显示该附注。
- ☑ 检查：显示任意检查需求。
- ☑ 组：选择或编辑特定表达式所属的组。

视频讲解

Note

6.4　部件间表达式

部件间表达式（Interpart Expressions，IPEs），用于装配和组件零件中。使用部件间表达式 ，可以建立组件间的关系，这样一个部件的表达式就可以根据另一个部件的表达式进行定义。例如，为配合另一组件的孔而设计的一个组件中的销，可以使用与该孔参数相关联的参数，当编辑孔时，该组件中的销也能自动更新。

6.4.1　部件间表达式设置

要使用部件间表达式，需要进行如下设置。

（1）选择“菜单”→“文件”→“实用工具”→“用户默认设置”命令，打开“用户默认设置”对话框。

（2）选择“装配”→“常规”→“部件间建模”选项卡，再选中“允许关联的部件间建模”选项组中“是”单选按钮和“允许提升体”复选框，如图 6-8 所示。单击“确定”按钮完成设置。

图 6-8　“用户默认设置”对话框

6.4.2　部件间表达式格式

部件间表达式与普通表达式的区别，就是在部件间表达式变量的前面添加了部件名称。格式为：

```
部件 1_名:: 表达式名=部件 2_名:: 表达式名
```

例如，表达式：

```
hole_dia = pin::diameter+tolerance
```

表示将局部表达式 hole_dia 与部件 pin 中的表达式 diameter 联系起来。

Note

提示：在“：：”字符的前后不能有空格。

下面以一个实例来讲解部件间表达式的建立过程。

（1）打开文件：part1.prt、part2.prt 及 part3.prt，分别如图 6-9（a）、图 6-9（b）、图 6-9（c）所示。其中，part3 是由部件 part1 和部件 part2 装配完成的装配件。

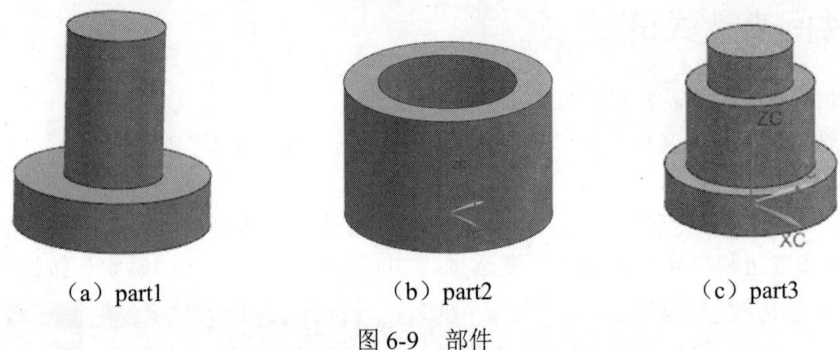

（a）part1　　（b）part2　　（c）part3

图 6-9　部件

（2）在装配件 part3 的“装配导航器”中右击 part1，在打开的快捷菜单中选择“设为工作部件”命令，如图 6-10 所示。

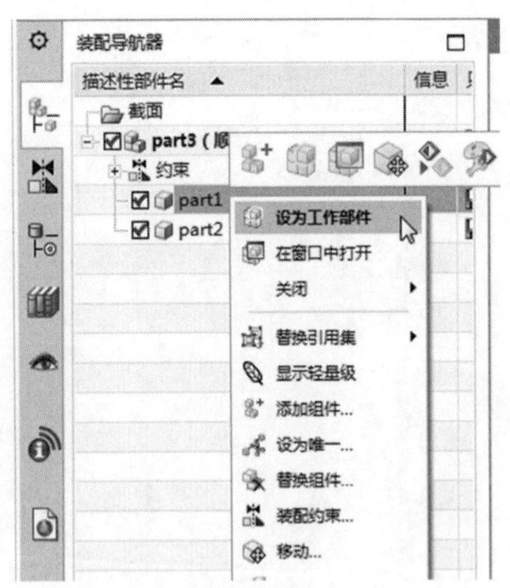

图 6-10　装配导航器快捷菜单命令

（3）单击“表达式”按钮＝或选择“文件”→“工具”→“表达式”命令，打开“表达式”对话框。选择名称为 p1 的表达式，如图 6-11 所示。

（4）单击“表达式”对话框中的“创建/编辑部件间表达式”按钮，打开如图 6-12 所示的“创建单个部件间表达式”对话框；选择 part2 部件，系统打开 part2 的“源表达式”列表。选择所需表达式 p0＝15，然后单击“确定”按钮完成选取。

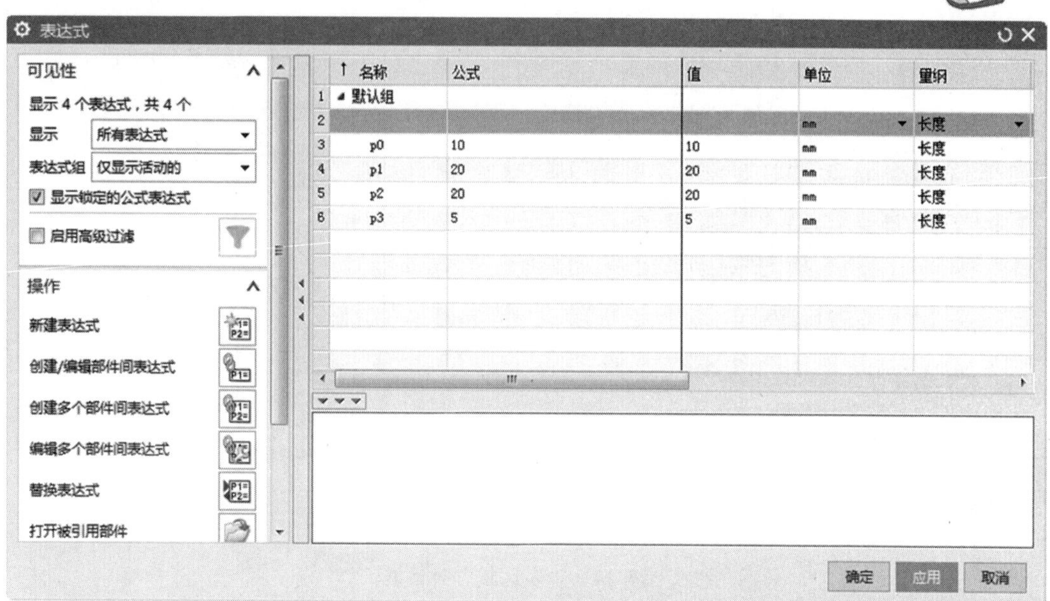

图 6-11　选择表达式 p1

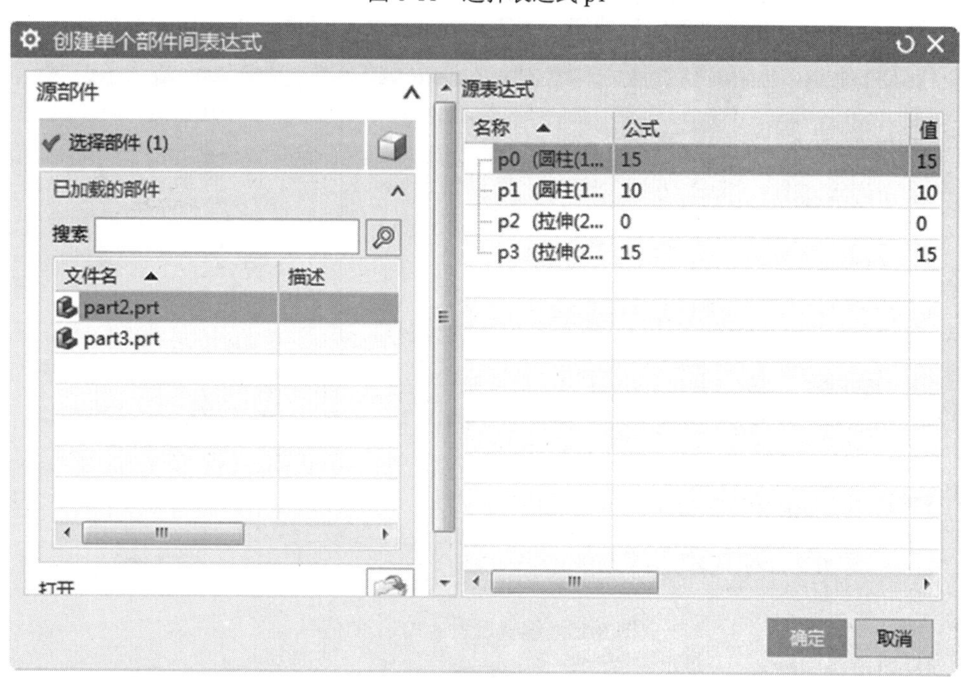

图 6-12　“创建单个部件间表达式”对话框

（5）打开如图 6-13 所示的“信息”对话框，单击“确定”按钮，返回如图 6-14 所示的“表达式”对话框。

图 6-13　“信息”对话框

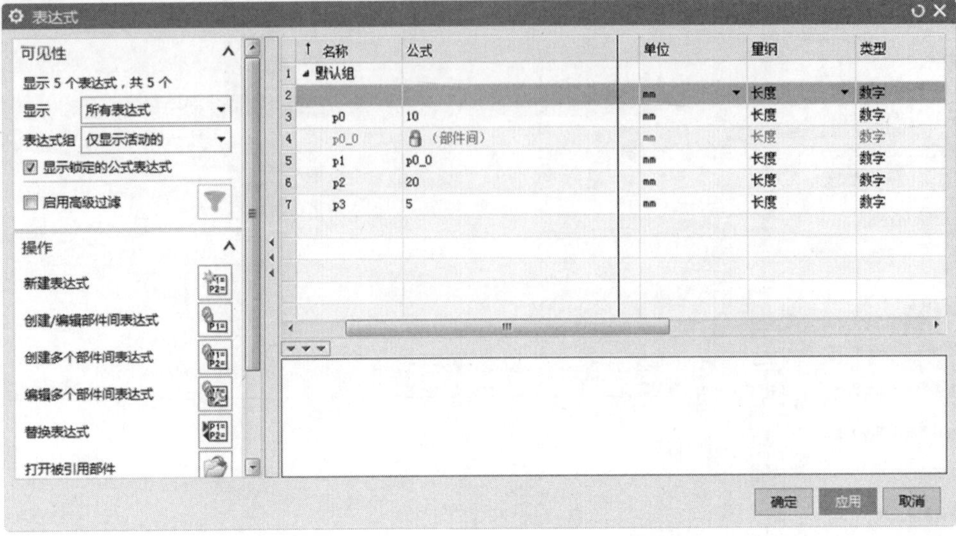

图 6-14 “表达式”对话框

（6）将 p1 的公式修改为 2*p0_0，单击“应用”按钮，此时的表达式对话框中，p1 表达式的值为 30，如图 6-15 所示。单击“确定”按钮，关闭“表达式”对话框，更新后的模型如图 6-16 所示。

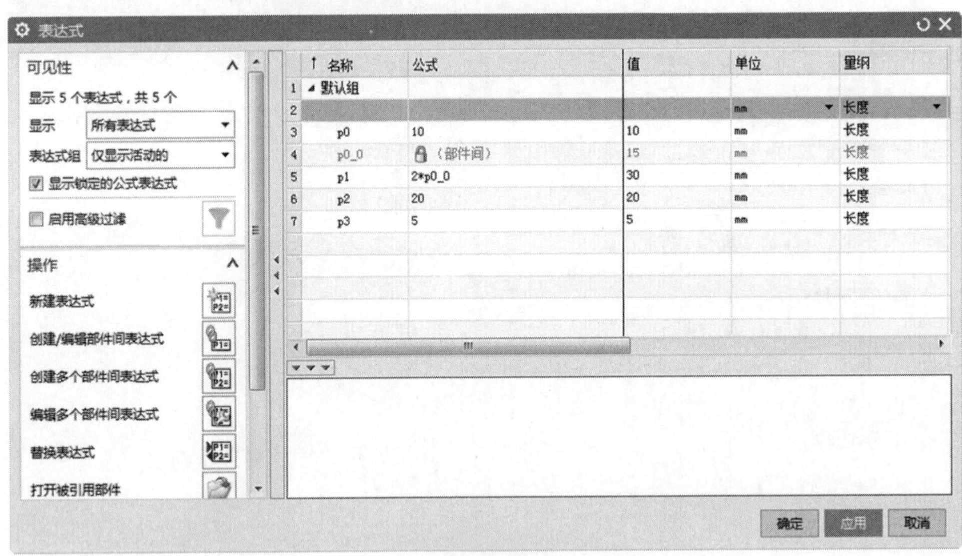

图 6-15 编辑后表达式 p1 的值

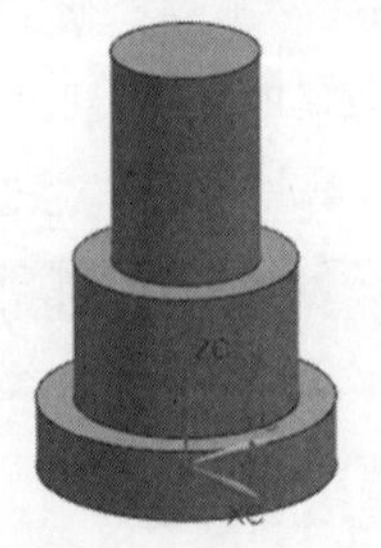

图 6-16 更新后的模型

视频讲解

Note

6.5 综合实例——圆柱体

通过前面几节的介绍，读者对表达式也有了一定的了解，下面将通过讲述综合实例，使读者掌握建立和编辑表达式、设置两个表达式之间的相互关系、对表达式添加注解，以及建立条件表达式等知识。

6.5.1 建立和编辑表达式

（1）新建一个文件 Biaodashi.prt，建立如图 6-17 所示的圆柱体，其外径为 50mm，内径为 20mm，高度为 20mm。

（2）单击“表达式”按钮 或选择“菜单”→“工具”→“表达式”命令，也可直接按快捷键 Ctrl+E，打开“表达式”对话框。

（3）在对话框列表中选择 p1 表达式，它的名称与表达式的值列在对话框公式选项栏中，如图 6-18 所示。

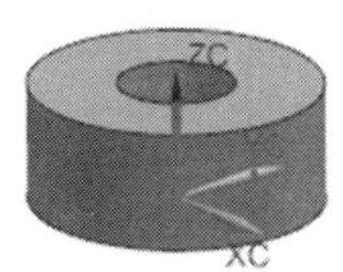

图 6-17　创建圆柱体

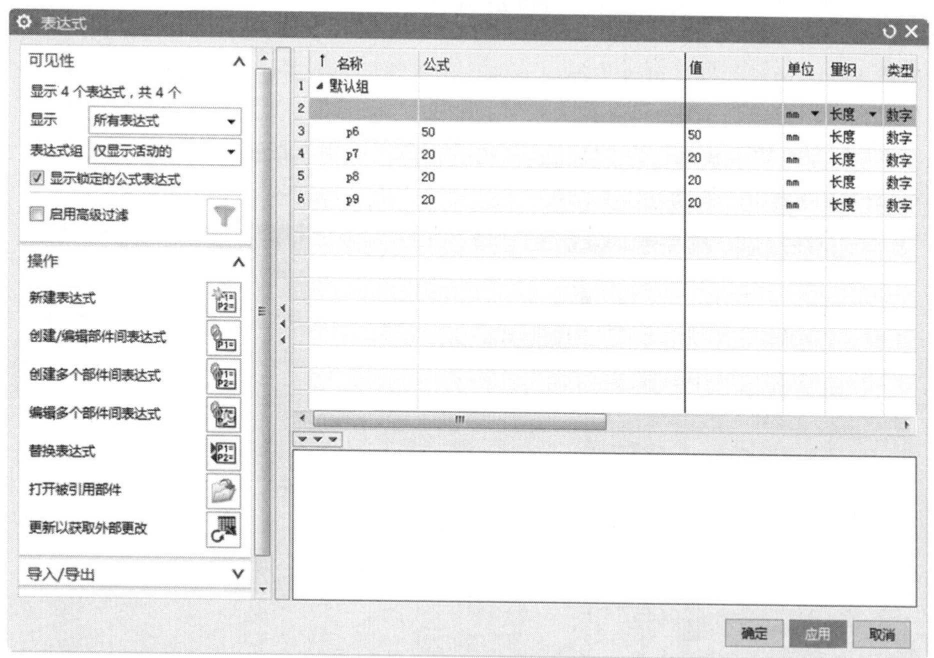

图 6-18　表达式列表栏

☑ 重命名：名称为 p1 的表达式表示的是圆柱体的高度。这个名称是由系统直接命名的，为了便于理解，可以将名称改为 height。

Note

☑ 利用表达式更新实体：在“公式”对应的栏目中，将原来为20的值修改为50，然后单击“应用”按钮；将p3的公式修改为height，单击“应用”按钮，此时的表达式列表栏如图6-19所示。零件被更新，如图6-20所示。

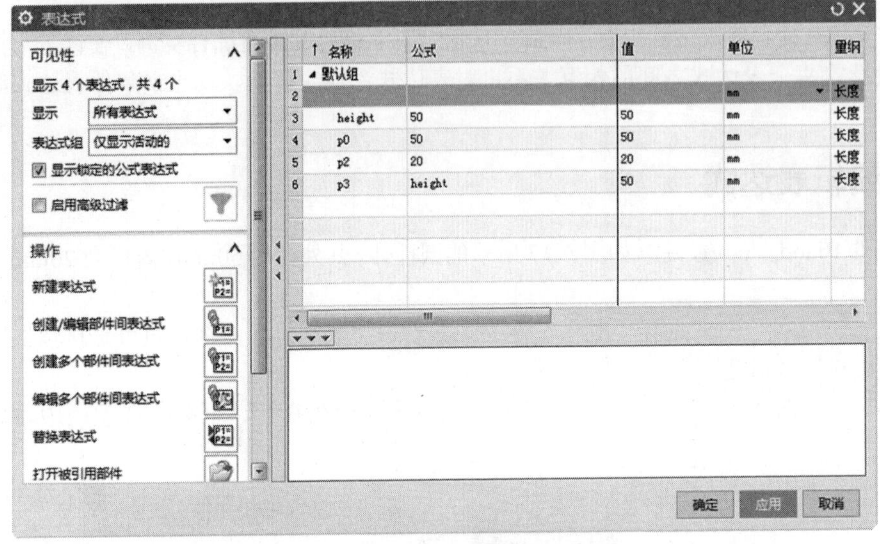

图6-19　重命名

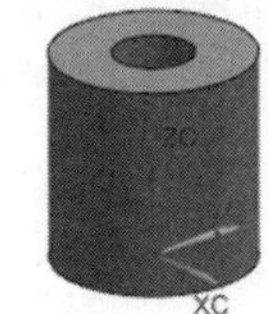

图6-20　更新后的模型示意图

6.5.2　设置两个表达式之间的相互关系

建立两个表达式的相关性，可以使得一个表达式随着另一个表达式的变化而变化。

在表达式列表栏中选择名称为p0的表达式，它表示的是圆柱体的直径。用上述方法将其重命名为diameter，并把原来的公式修改为2*height，然后单击“应用”按钮，此时表达式列表栏如图6-21所示。则实体模型被更新，如图6-22所示。

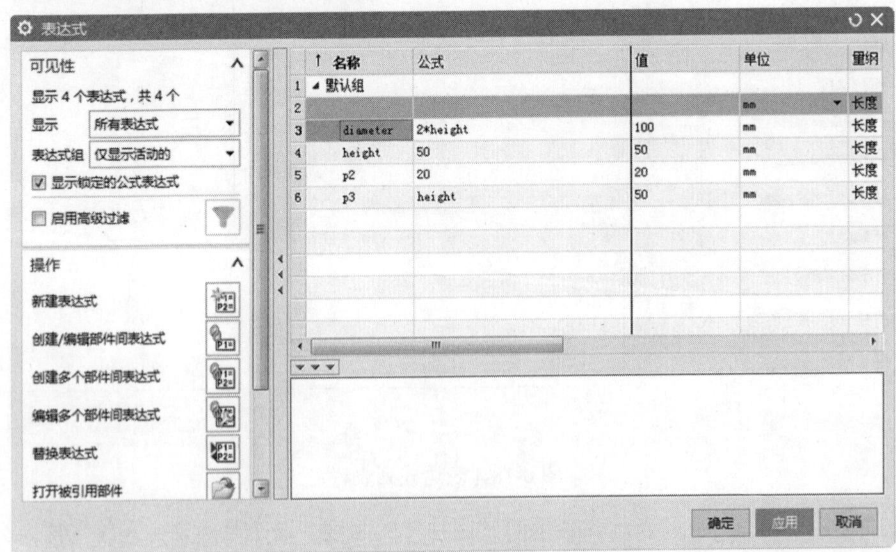

图6-21　创建直径与高度的相关性

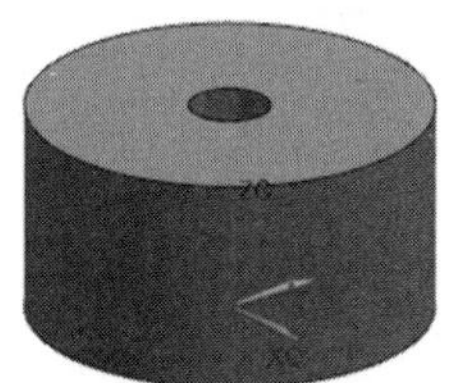

图 6-22 更新后的模型示意图

6.5.3 对表达式添加注解

在用户自己输入表达式时添加注解，可以解释每个表达式的意义或者目的。

有两种方式都可以对表达式添加注解，下面以名称为 diameter 的表达式为例。

（1）在表达式列表栏中选中名称为 diameter 的表达式，在对话框“公式”栏对应的表达式后添加双正斜线“//”，并加上注释内容，如图 6-23 所示。

（2）在表达式列表栏中单击“应用”按钮，则此时表达式列表栏如图 6-24 所示。

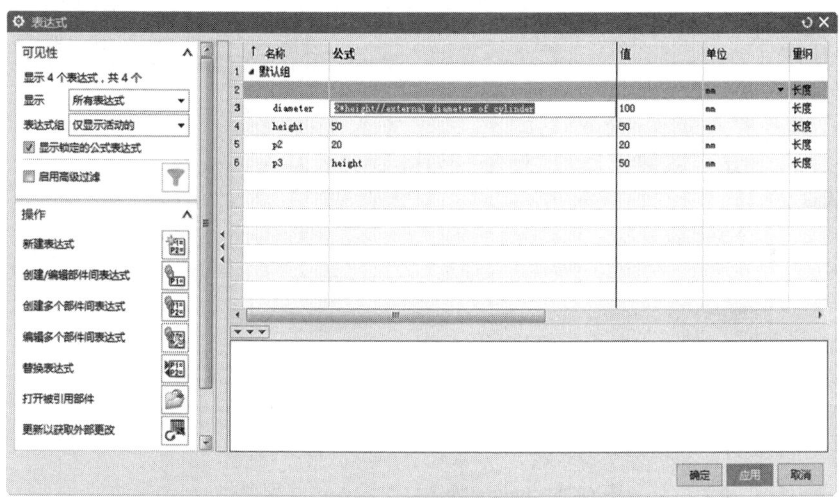

图 6-23 添加注释内容

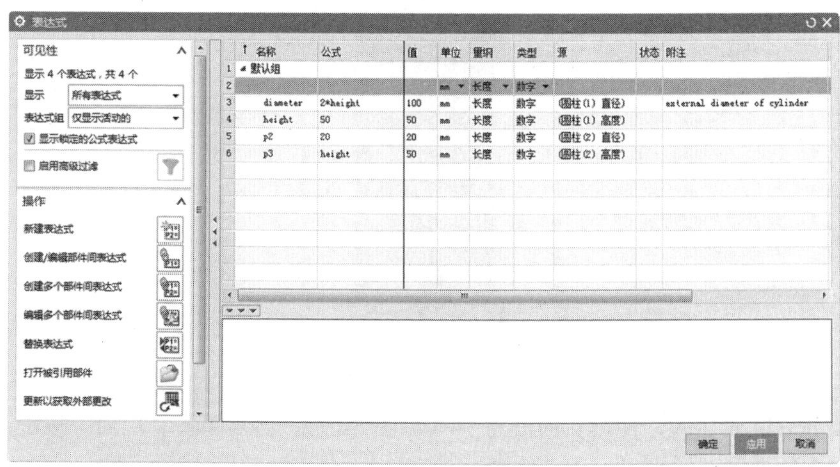

图 6-24 “表达式”对话框

Note

6.5.4 建立条件表达式

例如，选中名称为 diameter 的表达式，在“表达式”对话框的“公式”栏中，修改原来的数学表达式为条件表达式，然后单击“应用”按钮。语句如下。

```
if (height>100) (100) else (2*height)    // external diameter of cylinder
```

其含义为当 height（高度）大于 100 时，diameter（直径）的值固定为 100；当高度小于 100 时，直径的值为高度的两倍。

在表达式列表栏中选中名称为 height 的表达式，修改该表达式的值为 200，然后单击“应用”按钮，此时的表达式列表栏如图 6-25 所示，则实体模型被更新，如图 6-26 所示。此时 diameter 的值为 100。

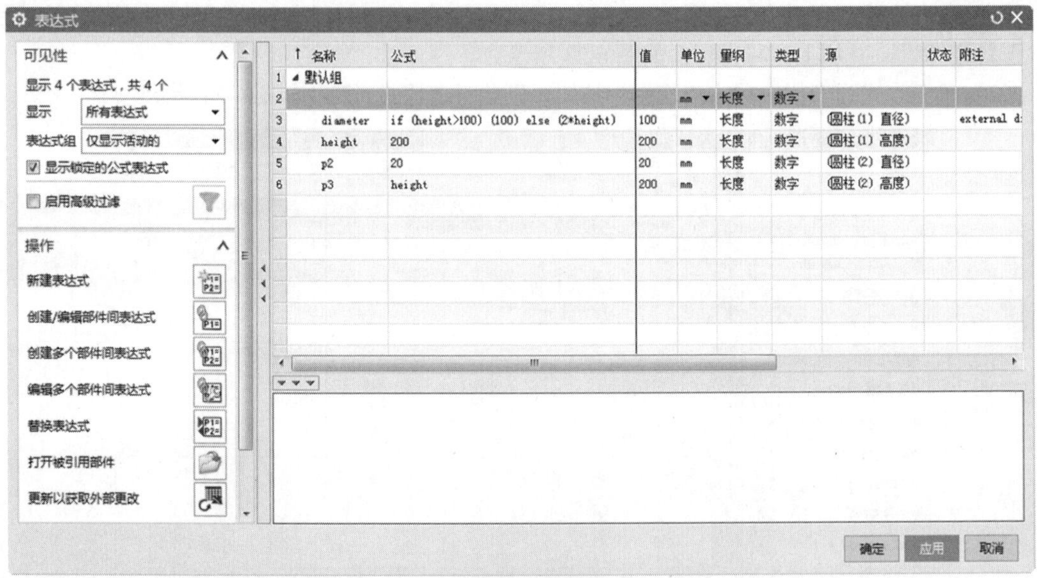

图 6-25 height 为 200 时的表达式列表栏

图 6-26 更新后的模型示意图

如果修改 height 表达式，使得它的值为 70（见图 6-27），然后单击“应用”按钮，则更新后的实体模型如图 6-28 所示。此时 diameter 值为 140。

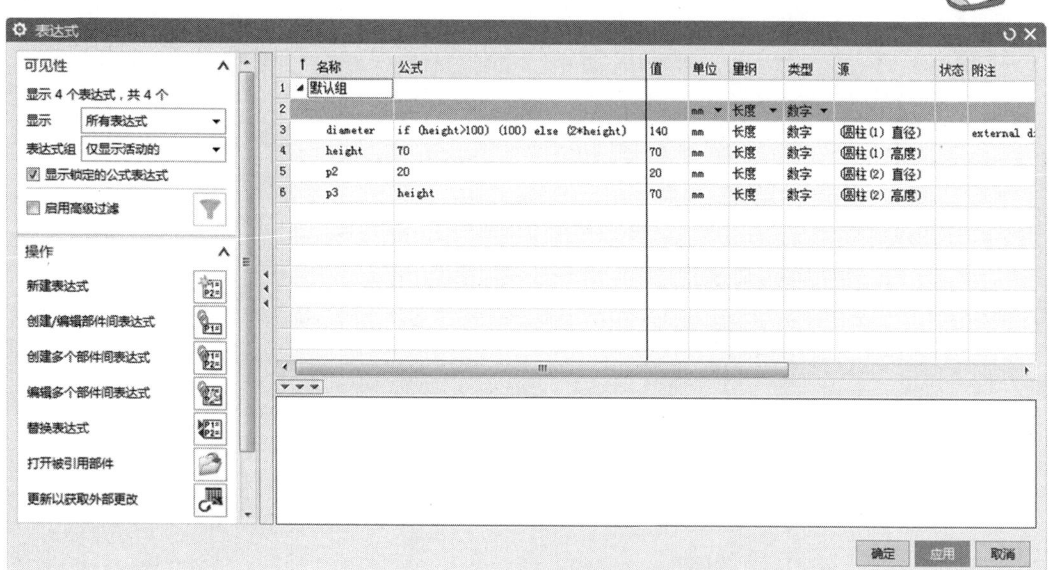

图 6-27　编辑 height 值为 70

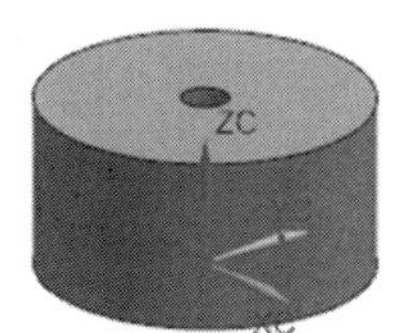

图 6-28　更新后的模型

▶▶第2篇

设计实战篇

本篇将在读者熟练掌握第1篇UG相关基础知识的基础上，进行各种类型机械零件的绘制方法与技巧的讲解。按结构从易到难的顺序分别讲解轴套类零件、紧固件、盘盖类零件的参数化、叉架类零件、齿轮类零件、箱体类零件的设计思路与方法。

通过本篇的学习，读者可以完整掌握UG中各种机械零件的设计方法与技巧，达到熟练使用UG进行各种机械零件三维设计建模的学习目的。

第7章 轴套类零件设计

（视频讲解：23 分钟）

本章主要通过介绍减速器中一些简单零件的建模方法，来熟悉 UG 建模模块的一些基本操作。减速器中简单零件主要有键、销、垫片、油封圈和定距环、轴、轴承等，它们主要起定位和密封的作用。

【学习重点】

- 键、销、垫片类零件
- 油封圈和定距环
- 轴的设计
- 轴承的设计

7.1　键、销、垫片类零件

键类零件主要用于连接和传动，例如，减速器高速轴端的动力输入，低速轴与齿轮的连接和传动，以及低速轴端的动力输出；销类零件用于精确定位，在减速器中用在底座和上盖的定位；垫片主要用于螺栓和螺母的连接处。

7.1.1　键

视频讲解

制作思路

绘制和编辑草图曲线，通过拉伸或旋转操作建立实体，生成倒角等细部特征。

生成键的操作步骤如下。

（1）启动 UG NX 12.0，单击“新建”按钮或选择“菜单”→“文件”→“新建”命令，创建新部件，文件名为 jian，单击“确定”按钮，进入 UG 建模环境。

（2）选择“菜单”→“插入”→“在任务环境中绘制草图”命令，系统打开如图 7-1 所示的“创建草图”对话框，单击“确定”按钮，进入草图模式。

（3）单击“圆”按钮或选择“菜单”→“插入”→“曲线”→“圆”命令，系统打开如图 7-2 所示的“圆”对话框，在该对话框中的按钮从左到右分别表示“圆心和直径定圆”“三点定圆”“坐标模式”和“参数模式”，利用该对话框建立圆。此处需要建立两个圆，操作方法如下。

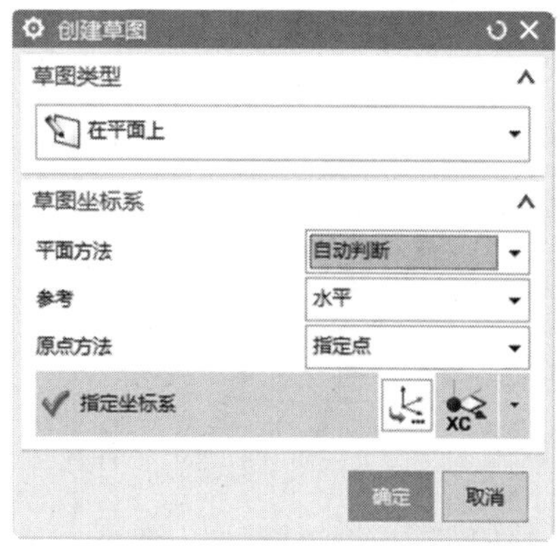

图 7-1　“创建草图”对话框

图 7-2　“圆”对话框

① 单击“圆心和直径定圆”按钮和“参数模式”按钮。

② 系统出现图 7-3（a）所示对话框，在该对话框中设定圆心坐标后按 Enter 键。

③ 系统出现图 7-3（b）所示对话框，在该对话框中设定圆的直径后按 Enter 键建立圆。

两个圆的圆心分别为（0,0）和（34,0），直径都为 16mm，如图 7-4 所示。

Note

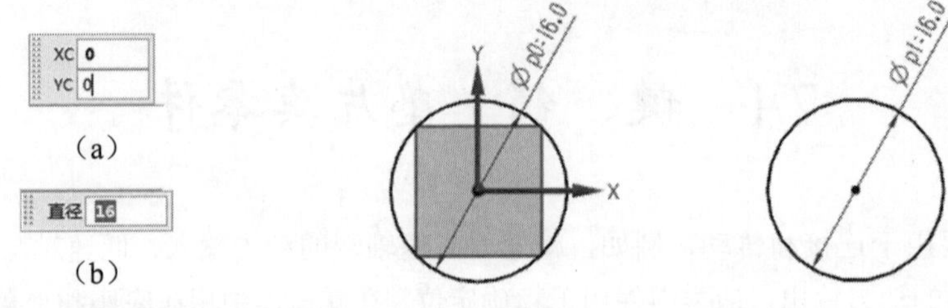

图 7-3　坐标对话框　　　　图 7-4　建立的两个圆

（4）单击“直线”按钮或选择“菜单”→“插入”→“曲线”→“直线”命令，建立两圆的外切线，操作方法如下。

① 将光标指向图 7-4 中左侧的圆，系统会将光标所指点的坐标显示出来，在出现按钮后，如图 7-5 所示，单击建立该圆的切线，切线的起点为圆上的点。

② 建立直线的起点后，移动光标到图 7-4 中右侧的圆，当出现图 7-6 中所示的情形时，在“长度”和“角度”文本框中输入直线长度和角度值，按 Enter 键建立直线。

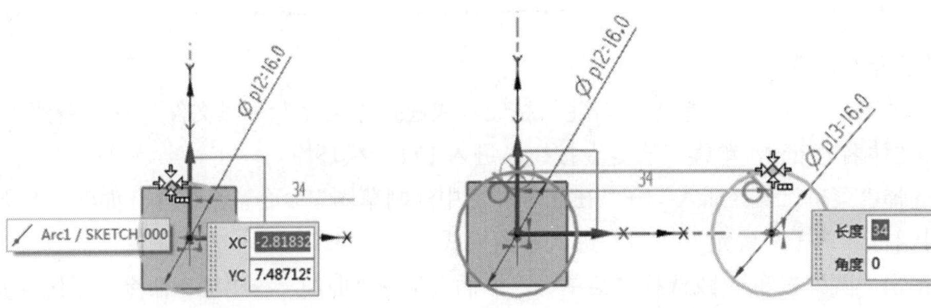

图 7-5　选择直线起点　　　　图 7-6　选择直线终点

用相同的方法，建立与两圆相切的另外一条直线，结果如图 7-7 所示。

（5）单击“快速修剪”按钮或选择“菜单”→“编辑”→“曲线”→“快速修剪”命令，对所建草图进行修剪，最后结果如图 7-8 所示。

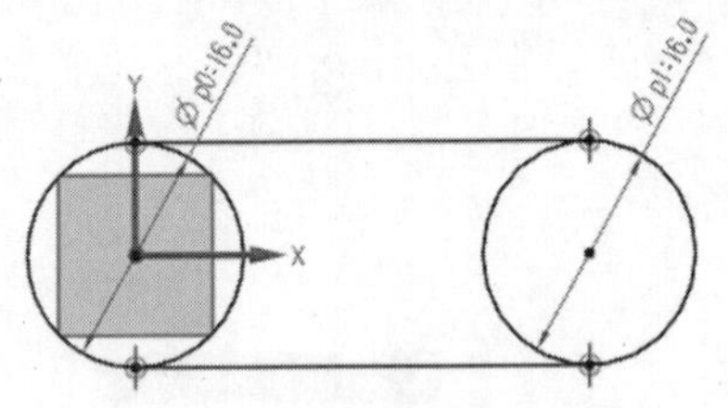

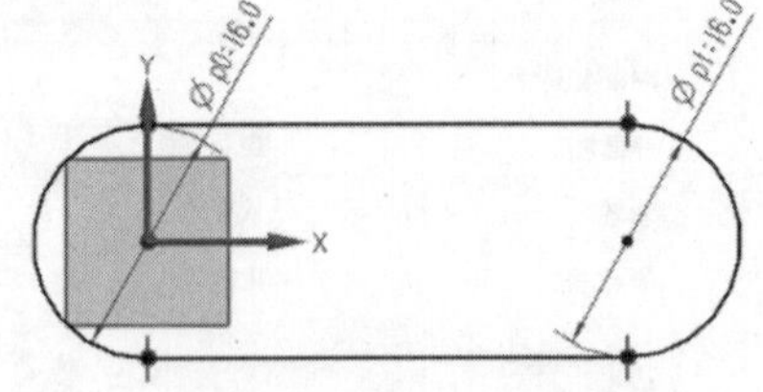

图 7-7　生成的两条切线　　　　图 7-8　剪裁后的图形

（6）单击“完成”按钮或选择“菜单”→“任务”→“完成草图”命令，退出草图模式，进入建模模式。

（7）单击“拉伸”按钮或选择“菜单”→“插入”→“设计特征”→“拉伸”命令，系统打开“拉伸”对话框，如图 7-9 所示。利用该对话框拉伸草图中创建的曲线，操作方法如下。

① 选择刚刚建立的草图曲线。

② 在“指定矢量”下拉列表中选择 ZC 选项作为拉伸方向。

③ 在该对话框中设定结束距离为 10mm，其他均为 0mm。单击“确定”按钮完成拉伸，结果如图 7-10 所示。

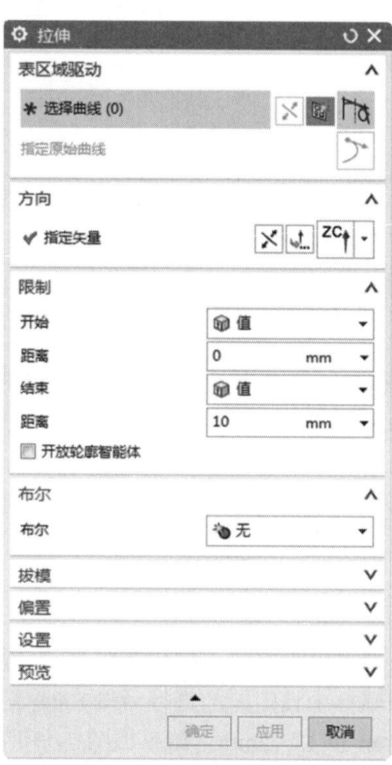

图 7-9 “拉伸”对话框

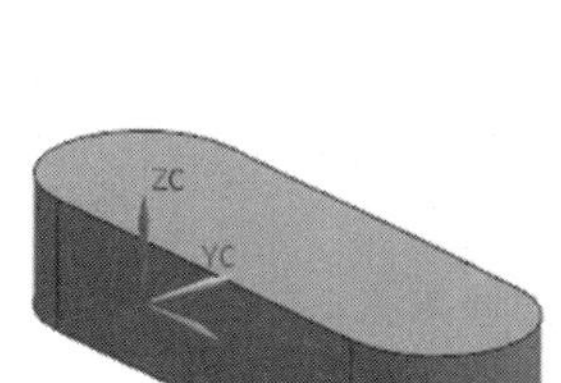

图 7-10 拉伸体

（8）单击“倒斜角”按钮或选择“菜单”→“插入”→“细节特征”→“倒斜角”命令，系统打开“倒斜角”对话框，如图 7-11 所示。利用该对话框进行倒角，操作方法如下。

① 在如图 7-11 所示的对话框的“横截面”下拉列表中选择“对称”选项，在“距离”文本框中输入 0.5。

② 选择需要倒角的边。选择时即可直接选择键的各条边，单击“确定”按钮，完成键的创建，最后结果如图 7-12 所示。

减速器中还有两个键。其中一个键的底面圆直径为 14mm，圆心距离为 46mm，拉伸高度为 9mm；另一个键的圆直径为 8mm，圆心距离为 42mm，拉伸高度为 7mm。倒角偏置距离都是 0.5mm。

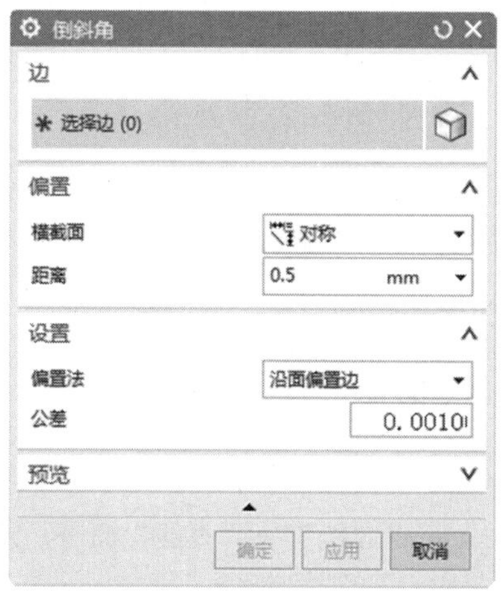

图 7-11 “倒斜角”对话框

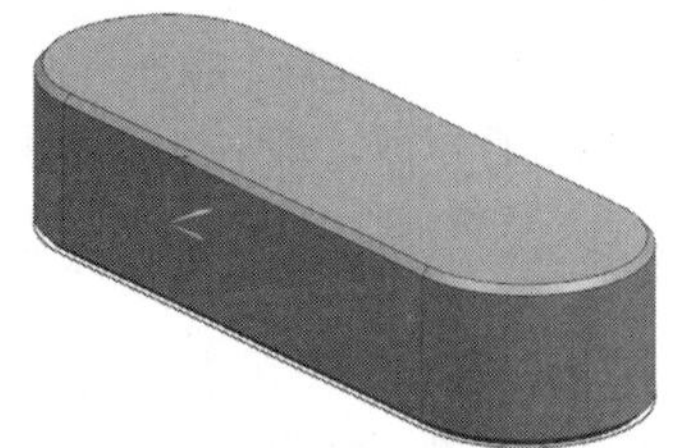

图 7-12 倒角结果

视频讲解

Note

7.1.2 销

制作思路

绘制和编辑草图曲线；通过拉伸或回转操作建立实体；生成倒角等细部特征。

生成销的操作步骤如下。

（1）启动 UG NX 12.0，单击“新建”按钮或选择“菜单”→“文件”→“新建”命令，创建新部件，文件名为 xiao，单击“确定”按钮，进入 UG 建模环境。

（2）选择“菜单”→“插入”→“在任务环境中绘制草图”命令，进入草图模式。

（3）单击“圆”按钮或选择“菜单”→“插入”→“曲线”→“圆”命令，系统打开如图 7-2 所示的对话框，利用该对话框建立圆。

此处需要建立两个圆，操作方法如下。

① 单击和。

② 系统出现如图 7-3（a）所示的对话框，在该对话框中设定圆心坐标后按 Enter 键。

③ 系统出现如图 7-3（b）所示的对话框，在该对话框中设定圆的直径后按 Enter 键建立圆。

两个圆的圆心为（0,0）和（13.44,0），直径为 16mm 和 17.12mm，结果如图 7-13 所示。

（4）单击“点”按钮或选择“菜单”→“插入”→“基准/点”→“点”命令，系统打开“草图点”对话框，如图 7-14 所示。在 XC、YC、ZC 文本框中输入点的坐标值建立点。

此处建立 4 个点，其坐标分别为：第 1 个点 XC=−7、YC=10、ZC=0；第 2 个点 XC=−7、YC=−10、ZC=0；第 3 个点 XC=21、YC=10、ZC=0；第 4 个点 XC=21、YC=−10、ZC=0。

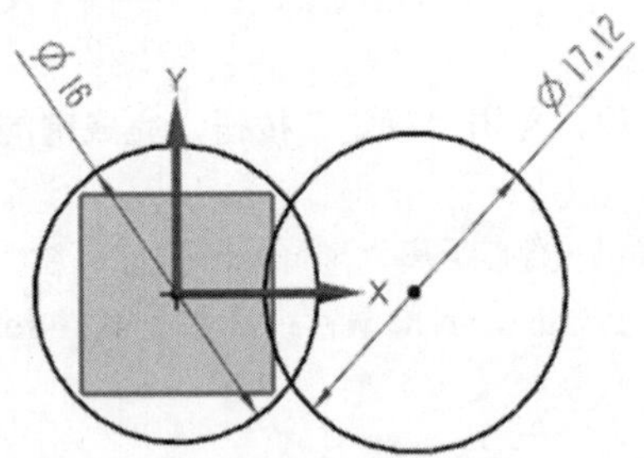

图 7-13 生成的圆

图 7-14 “草图点”对话框

（5）单击“直线”按钮或选择“菜单”→“插入”→“曲线”→“直线”命令，分别连接第 1 点和第 2 点，第 3 点和第 4 点建立直线，同时在 XC 轴上创建一条直线，使该直线能横穿两个圆。得到的结果如图 7-15 所示。

（6）单击“快速修剪”按钮或选择“菜单”→“编辑”→“曲线”→“快速修剪”命令，对所画的图形进行修剪，最后结果如图 7-16 所示。刚刚创建的 4 个点也可以删除。

注意：在 XC 轴上创建的直线保留圆弧之间的部分。

（7）单击“直线”按钮或选择“菜单”→“插入”→“曲线”→“直线”命令，连接剩余圆弧的两个端点，得到的结果如图 7-17 所示。

（8）单击“完成”按钮或选择“菜单”→“任务”→“完成草图”命令，退出草图模式，进入建模模式。

（9）单击“旋转”按钮或选择“菜单”→“插入”→“设计特征”→“旋转”命令，系统打开“旋转”对话框，如图 7-18 所示。利用该对话框进行旋转，操作方法如下。

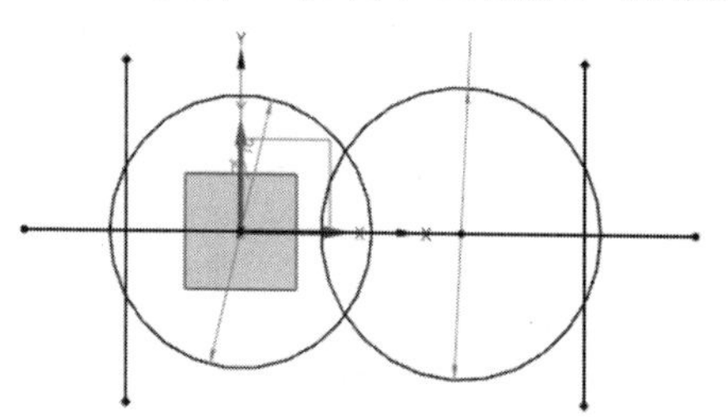

图 7-15　生成的直线图

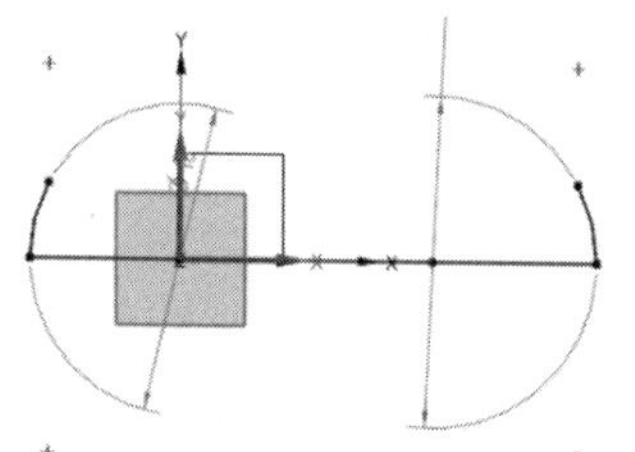

图 7-16　修剪后的结果

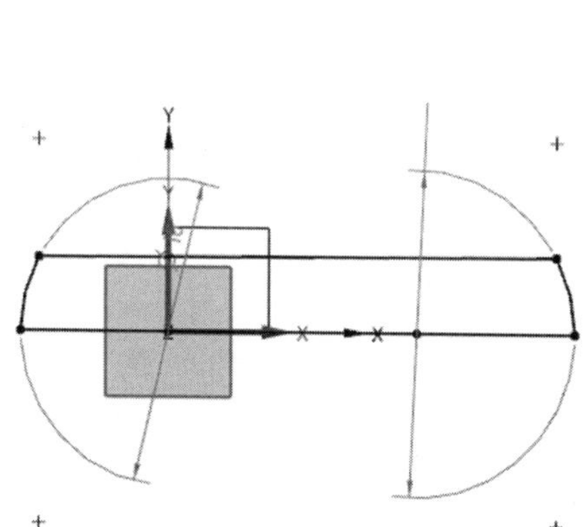

图 7-17　完整的草图

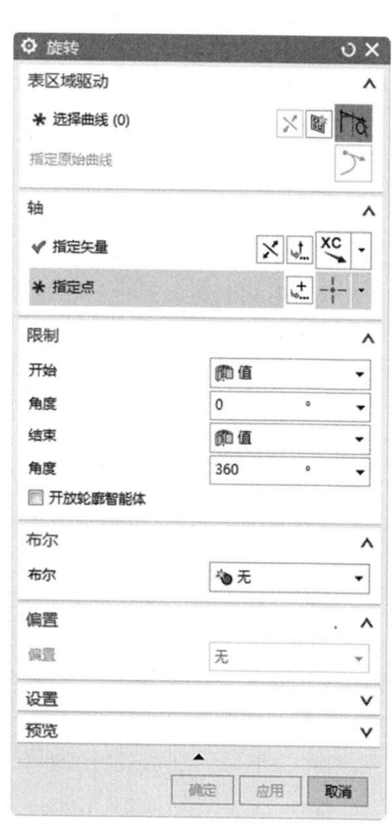

图 7-18　“旋转”对话框

① 选择刚刚建立的草图曲线。

② 在“指定矢量”下拉列表中选择“（XC 轴）”选项为旋转轴。

③ 单击“点对话框”按钮，在系统打开的如图 7-19 所示的“点”对话框中设置点的坐标为（0,0,0），作为旋转中心。单击“确定”按钮，返回“旋转”对话框。

④ 在“旋转”对话框中设置旋转开始角度为 0°，结束角度为 360°。

⑤ 单击“确定”按钮完成旋转。

最后生成的销如图 7-20 所示。

Note

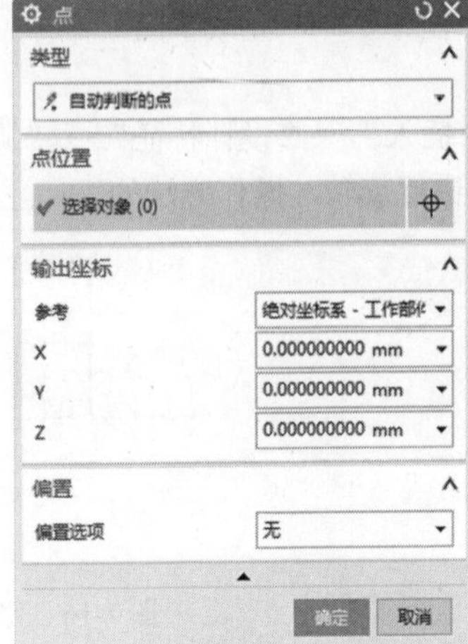

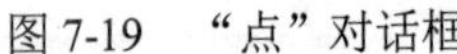

图 7-19　“点”对话框

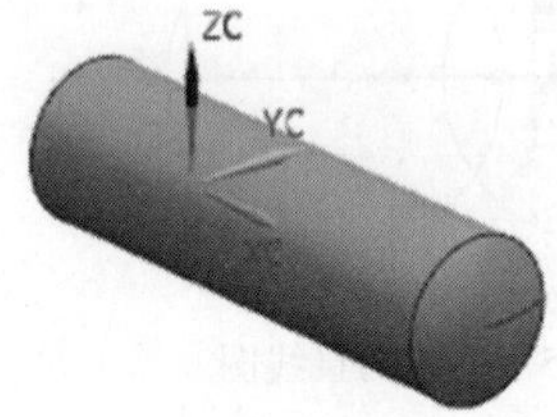

图 7-20　生成的销

视频讲解

7.1.3　平垫圈

制作思路

绘制和编辑草图曲线；通过拉伸或回转操作建立实体；生成倒角等细部特征。

生成平垫圈操作的步骤如下。

（1）启动 UG NX 12.0，单击“新建”按钮或选择“菜单”→“文件”→“新建”命令，创建新部件，文件名为 pingdianquan，单击“确定”按钮，进入 UG 建模环境。

（2）选择“菜单”→“插入”→“在任务环境中绘制草图”命令，进入草图模式。

（3）单击“圆”按钮或选择“菜单”→“插入”→“曲线”→“圆”命令，系统打开“圆”对话框，利用该对话框建立圆。

此处需要建立两个圆，操作方法如下。

① 单击和。

② 系统出现图 7-3（a）所示对话框，在该对话框中设定圆心坐标后按 Enter 键。

③ 系统出现图 7-3（b）所示对话框，在该对话框中设定圆的直径后按 Enter 键建立圆。

两个圆的圆心均为（0,0），直径为 10.5mm 和 20mm，结果如图 7-21 所示。

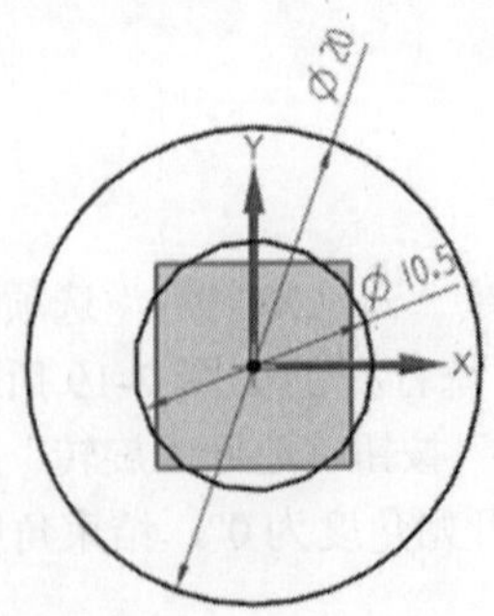

图 7-21　生成的同心圆

（4）单击“完成”按钮或选择“菜单”→“任务”→“完成草图”命令，退出草图模式，进入建模模式。

（5）单击“拉伸”按钮或选择“菜单”→“插入”→“设计特征”→“拉伸”命令，系统打开“拉伸”对话框，如图 7-22 所示。利用该对话框拉伸草图中创建的曲线，操作方法如下。

① 选择刚刚在草图中创建的同心圆的任意一个，系统将自动把两个圆都选中，若不能同时选中，可先选择小圆再选择大圆。

② 在“指定矢量”下拉列表中选择“ZC（ZC 轴）”选项作为拉伸方向。

③ 设置结束距离为 2mm，其他均为 0mm，单击“确定”按钮完成拉伸。

生成的平垫圈如图 7-23 所示。

另外还有一类垫片的内圆直径为 13mm，外圆直径为 24mm，厚度为 2.5mm。

图 7-22 “拉伸”对话框

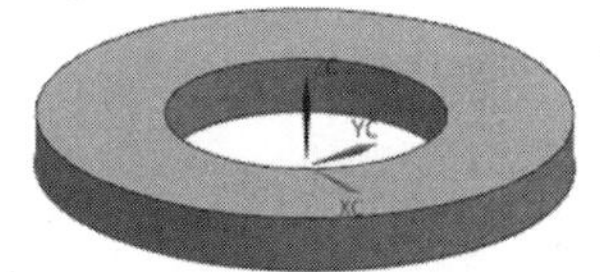

图 7-23 生成的平垫圈

7.2 油封圈和定距环

油封圈和定距环也可以采用先生成草图曲线再拉伸的方法建立，但是本节介绍另一种方法，即通过建立圆柱和进行布尔操作的方法生成油封圈和定距环。

制作思路

首先建立圆柱，然后进行布尔操作。

视频讲解

Note

7.2.1 低速轴油封圈

生成低速轴油封圈的操作步骤如下。

（1）启动 UG NX 12.0，单击“新建”按钮或选择“菜单”→“文件”→“新建”命令，创建新部件，文件名为 youfengquan，单击“确定”按钮，进入 UG 建模环境。

（2）单击“圆柱”按钮或选择“菜单”→“插入”→“设计特征”→“圆柱”命令，系统打开“圆柱”对话框，如图 7-24 所示。利用该对话框建立圆柱，操作方法如下。

① 在如图 7-24 所示的“圆柱”对话框“类型”下拉列表中选择“轴，直径和高度”选项。

② 在“指定矢量”下拉列表中选择ZC选项作为圆柱体的轴向。

③ 设置圆柱直径为 64mm，高度为 7mm。

④ 单击“点对话框”按钮，系统打开“点”对话框，在该对话框中输入点坐标为（0,0,0），作为圆柱体中心建立圆柱。

⑤ 重复上述操作，再建立一个圆柱，设置圆柱直径为 52mm，高度为 7mm，其他参数完全相同。

⑥ 在“布尔”下拉列表中选择“减去”选项，完成建立油封圈。

生成的油封圈如图 7-25 所示。

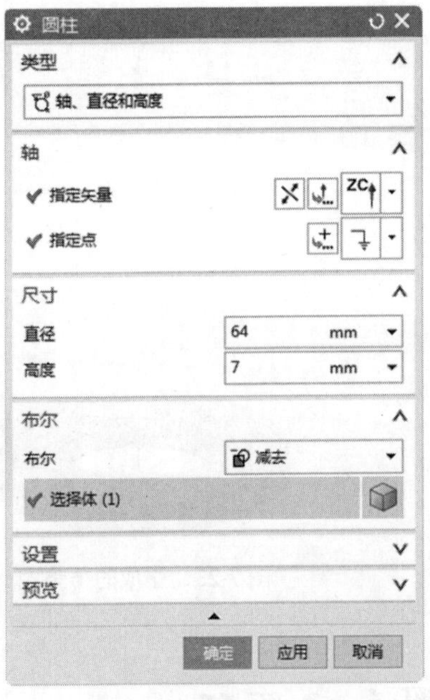

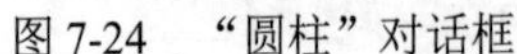
图 7-24 “圆柱”对话框

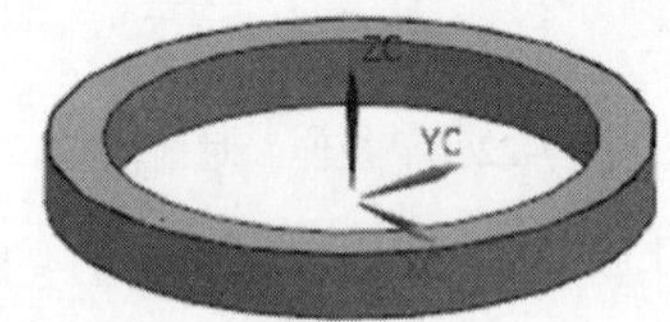

图 7-25 低速轴油封圈

生成高速轴油封圈的方法与生成低速轴油封圈的方法相同，不同的是生成高速轴油封圈时的圆柱直径分别为 46mm 和 38mm。

7.2.2 定距环

定距环的生成方法与油封圈的生成方法相同。

其中有两个定距环的内、外半径分别为 80mm 和 100mm，厚度为 12.25mm；另外两个定距环的内、外半径分别为 60mm 和 80mm，厚度为 16.25mm；还有一个定距环的内、外半径分别为 55mm 和 65mm，厚度为 14mm。

Note

7.3 轴的设计

轴是机器中的重要零件之一，用来支持旋转的机械零件，如齿轮、带轮等。根据所承受外部载荷的不同，轴可以分为转轴、传动轴和心轴 3 种。按其不同的结构形式，又可以把常见的轴类零件分为同截面轴、阶梯轴和空心轴等，如图 7-26 所示。

从图 7-26 中可以看出，不同结构形式的轴类零件存在着一些共同特点，一般来说，都是由相同或不同直径的圆柱段连接而成的。由于装配齿轮、带轮等旋转零件的需要，轴类零件上一般要开有键槽，同时还有轴端倒角、圆角等特征。这些共同的特征是进行实体建模的基础。

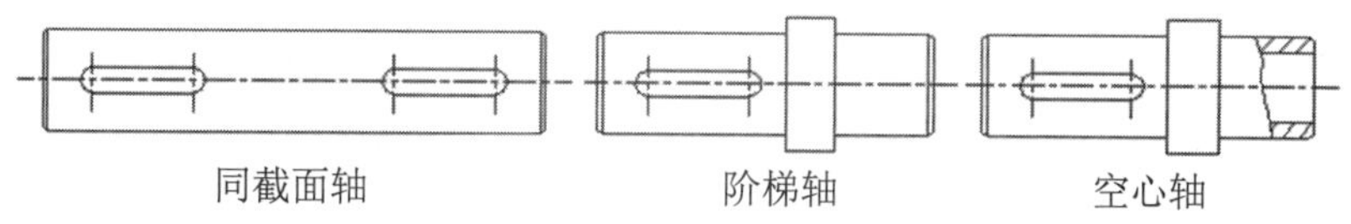

图 7-26 轴类零件的几种结构形式

制作思路

根据轴类零件的特点，综合运用 UG NX 12.0 中的圆柱特征、凸起特征、拉伸特征等来完成一个典型轴类零件的创建，完成后轴的效果图如图 7-27 所示。

图 7-27 轴

7.3.1 创建圆柱特征

创建两个圆柱特征作为下一步凸起特征的基体，具体的创建过程如下。

（1）进入 UG NX 12.0 软件，单击“新建”按钮或选择“菜单”→“文件”→“新建”命令，在打开的“新建”对话框中，输入文件名 chuandongzhou。完成后单击“确定”按钮，进入 UG 建模环境。

（2）单击“圆柱”按钮或选择“菜单”→“插入”→“设计特征”→“圆柱”命令，系统打开如图 7-28 所示的“圆柱”对话框。选择“轴、直径和高度”类型，在“指定矢量”下拉列表中选择 XC 选项作为圆柱的轴向，设定圆柱直径为 55mm，高度为 21mm。单击“点对话框”按钮，在打开的“点”对话框中设置坐标原点作为圆柱的中心，单击“确定”按钮，生成的圆柱 1 如图 7-29 所示。

（3）单击“圆柱”按钮或选择“菜单”→“插入”→“设计特征”→“圆柱”命令，系统打开“圆柱”对话框。在“类型”下拉列表中选择“轴、直径和高度”选项，在“指定矢量”下拉列表中选择 XC 选项作为圆柱的轴向，设定圆柱直径为 65mm，高度为 12mm。单击“点对话框”按钮，在打开的“点”对话框中设置步骤（2）创建的圆柱的顶面圆心作为圆柱的中心，单击“确定”按钮，生成的圆柱 2 如图 7-30 所示。

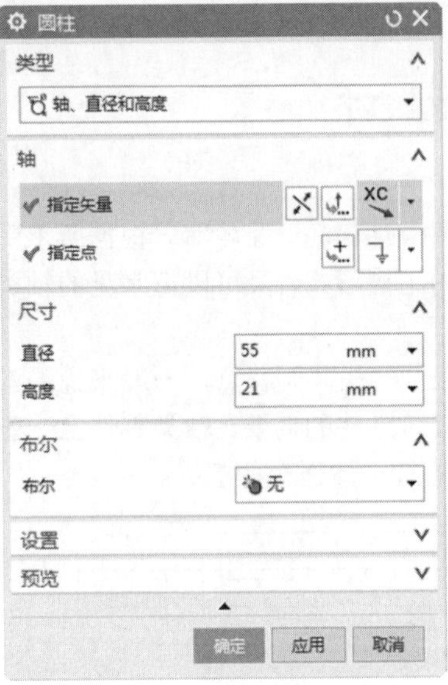

图 7-28 “圆柱”对话框

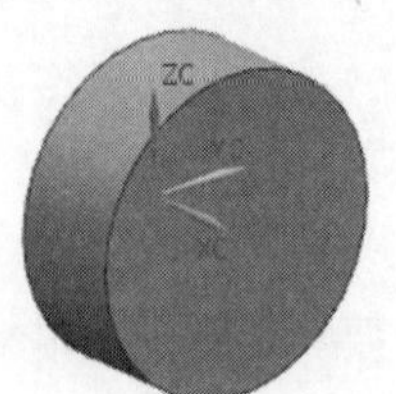

图 7-29 创建圆柱 1

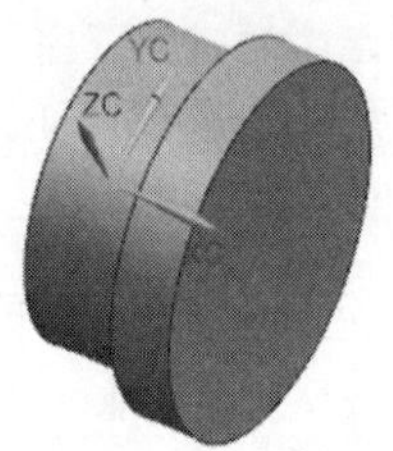

图 7-30 创建圆柱 2

7.3.2 生成凸起

下面以圆柱为基体生成 4 段凸起特征作为阶梯轴的其他部分，具体的创建过程如下。

（1）单击“凸起”按钮或选择“菜单”→“插入”→“设计特征”→“凸起”命令，打开如图 7-31 所示的“凸起”对话框。单击“绘制截面”按钮，打开“创建草图”对话框，选择圆柱 2 的顶面作为草图绘制平面，单击“确定”按钮，进入草图绘制界面。单击“圆”按钮○或选择“菜单”→“插入”→“曲线”→“圆”命令，打开“圆”对话框，绘制如图 7-32 所示的圆心在原点、直径为 58mm 的圆。单击“完成”按钮或选择“菜单”→“任务”→“完成草图”命令，退出草图绘制环境，返回“凸起”对话框，选择绘制的圆为要创建凸起的曲线，选择圆柱 2 的顶面作为要凸起的面，在“距离”文本框中输入 57，单击“确定”按钮，创建的凸起 1 如图 7-33 所示。

（2）重复步骤（1），创建阶梯轴的剩余部分。剩余部分凸起特征的尺寸按 XC 轴正向顺序分别为（55,36）、（52,67）、（45,67）（括号内逗号前的数字表示凸起直径，逗号后的数字表示凸起距离），完成后轴的外形如图 7-34 所示。

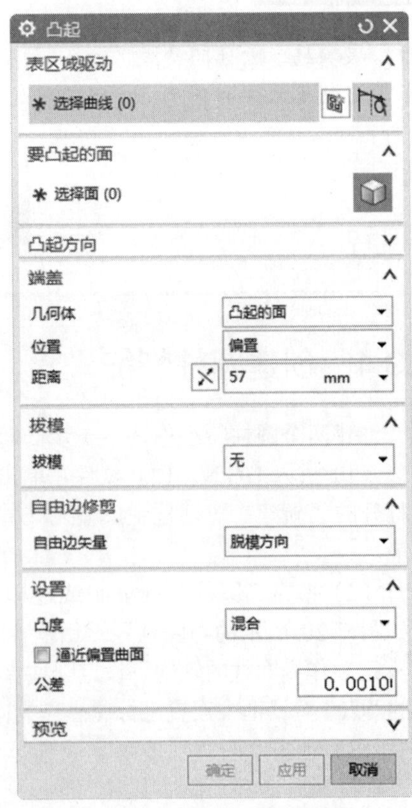

图 7-31 “凸起”对话框

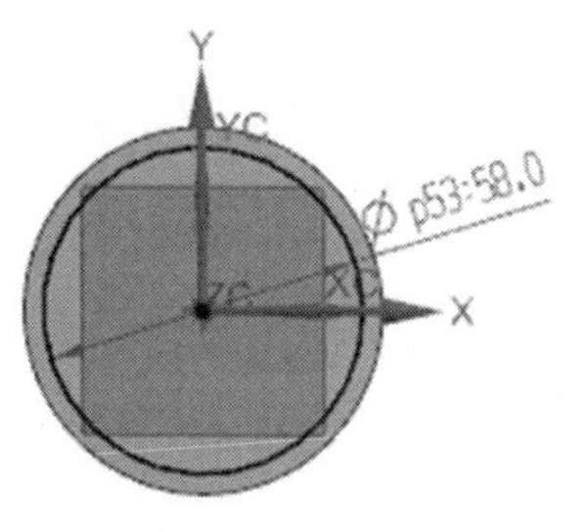

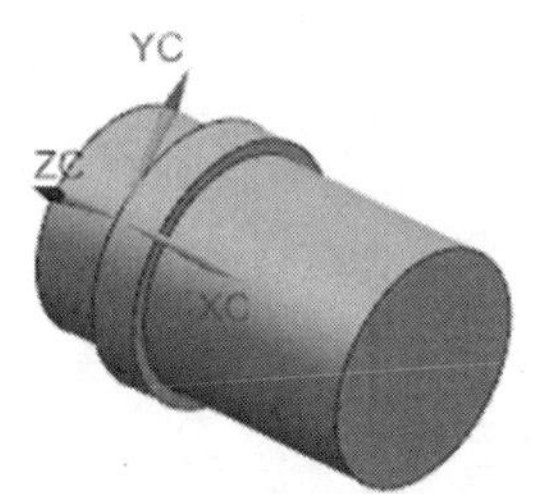

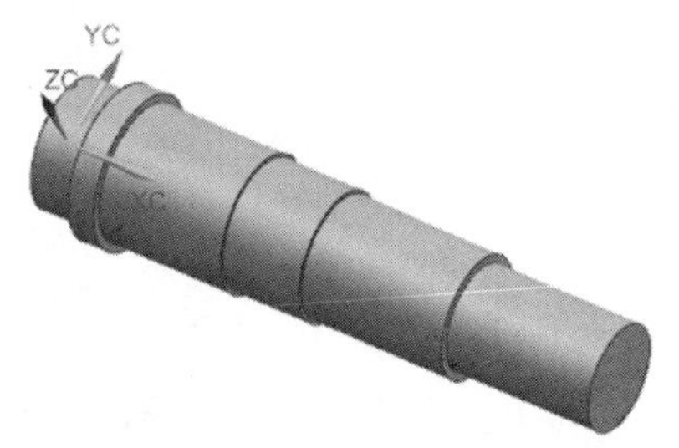

Note

图 7-32　绘制草图　　图 7-33　创建凸起 1　　图 7-34　生成 5 段凸起特征后轴的外形

7.3.3　添加辅助基准平面

为保证键槽的准确定位，必须加入几个辅助基准平面，具体的创建过程如下。

（1）单击“基准平面”按钮或选择“菜单”→“插入”→“基准/点”→“基准平面”命令，系统打开如图 7-35 所示的“基准平面”对话框。

（2）在“类型”下拉列表中选择“相切”选项，在实体中选择圆柱面。在“基准平面”对话框中，单击“应用”按钮，创建基准平面 1。

（3）同理，创建与第 6 段圆柱面相切的基准平面 2，该基准平面为图 7-36 中的基准平面 2。建立的两个基准平面如图 7-36 所示。

图 7-35　“基准平面”对话框

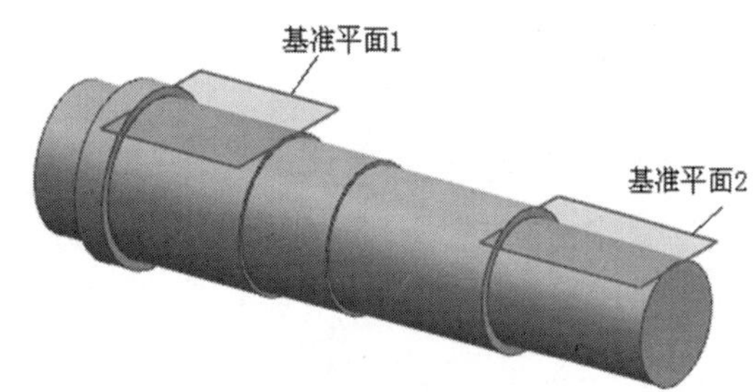

图 7-36　基准平面图

7.3.4　生成键槽

分别在与凸起柱面相切的两个基准平面上创建拉伸特征，完成键槽的创建，具体的创建过程如下。

（1）选择“菜单”→“插入”→“在任务环境中绘制草图”命令，打开 “创建草图”对话框，选择基准平面 1 为草图绘制平面，单击“确定”按钮，进入草图绘制界面。绘制如图 7-37 所示的草图，单击“完成”按钮或选择“菜单”→“任务”→“完成草图”命令，退出草图绘制环境。

Note

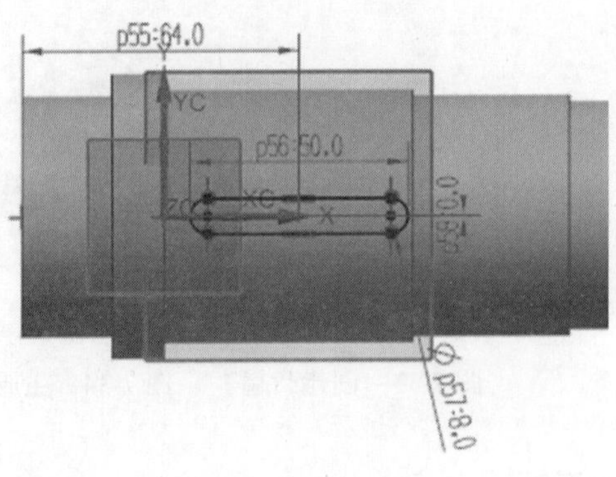

图 7-37　绘制草图

（2）单击“拉伸”按钮或选择“菜单”→“插入”→“设计特征”→“拉伸”命令，系统打开“拉伸”对话框，如图 7-38 所示。选择步骤（2）绘制的草图为拉伸曲线，在“指定矢量”下拉列表中选择“ZC 轴”选项，在“开始”的“距离”和“结束”的“距离”文本框中分别输入 0 和 6，在“布尔”下拉列表中选择“减去”选项，单击“确定”按钮，完成如图 7-39 所示的键槽 1。

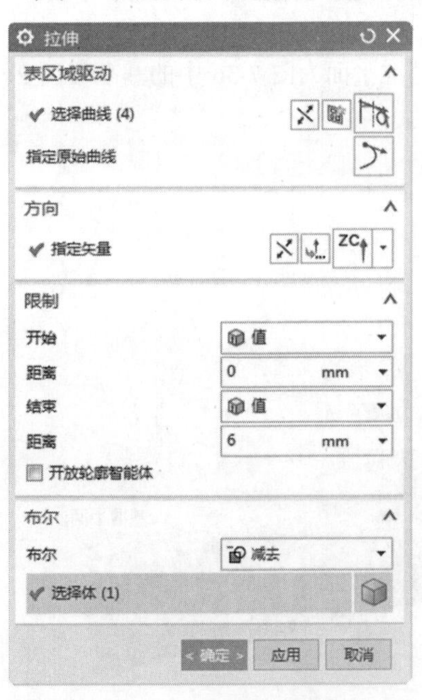

图 7-38　“拉伸”对话框

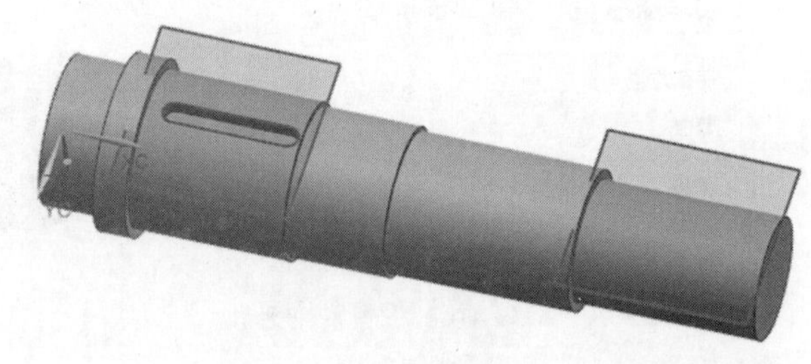

图 7-39　创建键槽 1

（3）选择“菜单”→“插入”→“在任务环境中绘制草图”命令，打开“创建草图”对话框，选择基准平面 2 为草图绘制平面，单击“确定”按钮，进入草图绘制界面。绘制如图 7-40 所示的草图，单击“完成”按钮或选择“菜单”→“任务”→“完成草图”命令，退出草图绘制环境。

（4）单击“拉伸”按钮或选择“菜单”→“插入”→“设计特征”→“拉伸”命令，系统打开“拉伸”对话框。选择步骤（3）绘制的草图为拉伸曲线，在“指定矢量”下拉列表中选择“ZC 轴”选项，在开始距离和结束距离文本框中输入 0 和 5.5，在“布尔”下拉列表中选择“减去”选项，单击“确定”按钮，完成如图 7-41 所示的键槽 1。

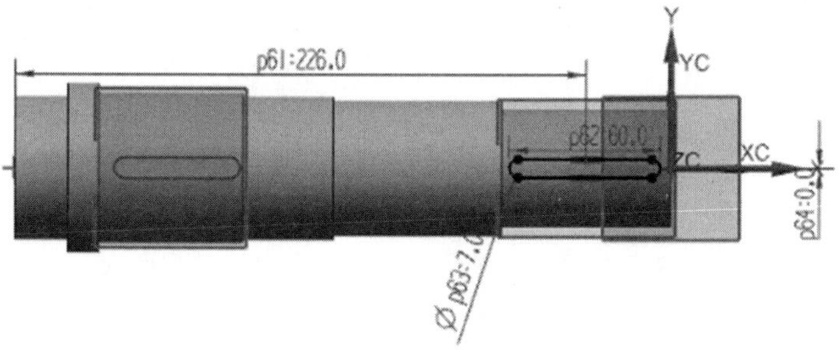

图 7-40　绘制草图

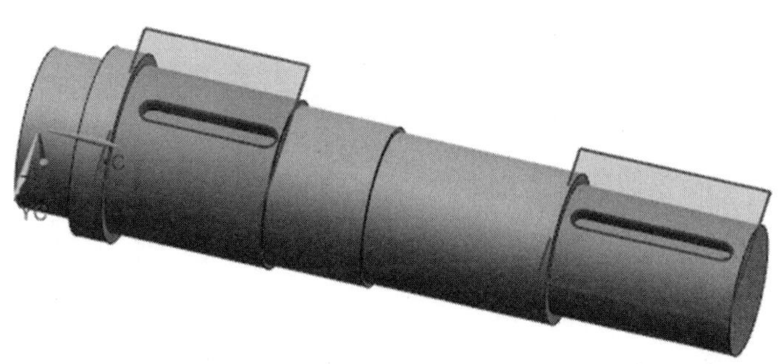

图 7-41　键槽完成图

7.3.5　边倒圆和倒斜角

为阶梯轴添加圆角和倒角特征，具体的创建过程如下。

（1）单击“边倒圆”按钮或选择“菜单”→“插入”→“细节特征”→“边倒圆”命令，打开“边倒圆”对话框，如图 7-42 所示。

（2）单击各段圆柱的相交边缘，分别如图 7-43～图 7-47 所示。在“半径 1”文本框中输入 1.5。

图 7-42　“边倒圆”对话框

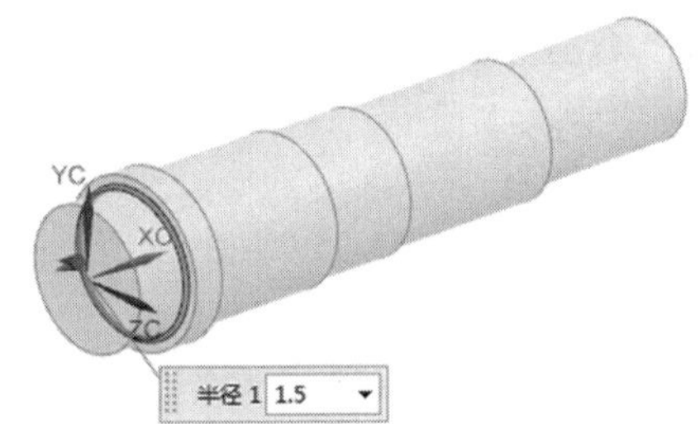

图 7-43　选择第 1 条圆角边

Note

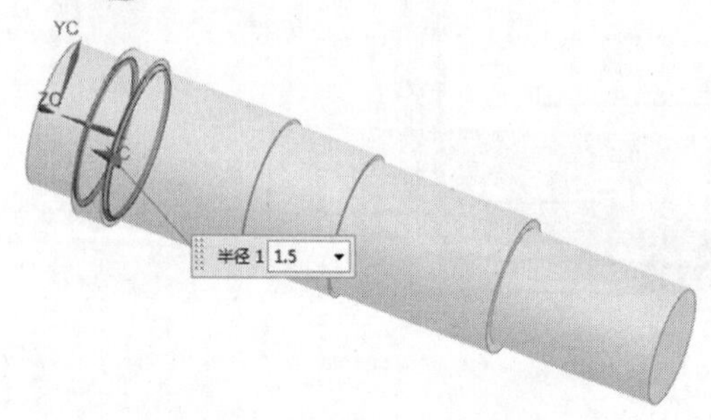

图 7-44　选择第 2 条圆角边

图 7-45　选择第 3 条圆角边

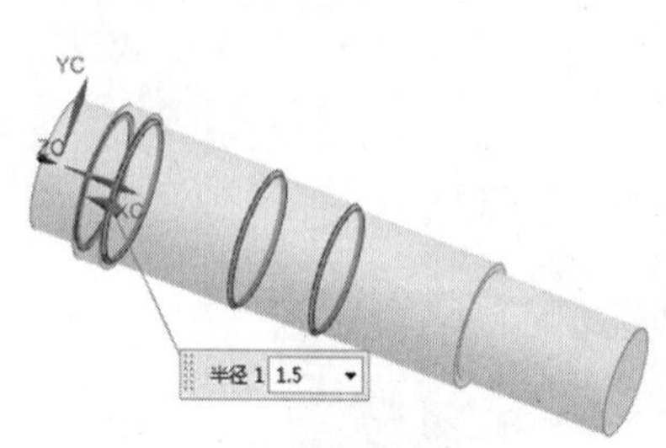

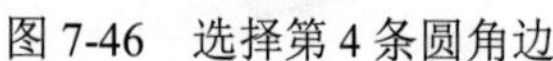

图 7-46　选择第 4 条圆角边

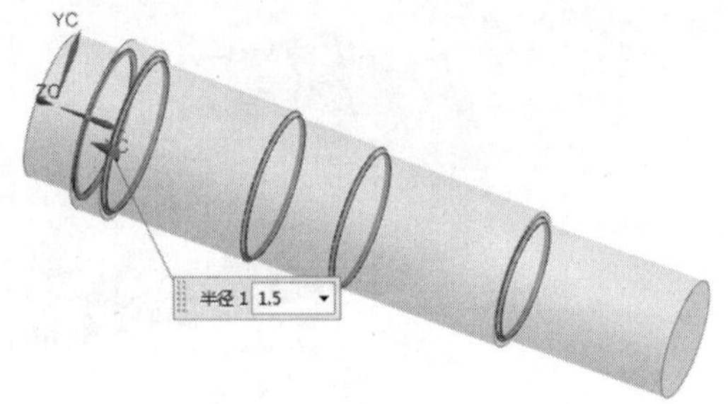

图 7-47　选择第 5 条圆角边

（3）单击“确定”按钮，生成 5 个圆角特征，如图 7-48 所示。

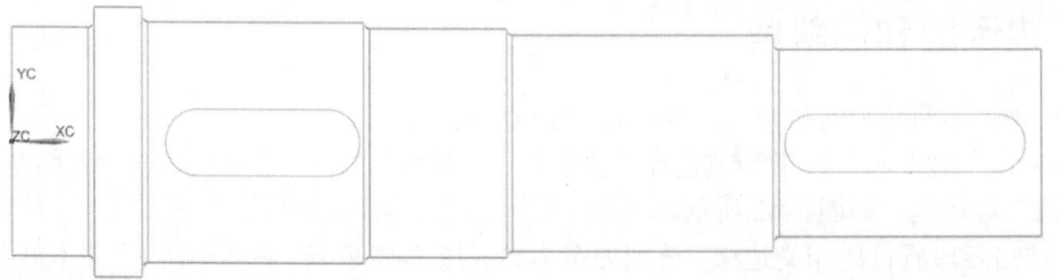

图 7-48　生成的 5 个圆角特征

（4）单击“倒斜角”按钮或选择“菜单”→“插入”→“细节特征”→“倒斜角”命令，打开如图 7-49 所示的“倒斜角”对话框。在“横截面”下拉列表中选择“对称”选项，在“距离”文本框中输入 2，再单击如图 7-50 和图 7-51 所示的两条倒角边。

图 7-49　“倒斜角”对话框

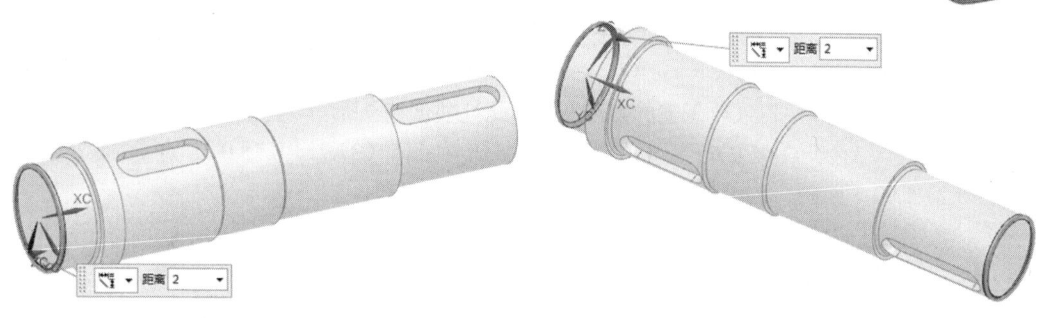

图 7-50　选择第 1 条倒角边　　　　图 7-51　选择第 2 条倒角边

（5）单击“确定”按钮，在整个轴上下底面边缘处生成两个倒角特征，并生成最终的轴，如图 7-52 所示。

（6）单击“保存”按钮，保存轴零件。

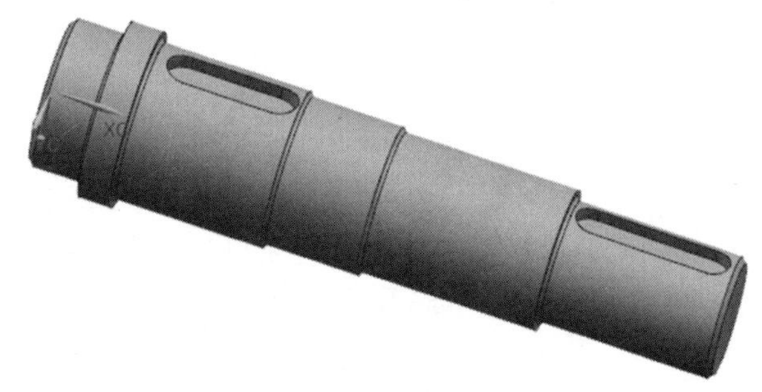

图 7-52　最终的轴

7.4　轴承的设计

圆锥滚子轴承是一种精密的机械支承元件，用于支承轴类零件。圆锥滚子轴承由内圈、外圈和滚子 3 部分组成，而且内圈、外圈和滚子是分离的。单列圆锥滚子轴承不仅能够承受径向负荷，还可以承受轴向负荷。

制作思路

建立圆锥滚子轴承时，首先建立草图曲线，然后通过旋转得到轴承的内圈、外圈和单个的滚珠，最后通过变换操作生成所有的滚珠。

7.4.1　绘制草图

首先绘制草图轮廓曲线，然后通过派生直线、快速延伸、快速裁剪等操作建立圆锥滚子轴承草图。圆锥滚子轴承草图的建立方法如下。

（1）启动 UG NX 12.0，单击“新建”按钮或选择“菜单”→“文件”→“新建”命令，创建新部件，文件名为 zhoucheng，单击“确定”按钮，进入 UG 建模环境。

Note

（2）选择“菜单”→“插入”→“在任务环境中绘制草图”命令，进入草图模式。

（3）选择“菜单”→“插入”→“基准/点”→“点”命令，系统打开“草图点”对话框，如图 7-53 所示。在该对话框中输入要创建的点的坐标。此处共创建 7 个点，其坐标分别为：点 1（0,50,0）、点 2（18,50,0）、点 3（0,42.05,0）、点 4（1.75,33.125,0）、点 5（22.75,38.75,0）、点 6（1.75,27.5,0）、点 7（22.75,27.5,0），如图 7-54 所示。这些点用于构造草图轮廓。

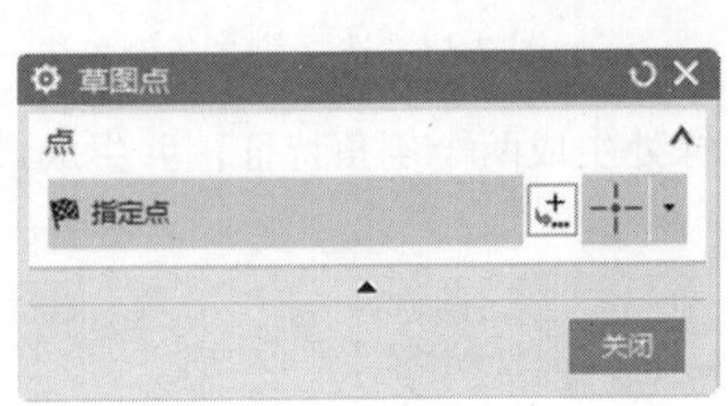

图 7-53 “草图点”对话框

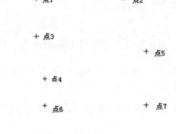

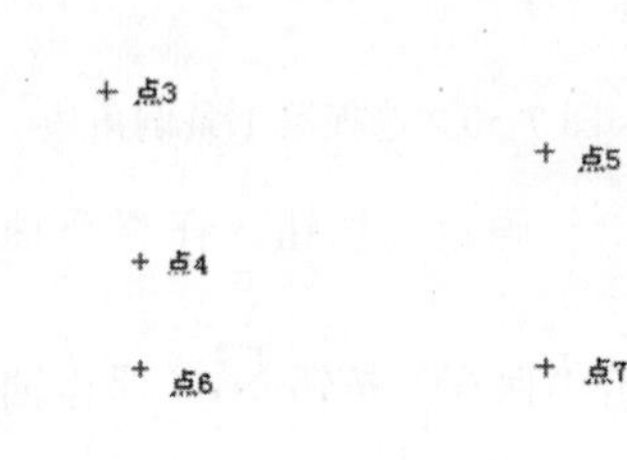

图 7-54 创建的 7 个点

（4）单击“直线”按钮或选择“菜单”→“插入”→“曲线”→“直线”命令，分别连接点 1 和点 2，点 1 和点 3，点 4 和点 6，点 6 和点 7，点 7 和点 5，结果如图 7-55 所示。

（5）建立直线。选择点 3 作为直线的起点，建立直线与 XC 轴成 15º 角，直线的长度只要超过连接点 1 和点 2 生成的直线即可，结果如图 7-56 所示。

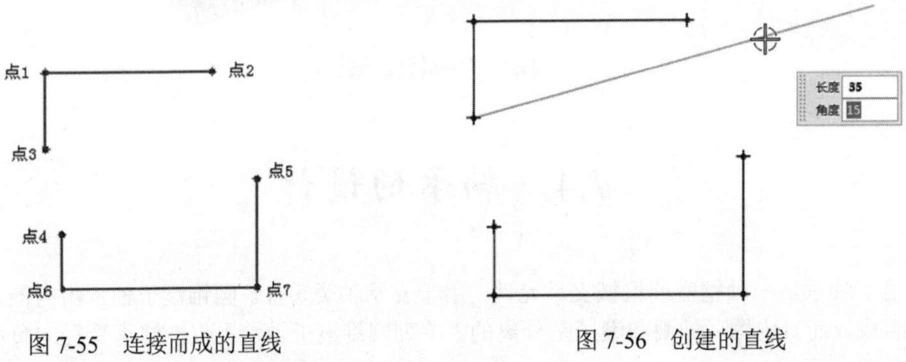

图 7-55 连接而成的直线　　图 7-56 创建的直线

（6）单击“派生直线”按钮或选择“菜单”→“插入”→“来自曲线集的曲线”→“派生直线”命令，选择刚创建的直线为参考直线，并设偏置值为-5.625 生成派生直线，如图 7-57 所示。再创建一条派生直线，偏置值也是-5.625，如图 7-58 所示。

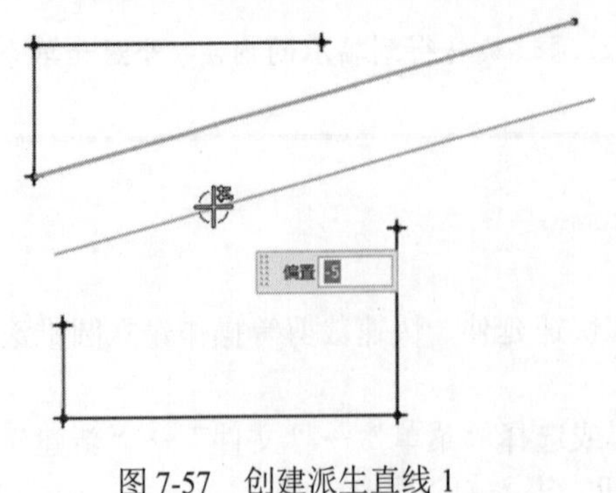

图 7-57 创建派生直线 1

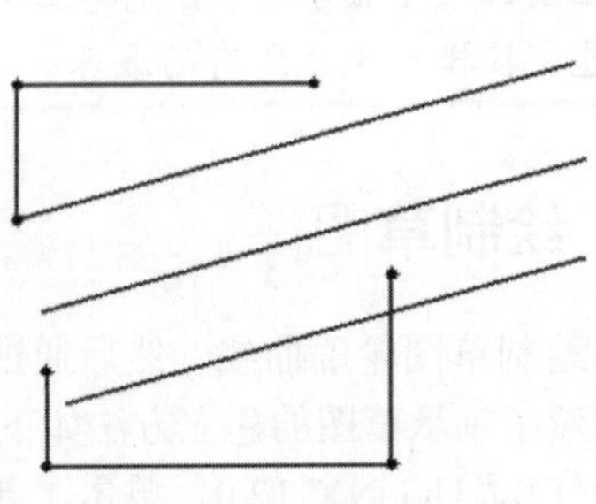

图 7-58 创建派生直线 2

注意：偏置值也有可能是 5.625，只要能得到如图 7-78 所示结果即可。

（7）单击“直线”按钮或选择“菜单”→“插入”→“曲线”→“直线”命令，创建一条直线，该直线平行于 YC 轴，并且距离 YC 轴为 11.375mm，长度能穿过刚刚创建的第一条派生直线即可，如图 7-59 所示。

（8）选择“菜单”→“插入”→“基准/点”→“点”命令，在系统打开的“草图点”对话框中选择“相交”，然后选择直线 2 和直线 4，求出它们的交点。

（9）单击“快速修剪”按钮或选择“菜单”→“编辑”→“曲线”→“快速修剪”命令，将直线 2 和直线 4 裁剪掉，如图 7-60 所示。图中的点为刚创建直线 2 和直线 4 的交点 8。

（10）单击“直线”按钮或选择“菜单”→“插入”→“曲线”→“直线”命令，建立直线。选择步骤（9）中建立的点 8，移动鼠标，当系统出现如图 7-61（a）中所示的情形时，表示该直线与图 7-59 中的直线 3 平行，设定该直线长度为 7mm 并按 Enter 键。

在另一个方向也创造一条直线平行于图 7-59 中的直线 3，长度为 7mm，如图 7-61（b）所示。

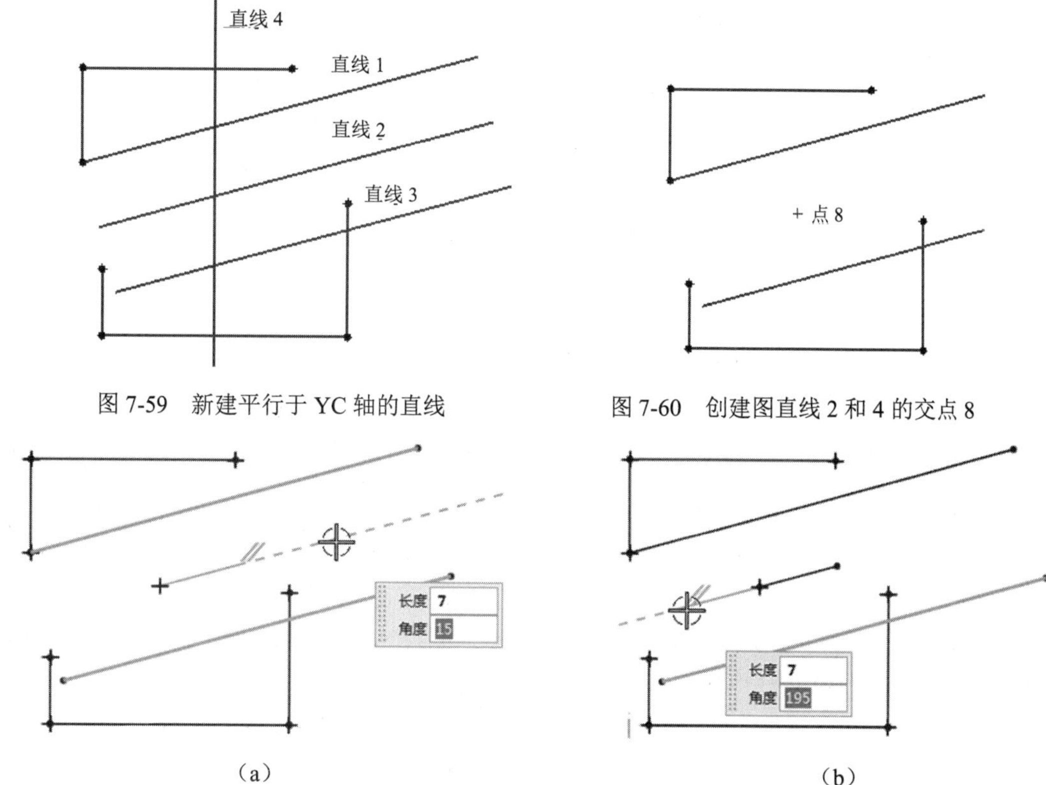

图 7-59　新建平行于 YC 轴的直线

图 7-60　创建图直线 2 和 4 的交点 8

（a）

（b）

图 7-61　创建直线

（11）建立直线。以刚创建的直线的端点为起点，创建两条直线与图 7-59 中所示的直线 1 垂直，长度能穿过直线 1 即可，如图 7-62 所示。

（12）单击“快速延伸”按钮或选择“菜单”→“编辑”→“曲线”→“快速延伸”命令，将刚刚创建的两条直线延伸至直线 3，如图 7-63 所示。

Note

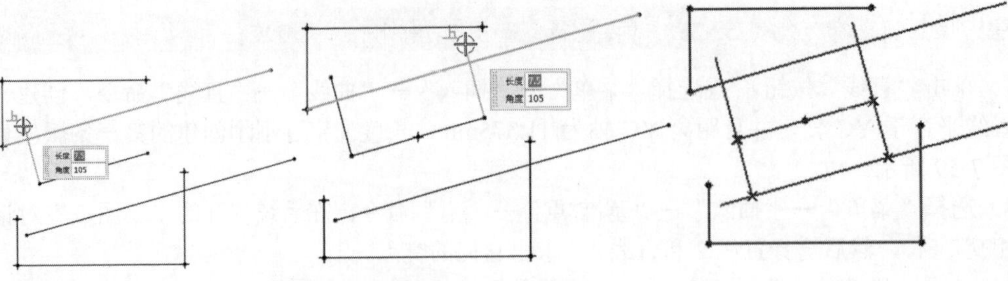

图 7-62　创建直线　　　　图 7-63　延伸直线

（13）单击“直线”按钮 或选择“菜单”→“插入”→“曲线”→“直线”命令，建立直线。直线以图 7-64 中的点 4 为起点，并且与 XC 轴平行，长度能穿过刚刚快速延伸得到的直线即可，如图 7-64（a）所示。以点 5 为起点，再创建一条直线与 XC 轴平行，长度也是能穿过刚刚快速延伸得到的直线即可，如图 7-64（b）所示。

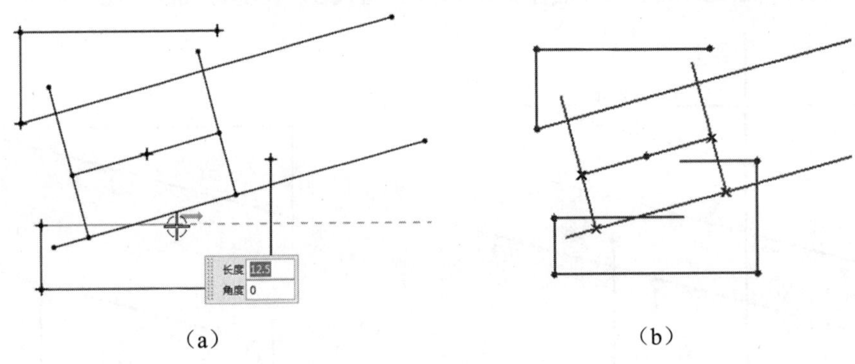

（a）　　　　（b）

图 7-64　创建直线

（14）单击“快速修剪”按钮 或选择“菜单”→“编辑”→“曲线”→“快速修剪”命令，对草图进行修剪，结果如图 7-65 所示。

（15）单击“直线”按钮 或选择“菜单”→“插入”→“曲线”→“直线”命令，以图 7-54 中所示的点 2 为起点，创建直线与 XC 轴垂直，长度能穿过图 7-59 中所示直线 1 即可，如图 7-66 所示。

（16）建立直线。以图 7-66 中的点 9 和点 10 为起点和终点建立直线，为建立轴承的滚子做准备。

（17）单击“快速修剪”按钮 或选择“菜单”→“编辑”→“曲线”→“快速修剪”命令，对草图进行修剪，结果如图 7-67 所示。

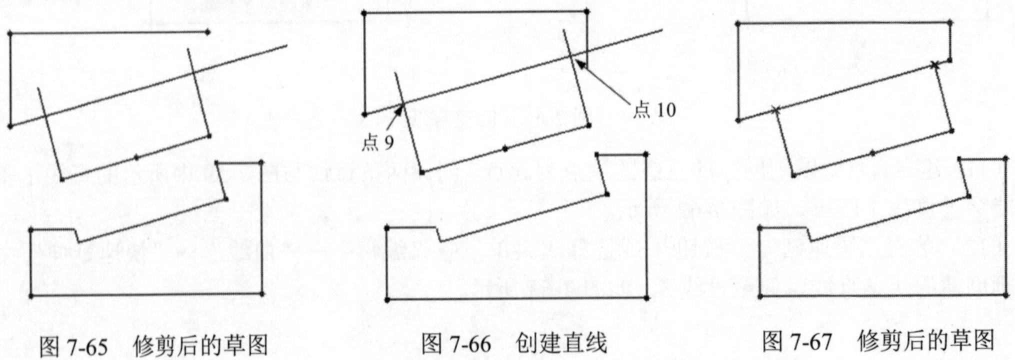

图 7-65　修剪后的草图　　　　图 7-66　创建直线　　　　图 7-67　修剪后的草图

注意：在原来的直线 1 的位置上现在有两条直线：一条为轴承外环上的线（整条橙色的线段），如图 7-68（a）所示；另一条为创建轴承滚珠的线（中间橙色的线段），如图 7-68（b）所示。

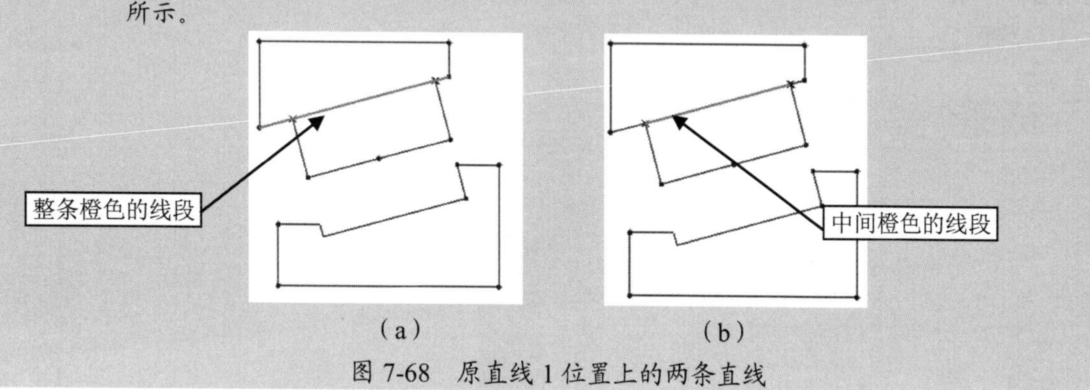

图 7-68 原直线 1 位置上的两条直线

（18）单击“完成”按钮或选择“菜单”→“任务”→“完成草图”命令，退出草图模式，进入建模模式。

7.4.2 绘制内外圈

首先选择草图曲线进行旋转，然后生成边圆角细部特征。轴承内、外圈的建立方法如下。

（1）单击“旋转”按钮或选择“菜单”→“插入”→“设计特征”→“旋转”命令，系统打开“旋转”对话框，如图 7-69 所示。利用该对话框选择草图曲线生成轴承的内、外圈，操作方法如下。

① 将选择条上的“自动判断曲线”设置为“相连曲线”，选择轴承的内圈曲线。

② 在“指定矢量”下拉列表中选择XC选项作为旋转方向。

③ 单击“点对话框”按钮，系统打开“点”对话框，如图 7-70 所示。在该对话框中输入（0,0,0）作为旋转参考点。

④ 设置旋转体的开始和结束角度分别为 0 和 360，单击“确定”按钮完成旋转操作，生成圆锥滚子轴承的内圈。

最后生成的轴承内圈如图 7-71 所示。

（2）单击“旋转”按钮或选择“菜单”→“插入”→“设计特征”→“旋转”命令，重复步骤（1）中的操作方法建立圆锥滚子轴承的外圈。旋转曲线选择如图 7-72 所示的曲线，其他参数完全相同。

图 7-69 “旋转”对话框

注意：选择如图 7-72 所示的曲线时，注意选择在图 7-68（a）中提到的整条橙色的线段。

Note

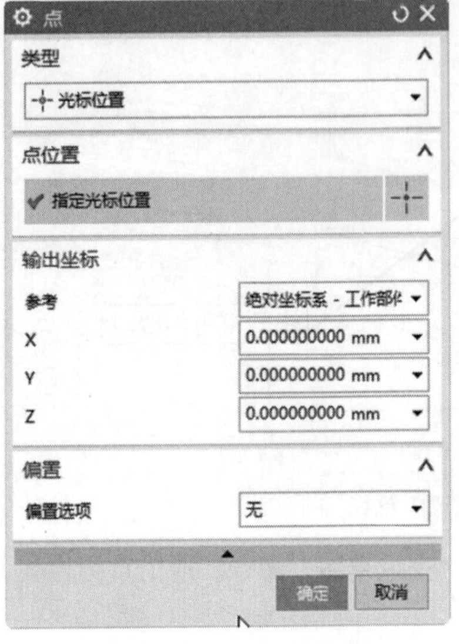

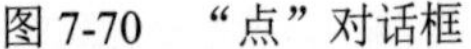

图 7-70 “点”对话框

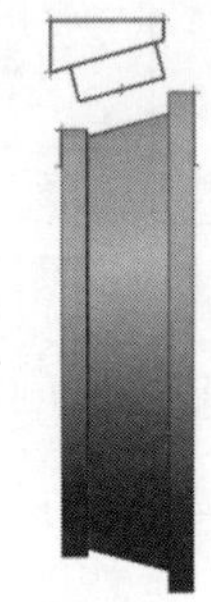

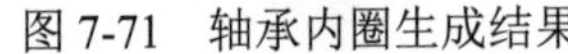

图 7-71 轴承内圈生成结果

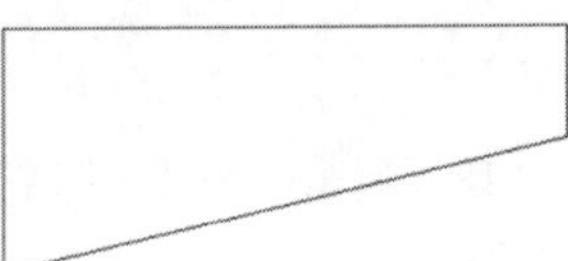

图 7-72 选择的曲线

最后生成的轴承外圈如图 7-73 所示。

（3）单击“边倒圆”按钮或选择“菜单”→“插入”→“细节特征”→“边倒圆”命令，系统打开“边倒圆”对话框，如图 7-74 所示。利用该对话框进行边圆角操作，操作方法如下。

① 在“半径 1”文本框中输入边缘圆角的半径。

② 选择需要边缘角的边。

③ 单击“确定”或“应用”按钮就可以完成边缘圆角。

图 7-73 轴承外圈生成结果

图 7-74 “边倒圆”对话框

此处需要倒圆角的边有 4 条，如图 7-75 所示。其中圆角 1 的半径为 2mm，圆角 2 的半径为 1.5mm，圆角 3 的半径为 0.8mm。

最后结果如图 7-76 所示。

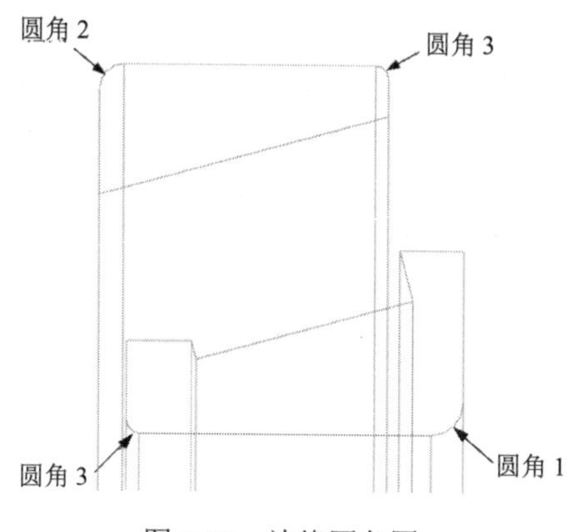

图 7-75　边缘圆角图

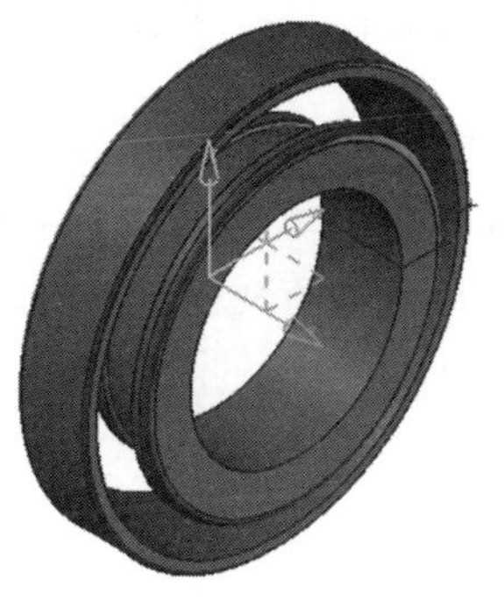

图 7-76　内外圈

> **注意：**边倒圆角也可以在草图模式下进行，单击“角焊”按钮 或选择“菜单”→“插入”→“曲线”→“圆角”命令，首先对草图进行倒角，然后在建模模式下通过旋转直接生成。

7.4.3　绘制滚珠

选择草图曲线进行旋转生成单个滚珠，旋转坐标系，再通过变换操作建立所有滚珠。

1．绘制单个滚珠

建立滚珠的操作步骤如下。

（1）单击“旋转”按钮或选择“菜单”→“插入”→“设计特征”→“旋转”命令，系统打开“旋转”对话框。利用该对话框选择草图曲线生成滚子。

（2）选择图 7-77 中的曲线作为旋转操作的曲线。

> **注意：**选择时注意选择在图 7-68（b）中提到的中间橙色的线段，为了便于选择曲线，可以单击“静态线框”按钮取消实体的着色，采用线条模式。

（3）选择图 7-78 中箭头所在的直线作为旋转体的参考矢量。

（4）在系统打开的“旋转”对话框中设置旋转体的开始和结束角度分别为 0 和 360。

生成的轴承滚子结果如图 7-79 所示。

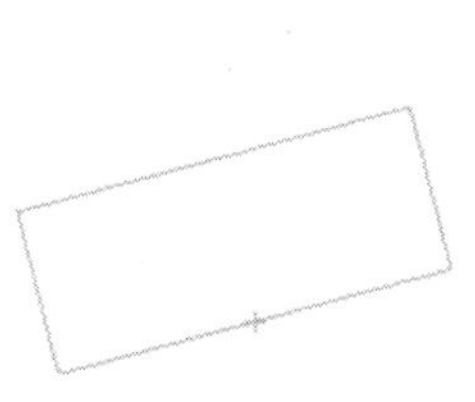

图 7-77　选择的曲线

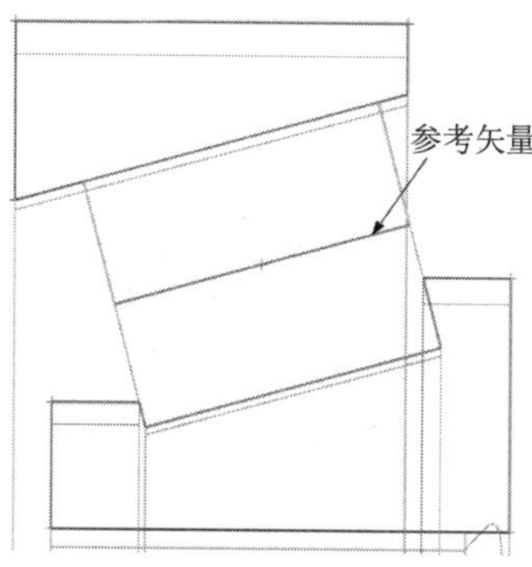

图 7-78　旋转体的参考矢量

图 7-79　生成的轴承滚子

Note

2. 阵列滚珠

阵列滚珠的操作步骤如下。

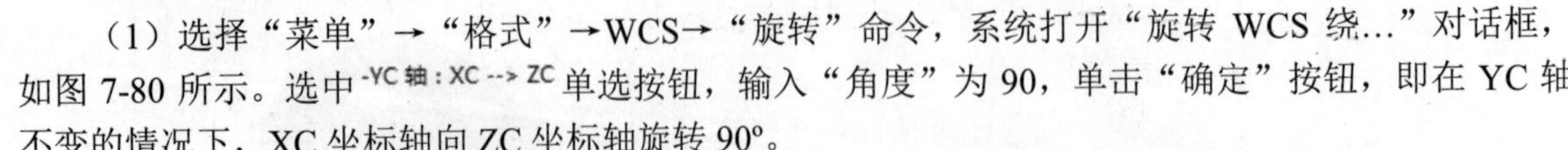

（1）选择“菜单”→“格式”→WCS→“旋转”命令，系统打开“旋转 WCS 绕...”对话框，如图 7-80 所示。选中 -YC 轴 : XC --> ZC 单选按钮，输入“角度”为 90，单击“确定”按钮，即在 YC 轴不变的情况下，XC 坐标轴向 ZC 坐标轴旋转 90º。

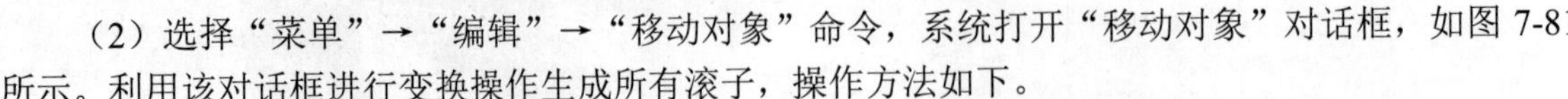

（2）选择“菜单”→“编辑”→“移动对象”命令，系统打开“移动对象”对话框，如图 7-81 所示。利用该对话框进行变换操作生成所有滚子，操作方法如下。

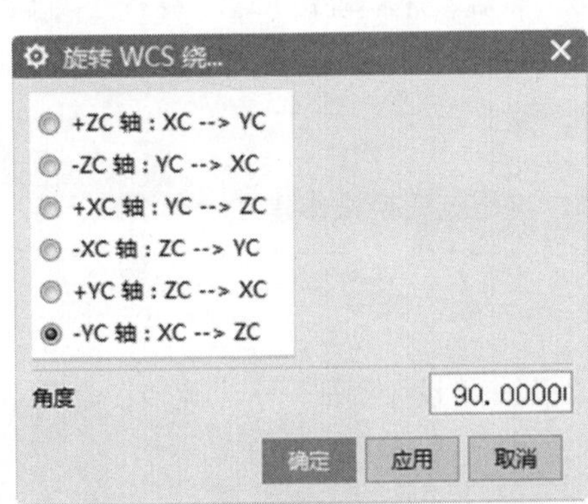

图 7-80 “旋转 WCS 绕...”对话框

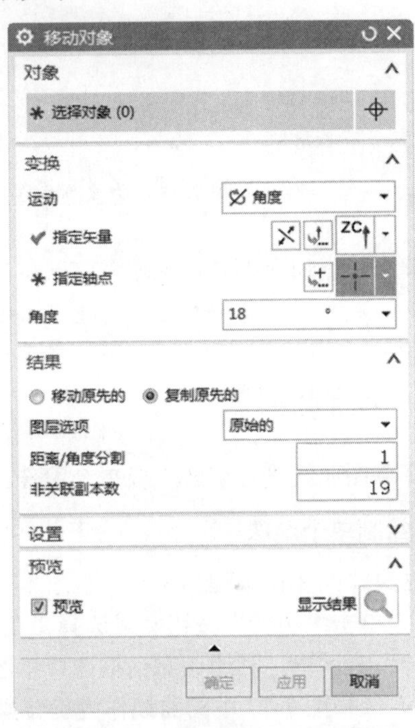

图 7-81 “移动对象”对话框

① 选择生成的滚子为移动对象。

② 在“变换”选项栏“运动”下拉列表中选择“角度”选项，在“角度”文本框中输入 18。

③ 在“指定矢量”下拉列表中选择“ZC 轴”选项，单击指定轴点按钮，系统打开“点”对话框，在该对话框中选择旋转中心为原点。

④ 选中“复制原先的”单选按钮，在“非关联副本数”文本框中输入 19。单击“确定”按钮，生成所有的滚子。

圆锥滚子轴承的最后结果如图 7-82 所示。

图 7-82 圆锥滚子轴承

第8章 紧固件设计

（视频讲解：12分钟）

螺栓和螺母是比较常见的零件，它们主要是起到紧固其他零件的作用。本章将介绍螺栓、螺母的建立方法；另外，减速器中还包含其他一些类似螺栓的零件，如油塞和油标，它们的建立方法与螺栓完全相同，本章将给出它们的尺寸。

设计过程中遇到的参数，螺栓部分参照 GB/T 5782—2016 标准，螺母部分参照 GB/T 6170—2015 标准。本章中对遇到的某些参数在国标的基础上进行了些许简化。

【学习重点】

- 螺栓轮廓绘制
- 生成螺栓细部特征
- 生成螺母
- 其他零件

视频讲解

Note

8.1 螺栓轮廓绘制

螺栓主要包括两个部分的特征，一部分为螺帽部分的六棱柱，另一部分为螺杆部分。前者的生成方法为首先创建正六边形然后拉伸，而后者是在生成的六棱柱上进行凸起操作生成螺杆。

制作思路

首先，建立正六边形；然后，通过拉伸生成六棱柱；最后，通过凸起操作生成螺杆。

8.1.1 生成六棱柱

生成六棱柱的操作步骤如下。

（1）启动 UG NX 12.0，单击“新建”按钮或选择“菜单”→“文件”→“新建”命令，创建新部件，文件名为 luoshuan，单击“确定”按钮，进入 UG 建模环境。

（2）选择“菜单”→“插入”→“在任务环境中绘制草图”命令，打开“创建草图”对话框，单击“确定”按钮，进入草图绘制界面。绘制中心点在原点、边数为 6、边长为 9 的正六边形，单击“完成”按钮或选择“菜单”→“任务”→“完成草图”命令，退出草图绘制环境，结果如图 8-1 所示。

（3）单击“拉伸”按钮或选择“菜单”→“插入”→“设计特征”→“拉伸”命令，系统打开“拉伸”对话框，如图 8-2 所示。利用该对话框拉伸刚刚建立的正六边形，操作方法如下。

① 选择刚刚建立的正六边形曲线。

② 在“指定矢量”下拉列表中选择“ZC 轴”选项为拉伸方向。

③ 在对话框中设置开始距离为 0mm，结束距离为 6.4mm，单击“确定”按钮完成拉伸。

生成的正六棱柱如图 8-3 所示。

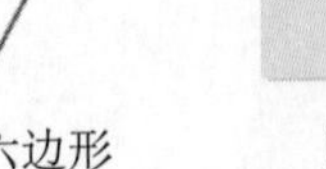

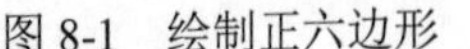

图 8-1 绘制正六边形

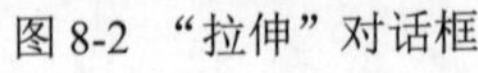

图 8-2 “拉伸”对话框

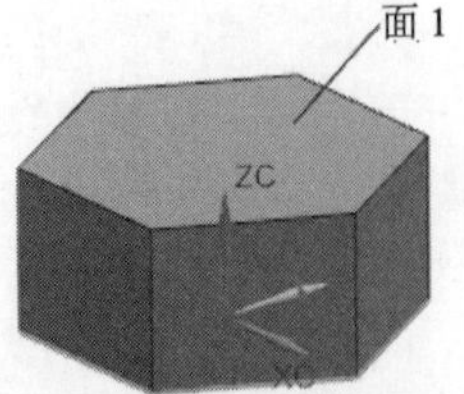

图 8-3 生成的六棱柱

8.1.2　生成螺杆

生成螺杆既可以使用生成圆柱的方法，也可以使用凸起的方法。本节以凸起操作为例生成螺杆，操作步骤如下。

（1）单击“点”按钮＋或选择“菜单”→“插入”→“基准/点”→“点”命令，在系统打开的“点”对话框中设定点的坐标为 XC=0、YC=0、ZC=6.4，即六棱柱上表面的中心点。

（2）选择“菜单”→“插入”→“在任务环境中绘制草图”命令，打开 “创建草图”对话框，选择面 1 为草图绘制平面，单击“确定”按钮，进入草图绘制界面。以步骤（1）创建的点为圆心，绘制直径为 10mm 的圆，单击“完成”按钮或选择“菜单”→“任务”→“完成草图”命令，退出草图绘制环境，结果如图 8-4 所示。

（3）单击“凸起”按钮或选择“菜单”→“插入”→“设计特征”→“凸起”命令，打开如图 8-5 所示的“凸起”对话框。选择步骤（2）绘制的圆为要创建凸起的曲线，选择面 1 为要凸起的面，在“距离”文本框中输入 35，单击“确定”按钮，生成的螺栓轮廓如图 8-6 所示。

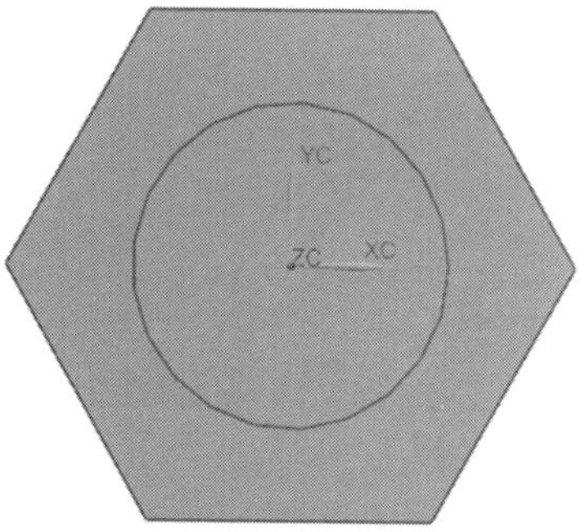

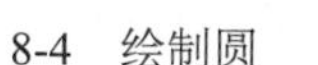
图 8-4　绘制圆

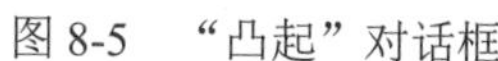
图 8-5　“凸起”对话框

图 8-6　螺栓轮廓

8.2　生成螺栓细部特征

视频讲解

螺栓细部特征有螺帽倒角、螺杆倒角和螺纹等。螺帽倒角并不能直接使用边倒圆或者倒斜角操作，因为螺帽倒角并不是简单的圆角或直角，本节将使用有拔模角的拉伸操作来建立螺帽倒角。

制作思路

Note

首先，建立螺帽底面正六边形的内切圆；然后，通过有拔模角的拉伸操作并进行布尔操作生成螺帽倒角；最后，生成倒角和螺纹。

8.2.1 生成螺帽倒角

生成螺帽倒角的操作方法如下。

（1）选择“菜单”→“插入”→“曲线”→“直线和圆弧”→“圆（圆心-点）”命令，打开“圆”对话，捕捉原点为圆心坐标，捕捉正六边形一边的中点来确定圆弧上的点，生成的圆弧如图 8-7 所示，即为生成的正六边形的内切圆。

（2）单击“拉伸”按钮或选择“菜单”→“插入”→“设计特征”→“拉伸”命令，系统打开如图 8-8 所示的“拉伸”对话框。利用该对话框拉伸刚刚创建的圆弧，操作方法如下。

① 选择刚刚建立的圆弧。

② 在“指定矢量”下拉列表中选择“ZC 轴”选项为拉伸方向。

③ 在对话框中设定结束距离值为 41.1mm，在“拔模”下拉列表中选择“从起始限制”选项，在“角度”文本框中输入–60，在“布尔”下拉列表中选择“相交”选项，单击“确定”按钮完成拉伸。

生成的螺帽倒角如图 8-9 所示。

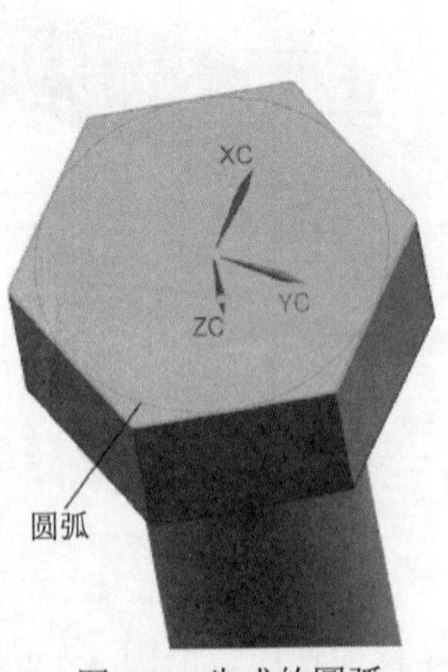

图 8-7　生成的圆弧

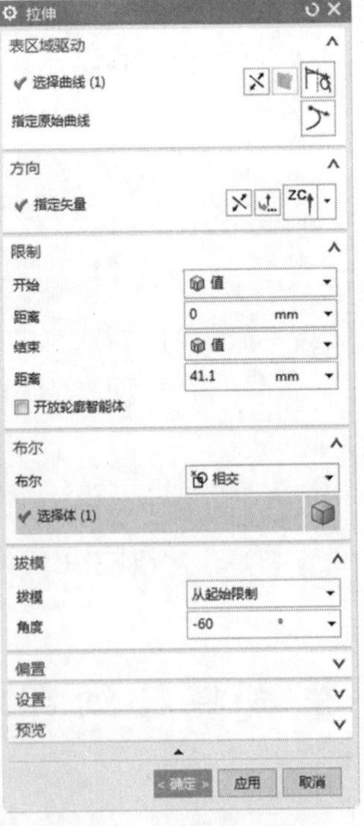

图 8-8　“拉伸”对话框

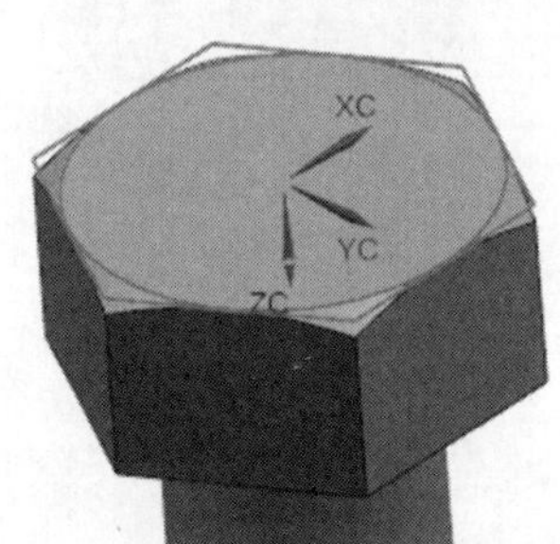

图 8-9　生成的螺帽倒角

8.2.2　生成螺纹

生成螺纹的操作步骤如下。

（1）单击“倒斜角”按钮或选择“菜单”→“插入”→“细节特征”→“倒斜角”命令，在“横截面”下拉列表中选择“对称”选项，在“距离”文本框中输入1，对螺杆上端进行倒角。

（2）单击“螺纹刀”按钮或选择“菜单”→“插入”→“设计特征”→“螺纹”命令，系统打开“螺纹切削”对话框。利用该对话框建立螺纹，操作方法如下。

① 选择螺纹类型为“符号”。

② 选择螺杆的圆柱面作为螺纹的生成面。

③ 系统打开如图 8-10 所示的对话框，选择刚刚经过倒角的圆柱的上表面作为螺纹的开始面。

④ 系统打开如图 8-11 所示的对话框，单击“螺纹轴反向”按钮。

图 8-10　选择螺纹开始面

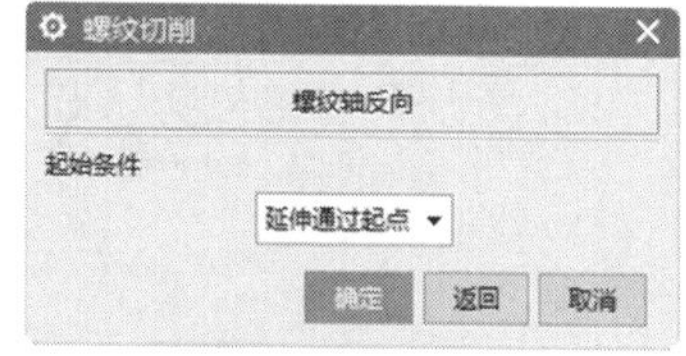

图 8-11　螺纹反向

⑤ 系统再次打开“螺纹切削”对话框，将螺纹长度改为 26mm，其他参数不变，单击“确定”按钮生成符号螺纹。

⑥ 符号螺纹并不生成真正的螺纹，而只是在所选圆柱面上建立虚线圆，如图 8-12 所示。

如果选择“详细”螺纹类型，其操作方法与“符号”螺纹类型操作方法相同，则生成的详细螺纹如图 8-13 所示。生成详细螺纹会影响系统的显示性能和操作性能，所以一般不生成详细螺纹。

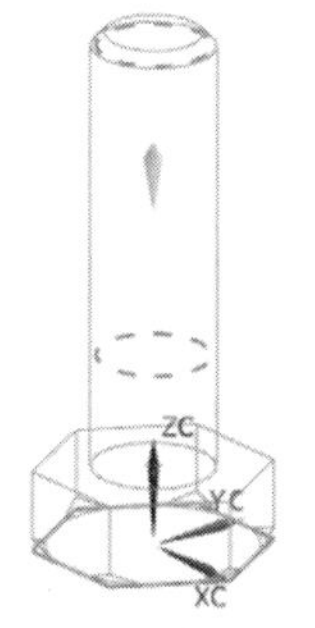

图 8-12　符号螺纹

图 8-13　详细螺纹

8.3　生成螺母

视频讲解

制作思路

首先，建立正六棱柱；然后，生成螺母上下表面的倒角；接着，建立螺母中心的孔；最后，建立螺纹。

Note

螺母的建立步骤如下。

（1）启动 UG NX12.0，单击“新建”按钮或选择“菜单”→“文件”→“新建”命令，创建新部件，文件名为 luomu，单击“确定”按钮，进入 UG 建模环境。

（2）选择“菜单”→“插入”→“在任务环境中绘制草图”命令，打开“创建草图”对话框，单击“确定”按钮，进入草图绘制界面。绘制中心点在原点、边数为 6、边长为 9 的正六边形，单击“完成”按钮或选择“菜单”→“任务”→“完成草图”命令，退出草图绘制环境，结果如图 8-14 所示。

（3）对创建的正六边形进行拉伸，拉伸长度为 8mm。

（4）选择“菜单”→“插入”→“曲线”→“直线和圆弧”→“圆（圆心-点）”命令，打开“圆”对话，创建正六边形的内切圆。方法与 8.2.1 节中步骤（1）的方法相同，结果如图 8-15 所示。

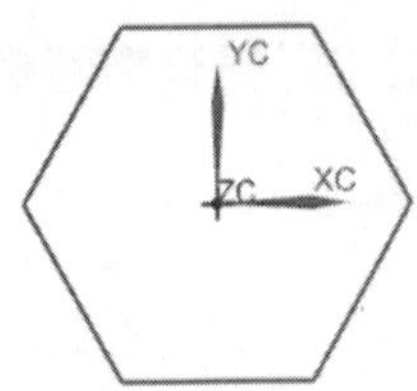

图 8-14　绘制正六边形

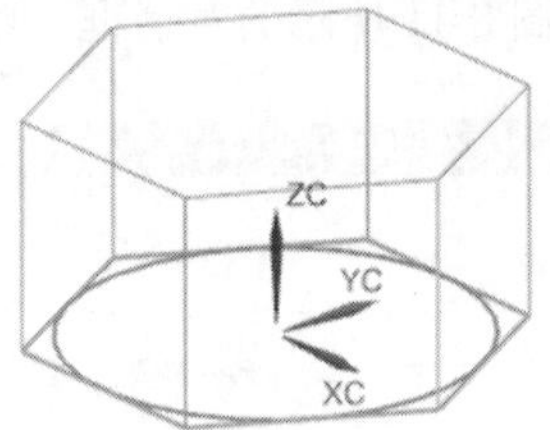

图 8-15　螺母轮廓

（5）选择“菜单”→“编辑”→“变换”命令，进行变换操作。通过变换操作，在拉伸生成的六棱柱的上表面上复制一个与步骤（4）中生成的圆弧相同的圆，操作方法如下。

① 系统打开“变换”对话框，选择刚刚生成的圆弧并单击“确定”按钮。

② 系统打开如图 8-16 所示的对话框，在该对话框中单击“通过一平面镜像”按钮。

③ 系统打开如图 8-17 所示的“平面”对话框，在“类型”下拉列表中选择“按某一距离”选项，选择如图 8-18 所示的参考面，在“距离”文本框中输入 4，单击“确定”按钮。

④ 系统打开如图 8-19 所示的对话框，在该对话框中单击“复制”按钮完成变换。

变换结果如图 8-20 所示。

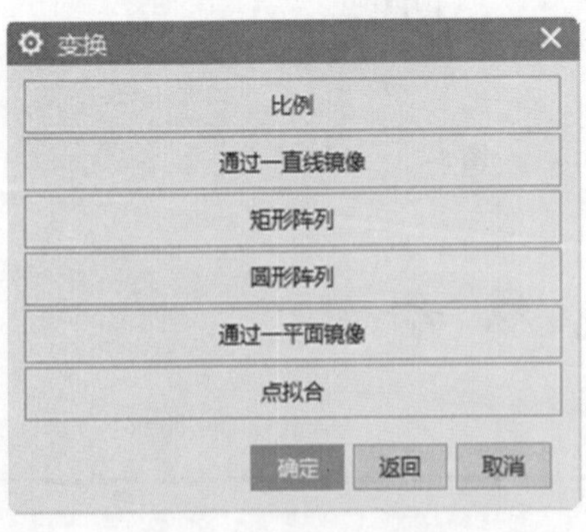

图 8-16　“变换”对话框

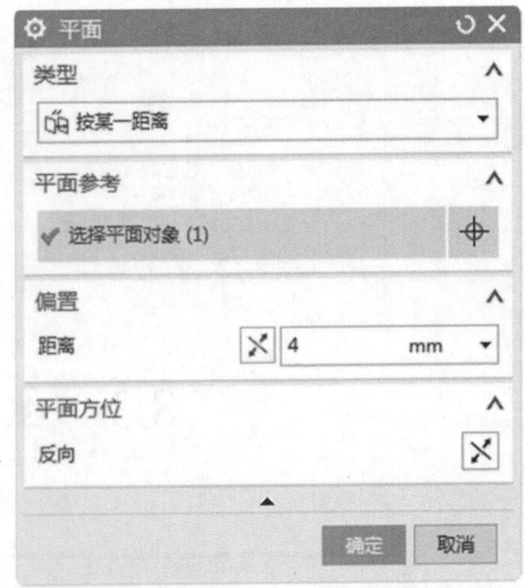

图 8-17　选择“按某一距离”选项

Note

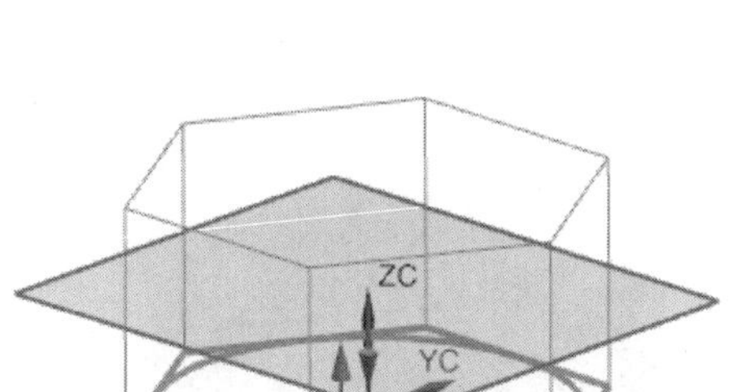

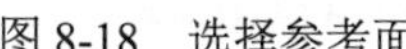

图 8-18　选择参考面

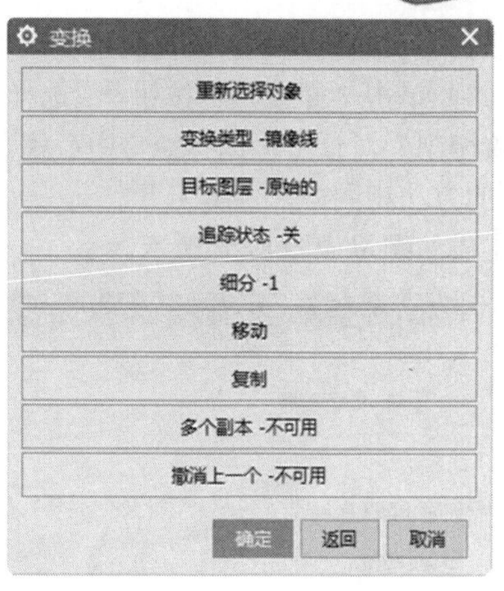

图 8-19　单击“复制”按钮

（6）单击“拉伸”按钮或选择“菜单”→“插入”→“设计特征”→“拉伸”命令，拉伸前面创建的两个圆弧。操作方法与 8.2.1 节中步骤（2）的方法相同。

① 首先选择位于六棱柱下底面上的圆弧对其进行拉伸，在拉伸体参数对话框中设置拉伸开始距离为 0mm，结束距离为 8mm，拉伸方向为“ZC 轴”，在“拔模”下拉列表中选择“从起始限制”选项，在“角度”文本框中输入–60，“布尔”下拉列表中选择相交，最后生成螺母下表面的倒角。

② 然后选择位于六棱柱上底面上的圆弧对其进行拉伸，操作过程中注意在“拉伸”对话框中选择拉伸方向为 -ZC（ZC 轴的反向），在“拉伸”对话框中设置开始距离为 0mm，结束距离为 8mm，在“拔模”下拉列表中选择“从起始限制”选项，在“角度”文本框中输入–60，在“布尔”下拉列表中选择“相交”，最后生成螺母上表面的倒角。

③ 最后结果如图 8-21 所示。

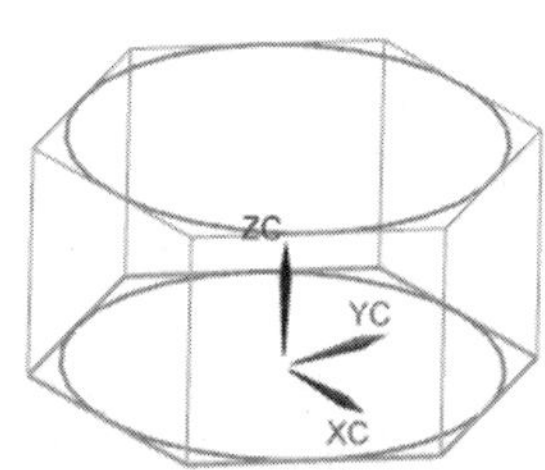

图 8-20　生成的圆弧

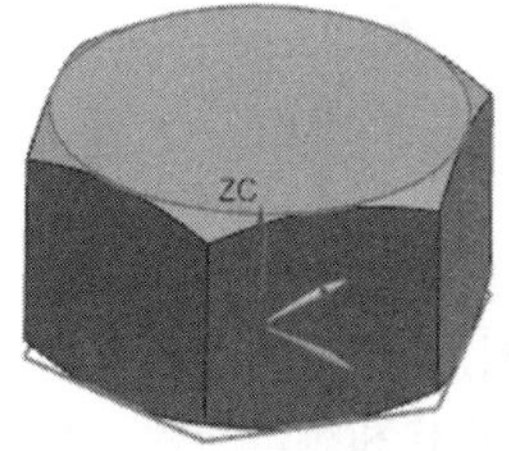

图 8-21　倒角后的结果

（7）单击“圆柱”按钮或选择“菜单”→“插入”→“设计特征”→“圆柱”命令，打开如图 8-22 所示的“圆柱”对话框，建立螺母的中心孔，操作方法如下。

① 选择“轴、直径和高度”类型建立圆柱。

② 在“指定矢量”下拉列表中选择“ZC 轴”选项作为圆柱轴向。

③ 设置圆柱直径为 10mm，高度为 8mm。

④ 单击“点对话框”按钮，打开“点”对话框，设定坐标原点作为圆柱的中心，单击“确定”按钮，返回“圆柱”对话框。

⑤ 在“布尔”下拉列表中选择“减去”选项，单击“确定”按钮，最后生成螺母的中心孔，如图 8-23 所示。

（8）单击“倒斜角”按钮或选择“菜单”→“插入”→“细节特征”→“倒斜角”命令，对

中心孔上下表面的两条边进行倒角，倒角距离为1mm。

（9）单击“螺纹刀”按钮或选择“菜单”→“插入”→“设计特征”→“螺纹”命令，打开“螺纹切削”对话框，选择螺母中心螺孔作为螺纹放置面建立符号螺纹，建立方法与8.2.2节中步骤（2）的方法相同。

Note

生成的螺母如图8-24所示。

图8-22 “圆柱”对话框

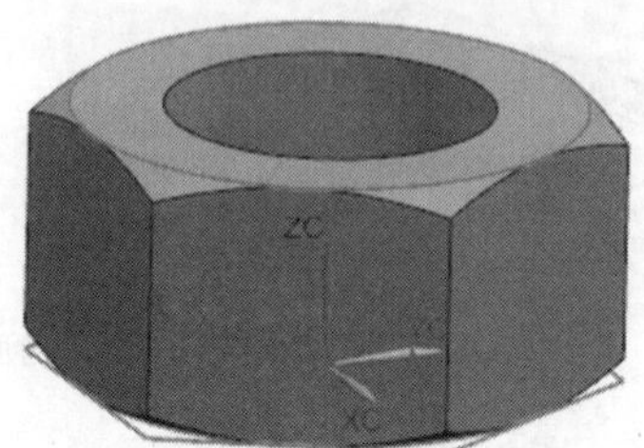

图8-23 生成螺母中心孔

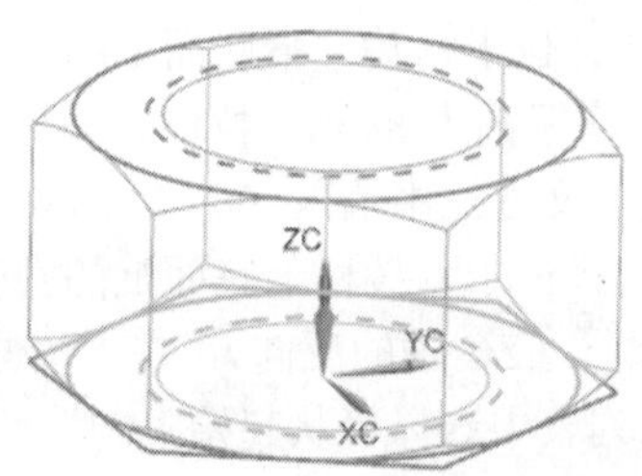

图8-24 螺母

8.4 其他零件

所有的螺钉、螺栓和螺母的绘制方法类似，只是其参数不同。表8-1～表8-3中列出的是某型减速器中用到的螺钉、螺栓和螺母的数量及尺寸，参数示意图如图8-25所示。在不影响重要尺寸的前提下，可以进行些许简化。

表8-1 零件表

项 目	数 量	直 径	长度（l）
螺栓	3	M10	35
螺母	2	M10	
螺栓	6	M12	100
螺母	6	M12	
螺钉	2	M6	20
螺钉	24	M8	25
螺钉	12	M6	16
油塞	1	M14	15

表 8-2　螺栓、螺钉尺寸

螺纹规格（d）	M6	M8	M10	M12	M14
e（min）	11.05	14.38	17.77	20.03	23.35
b	18	22	26	30	34
k	4	5.3	7.4	7.5	8.8

表 8-3　螺母尺寸

螺纹规格（D）		M10	M12
e		17.77	20.03
m	MAX	8.4	10.8
	MIN	8.04	10.37

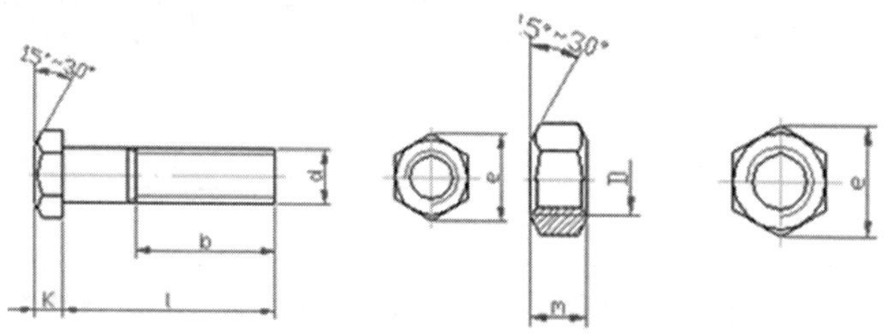

图 8-25　螺栓、螺母示意图

另外，机械零件中常见的油标零件，其建立方法与螺栓的建立方法基本相同，油标尺寸如图 8-26 所示（油标中部为一段螺纹），请读者自行建立。

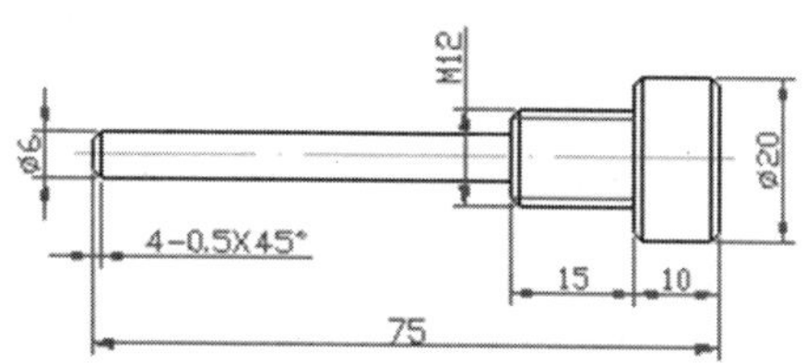

图 8-26　油标尺寸

第9章 盘盖类零件的参数化设计

（视频讲解：23 分钟）

轴承端盖是用来限定轴承的位置和密封减速器的零件。一级圆柱齿轮减速器有 4 个轴承端盖，包括两个封盖和两个通盖，都属于旋转体类零件。通过本章实例的学习和实践，读者可以掌握如何用 UG NX 12.0 中的参数化建模思想来进行产品的设计，以及如何在已完成的模型上进行参数化修改。

【学习重点】

- 小封盖的设计
- 大封盖的设计
- 小通盖的设计
- 大通盖的设计

Note

9.1　小封盖的设计

制作思路

小封盖是典型的旋转体类零件，采用二维草图绕中心轴旋转的方法进行模型设计，所不同的是绝大部分设计尺寸都是用带驱动参数的表达式来表示的。

9.1.1　绘制二维草图轮廓

在 UG NX 12.0 的草图模式下，绘制二维草图轮廓作为下一步旋转体成形特征的旋转截面线串，具体操作步骤如下。

（1）进入 UG NX 12.0 软件，单击“新建”按钮或选择“菜单”→“文件”→“新建”命令，在打开的“新建”对话框中，选择文件存储的位置，输入文件名 xiaofenggai。完成后单击“确定”按钮，进入 UG 建模环境。

（2）选择“菜单”→“插入”→“在任务环境中绘制草图”命令，系统打开“创建草图”对话框，如图 9-1 所示。单击“确定”按钮，进入草图绘制界面。

（3）单击“轮廓”按钮或选择“菜单”→“插入”→“曲线”→“轮廓”命令，绘制草图轮廓，如图 9-2 所示。

（4）选择所有的水平直线段，使它们与 XC 轴具有平行约束。选择所有的竖直直线段，使它们与 YC 轴具有平行约束。选择竖直直线段 4 和竖直直线段 8，使它们具有共线约束。完成几何约束后的草图如图 9-3 所示。

图 9-1　“创建草图”对话框

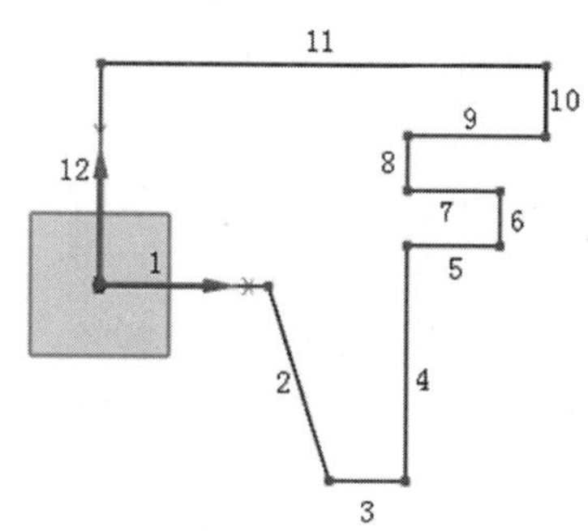

图 9-2　生成草图轮廓

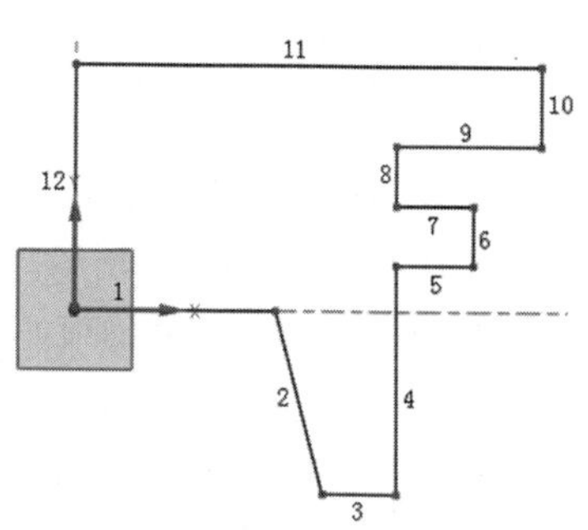

图 9-3　完成几何约束后的草图

（5）单击“显示草图约束”按钮或选择“菜单”→“工具”→“约束”→“显示草图约束”命令，则步骤（4）添加的所有几何约束都显示在草图上。

（6）单击“完成”按钮或选择“菜单”→“任务”→“完成草图”命令，退出草图模式，进入建模模式。

（7）单击“表达式”按钮═或选择“文件”→“工具”→“表达式”命令，打开“表达式”对话框，在文本框中输入表达式“名称”为d3，“公式”为8，如图9-4所示。单击“应用”按钮，表达式被列入列表栏中。单击“确定”按钮退出对话框。

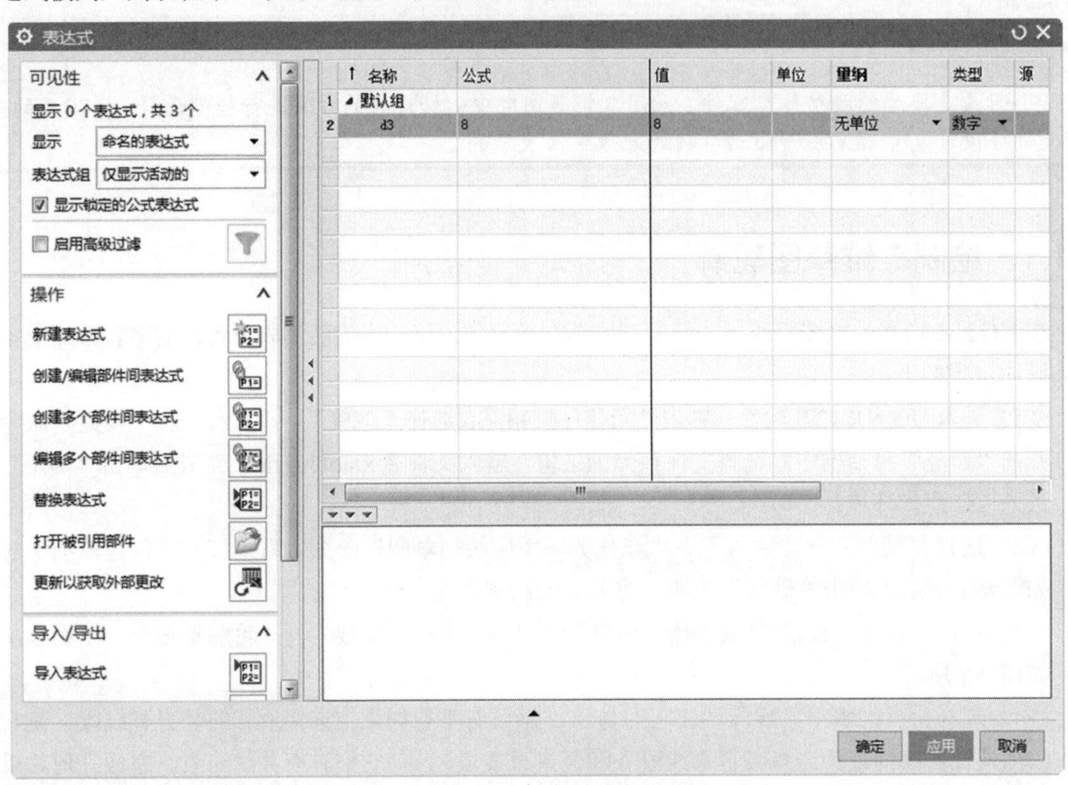

图9-4　输入表达式d3=8

（8）在部件导航器中右击绘制的草图，在弹出的菜单中选择“可回滚编辑”命令，重新进入绘制草图界面。

（9）在“草图”组的“草图名”下拉列表中选择草图SKETCH_000，如图9-5所示，进入刚刚绘制的草图中。

图9-5　在下列表中选择草图SKETCH_000

① 为草图添加尺寸约束，将文本高度设置为6mm。选择竖直直线段12和竖直直线段6，在对话框中输入尺寸名D。将两线间的距离设置为40mm，如图9-6所示。

② 选择竖直直线段12和竖直直线段4，在对话框中输入尺寸名D1，输入表达式D-2，将两线间的距离设置为D-2，如图9-7所示。

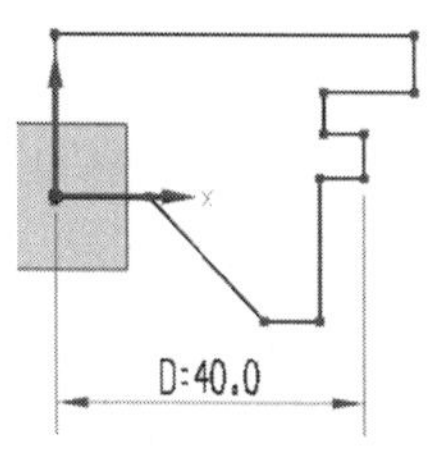

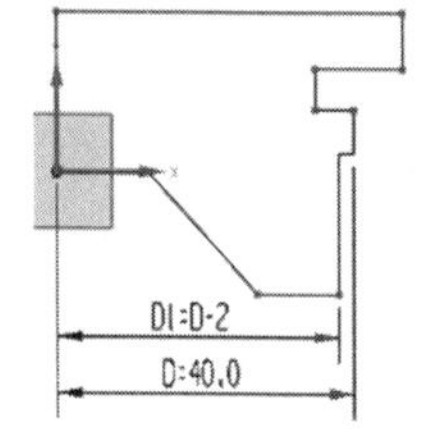

图 9-6　将两线间的距离设置为 40　　图 9-7　将两线间的距离设置为 D-2

③ 选择竖直直线段 12 和竖直直线段 10，输入尺寸名 D2，将两线间的距离设置为(2*D+5*d3)/2，效果如图 9-8 所示。

④ 其他直线段的尺寸名及尺寸表达式如图 9-9～图 9-14 所示。

⑤ 选择竖直直线段 4 和斜线段 2，在对话框中输入尺寸名 a，将两线的夹角设置为 2.864°，如图 9-15 所示。此时草图已完全约束，绘制完成的结果如图 9-16 所示。退出绘制草图界面。

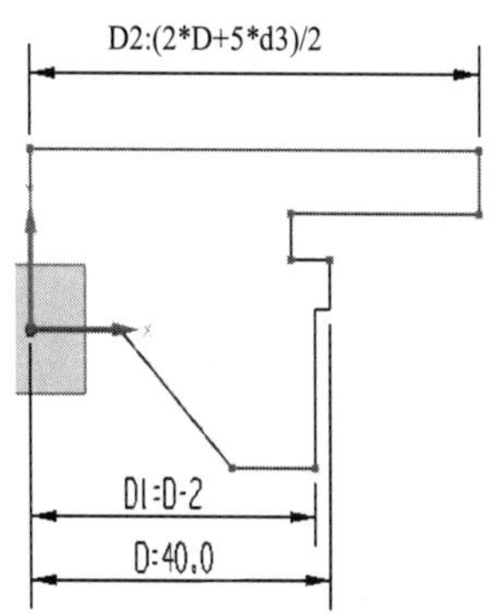

图 9-8　将两线间的距离设置为(2*D+5*d3)/2

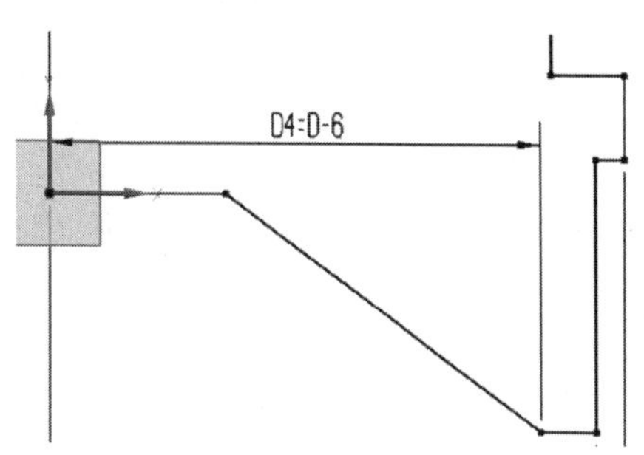

图 9-9　将两点间的距离设置为 D-6

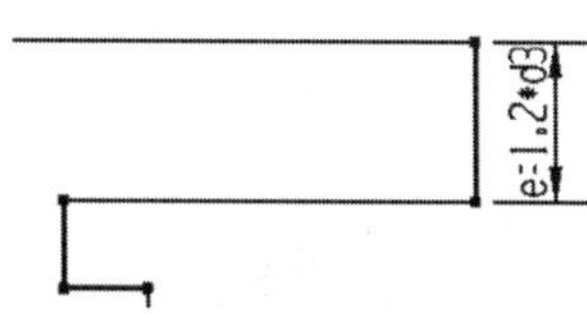

图 9-10　将线段的长度设置为 1.2*d3

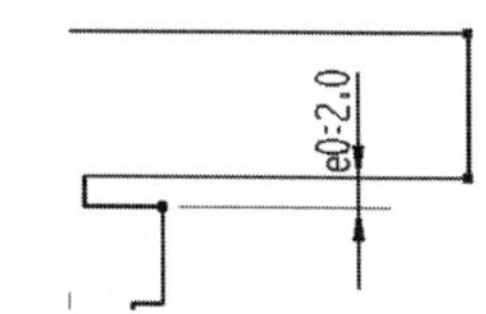

图 9-11　将线段的长度设置为 2

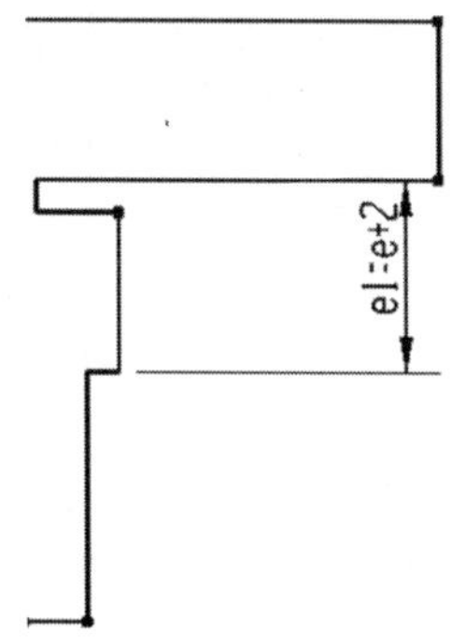

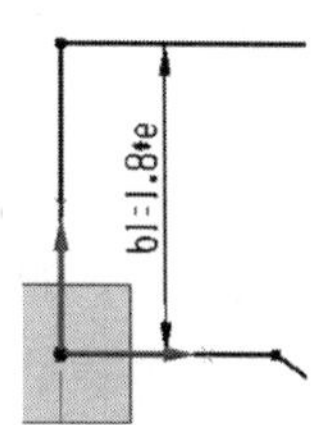

图 9-12　将两线间的距离设置为 e+2　　图 9-13　将两线间的距离设置为 1.8*e

Note

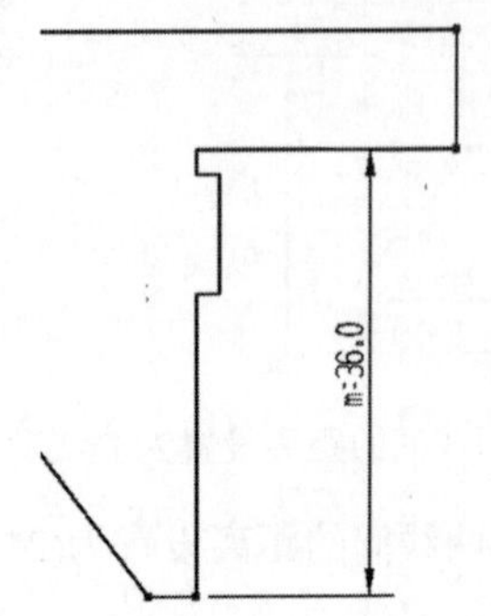

图 9-14　将两线间的距离设置为 36

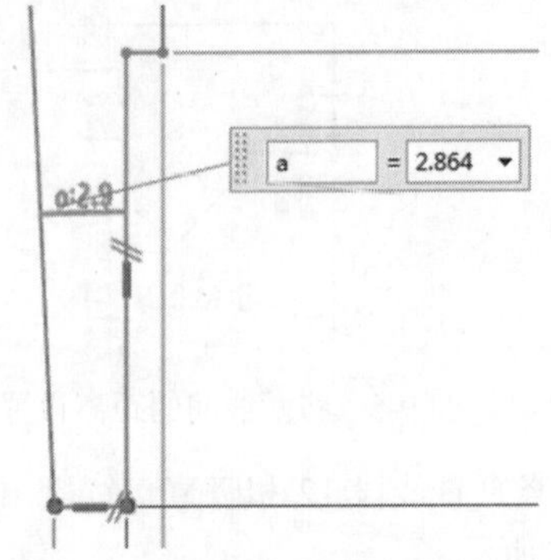

图 9-15　将两线的夹角设置为 2.864

9.1.2　创建旋转体成形特征

以 9.1.1 节生成的草图轮廓作为旋转截面线串，创建旋转体成形特征，生成小封盖的外形轮廓。生成旋转体以后，将实体移至第一层，具体操作步骤如下。

（1）单击“旋转”按钮或选择“菜单”→“插入”→“设计特征”→“旋转”命令，打开“旋转”对话框。利用该对话框选择草图曲线生成轴承的内、外圈，操作方法如下。

① 选择绘制好的草图作为旋转体截面线串。

② 选择 YC 轴作为旋转体截面线串的旋转轴。

③ 指定坐标原点为旋转原点。

④ 设置旋转的开始角度为 0°，结束角度为 360°。

⑤ 单击“确定”按钮，生成最终的旋转体，如图 9-17 所示。

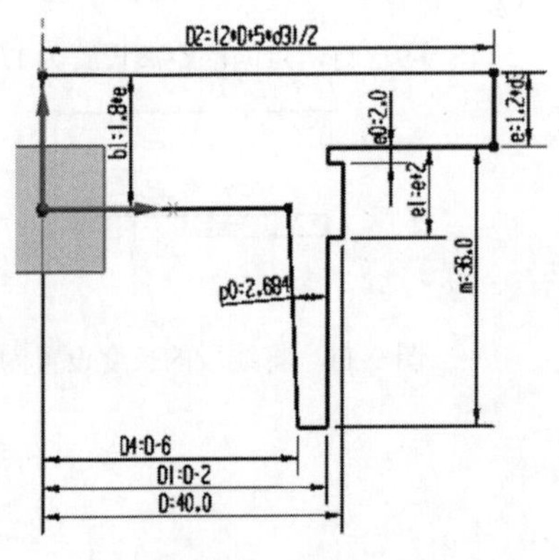

图 9-16　完整尺寸图

图 9-17　生成的旋转体

（2）设置层。选择“菜单”→“格式”→“移动至图层”命令，将旋转体移至第一层，操作步骤如下。

① 打开“类选择”对话框，如图 9-18 所示。单击“类型过滤器”按钮。

② 打开“按类型选择”对话框，在列表框中选择“实体”类型，如图 9-19 所示。单击“确定”按钮。

③ 返回“类选择”对话框。单击“全选”按钮，则要移动的对象实体被选中。

④ 单击“确定”按钮，打开“图层移动”对话框，在对话框中将“目标图层或类别”设为 1，如图 9-20 所示。单击“确定”按钮。

图 9-18　“类选择”对话框

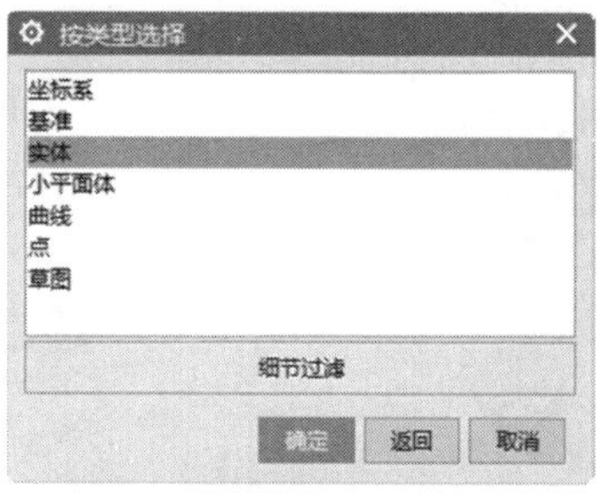

图 9-19　选择“实体”类

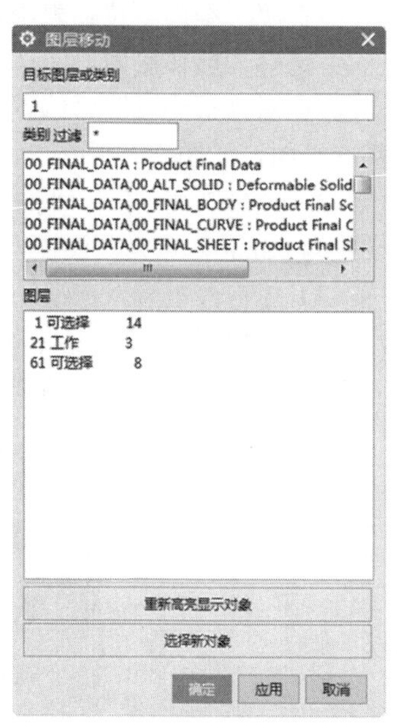

图 9-20　将“目标图层或类别”设为 1

9.1.3　生成凹槽

在小封盖的底端有 4 个沿圆周方向均匀分布的凹槽，本节将生成一个凹槽作为以后要圆周阵列的一个特征。首先做一个与旋转体底面重合的基准平面，用以辅助拉伸草图的定位；然后在通过轴线的基准平面上绘制拉伸草图；最后拉伸草图，并与旋转体进行“减去”布尔操作生成凹槽。具体的创建过程如下。

（1）创建基准平面。单击“基准平面”按钮或选择“菜单”→“插入”→“基准/点”→“基准平面”命令，打开“基准平面”对话框，如图 9-21 所示。

图 9-21　“基准平面”对话框

① 在“类型”下拉列表中选择“按某一距离”选项。

② 选择旋转体底面。

③ 在对话框中设置“偏置”的“距离”值为0mm。单击“确定”按钮，生成一个与所选面重合的基准平面，如图9-22所示。

Note

（2）选择“菜单”→“插入”→“在任务环境中绘制草图”命令，选择XC-YC面，并将偏置距离设置为38mm，作为草图面，进入草图模式。

（3）单击“矩形”按钮或选择“菜单”→“插入”→“矩形”命令，系统打开“矩形”对话框，如图9-23所示。该对话框中的按钮从左到右分别表示“按2点”“按3点”“从中心”“坐标模式”和“参数模式”，利用该对话框建立矩形。

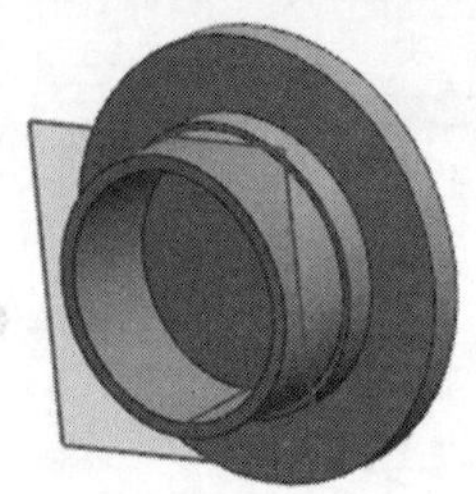

图9-22 生成的基准平面

图9-23 “矩形”对话框

操作方法如下。

① 选择创建方式为“按2点”，单击。

② 在草图中合适位置处画矩形，拖曳矩形至合适大小，如图9-24所示。

③ 对草图添加尺寸约束，标注的尺寸如图9-25所示。

（4）单击“完成”按钮或选择“菜单”→“任务”→“完成草图”命令，退出草图模式，进入建模模式。

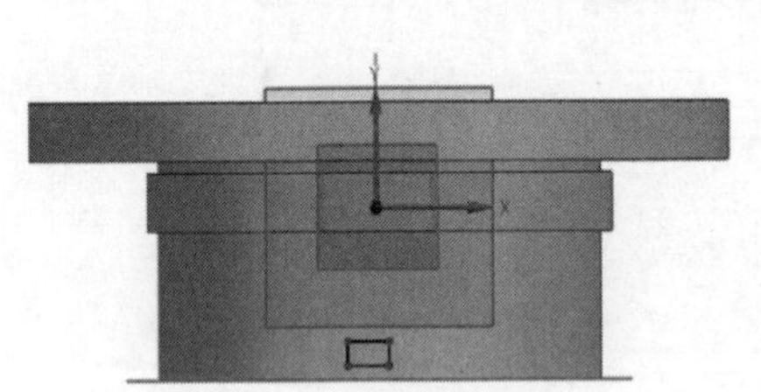

图9-24 绘制矩形草图轮廓

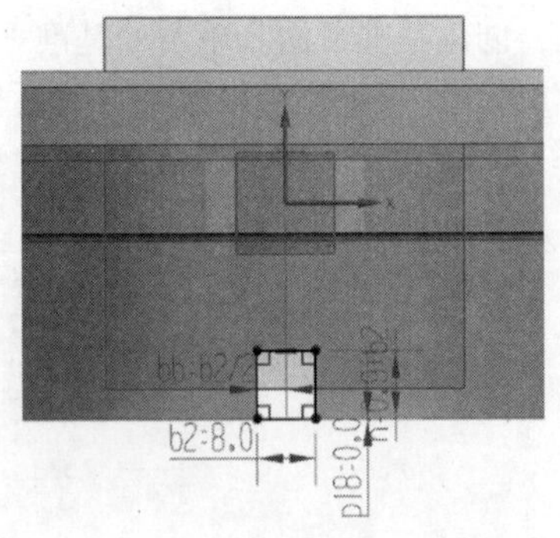

图9-25 对草图添加几何约束

（5）单击“拉伸”按钮或选择“菜单”→“插入”→“设计特征”→“拉伸”命令，系统打开“拉伸”对话框，如图9-26所示。利用该对话框拉伸草图中创建的曲线，操作方法如下。

① 选择步骤（4）中绘制的曲线为拉伸曲线。

② 在“指定矢量”下拉列表中选择“ZC轴”选项作为拉伸方向。

③ 在“布尔”下拉列表中选择“减去”选项。

④ 在对话框中输入结束距离为80mm，其他均为0mm。单击“确定”按钮完成拉伸，如图9-27所示。

图 9-26　“拉伸”对话框

图 9-27　拉伸模型

9.1.4　生成通孔

在旋转体的顶面有 6 个沿圆周方向均匀分布的通孔，本节将生成一个通孔作为以后要圆周阵列的另一个特征，具体操作步骤如下。

（1）单击“孔”按钮或选择“菜单”→“插入”→“设计特征”→“孔”命令，打开“孔”对话框，如图 9-28 所示。

（2）在“成形”下拉列表中选择“简单孔”选项。

（3）将通孔“直径”设置为 d3+1，“深度”为 50mm，“顶锥角”为 118°。“布尔”运算设置为“减去”。

（4）选择最大圆柱顶面作为孔的放置面，如图 9-29 所示。打开“草图”对话框，单击“关闭”，编辑孔的定位尺寸，D0=(2*D+2.5*d3)/2，p122=0，如图 9-30 所示。

（5）单击“完成”按钮，退出草图编辑状态。

（6）返回“孔”对话框，单击“确定”按钮完成孔的创建，结果如图 9-31 所示。

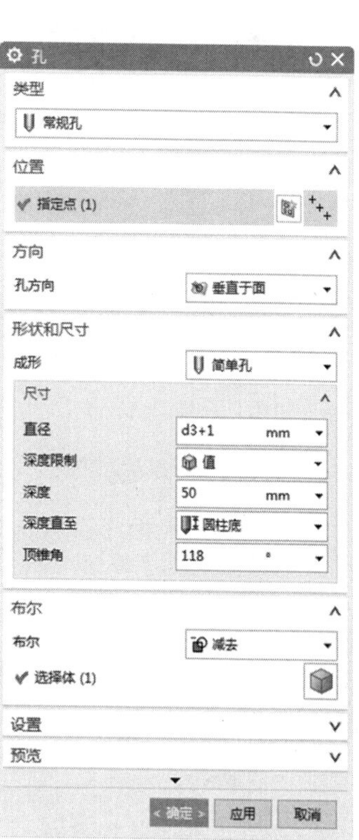

图 9-28　“孔”对话框

Note

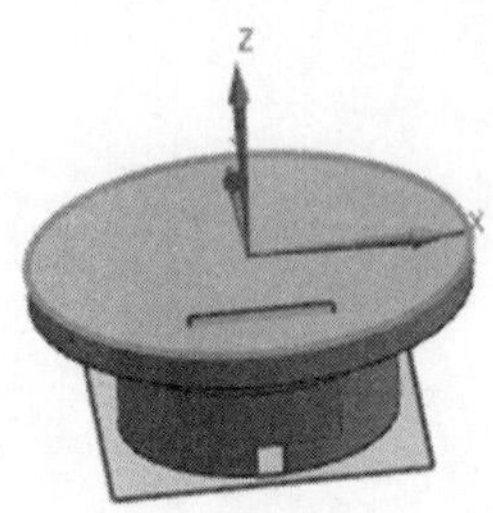

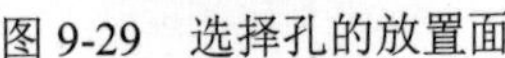

图 9-29　选择孔的放置面

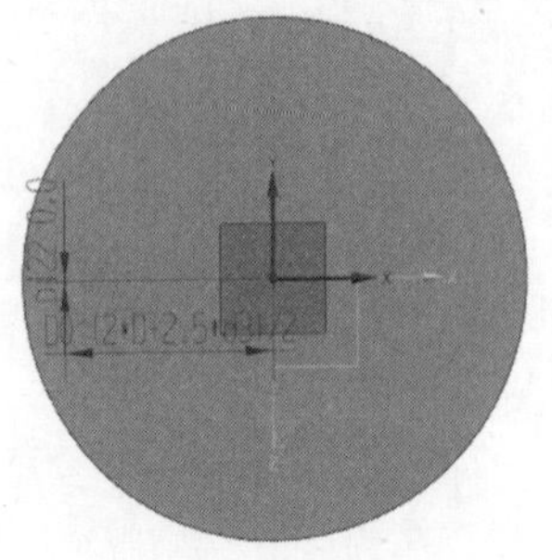

图 9-30　定位尺寸图

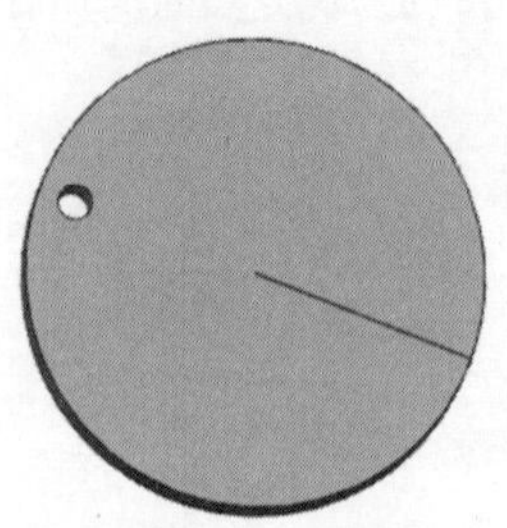

图 9-31　生成通孔

9.1.5　圆周阵列凹槽和通孔

圆周阵列前面生成的凹槽和通孔，使其沿圆周方向均匀分布，具体操作步骤如下。

（1）选择“菜单”→“插入”→“关联复制”→“阵列特征”命令，系统打开“阵列特征”对话框，如图 9-32 所示。利用该对话框进行圆周阵列，操作方法如下。

① 选择对话框中的“圆形”阵列选项。“指定矢量”设置为“YC 轴”，“指定点”设置为原点。

② 选择创建的凹槽为要阵列的特征。

③ 在“数量”文本框中输入 2，在“节距角”文本框中输入 90，单击“确定”按钮。

④ 生成阵列凹槽，如图 9-33 所示。

（2）按同样方法，生成通孔的环形阵列，阵列“数量”为 6，“节距角”为 60°，效果如图 9-34 所示。

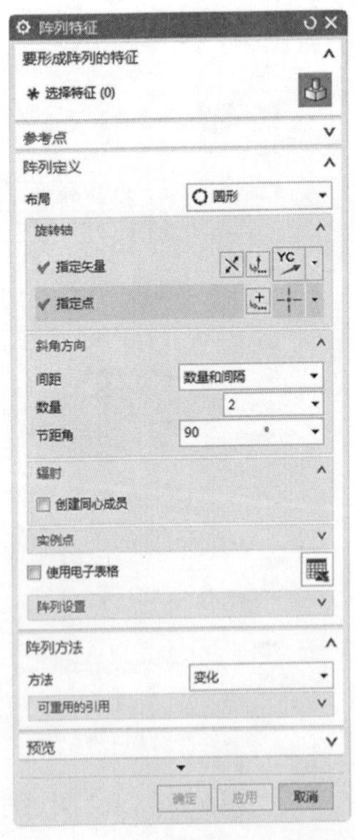

图 9-32　“阵列特征”对话框

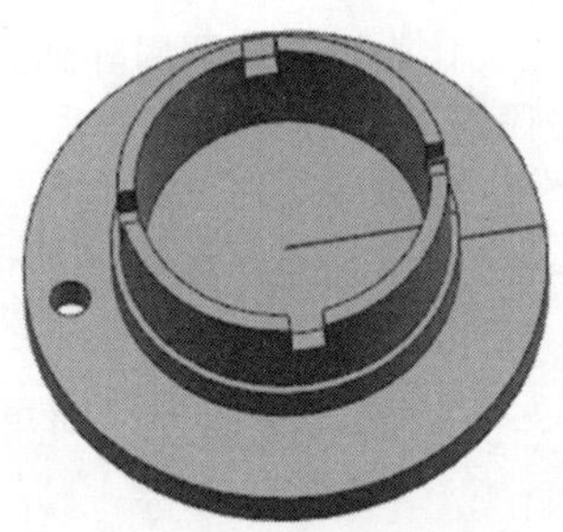

图 9-33　生成的阵列凹槽

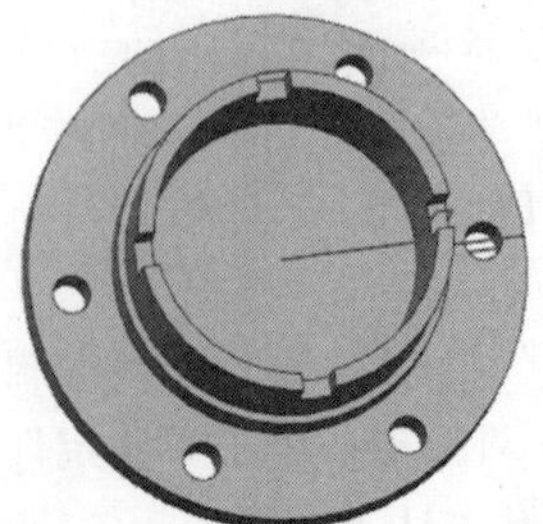

图 9-34　生成的通孔阵列

9.1.6 生成边倒圆和倒斜角并完成零件的设计

为旋转体添加边倒圆和倒斜角，并最终完成零件的设计，具体操作步骤如下。

（1）单击“边倒圆”按钮或选择“菜单”→“插入”→“细节特征”→“边倒圆”命令，系统打开“边倒圆”对话框，如图 9-35 所示。利用该对话框进行圆角操作，操作方法如下。

① 设置半径为 1mm。

② 选择如图 9-36 所示的边。

③ 单击“应用”按钮，为旋转体生成一个圆角特征，如图 9-37 所示。

④ 将“边倒圆”对话框中的圆角“半径 1”改为 6mm，选择如图 9-38 所示的边，单击“确定”按钮，在旋转体内侧生成一个圆角特征，如图 9-39 所示。

图 9-35 “边倒圆”对话框

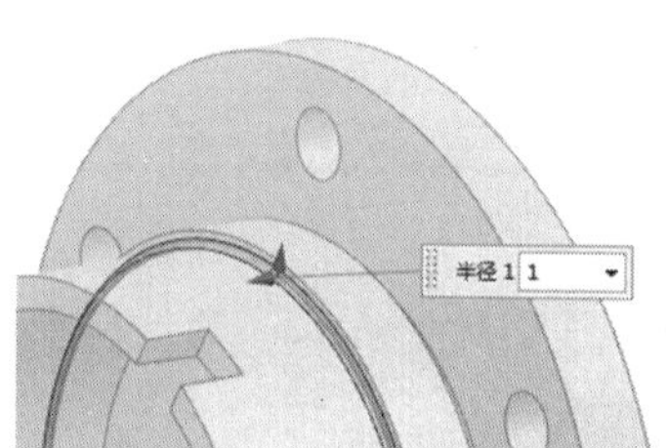

图 9-36 选择圆角边

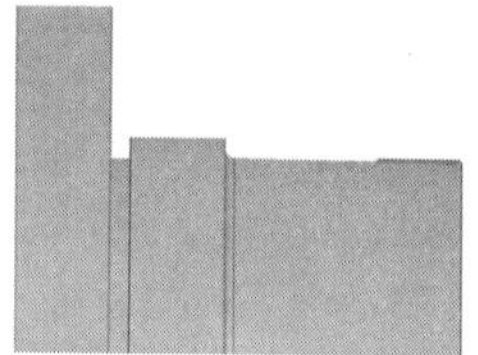

图 9-37 生成圆角特征

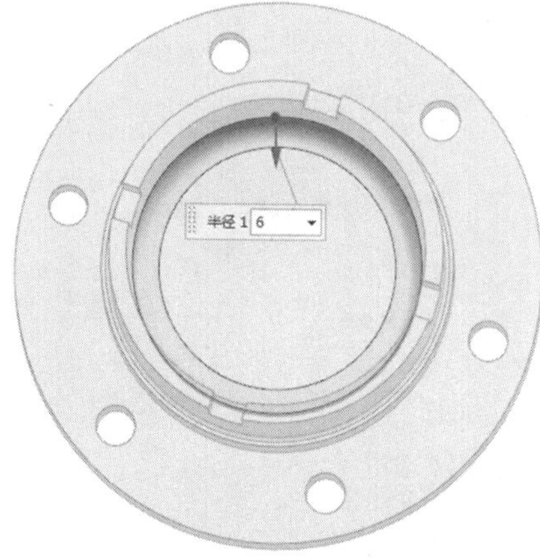

图 9-38 选择圆角边

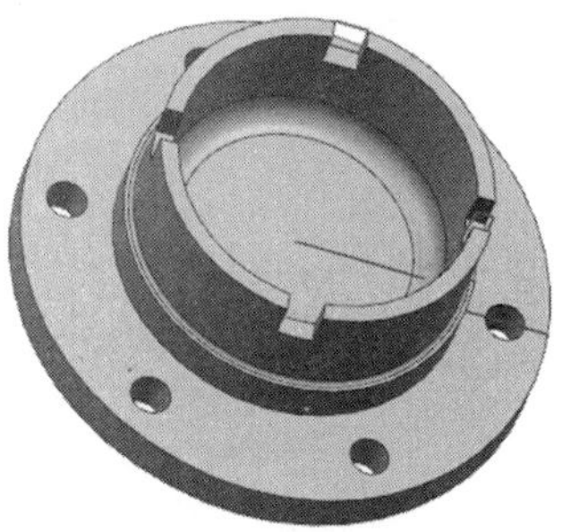

图 9-39 生成圆角特征

（2）创建倒斜角。选择如图 9-40 所示的一条倒角边，设置倒角距离值为 2mm，单击“确定”按钮，生成倒角特征，如图 9-41 所示。

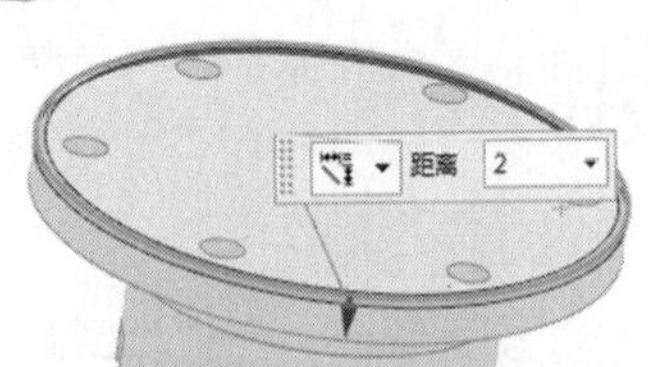

图 9-40　选择倒角边

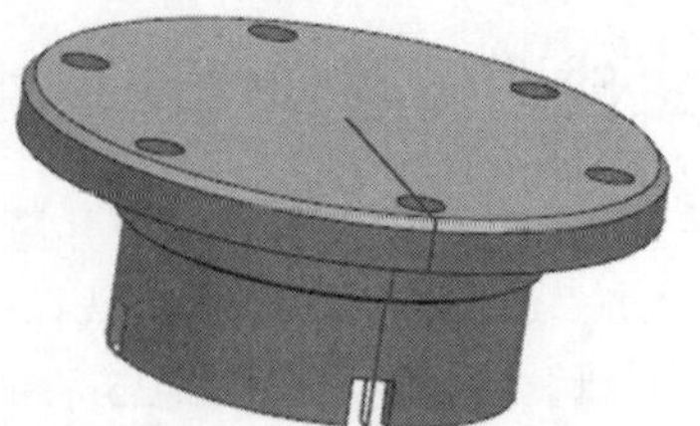

图 9-41　生成倒斜角

Note

视频讲解

9.2　大封盖的设计

制作思路

大封盖的外形与小封盖基本一致，本节将在小封盖模型的基础上对其进行参数化修改，从而生成最终的大封盖。

9.2.1　另存为零件

要在小封盖零件的基础上进行修改，首先必须将小封盖零件另存为大封盖零件，具体的操作步骤如下。

（1）进入 UG NX 12.0 软件，单击“打开”按钮，打开“打开”对话框，查找 9.1 节中创建的零件名为 xiaofenggai 的部件，如图 9-42 所示。在预览区中可以看到零件的预览图，单击 OK 按钮，打开此零件。

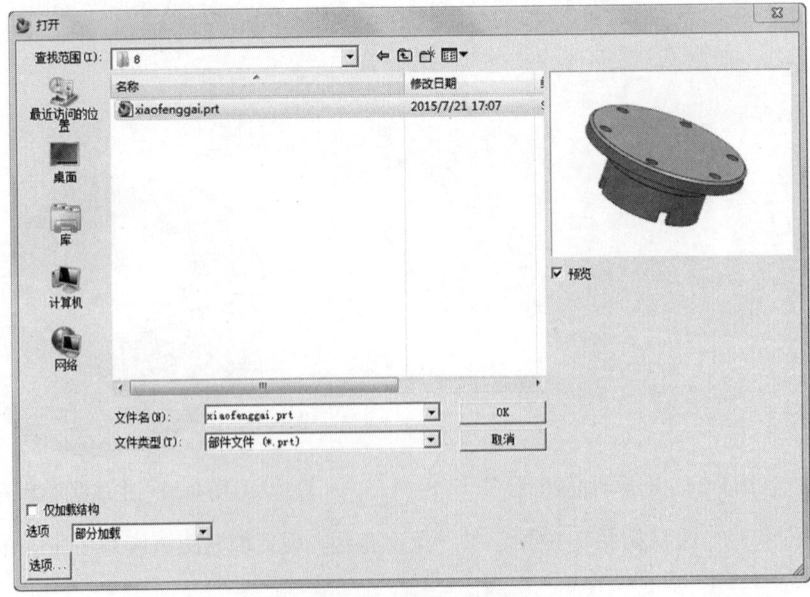

图 9-42　“打开”对话框

（2）单击“另存为”按钮，打开“另存为”对话框。在对话框中选择相同的存盘目录，输入文件名为 dafenggai，如图 9-43 所示。单击 OK 按钮，将零件另存为 dafenggai 零件。

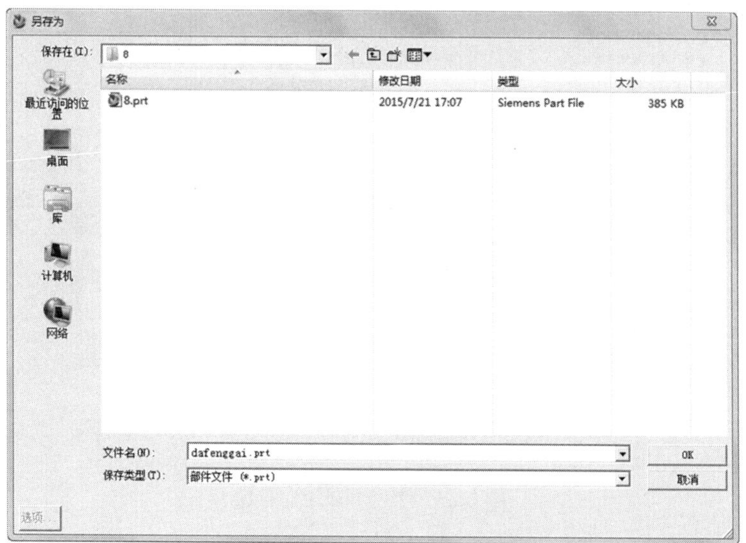

图 9-43　“另存为”对话框

9.2.2　修改表达式并完成零件的设计

在“表达式”对话框中可以修改驱动尺寸，其他与之相关联的尺寸值会自动更改。单击“确定”按钮以后，模型会根据新的尺寸值自动更新，具体的操作步骤如下。

（1）首先把矩形拉伸的开始距离和结束距离修改为-50mm 和 120mm，然后单击“表达式”按钮或选择“文件”→“工具”→“表达式”命令，打开“表达式”对话框。在列表框中选择表达式 D=40，在文本框中将其改为 D=50，如图 9-44 所示；按 Enter 键，将配合直径改为 50。选择表达式 m=36，在文本框中将其改为 m=32.25，如图 9-45 所示；按 Enter 键，将凸起部分长度改为 32.25。

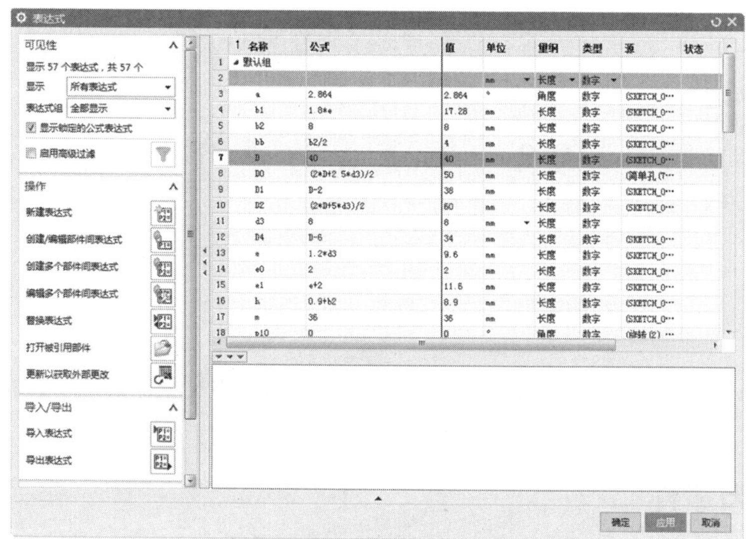

图 9-44　更改表达式 D=40

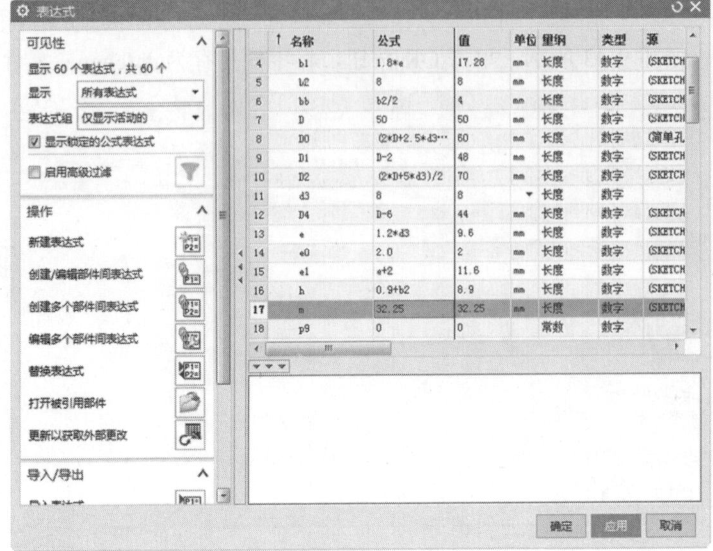

图 9-45　更改表达式 m=36

（2）单击“表达式”对话框中的“确定”按钮，生成最终的大封盖。在同一视图下可以看到模型的尺寸有明显的变化，图 9-46（a）为更改前的模型，图 9-46（b）为更改后的模型，其中所有的径向尺寸变长，长度方向凸起尺寸变短。

（3）单击“保存”按钮，保存这个零件。

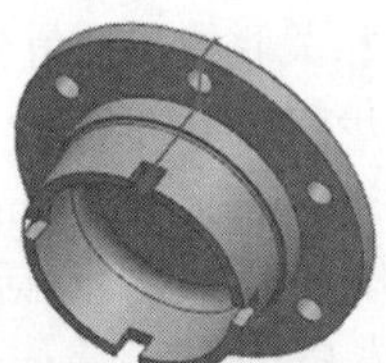

（a）更改前的模型

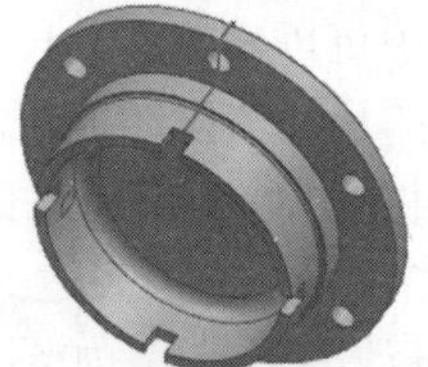

（b）更改后的模型

图 9-46　更改前后模型外形尺寸的变化

视频讲解

9.3　小通盖的设计

制作思路

小通盖的设计非常简单，只需要在小封盖的基础上通过参数修改添加一个通孔特征即可。

9.3.1　另存为零件

要在小封盖零件的基础上进行修改，同样首先必须将小封盖零件另存为小通盖零件，具体操作步

骤如下。

（1）进入 UG NX 12.0 软件，单击“打开”按钮，打开“打开”对话框。查找零件名为 xiaofenggai 的部件，在预览区中可以看到零件的预览图，打开此零件。

（2）单击“另存为”按钮，打开“另存为”对话框，在对话框中选择相同的存盘目录，输入文件名为 xiaotonggai。单击 OK 按钮，将零件另存为 2 号零件。

Note

9.3.2　生成通孔并完成零件的设计

在小封盖的顶面添加一个通孔特征，并生成最终的小通盖，具体操作步骤如下。

（1）单击“孔”按钮或选择“菜单”→“插入”→“设计特征”→“孔”命令，系统打开“孔”对话框，如图 9-47 所示。利用该对话框建立孔，操作方法如下。

（2）用光标捕捉轴承盖的上端面圆弧中心为孔位置。

（3）在“深度限制”下拉列表中选择“贯通体”选项，选择孔底面作为通孔的限制面。

（4）在“孔”对话框中设置通孔的直径为 40mm，单击“确定”按钮，完成小通盖的创建，如图 9-48 所示。

图 9-47　“孔”对话框

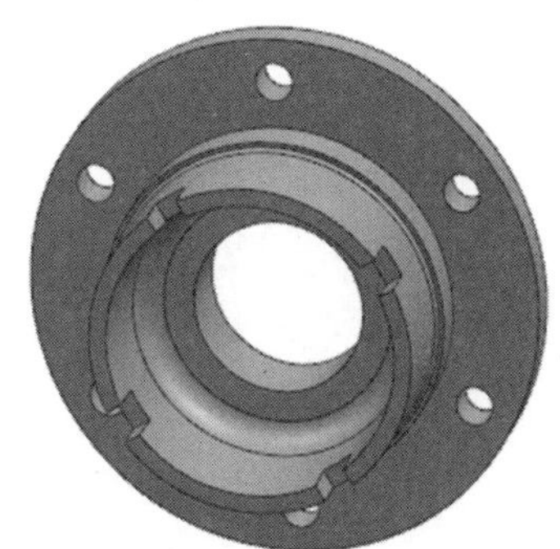

图 9-48　生成通孔并形成最终的小通盖

9.4　大通盖的设计

制作思路

大通盖的设计与小通盖的设计完全一样，只需要在大封盖的基础上添加一个通孔特征即可。

9.4.1 另存为零件

要在大封盖零件的基础上进行修改，首先必须将大封盖零件另存为大通盖零件，具体操作步骤如下。

（1）进入 UG NX 12.0 软件，单击“打开”按钮，打开“打开”对话框。查找零件名为 dafenggai 的部件，在预览区中可以看到零件的预览图，单击 OK 按钮，打开此零件。

（2）单击“另存为”按钮，打开“另存为”对话框，在对话框中选择相同的存盘目录，输入文件名为 datonggai。单击 OK 按钮，将零件另存为 18 号零件。

9.4.2 生成通孔并完成零件的设计

在大封盖的顶面添加一个通孔特征，并生成最终的大通盖，具体操作步骤如下。

（1）单击“孔”按钮或选择“菜单”→“插入”→“设计特征”→“孔”命令，打开如图 9-49 所示的“孔”对话框。用光标捕捉如图 9-50 所示的圆心为孔的位置，在“成形”下拉列表中选择“简单孔”选项，在“直径”文本框中输入 84，在“深度限制”下拉列表中选择“贯通体”选项，单击“确定”按钮，同时生成通孔并生成最终的大通盖，如图 9-51 所示。

（2）单击“保存”按钮，保存这个零件。

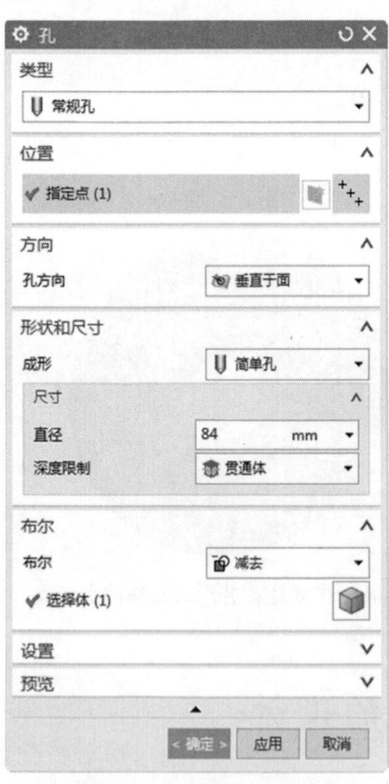

图 9-49 “孔”对话框

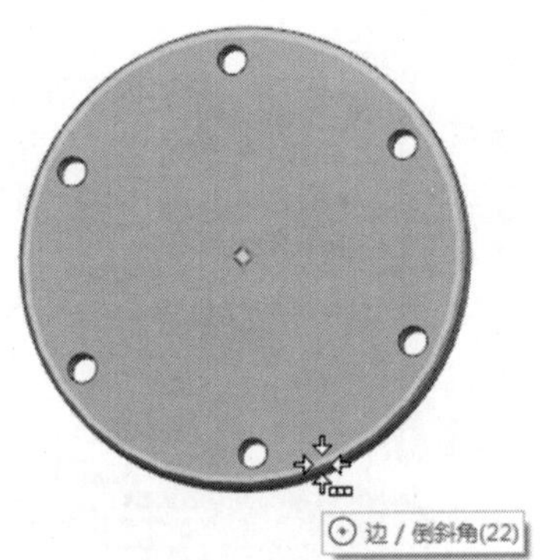

图 9-50 选择圆心

图 9-51 生成通孔并形成最终的大通盖

第10章 叉架类零件设计

（视频讲解：39分钟）

叉架类零件是机械设计中常见的一类零件，如在缝纫机、汽车、车床、飞机、船舶上等有大量使用。本章将通过介绍踏脚座及齿轮泵机座的设计，使读者熟悉前面所讲的建模知识，并掌握一般叉架类零件的绘制方法。

【学习重点】

- 踏脚座
- 机座

视频讲解

Note

10.1 踏 脚 座

制作思路

踏脚座是典型的叉架类零件。首先绘制各部分的草图，然后结合建模操作生成模型。

10.1.1 基体

具体操作步骤如下。

（1）新建文件。启动 UG NX 12.0，单击“新建”按钮或选择“菜单”→“文件”→“新建”命令，打开“新建”对话框，如图 10-1 所示。设置文件名为 tajiaozuo，单击“确定”按钮，进入 UG 建模环境。

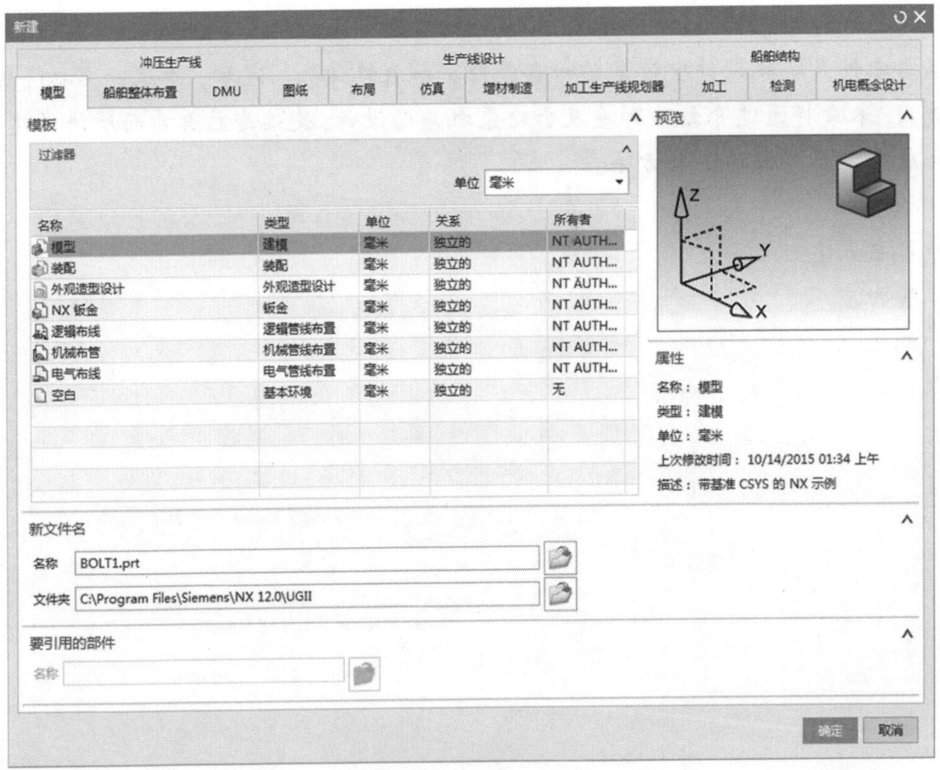

图 10-1 新建文件

（2）创建圆柱 1。单击“圆柱”按钮或选择“菜单”→“插入”→“设计特征”→“圆柱”命令，打开如图 10-2 所示的“圆柱”对话框。在“类型”下拉列表中选择“轴、直径和高度”选项，在“指定矢量”下拉列表中选择“ZC 轴 ”选项，设置圆柱原点坐标为（0,0,-12.5），在“直径”和“高度”文本框中分别输入 28、25，单击“确定”按钮，完成圆柱 1 的创建。

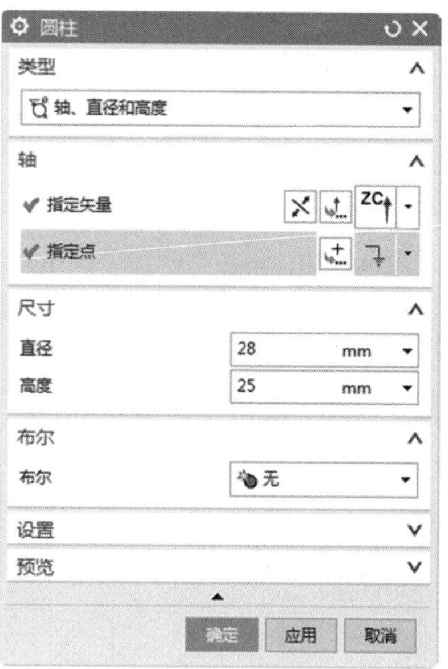

图 10-2 “圆柱”对话框

（3）创建圆柱 2。单击“圆柱”按钮或选择“菜单”→“插入”→“设计特征”→“圆柱”命令，打开如图 10-3 所示的对话框。在“类型”下拉列表中选择“轴、直径和高度”选项，单击“矢量对话框”按钮，打开如图 10-4 所示的“矢量”对话框，在“类型”下拉列表中选择“与 XC 成一角度”，在“角度”文本框中输入 75，然后单击“确定”按钮，返回“圆柱”对话框，设置圆柱原点坐标为（0,0,0），在“直径”和“高度”文本框中分别输入 11、19。连续单击“确定”按钮，完成圆柱 2 的创建。

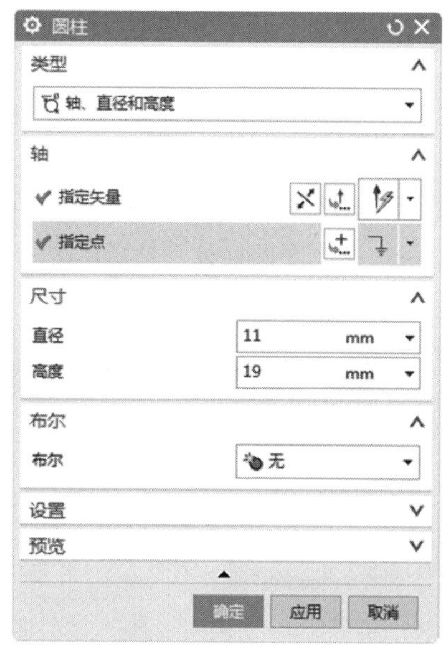

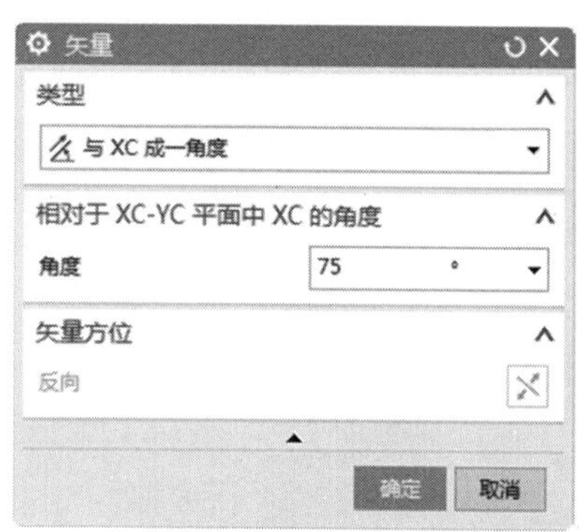

图 10-3 “圆柱”对话框　　　　图 10-4 “矢量”对话框

（4）创建圆弧。选择“菜单”→“插入”→“曲线”→“直线和圆弧”→“圆（圆心-点）”命令，打开“圆”对话框，绘制圆心坐标为（0,0,−10）、圆弧上点的坐标为（50,0,−10）的圆弧，完成圆

Note

弧 1 的创建。

（5）创建圆柱 3。单击“圆柱”按钮或选择“菜单”→“插入”→“设计特征”→“圆柱”命令，打开如图 10-5 所示的“圆柱”对话框。在“类型”下拉列表中选择“轴、直径和高度”选项，在“指定矢量”下拉列表中选择“ZC 轴 ”（圆柱按 Z 轴方向创建）选项，单击“点对话框”按钮，打开“点”对话框，在“类型”下拉列表中选择“圆弧/椭圆上的角度”选项，在“圆弧或椭圆”选项选择圆弧 1，在“角度”文本框中输入 120，单击“确定”按钮，返回“圆柱”对话框，在“直径”和“高度”文本框中分别输入 19、20，单击“确定”按钮，完成圆柱 3 的创建，生成模型如图 10-6 所示。

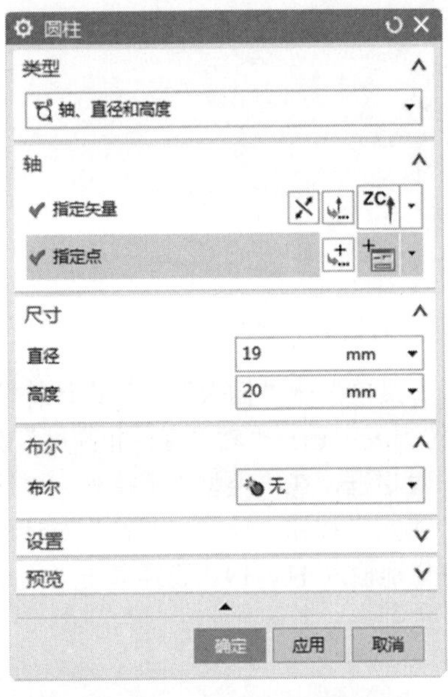

图 10-5 “圆柱”对话框

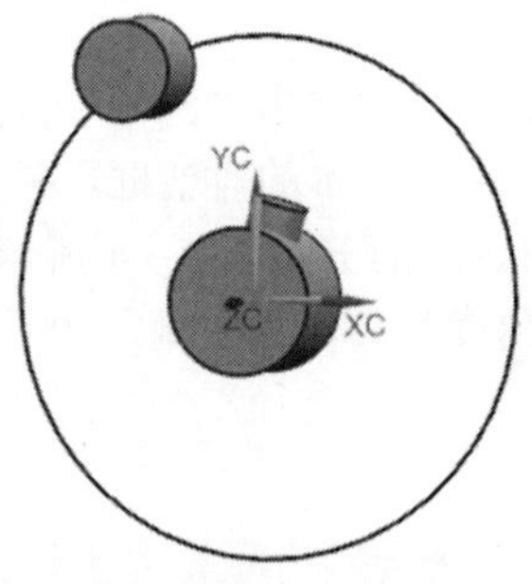

图 10-6 曲线模型

（6）创建草图 1。选择“菜单”→“插入”→“在任务环境中绘制草图”命令，打开如图 10-7 所示的“创建草图”对话框，单击“确定”按钮，进入草图绘制环境。

（7）投影操作。单击“投影曲线”按钮或选择“菜单”→“插入”→“配方曲线”→“投影曲线”命令，打开如图 10-8 所示的对话框。在屏幕中选择 3 个圆柱体，然后单击 “确定”按钮，完成将 3 个圆柱的轮廓投影到草图平面上的操作。

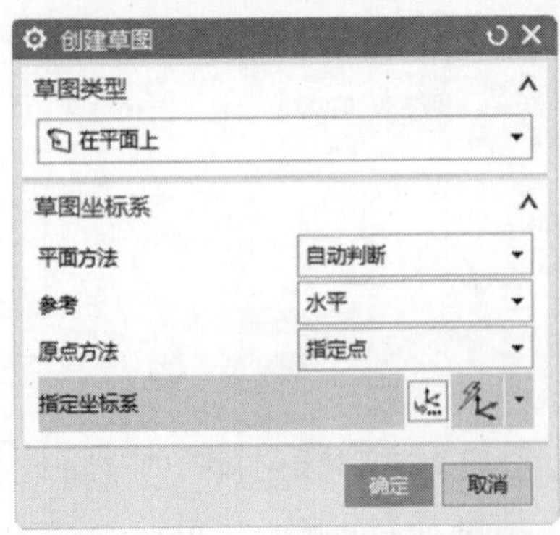

图 10-7 “创建草图”对话框

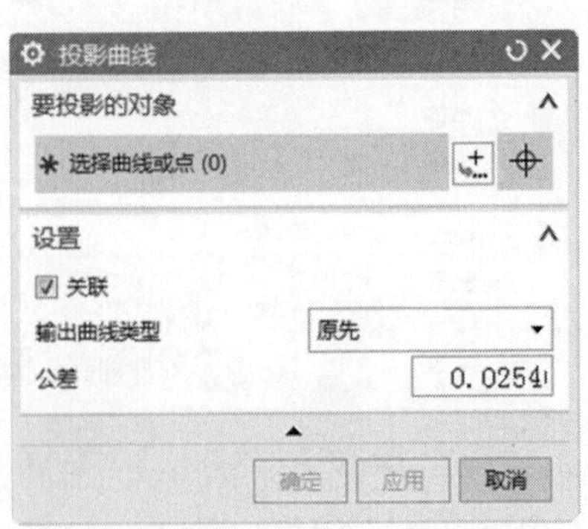

图 10-8 “投影曲线”对话框

（8）创建直线。单击“直线”按钮或选择“菜单”→“插入”→“曲线”→“直线”命令，打开如图 10-9 所示的“直线”对话框，并激活选择条。单击选择条上的“点在曲线上”按钮，再依次选择如图 10-10 所示的 4 点（直线 1 和直线 2 分别连接圆弧相切，点 2 为投影直线端点）。

图 10-9　“直线”对话框

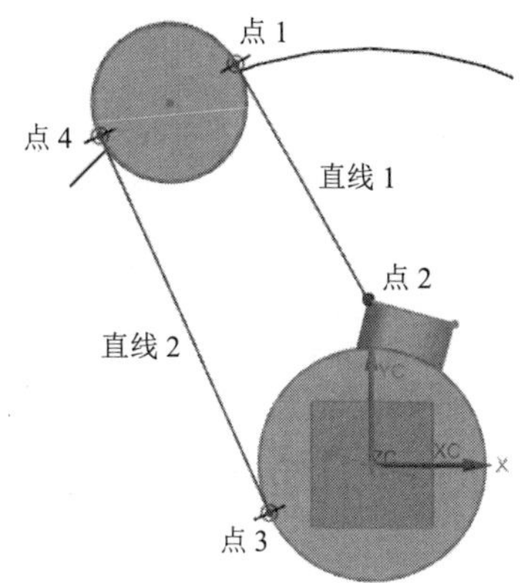

图 10-10　创建直线示意图

（9）创建快速延长。单击“快速延伸”按钮或选择“菜单”→“编辑”→“曲线”→“快速延伸”命令，选择直线 1，将直线 1 延伸到圆柱体 1 的轮廓投影线上，如图 10-11 所示。

（10）修剪曲线。单击“快速修剪”按钮或选择“菜单”→“编辑”→“曲线”→“快速修剪”命令，按系统提示选择裁剪各段曲线，裁剪完成后曲线如图 10-12 所示。单击“完成”按钮，退出草图绘制环境。

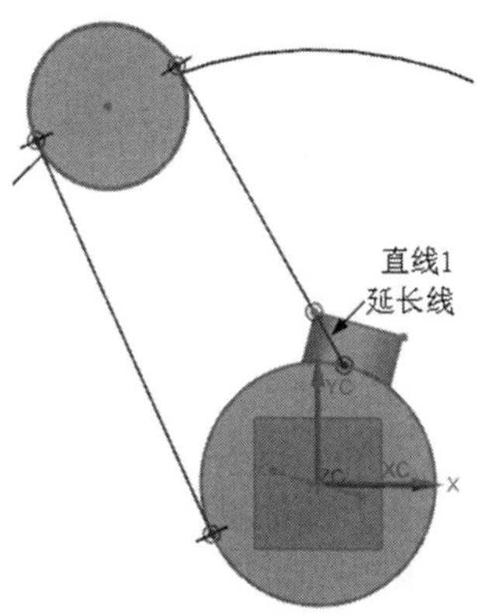

图 10-11　延长直线 1 示意图

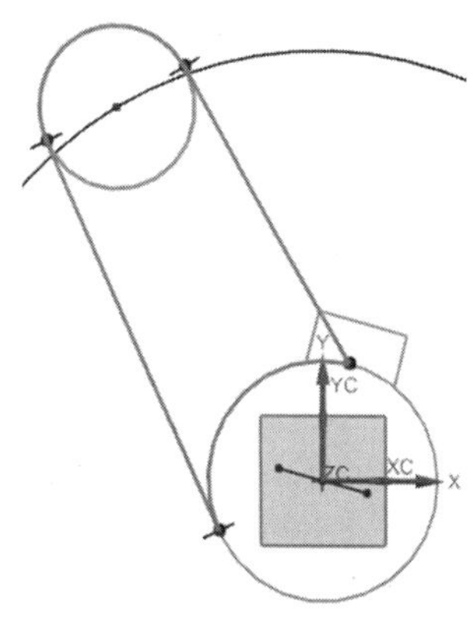

图 10-12　修剪曲线示意图

（11）创建拉伸。单击“拉伸”按钮或选择“菜单”→“插入”→“设计特征”→“拉伸”命令，打开如图 10-13 所示的“拉伸”对话框。选择步骤（10）绘制完成的曲线为拉伸曲线，在“指定矢量”下拉列表中选择“ZC 轴”选项为拉伸方向，在“限制”选项组“开始”的“距离”文本框中输入-4.5，在“结束”的“距离”文本框中输入 4.5。单击“确定”按钮，完成拉伸操作，生成模型如图 10-14 所示。

（12）隐藏曲线。选择“菜单”→“编辑”→“显示和隐藏”→“隐藏”命令，打开“类选择”对话框，如图 10-15 所示。单击“类型过滤器”按钮，打开“按类型选择”对话框，选择曲线，单击“确定”按钮，返回“类选择”对话框，单击“全选”按钮，再单击“确定”按钮，即隐藏屏幕中所有曲线。

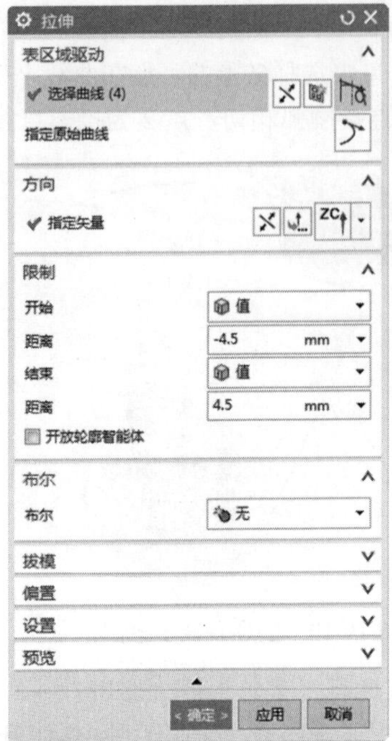

图 10-13 “拉伸”对话框

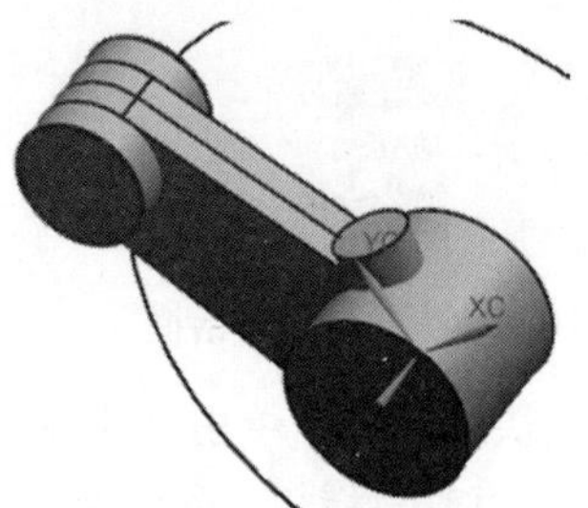

图 10-14 拉伸后的模型

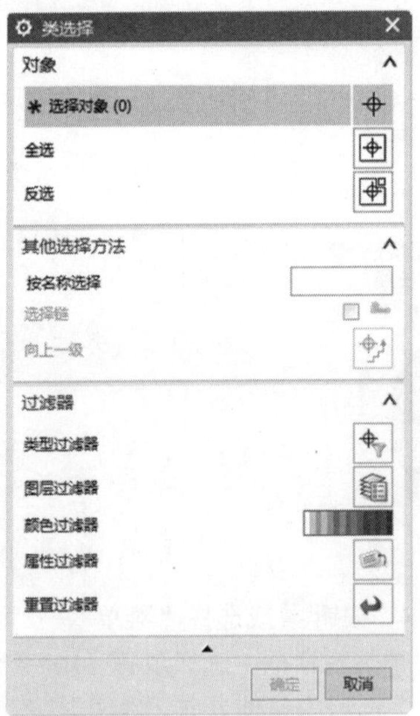

图 10-15 “类选择”对话框

（13）创建草图 2。选择“菜单”→“插入”→“在任务环境中绘制草图”命令，打开“创建草图”对话框，单击“确定”，进入草图绘制环境。

（14）创建点。单击“点”按钮＋或选择“菜单”→“插入”→“基准/点”→“点”命令，打开“草图点”对话框，单击“点对话框”按钮，打开“点”对话框，输入坐标值为（57,0,0），单击“确定”按钮，返回“草图点”对话框，单击“关闭”按钮，完成点 1 的创建。

Note

（15）投影操作。单击“投影曲线”按钮或选择“菜单”→“插入”→“配方曲线”→“投影曲线”命令，打开“投影曲线”对话框。在屏幕中选择圆柱 1 和圆柱 2 为要投影的对象，然后单击“确定”按钮，完成将两个圆柱的轮廓投影到草图平面上的操作。

（16）创建直线。单击“直线”按钮或选择“菜单”→“插入”→“曲线”→“直线”命令，打开“直线”对话框，并激活选择条。单击选择条上的“现有点”按钮，再选择屏幕中的点 1，并单击“直线”对话框中的“参数模式”按钮确定直线第 2 点，在“长度”和“角度”文本框中分别输入 20、300。关闭“直线”对话框，完成直线 1 的创建。同步骤（15），单击选择条上的“端点”按钮，并依次选择由圆柱 2 投影的直线，创建直线 2，生成模型如图 10-16 所示。

（17）创建圆弧。单击“圆弧”按钮或选择“菜单”→“插入”→“曲线”→“圆弧”命令，打开如图 10-17 所示的“圆弧”对话框。单击对话框中的“三点定圆弧”按钮，系统激活选择条，单击选择条中的“端点”按钮、“相交”按钮、“现有点”按钮和“点在曲线上”按钮 4 项，依次选择圆弧和点 2，并在“半径”文框中输入 70，创建圆弧 1。

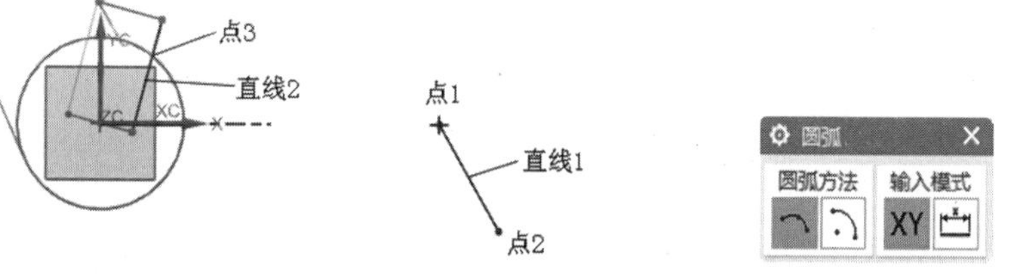

图 10-16　草图曲线模型　　　　图 10-17　“圆弧”对话框

同步骤（17），选择点 3（直线 2 和圆弧的交点）和点 1，在“半径”文本框中输入 45，创建圆弧 2，生成曲线模型如图 10-18 所示。

（18）创建约束。单击“几何约束”按钮或选择“菜单”→“插入”→“几何约束”命令，打开如图 10-19 所示的“几何约束”对话框，在“约束”选项组中单击“相切”按钮，选择投影所得圆弧和圆弧 1 为要约束的几何体，则完成圆弧和圆弧 1 的相切约束。

同步骤（18），选择圆弧和圆弧 2，完成二者间相切约束操作。

（19）修剪曲线。单击“快速修剪”按钮或选择“菜单”→“编辑”→“曲线”→“快速修剪”命令，按系统提示选择修剪各段曲线，修剪完成后曲线如图 10-20 所示。单击“完成”按钮，退出草图绘制环境。

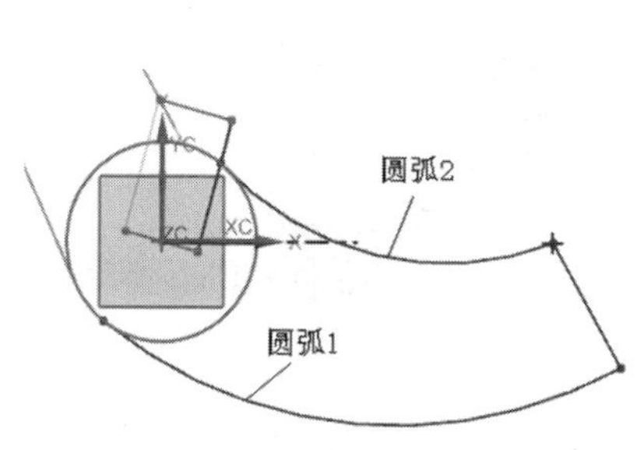

图 10-18　草图曲线模型

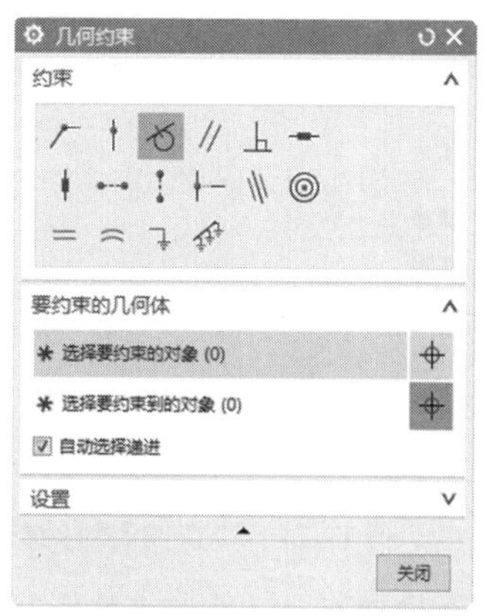

图 10-19　“几何约束”对话框

Note

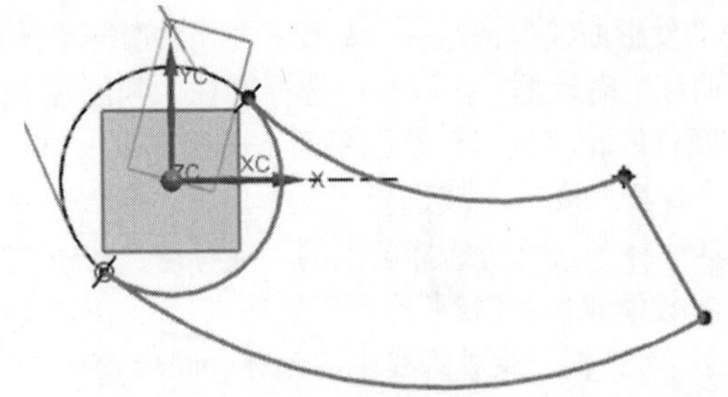

图 10-20　修剪曲线模型

10.1.2　完成造型

具体操作步骤如下。

（1）创建拉伸。单击“拉伸”按钮或选择“菜单”→“插入”→“设计特征”→“拉伸”命令，打开如图 10-21 所示的“拉伸”对话框。选择屏幕中的草图 2 曲线为拉伸对象，在“指定矢量”下拉列表中选择“ZC 轴”选项，在“限制”选项组的开始距离文本框中输入−4.5，结束距离文本框中输入 4.5。单击“确定”按钮，完成拉伸操作。

隐藏模型中所有曲线，生成模型如图 10-22 所示。

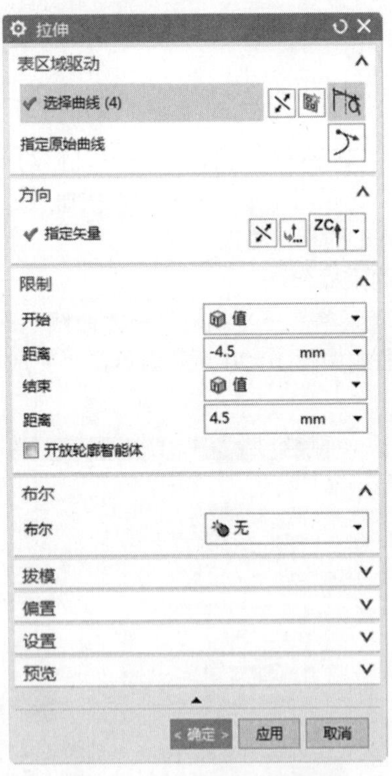

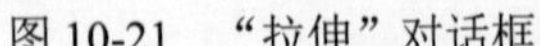

图 10-21　“拉伸”对话框

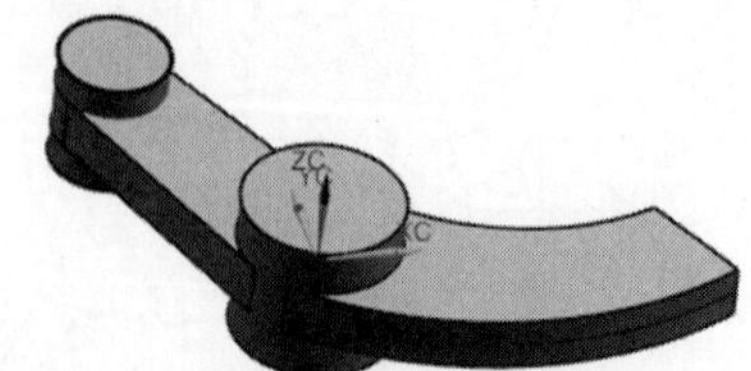

图 10-22　拉伸模型

（2）创建草图 3。选择“菜单”→“插入”→“在任务环境中绘制草图”命令，打开“创建草图”对话框。单击“确定”按钮，进入草图绘制环境。

（3）投影操作。单击“投影曲线”按钮或选择“菜单”→“插入”→“配方曲线”→“投影

曲线”命令，打开如图10-23所示的“投影曲线”对话框，选择如图10-24所示的轮廓曲线1、2、3，然后单击“确定”按钮，完成投影操作。

（4）创建点。单击“点”按钮＋或选择“菜单”→“插入”→“基准/点”→“点”命令，打开“草图点”对话框，单击“点对话框”按钮，打开“点”对话框，分别创建坐标为（121,0,0）的点1和坐标为（90,-39,0）的点2，如图10-24所示。

Note

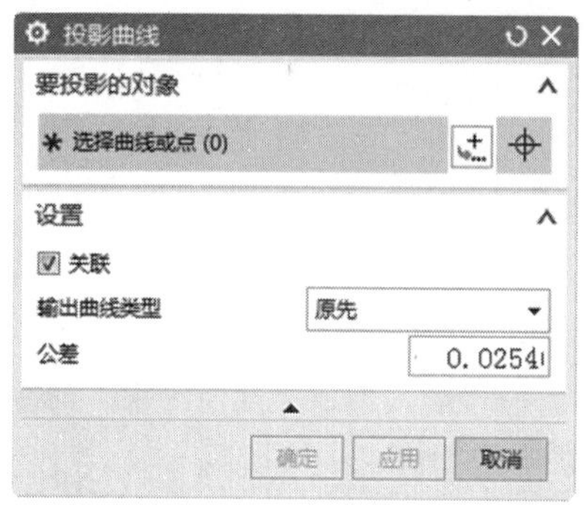

图10-23　“投影曲线”对话框

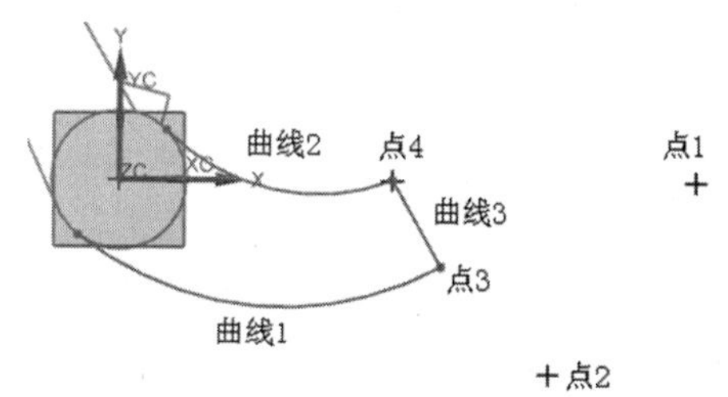

图10-24　草图曲线模型

（5）创建直线。单击“直线”按钮或选择“菜单”→“插入”→“曲线”→“直线”命令，打开如图10-25所示的“直线”对话框，并激活选择条。单击选择条上的“现有点”按钮＋，选择图10-24中的点3并单击“直线”对话框中的“参数模式”按钮确定直线第二点。在“长度”和“角度”文本框中分别输入5、30，完成直线1的创建。

同步骤（5），以直线1的终点为起点，创建长度为18mm、角度为120°的直线2。

（6）创建圆弧。单击“圆弧”按钮或选择“菜单”→“插入”→“曲线”→“圆弧”命令，打开如图10-26所示的“圆弧”对话框。单击“圆弧”对话框中的“中心和端点定圆弧”按钮，根据系统提示选择点2为圆弧中心、点4为圆弧上一点，拉伸圆弧扫描大于90°圆弧，完成圆弧1的创建。

同步骤（6），创建与圆弧1同心的圆弧2，曲线模型如图10-27所示。

图10-25　“直线”对话框　　图10-26　“圆弧”对话框

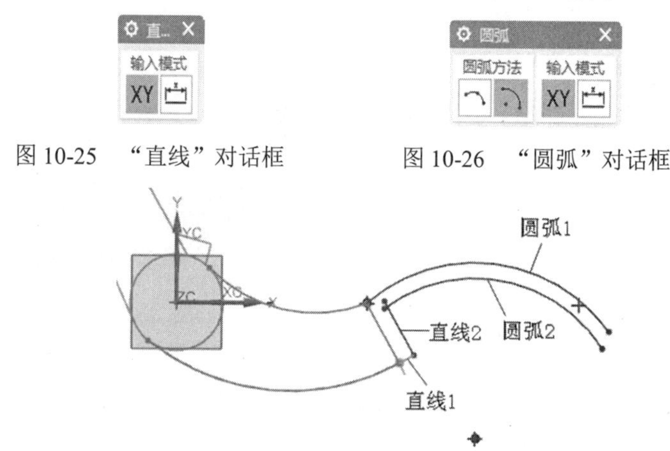

图10-27　草图曲线模型

（7）创建圆。单击“圆”按钮或选择“菜单”→“插入”→“曲线”→“圆”命令，打开如图10-28所示的“圆”对话框。单击“圆”对话框中的“三点定圆”按钮并在选择条中单击“现

有点”按钮 和“点在曲线上”按钮 ，依次选择直线 1 和直线 2，并在“直径”文本框中输入 5，创建圆 1。

同步骤（7），选择圆弧 1 和点 1，在“直径”文本框中输入 5，创建圆 2。生成模型如图 10-29 所示。

图 10-28 “圆”对话框

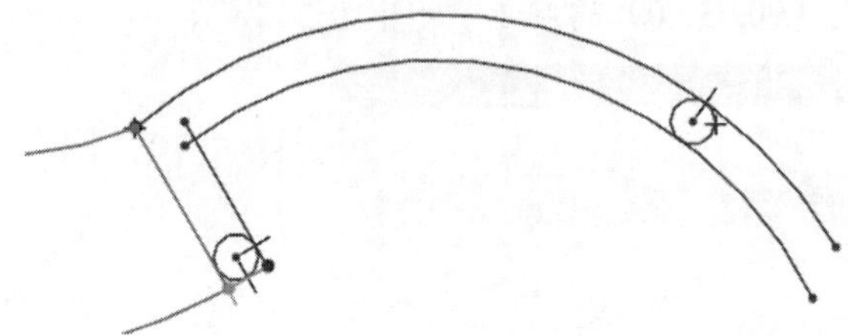

图 10-29 草图曲线模型

（8）创建约束。单击“几何约束”按钮 或选择“菜单”→“插入”→“几何约束”命令，依次使圆 1 与直线 1、直线 2 和曲线 3 相切，使圆 2 与圆弧 1、圆弧 2 相切。

（9）创建倒圆角。单击“角焊”按钮 或选择“菜单”→“插入”→“曲线”→“圆角”命令，系统打开“圆角”对话框，如图 10-30 所示。选择直线 2 和圆弧 2，生成倒圆角，半径设为 5mm。

图 10-30 “圆角”对话框

（10）修剪曲线。单击“快速修剪”按钮 或选择“菜单”→“编辑”→“曲线”→“快速修剪”命令，按系统提示选择修剪各段曲线，修剪完成后的曲线如图 10-31 所示。单击“完成”按钮 或选择“菜单”→“任务”→“完成草图”命令，退出草图绘制环境。

（11）创建拉伸。单击“拉伸”按钮 或选择“菜单”→“插入”→“设计特征”→“拉伸”命令，打开“拉伸”对话框。对草图曲线 3 创建拉伸，在“指定矢量”下拉列表中选择“ZC 轴”选项，设置开始距离为-19mm、结束距离为 19mm，生成模型如图 10-32 所示。

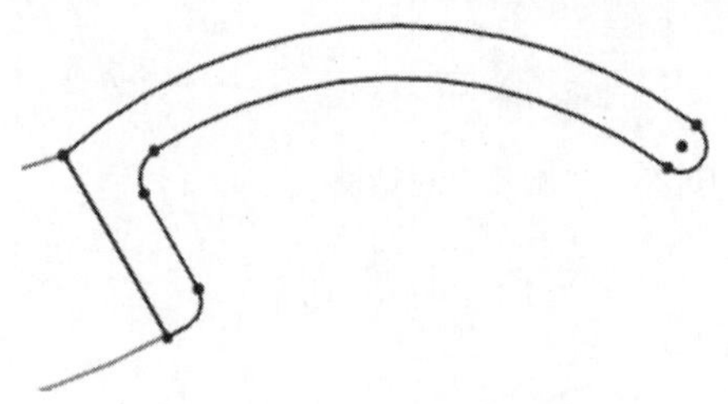

图 10-31 修剪曲线模型

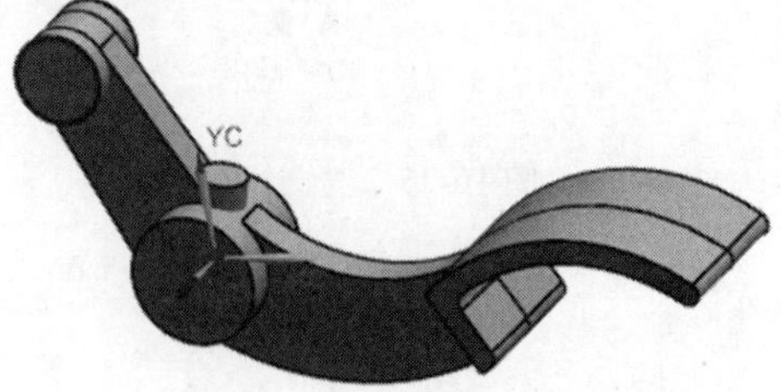

图 10-32 拉伸模型

（12）创建草图 4。选择“菜单”→“插入”→“在任务环境中绘制草图”命令，打开“创建草图”对话框，单击“确定”按钮，进入草图绘制环境。创建如图 10-33 所示的曲线模型，具体创建步骤同前。

（13）创建拉伸。单击“拉伸”按钮 或选择“菜单”→“插入”→“设计特征”→“拉伸”命令，打开“拉伸”对话框。对草图曲线 4 创建拉伸，在“指定矢量”下拉列表中选择“ZC 轴”选项，设置开始距离为-3mm、结束距离为 3mm。隐藏所有曲线和基准，生成模型如图 10-34 所示。

（14）创建布尔操作。单击“合并”按钮 或选择“菜单”→“插入”→“组合”→“合并”

命令，打开如图 10-35 所示的“合并”对话框，对屏幕中所有实体进行布尔合并操作。

（15）创建简单孔。单击“孔”按钮或选择“菜单”→“插入”→“设计特征”→“孔”命令，打开如图 10-36 所示的“孔”对话框，捕捉如图 10-37 所示的圆心为孔放置位置，在“成形”下拉列表中选择“简单孔”选项，在“直径”“深度”“顶锥角”文本框中分别输入 8、20、0。单击“确定”按钮，完成简单孔 1 的创建。

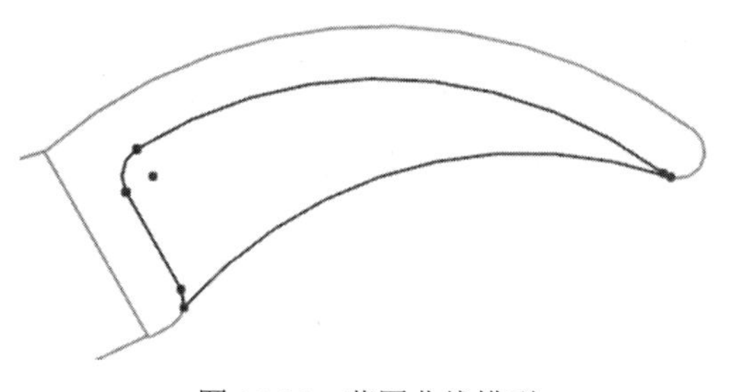

图 10-33　草图曲线模型

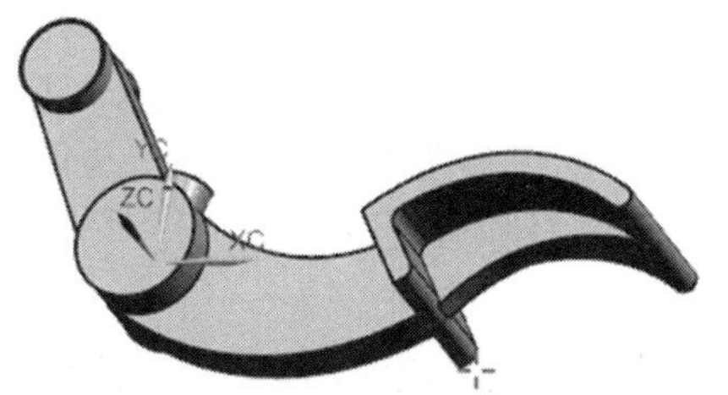

图 10-34　拉伸模型

图 10-35　“合并”对话框

图 10-36　“孔”对话框

同步骤（15），在圆柱 1 和圆柱 2 的端面上分别创建直径、深度和顶锥角分别为（16,25,0）、（5,15,0）的孔 2 和孔 3，生成模型如图 10-38 所示。

Note

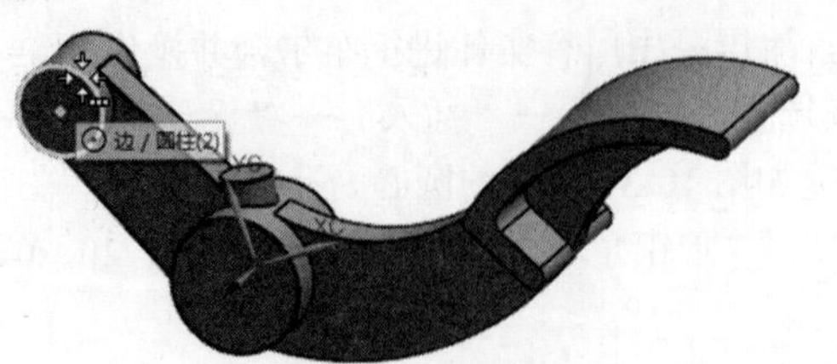

图 10-37　捕捉圆心

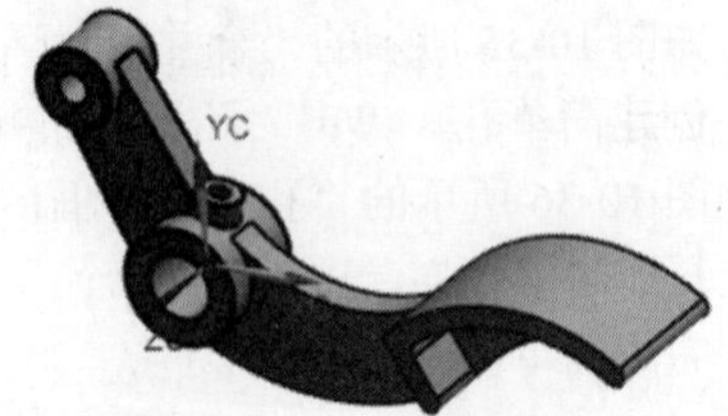

图 10-38　生成孔模型

（16）创建边倒圆。单击“边倒圆”按钮或选择“菜单”→“插入”→“细节特征”→“边倒圆”命令，打开如图 10-39 所示的“边倒圆”对话框，对拉伸体 1 和拉伸体 2 的边倒圆，倒圆半径为 4.5mm；对拉伸体 3 和拉伸体 4 的边倒圆，倒圆半径分别为 2mm 和 3mm。最后生成的踏脚座模型如图 10-40 所示。

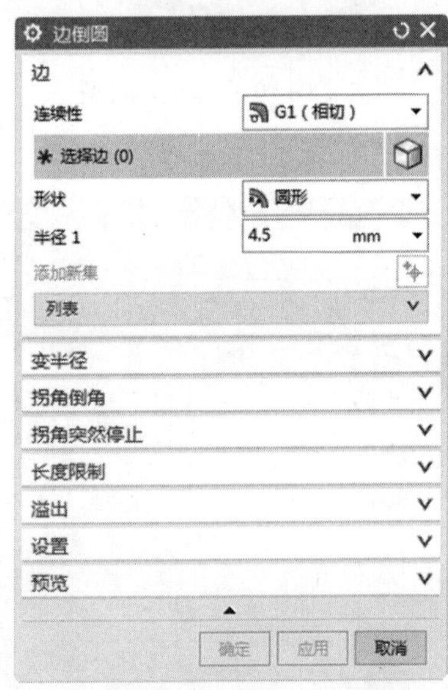

图 10-39　“边倒圆”对话框

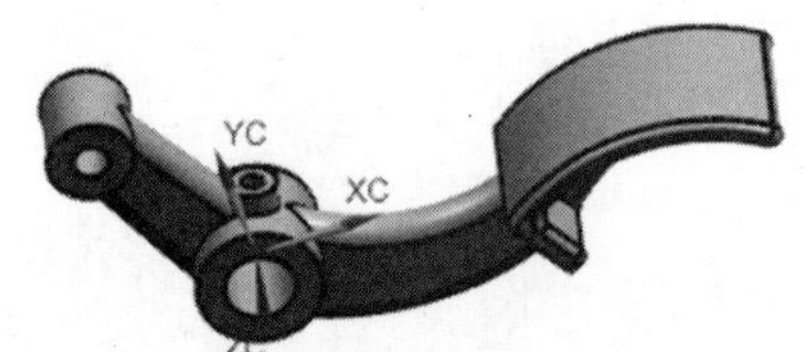

图 10-40　踏脚座

视频讲解

10.2　机　　座

制作思路

机座主体由长方体构成，然后在机座主体的不同方位进行孔、拉伸操作，最后生成模型。本节重点介绍基准平面和基准轴的使用。

具体操作步骤如下。

（1）新建文件。启动 UG NX 12.0，单击“新建”按钮或选择“菜单”→“文件”→“新建”命令，创建新部件，文件名为 jizuo，单击“确定”按钮，进入 UG 建模环境。

（2）创建长方体。单击“长方体”按钮或选择“菜单”→“插入”→“设计特征”→“长方

体”命令，打开“长方体”对话框，如图 10-41 所示。单击“点对话框”按钮，打开“点”对话框，如图 10-42 所示。输入坐标值（-28,-12,42.38）确定长方体生成原点，单击“确定”按钮，返回“长方体”对话框；在“长度”“宽度”“高度”文本框中分别输入 56、24、84.76，然后单击“确定”按钮，完成长方体 1 的创建。

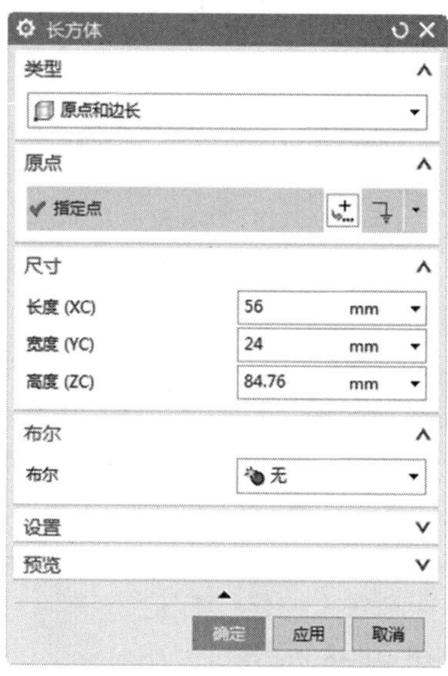

图 10-41 “长方体”对话框

图 10-42 “点”对话框

同步骤（2），在点（-42.5,-8,-50）处，创建“长度”“宽度”“高度”分别为 85、16、9 的长方体 2。布尔合并上述两实体，生成模型如图 10-43 所示。

（3）创建边倒圆。单击“边倒圆”按钮或选择“菜单”→“插入”→“细节特征”→“边倒圆”命令，打开“边倒圆”对话框，如图 10-44 所示。为长方体上、下端面的两短边创建倒圆，倒圆半径为 28mm，结果如图 10-45 所示。

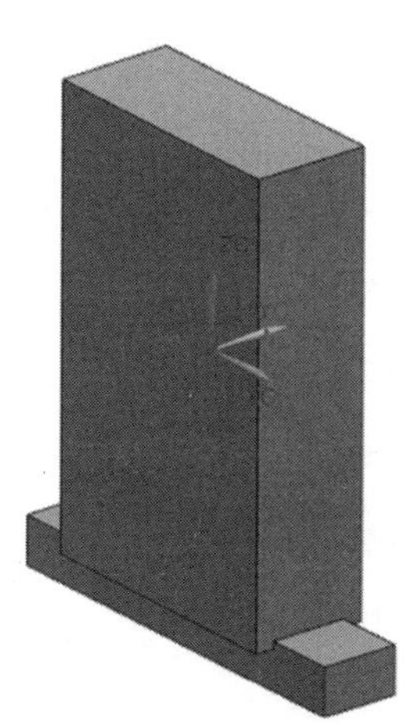

图 10-43 长方体模型

图 10-44 “边倒圆”对话框

Note

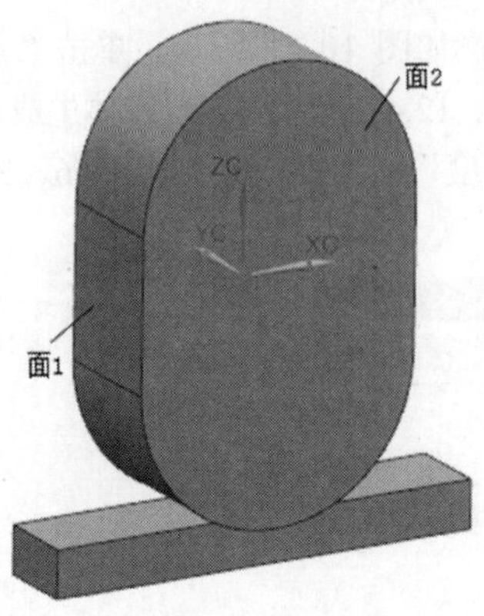

图 10-45　边倒圆

（4）创建凸起。单击“凸起”按钮或选择“菜单”→“插入”→“设计特征”→“凸起”命令，打开如图 10-46 所示的“凸起”对话框。单击“绘制截面”按钮，打开“创建草图”对话框，选择面 1 作为草图绘制平面，单击“确定”按钮，进入草图绘制界面，绘制如图 10-47 所示的草图。单击“完成”按钮或选择“菜单”→“任务”→“完成草图”命令，退出草图绘制环境，返回“凸起”对话框，选择绘制的圆为要创建凸起的曲线，选择面 1 为要凸起的面，在“距离”文本框中输入 7，单击“确定”按钮，完成凸起 1 的创建。

按步骤（4），在长方体另一侧面创建凸起 2，生成模型如图 10-48 所示。

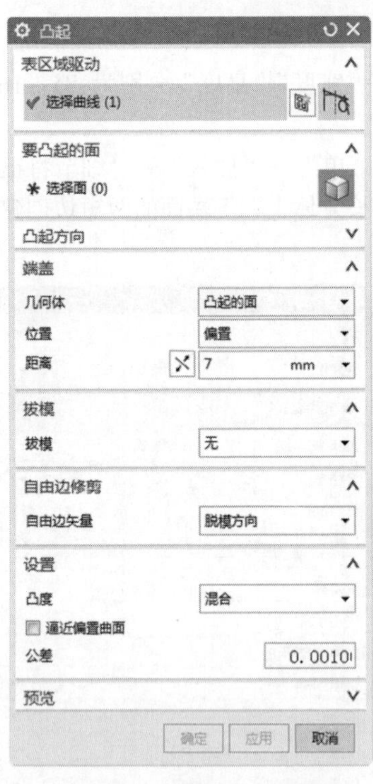

图 10-46　“凸起”对话框

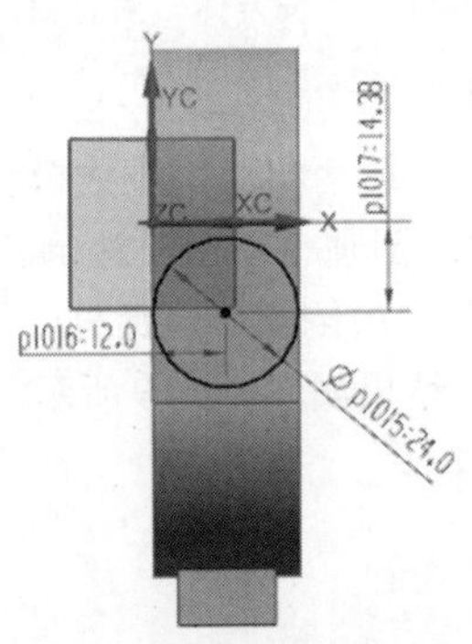

图 10-47　绘制草图

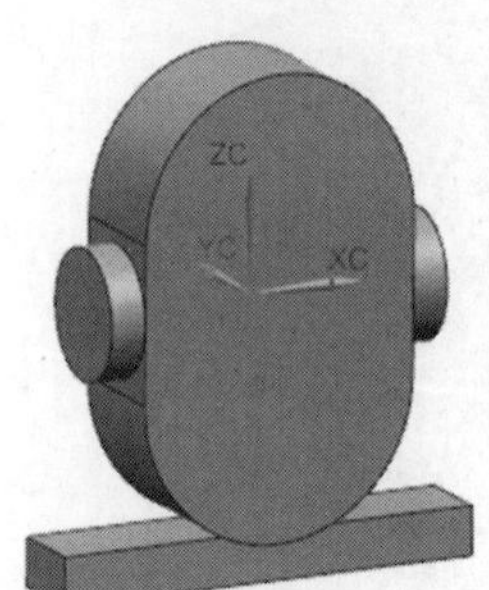

图 10-48　凸起模型

（5）创建孔。单击“孔”按钮或选择“菜单”→“插入”→“设计特征”→“孔”命令，打开如图 10-49 所示的“孔”对话框，捕捉如图 10-50 所示的圆心为孔的放置位置，在“成形”下拉列

表中选择“简单孔”，在“直径”“深度”“顶锥角”文本框中分别输入 16、70、0。单击“确定”按钮，完成孔 1 的创建。

同步骤（5），在长方体 1 的前表面创建两个参数相同的简单孔，在“直径”“深度”“顶锥角”文本框中分别输入 34.5、24、0，圆心分别位于长方体上下倒圆的圆弧中心，生成模型如图 10-51 所示。

（6）创建草图。选择“菜单”→“插入”→“在任务环境中绘制草图”命令，打开“创建草图”对话框。选择面 2 为草图绘制平面，单击“确定”按钮，进入草图绘制环境。绘制如图 10-52 所示的草图，上边的矩形的角点为圆的象限点，单击“完成”按钮或选择“菜单”→“任务”→“完成草图”命令，退出草图绘制界面。

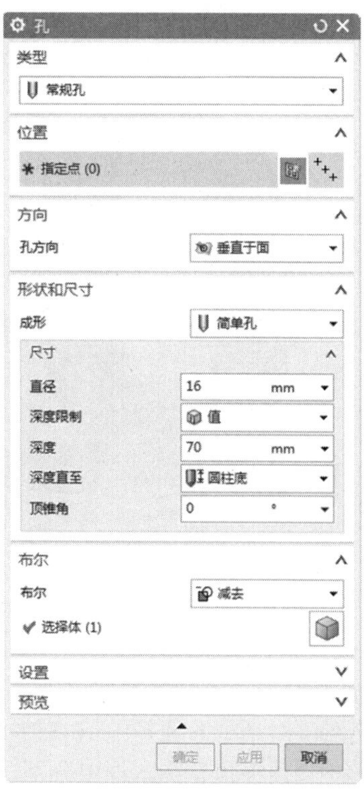

图 10-49　“孔”对话框

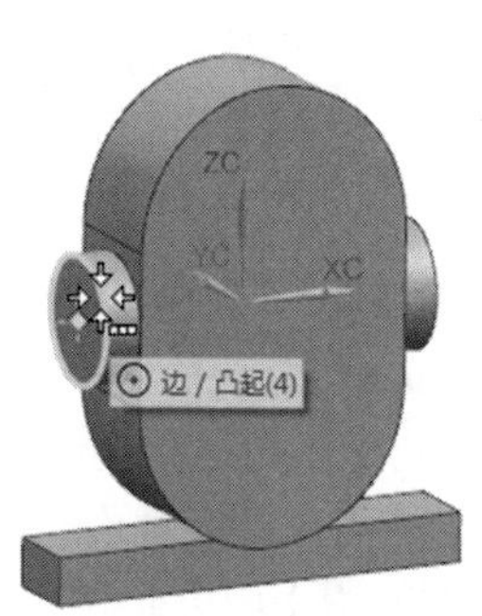

图 10-50　捕捉圆心

图 10-51　创建孔

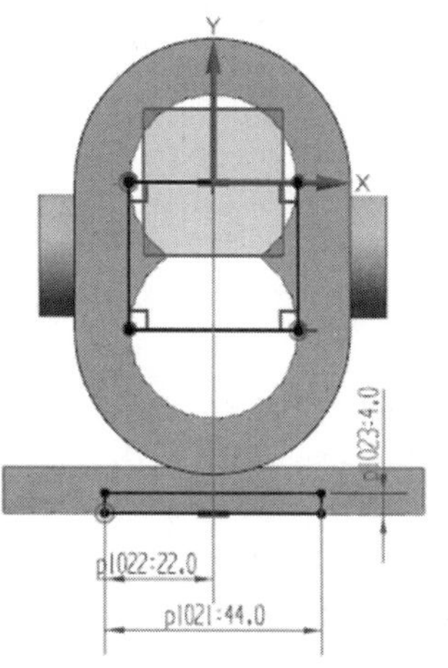

图 10-52　绘制草图

Note

（7）创建拉伸特征。单击“拉伸”按钮或选择“菜单”→“插入”→“设计特征”→“拉伸”命令，系统打开如图10-53所示的“拉伸”对话框，选择绘制的矩形为拉伸曲线，在“指定矢量”下拉列表中选择“YC轴”选项，在“结束”的“距离”文本框中输入28.76mm，在“布尔”下拉列表中选择“减去”选项，单击“确定”按钮，最后生成模型如图10-54所示。

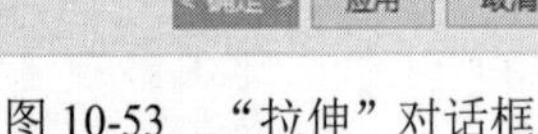

图10-53 “拉伸”对话框

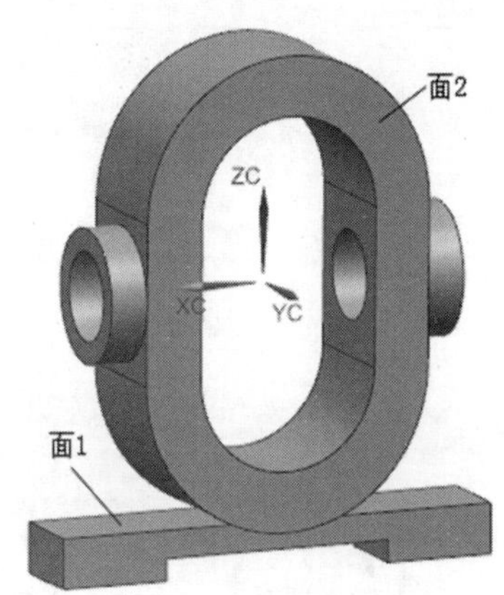

图10-54 腔模型

（8）创建边倒圆。创建过程同步骤（3），分别对图10-55中的各曲边倒圆角。曲边1、3、6和8倒圆半径均为5mm，其他曲线倒圆半径均为3mm。

（9）创建孔。单击孔按钮或选择“菜单”→“插入”→“设计特征”→“孔”命令，打开“孔”对话框，单击“绘制截面”按钮，打开“创建草图”对话框，选择图10-55中的面1为草图绘制平面，绘制如图10-56所示的草图，在“直径”“深度”“顶锥角”文本框中分别输入7、9、0，单击“确定”按钮，完成孔的创建。

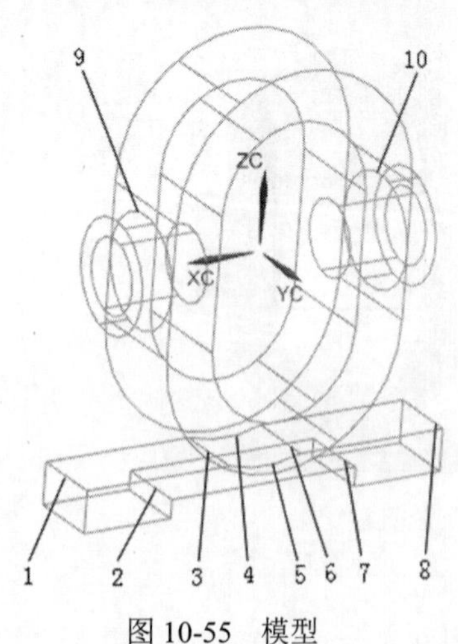

图10-55 模型

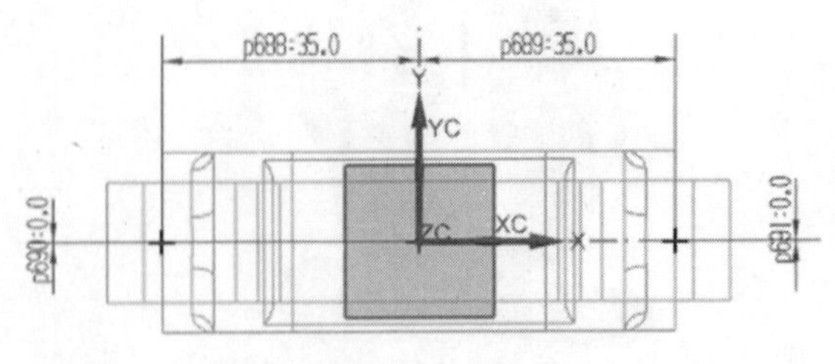

图10-56 绘制草图

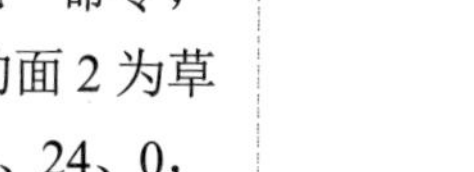

（10）创建孔。单击“孔”按钮或选择“菜单”→“插入”→“设计特征”→“孔”命令，打开“孔”对话框，单击“绘制截面”按钮，打开“创建草图”对话框，选择图10-54中的面2为草图绘制平面，绘制如图10-57所示的草图，在“直径”“深度”“顶锥角”文本框中分别输入6、24、0，单击“确定”按钮，完成孔的创建，生成如图10-58所示的模型。

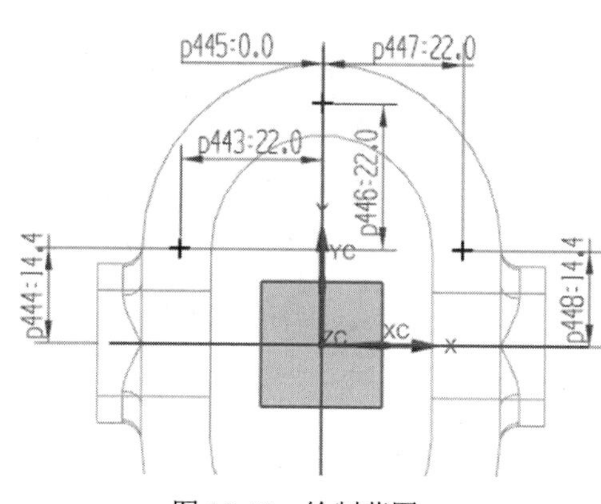

图10-57　绘制草图

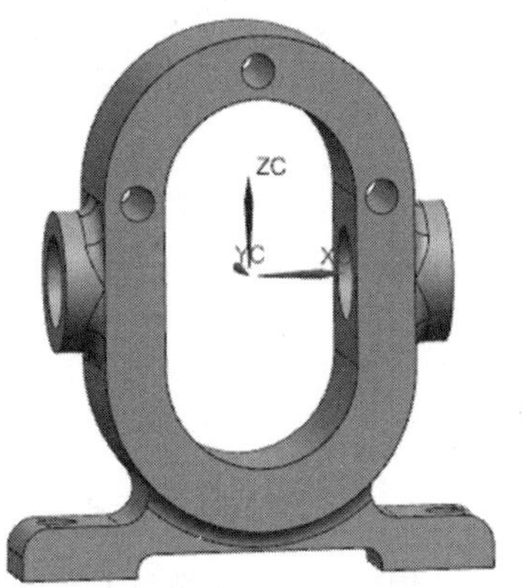

图10-58　带孔的模型

（11）创建镜像特征。单击“镜像特征”按钮或选择“菜单”→“插入”→“关联复制”→“镜像特征”命令，打开“镜像特征”对话框，如图10-59所示。选择步骤（10）中创建的简单孔为要镜像的特征，在“指定平面”下拉列表中选择“XC-YC 平面”选项，单击“确定”按钮，完成镜像特征的创建，生成的模型如图10-60所示。

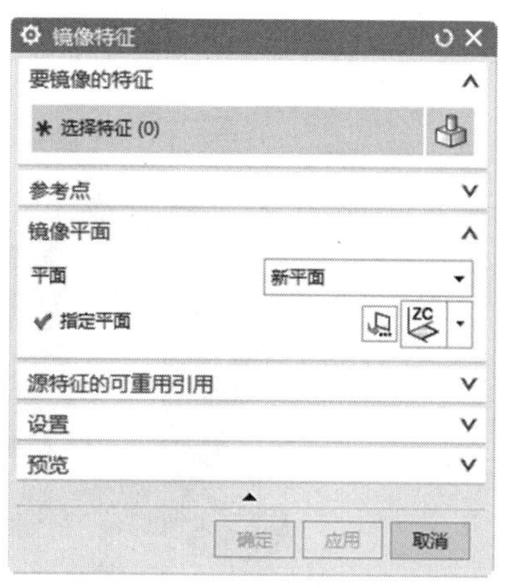

图10-59　“镜像特征”对话框

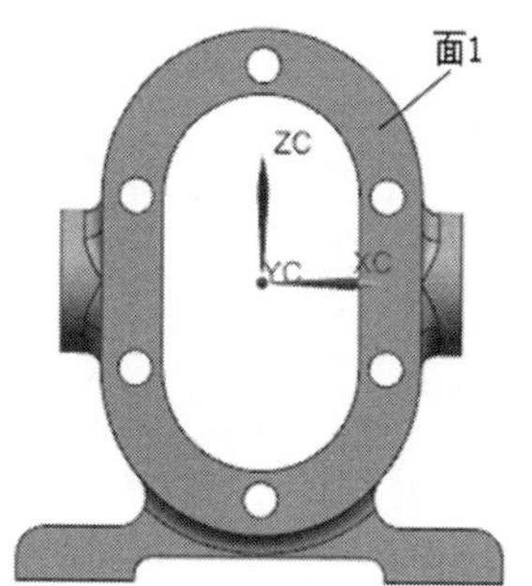

图10-60　镜像孔模型

（12）旋转坐标系。动态旋转坐标系，绕XC轴旋转90°。

（13）创建孔。单击“孔”按钮或选择“菜单”→“插入”→“设计特征”→“孔”命令，打开“孔”对话框，单击“绘制截面”按钮，打开“创建草图”对话框，选择图10-60中的面1为草图绘制平面，绘制如图10-61所示的草图，在“直径”“深度”“顶锥角”文本框中分别输入5、24、0，单击“确定”按钮，完成孔的创建，生成的模型如图10-62所示。

Note

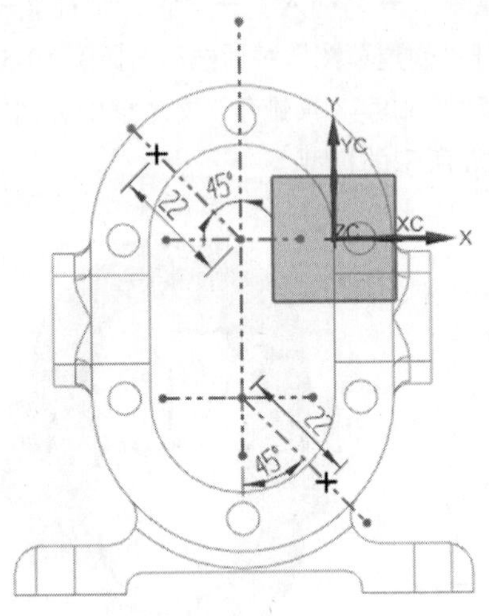

图 10-61　绘制草图

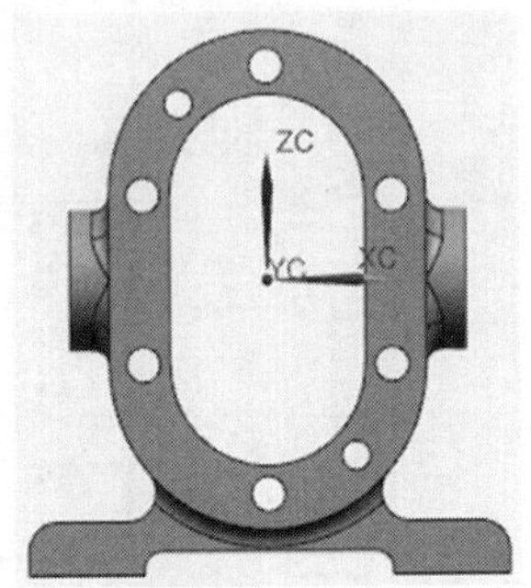

图 10-62　模型

（14）创建螺纹。单击“螺纹刀”按钮或选择“菜单”→“插入”→“设计特征”→“螺纹”命令，打开“螺纹切削”对话框，如图 10-63 所示。在“螺纹类型”选项组中选中“详细”单选按钮，螺纹按实际样式显示；选择凸台中孔的内表面，激活对话框中各选项。在“旋转”选项组中选中“右旋”单选按钮，单击“确定”按钮生成螺纹，按照同样的方法创建另一边凸台中孔的螺纹。

同步骤（14），分别选择步骤（10）和步骤（11）中创建的 6 个圆孔，创建螺纹。最后生成的机座模型如图 10-64 所示。

图 10-63　“螺纹切削”对话框

图 10-64　机座

齿轮类零件设计

（视频讲解：27分钟）

齿轮类零件是现代机械制造和仪表制造等工业中的重要零件，它是机器中的传动零件，用来将主动轴的转动传送到从动轴上，以完成传递功率、变速及换向等功能。

【学习重点】

- 齿轮轴的设计
- 大齿轮的设计

视频讲解

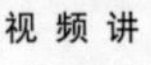

Note

11.1 齿轮轴的设计

制作思路

采用旋转草图轮廓的方法生成齿轮轴的阶梯轴部分，然后利用拉伸体设计特征来创建齿轮齿槽，再圆周阵列齿槽便可生成齿形，最后添加边圆角和倒角特征。本节的难点是绘制齿廓草图。

11.1.1 绘制二维草图轮廓

在 UG NX12.0 的草图模式下，绘制阶梯轴的草图轮廓作为下一步旋转体设计特征的旋转截面线串，具体的创建过程如下。

（1）进入 UG NX 12.0 软件，单击“新建”按钮或选择“菜单”→“文件”→“新建”命令，在打开的“新建”对话框中，选择文件存盘的位置，输入文件名称 chilunzhou，完成后单击“确定”按钮，进入 UG 建模环境。

（2）选择“菜单”→“插入”→“在任务环境中绘制草图”命令，单击“确定”按钮，进入绘制草图界面。

（3）单击“轮廓”按钮或选择“菜单”→“插入”→“曲线”→“轮廓”命令，绘制草图轮廓，如图 11-1 所示。

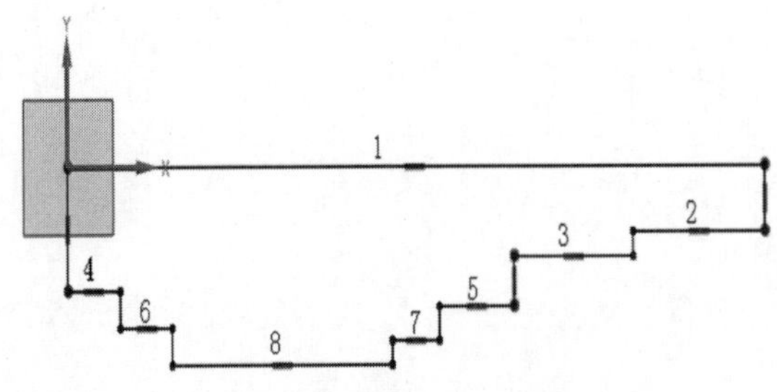

图 11-1　绘制的草图轮廓

（4）单击“几何约束”按钮或选择“菜单”→“插入”→“几何约束”命令，将图中的线段进行约束。

① 令第 1 条竖直直线段（从左至右）与草图 YC 轴共线。

② 令第 1 条水平直线段（从上至下、从左至右）与草图 XC 轴共线。

③ 利用“几何约束”对话框中的“平行”按钮，使所有的竖直直线段和所有的水平直线段分别互相平行。

④ 在打开的“几何约束”对话框中，单击“共线”按钮，再单击第 4 条和第 5 条水平直线段，使两线共线。

⑤ 在打开的“几何约束”对话框中，单击“共线”按钮，再单击第 6 条和第 7 条水平直线段，使两线共线。

（5）单击“快速尺寸”按钮或选择“菜单”→“插入”→“尺寸”→“快速”命令，选择水平测量方法，对图中的水平线段进行尺寸标注，操作步骤如下。

① 将文本高度改为 3mm。

② 第 1 条水平直线长度设置为 253mm。

③ 第 2 条水平直线长度设置为 60mm。

④ 第 3 条水平直线长度设置为 70mm。

⑤ 第 4 条水平直线长度设置为 18mm。

⑥ 第 5 条水平直线长度设置为 20mm。

⑦ 第 6 条水平直线长度设置为 10mm。

⑧ 第 7 条水平直线长度设置为 10mm。

（6）单击“快速尺寸”按钮或选择“菜单”→“插入”→“尺寸”→“快速”命令，选择竖直测量方法，对图中的竖直线段进行尺寸标注，操作步骤如下。

① 第 1 条竖直直线段长度设置为 20mm。

② 第 1 条、第 6 条水平直线段的距离设置为 24mm。

③ 第 1 条、第 8 条水平直线段的距离设置为 33.303mm。

④ 第 1 条、第 3 条水平直线段的距离设置为 19mm。

⑤ 第 1 条、第 2 条水平直线段的距离设置为 15mm。

各个尺寸如图 11-2 所示。此时草图已完全约束。

（7）单击“完成”按钮或选择“菜单”→“任务”→“完成草图”命令，退出草图模式，进入建模模式。

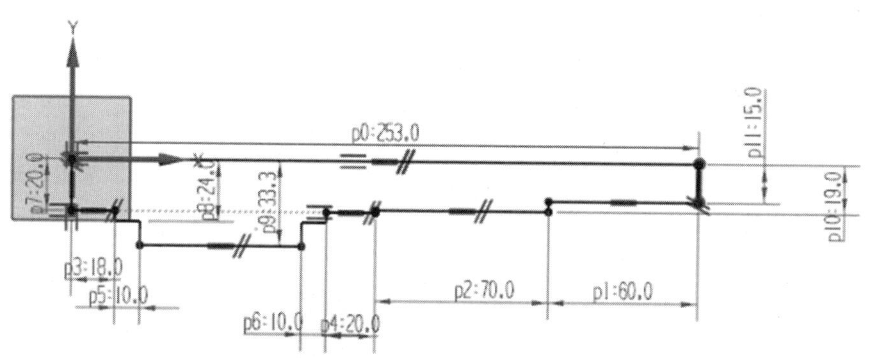

图 11-2　添加尺寸约束

11.1.2　创建旋转体设计特征

以 11.1.1 节生成的草图轮廓作为旋转截面线串，创建旋转体设计特征，具体的创建过程如下。

（1）单击“旋转”按钮或选择“菜单”→“插入”→“设计特征”→“旋转”命令，打开“旋转”对话框，如图 11-3 所示。选择如图 11-2 所示的整个草图作为旋转体截面线串。

（2）选择 XC 轴作为旋转体的旋转轴，保持默认的坐标（0,0,0）作为旋转中心基点。设置旋转开始角度为 0°、结束角度为 360°。单击“确定”按钮，生成最终的旋转体，如图 11-4 所示。

Note

图 11-3 “旋转”对话框

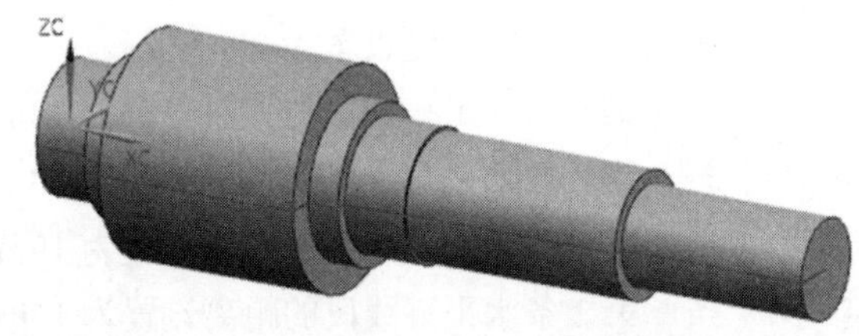

图 11-4 生成的旋转体

11.1.3 添加辅助基准平面

添加一个与第 7 段圆柱面相切的基准平面作为下一步键槽的放置面。为保证键槽的准确定位，还要添加一个与第 6 段圆柱上底面重合的基准平面。具体的创建过程如下。

单击“基准平面”按钮或选择“菜单”→“插入”→“基准/点”→“基准平面”命令，打开“基准平面”对话框。选择“相切”类型，单击如图 11-5 所示的第 7 段圆柱面。单击“确定”按钮，生成与所选圆柱面相切的基准平面，如图 11-6 所示。

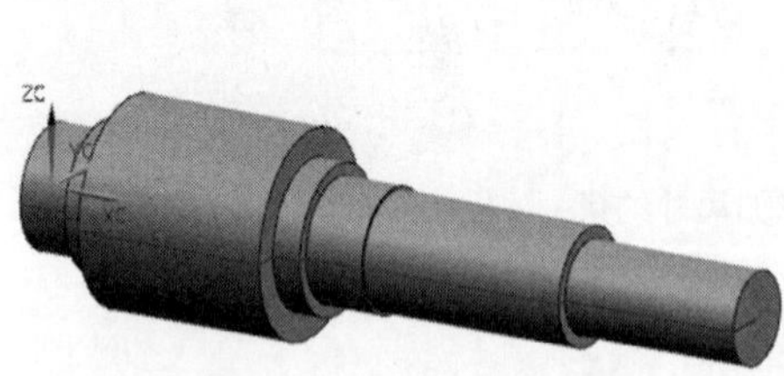

图 11-5 选择第 7 段圆柱面

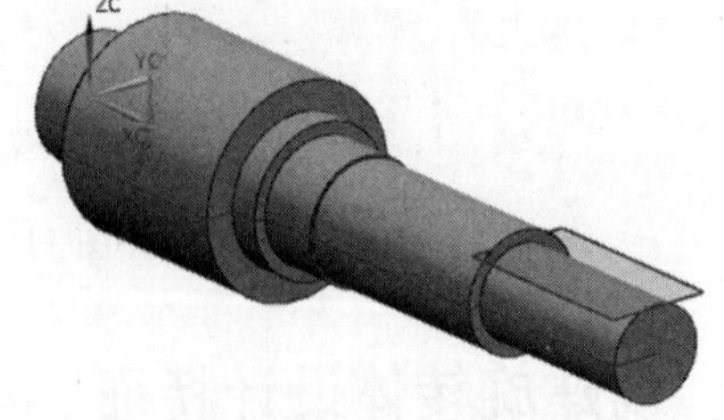

图 11-6 生成与所选圆柱面相切的基准平面

11.1.4 生成键槽

在与圆柱面相切的基准平面上创建拉伸特征，完成键槽的创建，具体的创建过程如下。

（1）选择“菜单”→“插入”→“在任务环境中绘制草图”命令，打开“创建草图”对话框。选择 11.1.3 节创建的基准面为草图绘制平面，单击“确定”按钮，进入草图绘制环境。绘制如图 11-7

所示的草图，单击“完成”按钮或选择“菜单”→“任务”→“完成草图”命令，退出草图绘制界面。

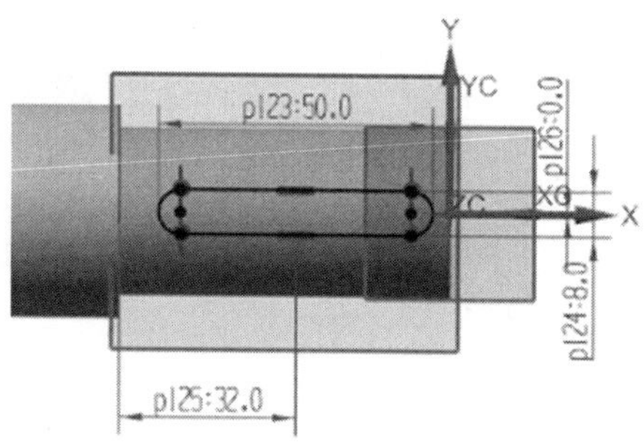

图 11-7　创建草图

（2）创建拉伸特征。单击“拉伸”按钮或选择“菜单”→“插入”→“设计特征”→“拉伸”命令，系统打开如图 11-8 所示的“拉伸”对话框，选择步骤（1）绘制的草图为拉伸曲线，在“指定矢量”下拉列表中选择“-ZC 轴”选项，设置结束距离为 4mm，在“布尔”下拉列表中选择“减去”选项，单击“确定”按钮，最终生成的键槽如图 11-9 所示。

图 11-8　“拉伸”对话框

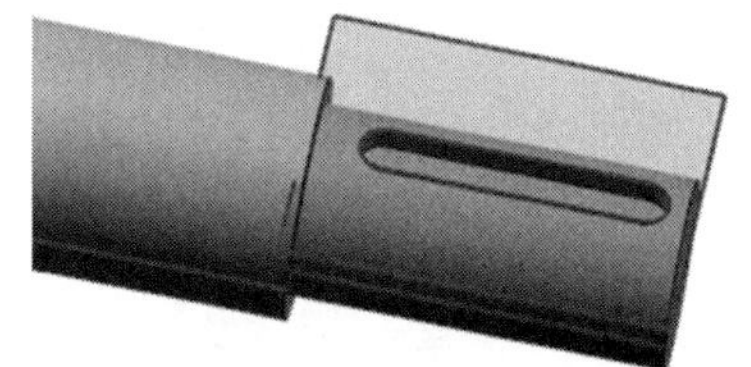

图 11-9　最终的矩形键槽

11.1.5　绘制齿廓草图

在 UG NX 12.0 的草图模式下，绘制齿轮齿廓草图作为下一步拉伸体设计特征的拉伸截面线串，具体的创建过程如下。

（1）选择“菜单”→“插入”→“在任务环境中绘制草图”命令，系统打开“创建草图”对话框，如图 11-10 所示。单击第 3 段圆柱端面作为草图平面，如图 11-11 所示。

Note

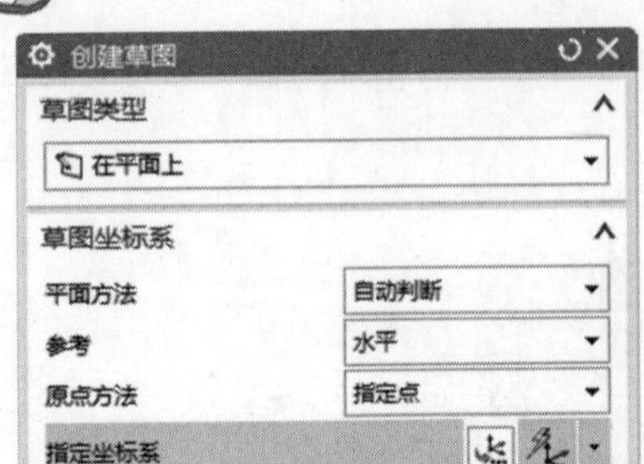
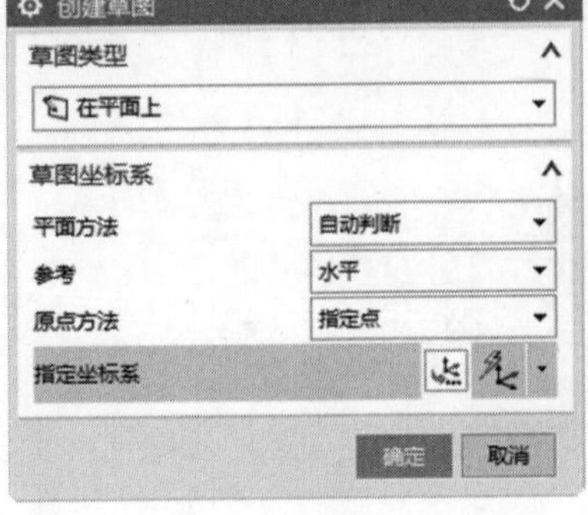

图 11-10 “创建草图”对话框

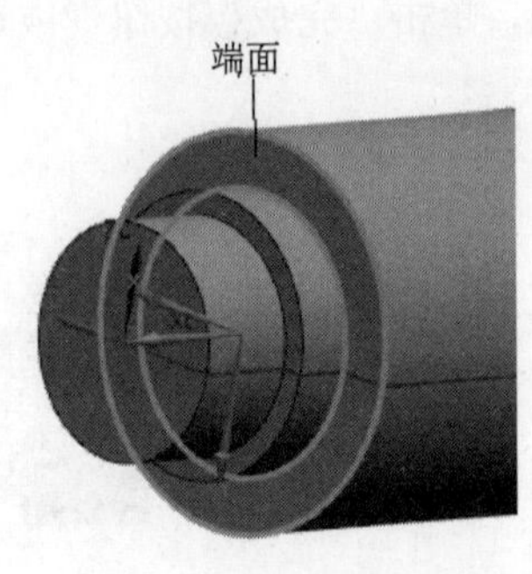

图 11-11 指定草图平面

（2）单击“轮廓”按钮或选择“菜单”→“插入”→“曲线”→“轮廓”命令，绘制草图轮廓，如图 11-12 所示。

（3）单击“几何约束”按钮或选择“菜单”→“插入”→“几何约束”命令，将图中的线段进行约束，操作步骤如下。

① 在打开的“几何约束”对话框中，单击“点在曲线上”按钮，再单击第 1 条圆弧右端点（从上至下）和竖直直线，使圆弧右端点落在直线上。

② 用同样方法使第 2 条和第 3 条圆弧右端点落在直线上。

③ 在打开的“几何约束”对话框中，单击“同心”按钮，单击上下排列的 3 条圆弧和如图 11-13 所示的最大圆柱底面边缘，使 3 条圆弧与最大圆柱底面边缘同心。

④ 在打开的“几何约束”对话框中，单击“垂直”按钮，再单击两条斜直线段，使两条直线段相互垂直。

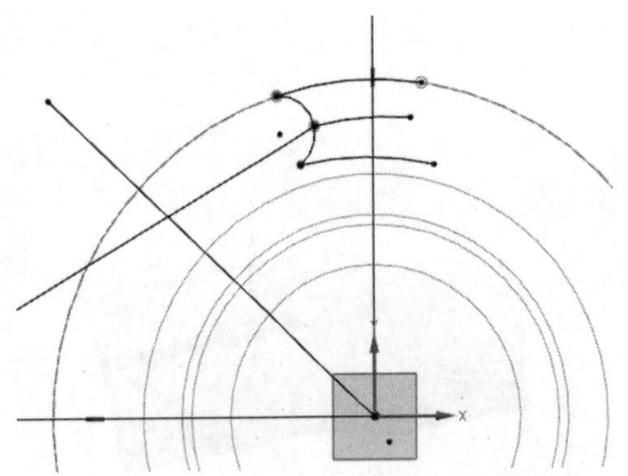

图 11-12 绘制草图轮廓

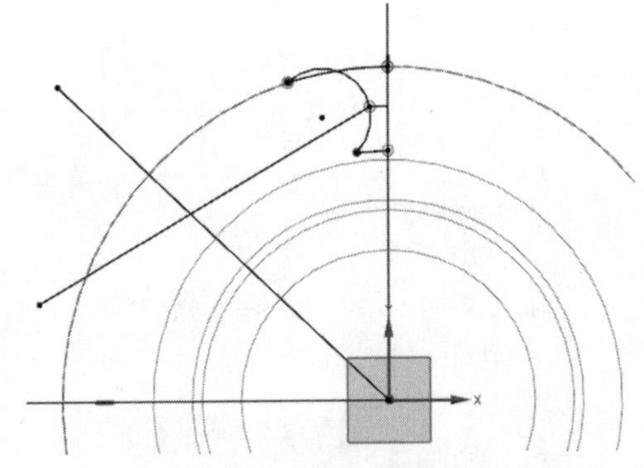

图 11-13 设置圆弧与直线的约束

⑤ 在打开的“几何约束”对话框中，单击“点在曲线上”按钮，再单击左侧圆弧圆心和左下侧斜直线段，使圆弧圆心落在斜直线段上。

⑥ 用同样方法使左侧圆弧圆心落在右上侧斜直线段上，即落在两条直线段的交点上。完成几何约束后的草图如图 11-14 所示。

（4）单击“快速尺寸”按钮或选择“菜单”→“插入”→“尺寸”→“快速”命令，对图中的水平线段进行尺寸标注，操作步骤如下。

① 将文本高度改为 4mm。

② 单击第 2 条圆弧线段，将圆弧半径设置为 30.303mm。

③ 单击第 1 段圆弧右端点和第 3 段圆弧右端点，将两点间的距离设置为 6.75mm。

④ 单击第 2 段圆弧左端点和通过 YC 轴线的直线，将圆弧左端点到直线的距离设置为 2.378mm。

⑤ 单击左侧圆弧线段，将其半径设置为 10.364mm，如图 11-15 所示。这时草图完全约束。

（5）单击“转换至/自参考对象”按钮，打开“转换至/自参考对象”对话框，如图 11-16 所示。选择第 2 段圆弧和两条斜直线段，单击“确定”按钮，将所选的线段转换为参考线。图 11-17 显示了转换以后的参考线已变为虚线段。

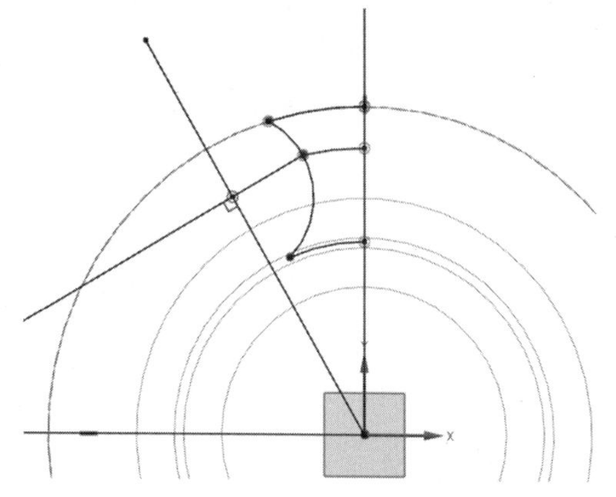

图 11-14　完成几何约束后的草图

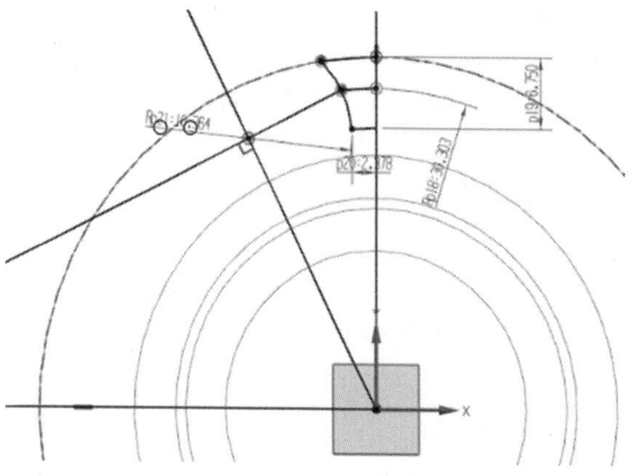

图 11-15　添加尺寸约束

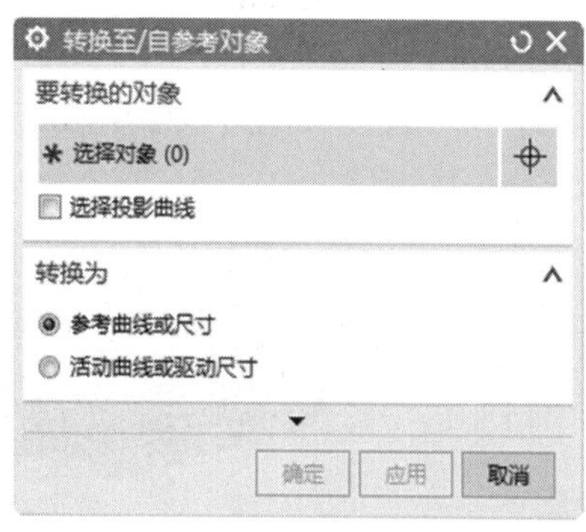

图 11-16　“转换至/自参考对象”对话框

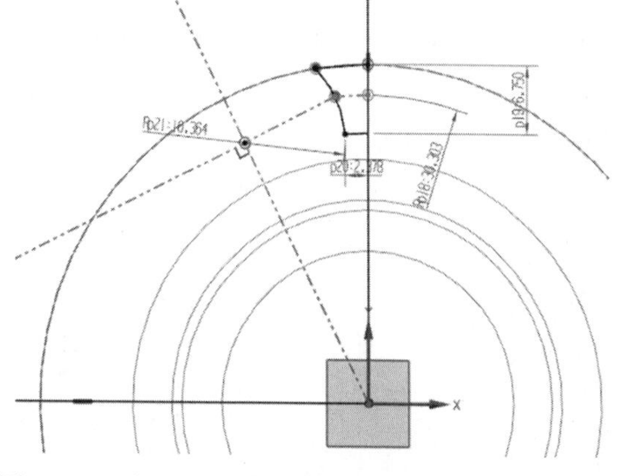

图 11-17　将第 2 段圆弧和两条斜直线段转变为参考线

（6）单击“镜像曲线”按钮或选择“菜单”→“插入”→“来自曲线集的曲线”→“镜像曲线”命令，打开“镜像曲线”对话框，如图 11-18 所示。利用该对话框将曲线进行镜像，操作步骤如下。

① 单击通过 YC 轴线的直线作为镜像中心。

② 单击所有未被转化为参考线的草图线段作为镜像几何体。

③ 单击“确定”按钮，生成镜像草图，如图 11-19 所示。

（7）单击“完成”按钮或选择“菜单”→“任务”→“完成草图”命令，退出草图模式，进入建模模式。

Note

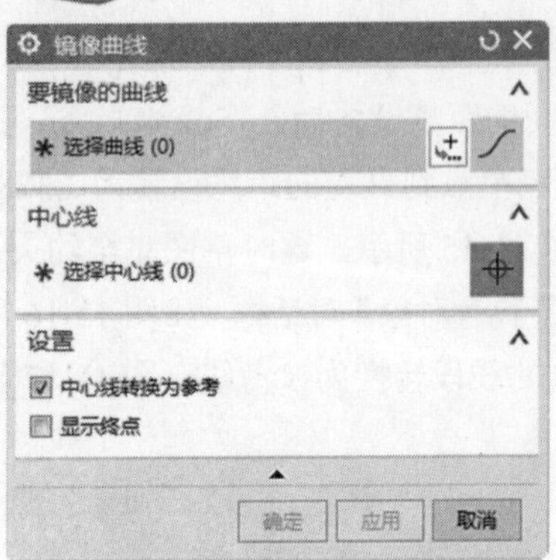

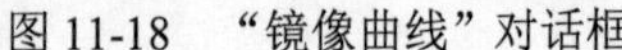

图 11-18 “镜像曲线”对话框

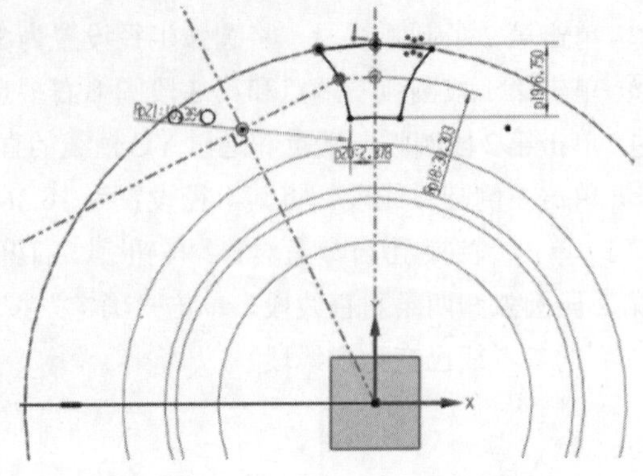

图 11-19 生成的镜像草图

11.1.6 创建拉伸体设计特征

以 11.1.5 节生成的齿轮齿廓草图作为拉伸截面线串，创建拉伸体设计特征，并与基体做“减去”布尔操作，生成齿轮轴的一个齿槽，具体的创建过程如下。

（1）单击“拉伸”按钮或选择“菜单”→“插入”→“设计特征”→“拉伸”命令，系统打开“拉伸”对话框。

（2）选择齿廓草图作为拉伸截面线串，如图 11-20 所示。

（3）以 XC 轴作为拉伸方向。

（4）在“布尔”下拉列表中选择“减去”选项。

（5）在“限制”选项组中，将“结束”设置为“直至延伸部分”。单击第 5 段圆柱上底面作为拉伸裁剪面，如图 11-21 所示。单击“确定”按钮，生成齿轮轴的一个齿槽，如图 11-22 所示。

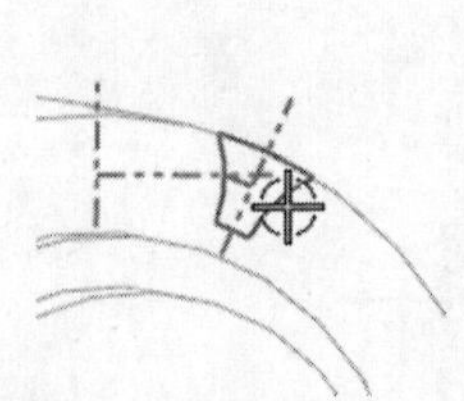

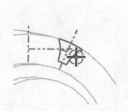

图 11-20 选择齿廓草图

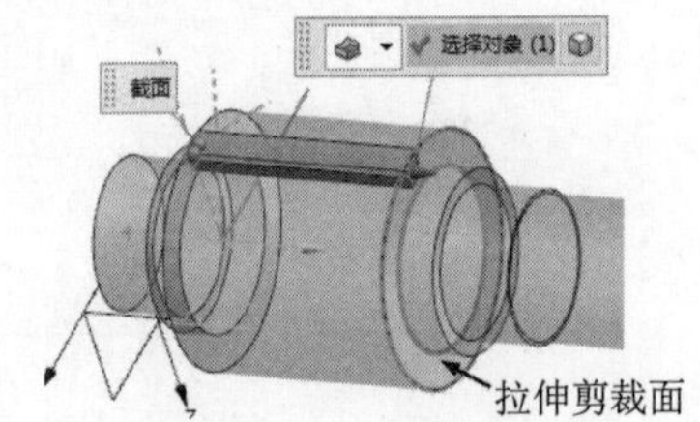

图 11-21 拉伸裁剪面

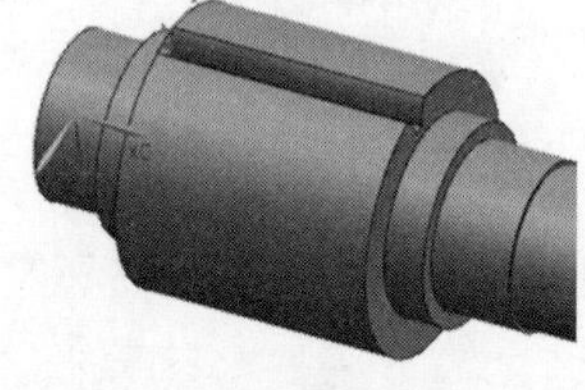

图 11-22 生成齿轮轴的一个齿槽

11.1.7 阵列齿槽

圆周阵列齿槽，生成沿圆周均匀分布的齿，具体的创建过程如下。

（1）选择“菜单”→“插入”→“关联复制”→“阵列特征”命令，系统打开“阵列特征”对话框。

（2）选择对话框中的“圆形”阵列选项。

（3）在列表中选择 11.1.6 节生成的齿槽。

（4）设置“数量”为 20，“节距角”为 18°，单击“确定”按钮。

（5）以 XC 轴作为圆形阵列中心轴，单击“点对话框”按钮，系统打开“点”对话框，保持默认的坐标（0,0,0）作为阵列中心轴基点。

（6）单击“确定”按钮，生成阵列齿槽，并形成最终的齿轮轴的齿形，如图 11-23 所示。

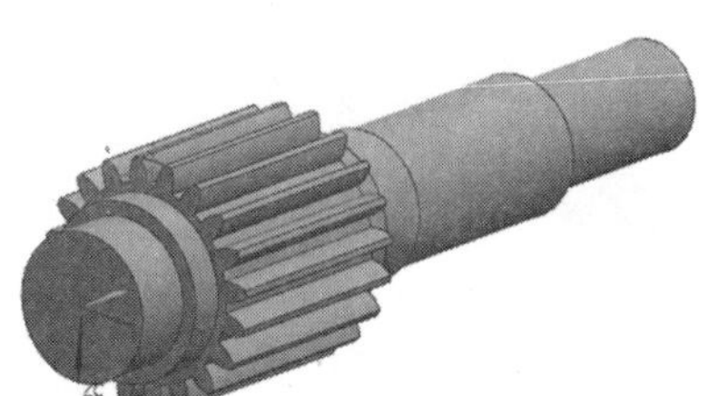

图 11-23　最终的齿轮轴的齿形

11.1.8　生成边圆角和倒角并完成零件的设计

为齿轮轴添加边圆角和倒角特征，并完成最终零件的设计，具体的创建过程如下。

（1）单击“边倒圆”按钮或选择“菜单”→“插入”→“细节特征”→“边倒圆”命令。系统打开“边倒圆”对话框。利用该对话框进行圆角的操作方法如下。

① 单击各段圆柱的相交边缘作为圆角边，如图 11-24～图 11-29 所示。

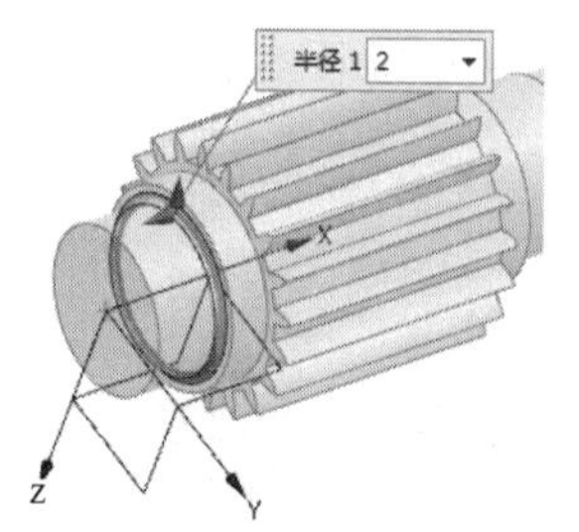

图 11-24　单击第 1 条圆角边

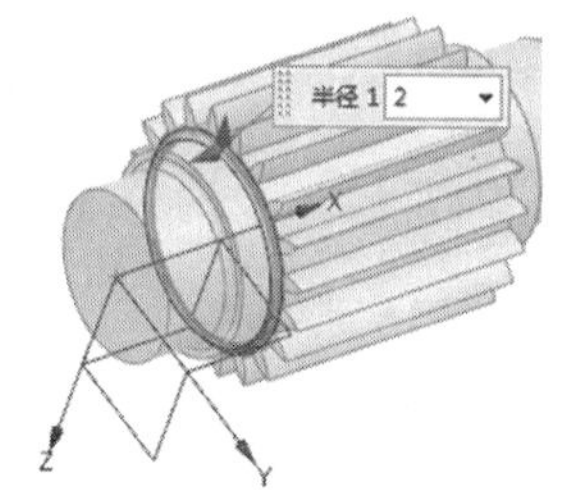

图 11-25　单击第 2 条圆角边

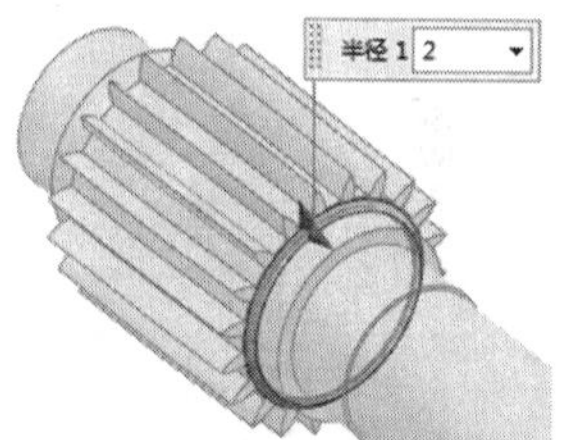

图 11-26　单击第 3 条圆角边

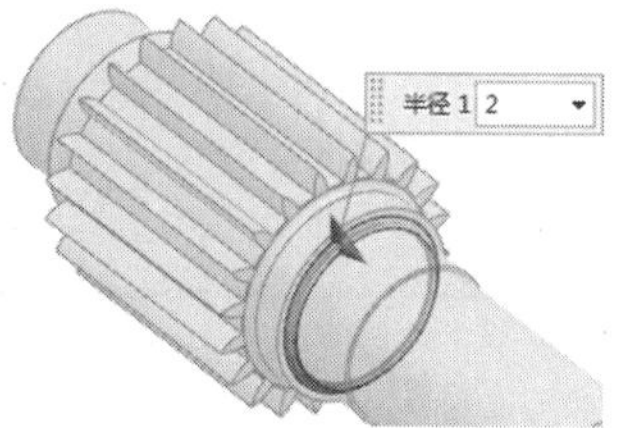

图 11-27　单击第 4 条圆角边

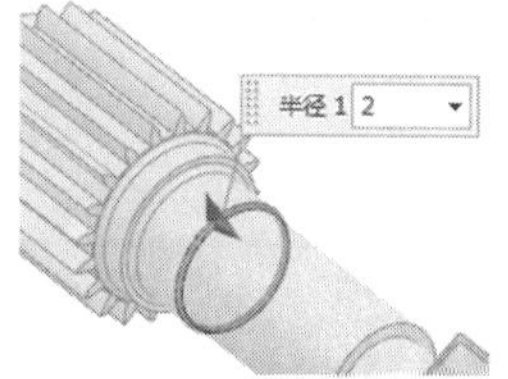

图 11-28　单击第 5 条圆角边

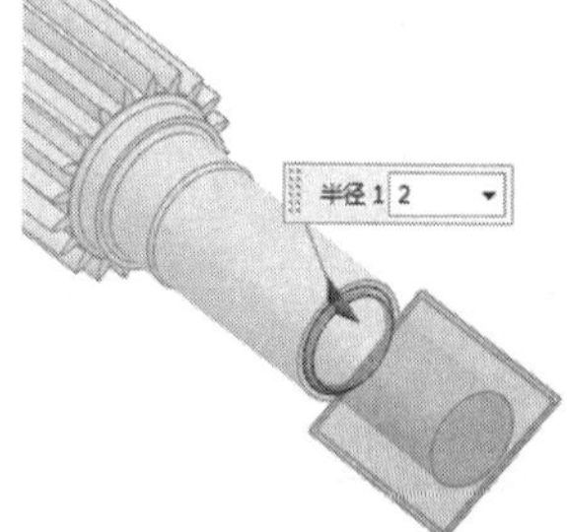

图 11-29　单击第 6 条圆角边

② 在对话框中设置圆角半径为 2mm。

③ 单击“确定”按钮生成 6 个圆角特征，如图 11-30 所示。

（2）单击“倒斜角”按钮或选择“菜单”→“插入”→“细节特征”→“倒斜角”命令，系统打开“倒斜角”对话框。利用该对话框进行倒角，操作方法如下。

① 单击如图 11-31 和图 11-32 所示的两条倒角边。

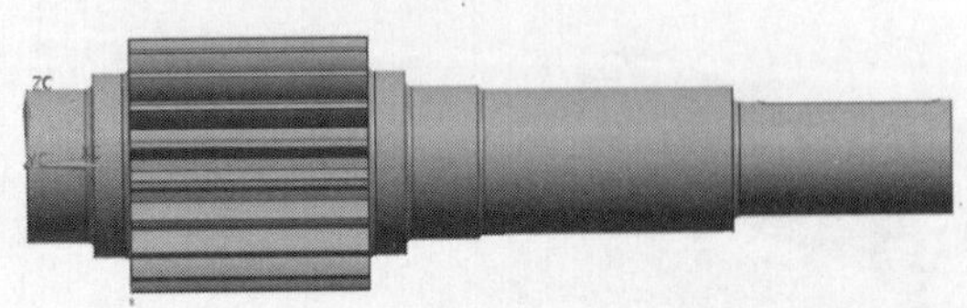

图 11-30　生成的 6 个圆角特征

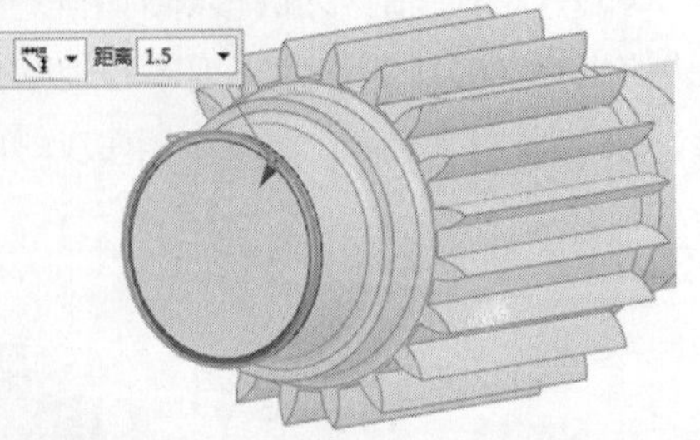

图 11-31　单击第 1 条倒角边

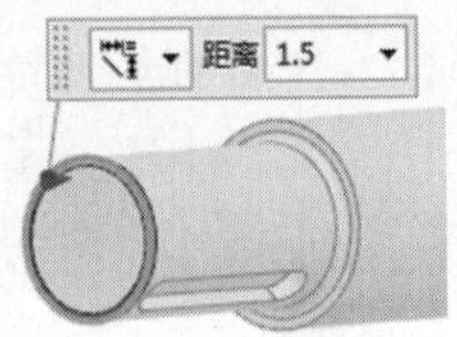

图 11-32　单击第 2 条倒角边

② 在“距离”文本框中输入 1.5 为倒角对称值，单击“确定”按钮。

③ 在整个齿轮轴上下底面边缘处生成两个倒角特征，如图 11-33 所示，并生成最终的轴，如图 11-34 所示。

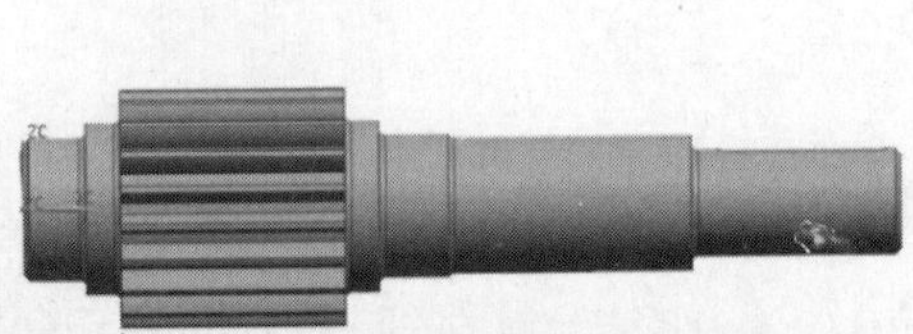

图 11-33　生成的两个倒角特征

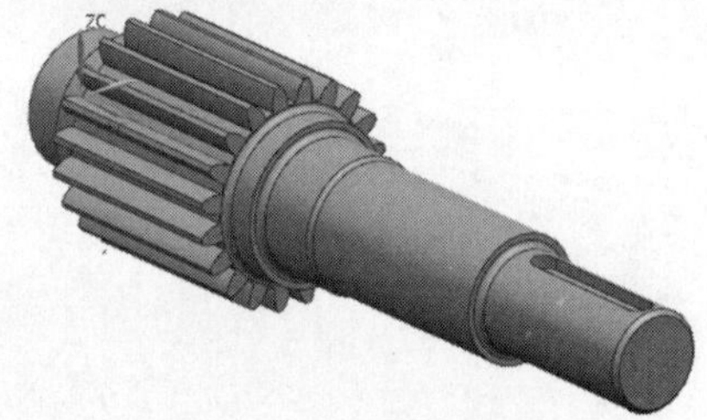

图 11-34　生成最终的轴

视频讲解

11.2　大齿轮的设计

制作思路

利用圆柱设计特征生成基体，然后在基体上创建中心孔、减轻孔和环形槽，最后利用和生成齿轮轴齿形同样的方法创建大齿轮齿形。

11.2.1　创建齿轮圈主体

创建齿轮圈主体的具体操作步骤如下。

（1）单击“新建”按钮或选择“菜单”→“文件”→“新建”命令，选择模型类型，创建新

部件，文件名为 chilun，单击“确定”按钮，进入 UG 建模环境。

（2）选择 “菜单”→“GC 工具箱”→“齿轮建模”→“柱齿轮”命令，或单击“主页”选项卡“齿轮建模-GC 工具箱”面组中的“柱齿轮建模”按钮，打开如图 11-35 所示的“渐开线圆柱齿轮建模”对话框。

（3）选中“创建齿轮”单选按钮，单击“确定”按钮，打开如图 11-36 所示的“渐开线圆柱齿轮类型”对话框。选中“直齿轮”“外啮合齿轮”“滚齿”单选按钮，单击“确定”按钮，打开如图 11-37 所示的“渐开线圆柱齿轮参数”对话框。

（4）在“标准齿轮”选项卡的“模数（毫米)”“牙数”“齿宽（毫米)”“压力角（毫米)”文本框中分别输入 3、80、60 和 20，单击“确定”按钮。

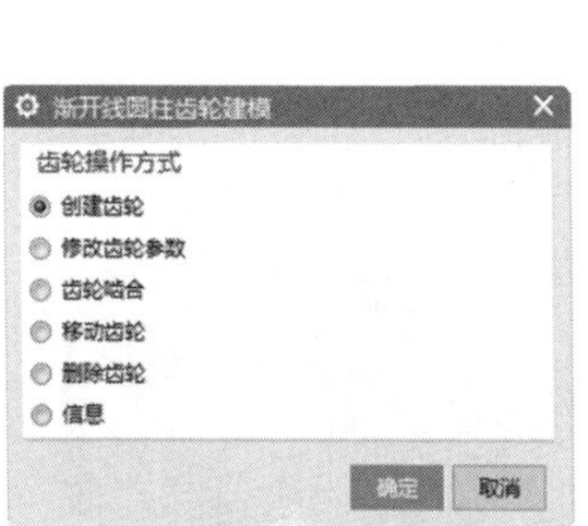

图 11-35　“渐开线圆柱齿轮建模”对话框

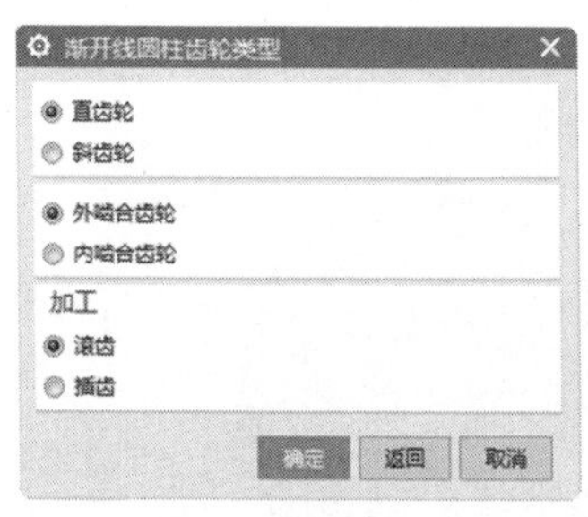

图 11-36　“渐开线圆柱齿轮类型”对话框

图 11-37　“渐开线圆柱齿轮参数”对话框

（5）打开如图 11-38 所示的“矢量”对话框。在“类型”下拉列表中选择“ZC 轴”选项，单击“确定”按钮，打开如图 11-39 所示的“点”对话框。输入坐标点为（0,0,0)，单击“确定”按钮，生成圆柱齿轮，如图 11-40 所示。

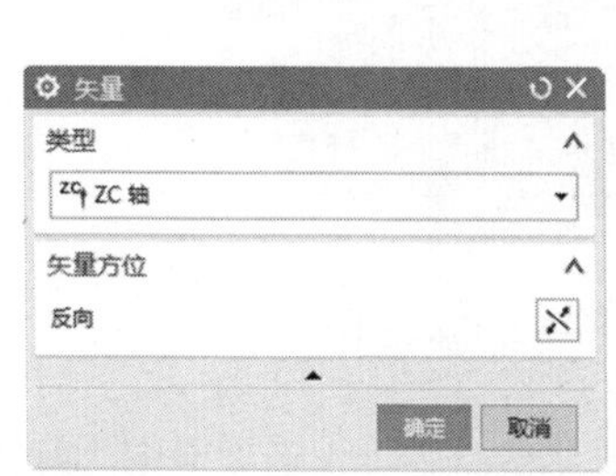

图 11-38　“矢量”对话框

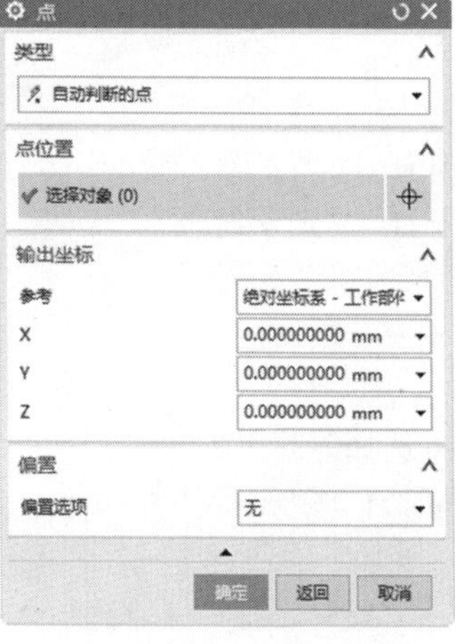

图 11-39　“点”对话框

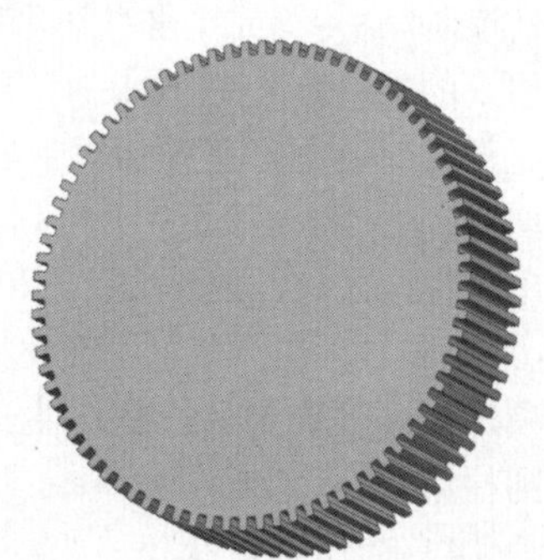

图 11-40　创建圆柱直齿轮

Note

11.2.2 创建孔

利用孔特征和拉伸特征完成轴孔和孔的创建，具体的创建过程如下。

（1）选择“菜单”→“插入”→“设计特征”→“孔”命令，或单击“主页”选项卡中“特征”面组上的“孔”按钮，打开如图 11-41 所示的“孔”对话框。

① 在“类型”选项中选择“常规孔”，在“成形”下拉列表中选择“简单孔”，在“直径”文本框中输入 58，在“深度限制”下拉列表中选择“贯通体”选项。

② 捕捉如图 11-42 所示的齿根圆的圆心为孔的位置，单击“确定”按钮，完成孔的创建，如图 11-43 所示。

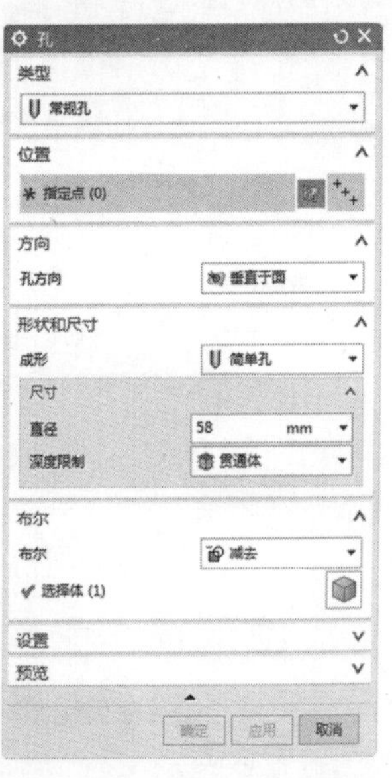

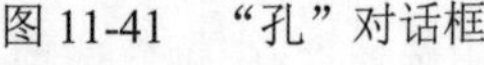

图 11-41　“孔”对话框

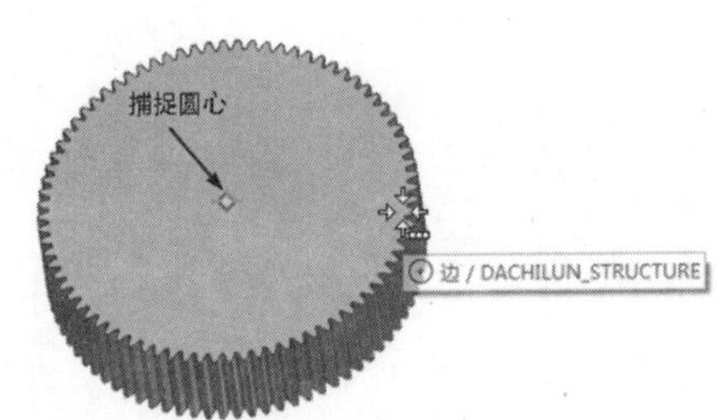

图 11-42　捕捉圆心

图 11-43　创建孔

（2）选择“菜单”→“插入”→“草图”命令，或单击“主页”选项卡中“直接草图”面组上的“草图”按钮，进入草图绘制界面，选择圆柱齿轮的外表面为工作平面绘制草图，绘制后的草图如图 11-44 所示。

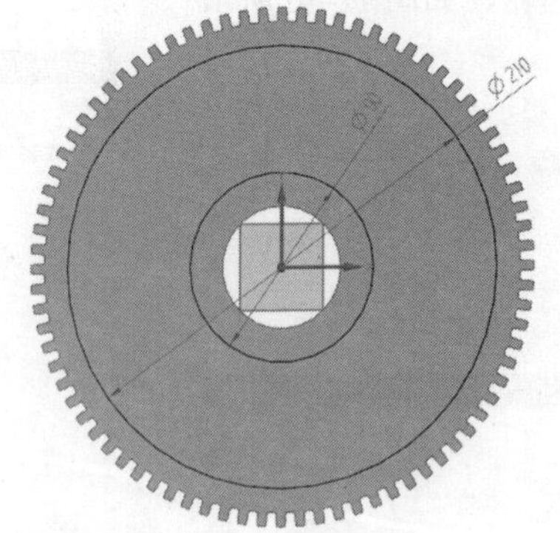

图 11-44　绘制草图

（3）选择“菜单”→“插入”→“设计特征”→“拉伸”命令，或单击“主页”选项卡中“特征”面组上的“拉伸”按钮，打开如图 11-45 所示的“拉伸”对话框。选择步骤（2）绘制的草图为拉伸曲线，在“指定矢量”下拉列表中选择“ZC 轴”选项为拉伸方向，在开始距离和结束距离中分别输入 0 和 22.5，在“布尔”下拉列表中选择“减去”选项，单击“确定”按钮，生成如图 11-46 所示的圆柱齿轮。

（4）选择“菜单”→“插入”→“设计特征”→“孔”命令，或单击“主页”选项卡中“特征”面组上的“孔”按钮，打开如图 11-47 所示的“孔”对话框。

图 11-45　“拉伸”对话框

图 11-46　圆柱齿轮

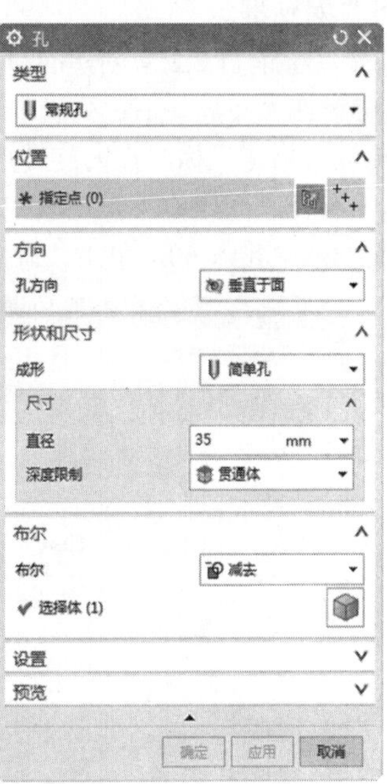

图 11-47　“孔”对话框

① 在“类型”下拉列表中选择“常规孔”选项，在“成形”下拉列表中选择“简单孔”选项，在“直径”文本框中输入 35，在“深度限制”下拉列表中选择“贯通体”选项。

② 单击“绘制截面”按钮，打开“创建草图”对话框，选择长方体的上表面为孔放置面，进入草图绘制环境。打开“草图点”对话框，创建点，如图 11-48 所示。单击“完成”按钮，草图绘制完毕。

③ 返回“孔”对话框，单击“确定”按钮，完成孔的创建，如图 11-49 所示。

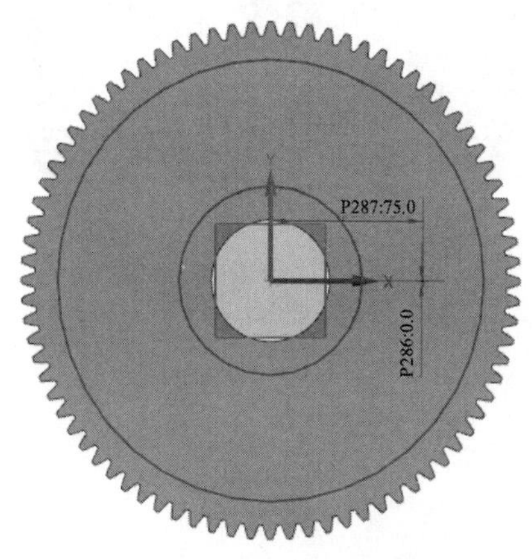

图 11-48　绘制草图

图 11-49　创建孔

11.2.3　圆形阵列孔

圆形阵列通孔生成沿圆周方向均匀分布的减轻孔，具体的创建过程如下。

（1）选择“菜单”→“插入”→“关联复制”→“阵列特征”命令，打开如图 11-50 所示的“阵

Note

列特征”对话框。

（2）选择 11.2.2 节创建的简单孔为要阵列的特征。

（3）在“布局”下拉列表中选择“圆形”选项，在“指定矢量”下拉列表中选择“ZC 轴”选项为旋转轴，指定坐标原点为旋转点。

（4）在“间距”下拉列表中选择“数量和间隔”选项，在“数量”文本框中输入 6，在“节距角”文本框中输入 60，单击“确定”按钮，创建的轴孔如图 11-51 所示。

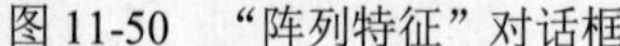

图 11-50 “阵列特征”对话框

图 11-51 创建轴孔

11.2.4 生成圆角和倒角

利用边倒圆特征和倒斜角特征添加圆角和倒角，具体的创建过程如下。

（1）选择“菜单”→“插入”→“细节特征”→“边倒圆”命令，或单击“主页”选项卡中“特征”面组上的“边倒圆”按钮，打开如图 11-52 所示的“边倒圆”对话框。

（2）在“半径 1”文本框中输入 3，然后选择如图 11-53 所示的边线，单击“确定”按钮，结果如图 11-54 所示。

Note

图 11-52　“边倒圆”对话框

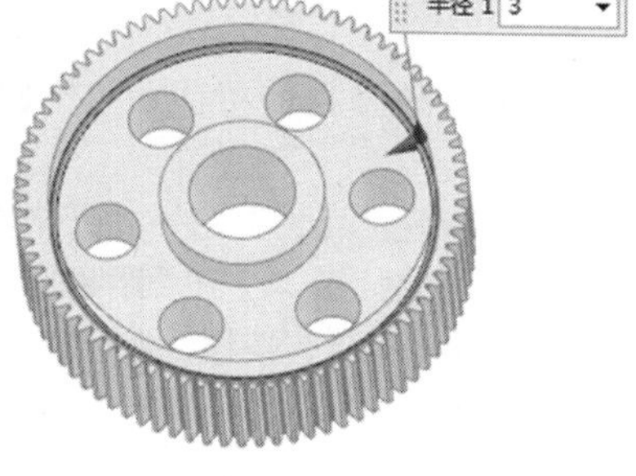

图 11-53　选择边线

（3）选择“菜单”→“细节特征”→“倒斜角”命令，或单击“主页”选项卡中“特征”面组上的“倒斜角”按钮，打开如图 11-55 所示的“倒斜角”对话框。

（4）在“横截面”下拉列表中选择“对称”横截面选项，在“距离”文本框中输入 2.5，然后选择如图 11-56 所示的倒角边。

（5）单击“确定”按钮，生成倒角特征，如图 11-57 所示。

图 11-54　边倒圆

图 11-55　“倒斜角”对话框

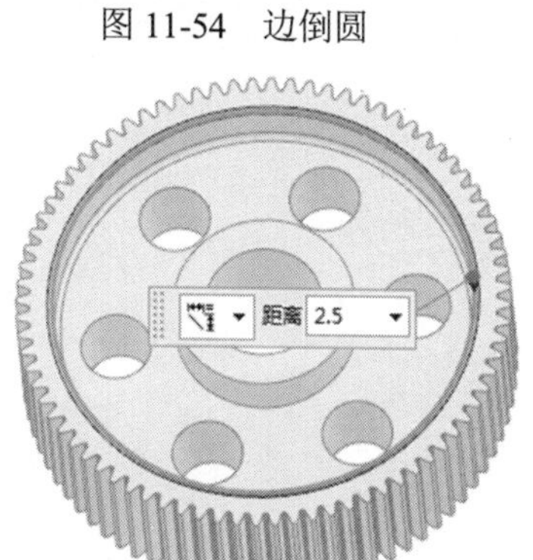

图 11-56　选择倒角边

图 11-57　生成倒角特征

11.2.5 镜像轴孔

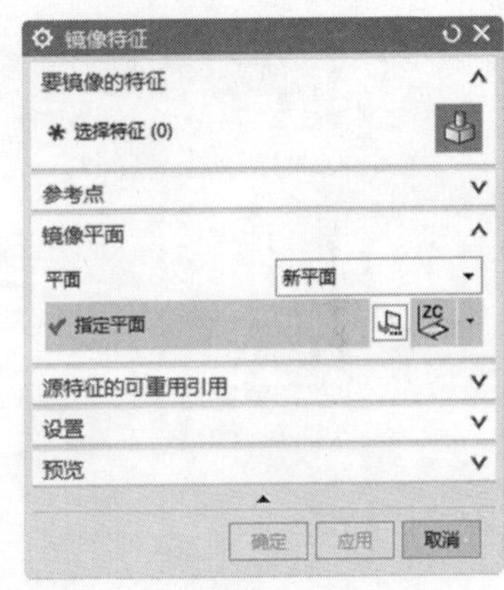

图 11-58 “镜像特征”对话框

利用镜像特征镜像轴孔，具体的创建过程如下。

（1）选择“菜单”→“插入”→“关联复制”→“镜像特征”命令，或单击“主页”选项卡中“特征”面组上“更多”库下的“镜像特征”按钮，打开如图 11-58 所示的“镜像特征”对话框。

（2）在设计树中选择拉伸特征，边倒圆和倒斜角为镜像特征。

（3）在“平面”下拉列表中选择“新平面”选项，在指定平面中选择“XC-YC 平面”选项，在“距离”文本框中输入 30，如图 11-59 所示。单击“确定”按钮，生产镜像特征，如图 11-60 所示。

图 11-59 选择平面

图 11-60 镜像特征

11.2.6 创建拉伸特征

在中心孔内壁上创建一个拉伸特征作为齿轮上与键相配合的键槽，具体的创建过程如下。

（1）选择“菜单”→“插入”→“在任务环境中绘制草图”命令，打开“创建草图”对话框，选择面 1 为基准平面，单击“确定”按钮，进入草图绘制界面，绘制如图 11-61 所示的草图。单击“完成”按钮或选择“菜单”→“任务”→“完成草图”命令，退出绘制草图界面。

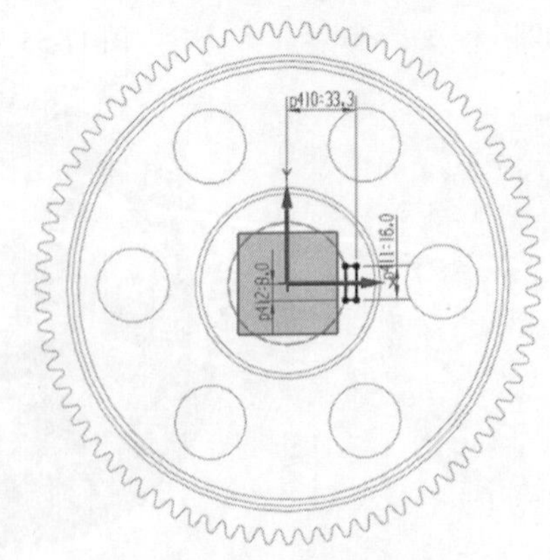

图 11-61 绘制草图

（2）单击“拉伸”按钮或选择“菜单”→“插入”→“设计特征”→“拉伸”命令，打开如图 11-62 所示的“拉伸”对话框。选择步骤（1）绘制的草图作为拉伸曲线，在“指定矢量”下拉列表中选择“-ZC 轴”选项，设置开始距离为 0，结束距离为 60，在“布尔”下拉列表中选择“减去”选项。单击“确定”按钮，完成拉伸操作生成键槽。将草图隐藏，最终创建完成的大齿轮，如图 11-63 所示。

图 11-62　“拉伸”对话框

图 11-63　创建完成的大齿轮

第12章

箱体类零件设计

（视频讲解：46分钟）

箱体类零件是机械零件中结构最复杂的一种，其外部结构和内部结构都需要综合利用各种命令进行表达。减速器机座和机盖属于典型的箱体类零件，本章将介绍这两种零件的制作方法。通过本章的实例学习，读者将掌握如何综合运用UG NX 12.0中常用的特征操作进行复杂零件的设计。除此之外，还会初步学习抽壳、自由形式特征等实体建模工具的操作过程和使用方法。

【学习重点】

- 机座主体设计
- 机座附件设计
- 减速器机盖设计

视频讲解

12.1　机座主体设计

制作思路

减速器机座是减速器零件中外形比较复杂的部件，其上分布各种槽、孔、凸起、拔模面。在草图模式中主要是绘制带有约束关系的二维图形。利用草图创建参数化的截面，通过对平面造型的拉伸、旋转得到相应的参数化实体模型。

12.1.1　创建机座的中间部分

（1）启动 UG NX 12.0，单击“新建”按钮或选择“菜单”→“文件”→“新建”命令，创建新部件，文件名为 jizuo，单击“确定”按钮，进入 UG 建模环境。

（2）选择“菜单”→“插入”→“在任务环境中绘制草图”命令，系统打开“创建草图”对话框，如图 12-1 所示。单击“确定”按钮，进入草图绘制界面。

（3）单击“矩形”按钮或选择“菜单”→“插入”→“矩形”命令，系统打开“矩形”对话框，如图 12-2 所示。该对话框中的按钮从左到右分别表示“按 2 点”“按 3 点”“从中心”“坐标模式”和“参数模式”。利用该对话框建立矩形，方法如下。

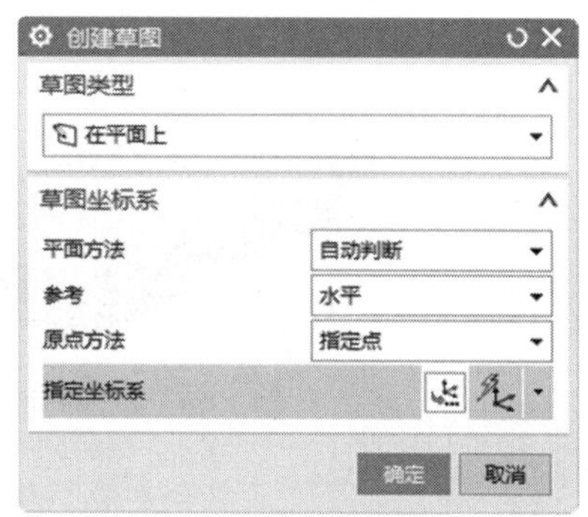

图 12-1　“创建草图”对话框

图 12-2　“矩形”对话框

① 选择创建方式为“按 2 点”，单击“按 2 点”按钮。

② 系统出现如图 12-3 所示的文本框，在该文本框中设置起点坐标为（-140,0）并按 Enter 键。

③ 系统出现如图 12-4 中所示的文本框，在“宽度”和“高度”文本框中分别输入 368、165，并按 Enter 键建立矩形。

（4）单击“完成”按钮或选择“菜单”→“任务”→“完成草图”命令，退出草图模式，进入建模模式。

（5）单击“拉伸”按钮或选择“菜单”→“插入”→“设计特征”→“拉伸”命令，系统打开“拉伸”对话框，如图 12-5 所示。利用该对话框拉伸草图中创建的曲线，操作方法如下。

① 选择图 12-4 中的曲线。

② 在“指定矢量”下拉列表中选择“ZC（ZC 轴）”选项作为拉伸方向。

③ 在“开始”的“距离”文本框中输入 0，在“结束”的“距离”文本框中输入 51。单击“确定”按钮完成拉伸，生成如图 12-6 所示的实体模型。

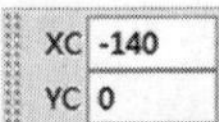

图 12-3 设定初始点

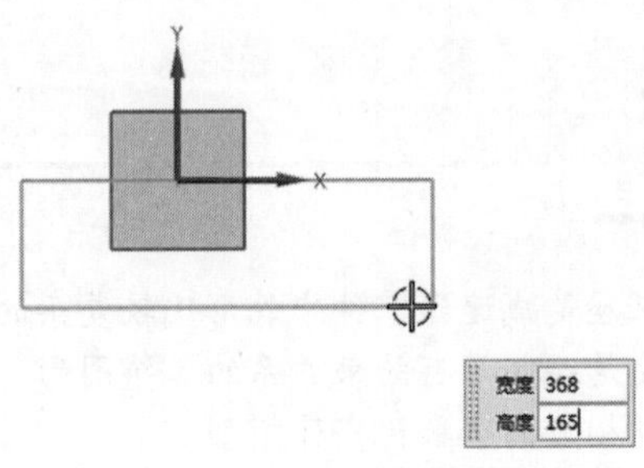

图 12-4 设定宽度、高度

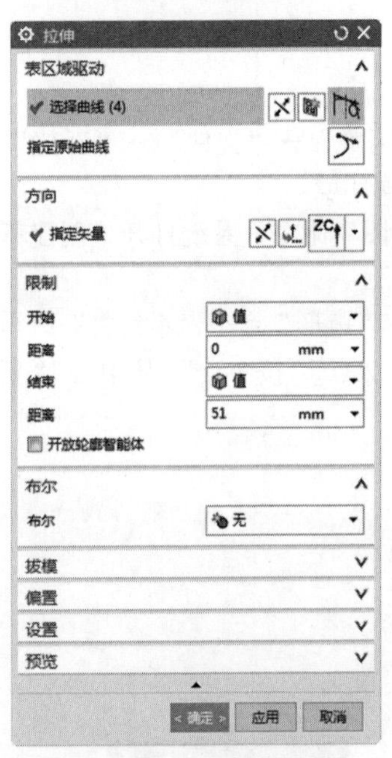

图 12-5 “拉伸”对话框

图 12-6 拉伸外形

12.1.2 创建机座上端面

(1) 选择“菜单”→“插入”→“在任务环境中绘制草图”命令，平面方法选择“自动判断”，单击“确定”按钮，进入草图模式。

(2) 单击“矩形”按钮或选择“菜单”→“插入”→“矩形”命令，系统打开“矩形”对话框，如图 12-7 所示。该对话框中的按钮从左到右分别表示“按 2 点”“按 3 点”“从中心”“坐标模式”和“参数模式”。利用该对话框建立矩形，操作方法如下。

① 在“矩形”对话框中单击“按 2 点”按钮。

② 系统出现如图 12-8 中所示的文本框，在该文本框中设定起点坐标为（-170,0）并按 Enter 键。

③ 系统出现如图 12-9 中所示的文本框，在“宽度”和“高度”文本框中分别输入 428、12，并按 Enter 键建立矩形。

（3）按同样的方法建立另一矩形。设定起点坐标为（–86,0），“高度”和“宽度”分别为 312、45，结果如图 12-10 所示。

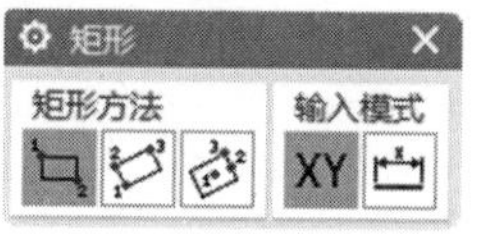

图 12-7　“矩形”对话框

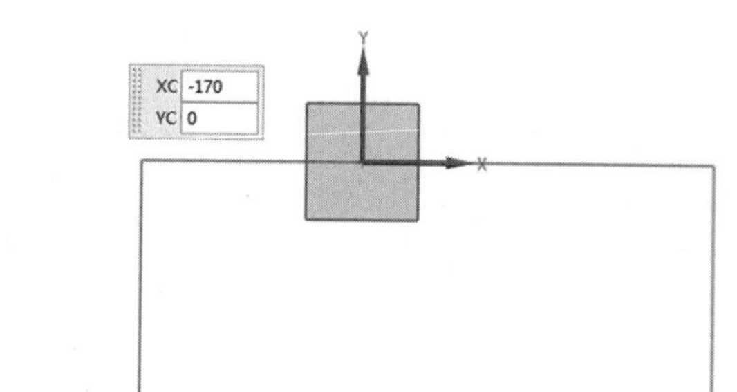
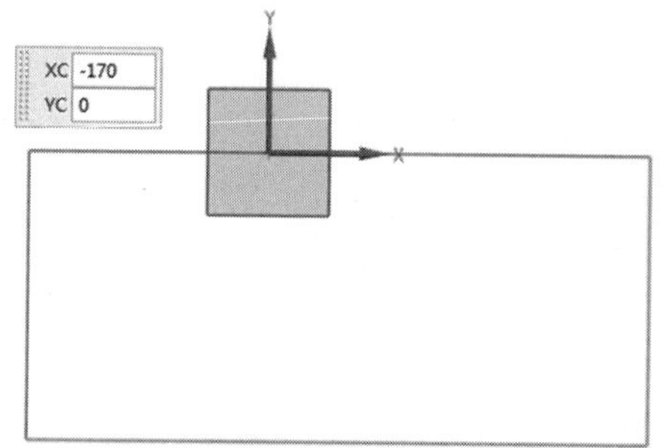

图 12-8　设定初始点

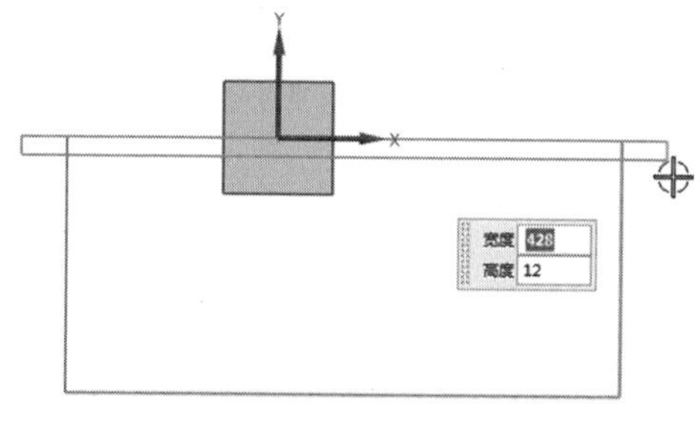

图 12-9　设定宽度、高度

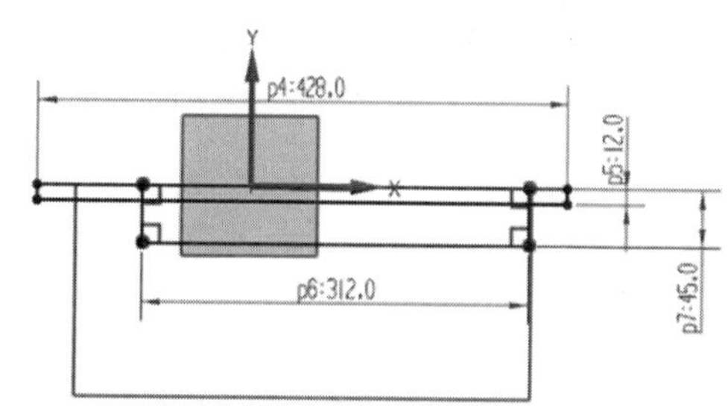

图 12-10　绘制矩形

（4）单击“完成”按钮或选择“菜单”→“任务”→“完成草图”命令，退出草图模式，进入建模模式。

（5）单击“拉伸”按钮或选择“菜单”→“插入”→“设计特征”→“拉伸”命令，系统打开“拉伸”对话框，如图 12-11 所示。利用该对话框拉伸草图中创建的曲线，操作方法如下。

① 选择步骤（4）绘制的草图为拉伸曲线，如图 12-12 所示。

图 12-11　“拉伸”对话框

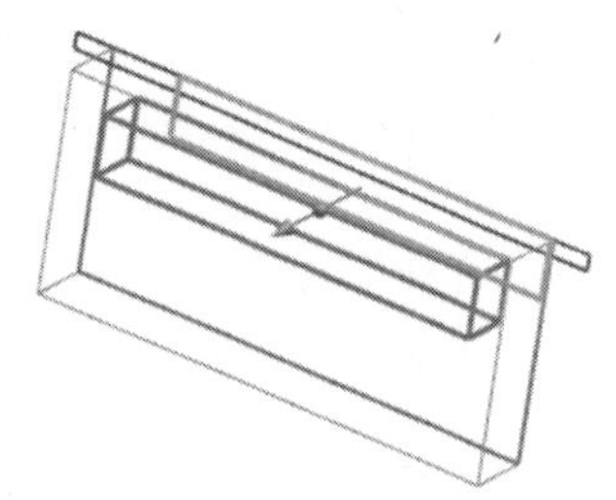

图 12-12　选择要拉伸的对象

② 在“矢量”下拉列表中选择“ZC（ZC 轴）”选项作为拉伸方向，在“开始”的“距离”文本框中输入 51，在“结束”的“距离”文本框中输入 91，单击“确定”按钮完成拉伸。

Note

（6）用同样的方法进行另一矩形的拉伸。单击“拉伸”按钮或选择“菜单”→“插入”→“设计特征”→“拉伸”命令，系统打开“拉伸”对话框，如图 12-13 所示。利用该对话框拉伸草图中创建的曲线，操作方法如下。

① 选择如图 12-14 所示的曲线为拉伸曲线。

② 在“指定矢量”下拉列表中选择“ZC（ZC 轴）”选项作为拉伸方向。

③ 在“开始”的“距离”对话框中输入 0，在“结束”的“距离”文本框中输入 91，单击“确定”按钮，得到的实体如图 12-15 所示。

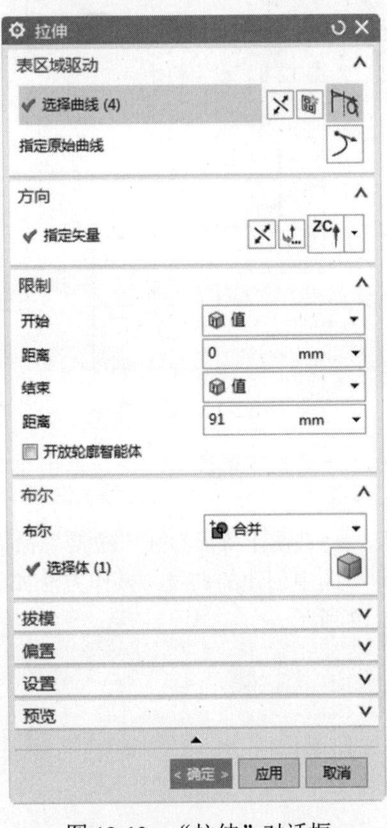

图 12-13 “拉伸”对话框

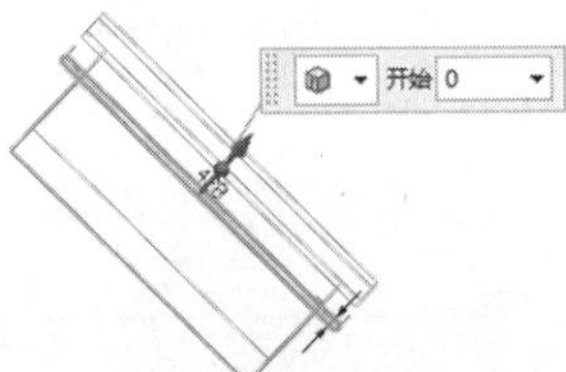

图 12-14 选择拉伸对象

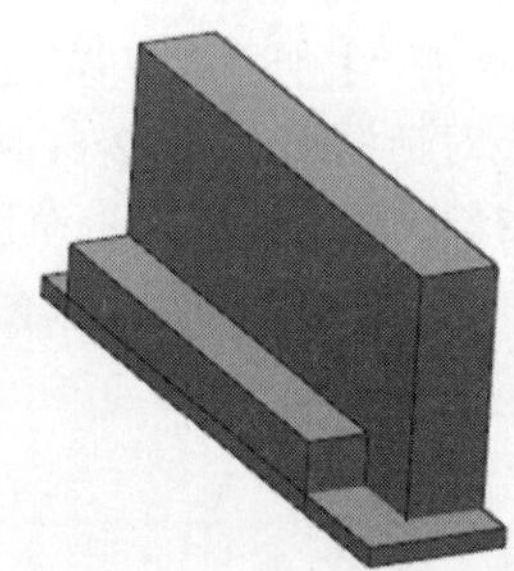

图 12-15 创建的实体

12.1.3 创建机座的整体

（1）选择“菜单”→“编辑”→“变换”命令，系统打开“变换”对话框，如图 12-16 所示。利用该对话框进行镜像变换，操作方法如下。

① 在对话框单击“全选”按钮。

② 系统打开“变换”对话框，如图 12-17 所示。单击“通过一平面镜像”按钮。

③ 系统打开“平面”对话框，如图 12-18 所示。选择 XC-YC 平面即法线方向为 ZC，单击“确定”按钮。

图 12-16 “变换”对话框

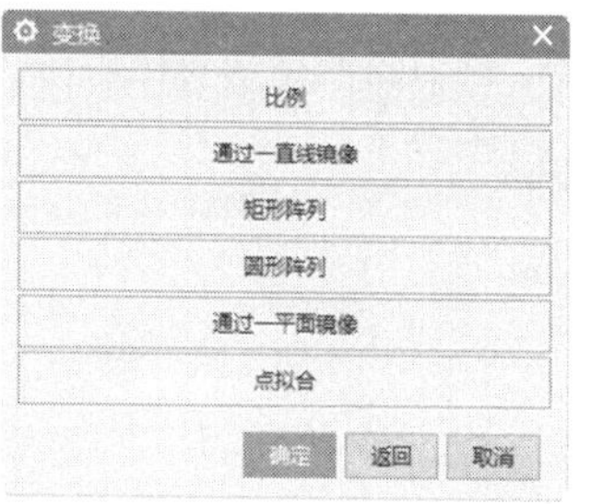

图 12-17 “变换”对话框

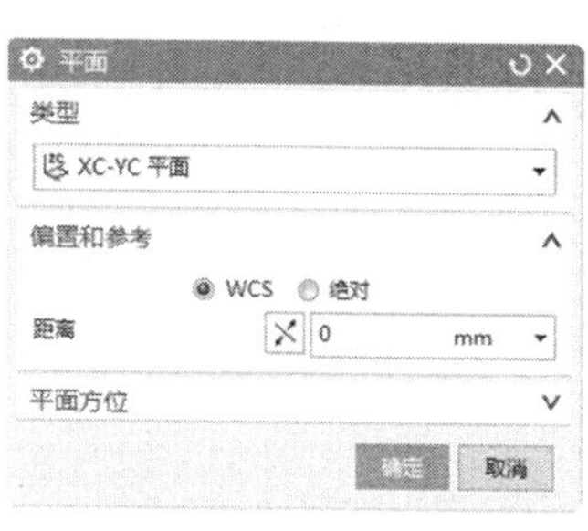

图 12-18 “平面”对话框

④ 系统打开“变换”对话框，如图 12-19 所示。单击“复制”按钮，再单击“确定”按钮，得到如图 12-20 所示的实体。

（2）选择“菜单”→“插入”→“组合”→“合并”命令，系统打开“合并”对话框，如图 12-21 所示。选择布尔相加的实体如图 12-22 所示。单击“确定”按钮，得到如图 12-23 所示的运算结果。

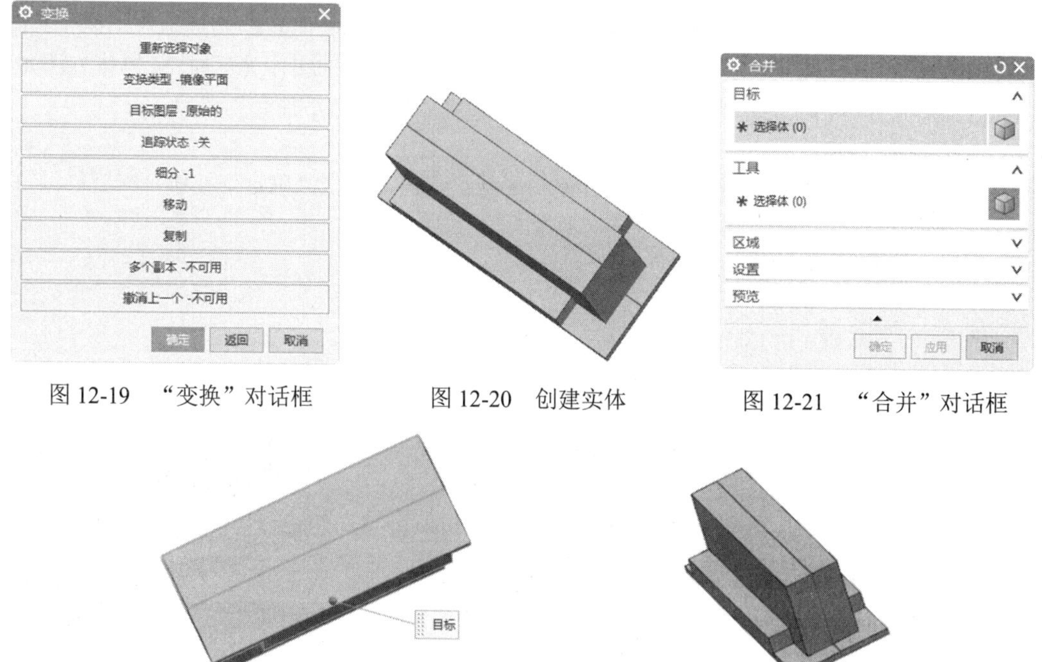

图 12-19 “变换”对话框

图 12-20 创建实体

图 12-21 “合并”对话框

图 12-22 选择布尔运算的实体

图 12-23 运算结果

注意： 所选择的实体必须有相交的部分；否则，不能进行相加操作。这时系统会提示操作错误，警告工具实体与目标实体没有相交的部分。

Note

12.1.4　抽壳

（1）拆分。单击“拆分体”按钮或选择“菜单”→“插入”→“修剪”→“拆分体”命令，系统打开如图12-24所示的“拆分体”对话框。利用该对话框对得到的实体进行分割，操作方法如下。

① 选择实体全部为拆分对象。

② 选择机座一侧平面为基准面阴影部分，将箱体中间部分分离出来。单击“确定”按钮，则完成分割。

③ 按如上方法选择其他平面切割，将中间部分从整体中分离出来，得到如图12-25所示的实体。

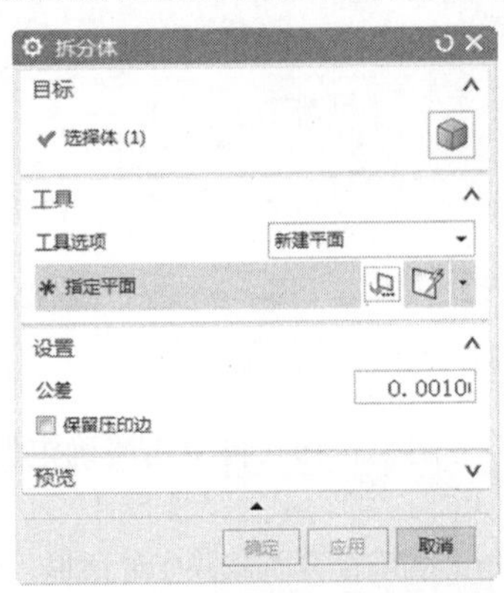

图12-24　“拆分体”对话框

图12-25　拆分结果

（2）抽壳。单击“抽壳”按钮或选择“菜单”→“插入”→“偏置/缩放”→“抽壳”命令，系统将打开“抽壳”对话框，如图12-26所示。利用该对话框对得到的实体进行抽壳，操作方法如下。

① 在“抽壳”对话框的“类型”下拉列表中选择“移除面，然后抽壳”选项。

② 选择如图12-27所示的端面作为抽壳面。

③ 在“厚度”文本框中输入8，抽壳公差采用默认数值，单击“确定”按钮，得到如图12-28所示的抽壳特征。

图12-26　“抽壳”对话框

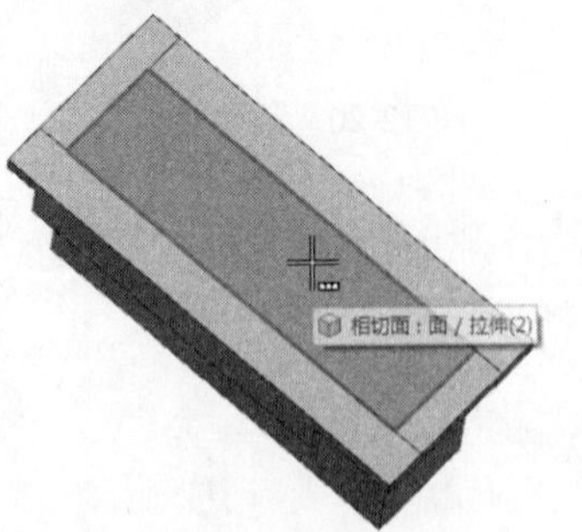

图12-27　选择面

图12-28　抽壳特征

12.1.5　创建壳体的底板

（1）选择“菜单”→“插入”→“在任务环境中绘制草图”命令，平面方法选择“自动判断”，

单击“确定”按钮，进入草图模式。

（2）单击“矩形”按钮□或选择“菜单”→“插入”→“矩形”命令，系统打开“矩形”对话框，如图 12-29 所示。利用该对话框建立矩形，操作方法如下。

① 在“矩形”对话框中单击“按 2 点”按钮。

② 系统出现如图 12-30 中所示的文本框，在该文本框中设定起点坐标为（-140,-150）并按 Enter 键。

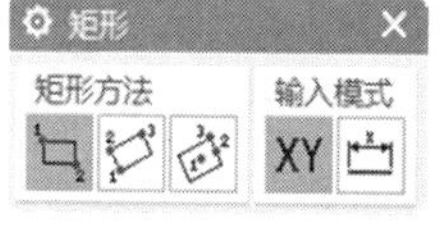

图 12-29　“矩形”对话框

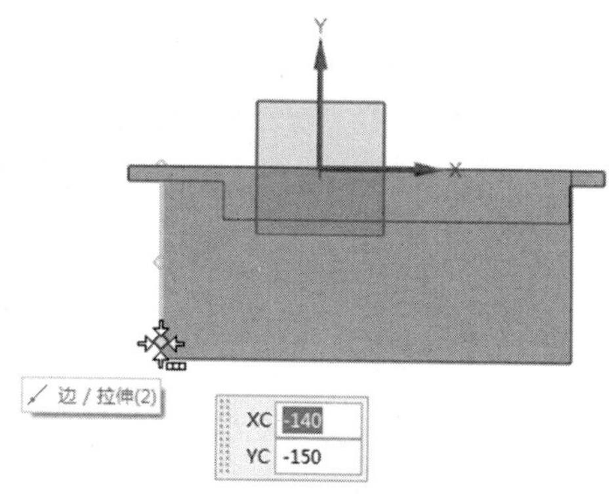

图 12-30　设定初始点

③ 系统出现如图 12-31 中所示的文本框，在“宽度”和“高度”文本框中输入 368、20。并按 Enter 键建立矩形。

（3）单击“完成”按钮或选择“菜单”→“任务”→“完成草图”命令，退出草图模式，进入建模模式。

（4）单击“拉伸”按钮或选择“菜单”→“插入”→“设计特征”→“拉伸”命令，系统打开“拉伸”对话框，如图 12-32 所示。利用该对话框拉伸草图中创建的曲线，操作方法如下。

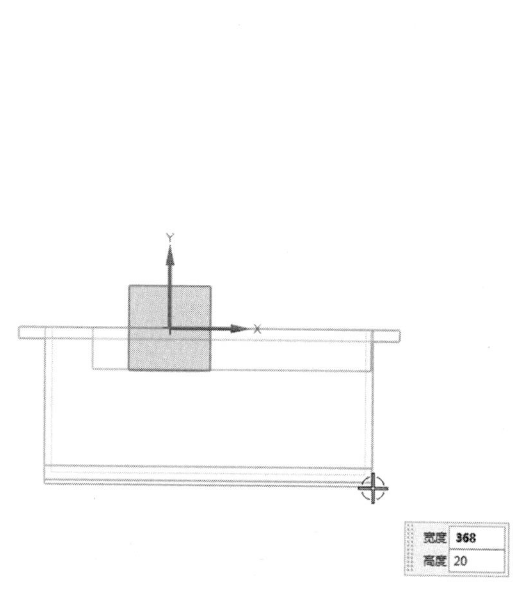

图 12-31　设定宽度、高度

图 12-32　“拉伸”对话框

① 选择步骤（3）中绘制的草图为拉伸曲线。

② 在“指定矢量”下拉列表中选择“ZC（ZC 轴）”选项作为拉伸方向，在“开始”的“距离”文本框中输入-95，在“结束”的“距离”文本框中输入 95，单击“确定”按钮。

（5）选择“菜单”→“插入”→“组合”→“合并”命令，系统打开“合并”对话框，如图 12-33 所示。选择布尔相加的实体，如图 12-34 所示。单击“确定”按钮，得到如图 12-35 所示的运算结果。

图 12-33 “合并”对话框

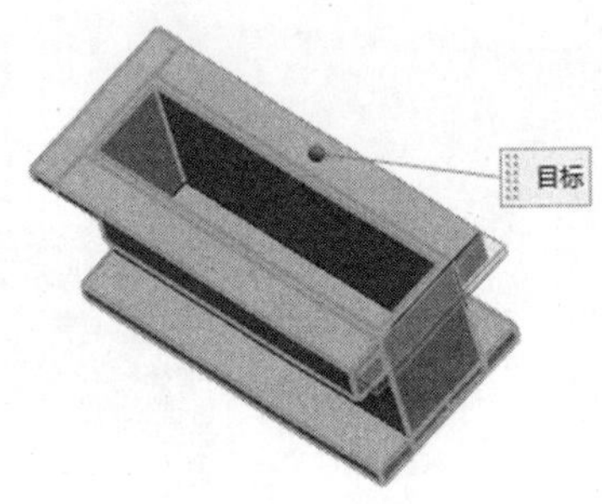

图 12-34 选择布尔运算的实体

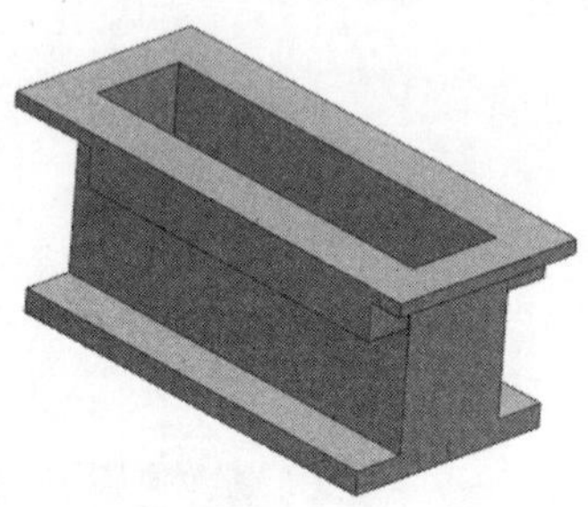

图 12-35 运算结果

12.1.6 挖槽

（1）选择“菜单”→“插入”→“在任务环境中绘制草图”命令，系统打开“创建草图”对话框，如图 12-36 所示。在“平面方法”下拉列表中选择“自动判断”选项，在“指定平面”下拉列表中设定草图平面为 YC-ZC 平面，在“指定矢量”下拉列表中选择 YC 轴，单击“确定”按钮，进入草图模式。

（2）单击“矩形”按钮或选择“菜单”→“插入”→“矩形”命令，系统打开“矩形”对话框，如图 12-37 所示。该对话框中的按钮从左到右分别表示“按 2 点”“按 3 点”“从中心”“坐标模式”和“参数模式”。利用该对话框建立矩形，操作方法如下。

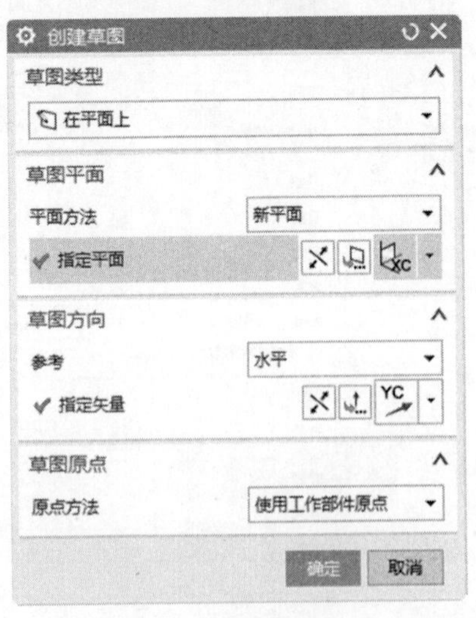

图 12-36 “创建草图”对话框

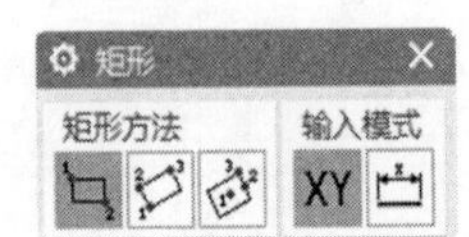

图 12-37 “矩形”对话框

① 在“矩形”对话框中单击“按 2 点”按钮。

② 系统出现如图 12-38 中所示的文本框，在该文本框中输入起点坐标为（-170,35）并按 Enter 键。

③ 系统出现如图 12-39 中所示的文本框，在“宽度”和“高度”文本框中分别输入 5、70。并按 Enter 键建立矩形。

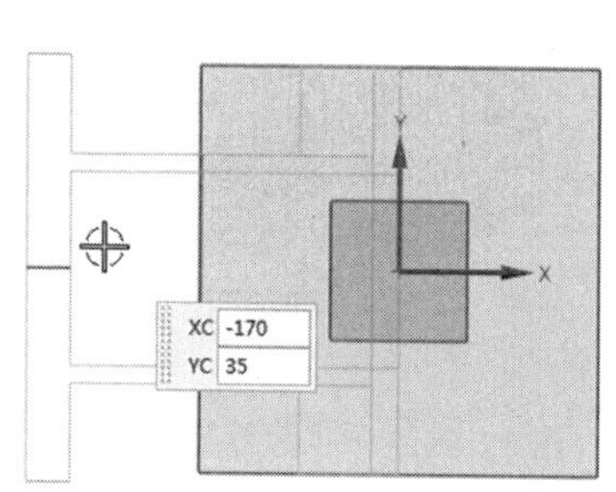

图 12-38　设定初始点

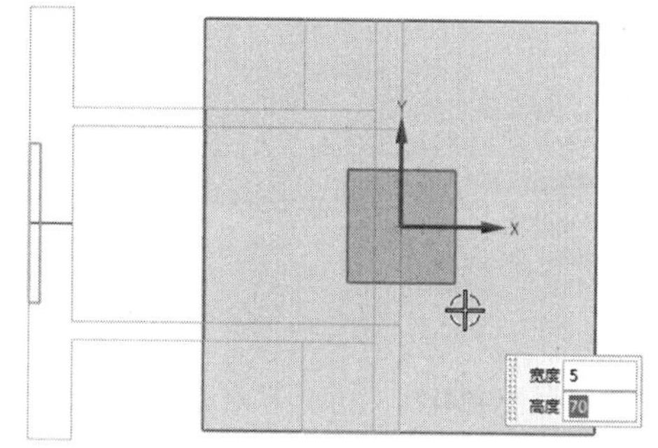

图 12-39　设定宽度、高度

（3）单击“完成”按钮或选择“菜单”→“任务”→“完成草图”命令，退出草图模式，进入建模模式。

（4）单击“拉伸”按钮或选择“菜单”→“插入”→“设计特征”→“拉伸”命令，系统打开“拉伸”对话框。利用该对话框拉伸草图中创建的曲线，操作方法如下。

① 选择步骤（3）中创建的草图为拉伸曲线。

② 在“指定矢量”下拉列表中选择“XC（XC 轴）”选项作为拉伸方向，并按图 12-40 中的参数进行设置，在“开始”的“距离”文本框中输入-228，在“结束”的“距离”文本框中输入 228，单击“确定”按钮，得到如图 12-41 所示的实体。

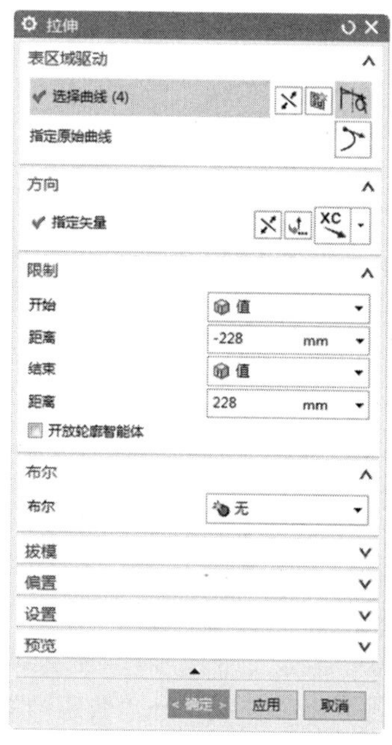

图 12-40　“拉伸”对话框

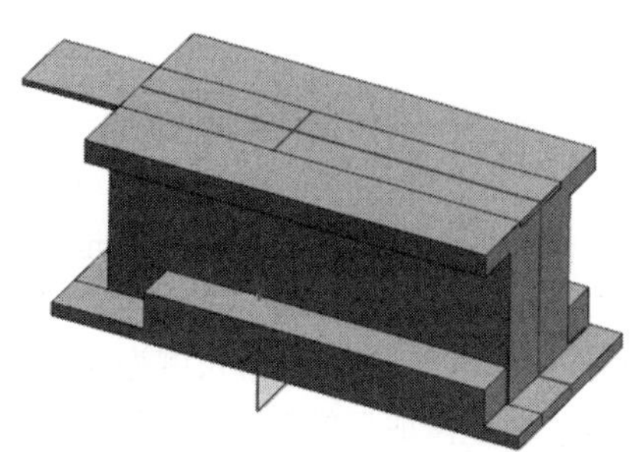

图 12-41　创建实体

Note

（5）选择“菜单”→“插入”→“组合”→“减去”命令，系统打开“求差”对话框，如图 12-42 所示。选择机座主体为目标体，选择步骤（4）中拉伸得到的实体为工具体。单击“确定”按钮，得到如图 12-43 所示的运算结果。

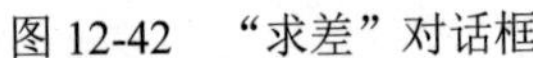

图 12-42　“求差”对话框

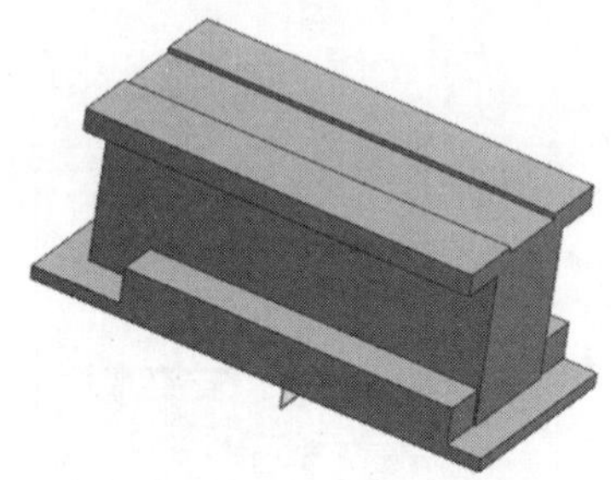

图 12-43　布尔运算后的实体

注意：所选择的实体必须有相交的部分；否则，不能进行相减操作。这时系统会提示操作错误，警告工具实体与目标实体没有相交的部分，而且目标实体与工具实体的边缘不能重合。

12.1.7　创建大滚动轴承凸台

（1）选择“菜单”→“插入”→“在任务环境中绘制草图”命令，在“平面方法”下拉列表中选择“自动判断”选项，单击“确定”按钮，进入草图模式。

（2）单击“圆”按钮○或选择“菜单”→“插入”→“曲线”→“圆”命令，初始坐标设定为（0,0），在“直径”文本框中输入 140，如图 12-44 所示。绘制结果如图 12-45 所示。

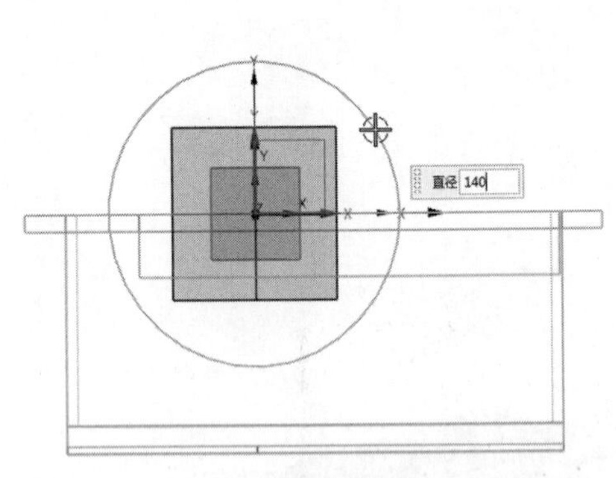

图 12-44　设定坐标、直径

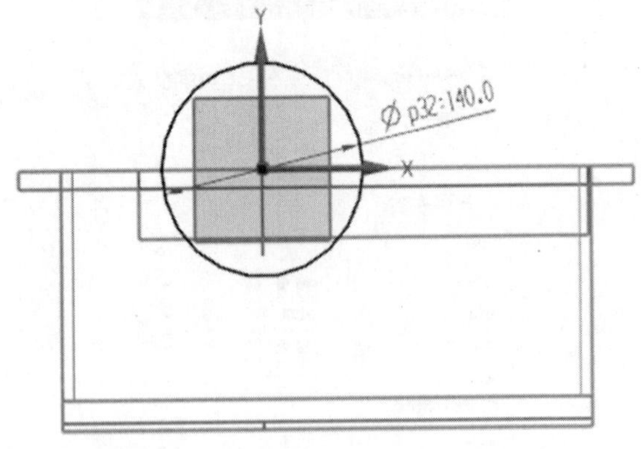

图 12-45　绘制圆

（3）用同样的方法绘制一直径为 100mm 的同心圆，如图 12-46 所示。

（4）单击“直线”按钮或选择“菜单”→“插入”→“曲线”→“直线”命令，绘制一条水平直线，其起点坐标为（-230,0），长度为 400mm，角度为 0°。

（5）单击“快速修剪”按钮或选择“菜单”→“编辑”→“曲线”→“快速修剪”命令，修剪多余的圆弧，结果如图 12-47 所示。

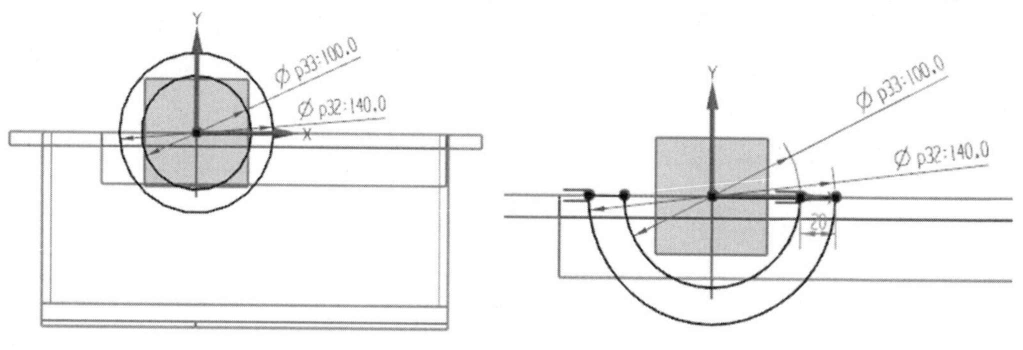

图 12-46　绘制同心圆　　　　图 12-47　修剪圆环

（6）单击“完成”按钮或选择“菜单”→“任务”→“完成草图”命令，退出草图模式，进入建模模式。

（7）单击“拉伸”按钮或选择“菜单”→“插入”→“设计特征”→“拉伸”命令，系统打开“拉伸”对话框。利用该对话框拉伸草图中创建的曲线，操作方法如下。

① 选择步骤（6）中创建的草图为拉伸曲线。

② 在“指定矢量”下拉列表中选择“ZC（ZC 轴）”选项作为拉伸方向，并按图 12-48 中的参数进行设置，在“开始”的“距离”文本框中输入 51，在“结束”的“距离”文本框中输入 98。单击“确定”按钮，结果如图 12-49 所示。

图 12-48　“拉伸”对话框

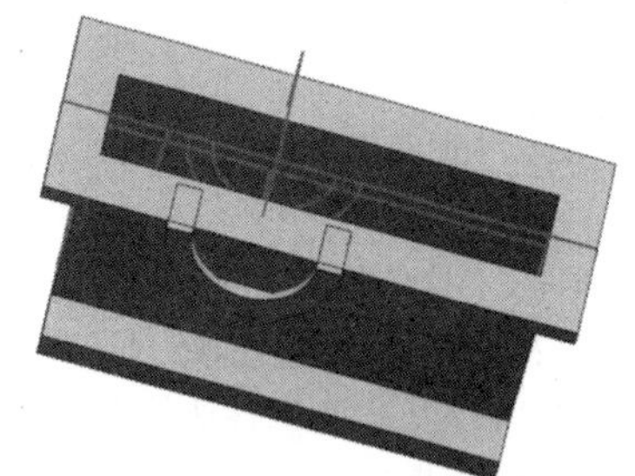

图 12-49　创建实体

（8）选择“菜单”→“编辑”→“变换”命令，系统打开“变换”对话框。利用该对话框进行镜像变换，操作方法如下。

① 选择拉伸得到的轴承面为镜像对象。

② 系统打开“变换”对话框，如图 12-50 所示。单击“通过一平面镜像”按钮。

③ 系统打开“平面”对话框，如图 12-51 所示。在“类型”下拉列表中选择“XC-YC 平面”选项，即法线方向为 ZC，其他选项按图 12-51 中的参数进行设置，单击“确定”按钮。

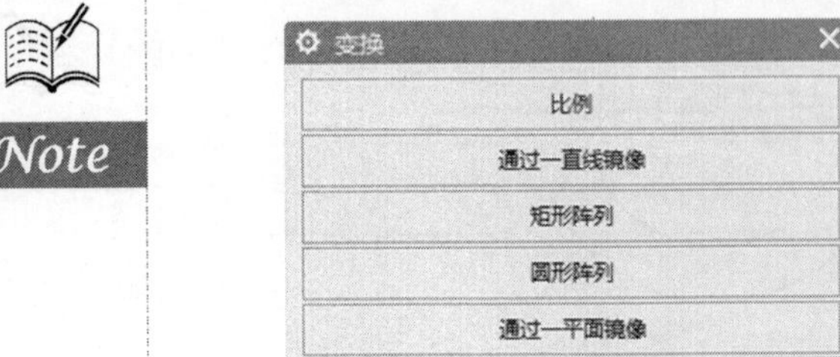

图 12-50 “变换”对话框

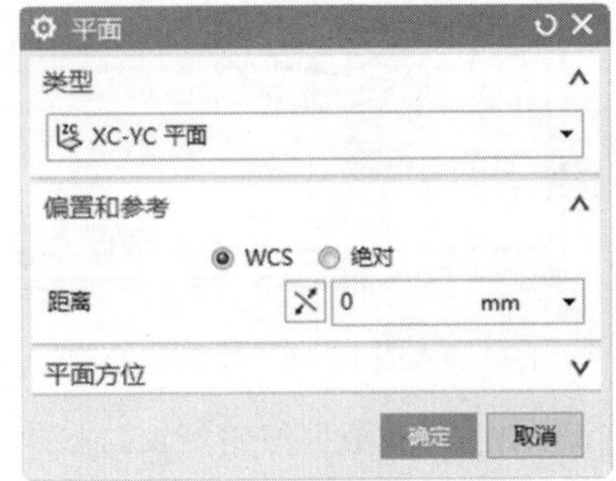

图 12-51 “平面”对话框

④ 系统打开“变换”对话框，如图 12-52 所示。单击“复制”按钮，单击“确定”按钮，得到如图 12-53 所示的实体。

（9）选择“菜单”→“插入”→“组合”→“合并”命令，对轴承凸台进行布尔合并运算。

（10）选择“菜单”→“插入”→“在任务环境中绘制草图”命令，打开“创建草图”对话框，在“平面方法”下拉列表中选择“自动判断”选项，单击“确定”按钮，进入草图模式。

（11）单击“圆”按钮或选择“菜单”→“插入”→“曲线”→“圆”命令，初始坐标设定为（0,0），直径设定为 100mm，按 Enter 键，得到如图 12-54 所示的圆。

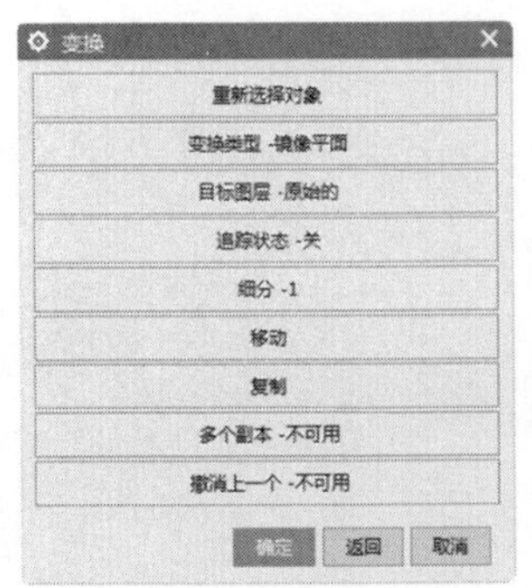

图 12-52 “变换”对话框

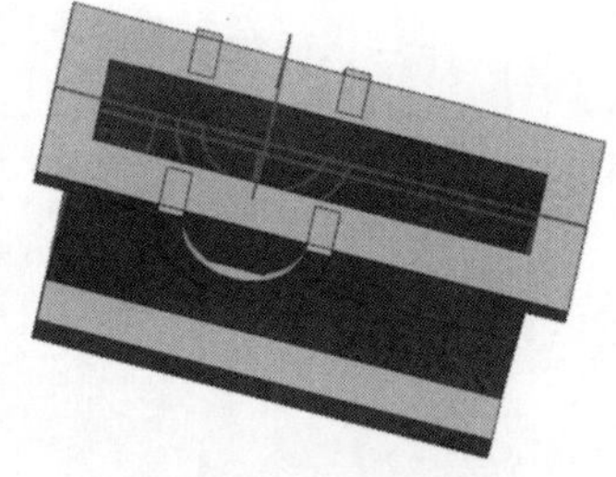

图 12-53 镜像结果

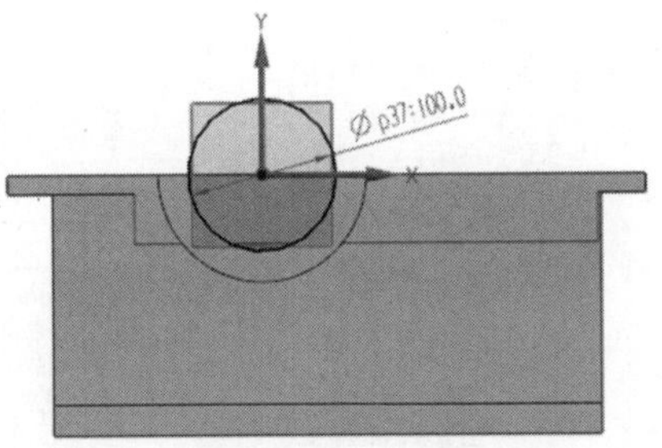

图 12-54 创建圆

（12）单击“完成”按钮或选择“菜单”→“任务”→“完成草图”命令，退出草图模式，进入建模模式。

（13）单击“拉伸”按钮或选择“菜单”→“插入”→“设计特征”→“拉伸”命令，系统打开“拉伸”对话框，如图 12-55 所示。利用该对话框拉伸草图中创建的曲线，操作方法如下。

① 选择草图绘制后的圆环为拉伸曲线。

② 在“指定矢量”下拉列表中选择“ZC（ZC 轴）”选项作为拉伸方向，并按图 12-55 中的参数设置，在“开始”的“距离”文本框中输入 100，在“结束”的“距离”文本框中输入-100，在“布尔”下拉列表中选择“减去”选项与实体进行“布尔”减去运算，单击“确定”按钮，得到如图 12-56 所示的实体。

Note

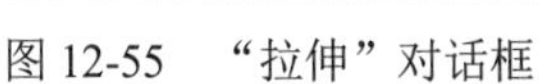

图 12-55　“拉伸”对话框

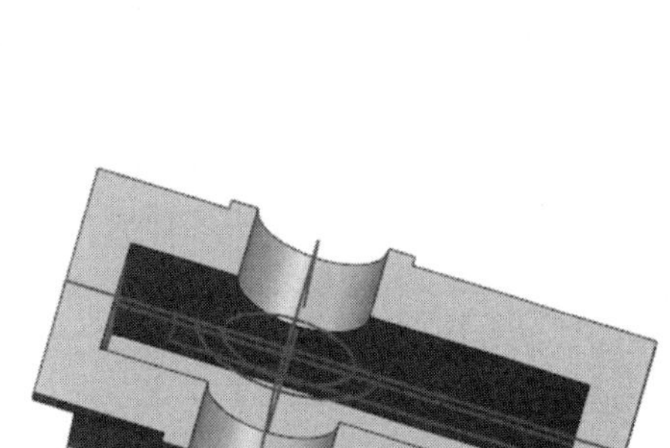

图 12-56　拉伸实体

12.1.8　创建小滚动轴承凸台

（1）选择“菜单”→“插入”→“在任务环境中绘制草图”命令，打开“创建草图”对话框，在“平面方法”下拉列表中选择“自动判断”选项，单击“确定”按钮，进入草图模式。

（2）单击“圆”按钮或选择“菜单”→“插入”→“曲线”→“圆”命令，初始坐标设定为（150,0），直径设定为 120mm，如图 12-57 所示。按 Enter 键，得到如图 12-58 所示的圆。

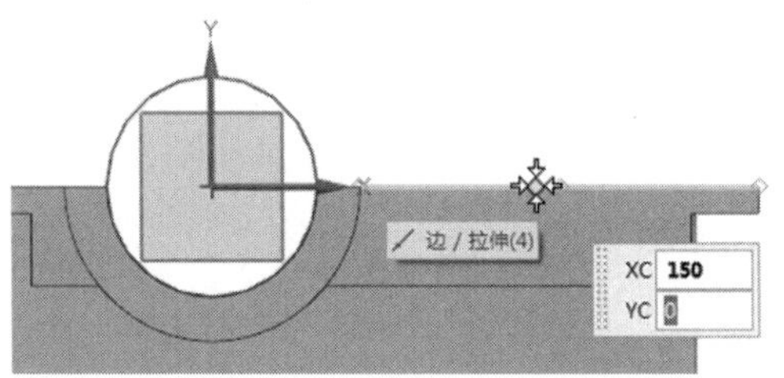

图 12-57　设定坐标、直径

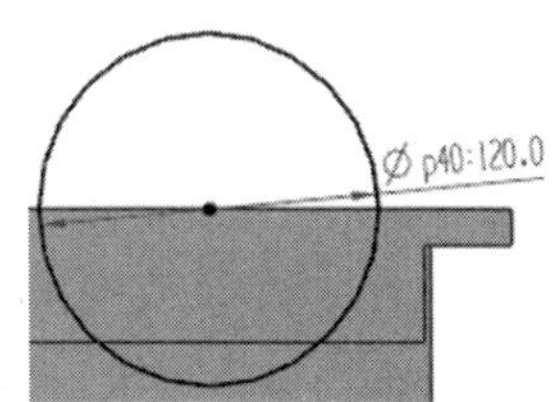

图 12-58　绘制圆

（3）用同样的方法绘制一直径为 80mm 的同心圆，如图 12-59 所示。

（4）单击“直线”按钮或选择“菜单”→“插入”→“曲线”→“直线”命令，绘制水平的一条直线，起点坐标为（75,0），长度为 250mm，角度为 0°。

（5）单击“快速修剪”按钮或选择“菜单”→“编辑”→“曲线”→“快速修剪”命令，修剪图形如图 12-60 所示。

（6）单击“完成”按钮或选择“菜单”→“任务”→“完成草图”命令，退出草图模式，进入建模模式。

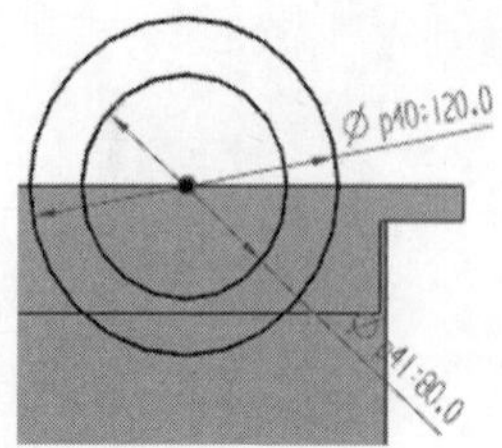

图 12-59　绘制同心圆

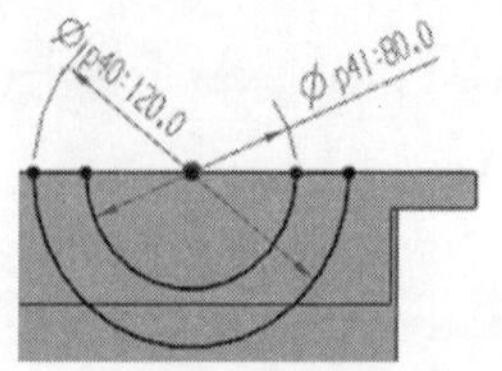

图 12-60　修剪圆环

（7）单击“拉伸”按钮或选择“菜单”→“插入”→“设计特征”→“拉伸”命令，系统打开“拉伸”对话框。利用该对话框拉伸草图中创建的曲线，操作方法如下。

① 选择步骤（6）中创建的草图圆环为拉伸曲线。

② 在“指定矢量”下拉列表中选择“ZC（ZC 轴）”选项作为拉伸方向，并按图 12-61 中的参数进行设置，在“开始”的“距离”文本框中输入 51，在“结束”的“距离”文本框中输入 98，单击“确定”按钮，结果如图 12-62 所示。

（8）选择“菜单”→“编辑”→“变换”命令，打开“变换”对话框。利用该对话框进行镜像变换，操作方法如下。

① 在“变换”对话框提示下选择拉伸得到的轴承面为镜像对象。

② 系统打开“变换”对话框，如图 12-63 所示。单击“通过一平面镜像”按钮。

图 12-61　“拉伸”对话框

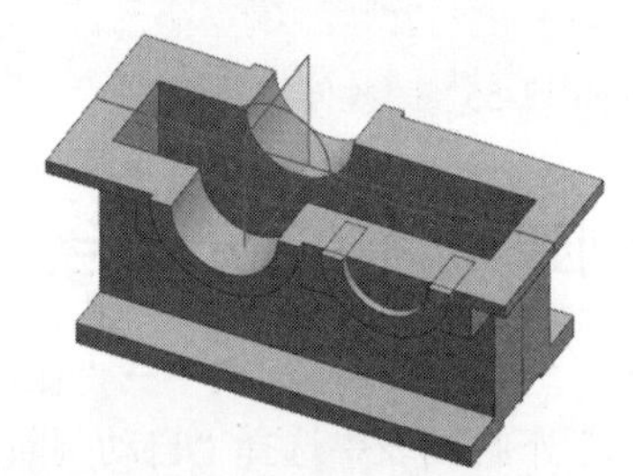

图 12-62　创建实体

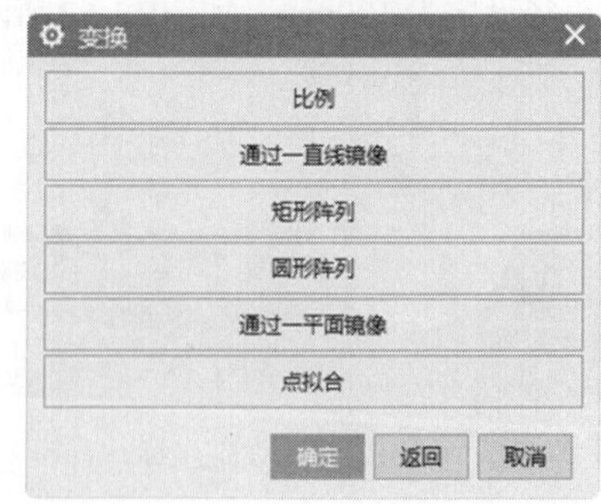

图 12-63　“变换”对话框

③ 系统打开“平面”对话框，如图 12-64 所示。在“类型”下拉列表中选择“XC-YC 平面”选项，即法线方向为 ZC，其他选项按图 12-64 中的参数进行设置，单击“确定”按钮。

④ 系统打开“变换”对话框，如图 12-65 所示。单击“复制”按钮，再单击“确定”按钮，得到如图 12-66 所示的实体。

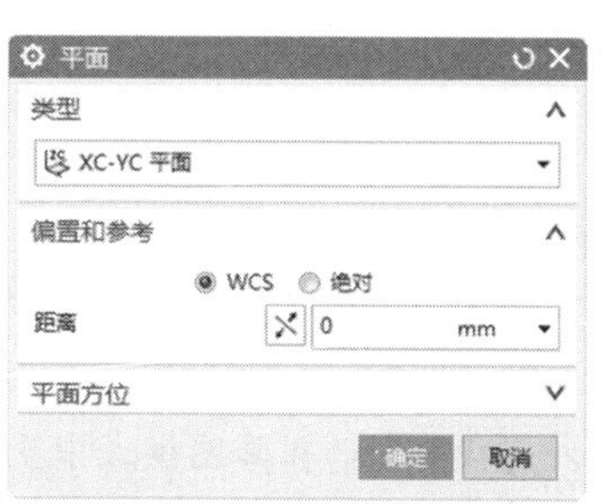

图 12-64　“平面”对话框

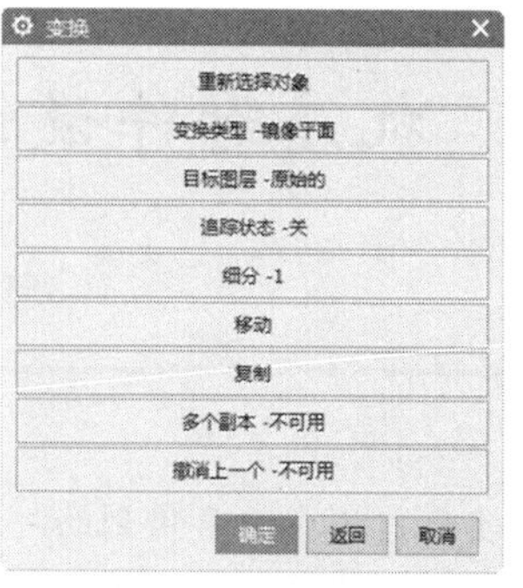

图 12-65　“变换”对话框

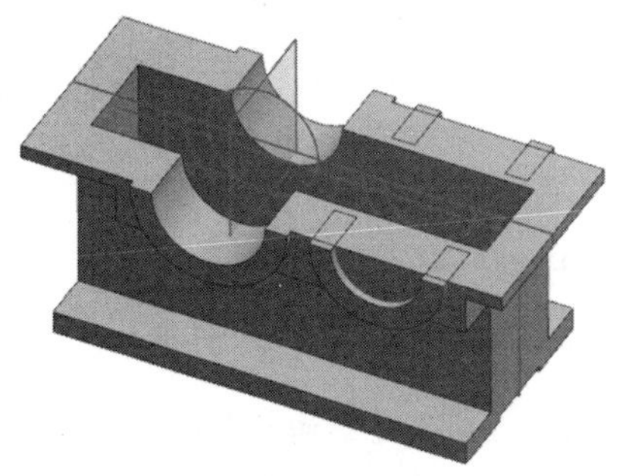

图 12-66　镜像结果

（9）选择“菜单”→“插入”→“组合”→“合并”命令，对小轴承凸台进行布尔合并运算。

（10）选择“菜单”→“插入”→“在任务环境中绘制草图”，打开“创建草图”对话框，在“平面方法”下拉列表中选择“自动判断”选项，单击“确定”按钮，进入草图模式。

（11）单击“圆”按钮○或选择“菜单”→“插入”→“曲线”→“圆”，初始坐标设定为（150,0），直径为 80mm，按 Enter 键得到如图 12-67 所示的圆。

（12）单击“完成”按钮或选择“菜单”→“任务”→“完成草图”命令，退出草图模式，进入建模模式。

（13）单击“拉伸”按钮或选择“菜单”→“插入”→“设计特征”→“拉伸”命令，系统打开“拉伸”对话框，如图 12-68 所示。利用该对话框拉伸草图中创建的曲线，操作方法如下。

① 选择绘制后的圆为拉伸曲线。

② 在“指定矢量”下拉列表中选择“ZC（ZC 轴）”选项作为拉伸方向，并按图 12-68 中的参数进行设置，在“开始”的“距离”文本框中输入 100，在“结束”的“距离”文本框中输入-100，在“布尔”下拉列表中选择“减去”选项，与实体进行布尔减去运算，单击“确定”按钮，得到如图 12-69 所示的实体。

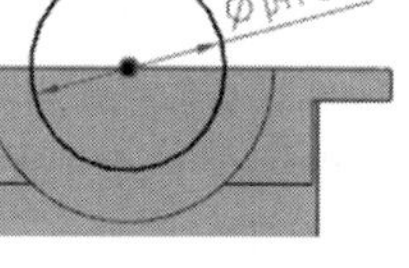

图 12-67　插入圆

图 12-68　“拉伸”对话框

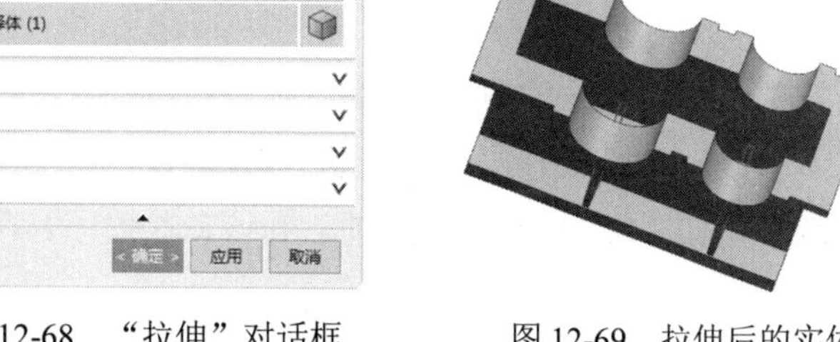

图 12-69　拉伸后的实体

12.2 机座附件设计

Note

制作思路

机座附件包括油标孔、放油孔等在实体建模中需要用到的一系列建模特征。在草图模式中主要是绘制带有约束关系的二维图形。利用草图创建参数化的截面，通过对平面造型的拉伸、旋转得到相应的参数化实体模型。

12.2.1 创建加强筋

（1）选择“菜单”→“插入”→“在任务环境中绘制草图”命令，系统打开“创建草图”对话框，在“平面方法”下拉列表中选择“自动判断”选项，如图 12-70 所示。单击“确定”按钮进入草图模式。

（2）单击“圆”按钮○或选择“菜单”→“插入”→“曲线”→“圆”命令，设定初始坐标为（0,0），直径为 140mm。

（3）按同样的方法绘制另一个圆，圆点坐标为（150,0）直径为 120，得到如图 12-71 所示的图形。

（4）单击“矩形”按钮或选择“菜单”→“插入”→“矩形”命令，系统打开“矩形”对话框，如图 12-72 所示。该对话框中的按钮从左到右分别表示“按 2 点”“按 3 点”“从中心”“坐标模式”和“参数模式”。利用该对话框建立矩形，操作方法如下。

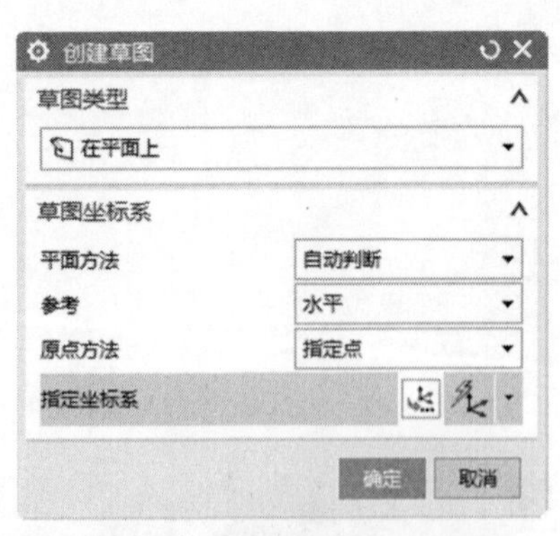

图 12-70 “创建草图”对话框

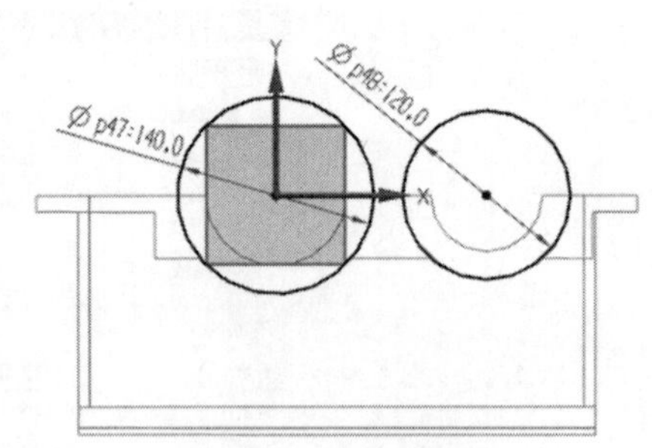

图 12-71 绘制草图

图 12-72 绘制草图

① 在“矩形”对话框中单击“按 2 点”按钮。

② 系统出现如图 12-73 所示的文本框，在该文本框中设置起点坐标为（-3.5,-55），并按 Enter 键。

③ 系统出现“宽度”和“高度”文本框，在“宽度”和“高度”文本框中分别输入 7、95。并按 Enter 键建立矩形，如图 12-74 所示。

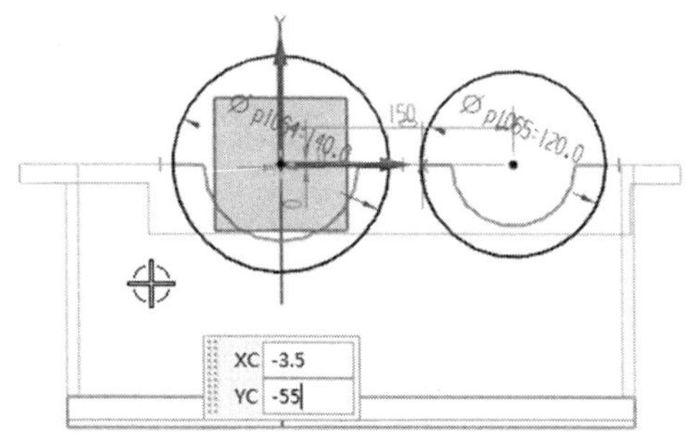

图 12-73　设定初始点

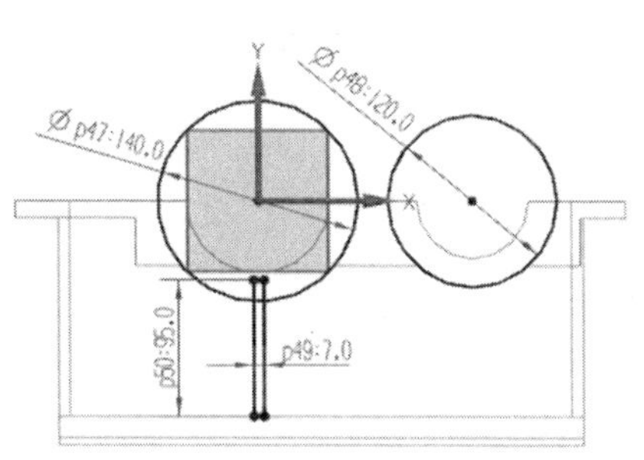

图 12-74　设定宽度、高度

（5）用同样的方法绘制另一矩形。起点坐标为（146.5,-55），如图 12-75 所示，宽度和高度分别为 7、95，结果如图 12-76 所示。

（6）单击“快速修剪”按钮或选择“菜单”→“编辑”→“曲线”→“快速修剪”命令，修剪多余线段，结果如图 12-77 所示。

（7）单击“完成”按钮或选择“菜单”→“任务”→“完成草图”命令，退出草图模式，进入建模模式。

（8）单击“拉伸”按钮或选择“菜单”→“插入”→“设计特征”→“拉伸”命令，系统打开“拉伸”对话框。利用该对话框拉伸草图中创建的曲线，操作方法如下。

① 选择步骤（7）创建的草图为拉伸曲线，如图 12-78 所示。单击对话框中的“确定”按钮。

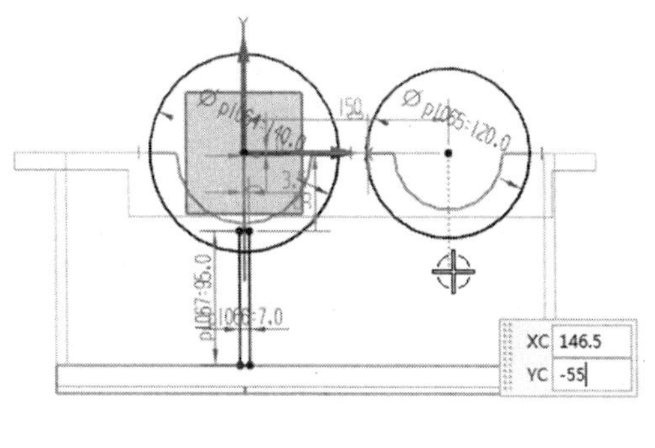

图 12-75　创建点

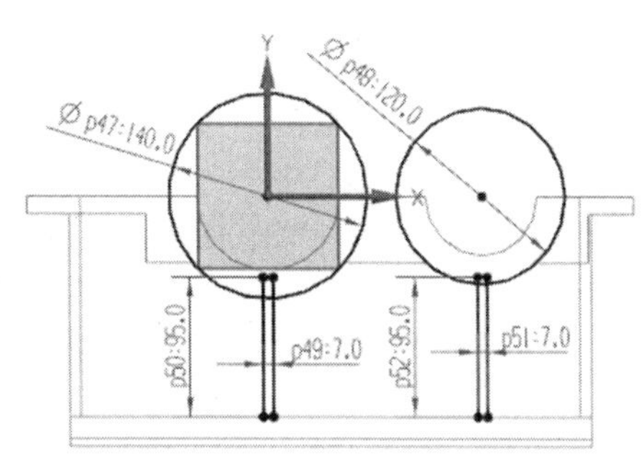

图 12-76　草图

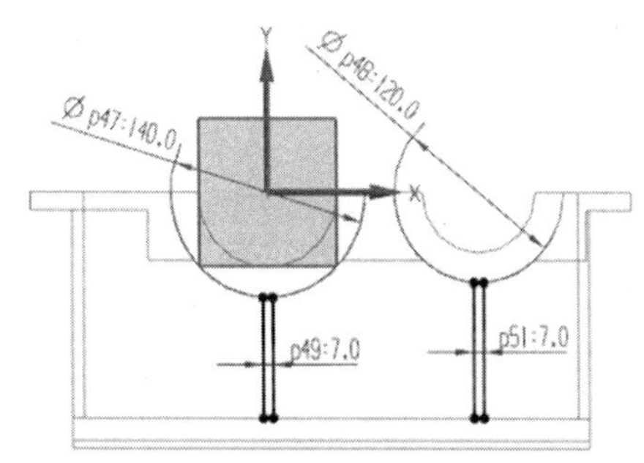

图 12-77　修剪图形

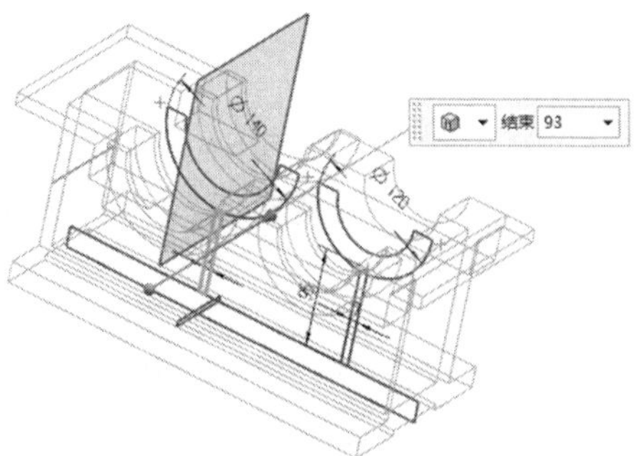

图 12-78　拉伸体外形

② 在“指定矢量”下拉列表中选择“ZC↑（ZC轴）”选项作为拉伸方向，并按图12-79中的参数进行设置，在“开始”的“距离”文本框中输入51，在“结束”的“距离”文本框中输入93，单击“确定”按钮，创建的实体如图12-80所示。

Note

图12-79 “拉伸”对话框

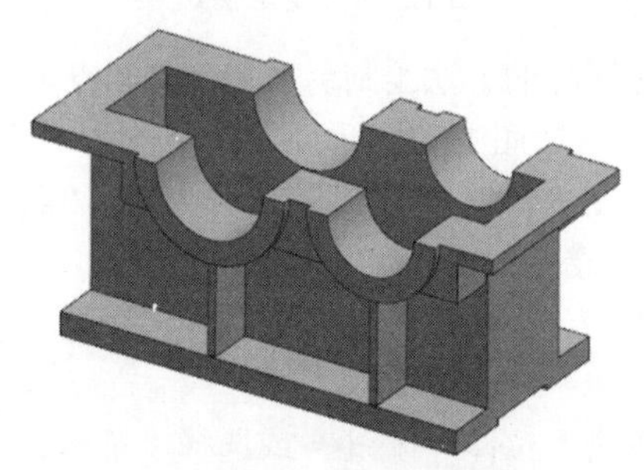

图12-80 创建实体

12.2.2 拔模面

（1）筋板拔模面。单击“拔模”按钮或选择“菜单”→“插入”→“细节特征”→“拔模”命令，系统将打开“拔模”对话框，如图12-81所示。利用该对话框进行拔模，操作方法如下。

① 在“拔模”对话框“类型”下拉列表中选择“面”选项。

② 在“角度”文本框中输入3，距离公差和角度公差按默认设置。

③ 在“指定矢量”下拉列表中选择“ZC↑（ZC轴）”选项作为拔模方向。

④ 选择如图12-82所示的面上的一点，确定固定面。

⑤ 系统状态栏将提示选择要拔模的面，选择如图12-83和图12-84所示的拔模面。

⑥ 单击“确定”按钮，得到如图12-85所示的结果。

⑦ 按以上方法将所有筋板拔模，拔模角度为3°，选择要拔模的面与步骤⑤相同，最后获得如图12-86所示的实体。

图12-81 “拔模”对话框

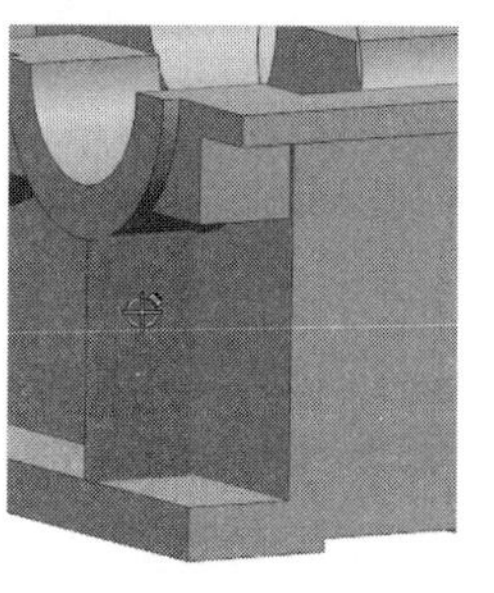

图 12-82　确定固定平面　　图 12-83　选择要拔模的面①

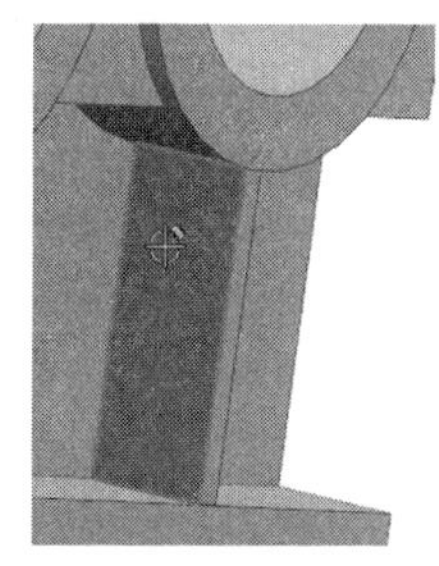

图 12-84　选择要拔模的面 2

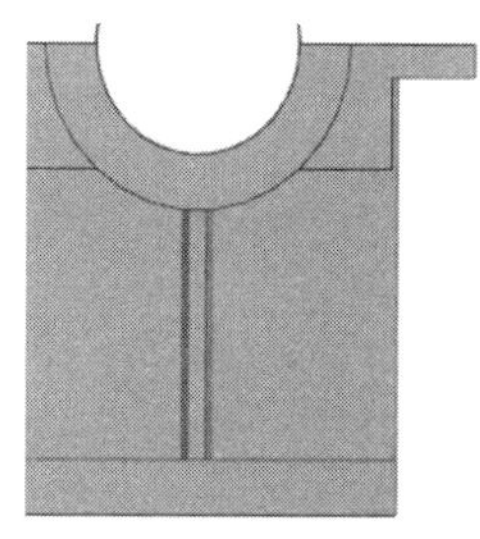

图 12-85　拔模结果

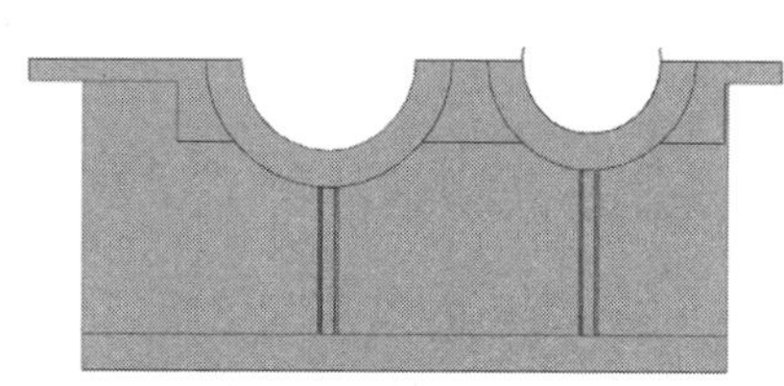

图 12-86　创建的筋板

（2）利用镜像原理复制另一端面的筋板。选择“菜单”→“编辑”→“变换”命令，打开“变换”对话框。利用该对话框进行镜像变换，操作方法如下。

① 在“变换”对话框提示下，选择步骤（1）中获得的两个筋板。

② 系统打开“变换”对话框，如图 12-87 所示。单击“通过一平面镜像”按钮。

③ 系统打开“平面”对话框，如图 12-88 所示。在“类型”下拉列表中选择“XC-YC 平面”选项，即法线方向为 ZC，其他选项按图 12-88 中的参数进行设置，单击“确定”按钮。

④ 系统打开“变换”对话框，如图 12-89 所示。单击“复制”按钮，再单击“确定”按钮，得到如图 12-90 所示的实体。

图 12-87　“变换”对话框

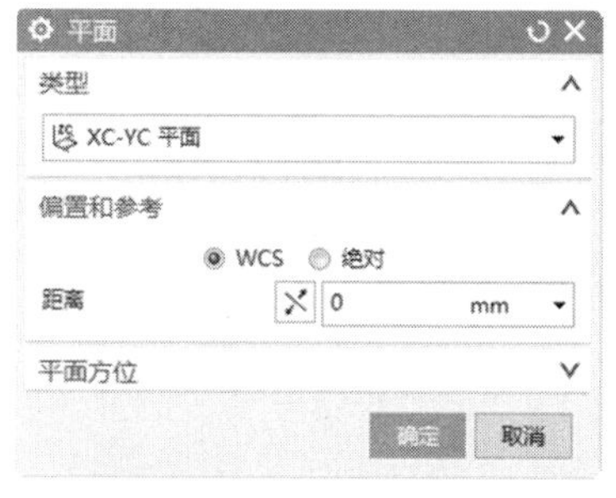

图 12-88　“平面”对话框

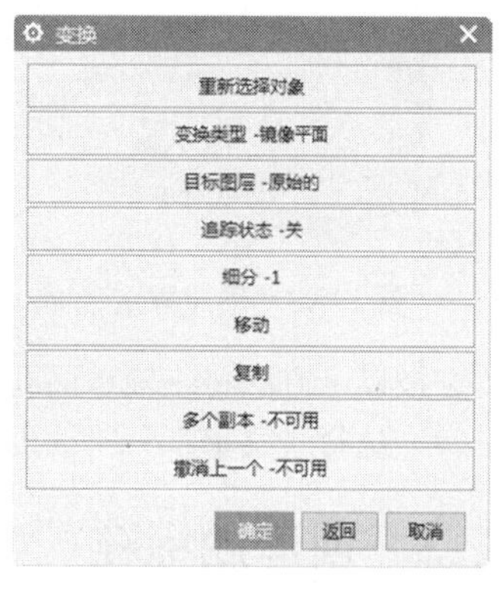

图 12-89　“变换”对话框

（3）轴承孔拔模面。单击“拔模”按钮或选择“菜单”→“插入”→“细节特征”→“拔模”命令。系统将打开“拔模”对话框，如图 12-91 所示。利用该对话框进行拔模，操作方法如下。

① 在对话框“类型”下拉列表中选择“面”选项。

② “角度”文本框中输入 6，距离公差和角度公差按默认设置。

③ 在“指定矢量”下拉列表中选择“ZC（ZC 轴）”选项作为拔模方向。

④ 选择如图 12-92 所示的面上的一点，确定固定面。

⑤ 选择如图 12-93 所示的轴承孔为拔模面。

⑥ 按以上方法将另一方向的轴承孔拔模，拔模角度为-6°。最后获得如图 12-94 所示的实体。

图 12-90 创建实体

图 12-91 “拔模”对话框

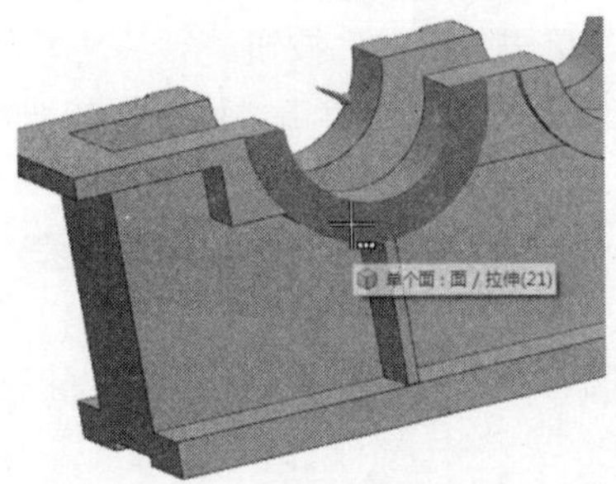

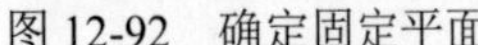

图 12-92 确定固定平面

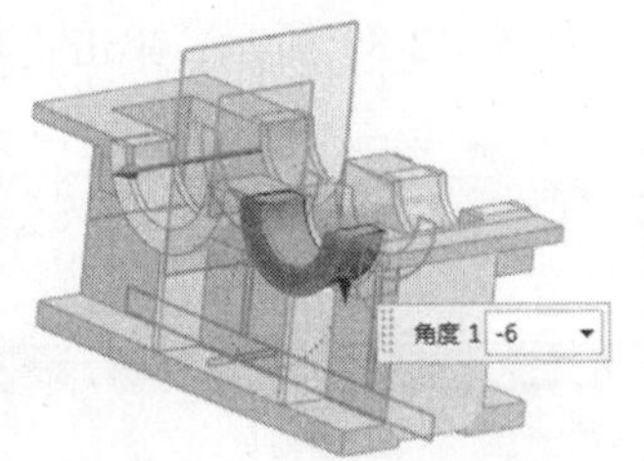

图 12-93 选择拔模面

图 12-94 创建的轴承孔拔模面

⑦ 按以上方法将小轴承面孔拔模，参数相同。

（4）选择“菜单”→“插入”→“组合”→“合并”命令，对筋板进行布尔合并运算。

12.2.3 创建油标孔

（1）创建基准平面。单击“基准平面”按钮或选择“菜单”→“插入”→“基准/点”→“基准平面”命令，打开如图 12-95 所示的“基准平面”对话框。利用该对话框进行基准面创建，操作方法如下。

① 在“基准平面”对话框“类型”下拉列表中选择“按某一距离”选项，在视图中选择如图 12-96 所示的平面。

Note

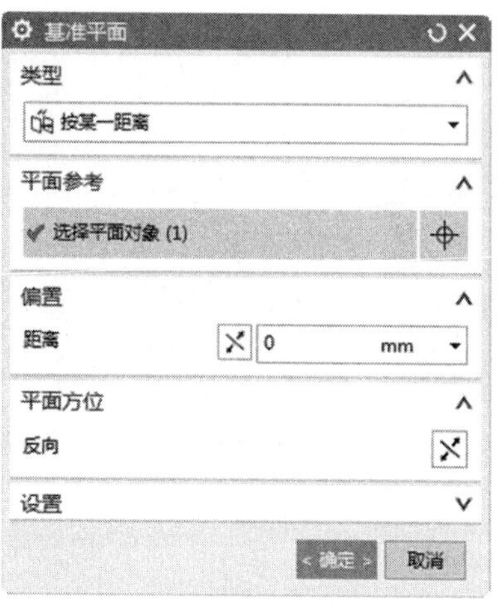

图 12-95　“基准平面”对话框

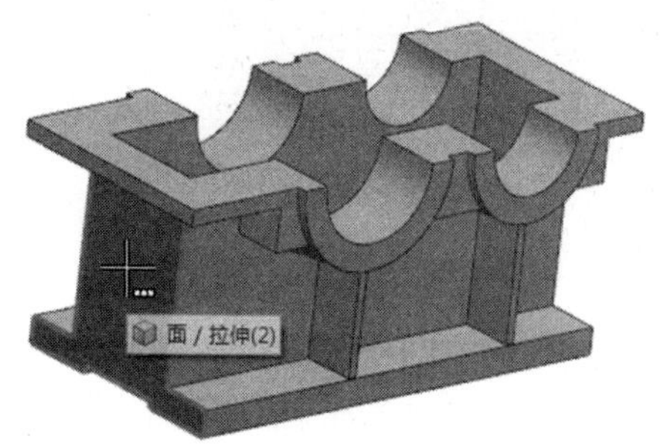

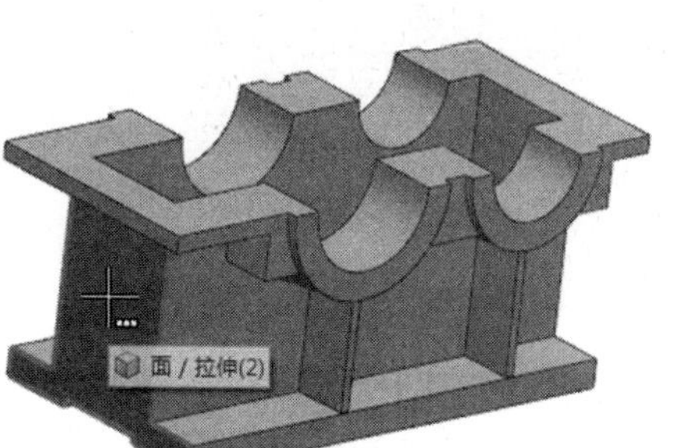

图 12-96　选择平面

② 在“距离”文本框中输入参数值 0，单击“确定”按钮，生成如图 12-97 所示的基准平面。

（2）创建基本轴。

① 单击“直线”按钮或选择“菜单”→“插入”→“曲线”→“直线”命令，系统打开“直线”对话框，如图 12-98 所示。单击“开始”选项组中的“点对话框”按钮，打开“点”对话框，输入点的坐标为（-140,-90,-51），单击“确定”按钮，返回“直线”对话框，单击“结束”选项组中的“点对话框”按钮，打开“点”对话框，输入点的坐标为（-140,-90,51），单击“确定”按钮，返回“直线”对话框，单击“确定”按钮，获得的线段如图 12-99 所示。

图 12-97　生成基准平面

图 12-98　“直线”对话框

② 单击“基准轴”按钮或选择“菜单”→“插入”→“基准/点”→“基准轴”命令，系统将打开“基准轴”对话框，设置“类型”为“两点”方式，依次选择第 2 点和第 1 点，结果如图 12-100 所示。

③ 单击“确定”按钮，系统将生成如图 12-101 所示的基准轴，此轴通过线段。

Note

图 12-99　获得线段

图 12-100　选择端点

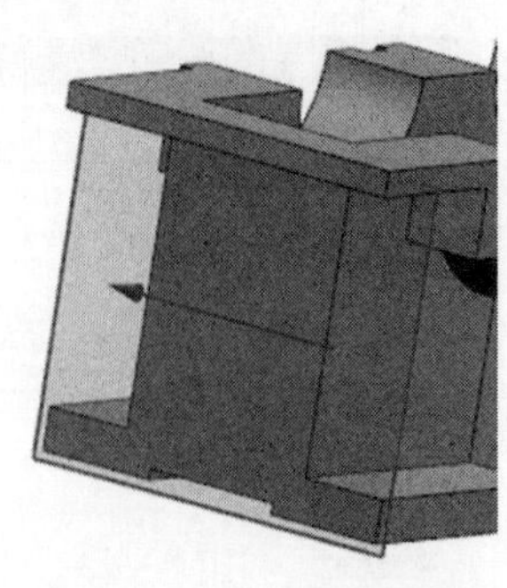

图 12-101　生成基准轴

（3）创建倾斜平面。单击“基准平面”按钮或选择“菜单”→“插入”→“基准/点”→“基准平面”命令，打开“基准平面”对话框。

① 在“类型”下拉列表中选择“成一角度”选项，在“角度”文本框中输入 135（见图 12-102），选择如图 12-103 所示的基准平面。

② 选择如图 12-104 所示的基准轴，若创建的倾斜平面不是图 12-104 所示情况，可再次单击基准轴。

③ 单击“确定”按钮，获得如图 12-104 所示的倾斜平面。

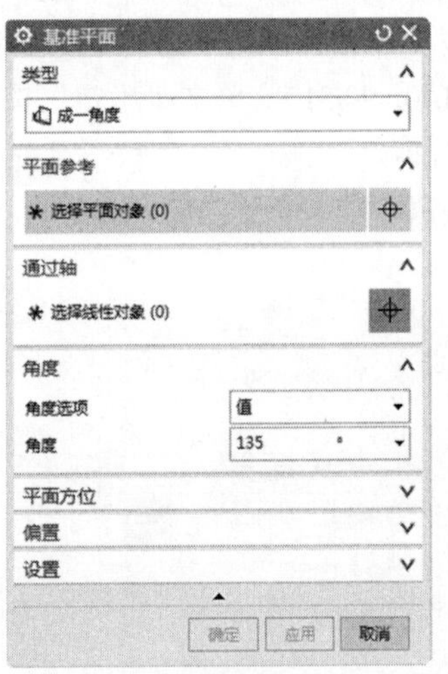

图 12-102　“基准平面”对话框

图 12-103　选择基准平面

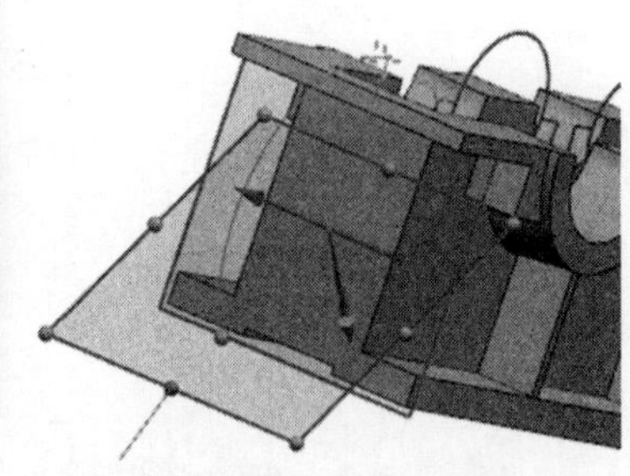

图 12-104　选择基准轴

（4）创建油标孔突台。

① 创建草图。选择“菜单”→“插入”→“在任务环境中绘制草图”命令，打开“创建草图”对话框。选择步骤（3）中创建的倾斜平面为草图绘制平面，单击“确定”按钮，进入草图绘制环境。绘制如图 12-105 所示的草图，单击“完成”按钮或选择“菜单”→“任务”→“完成草图”命令，退出草图绘制界面。

② 单击“拉伸”按钮或选择“菜单”→“插入”→“设计特征”→“拉伸”命令，系统打开如图 12-106 所示的“拉伸”对话框，选择绘制的矩形为拉伸曲线，在“结束”下拉列表中选择“直至下一个”选项，在“布尔”下拉列表中选择“合并”选项，单击“确定”按钮，最后生成的模型如图 12-107 所示。

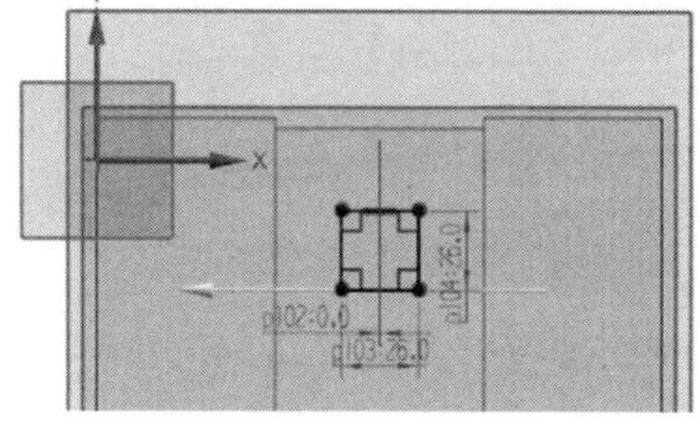

图 12-105　创建草图

图 12-106　“拉伸”对话框

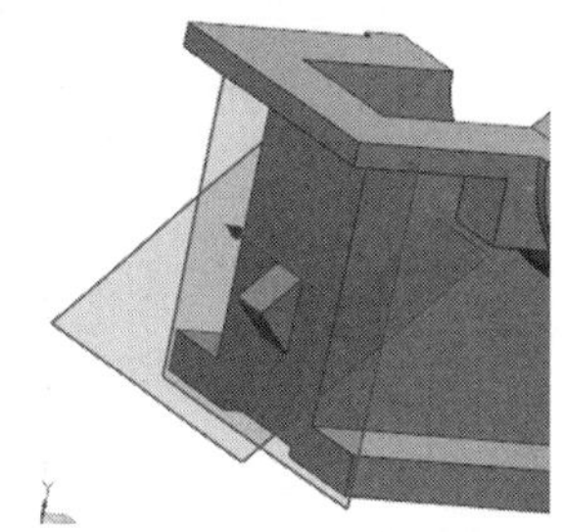

图 12-107　油标孔突台

（5）单击“边倒圆”按钮或选择“菜单”→“插入”→“细节特征”→“边倒圆”命令，系统打开“边倒圆”对话框，如图 12-108 所示。利用该对话框进行圆角，操作方法如下。

① 在“半径 1”文本框中输入 13，选择凸台边如图 12-109 所示。

图 12-108　“边倒圆”对话框

图 12-109　选择边

② 单击“确定”按钮，得到如图 12-110 所示的圆角结果。

（6）单击“长方体”按钮或选择“菜单”→“插入”→“设计特征”→“长方体”命令，系统打开“长方体”对话框，如图 12-111 所示。利用长方体和实体差集，去掉垫块腔体内的部分，操作方法如下。

① 选择如图 12-112 所示的两对角点，创建长方体。

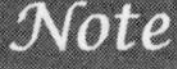

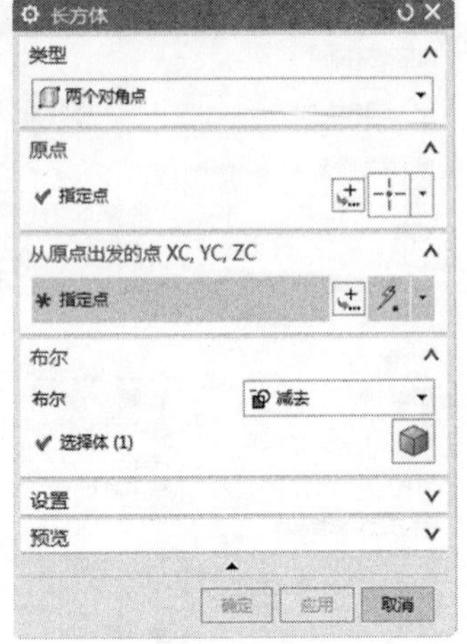

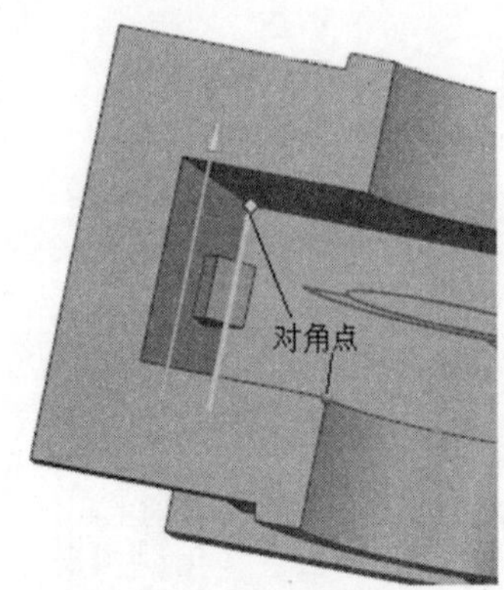

图 12-110　圆角外形　　图 12-111　“长方体”对话框　　图 12-112　选择两对角点

② 在“长方体”对话框“布尔”下拉列表中选择“减去”选项，单击“确定”按钮，结果如图 12-113 所示。

（7）创建油标孔。单击“孔”按钮或选择“菜单”→“插入”→“设计特征”→“孔”命令，系统打开“孔”对话框，如图 12-114 所示。利用该对话框建立孔，操作方法如下。

① 在 “孔”对话框 “成形”下拉列表中选择“沉头”选项。

② 设定孔的沉头直径为 15mm，沉头深度为 1mm，顶锥角为 118°，孔的直径 13mm。因为要建立一个通孔，此处设置孔的深度为 50mm。

③ 捕捉圆台的圆心为孔位置。

④ 单击“确定”按钮，得到如图 12-115 所示的圆孔。

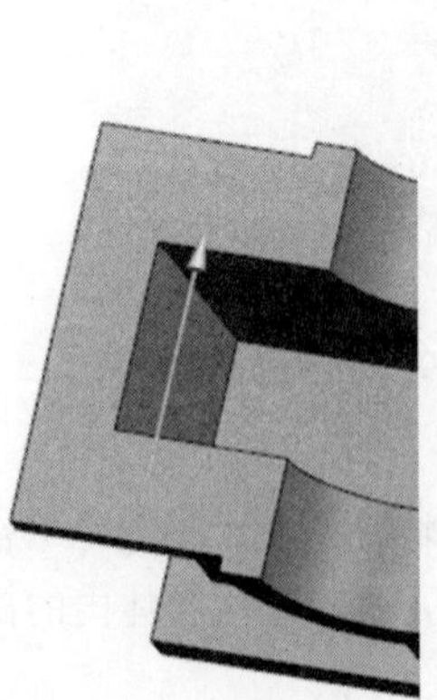

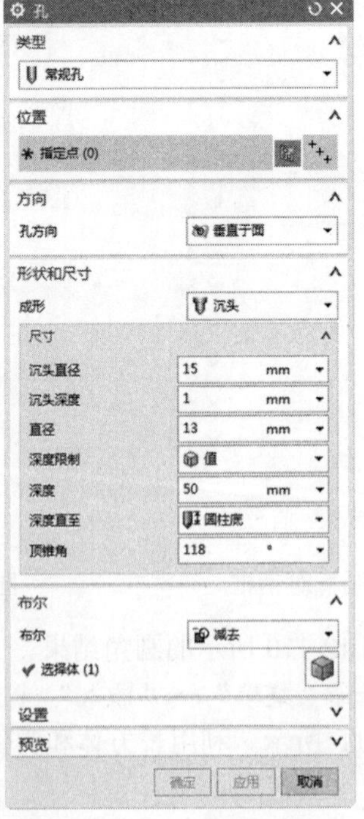

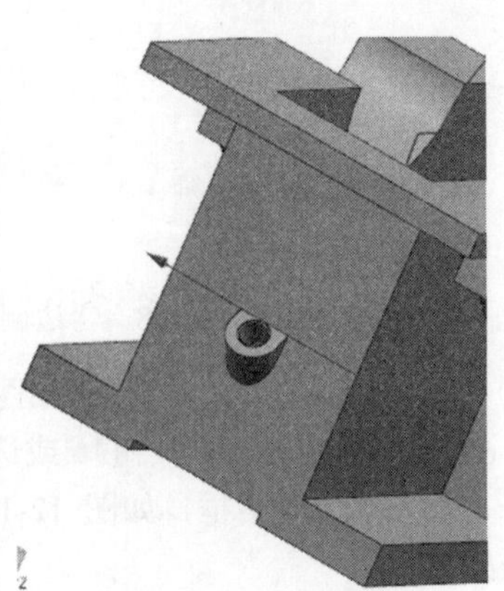

图 12-113　差集结果　　图 12-114　“孔”对话框　　图 12-115　获得圆孔

（8）单击“螺纹刀”按钮或选择“菜单”→“插入”→“设计特征”→“螺纹”命令，系统将打开如图 12-116 所示的“螺纹切削”对话框，进行螺纹切前，操作方法如下。

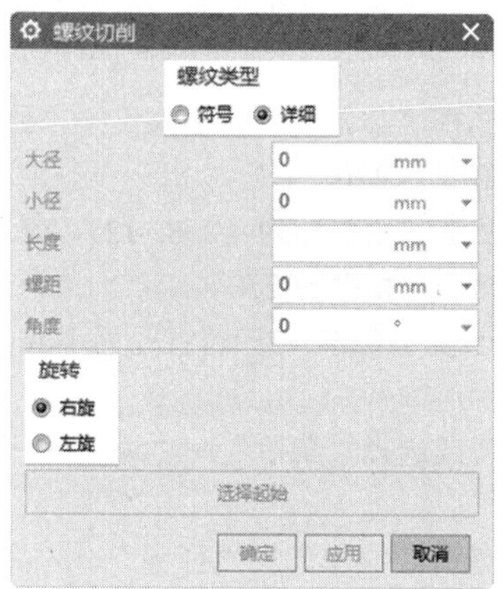

图 12-116 “螺纹切削”对话框

① 在“螺纹切削”对话框“螺纹类型”选项组中选中“详细”单选按钮，状态栏选项提示选择沉孔内表面。

② 选择如图 12-117 所示的孔的内表面，在如图 12-118 所示的“螺纹切削”对话框中设置主直径为 15mm、长度为 12mm、螺距为 1.25mm、角度为 60°，在“旋转”选项组中选中“右旋”单选按钮。单击“确定”按钮，得到如图 12-119 所示的螺纹孔。

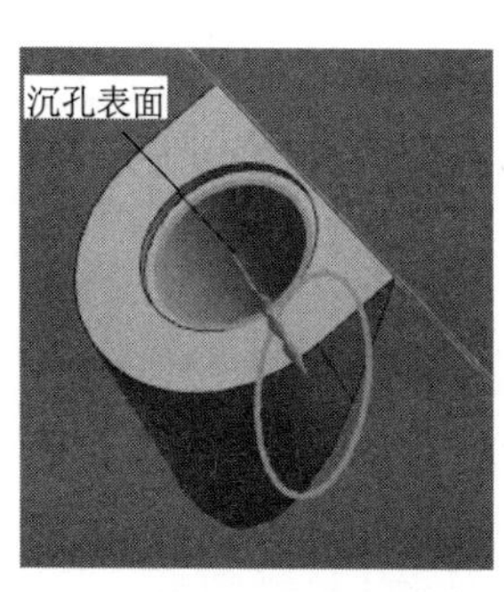

图 12-117 选择孔内表面

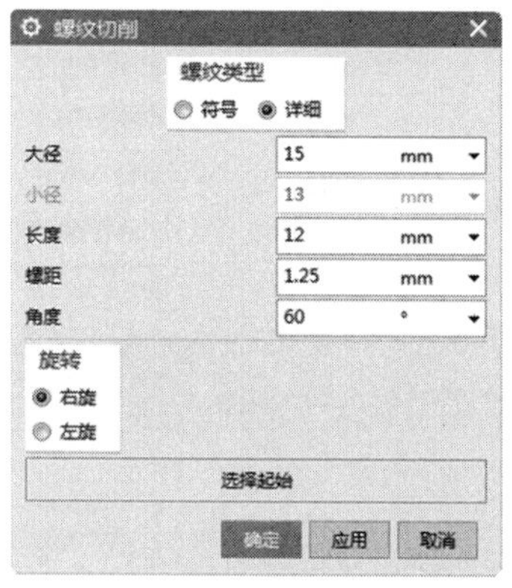

图 12-118 “螺纹切削”对话框

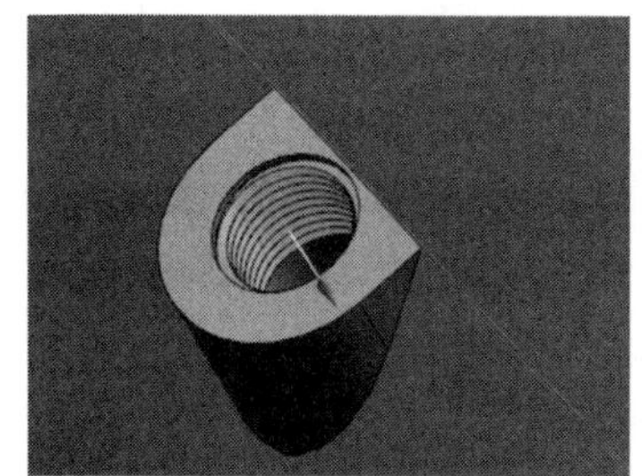

图 12-119 获得螺纹孔

12.2.4 吊环

（1）单击“在任务环境中绘制草图”按钮或选择“菜单”→“插入”→“在任务环境中绘制草图”命令，系统打开“创建草图”对话框，在“平面方法”下拉列表中选择“自动判断”选项，单击“确定”按钮，进入草图模式。

（2）单击“直线”按钮或选择“菜单”→“插入”→“曲线”→“直线”命令。设置起始坐标为（−170,−12），长度为 23mm，角度为 270°。

（3）绘制另外两条直线：直线 1 起始坐标为（−170,−12），长度为 30mm，角度为 0°；直线 2 起始坐标为（−140,−12），长度为 40mm，角度为 270°。

Note

（4）绘制两个圆：圆 1 圆心坐标为（-163,-35），直径为 14mm；圆 2 圆心坐标为（-148,-35）直径为 16mm。

（5）单击“快速修剪”按钮或选择“菜单”→“编辑”→“曲线”→“快速修剪”命令，修剪图形，结果如图 12-120 所示。

（6）单击“直线”按钮或选择“菜单”→“插入”→“曲线”→“直线”命令，设置起始坐标为（258,-12），长度为 23mm，角度为 270°。

（7）绘制另外两条直线：直线 1 起始坐标为（258,-12），长度为 30mm，角度为 180°；直线 2 起始坐标为（228,-12），长度为 40mm，角度为 270°。

（8）绘制两个圆：圆 1 圆心坐标为（251,-35），直径为 14mm；圆 2 圆心坐标为（236,-35），直径为 16mm。

（9）单击“快速修剪”按钮或选择“菜单”→“编辑”→“曲线”→“快速修剪”命令，修剪图形，结果如图 12-121 所示。

（10）单击“完成”按钮或选择“菜单”→“任务”→“完成草图”命令，退出草图模式，进入建模模式。

（11）单击“拉伸”按钮或选择“菜单”→“插入”→“设计特征”→“拉伸”命令，系统打开“拉伸”对话框，如图 12-122 所示。利用该对话框拉伸草图中创建的曲线，操作方法如下。

① 选择前面绘制的草图为拉伸曲线，如图 12-123 所示。

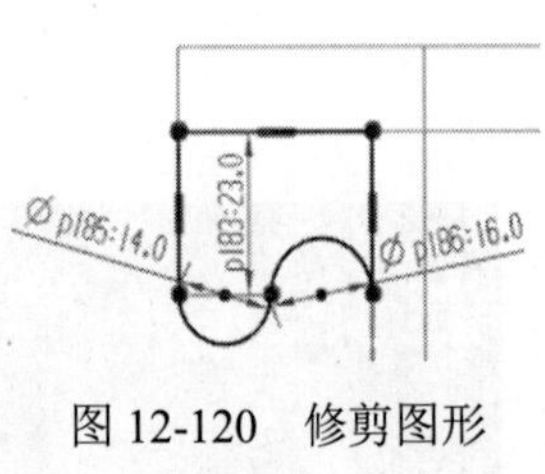

图 12-120　修剪图形

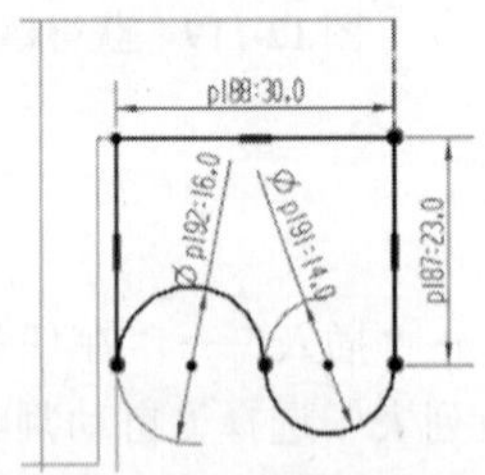

图 12-121　绘制外形的各点坐标

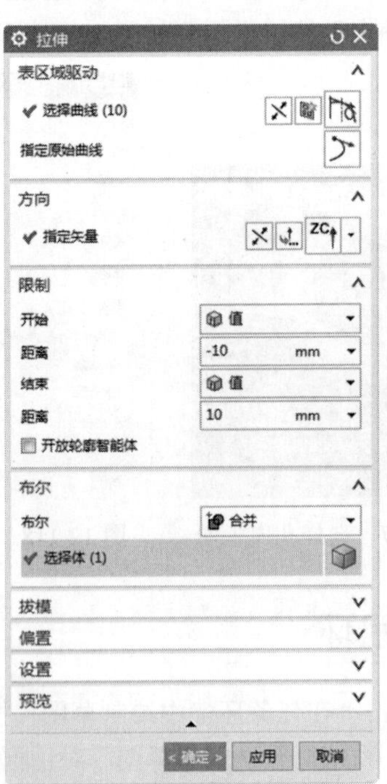

图 12-122　“拉伸”对话框

② 在“指定矢量”下拉列表中选择“ZC↑（ZC 轴）”选项作为拉伸方向，在“开始”的“距离”文本框中输入-10，在“结束”的“距离”文本框中输入 10，单击“确定”按钮，得到图 12-124 所示的实体。

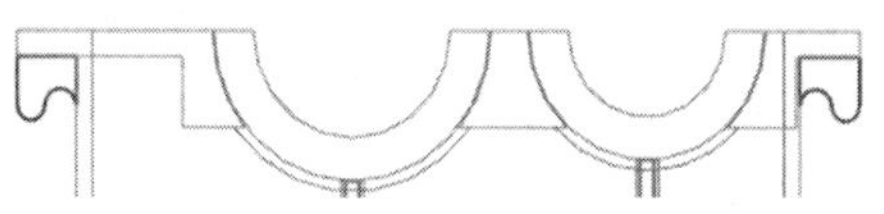

图 12-123　拉伸体草图外形

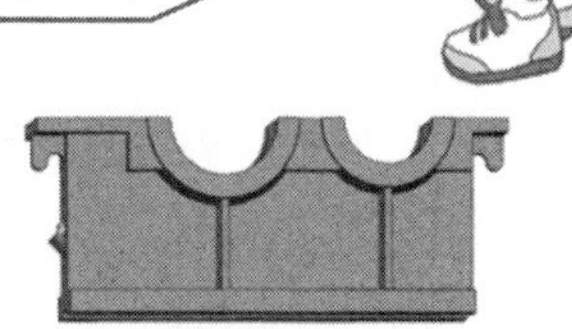

图 12-124　创建实体

Note

12.2.5　放油孔

（1）定义孔的圆心。选择“菜单”→“插入”→“基准/点”→“点”命令，系统打开“点”对话框，如图 12-125 所示。定义点的坐标，单击“确定”按钮，获得凸起的圆心。

（2）单击“凸起”按钮或选择“菜单”→“插入”→“设计特征”→“凸起”命令，打开如图 12-126 所示的“凸起”对话框。单击“绘制截面”按钮，打开“创建草图”对话框，选择如图 12-127 所示的面作为草图绘制平面，单击“确定”按钮，进入草图绘制界面，捕捉步骤（1）中绘制的点为圆心，绘制直径为 30mm 的圆。单击“完成”按钮或选择“菜单”→“任务”→“完成草图”命令，退出草图绘制环境，返回“凸起”对话框，选择绘制的圆为要创建凸起的曲线，选择如图 12-128 所示的面为要凸起的面，在“距离”文本框中输入 5，单击“确定”按钮，完成凸起的创建。

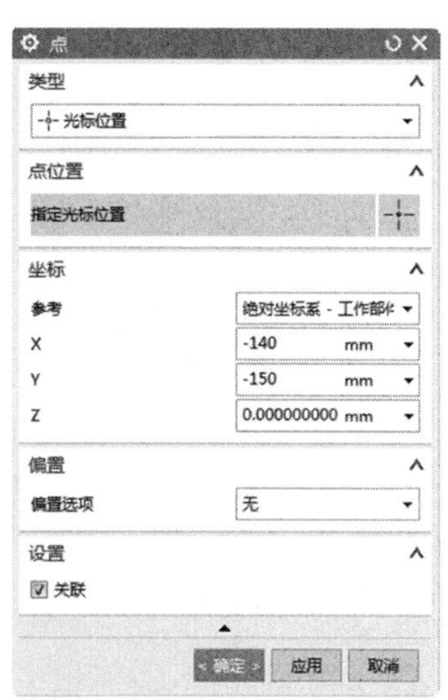

图 12-125　“点”对话框

图 12-126　“凸起”对话框

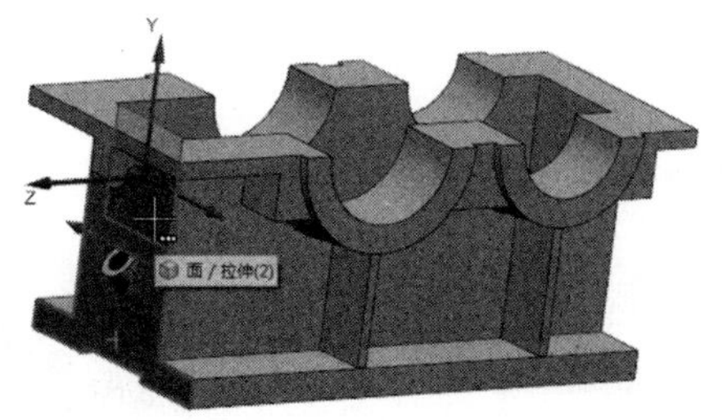

图 12-127　选择草图绘制平面

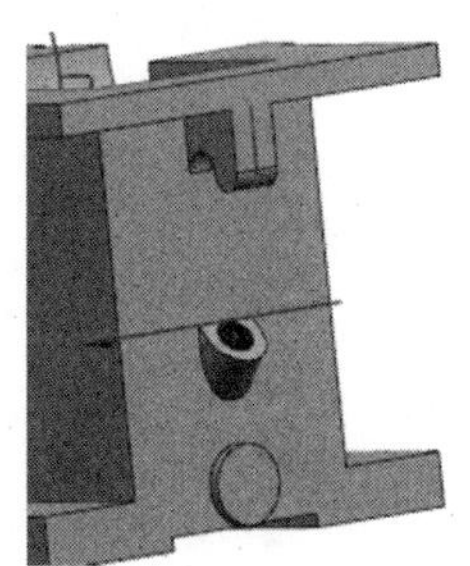

图 12-128　凸起外形图

Note

（3）单击“孔”按钮或选择“菜单”→“插入”→“设计特征”→“孔”命令，以创建点为圆心创建通孔。系统打开“孔”对话框，如图 12-129 所示。利用该对话框建立孔，操作方法如下。

① 在“孔”对话框的“成形”下拉列表中选择“简单孔”选项。

② 设定孔的直径为 14mm，顶锥角为 118°。因为要建立一个通孔，此处设置孔的深度为 50mm。

③ 捕捉步骤（2）绘制的凸起外表面圆心为孔位置。

④ 单击“确定”按钮，获得如图 12-130 所示的孔。

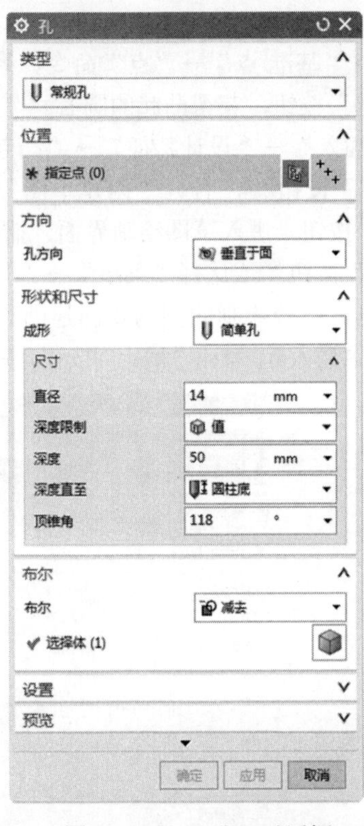

图 12-129 “孔”对话框

图 12-130 创建孔

（4）单击“螺纹刀”按钮或选择“菜单”→“插入”→“设计特征”→“螺纹”命令，系统打开如图 12-131 所示的“螺纹切削”对话框，选择如图 12-132 所示的孔的内表面，设置大径为 15mm，螺距为 1.25mm，长度为 12mm，其他为默认值，单击“确定”按钮，获得如图 12-133 所示的实体。

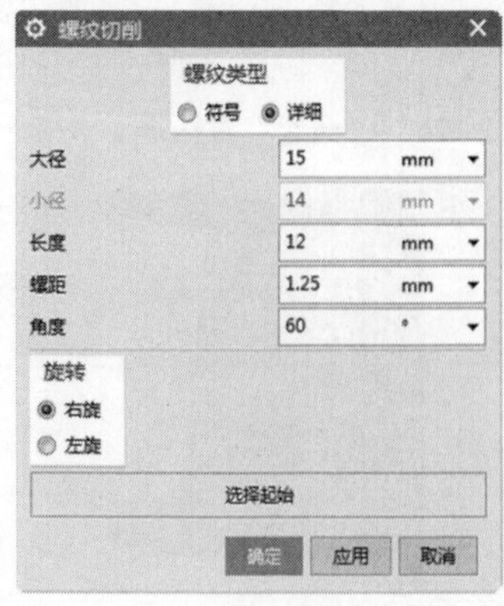

图 12-131 “螺纹切削”对话框

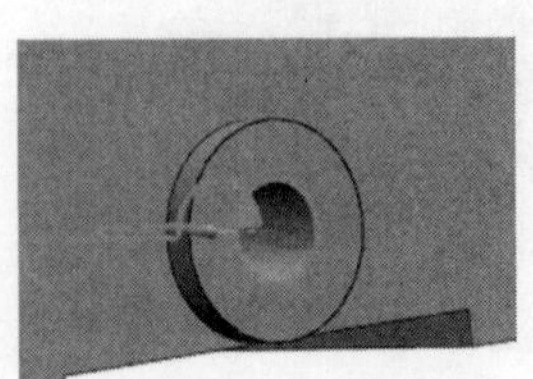

图 12-132 选择内表面

图 12-133 创建的油标孔

12.2.6　孔系

（1）定义孔的圆心。选择“菜单”→“插入”→“基准/点”→“点”命令，系统打开“点”对话框，如图 12-134 所示。分别定义点的坐标为（-70,0,-73）、（-70,0,73）、（80,0,73）、（80,0,-73）、（210,0,-73）和（210,0,73）。

（2）单击“孔”按钮或选择“菜单”→“插入”→“设计特征”→“孔”命令，以创建点为圆心创建通孔。系统打开“孔”对话框，如图 12-135 所示。利用该对话框建立孔，操作方法如下。

① 在“孔”对话框的“成形”下拉列表中选择“简单孔”选项。

② 设定孔的直径为 13mm，顶锥角为 118°。因为要建立一个通孔，此处设置孔的深度为 50mm。

③ 选择步骤（1）中所绘制的点，单击“确定”按钮，获得如图 12-136 所示的孔。

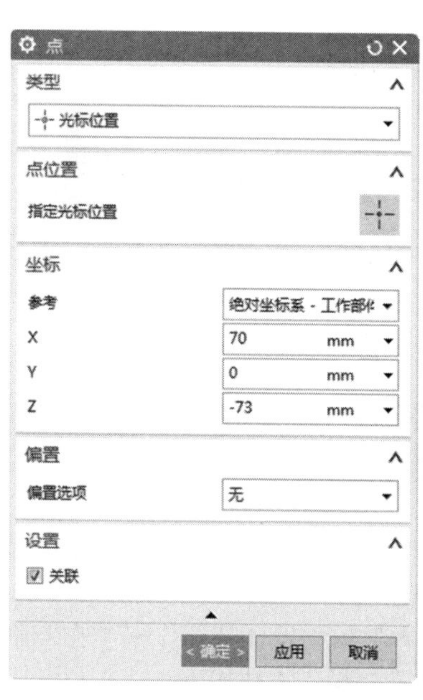

图 12-134　创建点的坐标

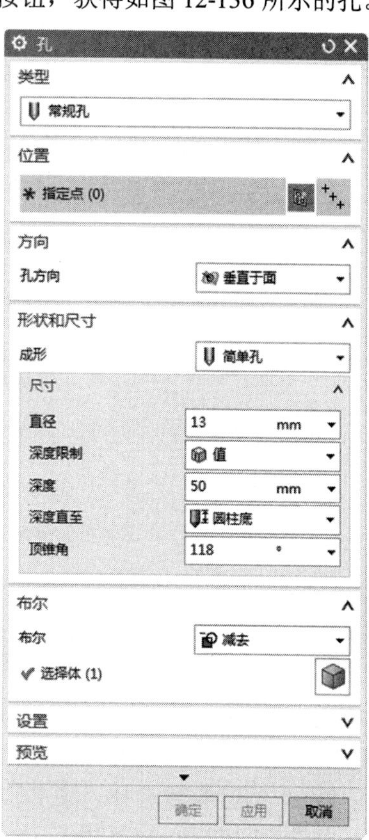

图 12-135　“孔”对话框

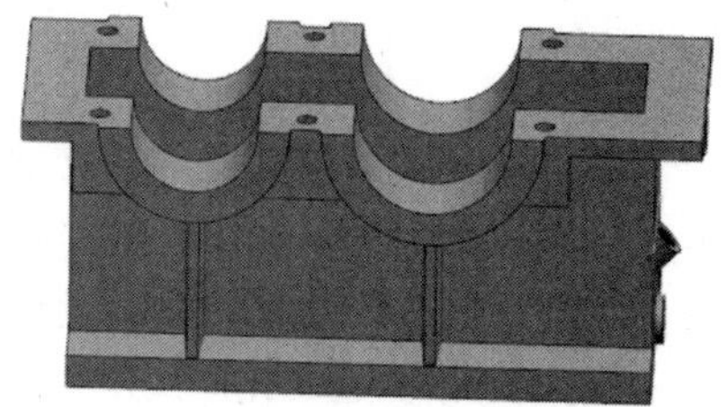

图 12-136　创建孔

（3）选择“菜单”→“插入”→“基准/点”→“点”命令，系统打开“点”对话框如图 12-137 所示，定义（−156,0,−35）和（−156,0,35）两个点。

（4）单击“孔”按钮或选择“菜单”→“插入”→“设计特征”→“孔”命令，系统打开“孔”对话框，如图 12-138 所示。利用该对话框建立孔，操作方法如下。

Note

① 在“孔”对话框的“成形”下拉列表中选择“简单孔”选项。

② 设定孔的直径为 11mm，顶锥角为 118°。因为要建立一个通孔，所以孔深度只要超过边缘厚度即可，此处设置孔的深度为 50mm。

③ 选择步骤（3）中所绘制的点，单击“确定”按钮，获得如图 12-139 所示的孔。

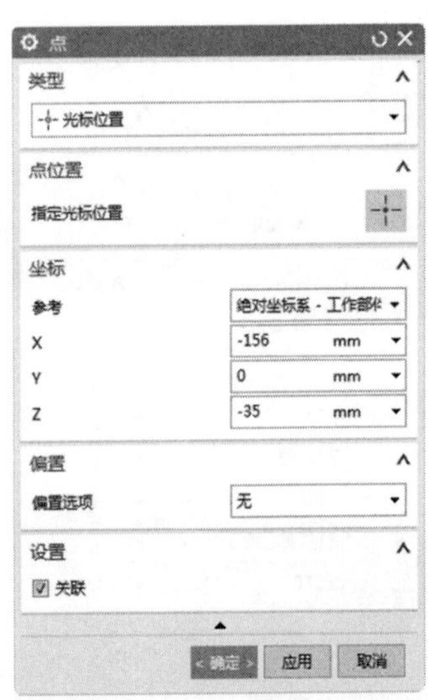

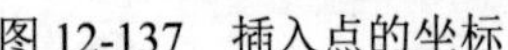

图 12-137　插入点的坐标

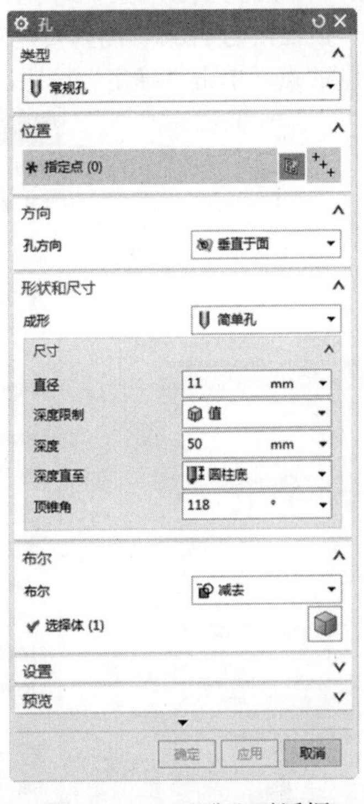

图 12-138　“孔”对话框

图 12-139　创建孔

（5）选择“菜单”→“插入”→“基准/点”→“点”命令，系统打开“点”对话框，定义点的坐标为（−110,0,−65）和（244,0,35）。

（6）单击“孔”按钮或选择“菜单”→“插入”→“设计特征”→“孔”命令，系统打开“孔”对话框，如图 12-140 所示。利用该对话框建立孔，操作方法如下。

① 在“孔”对话框的“成形”下拉列表中选择“简单孔”选项。

② 设定孔的直径为 8mm，顶锥角为 118°，因为要建立一个通孔，此处设置孔的深度为 50mm。

③ 在图形中选择步骤（5）中创建的点为孔位置，单击“确定”按钮，完成孔的创建，如图 12-141 所示。

（7）选择“菜单”→“插入”→“基准/点”→“点”命令，系统打开“点”对话框，定义点的坐标为（200,−150,75）、（200,−150,−75）、（−100,−150,75）和（−100,−150,−75）。

（8）单击“孔”按钮或选择“菜单”→“插入”→“设计特征”→“孔”命令，系统打开“孔”对话框，如图 12-142 所示。利用该对话框建立孔，操作方法如下。

① 在“孔”对话框的“成形”下拉列表中选择“沉头”选项。

Note

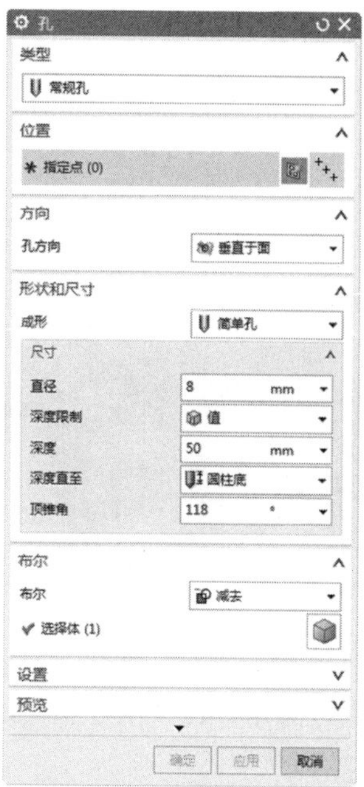

图 12-140 “孔”对话框

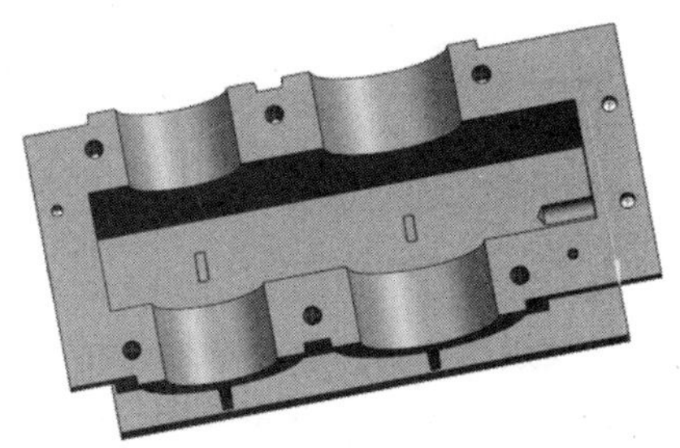

图 12-141 创建孔

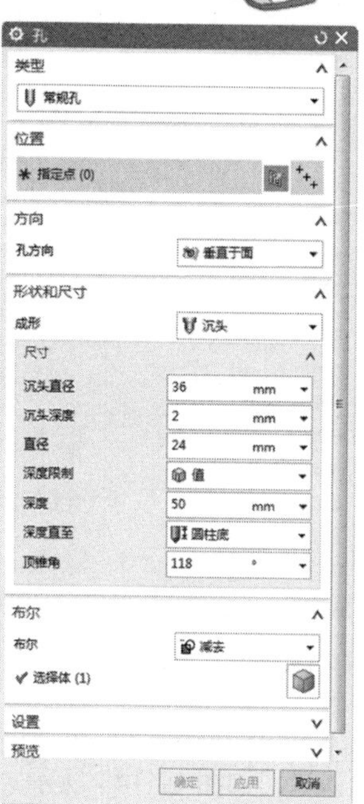

图 12-142 “孔”对话框

② 设定沉头直径为 36mm，沉头深度为 2mm，孔的直径为 24mm，顶锥角为 118°，因为要建立一个通孔，此处设置孔的深度为 50mm。

③ 在图形中选择步骤（7）中创建的点为孔位置，单击“确定”按钮，完成孔的创建，如图 12-143 所示。

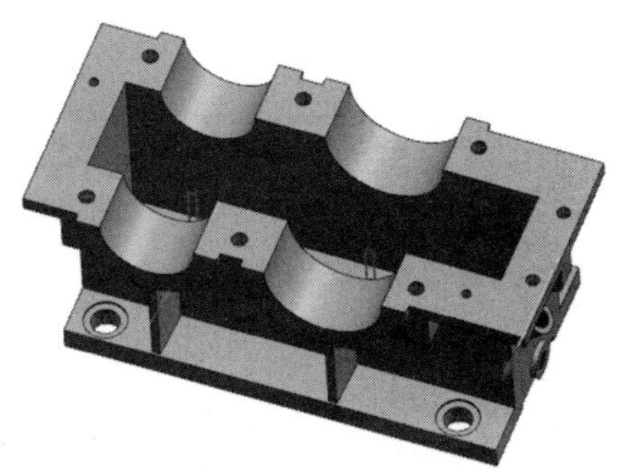

图 12-143 创建孔

12.2.7 圆角

（1）单击“边倒圆”按钮或选择“菜单”→“插入”→“细节特征”→“边倒圆”命令。系统打开“边倒圆”对话框，如图 12-144 所示。利用该对话框进行圆角，操作方法如下。

① 在“半径 1”文本框中输入 20。

② 选择底座的 4 条边进行圆角操作。

③ 单击“确定”按钮，得到如图 12-145 所示的圆角结果。

（2）按步骤（1）所述的方法继续进行圆角操作，选择上端面的边进行圆角。在“半径 1”文本框中输入 44，单击“确定”按钮，获得如图 12-146 所示的模型。

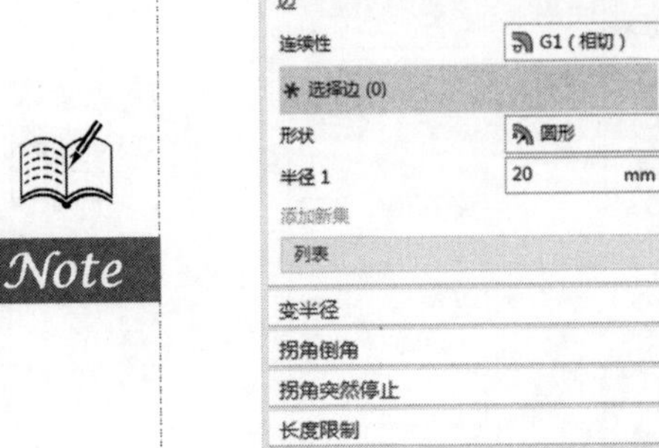

Note

图 12-144 “边倒圆”对话框

图 12-145 圆角结果

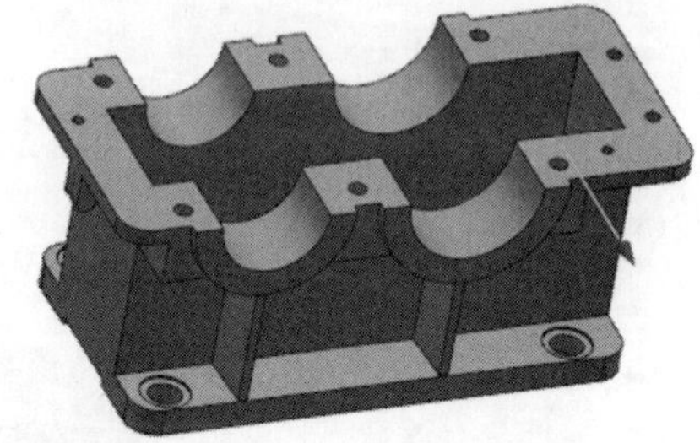

图 12-146 圆角结果图

（3）按步骤（1）所述的方法继续进行圆角操作，选择凸起的边进行圆角。在“半径 1”文本框中输入 5，如图 12-147 所示。单击“确定”按钮，获得如图 12-148 所示的模型。

图 12-147 “边倒圆”对话框

图 12-148 圆角结果图

12.2.8 螺纹孔

（1）选择“菜单”→“插入”→“基准/点”→“点”命令，系统打开“点”对话框，如图 12-149 所示。定义点的坐标为（0,-60,98）。

（2）单击“孔”按钮或选择“菜单”→“插入”→“设计特征”→“孔”命令，以步骤（1）中创建的点为圆心创建通孔。系统打开“孔”对话框，如图 12-150 所示。利用该对话框建立孔，操作方法如下。

① 在“孔”对话框的“成形”下拉列表中选择“简单孔”选项。

② 设定孔的直径为 8mm，顶锥角为 118°，因为要建立一个通孔，此处设置孔的深度为 15mm。

③ 在图形中捕捉步骤（1）中创建的点为孔位置，单击“确定”按钮，完成孔的创建，如图 12-151 所示。

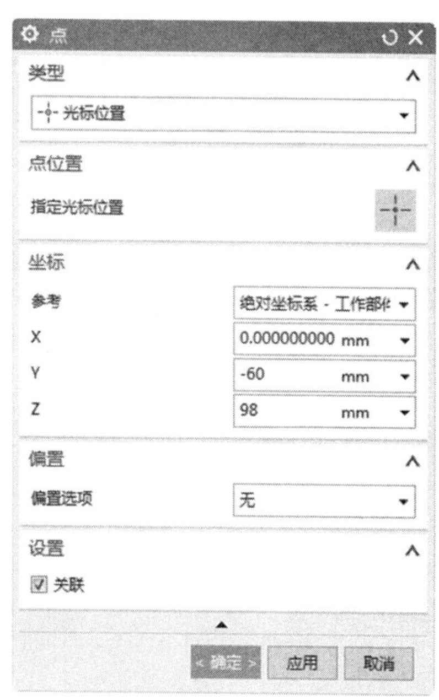

图 12-149　“点”对话框

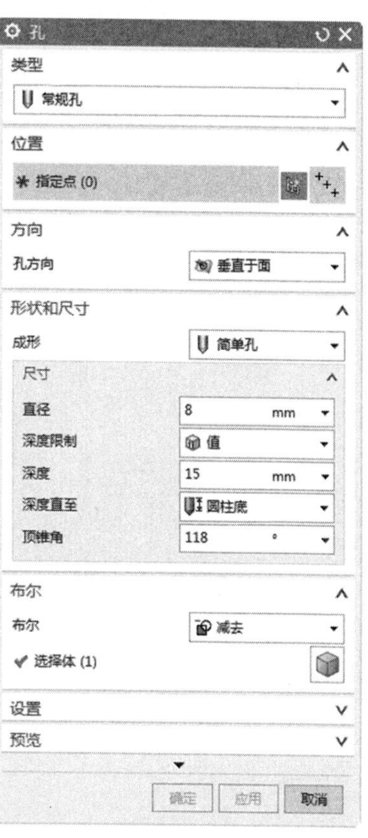

图 12-150　“孔”对话框

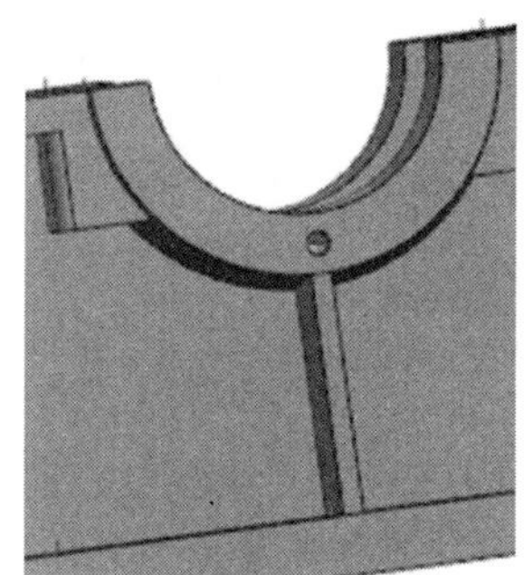

图 12-151　创建孔

（3）选择“菜单”→“插入”→“关联复制”→“阵列特征”命令，系统打开“阵列特征”对话框，如图 12-152 所示。利用该对话框进行圆周阵列，操作方法如下。

① 在“阵列特征”对话框的“布局”下拉列表中选择“圆形”选项。

② 选择步骤（2）中创建的简单孔为阵列特征。

③ 设置“数量”为 2，“节距角”为 60°。

④ 在“指定矢量”下拉列表中选择“ZC 轴”选项，在“指定点”选项组中单击“点对话框”按

Note

钮，打开“点”对话框，输入点的坐标为（0,0,0），单击“确定”按钮，返回“孔”对话框，单击“确定”按钮，完成阵列特征的创建，结果如图 12-153 所示。

（4）选择步骤（2）中创建的简单孔继续阵列，设置“数量”为 2，“节距角”为-60°。其他参数设置与步骤（3）中的④相同。获得如图 12-154 所示的外形。

（5）选择“菜单”→“插入”→“基准/点”→“点”命令，系统打开“点”对话框，如图 12-155 所示，定义点的坐标为（150,-50,98）。

图 12-152　“阵列特征”对话框

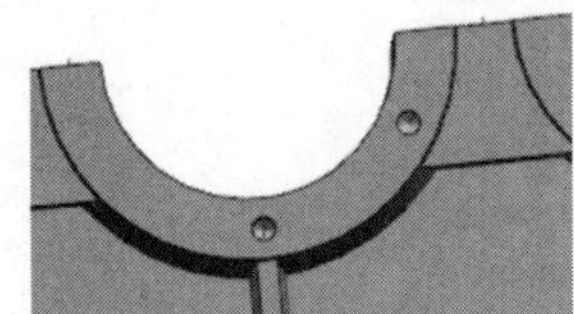

图 12-153　阵列特征 1

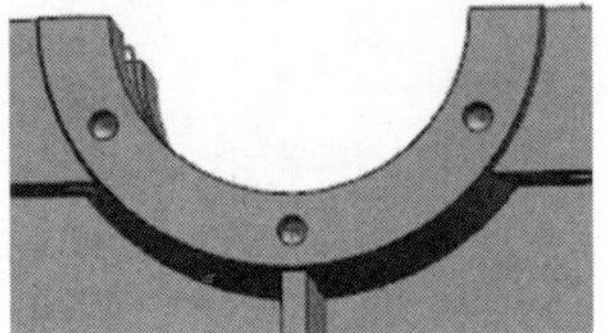

图 12-154　阵列特征 2

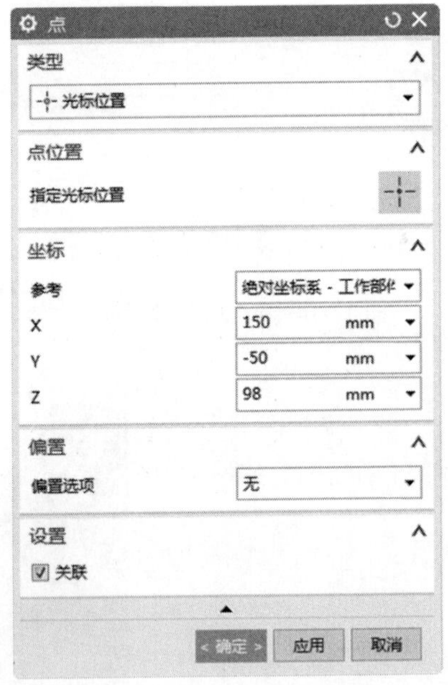

图 12-155　“点”对话框

（6）单击“孔”按钮或选择“菜单”→“插入”→“设计特征”→“孔”命令，以创建点为圆心创建通孔。系统打开“孔”对话框，如图 12-156 所示。利用该对话框建立孔，操作方法如下。

① 在“孔”对话框 “成形”下拉列表中选择“简单孔”选项。

② 设定孔的直径为 8mm，顶锥角为 118°，此处设置孔的深度为 15mm。

③ 选择步骤（5）中创建的点，单击“确定”按钮，完成孔的创建，如图 12-157 所示。

（7）按步骤（3）中介绍的方法进行圆周阵列，在图 12-158 所示“点”对话框中，旋转轴指定点为（150,0,0），其他参数相同，获得如图 12-159 所示的外形。

Note

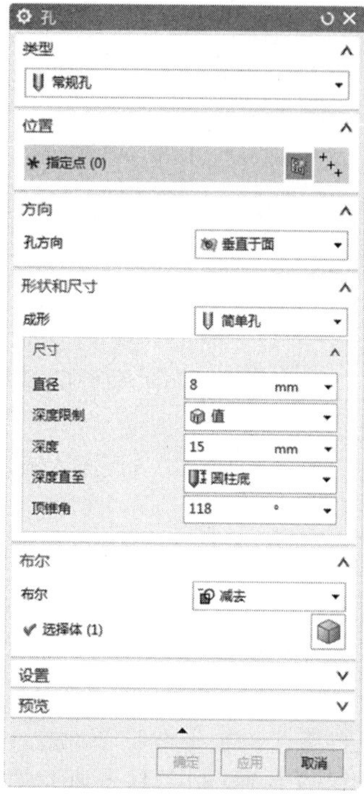

图 12-156 “孔”对话框

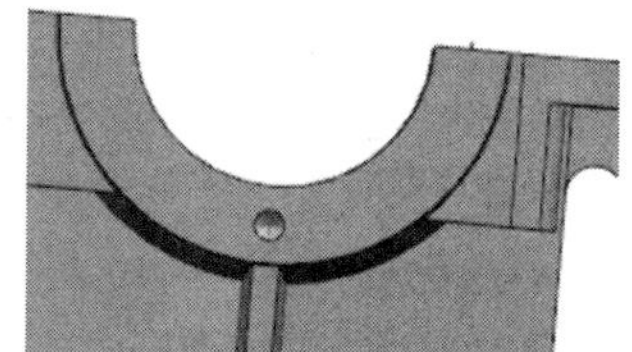

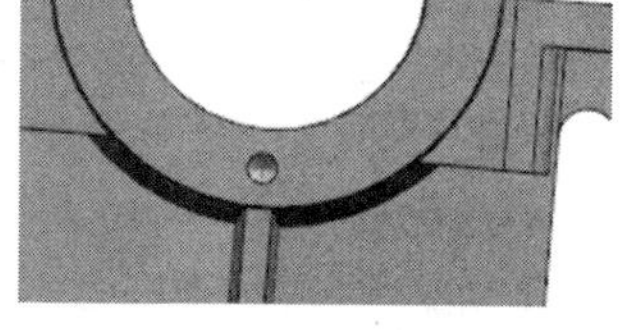

图 12-157 创建孔

图 12-158 “点”对话框

（8）单击“镜像特征”按钮或选择“菜单”→“插入”→“关联复制”→“镜像特征”命令，系统打开“镜像特征”对话框，如图 12-160 所示。利用该对话框进行圆周阵列，操作方法如下。

① 选择步骤（6）中所创建的孔以及步骤（7）中创建的孔的阵列特征。

② 在“平面”下拉列表中选择“新平面”选项，在“指定平面”下拉列表中选择“XC-YC 平面”选项，单击“确定”按钮，结果如图 12-161 所示。

（9）单击“螺纹刀”按钮或选择“菜单”→“插入”→“设计特征”→“螺纹”命令，系统打开“螺纹切削”对话框，如图 12-162 所示。选择如图 12-163 所示的孔的内表面，单击“确定”按钮获得螺纹孔。

（10）选择所有孔的内表面，按上述方法，获得如图 12-164 所示的螺纹孔。

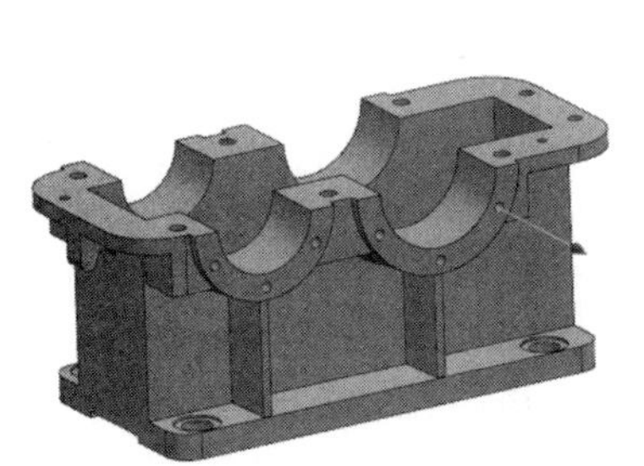

图 12-159 创建实体

图 12-160 “镜像特征”对话框

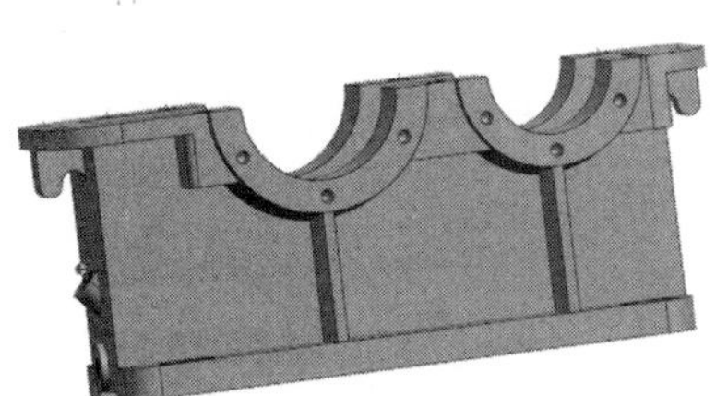

图 12-161 镜像特征结果

Note

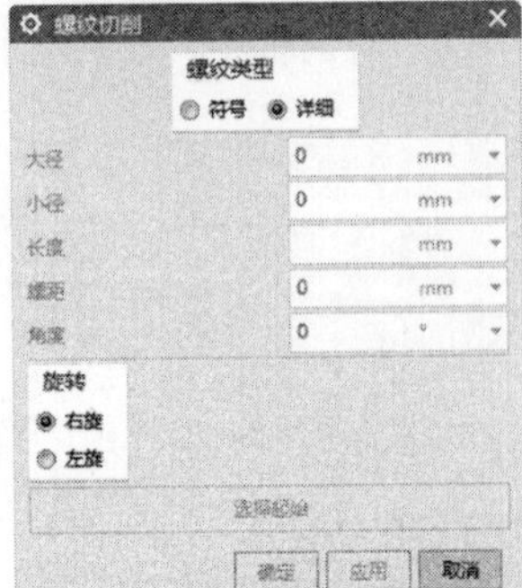

图 12-162 “螺纹切削”对话框

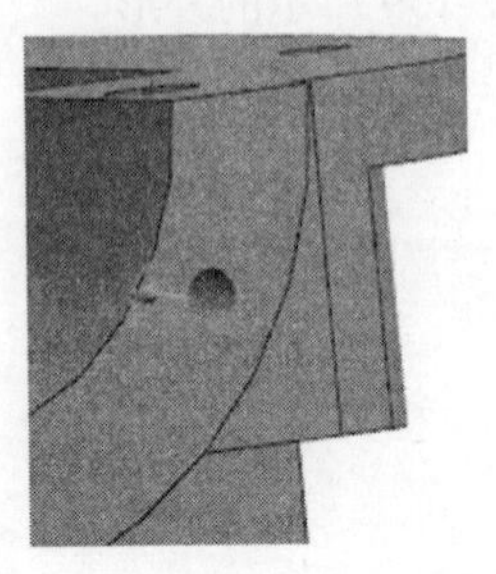

图 12-163 选择内表面

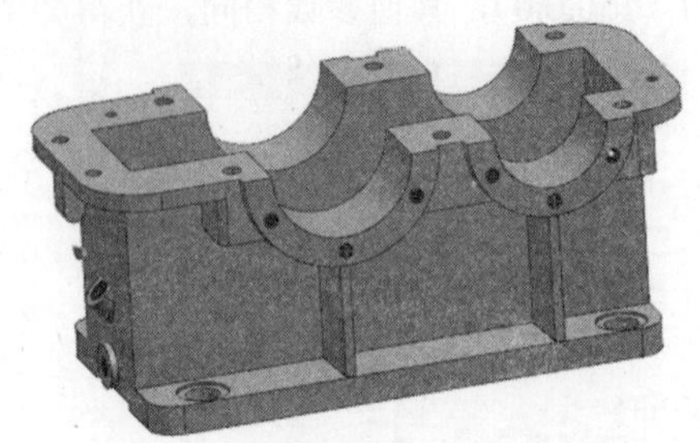

图 12-164 创建螺纹孔

12.3 减速器机盖设计

减速器机盖从结构上看是典型的左右对称零件，其主体是等壁厚的壳体，左右两侧有矩形凸台、半圆柱凸台和半圆孔，正下方是与壳体和矩形凸台相连的底座，前后各有一个与壳体和底座相连的筋板。可以看到，除某些过渡面外，大部分部位都是比较规则的特征。另外，从制造工艺上看，减速器机盖又是典型的铸造类零件，所以在建模过程中还要考虑拔模角度。

机盖零件的结构和机座零件非常相似，从建模角度上讲，设计过程要比机座零件复杂一些，涉及曲面实体设计。机盖零件为典型减速器机座的结构图，从图 12-165 中可以看到，机盖属于典型的左、右对称零件，可以按照左、右对称零件的设计思路来设计基座零件。首先利用基本特征造型工具设计零件左半部分的全部特征，再利用“镜像”命令镜像生成右半部分，最后利用“合并”命令将左、右两部分合并为一个整体。大体思路如下。

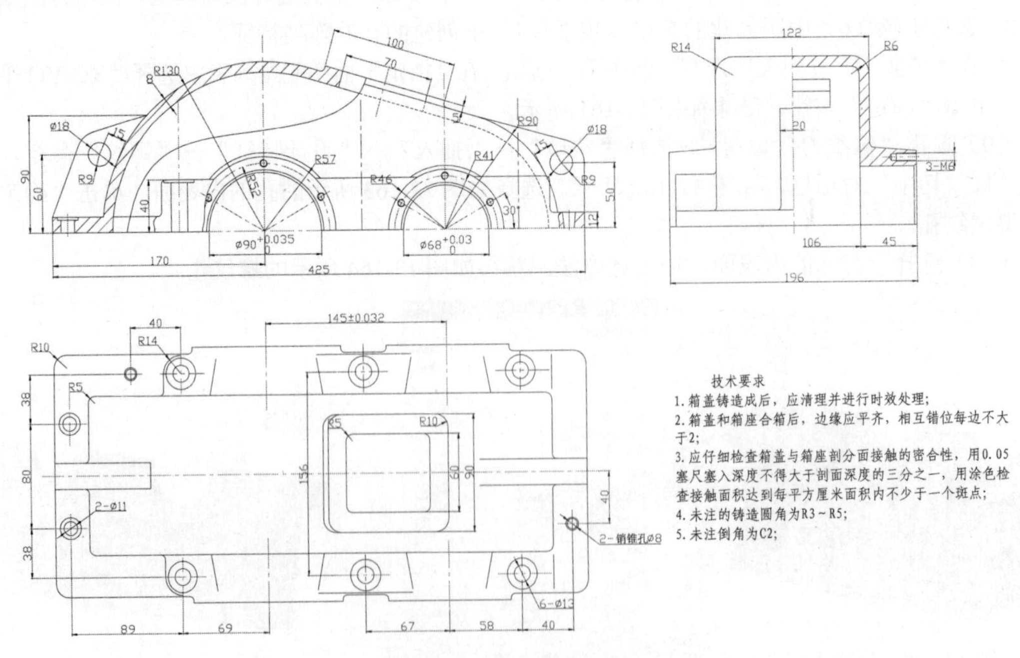

图 12-165 机盖零件图

（1）在设计左半部分时，首先绘制机盖箱体的草图轮廓，再以此草图轮廓作为拉伸截面线串生成拉伸体，最后进行抽壳操作生成箱盖壳体。

（2）绘制矩形凸台的草图轮廓，然后拉伸草图生成矩形凸台，再在壳体侧面上生成两个圆柱凸台，最后生成两个与轴承配合的通孔。

（3）绘制底座轮廓草图，然后拉伸草图创建拉伸体成形特征并与基体进行“合并”布尔操作，从而生成最终的底座左半部分。

（4）在零件的左半部分添加机盖的附加特征，包括曲面、拔锥特征、沉头孔和简单孔。

（5）采用拉伸草图的方法生成筋板，再采用沿轨迹扫掠的方法生成沟槽，最后采用凸垫和腔体来创建窥视孔。

（6）用引用特征中的镜像操作生成机盖的右半部分，然后合并左、右两半部分为一体，最后添加一个通孔特征。

完成后的机盖效果如图 12-166 所示。读者可以按照上面介绍的思路设计机盖零件，这里不详细叙述具体的设计过程。

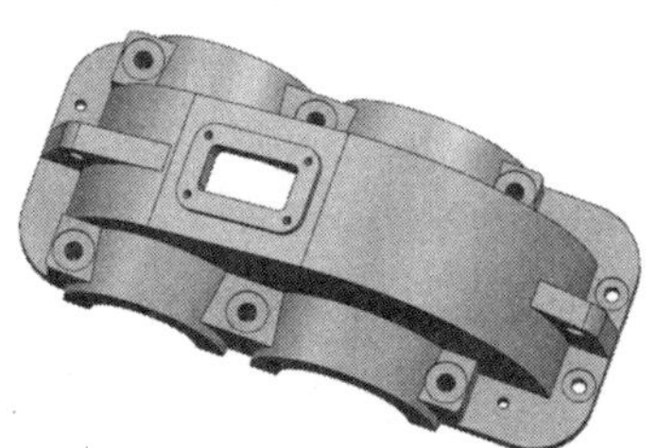
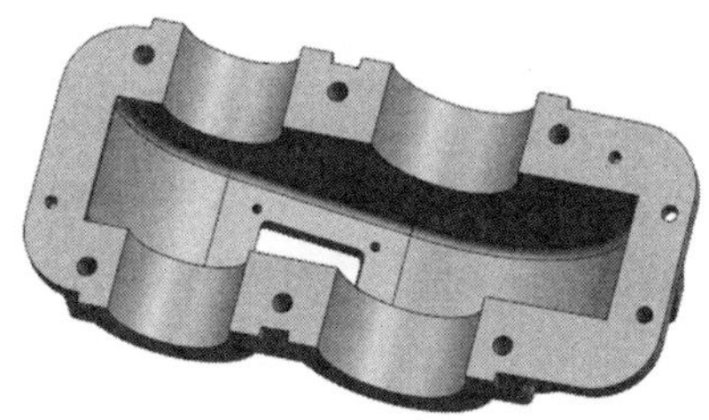

图 12-166　减速器机盖效果图

▶▶第3篇

高级设计篇

本篇将在读者熟练掌握第 2 篇各种机械零件具体设计方法的基础上，对装配和工程图的相关知识进行讲解，包括基础知识阐述及有关设计实例方法和步骤的讲解。

通过本篇的学习，读者可以完善 UG 机械设计的全部知识与技能，达到利用各种方法和表达方式进行机械设计工程开发的学习目的。

第13章 装配基础

装配是将设计好的零部件进行组织、定位、相互配合的操作，提供产品整体模型，为生成装配图做准备。

在UG系统中提供两种装配方法：一种称为虚拟装配方法，它采用许多先进的技术，将装配零件放在不同的文件中以减少装配存储量，以及采用引用集简化模型信息，并以主模型为基础保持装配零件的几何相关性等，是推荐的装配方法；另一种称为多零件方法，它将每个需要装配的零件输入装配文件中，对于复杂的产品将会形成一个庞大的模型，一般不使用此种装配方法。

【学习重点】

- 装配的一般过程
- 装配文件打开方式
- 建立装配结构
- 爆炸图
- 引用集
- 装配序列

13.1　装配的一般过程

装配是在用户设计好各零部件的基础上，进行组织、定位的操作过程。装配的一般操作过程都遵循以下步骤。

（1）设定装配文件打开方式。

（2）建立装配结构。

（3）进行约束装配。

（4）检查装配情况。

下面将分别详细介绍各操作步骤。

13.2　装配文件打开方式

建立一个产品模型，需要将各个产品零件载入 UG 系统中。选择“菜单”→“文件”→“选项”→“装配加载选项”命令，打开如图 13-1 所示的“装配加载选项”对话框。下面分别介绍“装配加载选项”对话框中各选项含义。

图 13-1　“装配加载选项”对话框

Note

13.2.1 部件版本

UG 系统提供 3 种加载方式。

（1）按照保存的：从组件的保存目录中加载组件。

（2）从文件夹：从父装配所在的目录加载组件。

（3）从搜索文件夹：加载在搜索目录层次结构列表中找到的第一个组件。当选择该选项时“部件版本”选项组如图 13-2 所示，其各选项含义如下。

① 显示会话文件夹：当前会话的部件加载自搜索文件夹之外的目录时可用。向列表框添加当前会话中已加载部件的所有未列出的路径名。

② 将文件夹添加至搜索范围：指定新文件夹的路径以搜索组件。

③ 确认文件夹：对现有部件验证部件名匹配规则和版本规则。

图 13-2 “部件版本”选项组

13.2.2 范围

指定要加载的组件，共有 5 种载入类型，这里只介绍其中 3 种常用的类型。

（1）所有组件：加载除了仅由空间引用集表示的组件部件之外的每个组件部件。

（2）仅限于结构：只打开装配部件文件，而不加载组件。

（3）按照保存的：加载与装配上一次被保存时相同的组件组。

13.2.3 常用选项

其他常用选项含义如下。

（1）允许替换：打开装配时，即使首先找到的具有正确名称的组件与原始组件部件没有任何共同之处，软件也会接受该组件；可用任何其他部件替换该组件部件。

（2）失败时取消加载：选中该复选框后，如果任一组件加载失败，则停止加载装配文件，并且关闭装配部件文件和所有处于开启状态的组件部件文件。

（3）引用集：当装载组件时，按照定义的默认引用集载入，详细介绍参看 13.5 节。引用集选项如图 13-3 所示。

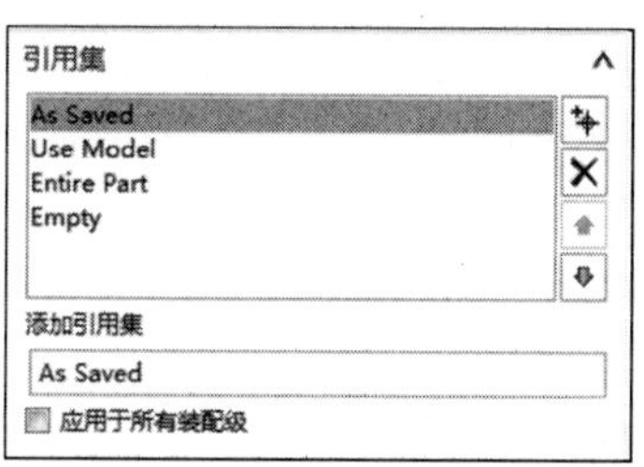

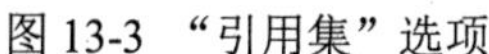

图 13-3 “引用集”选项

13.3 建立装配结构

对设计的零件进行载入装配是第二步需要完成的工作。“装配”功能区如图 13-4 所示。

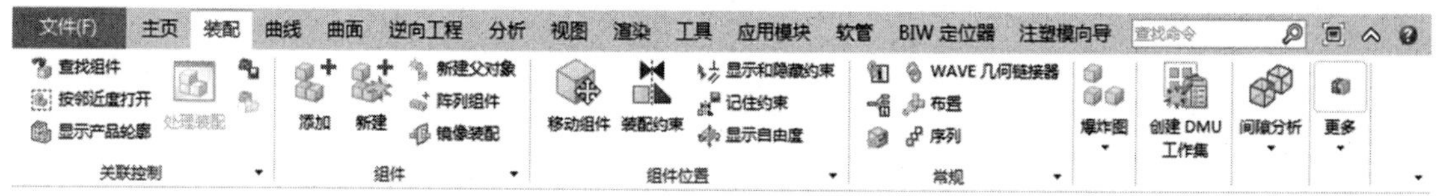

图 13-4 “装配”功能区

13.3.1 载入已存的组件

载入已存的组件是将一个已存在的零件载入装配图中。这是一种自底向上的设计思路，它首先设计好零件，然后将零件载入进行装配。

载入已存的组件操作步骤如下。

（1）单击“添加”按钮或选择“菜单”→“装配”→“组件”→“添加组件”命令，打开如图 13-5 所示的“添加组件”对话框。

（2）系统提供两种添加方式：一种是已载入 UG 系统中，可以直接从“选择部件”对话框的“已加载的部件”中选取；另一种是未载入 UG 系统，用户可以通过“打开”选项从硬盘文件夹中选取载入。选中载入零件后，单击“确定”按钮，打开“部件名”对话框，如图 13-6 所示。

（3）同时也会打开选中组件的预览图，通过预览图用户可以确定是否是自己需要载入的零件，选择好零件后单击 OK 按钮，返回“添加组件”对话框，单击“确定”按钮，完成装配部件的载入操作。

“添加组件”对话框部分选项功能如下。

（1）保持选定：选中该复选框，维护部件的选择，这样就可以在下一个添加操作中快速添加相同的部分。

（2）组件名：将一个或多个部件事例添加到装配时指派的名称。如果不提供新名称，该部件文件名将用作组件名和部件名。

（3）位置。

① 装配位置：装配中组件的目标坐标系。该下拉列表框中提供了“对齐”“绝对坐标系-工作部件”“绝对坐标系-显示部件”和“工作坐标系”4 种装配位置。

☑ 对齐：通过选择位置来定义坐标系。

☑ 绝对坐标系-工作部件：将组件放置于当前工作部件的绝对原点。

☑ 绝对坐标系-显示部件：将组件放置于显示装配的绝对原点。

☑ 工作坐标系：将组件放置于工作坐标系。

② 组件锚点：坐标系来自用于定位装配中组件的组件，可以通过在组件内创建产品接口来定义其他组件系统。

图 13-5 “添加组件”对话框

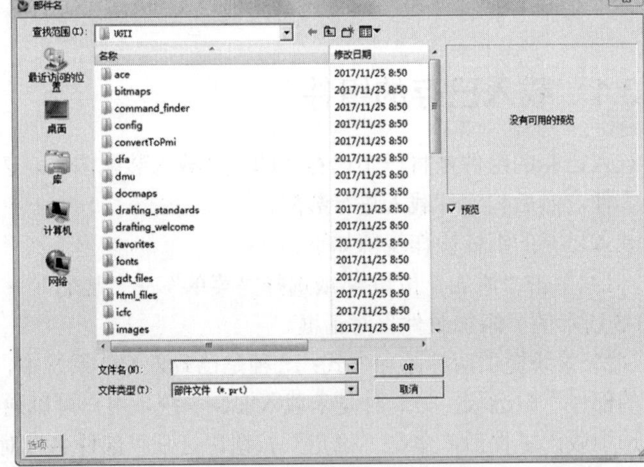

图 13-6 “部件名”对话框

（4）引用集：用于改变引用集。默认引用集是模型，表示只包含整个实体的引用集。用户可以通过该下拉列表框选择所需的引用集。

（5）图层选项：该选项用于指定部件放置的目标层。

① 工作的：该选项用于将指定部件放置到装配图的工作层中。

② 原始的：该选项用于将部件放置到部件原来的层中。

③ 按指定的：该选项用于将部件放置到指定的层中。选择该选项，在其下端的指定“层”文本框中输入需要的层号即可。

13.3.2 创建新的组件

在装配模型中创建新的组件，这是与载入已存组件不同的设计理念，它采取自顶向下的设计方法，

即首先建立装配结构，然后对每一部件进行设计。

创建新的组件的操作步骤如下。

（1）单击“新建组件”按钮或选择“菜单”→“装配”→“组件”→“新建组件”命令，打开“新组件文件”对话框，如图 13-7 所示。

（2）在“名称”文本框中输入要创建的部件名称，单击“确定”按钮，打开如图 13-8 所示的“新建组件”对话框。

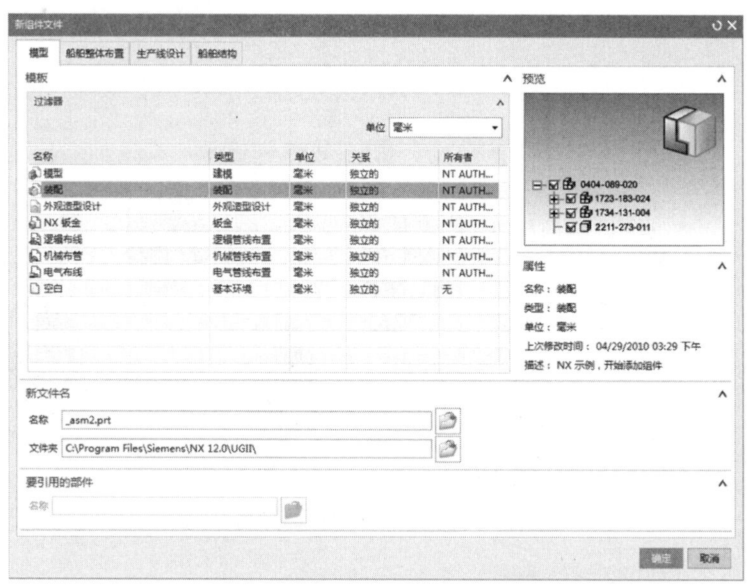

图 13-7　“新组件文件”对话框

图 13-8　“新建组件”对话框

（3）在“组件名”文本框中输入用户创建组件的名称。

（4）单击“确定”按钮，完成创建新的组件的操作。

这时可以通过 UG 屏幕侧面的装配导航器观察生成的组件。

13.3.3　生成组件阵列

通过对装配图中载入的组件进行操作，生成阵列组件。生成阵列方式有以下 3 种。

☑　参考：使用现有阵列的定义来定义布局。

☑　线性：使用一个或两个方向定义布局。

☑　圆形：使用旋转轴和可选的径向间距参数定义布局。

生成组件阵列的操作步骤如下。

（1）添加组件 jizuo.prt。

（2）单击“阵列组件”按钮或选择“菜单”→“装配”→“组件”→“阵列组件”命令，打开如图 13-9 所示的“阵列组件”对话框。

（3）在屏幕中选择要形成阵列的组件。

（4）在“阵列组件”对话框的“布局”下拉列表中选择“线性”选项，指定方向 1 和方向 2 的矢量方向，在“间距”下拉列表中选择“数量和间隔”选项，在“数量”和“节距”文本框中输入数值，单击“确定”按钮，生成如图 13-10 所示的阵列。

Note

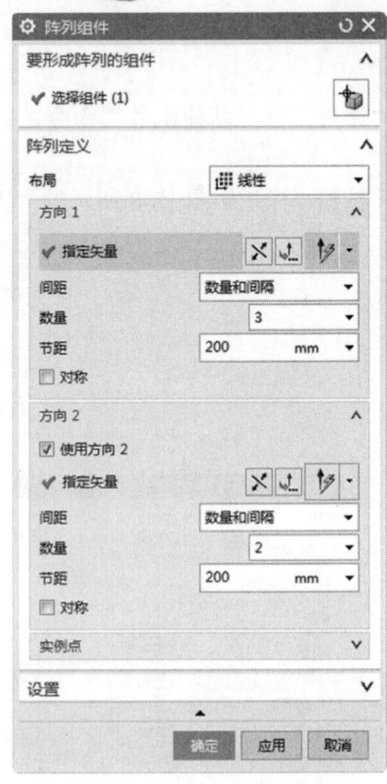

图 13-9 “阵列组件”对话框

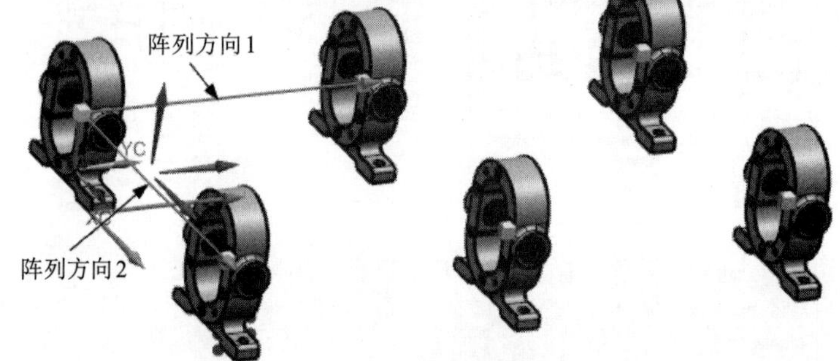

图 13-10 生成的阵列

13.3.4 替换组件

在装配过程中，有时需要替换一个原已装配的组件。替换组件操作首先删除原有组件，然后加入一个新组件，原有的装配定位关系将消失，必须重新进行装配定位。

替换组件的操作步骤如下。

（1）单击“替换组件”按钮或选择“菜单”→“装配”→“组件”→“替换组件”命令，打开如图 13-11 所示的“替换组件”对话框。

图 13-11 “替换组件”对话框

（2）在屏幕中选择要替换的组件。

（3）选择替换件，单击“确定”按钮。在原有的组件位置出现新的替换组件。

Note

13.3.5　装配约束

在装配约束中，两个组件的位置关系分为约束和非约束关系。约束关系实现了装配参数化，组件间有关联关系，当一个组件移动时，有约束关系的所有组件也随之移动，相对位置始终不变。非约束关系表示两组件没有关联关系，当一个组件移动时，另一个组件保持原来的位置不变。

单击“装配约束”按钮或选择“菜单”→“装配”→“组件”→“装配约束”命令，打开如图 13-12 所示的“装配约束”对话框。

UG 系统为用户提供了 11 种组件约束类型。

（1）接触对齐：用于约束两个对象，使其彼此接触或对齐，如图 13-13 所示。

图 13-12　“装配约束”对话框

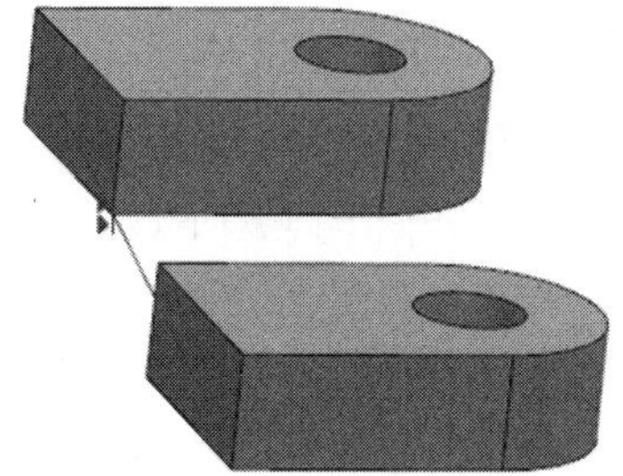

图 13-13　“接触对齐”示意图

① 接触：定义两个同类对象相一致。

② 对齐：对齐匹配对象。

③ 自动判断中心/轴：使圆锥、圆柱和圆环面的轴线重合。

（2）同心：用于将相配组件中的一个对象定位到基础组件中的一个对象的中心上，其中一个对象必须是圆柱或轴对称实体，如图 13-14 所示。

（3）距离：用于指定两个相配对象间的最小三维距离。距离可以是正值，也可以是负值，正负号确定相配对象是在目标对象的哪一边，如图 13-15 所示。

（4）固定：用于将对象固定在其当前位置。

（5）平行：用于约束两个对象的方向矢量彼此平行，如图 13-16 所示。

（6）垂直：用于约束两个对象的方向矢量彼此垂直，如图 13-17 所示。

（7）对齐/锁定：用于对齐不同对象中的两个轴，同时防止绕公共轴旋转。通常，当需要将螺栓完全约束在孔中时，这将作为约束条件之一。

（8）适合窗口：用于约束半径相同的两个对象，例如圆边或椭圆边，圆柱面或球面。如果半径变为不相等，则该约束无效。

（9）胶合：用于将对象约束到一起以使它们作为刚体移动。

Note

图 13-14 “同心”示意图

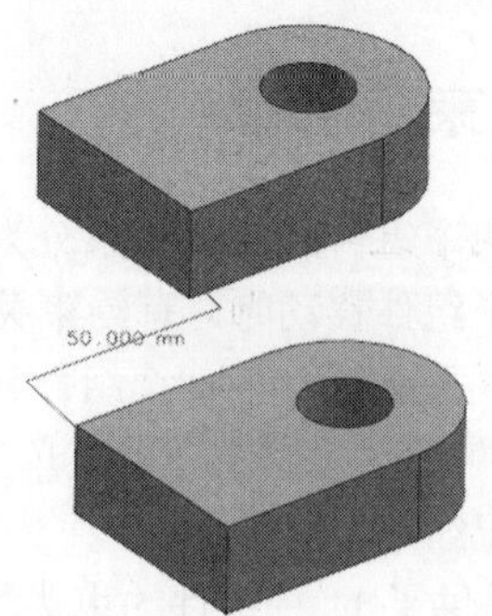

图 13-15 “距离”示意图

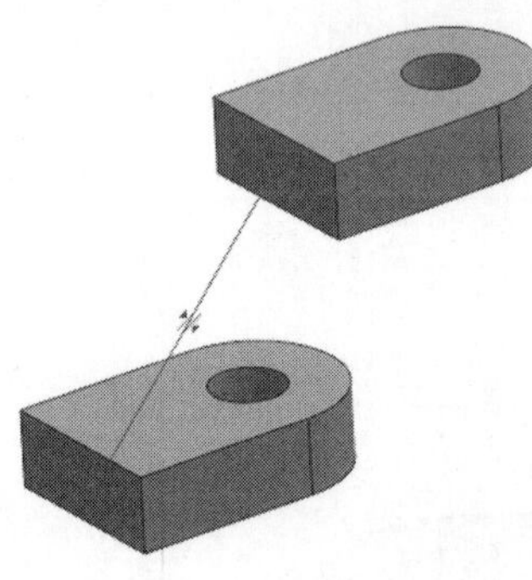

图 13-16 “平行”示意图

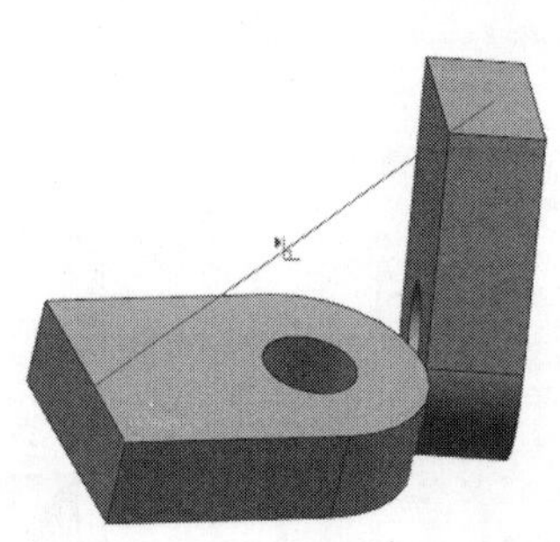

图 13-17 “垂直”示意图

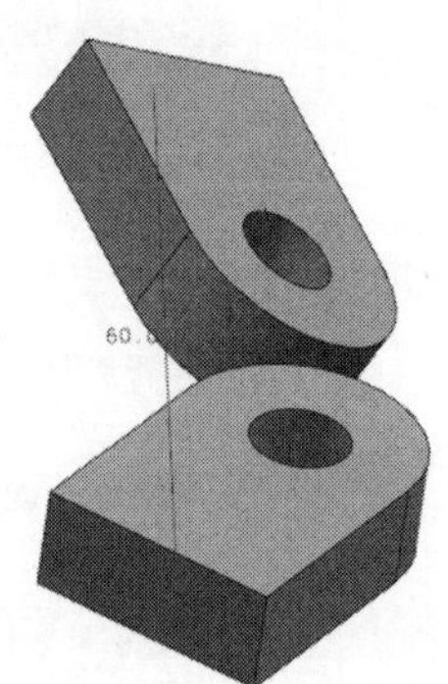

图 13-18 “角度”示意图

（10）中心：用于约束两个对象的中心对齐。

① 1 对 2：用于将相配组件中的一个对象定位到基础组件中的两个对象的对称中心上。

② 2 对 1：用于将相配组件中的两个对象定位到基础组件中的一个对象上，并与其对称。

③ 2 对 2：用于将相配组件中的两个对象与基础组件中的两个对象呈对称布置。

提示：相配组件是指需要添加约束进行定位的组件，基础组件是指位置固定的组件。

（11）角度：用于在两个对象之间定义角度尺寸，约束相配组件到正确的方位上，如图 13-18 所示。角度约束可以在两个具有方向矢量的对象间产生，角度是两个方向矢量间的夹角。这种约束允许配对不同类型的对象。

13.3.6 镜像装配

镜像装配与其他操作不同，UG 系统为用户提供了镜像装配向导，通过该向导一步一步提示用户完成镜像装配操作。

镜像装配的操作步骤如下。

（1）单击“镜像装配”按钮或选择“菜单”→“装配”→“组件”→“镜像装配”命令，打开“镜像装配向导”对话框，如图 13-19 所示。

（2）依照提示，单击“下一步”按钮，打开如图 13-20 所示的“选择组件”界面，在屏幕中选择需镜像的组件。

（3）单击“下一步”按钮，打开如图 13-21 所示的“选择平面”界面，有两种定义镜像平面的方法。

图 13-19　“镜像装配向导”对话框

图 13-20　“选择组件”界面

图 13-21　“选择平面”界面

Note

☑ 现有平面：在屏幕中选择存在的平面。

☑ 创建基准平面：单击镜像装配向导中的"创建基准平面"按钮，通过选择对象创建基准平面。

（4）单击"创建基准平面"按钮，打开如图 13-22 所示的"基准平面"对话框，在"类型"下拉列表中选择"XC-YC 平面"，单击"确定"按钮，创建基准面。单击"下一步"按钮，打开"镜像设置"界面，如图 13-23 所示。

图 13-22 "基准平面"对话框

图 13-23 "镜像设置"界面

（5）单击两次"下一步"按钮，打开如图 13-24 所示的"镜像检查"界面，在导向框中选中镜像组件，单击"完成"按钮，生成如图 13-25 所示的装配镜像。

图 13-24 "镜像检查"界面

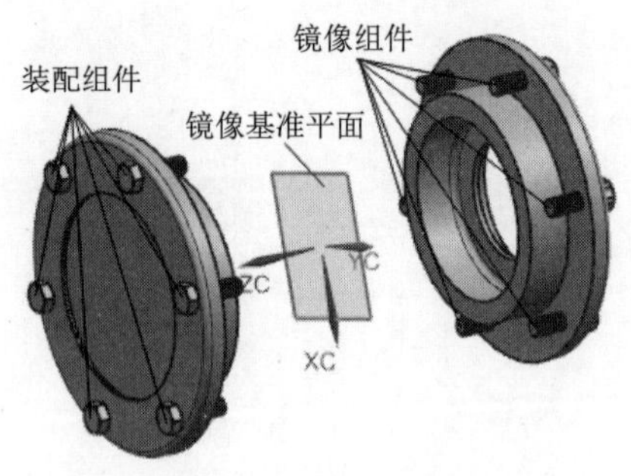

图 13-25 生成的装配镜像

13.4 爆 炸 图

在产品部件装配后，利用爆炸图可以将已装配的各组件分离，以便用户清楚地观察各组件的装配和约束关系。"爆炸图"组包括如图 13-26 所示的各功能，分别为新建爆炸、编辑爆炸、自动爆炸组件、取消爆炸组件、删除爆炸、隐藏视图中的组件和显示视图中的组件。

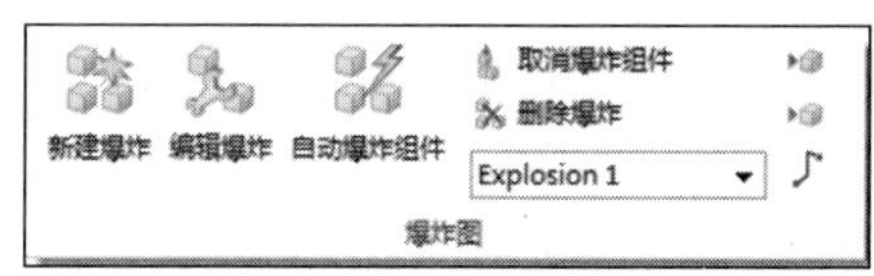

图 13-26　“爆炸图”组

Note

13.4.1　新建爆炸

创建爆炸操作，为组件爆炸图命名。每个爆炸图都必须有名称，用户可以采用直接命名或选取系统给爆炸图的默认名字来命名。

具体操作步骤如下。

（1）单击“新建爆炸”按钮或选择“菜单”→“装配”→“爆炸图”→“新建爆炸”命令，打开如图 13-27 所示的对话框。

（2）用户可以为爆炸图自定义名称或默认系统给定的名称。单击“确定”按钮，完成该操作。

13.4.2　编辑爆炸

编辑爆炸操作对爆炸视图中的装配组件进行分离编辑。编辑爆炸视图操作步骤如下。

（1）单击“编辑爆炸”按钮或选择“菜单”→“装配”→“爆炸图”→“编辑爆炸”命令，该操作必须在窗口有爆炸图的前提下才能激活完成，打开如图 13-28 所示的“编辑爆炸”对话框。

图 13-27　“新建爆炸”对话框

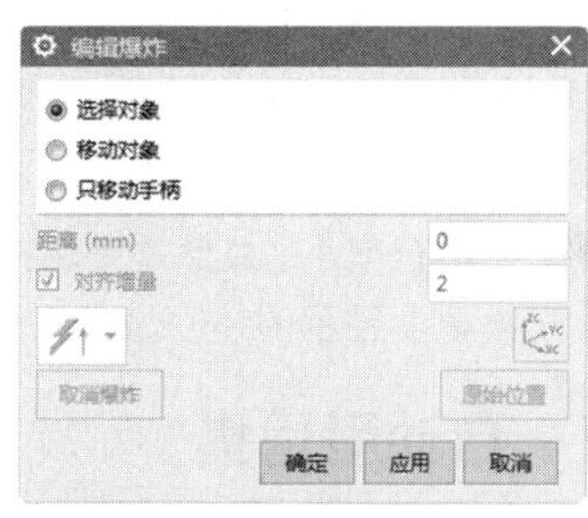

图 13-28　“编辑爆炸”对话框

（2）选中“选择对象”单选按钮，在屏幕中选择要分离的装配组件。

（3）选中“移动对象”单选按钮，用鼠标将装配组件移动到合适的位置。

（4）单击“确定”按钮，完成该操作。

编辑爆炸有两种方式分离装配组件。

☑　直接通过鼠标将要分离的装配组件移到用户所要求的位置。

☑　通过给定移动矢量和移动距离来移动要分离的装配组件。

13.4.3　自动爆炸组件

自动爆炸组件根据装配组件的约束情况，自动确定组件分离矢量，用户只需要确定在矢量方向的分离距离即可。

具体操作步骤如下。

（1）单击“自动爆炸组件”按钮或选择“菜单”→“装配”→“爆炸图”→“自动爆炸组件”命令，该操作必须在窗口有爆炸图的前提下才能激活完成，打开“类选择”对话框。

（2）在屏幕中选择需要分离的装配组件，单击“确定”按钮，打开“自动爆炸组件”对话框，如图 13-29 所示。

图 13-29 “自动爆炸组件”对话框

（3）在“距离”文本框中设定要分离的距离，单击“确定”按钮，完成此项操作。

13.4.4 其他选项功能

“爆炸图”组的其他选项功能如下。

☑ 取消爆炸组件：将所选已分离的装配组件恢复到原装配位置。

☑ 删除爆炸：将已建立的爆炸视图删除。

☑ 隐藏视图中的组件和显示视图中的组件：将爆炸图中的装配组件进行隐藏和显示操作。

13.5 引 用 集

引用集可以控制装配各组件装入计算机内存的数据量，良好地使用引用集方法可以加快装配模型载入内存的速度和显示的功能。引用集实际是对一组装配组件进行命名，供装配模型使用。

一个引用集可以包括几何实体、坐标系、基准、点、曲线和组件等。当装配组件时，如果一个引用集包含上述所有项，这显然不是用户所希望见到的结果，这时可以利用引用集建立一个用户希望得到的在装配模型上显示的装配组件。引用集有两种定义方式：自动引用集和用户自定义引用集。

13.5.1 自动引用集

自动引用集由系统自动生成，包括 Entire Part、Empty、BODY、DRAWING、MATE 和 SIMPLIFIED。

选择“菜单”→“格式”→“引用集”命令，打开如图 13-30 所示的“引用集”对话框。

图 13-30 “引用集”对话框

在“引用集”对话框中，部分选项功能如下。

☑ 添加新的引用集：可以创建新的引用集。输入使用于引用集的名称，并选取对象。

☑ 删除：已创建的引用集的项目中可以选择性地删除，删除引用集只是在目录中删除。

☑ 设为当前的：把“引用集”对话框中选取的引用集设定为当前的引用集。

☑ 属性：编辑引用集的名称和属性。

☑ 信息：显示工作部件的全部引用集的名称和属性、个数等信息。

13.5.2　用户自定义引用集

用户自定义引用集可以满足用户更多的需求，下面举两个实例来说明。

1. 简单引用集

有时可以建立一个或多个引用集，每个引用集中只包含对需要装配部件模型的一种简单表示，从而极大地改善复杂装配模型的显示性能。

例如，在一个装配模型中包含很多紧固件，这时就可以采用一个表示紧固件头部轮廓的曲线和一条表示螺纹部分轴线表示的引用集来表示，用这个引用集代替实际紧固件模型，可以保持该组件可见性，也可以提高整个模型的显示性能。

2. 标注引用集

当装配模型只需要一些参考几何对象在工程图中标注时，就可以将这些参考几何对象作为单独的一个引用集。例如，在大量采用管道组件的装配模型中，在装配模型的工程图中需要利用管道的中心线来为模型标注尺寸，这时就需要将管道部件的中心线定义为一个标注引用集。

13.6　装配序列

装配序列用于控制一个装配模型中各装配组件被安装和分离的次序，该操作还可以建立一个装配顺序模型，装配完成后可以进行静态回放。

单击“装配序列”按钮或选择“菜单”→“装配”→“序列”命令，打开如图 13-31 所示的“主页”功能区。

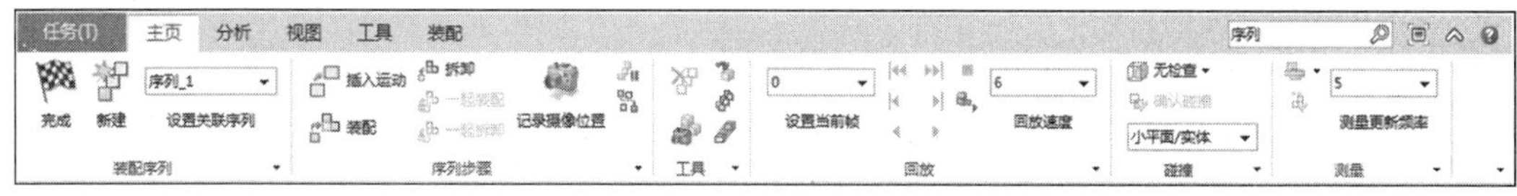

图 13-31　“主页”功能区

在“主页”功能区，主要选项的功能介绍如下。

☑ 完成：用于退出序列化环境。

☑ 新建：用于创建一个序列。系统会自动为这个序列命名为“序列_1”，以后新建的序列为“序列_2”“序列_3”等。用户也可以自己修改名称。

☑ 插入运动：单击该按钮，打开如图 13-32 所示的“录制组件运动”工具条。该工具条用于建立一段装配动画模拟。

- ➢ 选择对象：选择需要运动的组件对象。
- ➢ 移动对象：用于移动组件。
- ➢ 只移动手柄：用于移动坐标系。
- ➢ 运动录制首选项：单击该按钮，打开如图 13-33 所示的“首选项”对话框。该对话框用于指定步进的精确程度和运动动画的帧数。
- ➢ 拆卸：用于拆卸所选组件。
- ➢ 摄像机：用来捕捉当前的视角，以便于回放时在合适的角度观察运动情况。

Note

图 13-32 “录制组件运动”工具条

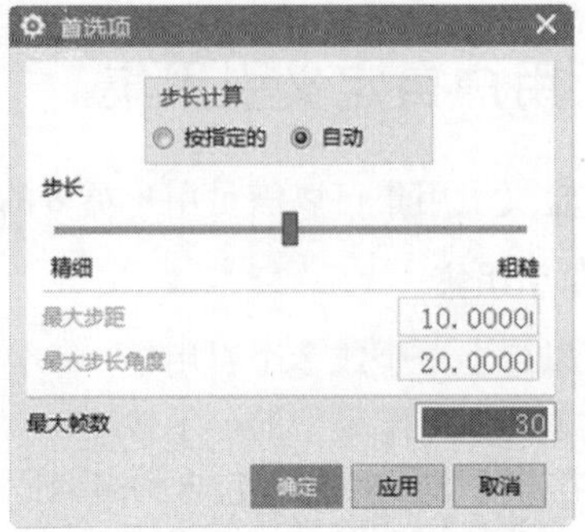

图 13-33 “首选项”对话框

- ☑ 装配：单击该按钮，打开“类选择”对话框，按照装配步骤选择需要添加的组件，该组件会自动出现在视图区右侧。用户可以依次选择要装配的组件，生成装配序列。
- ☑ 一起装配：用于在视图区选择多个组件，一次全部进行装配。“装配”功能只能一次装配一个组件，该功能在“装配”功能选中之后可选。
- ☑ 拆卸：用于在视图区选择要拆卸的组件，该组件会自动恢复到绘图区左侧。该功能主要是模拟反装配的拆卸序列。
- ☑ 一起拆卸：一起装配的反过程。
- ☑ 记录摄像位置：用于为每一步序列生成一个独特的视角。当序列演变到该步时，自动转换到定义的视角。
- ☑ 插入暂停：单击该按钮，系统会自动插入暂停并分配固定的帧数，当回放时，系统看上去像暂停一样，直到走完这些帧数。
- ☑ 删除：用于删除一个序列步。
- ☑ 在序列中查找：单击该按钮，打开“类选择”对话框，可以选择一个组件，然后查找应用了该组件的序列。
- ☑ 显示所有序列：显示所有的序列。
- ☑ 捕捉布置：可以把当前的运动状态捕捉下来，作为一个装配序列。用户可以为这个排列取一个名字，系统会自动记录这个排列。

定义完序列以后，就可以通过如图 13-34 所示的序列“回放”组来播放装配序列。在最左边的是设置当前帧数，在最右边的是调节播放速度，范围为 1～10，数字越大，播放的速度就越快。

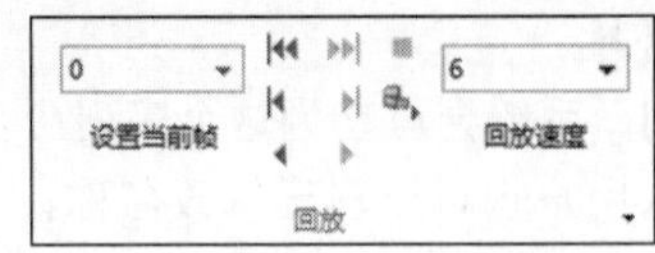

图 13-34 “回放”组

减速器装配实例

（视频讲解：64分钟）

本章通过讲述减速器各组件之间的装配及最后总装的过程，让读者理解利用UG装配模块对机械零件进行装配的过程，熟练掌握装配模块提供的各个功能的使用方法及操作过程。

【学习重点】

- 轴组件
- 箱体组件
- 减速器总装

14.1 轴 组 件

Note

轴类组件包括轴、键、定距环、轴承等，低速轴还包括齿轮，齿轮通过键与低速轴连接。本章将结合轴的这些零件的装配，介绍装配操作的相关功能。通过装配可以直观地表达零件间的装配和尺寸配合关系。

制作思路

依照零件的组合关系，按组件从小到大的顺序依次装配。

视频讲解

14.1.1 低速轴组件

1. 轴-键配合

轴和键的装配过程如下。

（1）启动 UG NX 12.0，单击“新建”按钮或选择“菜单”→“文件”→“新建”命令，打开“新建”对话框，创建新部件，文件名为 disuzhou，单击“确定”按钮，进入 UG 建模环境。

（2）单击“添加”按钮或选择“菜单”→“装配”→“组件”→“添加组件”命令，系统打开“添加组件”对话框，如图 14-1 所示。利用该对话框可以加入已经存在的组件。

（3）在如图 14-1 所示的“添加组件”对话框中，单击“打开”按钮，在系统打开的对话框中选择 chuandongzhou。由于该组件是第一个组件，所以在“组件锚点”下拉列表中选择“绝对坐标系”选项，单击“点对话框”按钮，打开“点”对话框，将点位置设置为坐标原点，“引用集”和“图层选项”接受系统默认选项，在绘图区指定放置组件的位置，单击“确定”按钮。

（4）单击“添加”按钮或选择“菜单”→“装配”→“组件”→“添加组件”命令，系统再次打开类似如图 14-1 所示的“添加组件”对话框，单击“打开”按钮，在打开的对话框中选择要装配的部件，此处选择 jian14×50，装配键的操作方法如下。

① 选择键后，系统打开类似如图 14-1 所示的对话框，在“放置”选项组选中“约束”单选按钮，其他不变，单击“确定”按钮。

② 单击“装配约束”按钮或选择“菜单”→“装配”→“组件位置”→“装配约束”命令，系统打开“装配约束”对话框，如图 14-2 所示。利用该对话框可以将键装配到轴上。此时图形界面中会给出键的预览图，如图 14-3 所示。

图 14-1　“添加组件”对话框

图 14-2　“装配约束”对话框

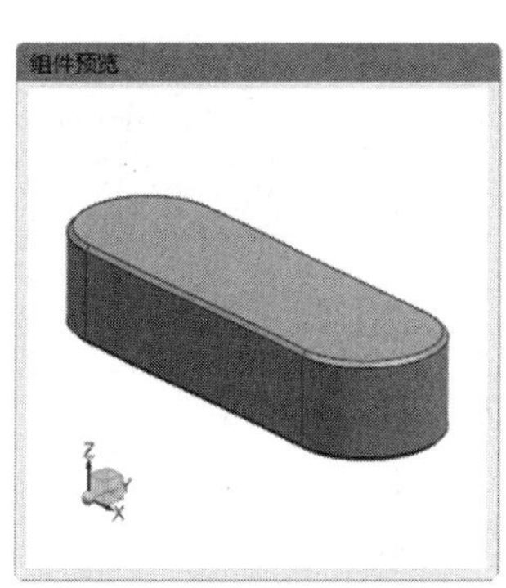

图 14-3　组件预览窗口

③ 在如图 14-2 所示的“装配约束”对话框“约束类型”选项组中选择“接触对齐”选项作为约束类型，在“方位”下拉列表中选择“接触”选项，首先依次选择图 14-4 中的键上的面 1、轴上的面 1 进行装配，然后依次选择图 14-4 中的键上的面 2 和轴上的面 2 进行装配、键上的面 3 和轴上的面 3 进行装配，结果如图 14-5 所示。

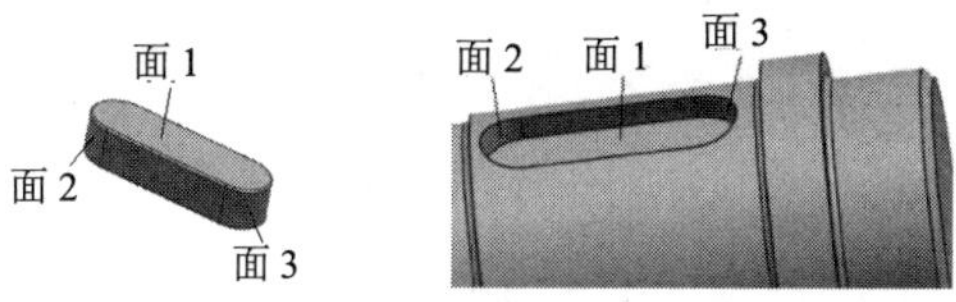

图 14-4　键和轴上的面

（5）按照上述方法，再次选择 jian12×60 进行装配，结果如图 14-6 所示。

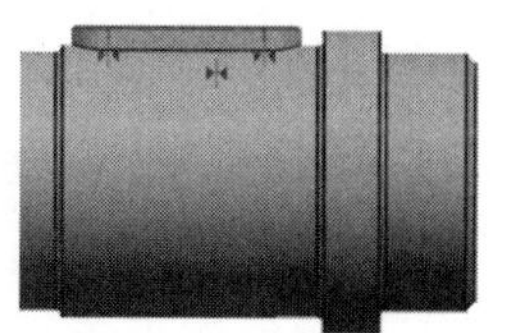

图 14-5　装配好的键

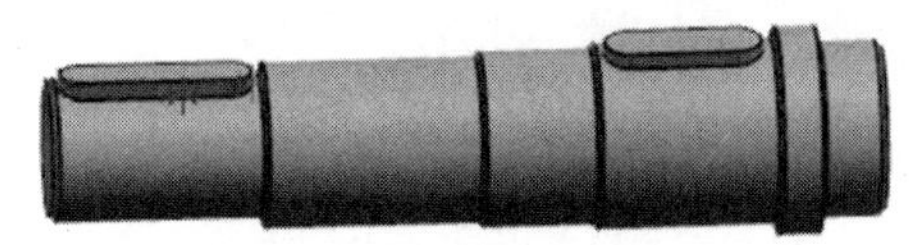

图 14-6　装配好键的轴

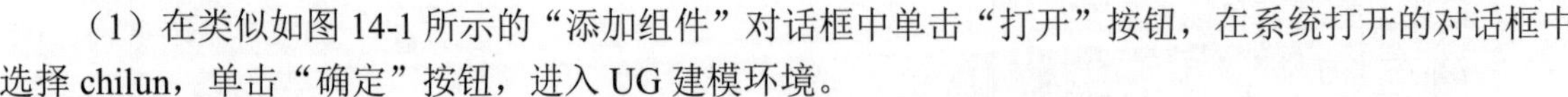

Note

2. 齿轮-轴-键配合

齿轮和轴的装配过程如下。

（1）在类似如图 14-1 所示的“添加组件”对话框中单击“打开”按钮，在系统打开的对话框中选择 chilun，单击“确定”按钮，进入 UG 建模环境。

（2）在类似如图 14-2 所示的“装配约束”对话框“约束类型”选项组中选择“接触对齐”选项作为约束类型，在“方位”下拉列表中选择“自动判断中心/轴” 选项为装配类型，依次选择如图 14-7 所示的齿轮上的面 1 和轴上的面 1。

（3）在“方位”下拉列表中选择“接触”选项为装配类型，依次选择齿轮上的面 2 和键上的面 2。

注意：当装配有多种可能情况时，单击“撤销上一个约束”按钮可以查看不同的装配解。

（4）在方位下拉列表中选择“接触”选项为装配类型，依次选择齿轮上的面 3 和轴上的面 3，此时齿轮自由度为零，齿轮被装配到轴上，如图 14-8 所示。

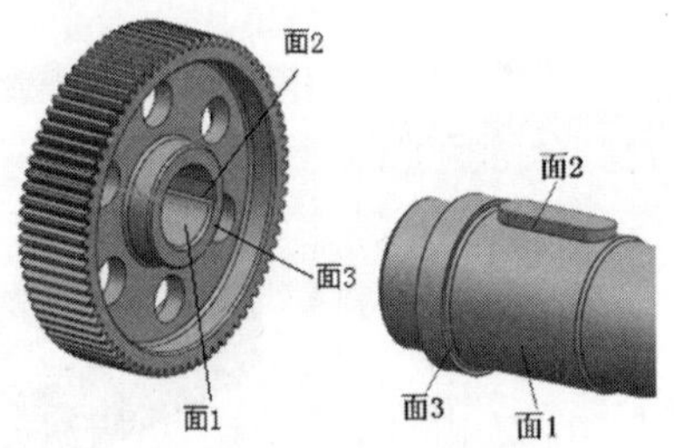

图 14-7　齿轮和轴上的面

图 14-8　装配好齿轮的轴

3. 轴-定距环-轴承配合

装配轴、定距环和轴承的操作方法如下。

（1）为方便轴承的装配，先将已装配好的齿轮隐藏。

（2）选择轴承外径为 100mm 的 zhoucheng100。

（3）在“约束类型”选项组中选择“接触对齐”选项作为约束类型，在“方位”下拉列表中选择“自动判断中心/轴”选项作为装配类型，依次选择如图 14-9 所示的轴承上的面 1 和轴上的面 1。

注意：单击“在主窗体口中预览组件”按钮，观察轴承凸起面的法向量是否指向-XC 轴，如果不是，则单击“撤销上一个约束”按钮，以改变轴承的方向。

（4）在“方位”下拉列表中选择“接触”选项作为装配类型，依次选择如图 14-9 所示的轴承上的面 2 和轴上的面 2，将轴承装配到轴上，此时轴承还保留一个自由度，即绕轴旋转的自由度，装配结果如图 14-10 所示。

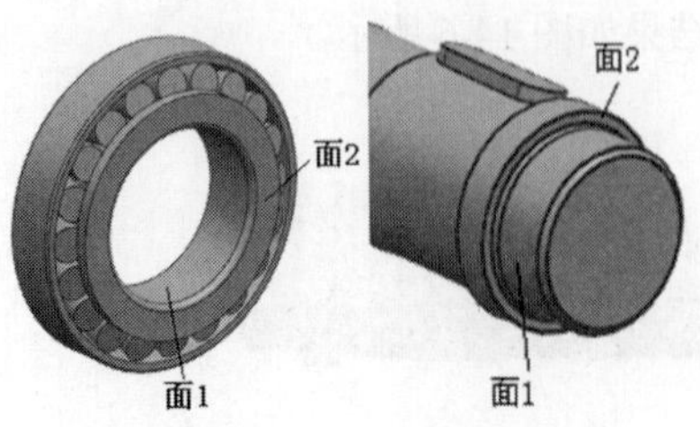

图 14-9　轴承和轴上的面

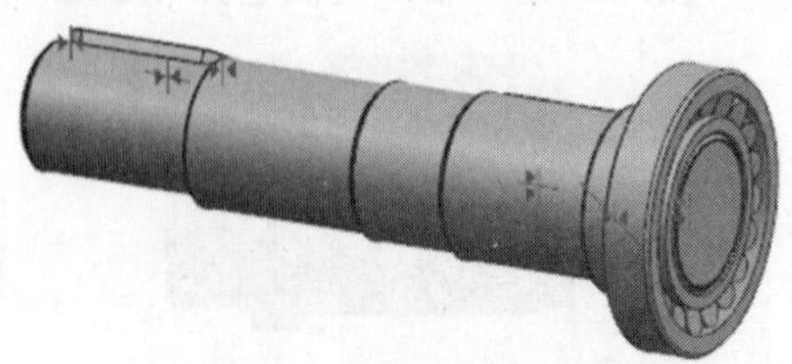

图 14-10　装配好轴承的轴

（5）选择内、外半径为 55mm 和 65mm、厚度为 14mm 的 dingjuhuan1。

（6）在“方位”下拉列表中选择“自动判断中心/轴”选项作为装配类型，依次选择图 14-11 所示的定距环上的面 1 和轴上的面 1。

（7）在“方位”下拉列表中选择“接触”选项作为装配类型，依次选择如图 14-11 所示的定距环上的面 2 和齿轮上的面 2，将定距环装配到轴上，此时定距环还保留一个自由度，即绕轴旋转的自由度，装配结果如图 14-12 所示。

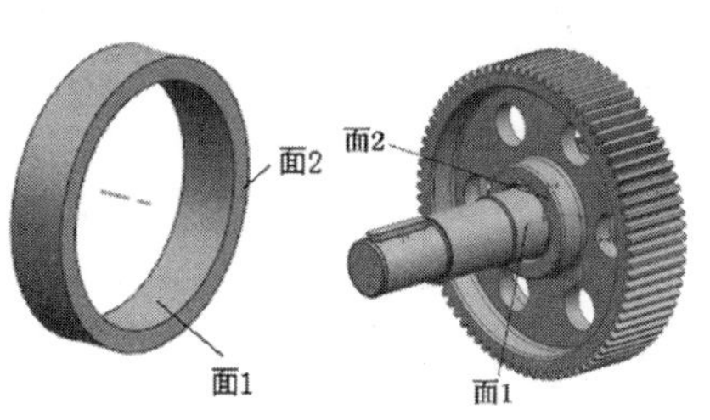

图 14-11　定距环和轴上的面

图 14-12　装配上定距环的轴

（8）再选择一个外径为 100mm 的轴承，装配方法与步骤（7）相同，在轴承上选择的面与图 14-9 中相同，在轴上选择的面如图 14-13 所示（面 2 为定距环的端面）。装配好的结果如图 14-14 所示。

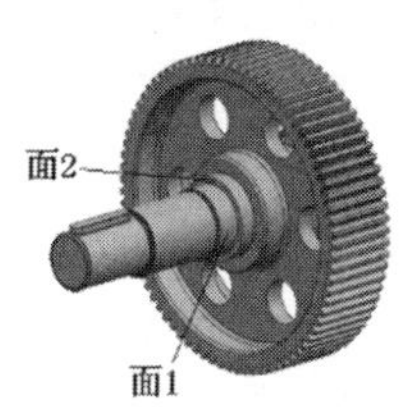

图 14-13　轴上的面

图 14-14　装配好轴承的轴

注意：装配时注意将圆锥滚子轴承凸起面的法向量指向 XC 轴的正向。

14.1.2　高速轴组件

视频讲解

创建名为 gaosuzhou 的新部件，选择内、外半径分别为 60mm 和 80mm、厚度为 15.25mm 的键和外径为 80mm 的轴承，装配高速轴，装配方法与低速轴的装配方法相同。装配时要求圆锥滚子轴承的凸起面相对。装配好的高速轴如图 14-15 所示。

图 14-15　装配好的高速轴

14.2 箱体组件

Note

箱体组件包括上箱盖、窥视孔盖、下箱体、油标、油塞及端盖类零件，其中端盖上还有螺钉。结合箱体组件的装配，进一步学习和熟悉装配操作的相关功能。

制作思路

与 14.1 节方法相同，依照零件的组合关系，按组件从小到大的顺序依次装配。

14.2.1 窥视孔盖-上箱盖配合

视频讲解

窥视孔盖和上箱盖的装配过程如下。

（1）启动 UG NX12.0，单击“新建”按钮或选择“菜单”→“文件”→“新建”命令，创建新部件，文件名为 shangxianggai，单击“确定”按钮，进入 UG 建模环境。

（2）单击“添加”按钮或选择“菜单”→“装配”→“组件”→“添加组件”命令，在“添加组件”对话框中单击“打开”按钮,选择 jigai（即减速器上盖）。

（3）在“组件锚点”下拉列表中选择“绝对坐标系”选项，单击“点对话框”按钮，打开“点”对话框，将点位置设置为坐标原点，“引用集”和“图层选项”接受系统默认选项。

（4）在“添加组件”对话框中单击“打开”按钮，在系统打开的对话框中选择 kuishikonggai，装配窥视孔盖的操作方法如下。

① 在“添加组件”对话框的“放置”选项组中选中“约束”单选按钮为放置方式，“引用集”和“图层选项”接受系统默认选项，在绘图区指定放置组件的位置，单击“确定”按钮。

② 单击“装配约束”按钮或选择“菜单”→“装配”→“组件位置”→“装配约束”命令，在“装配约束”对话框中选择“接触对齐”选项作为约束类型，在“方位”下拉列表中选择“接触”选项作为装配类型，依次选择图 14-16 中的窥视孔盖上的面 1 和减速器上盖上的面 1。

③ 在“方位”下拉列表中选择“自动判断中心/轴”选项作为装配类型，选择窥视孔盖上的两个孔与减速器上盖上的两个孔进行装配，将窥视孔盖装配到减速器上盖上。

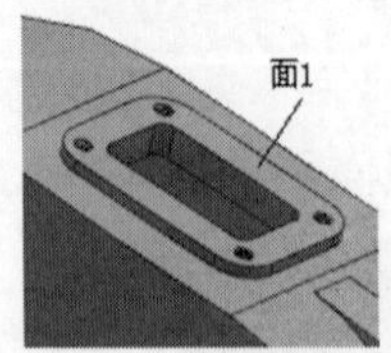

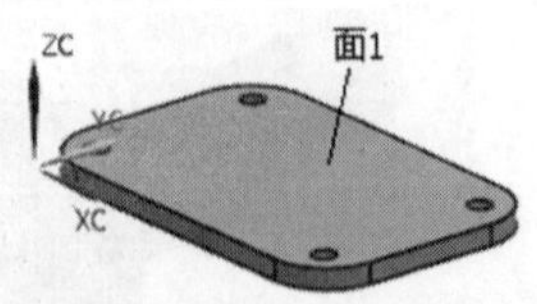

图 14-16 窥视孔盖和减速器上盖上的面

（5）选择尺寸为 M6×14 的螺钉进行装配，方法如下。

① 在“添加组件”对话框“放置”选项组中选中“约束”单选按钮作为放置方式，“引用集”和“图层选项”接受系统默认选项，在绘图区指定放置组件的位置，单击“确定”按钮。

② 在“装配约束”对话框中选择“接触对齐”选项作为约束类型，在“方位”下拉列表中选择

“接触”选项作为装配类型，依次选择图 14-17 中螺钉上的面 1 和窥视孔盖上的面 1。

③ 在“方位”下拉列表中选择“自动判断中心/轴”选项作为装配类型，依次选择图 14-17 中螺钉上的面 2 和窥视孔盖上的面 2，将螺钉装配到窥视孔盖上。

装配好窥视孔盖的减速器上盖如图 14-18 所示。

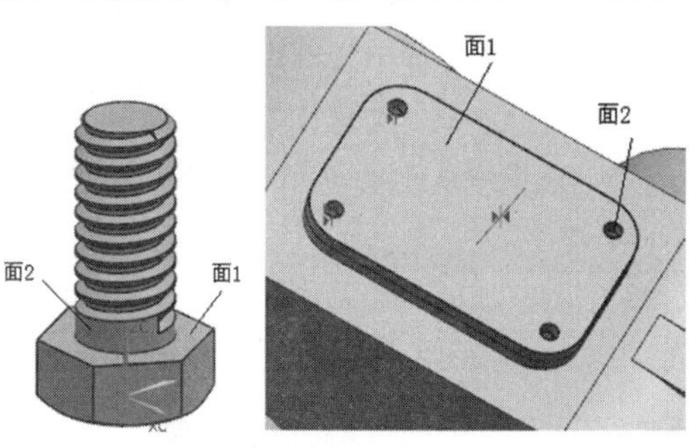

图 14-17　螺钉和窥视孔盖上的面

图 14-18　减速器上盖装配结果

14.2.2　下箱体组件

1．下箱体-油标配合

下箱体与油标的装配过程如下。

（1）单击“新建”按钮或选择“菜单”→“文件”→“新建”命令，选择装配类型，输入文件名为 xiaxiangti，单击“确定”按钮，进入装配模式。

（2）单击“添加”按钮或选择“菜单”→“装配”→“组件”→“添加组件”命令，在“添加组件”对话框中单击“打开”按钮，在系统打开的对话框中选择 jizuo（即减速器机座）。在“组件锚点”下拉列表中选择“绝对坐标系”选项，单击“点对话框”按钮，打开“点”对话框，将点位置设置为坐标原点，“引用集”和“图层选项”接受系统默认选项。

（3）选择油标进行装配，操作方法如下。

① 在“添加组件”对话框中，单击“打开”按钮，在系统打开的对话框中选择 youbiao，选择“约束”放置方式，“引用集”和“图层选项”接受系统默认选项，单击“确定”按钮。

② 单击“装配约束”按钮或选择“菜单”→“装配”→“组件位置”→“装配约束”命令，打开“装配约束”对话框，在“约束类型”选项组中选择“接触对齐”选项作为约束类型，在“方位”下拉列表中选择“接触”选项作为装配类型，依次选择图 14-19 中的油标上的面 1 和减速器下箱体上的面 1。

③ 在“方位”下拉列表中选择“自动判断中心/轴”选项作为装配类型，依次选择图 14-19 中的油标上的面 2 和减速器下箱体上的面 2，将油标装配到减速器下箱体上。

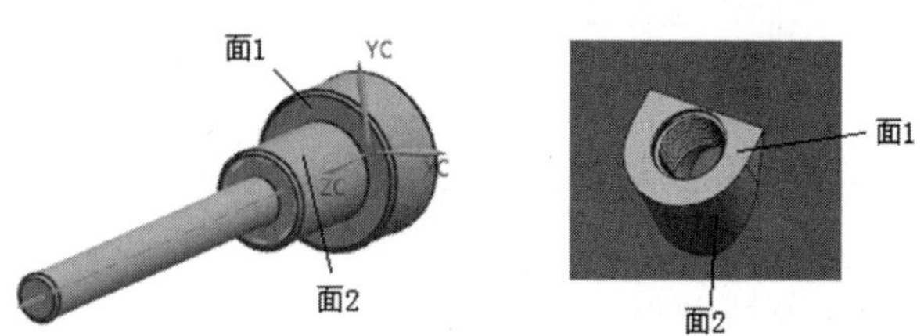

图 14-19　油标和减速器下箱体上的面

Note

2．箱体-油塞配合

油塞的装配与油标的装配类似，单击“添加”按钮或选择“菜单”→“装配”→“组件”→“添加组件”命令，在“添加组件”对话框中单击“打开”按钮，在系统打开的对话框中选择 yousai，单击“装配约束”按钮或选择“菜单”→“装配”→“组件位置”→“装配约束”命令，打开“装配约束”对话框，在“约束类型”选项组中选择“接触对齐”选项作为约束类型，在“方位”下拉列表中分别选择“接触”选项作为装配类型和“自动判断中心/轴”选项作为装配类型，然后依次选择图 14-20 中的油塞上的面 1 和面 2 分别与减速器下箱体上的面 1 和面 2 进行装配，将油塞装配到减速器下箱体上。

装配好的减速器下箱体如图 14-21 所示。

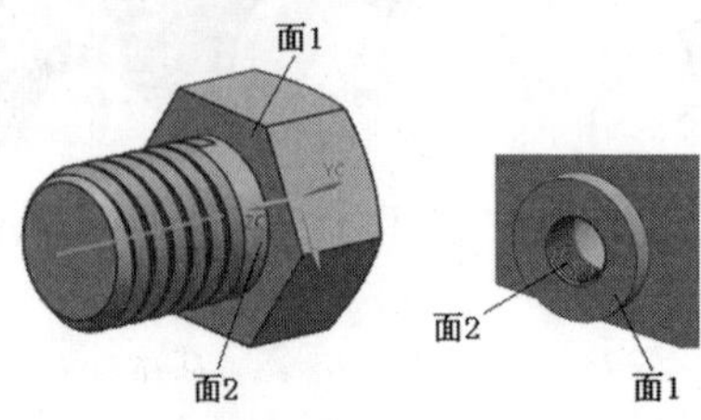

图 14-20 油塞和减速器下箱体上的面

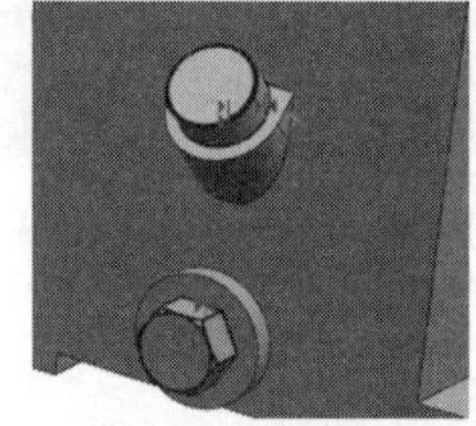

图 14-21 减速器下箱体装配结果

视频讲解

14.2.3 端盖组件

装配端盖组件的过程如下。

（1）单击“新建”按钮或选择“菜单”→“文件”→“新建”命令，选择装配类型，输入文件名为 duangaizujian，单击“确定”按钮，进入装配模式。

（2）单击“添加”按钮或选择“菜单”→“装配”→“组件”→“添加组件”命令，在“添加组件”对话框中单击“打开”按钮，在系统打开的对话框中选择 duangai，在“组件锚点”下拉列表中选择“绝对坐标系”选项，单击“点对话框”按钮，打开“点”对话框，将点位置设置为坐标原点，“引用集”和“图层选项”接受系统默认选项。

（3）装配密封盖，操作方法如下。

① 单击“添加”按钮或选择“菜单”→“装配”→“组件”→“添加组件”命令，在“添加组件”对话框中单击“打开”按钮，在系统打开的对话框中选择 mifenggai，然后在“添加组件”对话框“放置”选项组中选中“约束”单选按钮作为放置方式，“引用集”和“图层选项”接受系统默认选项。

② 单击“装配约束”按钮或选择“菜单”→“装配”→“组件位置”→“装配约束”命令，打开“装配约束”对话框，在“约束类型”选项组中选择“接触对齐”选项作为约束类型，在“方位”下拉列表中选择“接触”选项作为装配类型，依次选择图 14-22 中的密封盖上的面 1 和端盖主体上的面 1。

③ 在“方位”下拉列表中选择“自动判断中心/轴”选项作为装配类型，依次选择图 14-22 中所示的密封盖上的面 2 和端盖主体上的面 2。同理，选择密封盖上的面 3 和端盖主体上的面 3 进行装配，就可以将密封盖装配到端盖主体上。

（4）将尺寸为 M6×14 的螺钉装配到端盖主体上。

最后装配结果如图 14-23 所示。

同理，小端盖也按上述方法装配。

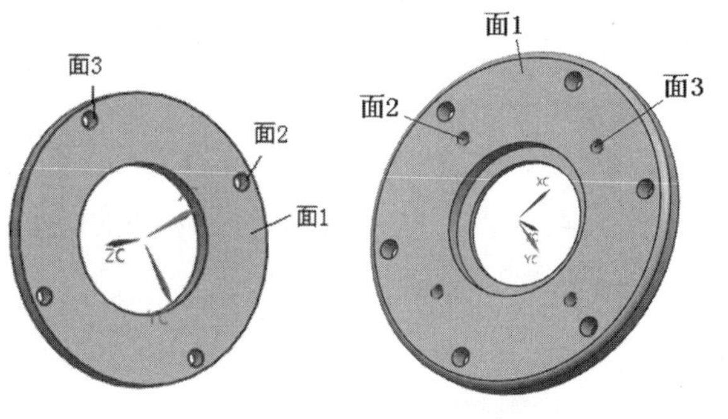

图 14-22　密封盖和端盖主体上的面

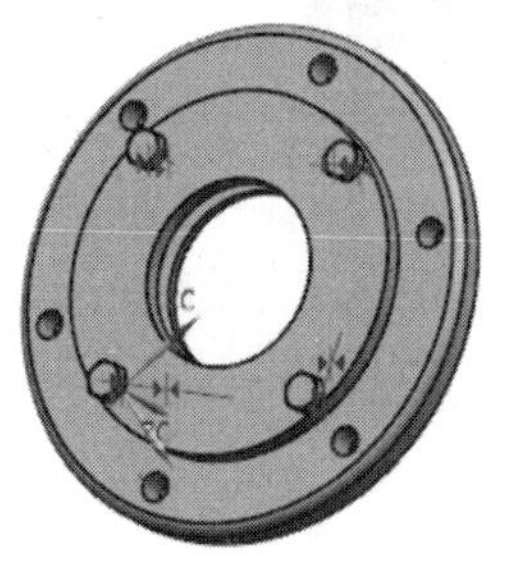

图 14-23　端盖主体装配结果

视 频 讲 解

14.3　减速器总装

在上面讲述的轴组件和箱体组件的基础上，本节讲述完成最后装配的基本方法。

制作思路

与上节方法相同，依照零件的组合关系，按组件从小到大的顺序依次装配。

14.3.1　下箱体与轴配合

1. 下箱体-低速轴配合

装配下箱体和低速轴的过程如下。

（1）单击“新建”按钮或选择“菜单”→“文件”→“新建”命令，选择装配类型，输入文件名为 jiansuqi，单击“确定”按钮，进入装配模式。

（2）单击“添加”按钮或选择“菜单”→“装配”→“组件”→“添加组件”命令，在“添加组件”对话框中单击“打开”按钮，在系统打开的对话框中选择 xiaxiangti，然后在“添加组件”对话框的“组件锚点”下拉列表中选择“绝对坐标系”选项，单击“点对话框”按钮，打开“点”对话框，将点位置设置为坐标原点，“引用集”和“图层选项”接受系统默认选项。

（3）将低速轴装配到下箱体上，操作方法如下。

① 单击“添加”按钮或选择“菜单”→“装配”→“组件”→“添加组件”命令，在“添加组件”对话框中单击“打开”按钮，在系统打开的对话框中选择 disuzhou，然后在“添加组件”对话框的“放置”选项组中选中“约束”单选按钮作为放置方式，“引用集”和“图层选项”接受系统默认选项。

② 单击“装配约束”按钮或选择“菜单”→“装配”→“组件位置”→“装配约束”命令，打开“装配约束”对话框，在“约束类型”选项组中选择“接触对齐”选项作为约束类型，在“方位”下拉列表中选择“自动判断中心/轴”选项作为装配类型，依次选择图 14-24 中的低速轴（隐藏了齿轮）上的面 1 和减速器下箱体上的面 1。

Note

注意：为了方便装配，可以将齿轮隐藏。

单击“在主窗体口中预览组件”按钮查看低速轴的方向是否为预定方向，如果不是，单击“撤销上一个约束”按钮改变低速轴的方向。

③ 在“方位”下拉列表中选择“对齐”选项作为装配类型，依次选择图 14-24 中的低速轴上的面 2（轴承的端面）和减速器下箱体上的面 2，将低速轴装配到减速器下箱体上。

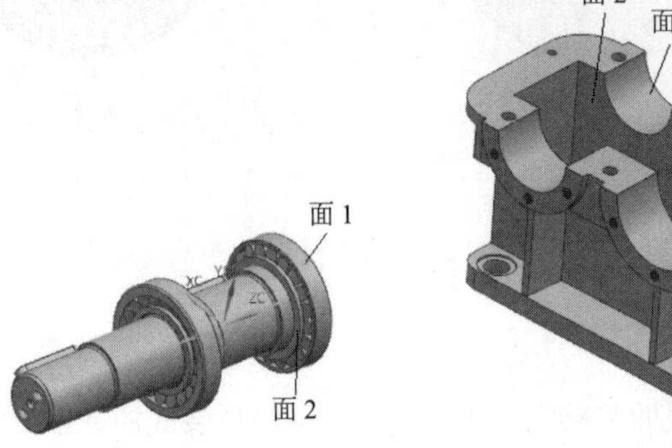

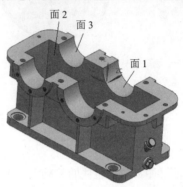

图 14-24　低速轴和减速器下箱体上的面

2. 下箱体-高速轴配合

将高速轴装配到下箱体上的操作方法如下。

（1）单击“添加”按钮或选择“菜单”→“装配”→“组件”→“添加组件”命令，在“添加组件”对话框中单击“打开”按钮，在系统打开的对话框中选择 gaosuzhou，然后在“添加组件”对话框“放置”选项组中选中“约束”单选按钮为放置方式，“引用集”和“图层选项”接受系统默认选项。

（2）单击“装配约束”按钮或选择“菜单”→“装配”→“组件位置”→“装配约束”命令，在“装配约束”对话框“约束类型”选项组中选择“接触对齐”选项作为约束类型，在“方位”下拉列表中选择“自动判断中心/轴”选项作为装配类型，依次选择图 14-25 中的高速轴上的面 1 和图 14-24 中的减速器下箱体上的面 3。

（3）在“方位”下拉列表中选择“对齐”装配类型，依次选择图 14-25 中的高速轴上的面 2（圆锥滚子轴承的凸起面）和图 14-24 中的减速器下箱体上的面 2，将低速轴装配到减速器下箱体上。

装配好高速轴、低速轴的下箱体如图 14-26 所示。

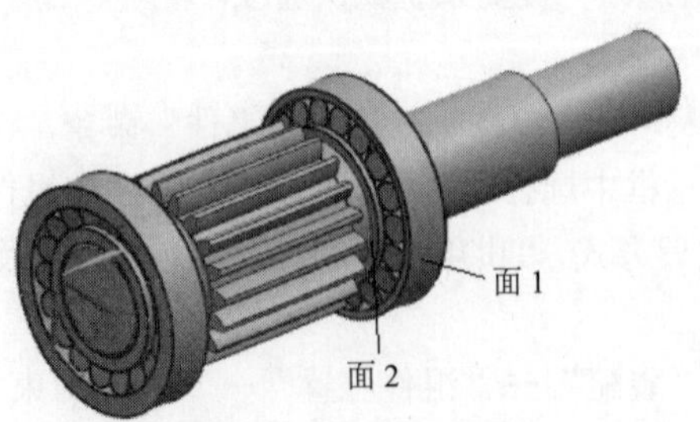

图 14-25　高速轴上的面

图 14-26　装配好高、低速轴的下箱体

14.3.2 总体配合

1. 上箱体-下箱体配合

上、下箱体的装配方法如下。

（1）单击“添加”按钮或选择“菜单”→“装配”→“组件”→“添加组件”命令，在“添加组件”对话框中单击“打开”按钮，在系统打开的对话框中选择 shangxiangti，然后在“添加组件”对话框“放置”选项组中选中“约束”单选按钮作为放置方式，“引用集”和“图层选项”接受系统默认选项。

（2）单击“装配约束”按钮或选择“菜单”→“装配”→“组件位置”→“装配约束”命令，在“装配约束”对话框中“约束类型”选项组选择“接触对齐”选项作为约束类型，在“方位”下拉列表中选择“接触”选项作为装配类型，依次选择图 14-27 中的减速器上盖组件上的面 1 和减速器下箱体上的面 1。

（3）在“方位”下拉列表中选择“自动判断中心/轴”装配类型，依次选择图 14-27 中的减速器上盖组件上的面 2 和减速器下箱体上的面 2。同理，选择减速器上盖组件上的面 3 和减速器下箱体上的面 3 进行装配，即可将减速器上盖组件装配到减速器下箱体上。装配结果如图 14-28 所示。

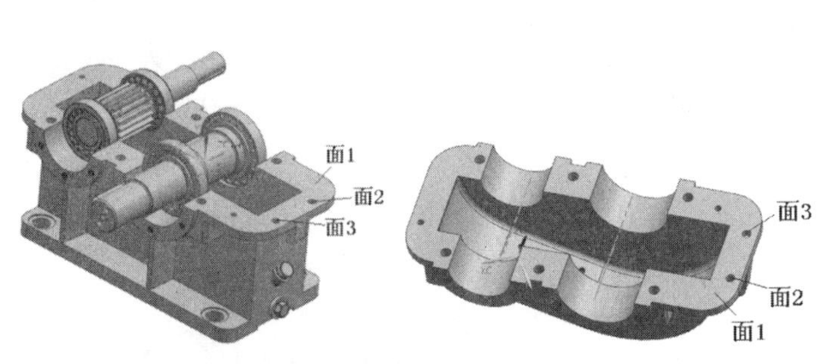

图 14-27 减速器上、下箱体上的面

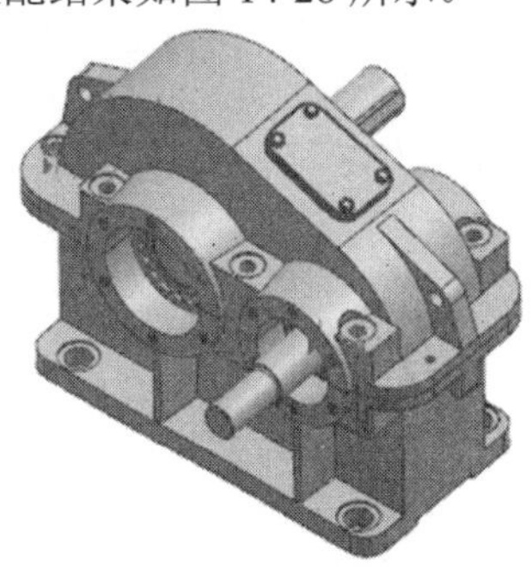

图 14-28 减速器上、下箱体装配

2. 定距环、端盖、闷盖的装配

装配定距环的方法如下。

（1）单击“添加”按钮或选择“菜单”→“装配”→“组件”→“添加组件”命令，在“添加组件”对话框中单击“打开”按钮，在系统打开的对话框中选择 dingjuhuan，然后在“添加组件”对话框“放置”选项组中选中“约束”单选按钮作为放置方式，“引用集”和“图层选项”接受系统默认选项。

（2）单击“装配约束”按钮或选择“菜单”→“装配”→“组件位置”→“装配约束”命令，在“装配约束”对话框“约束类型”选项组中选择“接触对齐”选项作为约束类型，在“方位”下拉列表中选择“接触”选项作为装配类型，依次选择图 14-29 中定距环上的面 1 和轴承端面 1。

（3）在“方位”下拉列表中选择“自动判断中心/轴”选项作为装配类型，依次选择图 14-29 中定距环上的面 2 和轴承端面 2 进行装配，将定距环装配到减速器主体上。

注意： 为了方便装配，可以将已装配的上盖隐藏。

低速轴、高速轴的轴承两端都需要装配定距环，低速轴两端要装配的定距环宽度为 15.25mm，即 dingjuhuan，高速轴两端要装配的定距环 2 宽度为 12.25mm，即 dingjuhuan2。

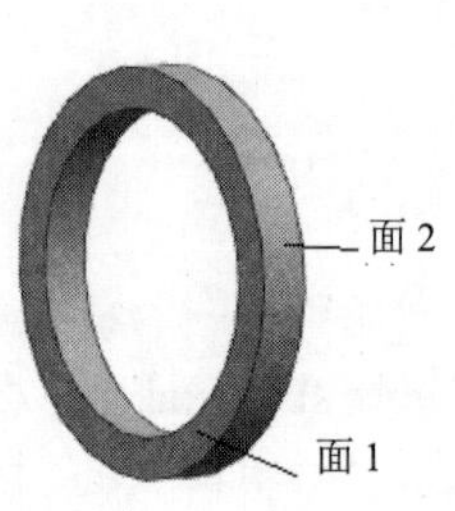

图 14-29　定距环和减速器上的面

端盖和闷盖的装配方法基本相同，不同的是端盖装配在低速轴、高速轴凸出的一端，而闷盖装配在另外一端。

装配端盖和闷盖的方法如下。

（1）单击“添加”按钮或选择“菜单”→“装配”→“组件”→“添加组件”命令，在“添加组件”对话框中单击“打开”按钮，在系统打开的对话框中选择 duangaizujian，然后在“添加组件”对话框“放置”选项组中选中“约束”单选按钮作为放置方式，“引用集”和“图层选项”接受系统默认选项。

（2）单击“装配约束”按钮或选择“菜单”→“装配”→“组件位置”→“装配约束”命令，在“装配约束”对话框“约束类型”选项组中选择“接触对齐”选项作为约束类型，在“方位”下拉列表中选择“接触”选项作为装配类型，选择图 14-30 中端盖上的端面 1 与定距环面 1。

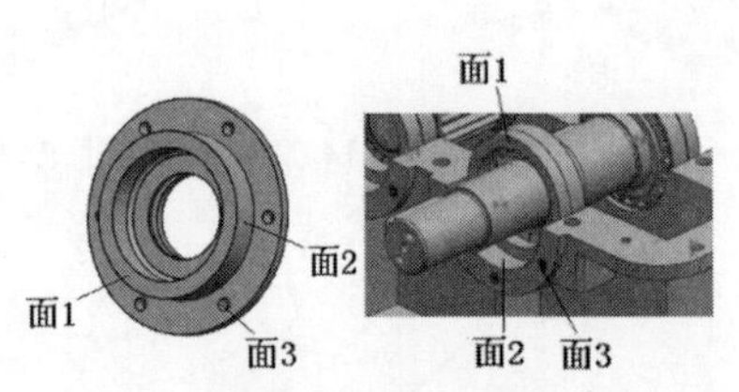

图 14-30　低速轴端盖和减速器上的面

图 14-31　减速器

（3）在“方位”下拉列表中选择“自动判断中心/轴”选项作为装配类型，依次选择图 14-30 中端盖上的面 2 与轴承座的面 2。

（4）在“方位”下拉列表中选择“自动判断中心/轴”选项作为装配类型，依次选择图 14-30 中端盖上的面 3 与减速器下箱体上的面 3 进行装配，将端盖或闷盖装配到减速器主体上。同理，装配低速轴上的闷盖。装配上小端盖和小闷盖的减速器主体如图 14-31 所示（减速器盖和齿轮已隐藏）。

3．螺栓、销等连接

螺栓、平垫圈等的装配与前面介绍的螺钉的装配方法相同，需要装配的有固定端盖用的 24 个规格为 M8×25 的螺钉，固定减速器上盖和下箱体用的 6 个规格为 M12×75 的螺栓及与之配合的垫片和螺母，固定减速器上盖和下箱体的两个规格为 M10×35 的螺栓及与之配合的垫片和螺母。两个定位销的装配方法如下。

（1）单击“添加”按钮或选择“菜单”→“装配”→“组件”→“添加组件”命令，在“添

加组件”对话框中单击“打开”按钮，在系统打开的对话框中选择 xiao，然后在“添加组件”对话框“放置”选项组中选中“约束”单选按钮作为放置方式，“引用集”和“图层选项”接受系统默认选项。

（2）单击“装配约束”按钮或选择“菜单”→“装配”→“组件位置”→“装配约束”命令，在“装配约束”对话框“约束类型”选项组中选择“接触对齐”选项作为约束类型，在“方位”下拉列表中选择“对齐”选项作为装配类型，选择图 14-32 中销上的端面 1 与下箱体面 1。

（3）在“方位”下拉列表中选择“自动判断中心/轴”选项作为装配类型，依次选择图 14-32 中销上的面 2 与下箱体的面 2。装配好的减速器如图 14-33 所示。

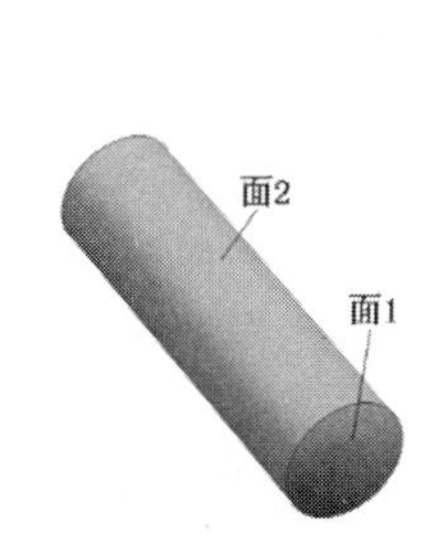

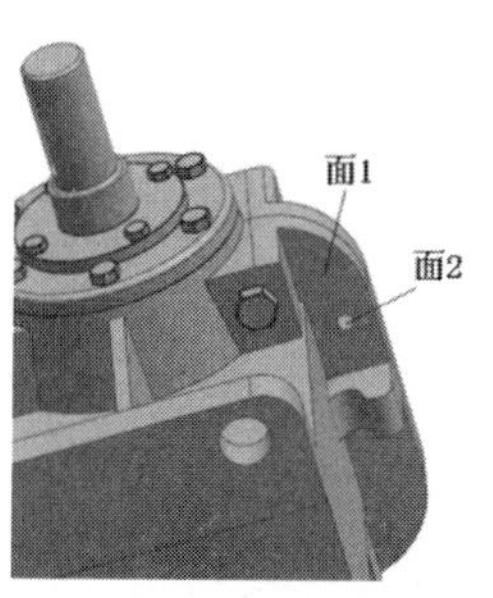

图 14-32　销和下箱体上的面

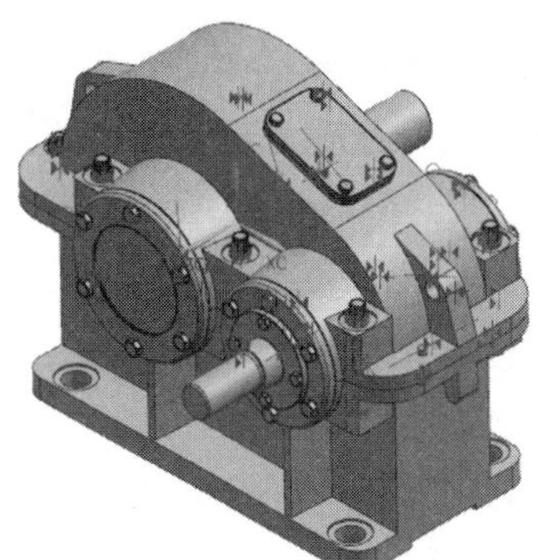

图 14-33　装配好的减速器

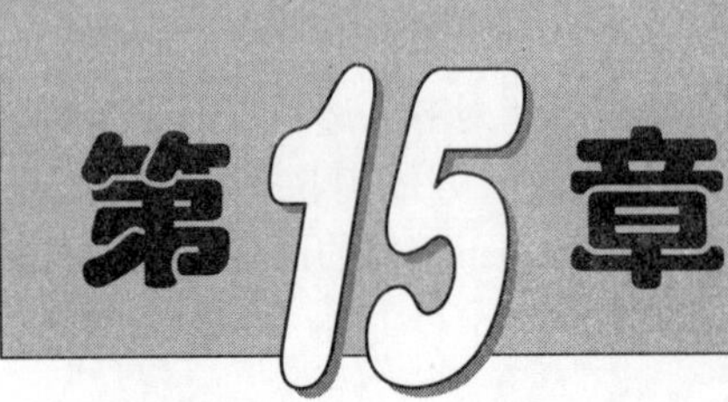

第15章 创建工程图

（视频讲解：8分钟）

利用UG的工程图模块可以建立完整的工程图，包括尺寸标注、注释、公差标注及剖面等，并且生成的工程图会随着实体模型的改变而同步更新。

【学习重点】

- 设置工程图环境
- 建立工程视图
- 修改工程视图
- 尺寸标注
- 综合实例——踏脚座零件工程图

Note

15.1　设置工程图环境

单击“制图”按钮或选择“菜单”→“应用模块”→“设计”→“制图”命令，进入制图模块，如图 15-1 所示。本节介绍工程图的设置方法。

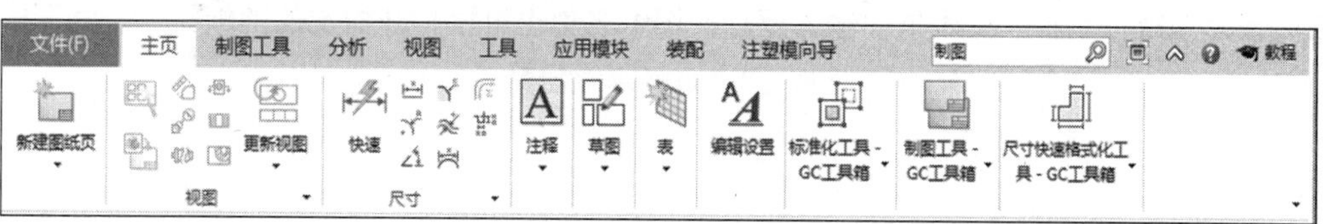

图 15-1　“主页”功能区

15.1.1　新建图纸页

新建图纸的方法如下。

（1）单击“制图”按钮或选择“菜单”→“应用模块”→“设计”→“制图”命令，进入制图模块。单击“新建图纸页”按钮或选择“菜单”→“插入”→“图纸页”命令，打开“工作表”对话框，如图 15-2 所示。

（2）在“工作表”对话框中设定图纸页名称。

（3）在“工作表”对话框“大小”下拉列表中可以选择标准图纸的尺寸，在“单位”选项组中选中“毫米”和“英寸”单选按钮时，则“大小”下拉列表如图 15-3 所示。

（4）在“大小”选项组中选中“定制尺寸”单选按钮时，在“高度”“长度”文本框中可以设定非标准图纸的尺寸。

（5）在“比例”下拉列表中可以选择比例值。

（6）选中“毫米”或“英寸”单选按钮，可以设定图纸单位为毫米或英寸。

（7）在图 15-4 中设定投影的角度，系统提供了两种投影角度：第一角投影和第三角投影。

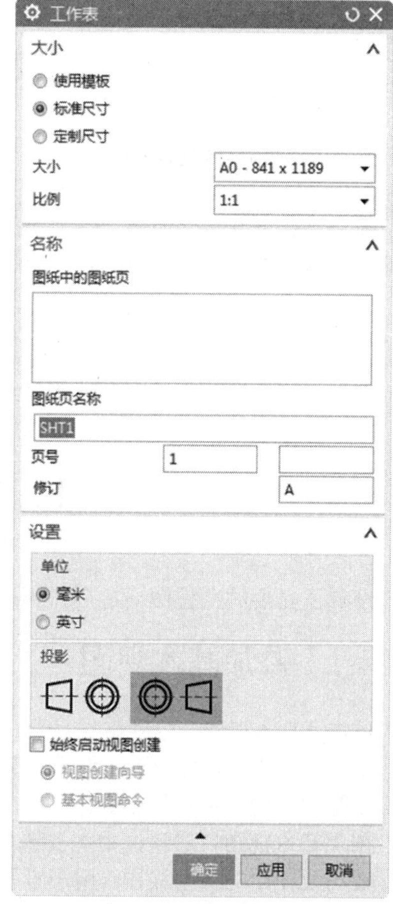

图 15-2　“工作表”对话框

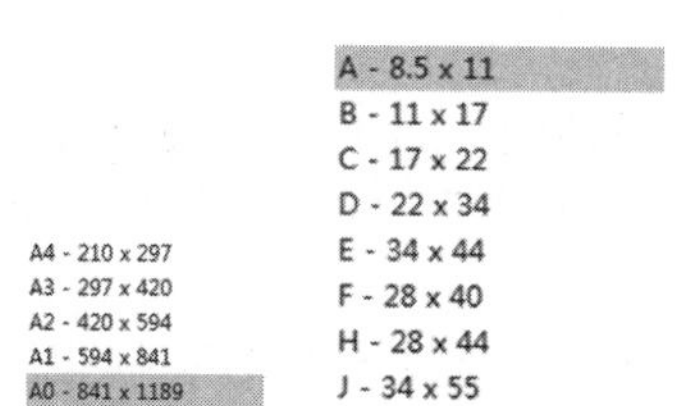

图 15-3　公制和英制下拉列表

图 15-4　投影的角度选项

Note

15.1.2 打开图纸页

单击“打开图纸页”按钮或选择“菜单”→“格式”→“打开图纸页”命令，系统打开“打开图纸页”对话框，如图 15-5 所示。在该对话框中部列表框中列出了现有的图纸名称，选择要打开的图纸，然后单击“应用”或“确定”按钮可以打开所选的图纸。

☑ “过滤”文本框可以筛选列表框中的内容。

☑ 在“图纸页名称”文本框中输入要打开图纸名称也可以打开指定的图纸。

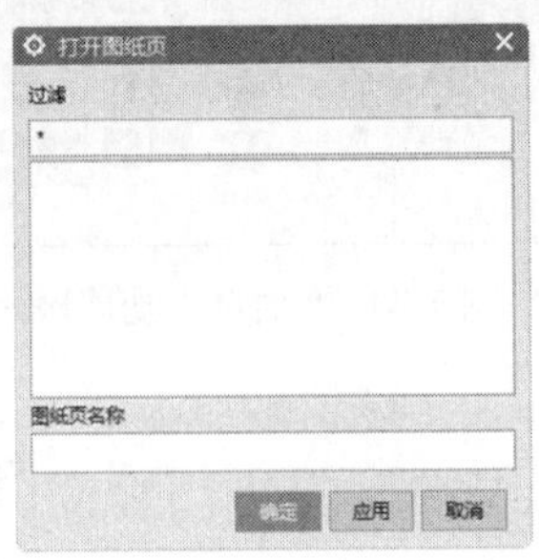

图 15-5 “打开图纸页”对话框

15.1.3 编辑图纸页

选择“菜单”→“编辑”→“图纸页”命令，系统打开如图 15-2 所示的“工作表”对话框，在该对话框中可以修改在新建图纸时所设定的所有参数，包括图纸的名称。

15.1.4 显示图纸页

选择“菜单”→“视图”→“显示图纸页”命令，可以在工程图和实体模型之间进行切换。

15.2 建立工程视图

设置了必要的工程图环境后，可以利用 UG 的相关功能建立工程图。

15.2.1 添加基本视图

单击“基本视图”按钮或选择“菜单”→“插入”→“视图”→“基本”命令，系统打开“基本视图”对话框，如图 15-6 所示。利用该对话框中的选项可以在当前图纸中添加工程视图，并可以设置视图的比例、位置等参数。

在“基本视图”对话框中主要选项的具体功能如下。

☑ 要使用的模型视图：用于设置向图纸中添加何种类型的视图。该下拉列表框中提供了“俯视图”“前视图”“右视图”“后视图”“仰视图”“左视图”“正等测图”“正三轴测图”共 8 种类型的视图，用户可根据需要进行选择。

☑ 定向视图工具：单击该按钮，打开如图 15-7 所示的“定向视图工具”对话框。利用该对话框，可自由旋转、寻找合适的视角、设置关联方位视图和实时预览等。设置完成后，单击鼠标中键就可以放置基本视图。

图 15-6　“基本视图”对话框　　　　图 15-7　“定向视图工具”对话框

☑　比例：用于设置图纸中的视图比例。

15.2.2　添加投影视图

在完成基本视图添加后，还可以添加投影视图，该投影视图和基本视图相关联。单击“投影视图”按钮或选择“菜单”→“插入”→“视图”→“投影”命令，打开如图 15-8 所示的“投影视图”对话框。

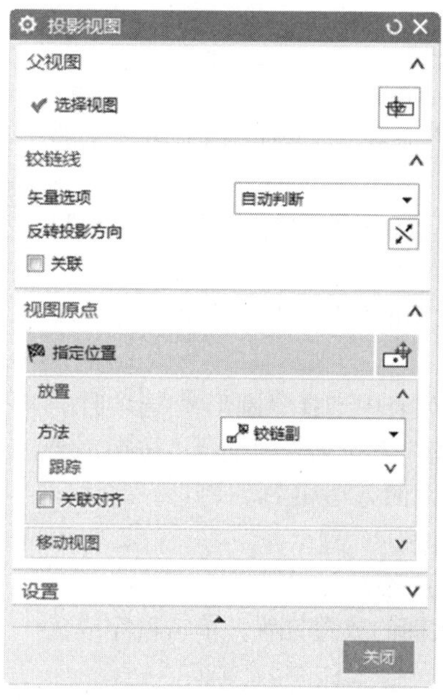

图 15-8　“投影视图”对话框

“投影视图”对话框主要选项的含义如下。

☑ 父视图：系统会默认地自动选择上一步添加的视图为主视图来生成其他视图，但是用户可以单击“选择视图”按钮，选择相应的主视图。

☑ 铰链线：系统会默认自动在主视图的中心位置出现一条折叶线，同时用户可以拖曳光标方向来改变折叶线的法向方向，以此来判断并实时预览生成的视图。用户可以单击“反转投影方向”按钮，则系统按照铰链线的反向方向生成视图。

☑ 移动视图：用于在视图放定位置后，重新移动视图。

采用这种方法，可以一次重复生成各种方向的视图，并且同时预览三维实体，只有在放定以后才真正生成最后的图纸。

其他各选项与基本视图中选项相同。图 15-9 为添加的减速器侧视图。

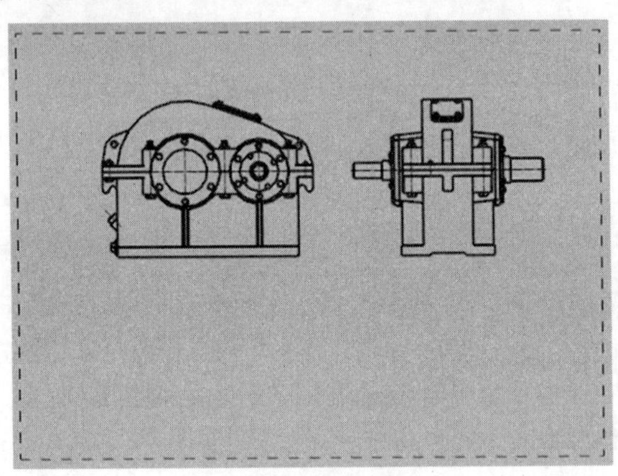

图 15-9　减速器侧视图

15.2.3　添加局部放大图

添加局部放大图的操作方法如下。

（1）单击“局部放大图”按钮或选择“菜单”→“插入”→“视图”→“局部放大图”命令，打开如图 15-10 所示的“局部放大图”对话框。

（2）在图纸中捕捉边界中心点，拖曳光标到适当位置绘制边界。

（3）在图纸中指定局部放大图的放置位置，单击以完成添加局部放大图。

上述步骤为在“类型”下拉列表中选择“圆形 ”选项时的局部放大图建立方法，当在“类型”下拉列表中选择“按拐角绘制矩形” 选项时，建立局部放大图的方法如下。

（1）选择父视图。

（2）指定拐角点 1 和拐角点 2 绘制边界。

（3）在图纸中指定局部放大图的放置位置，单击以完成建立矩形局部放大图。

同一位置的圆形、矩形边界局部放大图如图 15-11 所示。

图 15-10　“局部放大图”对话框

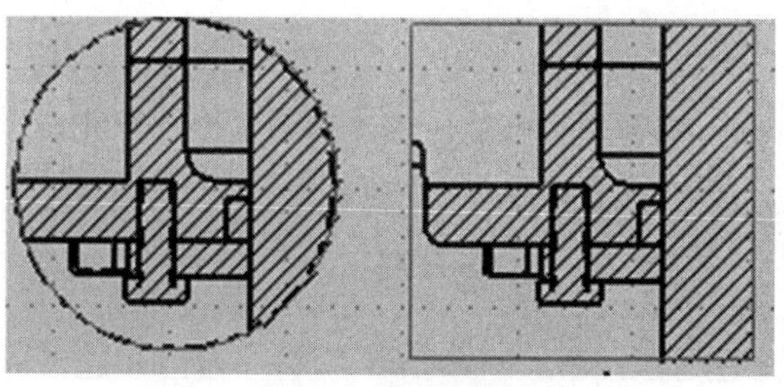

图 15-11　圆形、矩形边界局部放大图

15.2.4　添加剖视图

建立简单剖视图的操作方法如下。

（1）单击“剖视图”按钮或选择“菜单”→“插入”→“视图”→“剖视图”命令，打开如图 15-12 所示的“剖视图”对话框。

图 15-12　“剖视图”对话框

（2）在“方法”下拉列表中选择“简单剖/阶梯剖”选项，选择要建立简单剖视图的父视图，选择时既可以在部件导航器中选择，也可以在绘图区中选择。

（3）选择好父视图后，指定截面线段的位置。

（4）选择好位置后单击“关闭”按钮。图 15-13 为建立的减速器简单剖视图。

Note

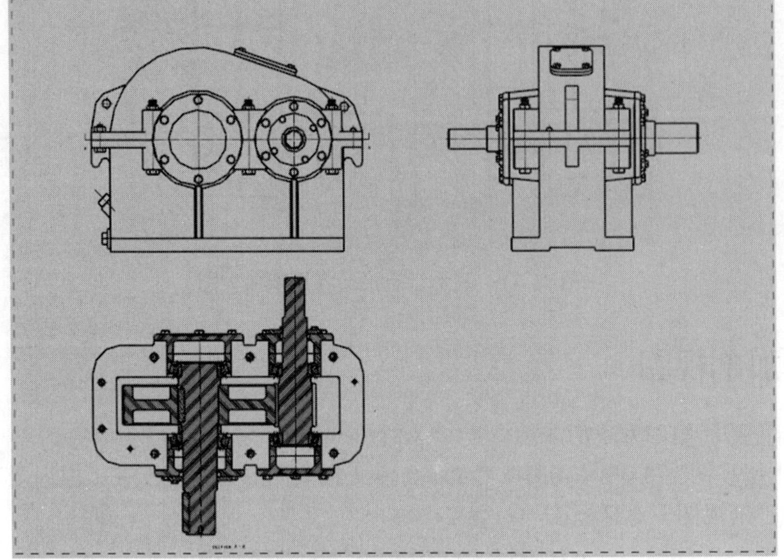

图 15-13　减速器简单剖视图

建立阶梯剖视图的操作方法如下。

（1）单击“剖视图”按钮或选择“菜单”→“插入”→“视图”→“剖视图”，打开“剖视图”对话框，在“方法”下拉列表中选择“简单剖/阶梯剖”。

（2）选择要建立阶梯剖的父视图。

（3）指定截面线段的位置，然后指定视图原点的位置。

（4）单击“关闭”按钮。与建立简单剖视图不同的是，此处可以定义多个剖切段和折弯段，如图 15-14 所示。

（5）在图形界面中将剖视图拖曳到适当的位置，单击即可建立阶梯剖视图。

阶梯剖视图的示意图如图 15-14 所示。

建立半剖视图的操作方法如下。

（1）单击“剖视图”按钮或选择“菜单”→“插入”→“视图”→“剖视图”命令，打开“剖视图”对话框，在“方法”下拉列表中选择“半剖”选项。

（2）选择要建立半剖的父视图，选择时既可以在部件导航器中选择，也可以在绘图区中选择。

（3）选择好父视图后，选择截面线段。

（4）在图形界面中将剖视图拖曳到适当的位置，单击即可建立半剖视图。

半剖视图的示意图如图 15-15 所示。

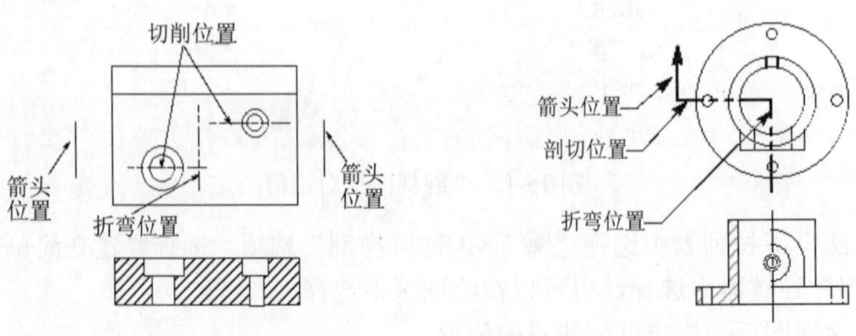

图 15-14　阶梯剖视图　　　　图 15-15　半剖视图

Note

15.2.5 建立局部剖视图

建立局部剖视图的过程如下。

（1）划定局部剖视图的范围，操作方法如下。

① 选择“菜单”→“视图”→“操作”→“扩大”命令，在打开的对话框中选择要建立局部剖视图的视图，或者直接右击要建立局部剖视图的视图，然后在打开的菜单中选择“扩大”命令，进入单视图模式。

② 在该视图中利用“菜单”→“插入”→“曲线”命令建立封闭曲线，定义局部剖视图的范围。

③ 建立好曲线后，在视图中右击，在打开的菜单中选择“扩大”命令，退出单视图模式，或选择“视图”→“操作”→“扩大”命令，也可以退出单视图模式。

（2）单击“局部剖视图”按钮或选择“菜单”→“插入”→“视图”→“局部剖”命令，系统打开“局部剖”对话框，如图 15-16 所示。用户可以对局部剖视图进行创建、编辑或删除。

（3）按照如图 15-16 所示的对话框中的选项，依次选择要建立局部剖视图的视图，定义局部剖视图的基点和矢量方向，选择局部剖视图的折断线，最后单击“应用”按钮建立局部剖视图。选择曲线后，曲线上会出现红色的圆圈，单击红色的圆圈，然后移动鼠标，可以修改曲线的边界。

图 15-16 “局部剖”对话框

15.3 修改工程视图

利用工程视图的修改功能可以对现有工程图进行修改。

15.3.1 移动和复制视图

选择“菜单”→“编辑”→“视图”→“移动/复制”命令，系统打开“移动/复制视图”对话框，如图 15-17 所示。利用该对话框可以移动或复制视图，当选中“复制视图”复选框时为复制视图，否则为移动视图。对于复制视图，还可以在“视图名”文本框中设定新视图的名称。

移动或复制视图的方法完全相同，如下所述。

1. 至一点

“至一点”方法的操作步骤如下。

（1）在如图 15-17 所示的对话框的列表中选择要移动或复制的视图，或者在绘图区中直接选

取，既可以选择一个视图也可以选择多个视图。单击“取消选择视图”按钮，可以取消已选的视图。

（2）选择“至一点”方法，在图形界面中移动光标至合适位置，单击即可完成视图的移动或复制。

（3）选择“至一点”方法后，系统下方出现如图 15-18 所示的“跟踪条”对话框，在该对话框的 XC、YC 文本框中输入点的坐标，然后按 Enter 键也可以完成视图的移动或复制。

Note

图 15-17 “移动/复制视图”对话框

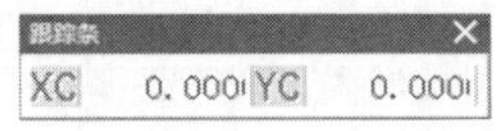

图 15-18 跟踪条

注意：无论是移动或复制一个视图还是多个视图，所定义的点指的都是所选第一个视图的中心位置。

2. 水平

“水平”方法的操作步骤如下。

（1）选择要移动或复制的视图。

（2）选择“水平”方法，在图形界面中移动光标至合适位置，或者在如图 15-18 所示的“跟踪条”对话框的 XC、YC 文本框中输入点的坐标，单击或按 Enter 键即可完成视图的移动或复制。

移动或复制视图时只能在水平方向进行，所以输入的坐标也只有 XC 坐标有效。

3. 竖直

“竖直”方法与水平方法类似，不同的是移动或复制视图时只能在竖直方向进行，输入的坐标也只有 YC 坐标有效。

4. 垂直于直线

“垂直于直线”方法的操作步骤如下。

（1）选择要移动或复制的视图。

（2）选择“垂直于直线”方法，利用矢量构造器或在图形界面中选择对象定义矢量。

（3）在图形界面中移动光标至合适位置，移动时只能沿着垂直于所定义的矢量方向，单击即可完成视图的移动或复制。

5. 至另一图纸

“至另一图纸”方法只有在存在多个图纸时才可选，操作步骤如下。

（1）选择要移动或复制的视图。

（2）选择“至另一图纸”方法，系统打开如图 15-19 所示的“视图至另一图纸”对话框，在该对话框中选择要移至的图纸，单击“确定”按钮完成视图的移动或复制。

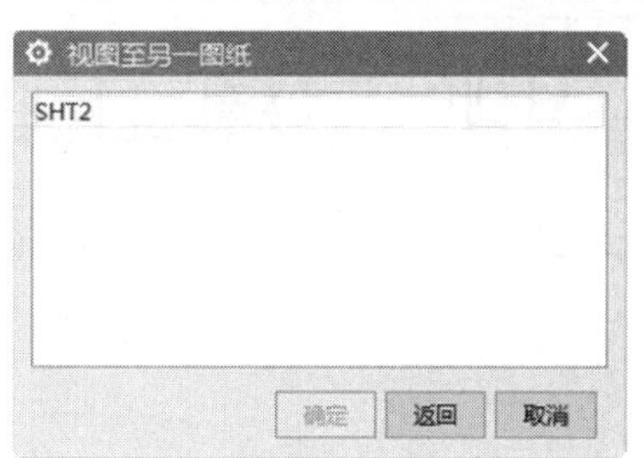

图 15-19　“视图至另一图纸”对话框

15.3.2　对齐视图

选择“菜单”→“编辑”→“视图”→“对齐”命令，系统打开“视图对齐”对话框，如图 15-20 所示。

在“视图对齐”对话框“对齐”下拉列表中有 3 个选项：模型点、对齐至视图和点到点，用于定义对齐视图时的参考点。在“方法”下拉列表中有叠加、水平、竖直、垂直于直线、铰链副和自动判断 6 种对齐的方法。

下面以水平对齐方法为例介绍 3 种对齐选项。

1. 模型点

“模型点”选项的操作步骤如下。

（1）选择“模型点”选项后，利用“点构造器”对话框或在要保持位置不变的视图中直接选取模型中的点。

（2）在如图 15-20 所示的对话框的“列表”栏中或者单击“选择视图”按钮在图形界面中选择要对齐的视图。

（3）选择“水平”对齐方法，系统自动完成对齐视图，对齐时步骤（1）中选择的视图位置不变。

“模型点”选项以模型点在各个视图中的点作为对齐参考点在水平方向进行对齐，即视图只在竖直方向移动，水平坐标不变，如图 15-21 所示。

图 15-20　“视图对齐”对话框

2. 对齐至视图

“对齐至视图”选项的操作步骤为如下。

（1）选择“对齐至视图”选项，然后选择要保持位置不变的视图。

（2）选择要对齐的视图。

（3）选择“水平”对齐方法，系统自动完成对齐视图。

“对齐至视图”选项以各个视图的中点作为对齐的参考点进行对齐，如图 15-22 所示。

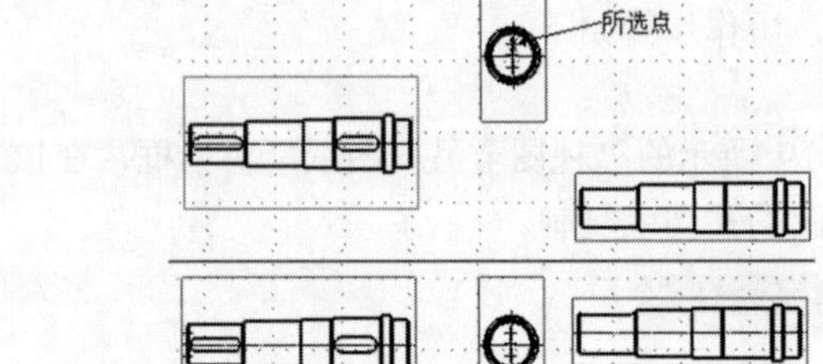

图 15-21　选择“模型点”选项对齐前后

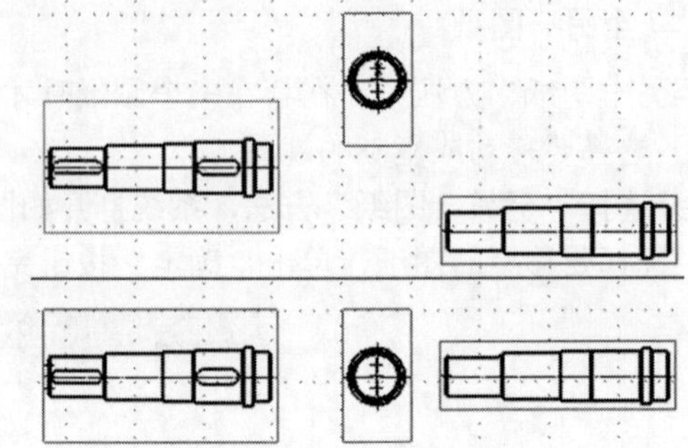

图 15-22　选择“视图中心”选项对齐前后

3．点到点

“点到点”选项的操作步骤如下。

（1）选择“点到点”选项，然后在要保持位置不变的视图中选择参考点。

（2）在要对齐的视图中选择参考点。

（3）选择“水平”对齐方法，系统自动完成对齐视图。

“点到点”选项将所选的参考点进行对齐，如图 15-23 所示。

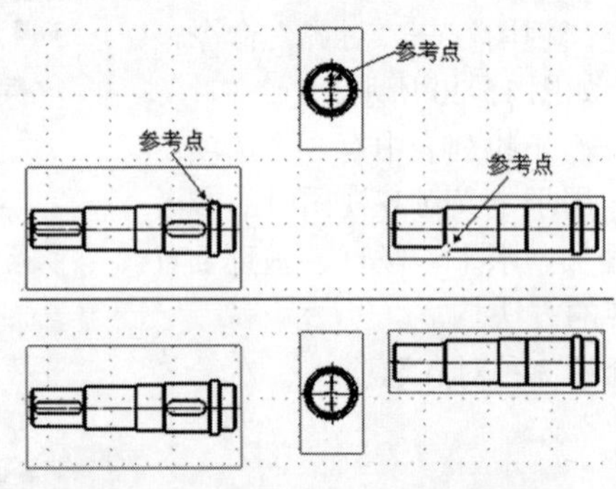

图 15-23　“点到点”方法对齐前后

15.3.3　删除视图

删除视图的方法有以下 3 种。

（1）选择“菜单”→“编辑”→“删除”命令，在打开的“类选择”对话框中选择要删除的视图，单击“确定”按钮删除视图。

（2）在图形界面中直接右击要删除的视图，然后在打开的菜单中选择“删除”命令，即可删除该视图。

（3）在部件导航器中直接右击要删除的视图，然后在打开的菜单中选择“删除”命令，也可以删除该视图。

15.4　尺寸标注

尺寸标注是工程图中一个重要的环节，本节将讲述尺寸标注的有关事项与方法。

Note

15.4.1 尺寸标注的方法

选择“菜单”→“插入”→“尺寸”命令，系统打开“尺寸”子菜单，如图 15-24 所示。在该子菜单中选择相应选项可以在视图中标注对象的尺寸。“尺寸”组如图 15-25 所示，在该组中选择相应选项也可以标注尺寸。

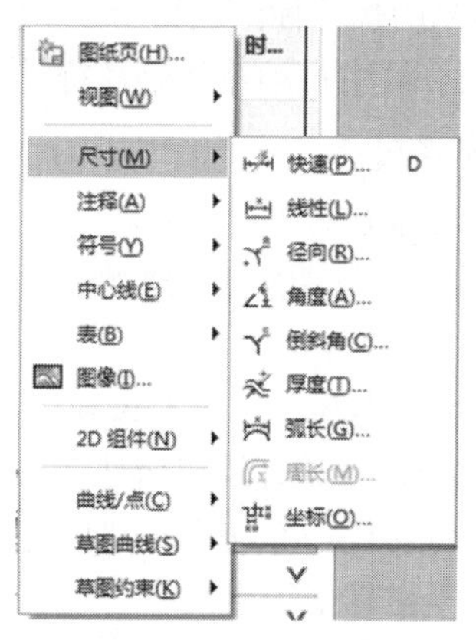

图 15-24 “尺寸”子菜单

图 15-25 “尺寸”组

尺寸标注具体方法如下所述。

（1）快速：可用单个命令和一组基本选择项从一组常规、好用的尺寸类型快速创建不同的尺寸。以下为“快速尺寸”对话框中的各种测量方法。

① 自动判断：系统根据所选对象的类型和光标位置自动判断生产尺寸标注。可选对象包括点、直线、圆弧、椭圆弧等。

② 水平：该选项用于指定与约束两点间距离的与 XC 轴平行的尺寸（也就是草图的水平参考），选择好参考点后，移动光标到合适位置，单击确定就可以在所选的两个点之间建立水平尺寸标注。

③ 竖直：该选项用于指定与约束两点间距离的与 YC 轴平行的尺寸（也就是草图的竖直参考），选择好参考点后，移动光标到合适位置，单击确定就可以在所选的两个点之间建立竖直尺寸标注。

④ 点到点：该选项用于指定与约束两点间距离，选择好参考点后，移动光标到合适位置，单击确定就可以建立尺寸标注平行于所选的两个参考点的连线。

⑤ 垂直：选择该选项后，首先选择一个线性的参考对象，线性参考对象可以是存在的直线、线性的中心线、对称线或者是圆柱中心线。然后利用捕捉点工具条在视图中选择定义尺寸的参考点，移动光标到合适位置，单击确定就可以建立尺寸标注。建立的尺寸为参考点和线性参考之间的垂直距离。

（2）线性：可将 6 种不同线性尺寸中的一种创建为独立尺寸，或者在尺寸集中选择链或基线，创建为一组链尺寸或基线尺寸。以下为“线性尺寸”对话框中的测量方法（其中水平、竖直、点到点、垂直与上述快速尺寸中的一致，这里不再列举）。

① 圆柱式。该选项以所选两对象或点之间的距离建立圆柱的尺寸标注。系统自动将系统默认的直径符号添加到所建立的尺寸标注上，在“尺寸型式”对话框中可以自定义直径符号和直径符号与尺寸文本的相对关系。

Note

② 孔标注：该选项用于标注视图中孔的尺寸。在视图中选取圆弧特征，系统自动建立尺寸标注，并且自动添加直径符号，所建立的标注只有一条引线和一个箭头。

（3）径向：用于创建4个不同的径向尺寸类型中的一种。

① 直径：该选项用于标注视图中的圆弧或圆。在视图中选取圆弧或圆后，系统自动建立尺寸标注，并且自动添加直径符号，所建立的标注有两个方向相反的箭头。

② 径向：该选项用于建立径向尺寸标注，所建立的尺寸标注包括一条引线和一个箭头，并且箭头从标注文本指向所选的圆弧。系统还会在所建立的标注中自动添加半径符号。

③ 孔标注：用来标注工程图中所选大圆弧的半径尺寸。

（4）角度：该选项用于标注两个不平行的线性对象间的角度尺寸。

（5）倒斜角：该选项用于定义倒角尺寸，但是该选项只能用于45º角的倒角。在“尺寸型式”对话框中可以设置倒角标注的文字、导引线等类型。

（6）厚度：该选项用于标注等间距两对象之间的距离尺寸。选择该项后，在图纸中选取两个同心而半径不同的圆，选取后移动光标到合适位置，单击后系统标注出所选两圆的半径差。

（7）弧长：该选项用于建立所选弧长的长度尺寸标注，系统自动在标注中添加弧长符号。

（8）坐标：创建坐标尺寸，测量从公共点沿一条坐标基线到某一对象上位置的距离。

15.4.2 注释

使用“注释”命令创建和编辑注释及标签。通过对表达式、部件属性和对象属性的引用来导入文本，文本可包括由控制字符序列构成的符号或用户定义的符号。

单击“注释”按钮A或选择“菜单”→“插入”→“注释”→“注释”命令，打开如图15-26所示的“注释”对话框。

“注释”对话框中主要选项的具体内容如下。

1．文本输入

（1）编辑文本。

① 清除：清除所有输入的文字。

② 剪切：从窗口中剪切选中的文本。剪切文本后，将从编辑窗口中移除文本并将其复制到剪贴板中。

③ 复制：将选中文本复制到剪贴板，然后将复制的文本重新粘贴回编辑窗口或插入支持剪贴板的任何其他应用程序中。

④ 粘贴：将文本从剪贴板粘贴到编辑窗口中的光标位置。

⑤ 删除文本属性：删除字型为斜体或粗体的属性。

⑥ 选择下一个符号：注释编辑器输入的符号来移动光标。

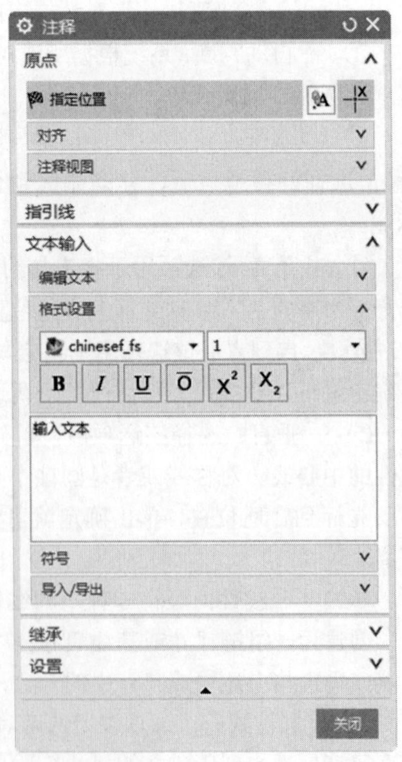

图15-26 “注释”对话框

（2）格式设置。

① x^2上标：在文字上面添加内容。

② x_2下标：在文字下面添加内容。

③ chinesef_fs 选择字体：用于选择合适的字体。

（3）符号：插入制图符号。

（4）导入/导出。

① 插入文件中的文本：将操作系统文本文件中的文本插入当前光标位置。

② 注释另存为文本文件：将文本框中的当前文本另存为 ASCII 文本文件。

2．继承

选择注释：用于添加与现有注释的文本、样式和对齐设置相同的新注释。还可以用于更改现有注释的内容、外观和定位。

3．设置

（1）设置：单击此按钮，打开“设置”对话框，为当前注释或标签设置文字首选项。

（2）竖直文本：选中此复选框，在编辑窗口中从左到右输入的文本将从上到下显示。

（3）斜体角度：相应字段中的值将设置斜体文本的倾斜角度。

（4）粗体宽度：设置粗体文本的宽度。

（5）文本对齐：在编辑标签时，可指定指引线短画线与文本和文本下画线对齐。

15.5 综合实例——踏脚座零件工程图

视频讲解

本节以创建踏脚座零件的工程图为例，详细介绍 UG 工程图的建立和编辑方法，包括视图绘制和标注尺寸等内容。

15.5.1 视图绘制

本节主要介绍工程图的创建，各种视图的投影及编辑视图等操作。

（1）启动 UG NX 12.0，单击“新建”按钮或选择“菜单”→“文件”→“新建”命令，创建新部件，文件名为 tajiaogangongchengtu。

（2）单击“制图”按钮或选择“菜单”→“应用模块”→“设计”→“制图”命令，打开“工作表”对话框，如图 15-27 所示。可以采用系统默认图纸页名称，在“大小”下拉列表中根据模型大小和比例选择合适大小的图纸页面，这里在“大小”下拉列表中选择 A3-297×420 选项，在“比例”下拉列表中选择 1∶1 选项，“单位”选中“毫米”单选按钮。单击“确定”按钮，进入制图模块。

（3）调用图样。不同幅面图纸使用大小不同图框，通常制图者会预先设计一系列图框，根据绘制工程图的幅面大小调用这些图框。

单击“替换模板”按钮或选择“菜单”→“GC 工具箱”→“制图工具”→“替换模板”命令，打开“工程图模板替换”对话框，如图 15-28 所示。单击“确定”按钮，完成模板的替换操作。图板模型如图 15-29 所示。

图 15-27 “工作表”对话框

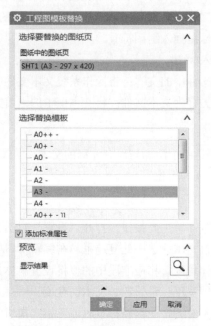

图 15-28 “工程图模板替换”对话框

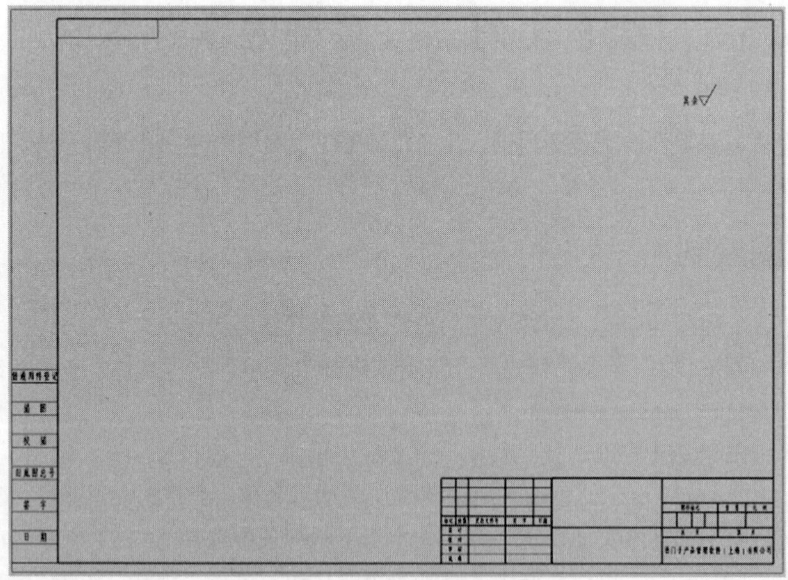

图 15-29 图板模型

（4）创建基本视图。单击“基本视图”按钮或选择“菜单”→“插入”→“视图”→“基本”命令，打开如图 15-30 所示的“基本视图”对话框，在“要使用的模型视图”下拉列表中选择“俯视图”。将俯视图放置到适当的位置，单击“关闭”按钮，创建的工程图如图 15-31 所示。

图 15-30 “基本视图”对话框

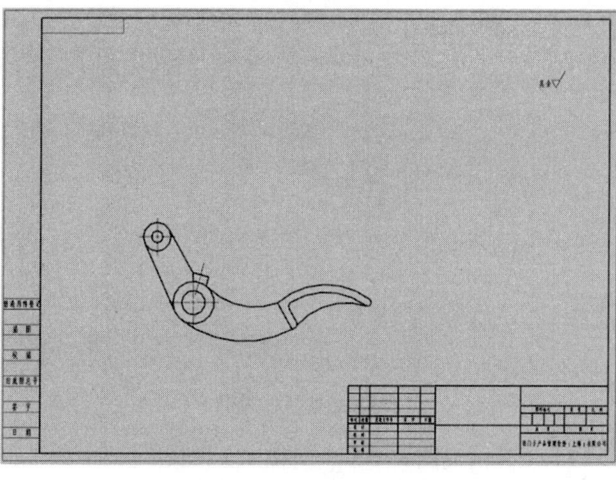

图 15-31 基本视图工程图

（5）移动基本视图。如果这时感觉基本视图在图框中的位置不合适，可以单击“移动/复制视图”按钮或选择“菜单”→“编辑”→“视图”→“移动/复制”命令，打开如图 15-32 所示的“移动/复制视图”对话框。单击对话框中需要移动的视图名称，再单击移动方式“竖直”按钮，移动鼠标则视图跟随光标在竖直方向一起移动。移动至合适位置，单击“取消”按钮，完成移动操作。

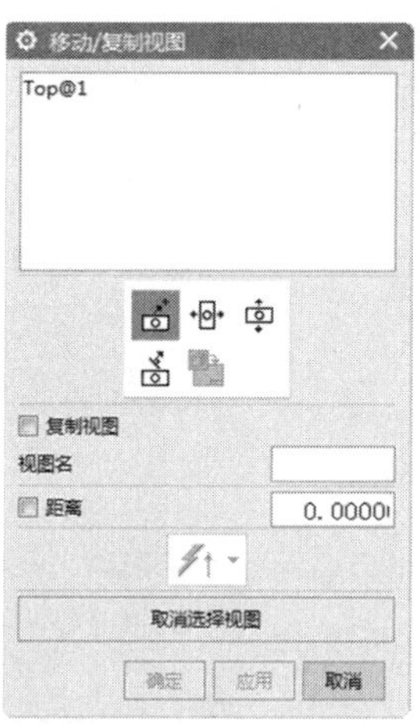

图 15-32 “移动/复制视图”对话框

（6）创建投影视图。在工程图中一个基本视图是不能详细表达一个实体模型的，需要创建其他投影视图。

为了清楚表达踏脚杆最小圆柱体俯视图形式，单击“投影视图”按钮或选择“菜单”→“插

Note

入"→"视图"→"投影"命令，打开"投影视图"对话框，如图15-33所示。投影示意图如图15-34所示，将视图移动到合适位置，单击完成投影视图的创建。

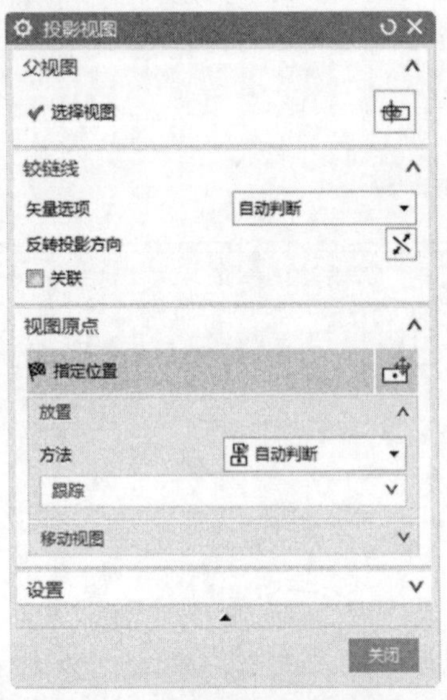

图15-33 "投影视图"对话框

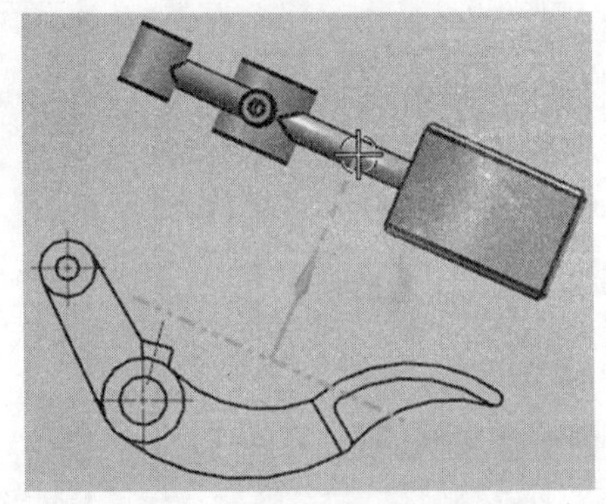

图15-34 投影视图添加示意图

（7）创建剖视图。单击"剖视图"按钮或选择"菜单"→"插入"→"视图"→"剖视图"命令，打开"剖视图"对话框，如图15-35所示。在"方法"下拉列表中选择"简单剖/阶梯剖"选项，选择俯视图为剖视图的父视图，选择截面线段将剖视图移动到适当位置，示意图如图15-36所示。单击完成剖视图的创建，如图15-37所示。

图15-35 "剖视图"对话框

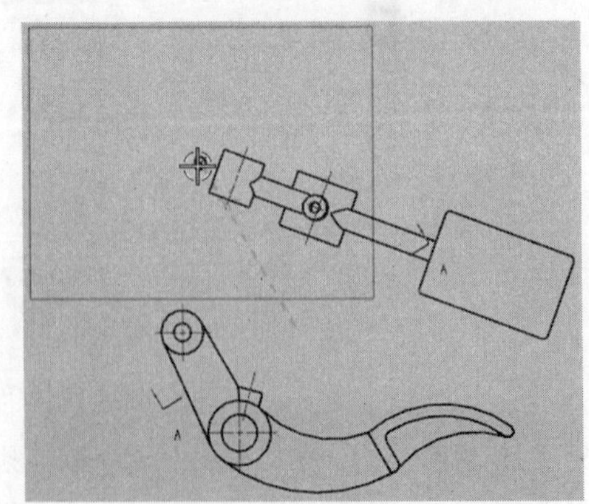

图15-36 剖视图添加示意图

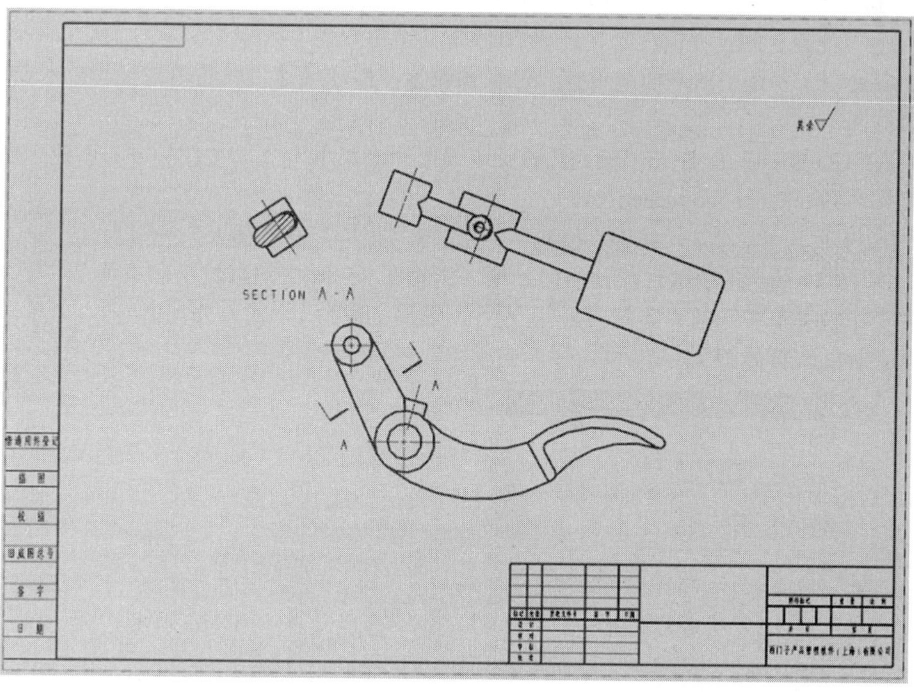

图 15-37 视图模型

（8）同步骤（7），创建剖视图 2，并调整各视图位置。创建工程图如图 15-38 所示。

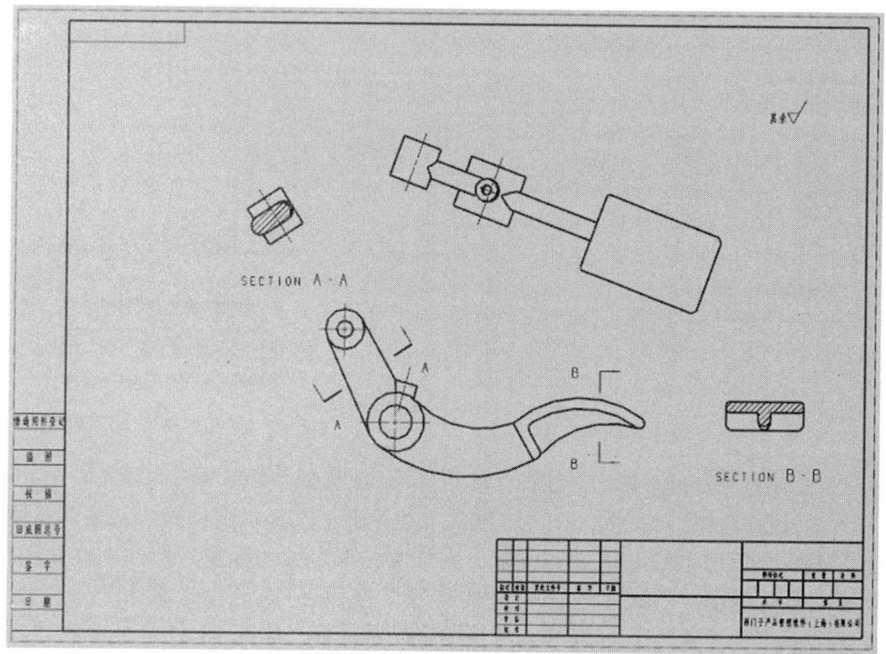

图 15-38 踏脚杆工程图

（9）将文件以 tajiaozuogongchengtu 为文件名进行保存。

Note

15.5.2 标注

本节主要介绍工程图中的剖面线设置，注释预设置，标注尺寸、表面粗糙度和技术要求等操作，最后生成工程图。

（1）启动 UG NX 12.0，单击“新建”按钮或选择“菜单”→“文件”→“新建”命令，创建新部件，文件名为 tajiaogangongchengtu。

（2）标注水平尺寸。单击“线性”按钮或选择“菜单”→“插入”→“尺寸”→“线性”命令，打开如图 15-39 所示的“线性尺寸”对话框。选择图 15-40 中的直线 1 和直线 2，在“编辑”工具栏“公差”下拉菜单中选择“等双向公差”，设置小数为 1，输入公差值为 0.1。单击完成水平尺寸的标注，标注式样如图 15-40 所示。

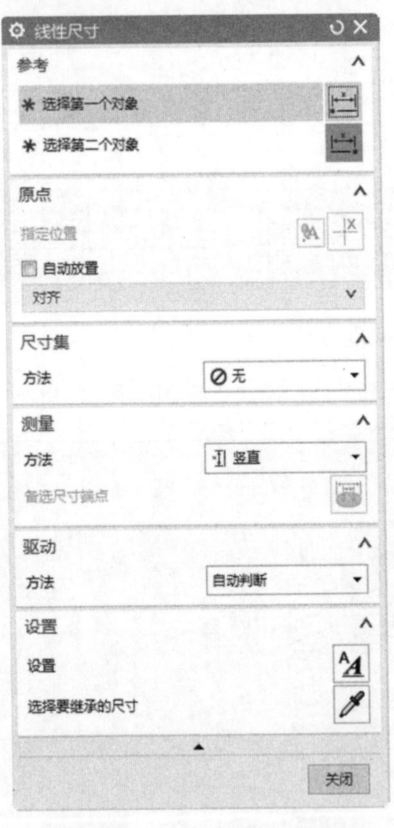

图 15-39 “线性尺寸”对话框

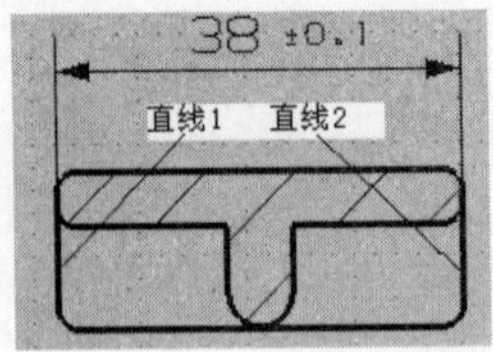

图 15-40 标注样式模型

（3）标注圆柱体直径尺寸。单击“线性”按钮或选择“菜单”→“插入”→“尺寸”→“线性”命令，打开“线性尺寸”对话框，在“方法”下拉列表中选择“圆柱式”选项，在视图中选择圆柱体轮廓线，将标注的尺寸放置在适当的位置，完成圆柱形尺寸的标注，标注式样如图 15-41 所示。

（4）标注表面粗糙度。单击“表面粗糙度符号”按钮或选择“菜单”→“插入”→“注释”→“表面粗糙度符号”命令，打开“表面粗糙度”对话框，如图 15-42 所示。在“除料”下拉列表中选择“需要除料”选项，在“下部文本（a2）”文本框中输入 6.3，在“角度”文本框中输入–20，将符号放置在如图 15-43 所示的位置。

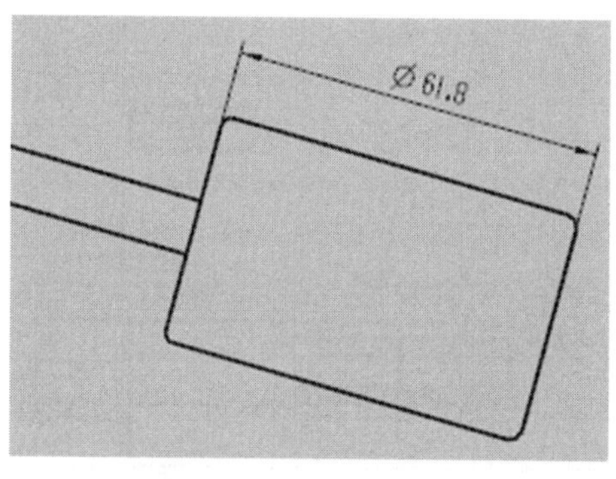

图 15-41 直径标注样式

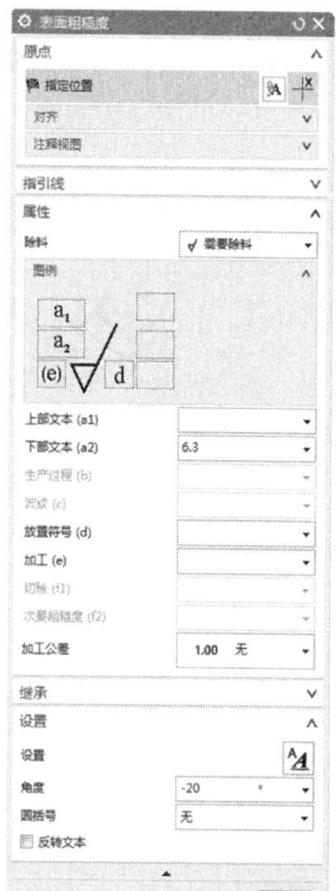

图 15-42 “表面粗糙度”对话框

（5）标注技术要求。单击“注释”按钮A 或选择“菜单”→“插入”→“注释”→“注释”命令，打开如图 15-44 所示的对话框。在对话框中输入技术要求等，将文字放在图面右侧中间，然后单击“关闭”按钮。生成工程图如图 15-45 所示。

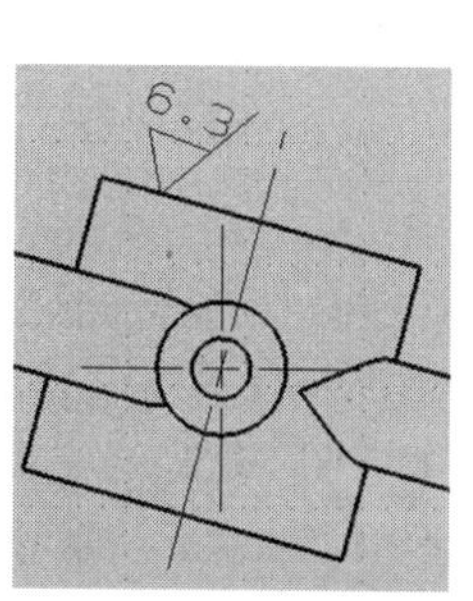

图 15-43 标注式样

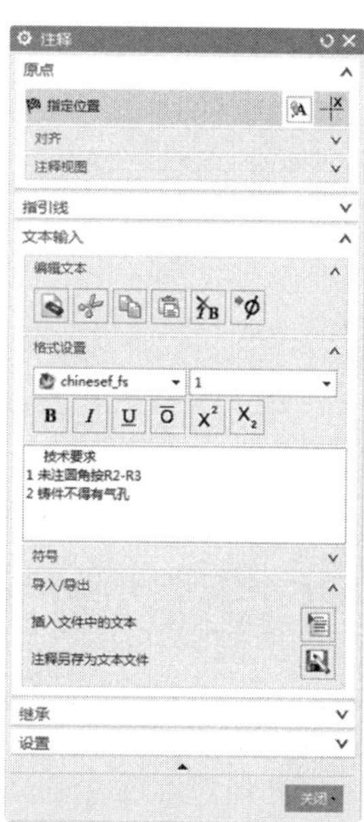

图 15-44 “注释”对话框

Note

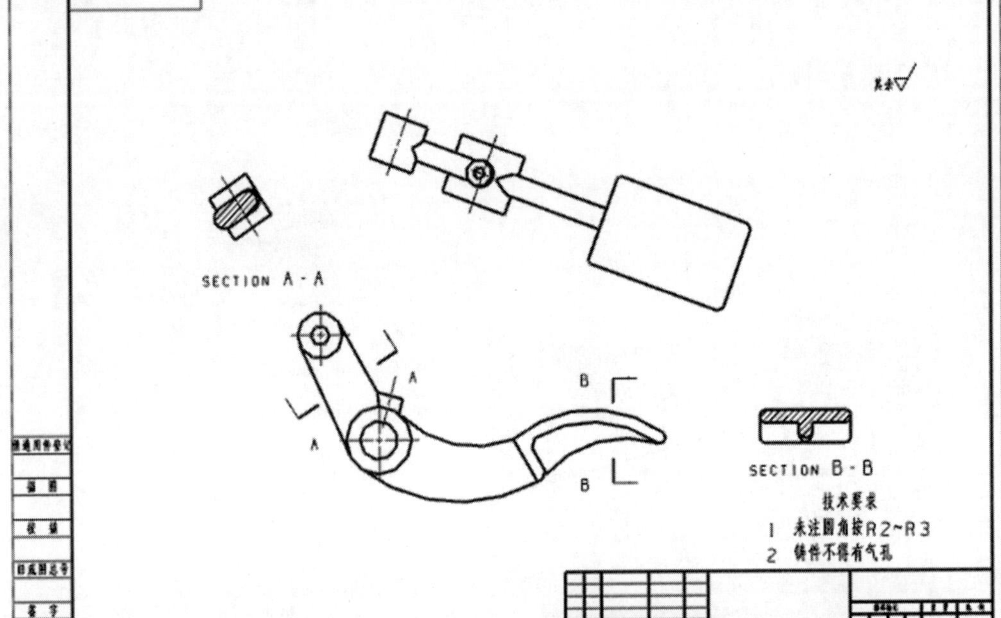

图 15-45 踏脚杆工程图

第16章

UG/Open API 开发入门

二次开发，就一般意义来说，可以分为对应用软件自身功能的开发和对软件界面的开发两大类。前一种开发包括经常提到的对某种软件的升级，或者类似于 3D 软件插件的开发；后一种开发，就是本章主要介绍的二次开发，它是在软件原有功能的基础上，利用它提供的开发函数来对相关功能进行重组以满足用户的需求，它是面向专用领域的，对于这种开发也称为界面开发。

本章主要介绍 UG/Open API 的开发过程和方法，包括.men 文件的制作、UI 块样式编辑器对话框的设计，以及对用户必须清楚的关键函数的讲解和几种调试方法的介绍，最后结合实例进行详细说明。

【学习重点】

- UG 二次开发知识储备
- UG/Open API 二次开发介绍
- 综合实例——长方体参数化介绍

16.1 UG 二次开发知识储备

Note

二次开发的实例如图 16-1 所示，需要说明的是，界面二次开发的过程所实现的功能基本上软件本身已实现了，开发者要做的就是对这些功能重新组合实现特殊需求，以提高效率，而对于软件本身未涉及的功能突破的可能性不大。

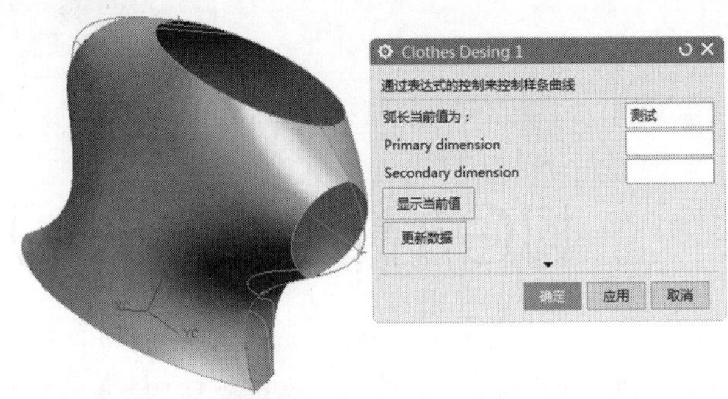

图 16-1　二次开发实例

俗话说“磨刀不误砍柴工”，本节结合作者的经验，详细介绍进行 UG 二次开发的前期准备工作。

16.1.1　软件功能的熟悉

二次开发工作之前，需要对 UG 软件的功能比较了解，越了解越好，越精通越好，但这主要还是取决于自己所开发的工作，从而精通相关的功能模块，至于 UG 的功能模块这里就不再介绍。最起码要清楚构建一个实体 UG 用哪些方法可以实现，哪些是 UG 没有涉及的。因为对于后面要进行的开发工作最好是利用 UG 的自身函数，否则自己另创的函数在实现后与 UG/Open API 自身函数相比，不论是在执行速度还是兼容性方面都要差些。了解 UG 自身的功能对于开发过程思路的发散大有好处，甚至可以避免犯全局性错误。

16.1.2　UG /Open 模块

1. UG/Open

UG/Open 通过一个开放的平台包含一系列的基于 UG 的应用软件的柔性集成。其目的是为了计算机集成应用，支持第三方和 UG 的应用，使基于不同的计算机平台从不同的场所（不同的网络）实现数据共享，甚至通过 Internet 访问它的内容。它在注重于集成化和本地化的软件应用的同时，还致力于建立一个能供各方利用的开放体系机构。

UG/Open 提供了一种使用户能够完成下列工作的应用软件和工具。

（1）通过 UG/Open API 或 UG/Open GRIP 提供了与 UG 对象模型（UG Object Model）的接口。

（2）生成和管理用户自定义对象（User Defined Objects 或 Custom Objects），提供一种刷新和显示用户自定义对象的方法。

（3）提供反映第三方应用软件的 UG 图形界面本地化方法。

（4）利用和集成新的 UG/Open 技术并使之成为应用可能。

2．UG/Open MenuScript

UG 的开发商可以使用 ASCII 文件来编辑现有的 UG 菜单文件（*.MEN 文件），通过一种集成的、无缝的方式来为其应用软件创建自定义菜单。

3．UG/Open UI 块样式编辑器

通过创建具有 UG 风格的对话框，使得 API 编程人员不必涉及图形用户接口编程（Graphical User Interface Programming）的细节，就可以完成 UG 对话框的建立。通过 MenuScript 文件中的动作（ACTION）相关联，动态加载 UI 块样式编辑器对话框。

4．UG/Open API(User Function)

允许程序访问的并且影响 UG 对象模型的函数集，同时还提供了与 UG 兼容的编译和链接程序的工具。它支持 C/C++语言，头文件（Header Files）支持 ANSI C，根据运行环境的不同，用户可以创建下面两种程序。

（1）外部程序（External）：可以在 UG 之外或是在 UG 的子进程中，直接从操作系统运行的单独程序。

（2）内部程序（Internal）：只能运行在 UG 会话的内部，可以被加载到 UG 进程空间中，其优点是大大减少了程序的执行量，并使得链接更加快速。

另外，在安装和使用 UG/Open API 软件包时，需要有一个 UG/Open 开发许可证（Development Licenses）和执行许可证来开发一个 UG/Open API 程序。用户可以使用 UF_initialize()访问许可证，并使用 UF_terminate()返回许可证。

在后面的实例中，UG/Open API 的二次开发环境是 VC++6.0，它所用的语言主要是 C，也可以是 C++或其他语言，但却在某种程度上限制了 MFC 功能的利用，较为可惜，也可以通过合适的接口从而利用 MFC 来开发 UG 界面，从而扩展开发工具的使用，带来很大的便利。所以，虽然是在 VC++6.0 的环境下开发 UG，但它所用到的语言主要是 C，开发人员如果能较好地掌握 C 语言即可进行开发工作。

16.1.3　帮助支持

开发的过程很多时候是要靠自己摸索的，所以一定的帮助文件必不可少。除了书本，UG NX 12.0 Documentation、UG/Open 和相关网站论坛也可以提供帮助。其中最主要的帮助文件是 UG NX 12.0 Documentation，几乎涉及了所有的 UG 功能的介绍，对于二次开发而言，它涵盖了所有的开发函数的帮助文档，而且还提供了部分的开发实例，但相对较少。在开发过程中，往往会因为不清楚某个函数的一个具体参数的用法而不断尝试，这需要花费很多时间，工作也较为重复。在 UG/Open 中提供了很多.c 文件，是可以直接拿过来用的函数模块，这就可以节省很多的时间和精力。另一个可以提供帮助的来源是论坛，如 BBS 或专门的网站等，这里提供一个专门的论坛网址：http://icax.cn/，是一个非常不错的论坛。

16.2　UG/Open API 二次开发介绍

本节主要介绍 UG/Open API 开发的方法和过程，以及一些需要引起注意的地方。

UG/Open API 可以大大缩短专用系统的开发周期。UG 的许多功能都可以在用户开发的应用软件

中调用，不必再重复开发一些通用的功能，这样就使得应用系统可以在较短的时间内投入使用。UG软件提供的UI块样式编辑器和MenuScript界面开发工具简化了开发专用软件界面的步骤，提高了交互界面的质量。因此，大大提高了CAD软件的操作性能。

Note

16.2.1 MenuScript文件

UG二次开发人员可以使用ASCII文件来编辑现有的UG菜单文件（*.MEN文件），通过一种集成的、无缝的方式来为其应用软件创建自定义菜单。大体上，MenuScript文件的书写是以关键字来表示菜单的内容和结构。下面是一个MenuScript文件，菜单项命令的功能是调用SampleDlg对话框。一定要注意书写格式。

```
VERSION 120
  EDIT UG_GATEWAY_MAIN_MENUBAR
  BEFORE UG_HELP
     CASCADE_BUTTON SAMPLE_DLG_CASCADE_BTN
     LABEL CUSTOMS
  END_OF_BEFORE
  MENU SAMPLE_DLG_CASCADE_BTN
      BUTTON LOAD_FILE_BNT
      LABEL SAMPLE_DIALOG...
 ACTIONS SampleDlg.dlg
  END_OF_MENU
```

表16-1介绍了MenuScript中几个常用关键字的含义。

表16-1 MenuScript中几个常用的关键字

关键字名称	含　义
AFTER	表示所添加的菜单按钮被放置在给定名称的按钮的后面
BEFORE	表示所添加的菜单按钮被放置在给定名称的按钮的前面
MODIFY	用户可以使用MODIFY和END_OF_MODIFY语句来包括一个或多个按钮定义和更改它们的现有属性，例如它们的LABEL或ACTIONS语句
BUTTON	指定菜单按钮的名称，该按钮名称的长度被限制在32个字符
ACTION	为Unigraphics菜单按钮指定一个菜单行为；在UG中菜单行为包括：标准行为、用户定义回调函数、UI块样式编辑器对话框、GRIP程序文件、用户工具文件、操作系统命令和UG/Open API

16.2.2 UI块样式编辑器的编辑

进入UG界面后，选择“菜单”→“应用模块”→“开发人员”→“块UI样式编辑器”命令（见图16-2），打开UI块样式编辑器（见图16-3），可以在对话框中添加所需控件并调整位置。在对话框中设置块ID、标签值、Cue等。需要注意的是，每次设置完属性页就需要确定修改（即单击“应用”或“确定”按钮），否则修改是不被保存的。图16-4为一个编辑好的对话框。

图 16-2 进入 UI 块样式编辑器

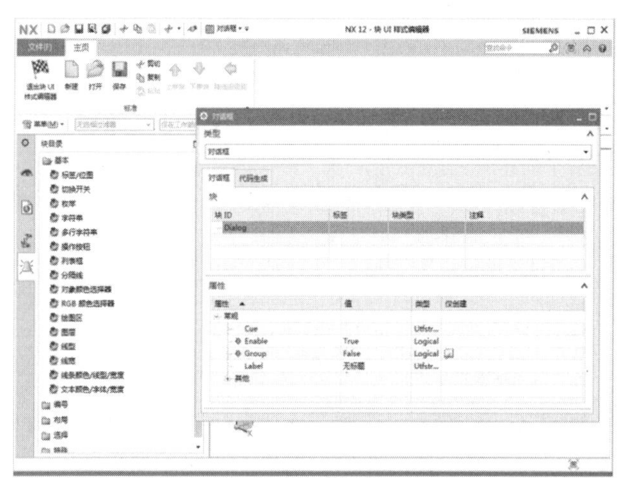

图 16-3 UI 块样式编辑器编辑界面

图 16-4 编辑好的 UI 块样式编辑器对话框

保存后会产生 3 个文件，分别是.dlg、.h 和.c 文件，一般将其保存到...\application 路径下即可。

16.2.3 环境变量的设置

1. 设置 UG 环境变量

可供设置的环境变量有 3 个：UG_VENDOR_DIR、UG_SITE_DIR 和 UG_USER_DIR。其中，在 UG_VENDOR_DIR 所设置的目录下存放 Unigraphics 指定的开发商的二次开发产品，在 UG_SITE_DIR 目录下存放其余开发者的产品，在 UG_USER_DIR 目录下存放用户自己开发的内容。其优先级依次为 VENDOR> SITE> USER。这 3 个变量都可以在 ugii_env.dat 文件中找到，该文件中存放了 UG 中用

到的所有环境变量。

设置环境变量的具体步骤：选中“计算机”并右击，在打开的快捷菜单中选择“属性”命令，打开“控制面板主页”对话框，在对话框左侧选择“高级系统设置”选项，打开“系统属性”对话框，选择“高级”选项，单击“环境变量”按钮，打开“环境变量”对话框，在“系统变量”选项下添加所需的系统变量，本例是在系统变量中添加的变量名为UG_USER_DIR，变量值为指定路径，如I:\exercise。

2. UG默认文件夹的设置

在上面的exercise文件夹下添加application和startup两个文件夹。每当UG启动时，它就会依据环境变量所指定的路径找到这两个文件（是UG默认访问的），其中在application文件夹中放入由UI块样式编辑器产生的.dlg文件和VC生成的.dll文件，在stratup文件夹中放入由MenuScript编辑后的.men文件。需要注意的是，.dlg、.dll和.men文件中引用的文件名必须保持一致。

3. VC++6.0中开发环境的设置

在这里主要进行的工作是添加UG的链接文件，以实现对即将导入的template.c和.h文件进行编辑，具体的工作步骤如下。

（1）选择菜单栏中的“工程”→“设置”命令，打开Project Settings对话框，选择“连接”选项卡，在“对象\库模板”选项中添加libufun.lib、libugopenint.lib这两个链接文件。在“输出文件名”中将生成的.dll文件指定到环境变量中已设定的exercise下的application文件夹中。

（2）选择菜单栏中的“工具”→ “选项”命令，打开“选项”对话框，打开“目录”选项卡，在“目录”下拉列表中选择Include files选项，并在“路径”选项下添加C:\PROGRAM FILES\UGS\NX 12.0\UGOPE和C:\PROGRAM FILES\UGS\NX 12.0 \UGII文件，其中的C:\PROGRAM FILES\UGS\NX 12.0\为系统安装UG时的路径。然后在“目录”下拉列表中选择Library files，并在“路径”选项下添加库文件C:\PROGRAM FILES\UGS\NX 12.0\UGOPE。

（3）导入UG生成的.c和.h文件。将application中的.c和.h文件进行导入“工程”→“添加到工程”→“文件”中。

16.2.4 要弄清楚的几个地方

1. UG调用内部UF的方式

UG调用内部UF的方式有两种：一种是启动UG后，选择“文件”→“执行”→NX..Open命令，User Function被运行（主要是通过ufusr()入口函数）；另一种是选择“菜单”→“应用模块”→“开发人员”→“UI块样式编辑器”命令（即菜单方式）来运行（相关的入口函数为ufsta()），内部UF的优点就是能处理UG的UI对象接口，实现和UG界面的无缝集成并扩充UG的特定功能、动态反映、交互操作等。

2. UF的License

UF_initialize()函数的调用应该紧跟程序中变量声明之后，是函数体中被执行的第一个函数。UF_terminate()是函数体中被调用的最后一个函数。

在函数体中用户使用UF_initialize()访问许可证，并使用UF_terminate()返回许可证。

3. User Exit

UG运行中的某些特定的地点存放着特定的入口，当执行到这些特定的入口时，UG就会检查是

否在此已定义了指向内部 UF 程序位置的环境变量，若有，则让指向的程序映像从此进入并运行，这个过程就叫作 User Exit。利用不同的 User Exit 能让用户自己内部 UF 程序在 UG 运行到特定点时被自动执行，不同的入口有不同的 User Exit 名称，就能决定内部 UF 程序在 UG 操作的何时被自动激活并执行。例如，启动 UG 时的 User Exit 是 ufsta();“文件”→“执行”→NX.. Open 的入口函数为 ufusr();用户创建新的 Part 的 User Exit 是 ufere()。

Note

16.2.5 调试方法

（1）最基本的调试方法是直接生成.dll 文件，然后放在 application 文件夹中，打开 UG 运行工程，检查是否存在问题。或者在 VC 中选择菜单栏中的“工程”→“设置”命令，打开 Project Settings 对话框，选择“调试”选项卡中的“可执行调试对象”选项，指定启动 UG 执行程序的位置，这样就可以在调试时用 debug 的方法直接启动 UG 并运行工程，而且可以和调试普通的工程一样跟踪查看变量的值。

如果是从菜单调用用户设计的对话框，UG 会自动锁定 application 下的.dll 文件，所以用上面的方法验证程序运行情况时发现出了问题，必须先将 UG 关闭，修改程序，然后重新执行，这样做的缺点是每次 debug 时都要重新启动 UG 系统，造成调试时间漫长。

（2）利用工程的用户入口，可以在程序中添加用户入口函数 extern void ufusr (char *param, int *retcode, int rlen)，建议将原程序文件中已有的 extern void <enter a valid user exit here> (char *param, int *retcode, int rlen)，修改成上面的 ufusr()入口函数即可，然后用 UG 的“文件”→“执行”→“NX.. Open”功能启动，直接可以运行、检验。这样做的好处是不需关闭 UG，如果发现问题可以结束工程的运行，这时.dll 文件就和 UG 完全失去联系，可以修改程序，重新编译这个.dll 文件覆盖，然后用 User function 启动检验，从而节省了大量的时间。如果工程运行结果满意，再将这个.dll 文件复制到 application 文件夹下使用。这种方法的缺点是查看变量值特别是结构体的变化情况很不方便。可以尽量利用将 sprintf()和 uc1601()结合使用输出变量值，另外还可以利用 UF_UI_open_listing_window()和 UF_UI_write_listing_window()函数将想要查看的变量值显示出来，以达到监控的目的。

此外，在开发的过程中发现，如果制作对话框时导入了图片，调试时.dll 文件就会被 UG 锁定，无法覆盖，所以在调试时最好不要在对话框中添加图片，等调试完毕后再加。

16.3 综合实例——长方体参数化设计

以下通过设计一个实例来讲解整个的二次开发流程。在本例中将完成一个长方体的创建并通过信息窗口显示成功创建信息和长方体参数。

首先完成系统环境变量 UG_USER_DIR 设置以及 application 和 startup 文件夹的建立。

16.3.1 对话框设计

选择“菜单”→“应用模块”→“开发人员”→“块 UI 样式编辑器”命令，进入 UI 块样式编辑器设计界面。

（1）设计对话框标题。选中对话框信息框中的根目录，如图 16-5 所示。

这时就可以在如图 16-6 所示的对话框中进行设计。可以在其中进行“标签值”“Cue”“Group 标签值”“块 ID 值”和 Navigation Style 的设置。

图 16-5 对话框信息窗口

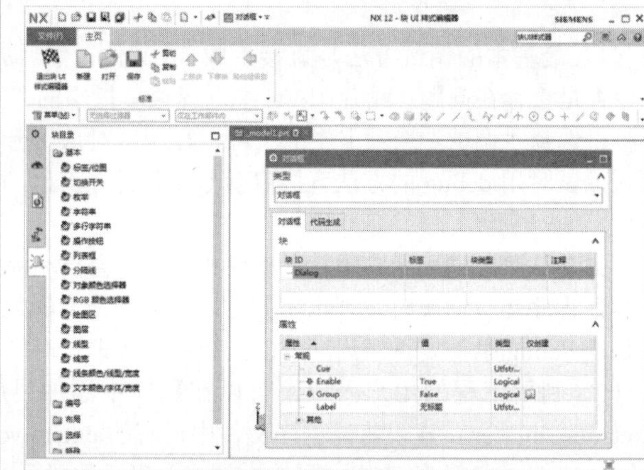

图 16-6 “对话框”窗口

（2）对话框设计：在如图 16-7 所示的对话框界面设计之前，利用块目录中的控件按钮，完成对话框设计，图 16-8 为完成对话框设计之后，设置控件属性如下。

① 对于“创建”控件（见图 16-5)，将其对应的块 ID 值设置为 Rectangle_action_create_cb。

② “长度”文本框其相应的块 ID 值设置为 Rectangle_double_len；“宽度”文本框其对应的块 ID 值设置为 Rectangle_double_width；“高度”文本框其对应的块 ID 值设置为 Rectangle_double_hight。

③ 其余的保持默认设置即可。

图 16-7 对话框界面设计之前

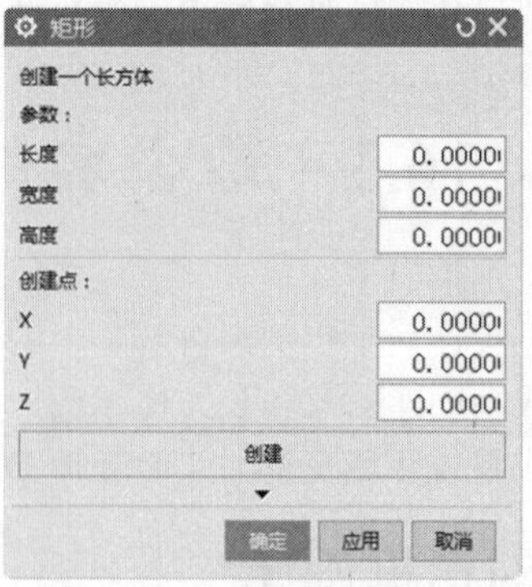

图 16-8 完成对话框设计后

16.3.2 MenuScrip 文件编辑

打开一个记事本文件，在其中输入如下信息（注意其中的格式、字母的准确性和大小写），之后将该文件另存为以.men 为后缀名的文件，并将其放置在 stratup 文件中。

```
VERSION 120
    EDIT UG_GATEWAY_MAIN_MENUBAR
    BEFORE UG_HELP
        CASCADE_BUTTON MODEL_DLG_CASCADE_BTN
        LABEL Sample…
    END_OF_BEFORE
    MENU MODEL_DLG_CASCADE_BTN
 BUTTON FIRST_BTN
        LABEL Rectangle…
        ACTIONS Rectangle.dlg
        SEPARATOR
     END_OF_MENU
```

16.3.3　.dll 文件生成

启动 VC++6.0，新建工程项目，在“新建”对话框“工程”选项卡→Win32 Dynamic-Link-Library 选项→“工程名称”文本框中输入文件名 Rectangle（说明：建议与 UI 块样式编辑器中对话框名称一样，这样最后生成的.dll 文件名就保持了一致），接着选中“一个空的 DLL 工程”单选按钮即可，如图 16-9 所示。

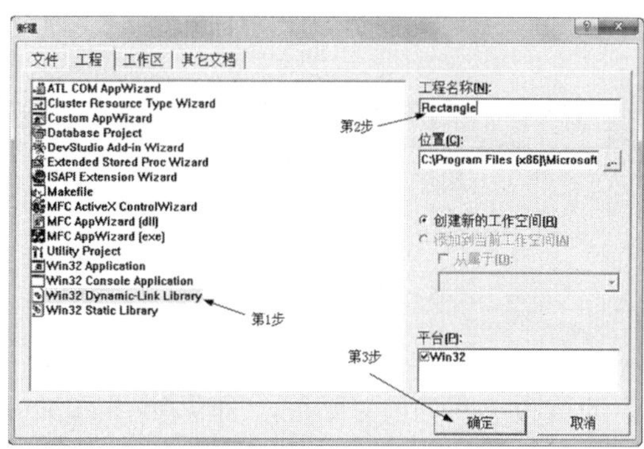

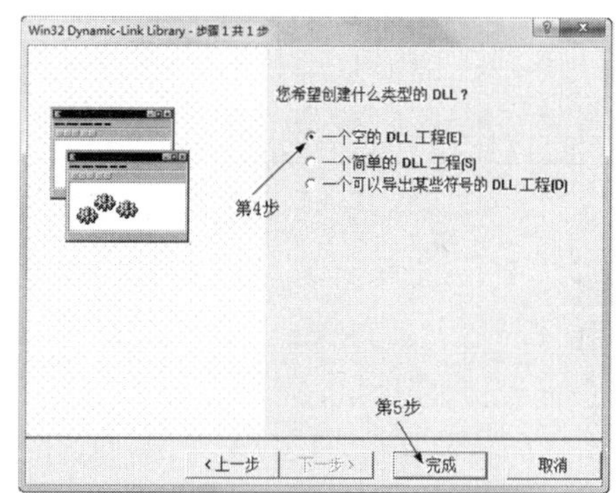

图 16-9　创建过程图

然后将上一步生成的 Rectangle.h 和 Rectangle_template.c 文件导入进行编辑，如图 16-10 所示。此时进行编译会发现有问题，将#include <Rectangle.h>改为#include "Rectangle.h"，这是因为“<>”内的头文件必须是系统默认的，而“""”内的头文件是用户自己编写的，如图 16-11 所示。

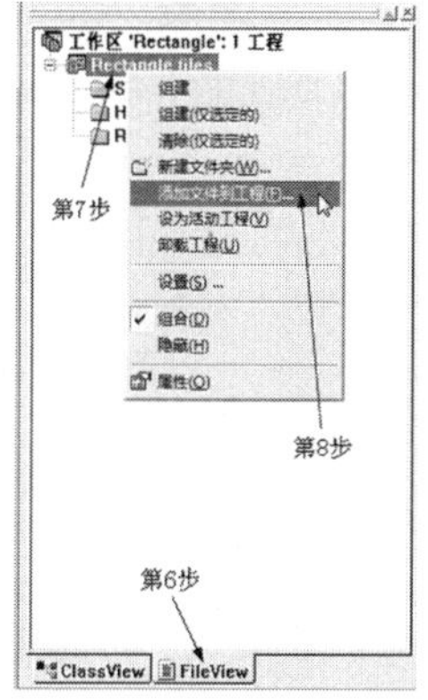

图 16-10　导入.c 和.h 文件

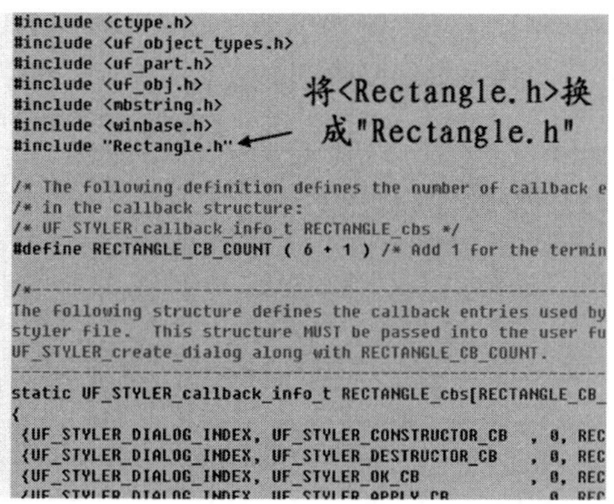

图 16-11　修改头文件

另外，还需要做以下必要的修改。

（1）找到 extern void ufsta (char *param, int *retcode, int rlen)函数，注释掉其前面的#ifdef MENUBAR_COMMENTED_OUT 和其后面的#endif /*MENUBAR_COMMENTED_ OUT，即如下函数段，在#ifdef 和#endif 前加“//”即可。

Note

```
#ifdef MENUBAR_COMMENTED_OUT
extern void ufsta (char *param, int *retcode, int rlen)
{
…
}
#endif /*MENUBAR_COMMENTED_OUT*/
```

说明：根据其上提供的帮助说明 MENUBAR HOOKUP HELP Example 可以得到详细说明。如果用户编译的对话框是从 UG 主菜单中启动的函数，需要借助 MenuScript 编辑的.men 文件产生下拉菜单从而调出对话框。那么就需要注释掉以上程序中的#endif /*MENUBAR_COMMENTED_OUT*/和#ifdef MENUBAR_COMMENTED_OUT 语句，否则，会由于没有定义 MENUBAR_COMMENTED_OUT，这个入口函数 ufsta()没有编译。方法就是在这两条语句前加上两斜杠“//”即可。这样就可以让入口函数 ufsta()起作用，从而在 UG 启动过程中加载程序，实现对 UG 界面菜单的编辑。

（2）找到如下函数。

```
#ifdef DISPLAY_FROM_CALLBACK
extern int <enter the name of your function> ( int *response )
{
…
}
#endif /* DISPLAY_FROM_CALLBACK */
```

说明：如果有其他对话框调出图 16-11 所示的修改头文件的对话框，则需将#ifdef DISPLAY_FROM_CALLBACK 和#endif /* DISPLAY_FROM_CALLBACK */注释掉，并起一个函数名，将其在头文件中定义说明。这主要是针对对话框间的互相调用而言的（注：本例中可以不用理会）。

（3）对于#ifdef DISPLAY_FROM_USER_EXIT 和//#endif /* 注释语句间的函数 DISPLAY_FROM_USER_EXIT。

说明：如果需要从 User Exit 启动该对话框，则需要将以上两语句注释掉并且将<enter a valid user exit here>换成 ufusr()（函数体内部的内容都不用动），同时释放出的还有 extern int ufusr_ask_unload (void)和 extern void ufusr_cleanup (void)两个函数，这两个函数是用于结束工程进程时释放空间并断开和 UG 的联系。

16.3.4 主函数代码讲解

由于控件“创建”的映射函数为：

```
int RECTANGLE_action_create_cb ( int dialog_id,
         void * client_data,
         UF_STYLER_item_value_type_p_t callback_data)
```

其代码如下。

```
{
//====================参数声明区=====================//
UF_FEATURE_SIGN sign=UF_NULLSIGN;                    //创建一个实体

double block_orig[3]={0.0,0.0,0.0};                  //设置长方体原点
char *block_len[3];                                  //长度参数
char l[100], w[100],h[100];                          //用于将长度、宽度、高度值转换成字符值
int i_ret = -1;                                      //用于判断创建函数是否执行成功
double len,width,high,x,y,z;                         //用于获取文本框中输入的参数值
tag_t blk_obj;                                       //创建长方体后的ID标志

UF_STYLER_item_value_type_t data;                    //控件结构体参数声明
/* Make sure User Function is available. */
if ( UF_initialize() != 0)                           //获取UG执行许可
    return ( UF_UI_CB_CONTINUE_DIALOG );
/* ---- Enter your callback code here ----- */
//====================函数定义区=====================//
data.item_attr=UF_STYLER_VALUE;                      //将控件属性标志为值的获取或设置

data.item_id=RECTANGLE_REAL_LEN;                     //对长度文本框操作
UF_STYLER_ask_value(dialog_id,&data);                //获取文本框中的值
len=data.value.real;                                 //将该输入值存储

data.item_id=RECTANGLE_REAL_WIDTH;                   //对宽度文本框操作
UF_STYLER_ask_value(dialog_id,&data);                //获取文本框中的值
width=data.value.real;                               //将该输入值存储

data.item_id=RECTANGLE_REAL_HIGHT;                   //对高度文本框操作
UF_STYLER_ask_value(dialog_id,&data);                //获取文本框中的值
high=data.value.real;                                //将该输入值存储

data.item_id=RECTANGLE_REAL_X;                       //获取原点坐标x向量值
UF_STYLER_ask_value(dialog_id,&data);
x=data.value.real;

data.item_id=RECTANGLE_REAL_Y;                       //获取原点坐标y向量值
UF_STYLER_ask_value(dialog_id,&data);
y=data.value.real;

data.item_id=RECTANGLE_REAL_Z;                       //获取原点坐标z向量值
UF_STYLER_ask_value(dialog_id,&data);
z=data.value.real;
```

```
    sprintf(l,"%f",len);                //用于将输入框中的数字转换成字符从而传输给 l(长度)
    sprintf(w,"%f",width);
    sprintf(h,"%f",high);

    block_len[0]=&l[0];                 //将 l（长度）中的字符内容传值给 block_len
    block_len[1]=&w[0];
    block_len[2]=&h[0];

    block_orig[0]=x;
    block_orig[1]=y;
    block_orig[2]=z;

    UF_UI_open_listing_window();        //打开信息窗口，准备向其中写入显示的信息
    //创建长方体，并且将返回值传给 I_ret，用于判断长方体创建函数是否执行成功
    i_ret=UF_MODL_create_block1 (UF_NULLSIGN ,block_orig,block_len,&blk_obj);
    if (i_ret == 0)                                 //如果成功创建长方体
    {
        UF_UI_write_listing_window("创建成功^_^\n"); //显示“创建成功^_^”字符串，并按
                                                    //Enter 键
        UF_UI_write_listing_window("长度为\n"); //显示“长度为”字符串，并按 Enter 键
            UF_UI_write_listing_window(l);          //显示长度值
        UF_UI_write_listing_window("\n 宽度为\n");
            UF_UI_write_listing_window(w);          //显示宽度值
        UF_UI_write_listing_window("\n 高度为\n");
            UF_UI_write_listing_window(h);          //显示高度值
    }

    UF_terminate ();                                //结束

    /* Callback acknowledged, do not terminate dialog */
    return (UF_UI_CB_CONTINUE_DIALOG);              //执行完后，对话框不消失
    /* or Callback acknowledged, terminate dialog.   */
    /* return ( UF_UI_CB_EXIT_DIALOG ); */
    }
```

16.3.5 执行结果

完成上述过程后即可编译程序，一般不会出现问题，如果有问题出现，用户可以仔细检查一下整个流程中是不是有什么疏漏，如字符大小写不正确、UG 头文件没有添加齐全、链接文件没有加入、少了“;”号等。当编译通过后，将生成的.dll 和.lik 文件复制到 startup 文件夹中；否则从菜单中调出的对话框将无法执行创建工作。

执行 VC 工具栏中的 ! 或者直接启动 UG，进行创建操作。然后在 UG 中如图 16-12 所示，选择“菜单”→Sample...→Rectangle...命令，打开如图 16-13 所示的自定义好的对话框，之后输入数值，单击“创建”按钮即可。

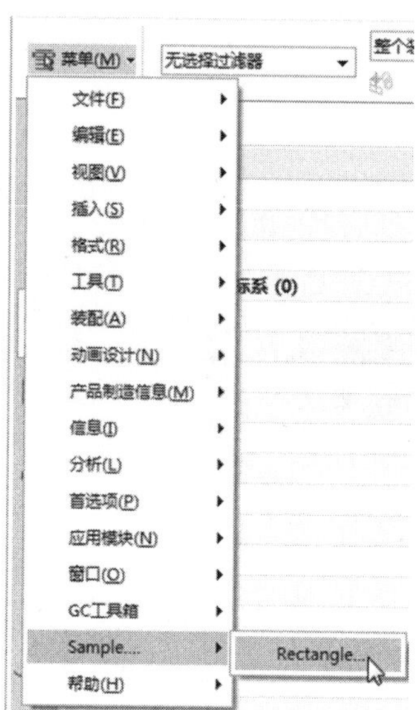

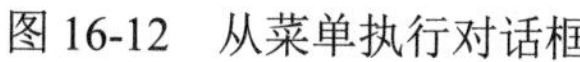
图 16-12　从菜单执行对话框

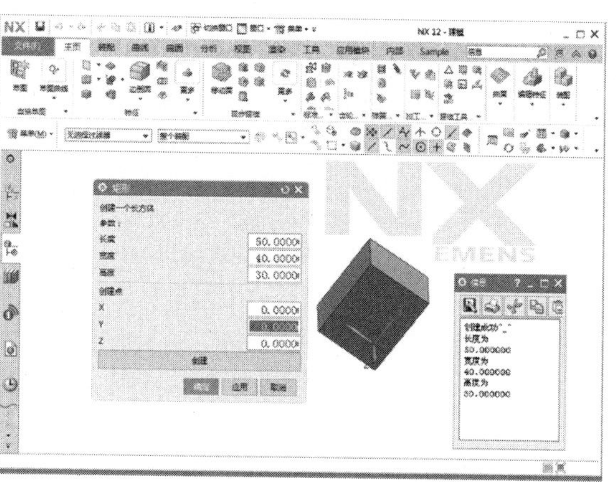

图 16-13　最终运行图

虎钳综合应用实例

（视频讲解：96分钟）

本章综合实例介绍虎钳装配体组成零件的绘制方法和装配过程。虎钳装配体由螺杆、方头螺母、护口板、圆头螺钉、沉头螺钉、钳口和钳座等零部件组成，先介绍虎钳各零部件的绘制方法，然后逐步介绍虎钳装配图、爆炸图和工程图绘制。

通过本章的学习，帮助读者巩固前面所学全部知识，并培养工程设计实践操作能力。

【学习重点】

- 绘制虎钳零件图
- 绘制虎钳装配图
- 绘制虎钳爆炸图
- 绘制虎钳工程图

17.1　绘制虎钳零件图

17.1.1　螺钉 M10×20

1. 新建文件

单击“新建”按钮或选择“菜单”→“文件”→“新建”命令，打开“新建”对话框，在“模板”列表框中选择“模型”，输入 luodingM10×20，单击“确定”按钮，进入 UG 建模环境。

2. 绘制草图

单击“草图”按钮或选择“菜单”→“插入”→“草图”命令，打开“创建草图”对话框，选择 XC-YC 平面为工作平面绘制草图，绘制后的草图如图 17-1 所示。

3. 创建旋转特征

（1）单击“旋转”按钮或选择“菜单”→“插入”→“设计特征”→“旋转”命令，打开如图 17-2 所示的“旋转”对话框。

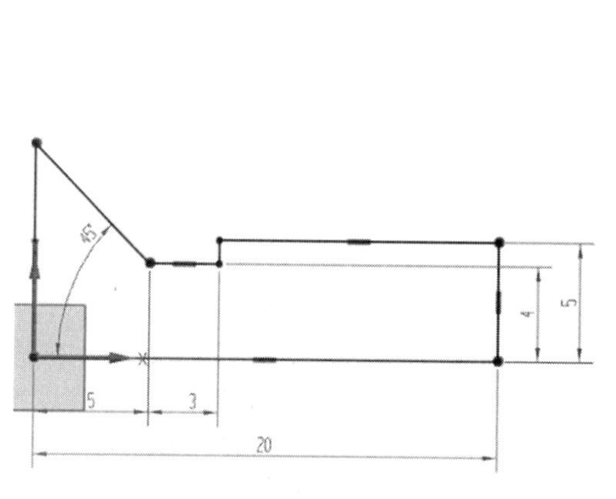

图 17-1　绘制草图

图 17-2　“旋转”对话框

（2）在视图区选择如图 17-1 所示的草图，单击鼠标中键，选择旋转轴方向和基点，如图 17-3 所示。

（3）在“旋转”对话框中，设置“限制”的“开始”选项为“值”，在其“角度”文本框中输入 0。同样设置“结束”选项为“值”，在其“角度”文本框中输入 360。

（4）在“旋转”对话框中，单击“确定”按钮，创建旋转特征，如图 17-4 所示。

Note

4．创建草图

选择“菜单”→“插入”→“在任务环境中绘制草图”命令，打开“创建草图”对话框。选择面1为草图绘制平面，单击“确定”按钮，进入草图绘制环境。绘制如图17-5所示的草图，单击“完成”按钮或选择“菜单”→“任务”→“完成草图”命令，退出草图绘制界面。

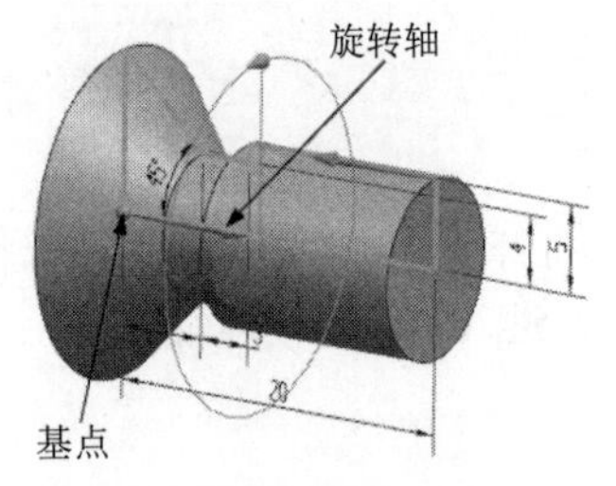
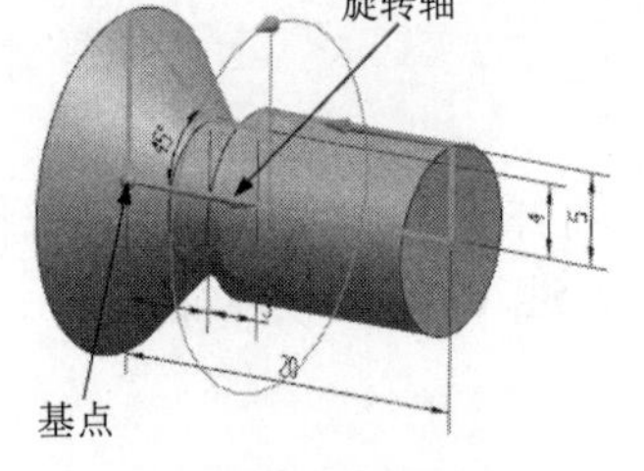

图17-3　选择旋转轴方向和基点

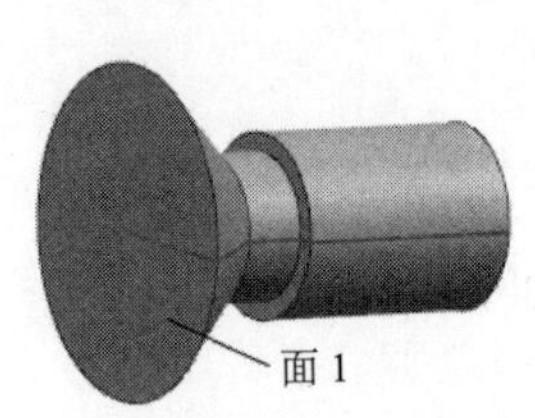

图17-4　创建旋转特征

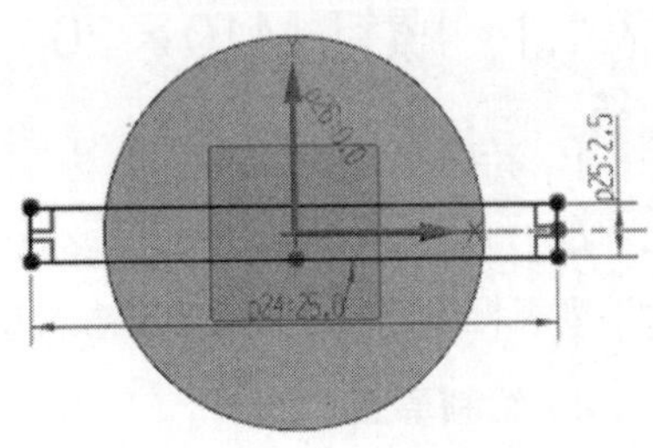

图17-5　绘制草图

5．创建拉伸特征

单击“拉伸”按钮或选择“菜单”→“插入”→“设计特征”→“拉伸”命令，系统打开如图17-6所示的“拉伸”对话框，选择绘制的矩形为拉伸曲线，在“指定矢量”下拉列表中选择“XC轴”选项，在“结束”的“距离”文本框中输入3，在“布尔”下拉列表中选择“减去”选项，单击“确定”按钮，最后生成模型如图17-7所示。

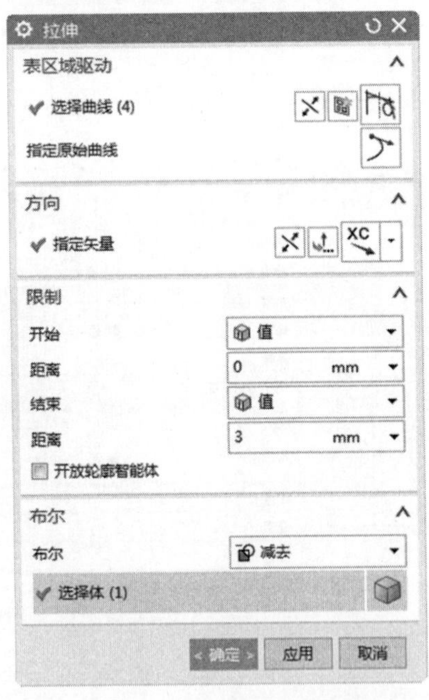

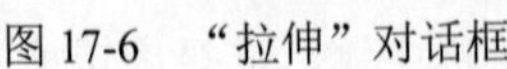

图17-6　“拉伸”对话框

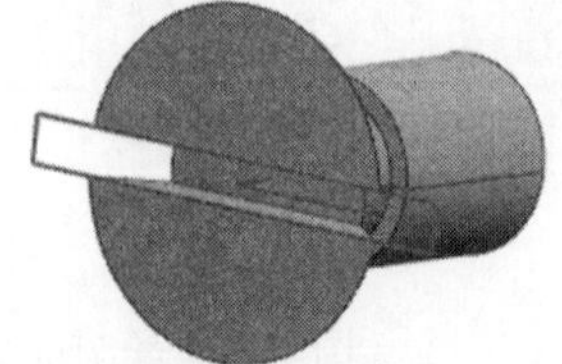

图17-7　拉伸特征

6．创建螺纹特征

（1）单击“螺纹刀”按钮或选择“菜单”→“插入”→“设计特征”→“螺纹”命令，打开如图17-8所示的“螺纹切削”对话框。

（2）在“螺纹切削”对话框“螺纹类型”选项组中，选中“详细”单选按钮。

（3）在实体中选择创建螺纹的圆柱面，如图17-9所示。

（4）在“螺纹切削”对话框中，默认所有设置。

（5）在“螺纹切削”对话框中，单击“确定”按钮，创建螺纹特征，如图 17-10 所示。

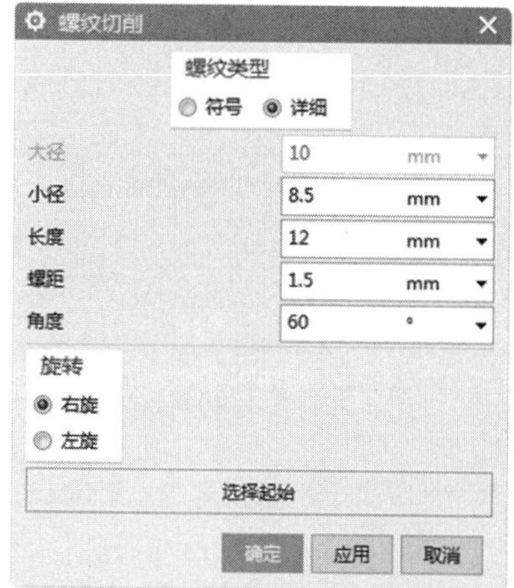

图 17-8　“螺纹切削”对话框

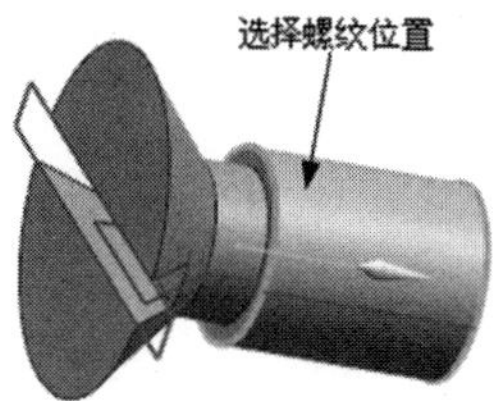

图 17-9　选择圆柱面

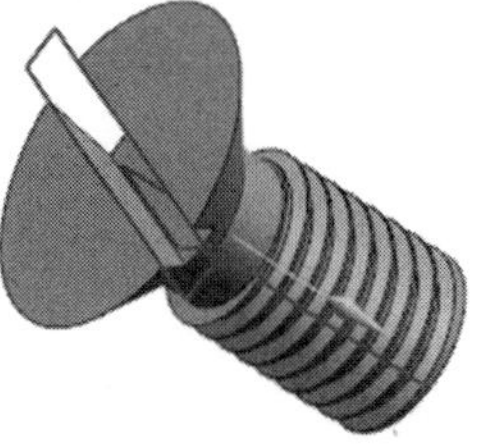

图 17-10　创建螺纹特征

17.1.2　护口板

1. 新建文件

单击“新建”按钮，打开“新建”对话框，在“模板”列表框中选择“模型”选项，输入 hukouban，单击“确定”按钮，进入 UG 建模环境。

2. 绘制草图

单击“草图”按钮或选择“菜单”→“插入”→“草图”命令，进入草图绘制界面，选择 XC-YC 平面为工作平面绘制草图，绘制后的草图如图 17-11 所示。

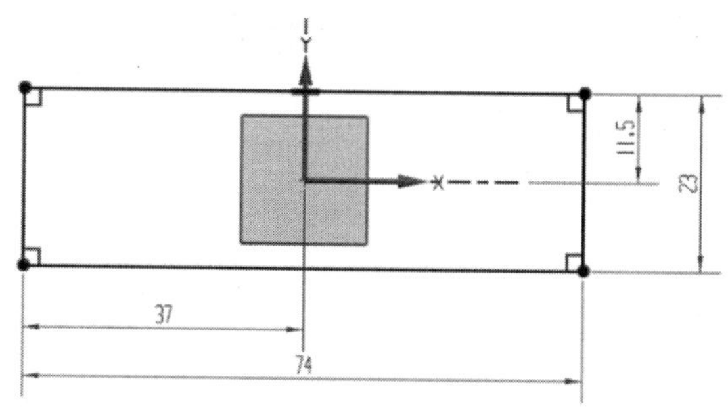

图 17-11　绘制草图

3. 创建拉伸特征

（1）单击“拉伸”按钮或选择“菜单”→“插入”→“设计特征”→“拉伸”命令，打开如图 17-12 所示的“拉伸”对话框，选择图 17-11 所示的草图。

（2）在“拉伸”对话框中，在“限制”选项组的“开始”的“距离”文本框中和“结束”的“距离”文本框中分别输入 0、10，其他保持默认设置。

（3）在“拉伸”对话框中，单击“确定”按钮，创建拉伸特征，如图 17-13 所示。

Note

4．创建埋头孔

（1）单击“孔”按钮或选择“菜单”→“插入”→“设计特征”→“孔”命令，打开“孔”对话框。

（2）在“孔”对话框的“类型”下拉列表中选择“常规孔”选项，在“成形”下拉列表中选择“埋头”选项，如图 17-14 所示。

（3）选择拉伸体的上表面为草图放置面，进入绘图环境，绘制如图 17-15 所示的草图。单击“完成”按钮，退出草图。

（4）在“孔”对话框的“埋头直径”“埋头角度”和“直径”文本框中分别输入 21、90、11。单击“确定”按钮，完成埋头孔的创建，如图 17-16 所示。

图 17-12 “拉伸”对话框

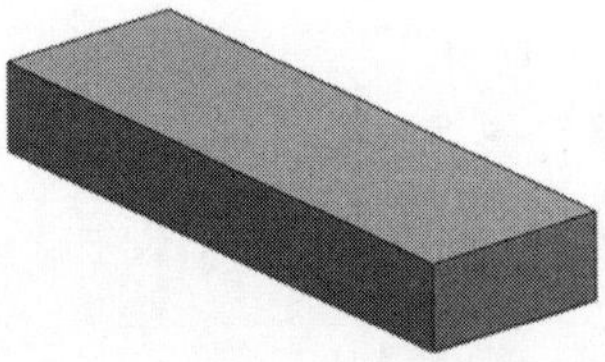

图 17-13 创建拉伸特征

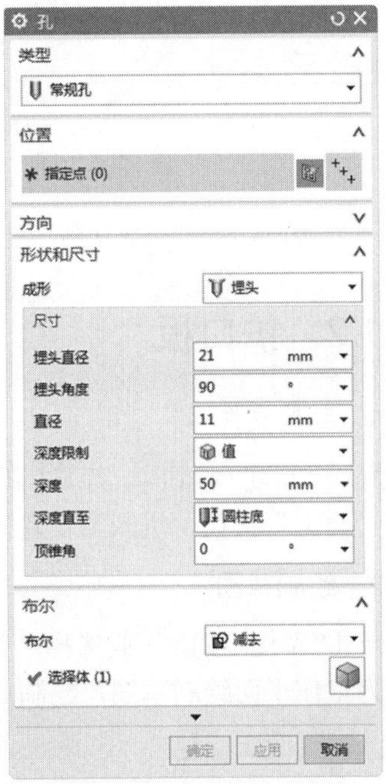

图 17-14 “孔”对话框

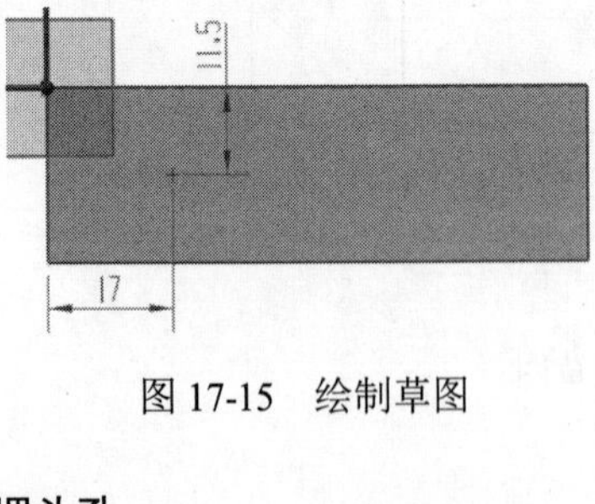

图 17-15 绘制草图

图 17-16 创建埋头孔特征

5．镜像埋头孔

（1）单击“镜像特征”按钮或选择“菜单”→“插入”→“关联复制”→“镜像特征”命令，打开如图 17-17 所示的“镜像特征”对话框。

（2）在视图区选择上述创建的埋头孔。

（3）在“镜像特征”对话框的“平面”下拉列表中选择“新平面”选项。

（4）在“镜像特征”对话框的“指定平面”下拉列表中选择“YC-ZC 平面”选项为镜像平面。

（5）在“镜像特征”对话框中单击“确定”按钮，镜像埋头孔，如图 17-18 所示。

图 17-17 “镜像特征”对话框

图 17-18 镜像埋头孔后的零件体（护口板）

17.1.3 螺钉

1. 新建文件

单击“新建”按钮，打开“新建”对话框，在“模板”列表框中选择“模型”，输入 luoding，单击“确定”按钮，进入 UG 主界面。

2. 创建圆柱 1

（1）单击“圆柱”按钮或选择“菜单”→“插入”→“设计特征”→“圆柱”命令，打开如图 17-19 所示的“圆柱”对话框。

（2）在“圆柱”对话框的“类型”下拉列表中选择“轴、直径和高度”选项。

（3）在“圆柱”对话框的“指定矢量”下拉列表中选择“ZC 轴”选项为圆柱轴向。单击“点对话框”按钮，在“点”对话框中输入坐标为（0,0,0），单击“确定”按钮。

（4）在“圆柱”对话框的“直径”和“高度”文本框中分别输入 26、8。

（5）在“圆柱”对话框中，单击“确定”按钮，结果如图 17-20 所示。

3. 创建圆柱 2

（1）单击“圆柱”按钮或选择“菜单”→“插入”→“设计特征”→“圆柱”命令，打开“圆柱”对话框。

（2）在“圆柱”对话框的“类型”下拉列表中选择“轴、直径和高度”选项。

（3）在“圆柱”对话框的“指定矢量”下拉列表中选择“ZC 轴”选项为圆柱轴向。

（4）在“圆柱”对话框的“直径”和“高度”文本框中分别输入 10、14。

（5）在“圆柱”对话框中，单击“点对话框”按钮，打开“点”对话框。

（6）在“点”对话框的 XC 和 YC 文本框中均输入 0，在 ZC 文本框中输入 8。

（7）在“点”对话框中单击“确定”按钮，返回“圆柱”对话框。

（8）在“圆柱”对话框的“布尔”下拉列表中选择“合并”选项，创建圆柱 2，如图 17-21 所示。

Note

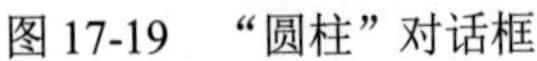

图 17-19 “圆柱”对话框

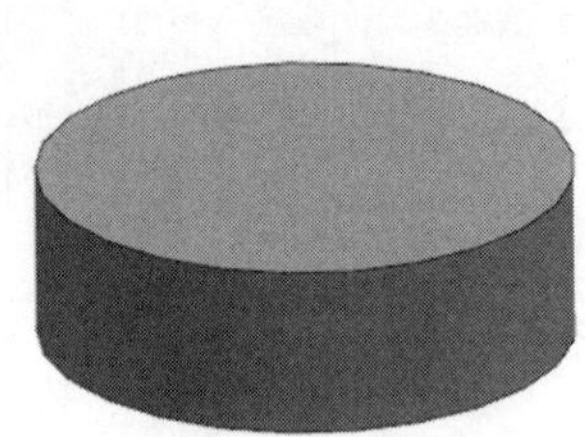

图 17-20 创建圆柱 1

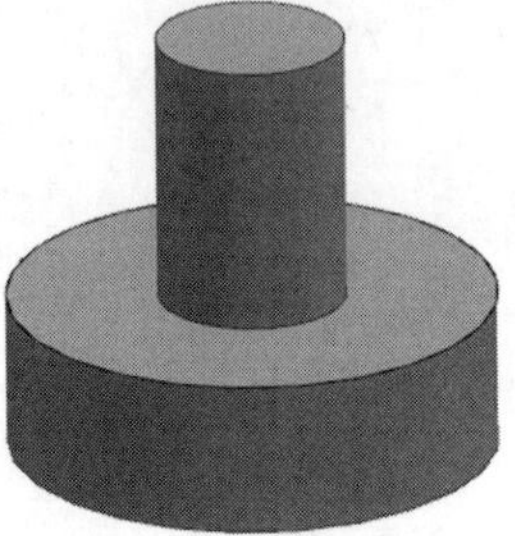

图 17-21 创建圆柱 2

4．创建矩形沟槽

（1）单击“槽”按钮或选择“菜单”→“插入”→“设计特征”→“槽”命令，打开如图 17-22 所示的“槽”对话框。

（2）在“槽”对话框中，单击“矩形”按钮，打开如图 17-23 所示的“矩形槽”放置面选择对话框。

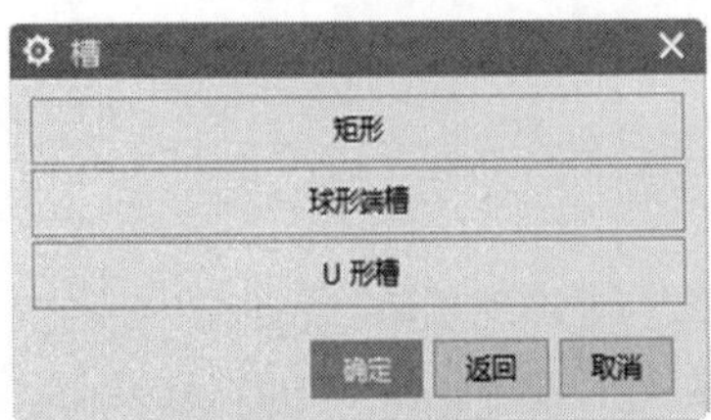

图 17-22 “槽”对话框

图 17-23 放置面选择对话框

（3）在视图区选择槽的放置面，如图 17-24 所示。同时，打开如图 17-25 所示的“矩形槽”参数输入对话框。

图 17-24 选择槽的放置面

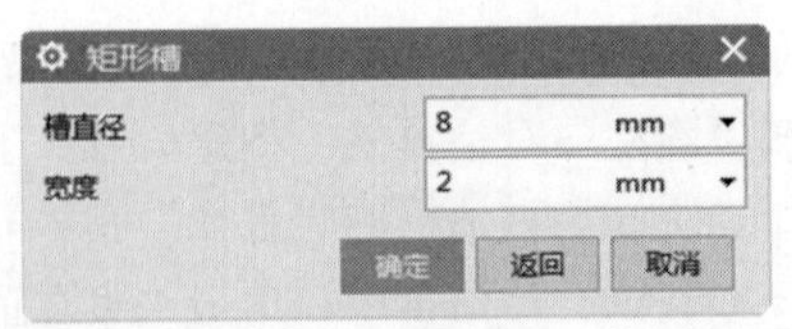

图 17-25 “矩形槽”参数输入对话框

（4）在“矩形槽”参数输入对话框中，在“槽直径”和“宽度”文本框中分别输入 8、2。

（5）在“矩形槽”参数输入对话框中，单击“确定”按钮，打开如图 17-26 所示的“定位槽”

对话框。

（6）在视图区依次选择弧 1 和弧 2 为定位边缘（见图 17-27），打开如图 17-28 所示的“创建表达式”对话框。

图 17-26　“定位槽”对话框

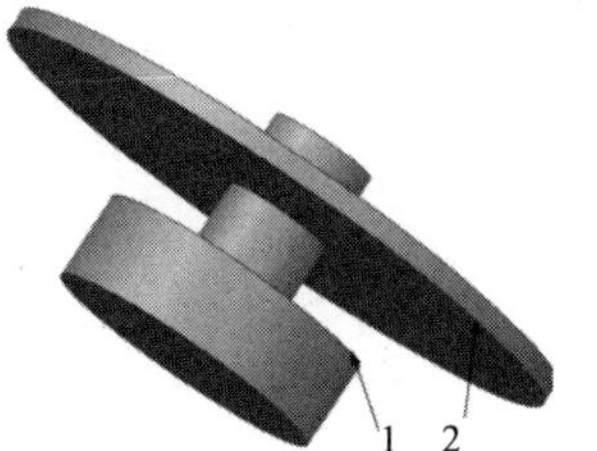

图 17-27　选择定位边

（7）在“创建表达式”对话框的文本框中输入 0，单击“确定”按钮，创建矩形槽，如图 17-29 所示。

图 17-28　“创建表达式”对话框

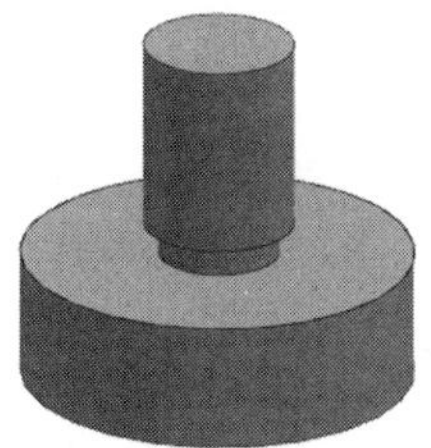

图 17-29　创建矩形槽

5. 创建矩形键槽

（1）选择“菜单”→“插入”→“在任务环境中绘制草图”命令，打开“创建草图”对话框。选择圆柱 1 底面为草图绘制平面，单击“确定”按钮，进入草图绘制环境。绘制如图 17-30 所示的草图，单击“完成”按钮或选择“菜单”→“任务”→“完成草图”命令，退出草图绘制界面。

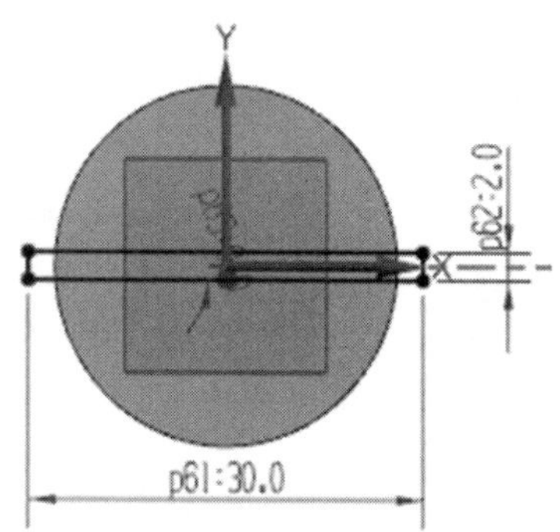

图 17-30　绘制草图

（2）单击“拉伸”按钮或选择“菜单”→“插入”→“设计特征”→“拉伸”命令，系统打开如图 17-31 所示的“拉伸”对话框，选择绘制的矩形为拉伸曲线，在“指定矢量”下拉列表中选择“ZC 轴”选项，在“结束”的“距离”文本框中输入 3，在“布尔”下拉列表中选择“减去”选项，单击“确定”按钮，最后生成的矩形键槽如图 17-32 所示。

Note

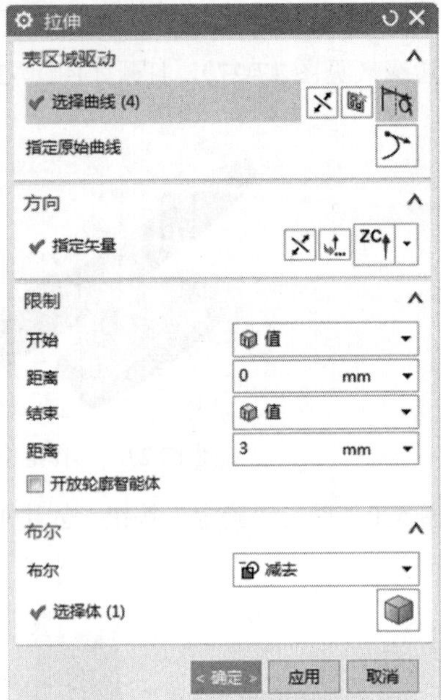

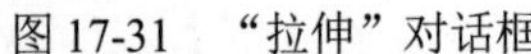
图 17-31 “拉伸”对话框

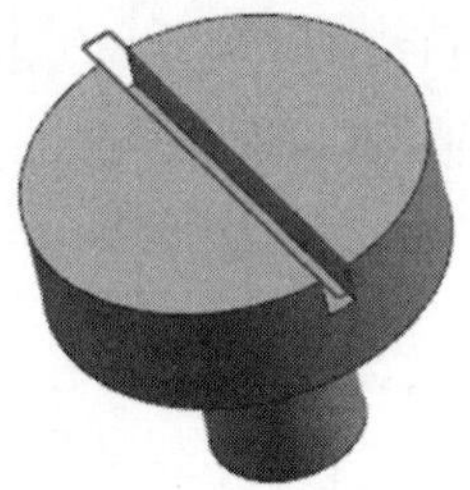
图 17-32 创建矩形键槽

6. 创建螺纹特征

（1）单击“螺纹刀”按钮或选择“菜单”→“插入”→“设计特征”→“螺纹”命令，打开“螺纹切削”对话框。

（2）在“螺纹切削”对话框的“螺纹类型”选项组中，选中“详细”单选按钮。

（3）在实体中选择创建螺纹的圆柱面，如图 17-33 所示。

（4）在“螺纹切削”对话框的所有文本框中采用默认设置。

（5）在“螺纹切削”对话框中，单击“确定”按钮，创建螺纹特征，如图 17-34 所示。

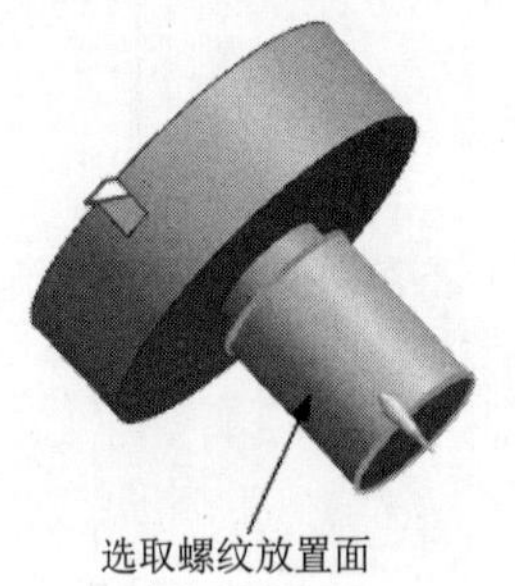

图 17-33 选择创建螺纹的圆柱面

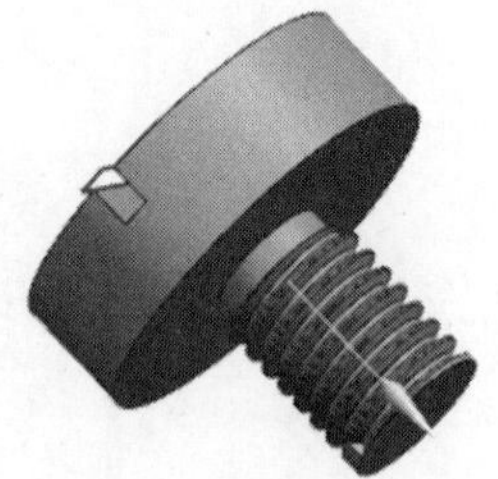
图 17-34 创建螺纹特征

17.1.4 活动钳口

1. 新建文件

单击“新建”按钮或选择“菜单”→“文件”→“新建”命令，打开“新建”对话框，在“模板”列表框中选择“模型”，输入 huodongqiankou，单击“确定”按钮，进入 UG 建模环境。

2．绘制草图 1

单击“草图”按钮或选择“菜单”→“插入”→“草图”命令，进入草图绘制界面，选择 XC-YC 平面为工作平面绘制草图，绘制后的草图如图 17-35 所示。

3．创建拉伸特征 1

（1）单击“拉伸”按钮或选择“菜单”→“插入”→“设计特征”→“拉伸”命令，打开“拉伸”对话框，选择如图 17-35 所示的草图。

（2）在“拉伸”对话框中，在“限制”选项组的“开始”的“距离”和“结束”的“距离”文本框中分别输入 0、18，其他保持默认设置。

（3）在“拉伸”对话框中，单击“确定”按钮，创建拉伸特征 1，如图 17-36 所示。

4．绘制草图 2

单击“草图”按钮或选择“菜单”→“插入”→“草图”命令，进入草图绘制界面，选择如图 17-36 所示的面 1 为工作平面绘制草图，绘制后的草图如图 17-37 所示。

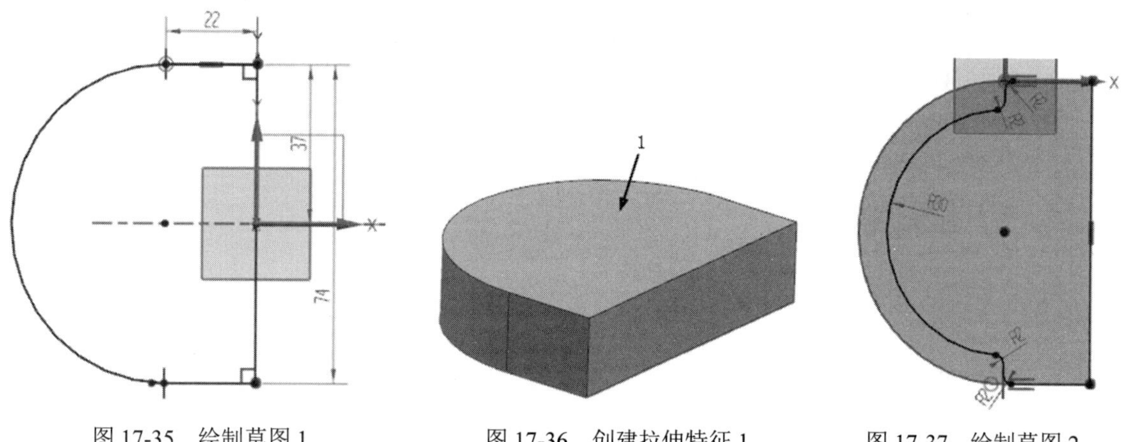

图 17-35　绘制草图 1　　图 17-36　创建拉伸特征 1　　图 17-37　绘制草图 2

5．创建拉伸特征 2

（1）单击“拉伸”按钮或选择“菜单”→“插入”→“设计特征”→“拉伸”命令，打开“拉伸”对话框，选择如图 17-37 所示的草图。

（2）在“拉伸”对话框的“布尔”下拉列表中选择“合并”选项。

（3）在“拉伸”对话框中，在“限制”选项组的“开始”的“距离”和“结束”的“距离”文本框中分别输入 0、10，其他保持默认设置。

（4）在“拉伸”对话框中，单击“确定”按钮，创建拉伸特征 2，如图 17-38 所示。

6．绘制草图 3

单击“草图”按钮或选择“菜单”→“插入”→“草图”，进入草图绘制界面，选择如图 17-38 所示的平面 2 为工作平面绘制草图，绘制后的草图如图 17-39 所示。

Note

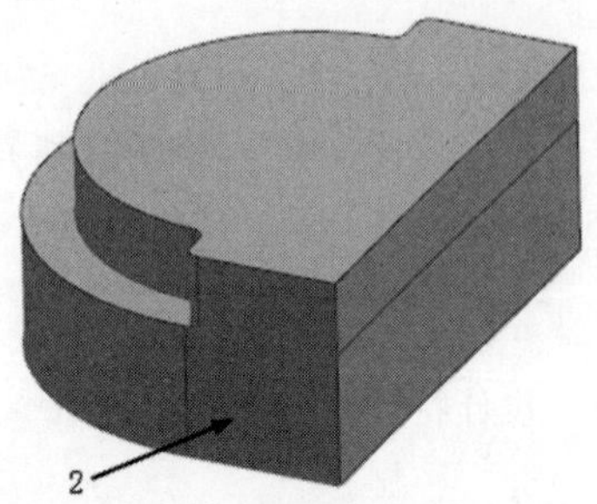

图 17-38　创建拉伸特征 2

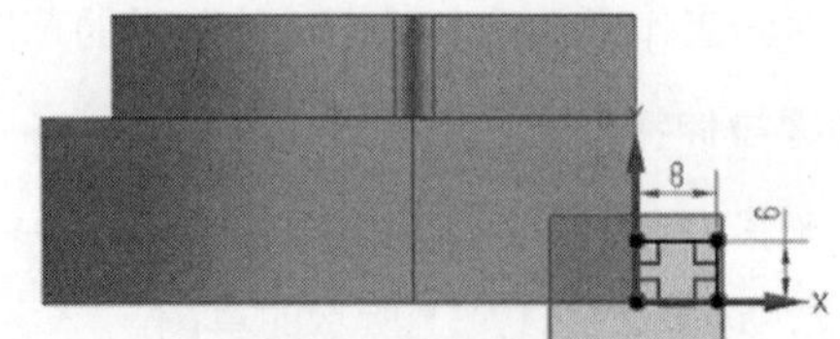

图 17-39　绘制草图 3

7. 创建沿导线扫掠特征

（1）选择“菜单”→“插入”→“扫掠”→“沿引导线扫掠”命令，打开如图 17-40 所示的“沿引导线扫掠”对话框。

（2）在视图区选择如图 17-39 所示的草图。

（3）在视图区选择拉伸体 1 的沿 Y 轴边线为引导线。

（4）在“沿引导线扫掠”对话框的“第一偏置”和“第二偏置”文本框中分别都输入 0。

（5）在“沿引导线扫掠”对话框的“布尔”下拉列表中选择“合并”选项，创建沿引导线扫掠特征，如图 17-41 所示。

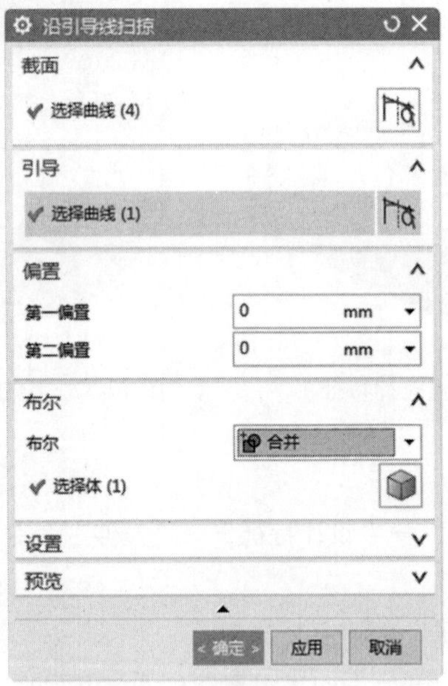

图 17-40　“沿引导线扫掠”对话框

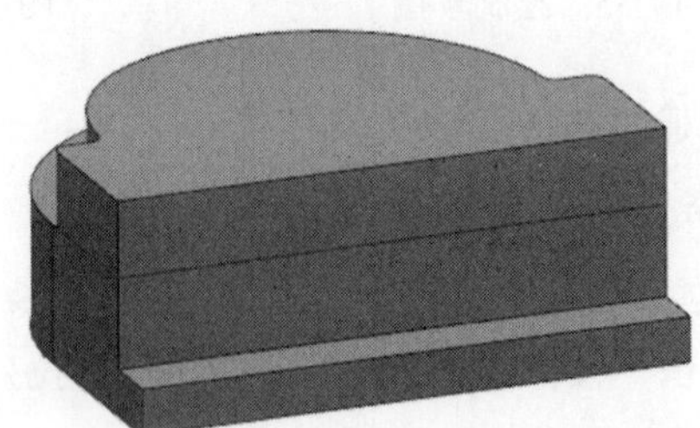

图 17-41　扫掠

8. 创建沉头孔

（1）单击“孔”按钮或选择“菜单”→“插入”→“设计特征”→“孔”命令，打开“孔”对话框。

（2）在“成形”下拉列表中选择“沉头”选项，如图 17-42 所示。

（3）在“沉头直径”“沉头深度”“直径”和“深度”文本框中分别输入 28、8、20、30。

（4）在零件体中捕捉视图中上表面的圆弧中心为孔位置，如图 17-43 所示。

（5）在“孔”对话框中，单击“确定”按钮，创建沉头孔特征，如图 17-44 所示。

图 17-42　沉头孔选项

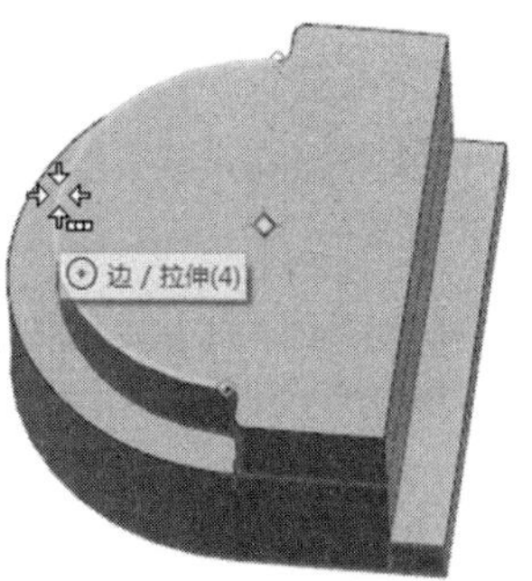

图 17-43　捕捉圆心

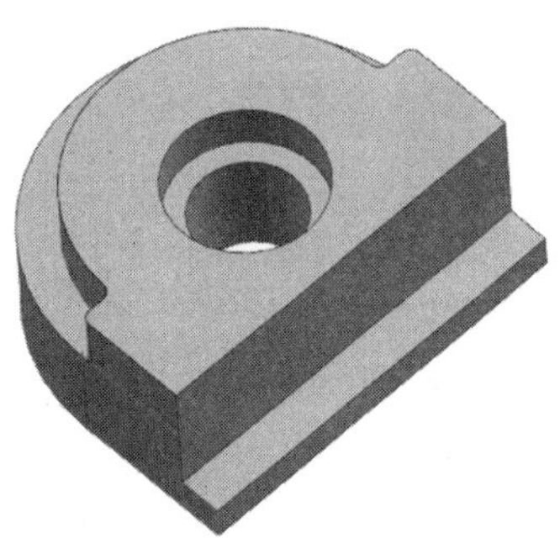

图 17-44　创建沉头孔特征

9. 创建简单孔

（1）单击“孔”按钮或选择“菜单”→“插入”→“设计特征”→“孔”命令，打开如图 17-45 所示的“孔”对话框。

（2）在“成形”下拉列表中选择“简单孔”选项，在“直径”和“深度”文本框中分别输入 8.5、15。

（3）选择放置面，如图 17-46 所示。进入绘图环境，绘制如图 17-47 所示的草图。退出草图。

（4）在“孔”对话框中，单击“确定”按钮，创建简单孔特征，如图 17-48 所示。

10. 创建螺纹特征

（1）单击“螺纹刀”按钮或选择“菜单”→“插入”→“设计特征”→“螺纹”命令，打开“螺纹切削”对话框。

（2）在“螺纹切削”对话框的“螺纹类型”选项组中，选中“详细”单选按钮。

（3）在实体中选择创建螺纹的孔圆柱面，如图 17-49 所示。

（4）在“螺纹切削”对话框的所有文本框中采用默认设置。

（5）在“螺纹切削”对话框中，单击“确定”按钮，创建螺纹特征，如图 17-50 所示。

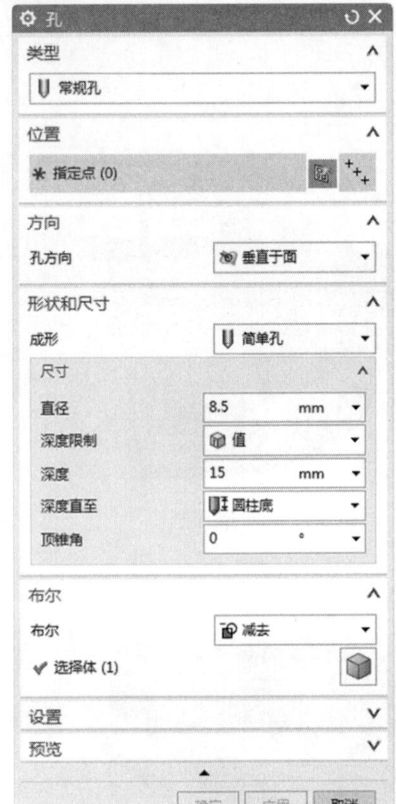

图 17-45 “孔”对话框

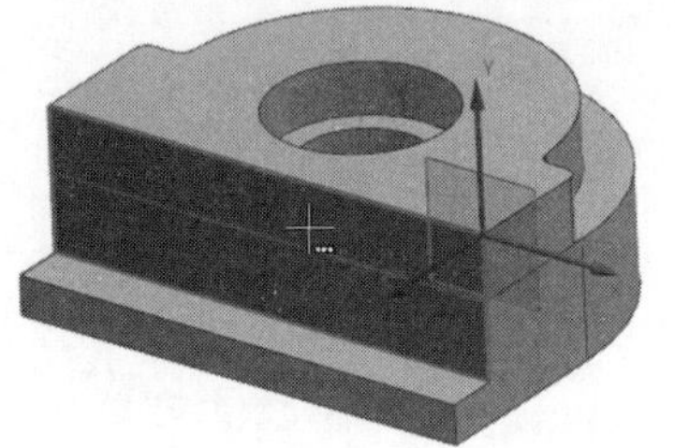

图 17-46 选择放置面

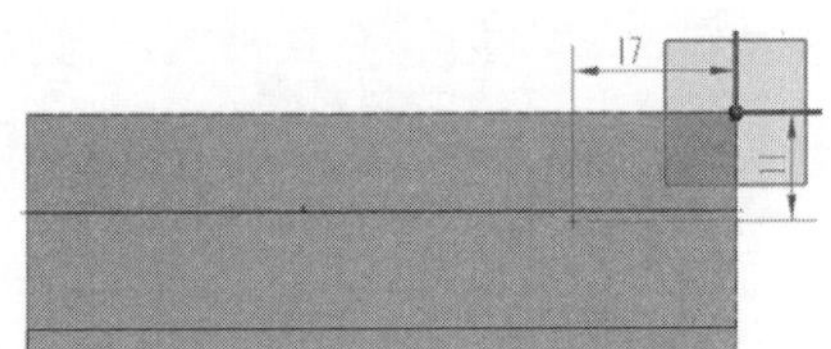

图 17-47 绘制草图

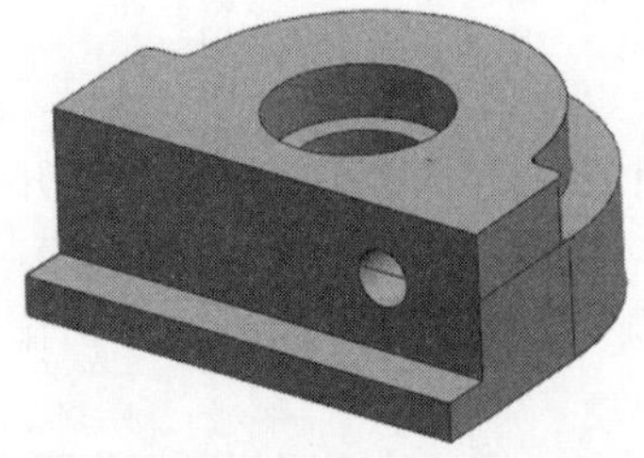

图 17-48 创建“简单孔”特征

图 17-49 选择创建螺纹的孔圆柱面

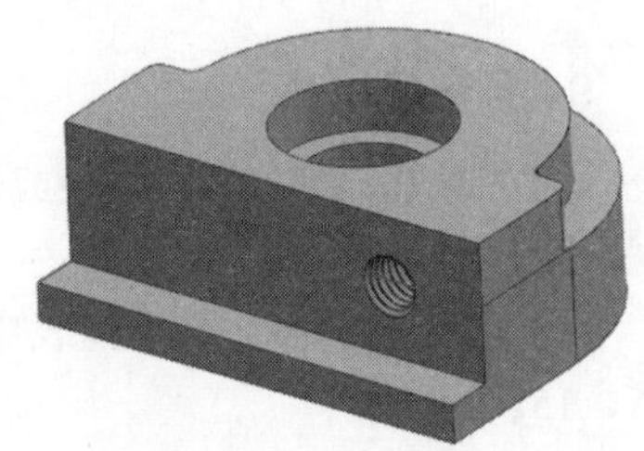

图 17-50 创建螺纹特征

11. 镜像简单孔和螺纹特征

（1）单击“镜像特征”按钮或选择“菜单”→“插入”→“关联复制”→“镜像特征”命令，打开如图 17-51 所示的“镜像特征”对话框。

（2）在视图区或导航树中选择上述创建的孔和螺纹。

（3）在“镜像特征”对话框的“平面”下拉列表中选择“新平面”选项。

（4）在“镜像特征”对话框的“指定平面”下拉列表中选择 XC-ZC 平面为镜像平面。

（5）在“镜像特征”对话框中单击“确定”按钮，镜像简单孔和螺纹特征，如图 17-52 所示。

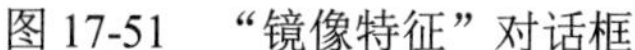
图 17-51　“镜像特征”对话框

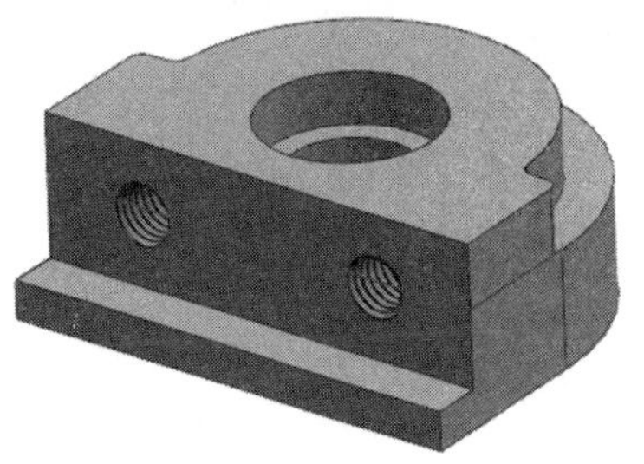
图 17-52　镜像简单孔和螺纹特征

12. 创建边倒圆特征

（1）单击“边倒圆”按钮或选择“菜单”→“插入”→“细节特征”→“边倒圆”命令，打开如图 17-53 所示的“边倒圆”对话框。

（2）在视图区选择边缘 1，如图 17-54 所示。

（3）在“边倒圆”对话框的“半径 1”文本框中输入 1。

（4）在“边倒圆”对话框中，单击“应用”按钮，创建边倒圆特征 1。

图 17-53　“边倒圆”对话框

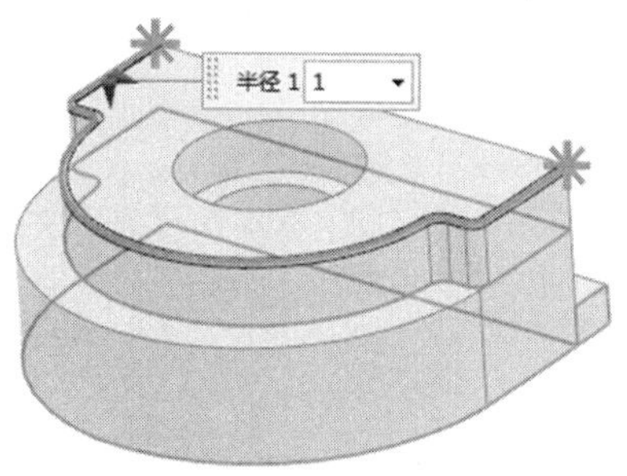

图 17-54　选择边缘 1

（5）在视图区选择边缘 2，如图 17-55 所示。

（6）在“边倒圆”对话框的“半径 1”文本框中输入 1。

（7）在“边倒圆”对话框中，单击“应用”按钮，创建边倒圆特征 2。

（8）在视图区选择边缘 3，如图 17-56 所示。

（9）在“边倒圆”对话框的“半径 1”文本框中输入 1。

Note

（10）在“边倒圆”对话框中，单击“确定”按钮，创建边倒圆特征，如图 17-57 所示。

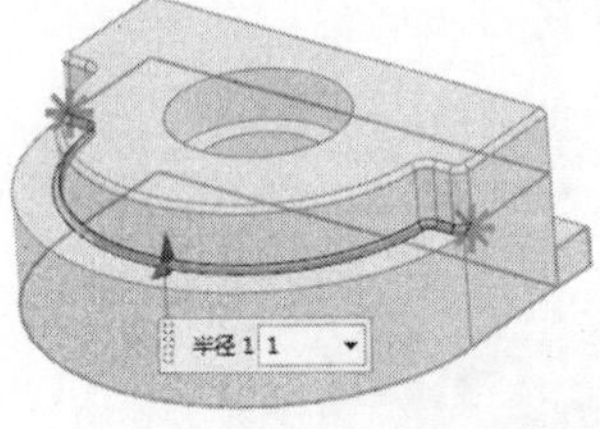

图 17-55　选择边缘 2

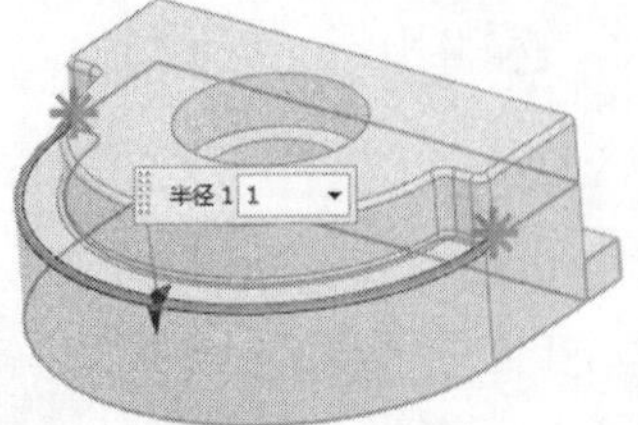

图 17-56　选择边缘 3

图 17-57　创建边倒圆特征

17.1.5　销 3×16

1．新建文件

单击“新建”按钮或选择“菜单”→“文件”→“新建”命令，打开“新建”对话框，在“模板”列表框中选择“模型”，输入 xiao3×16，单击“确定”按钮，进入 UG 建模环境。

2．绘制草图

单击“草图”按钮或选择“菜单”→“插入”→“草图”命令，进入草图绘制界面，选择 XC-YC 平面为工作平面绘制草图，绘制后的草图如图 17-58 所示。

3．创建旋转特征

（1）单击“旋转”按钮或选择“菜单”→“插入”→“设计特征”→“旋转”命令，打开如图 17-59 所示的“旋转”对话框。

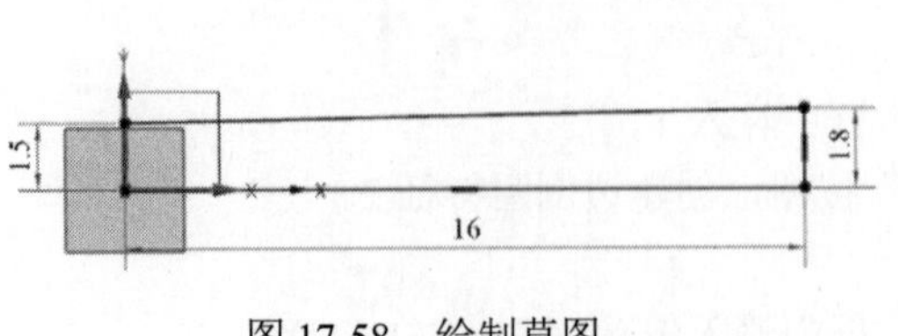

图 17-58　绘制草图

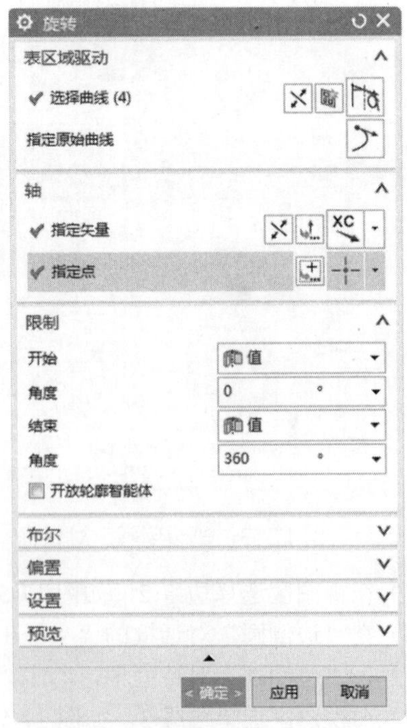

图 17-59　“旋转”对话框

（2）在视图区选择如图 17-58 所示的草图，单击鼠标中键，选择旋转轴方向和基点，如图 17-60 所示。

（3）在“旋转”对话框中，设置“限制”的“开始”选项为“值”，在其“角度”文本框中输入 0。同样设置“结束”选项为“值”，在其“角度”文本框中输入 360。

（4）在“旋转”对话框中，单击“确定”按钮，创建旋转特征，如图 17-61 所示。

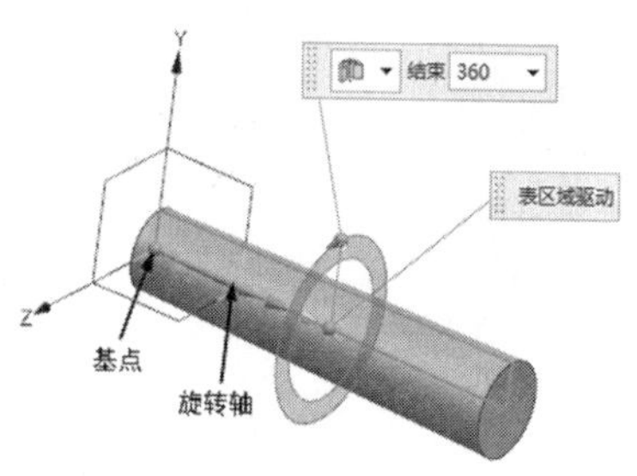

图 17-60　选择旋转轴方向和基点

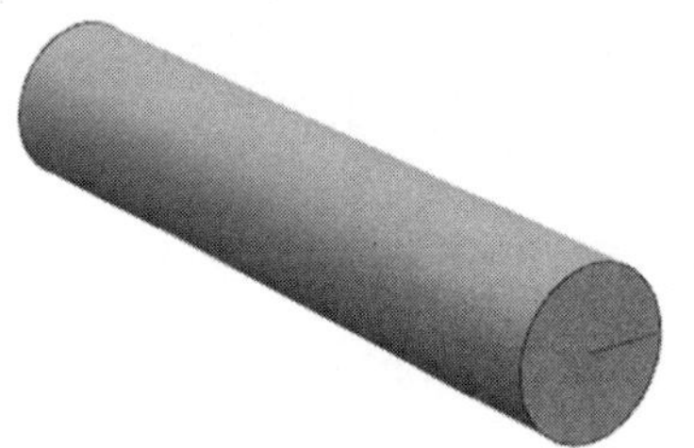

图 17-61　创建旋转特征

17.1.6　螺母 M10

1．新建文件

单击“新建”按钮或选择“菜单”→“文件”→“新建”命令，打开“新建”对话框，在“模板”列表框中选择“模型”，输入 luomuM10，单击“确定”按钮，进入 UG 主界面。

2．创建圆柱特征

（1）单击“圆柱”按钮或选择“菜单”→“插入”→“设计特征”→“圆柱”命令，打开“圆柱”对话框。

（2）在“圆柱”对话框的“类型”下拉列表中选择“轴、直径和高度”选项。

（3）在“圆柱”对话框的“指定矢量”下拉列表中选择“ZC 轴”选项为圆柱轴向。

（4）在“圆柱”对话框的“直径”和“高度”文本框中分别输入 22、8.4。

（5）在“圆柱”对话框中，单击“确定”按钮，创建以原点为基点的圆柱体，如图 17-62 所示。

3．创建倒斜角特征

（1）单击“倒斜角”按钮或选择“菜单”→“插入”→“细节特征”→“倒斜角”命令，打开如图 17-63 所示的“倒斜角”对话框。

图 17-62　创建圆柱体

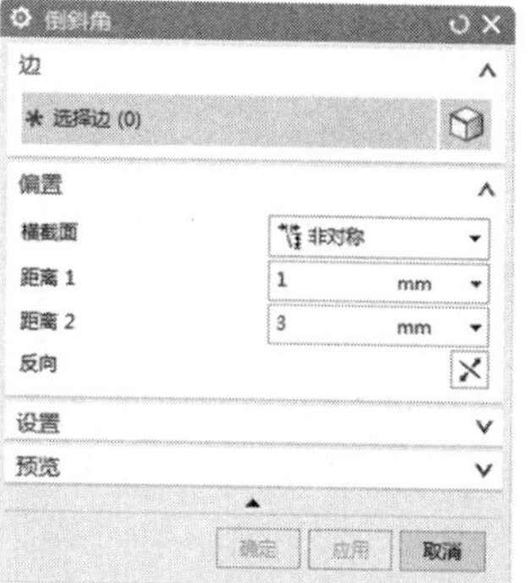

图 17-63　“倒斜角”对话框

（2）在“倒斜角”对话框的“距离 1”和“距离 2”文本框中分别输入 1 和 3。

（3）在视图区选择倒角边，如图 17-64 所示。

（4）在“倒斜角”对话框中，单击“确定”按钮，创建倒斜角特征，如图 17-65 所示。

Note

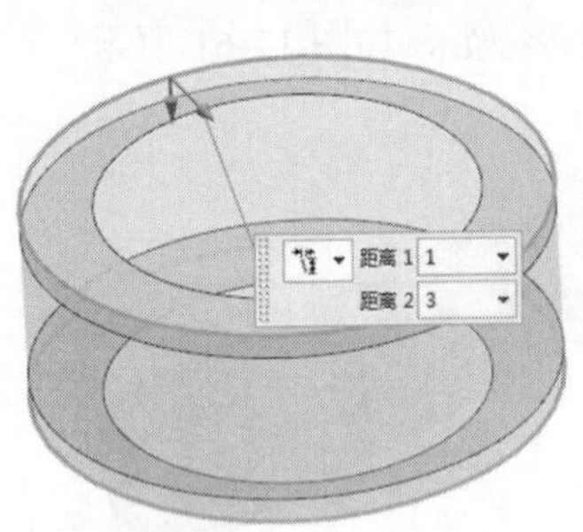

图 17-64　选择倒角边

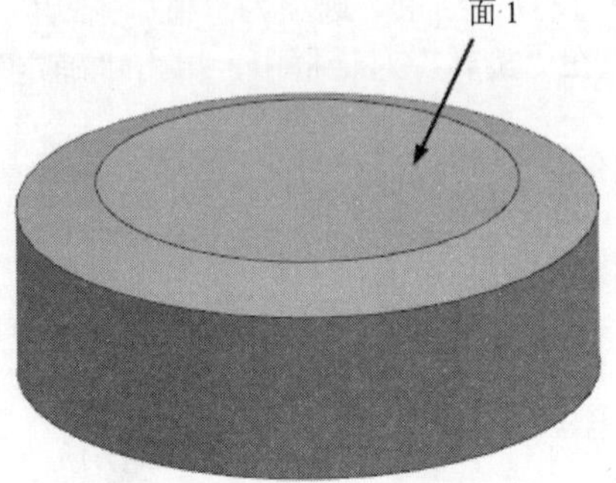

图 17-65　创建倒斜角特征

4．绘制多边形

（1）选择“菜单”→“插入”→“在任务环境中绘制草图”命令，打开“创建草图”对话框。选择图 17-65 所示的面 1 为草图绘制平面，单击“确定”按钮，进入草图绘制环境。

（2）单击“多边形”按钮或选择“菜单”→“插入”→“曲线”→“多边形”命令，打开如图 17-66 所示的“多边形”对话框，指定中心点坐标原点，在“边数”数值框中输入 6，在“大小”下拉列表中选择“内切圆半径”选项，在“半径”和“旋转”文本框中分别输入 8 和 90，单击“完成”按钮或选择“菜单”→“任务”→“完成草图”命令，退出草图绘制界面，结果如图 17-67 所示。

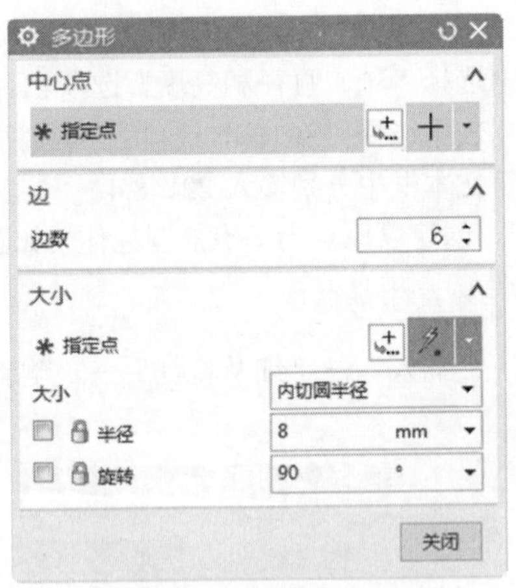

图 17-66　“多边形”对话框

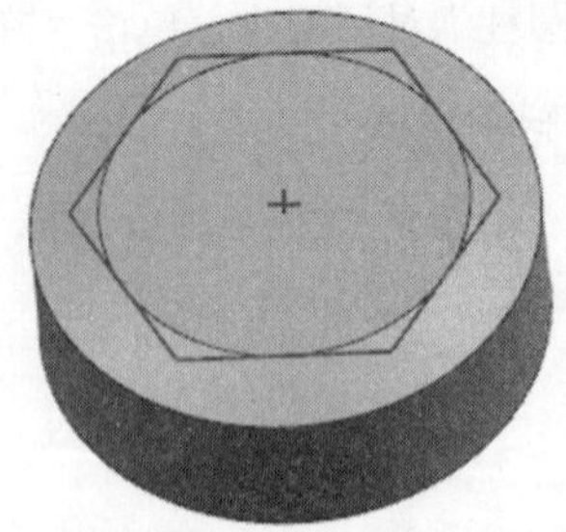
图 17-67　绘制多边形

5．创建拉伸特征

（1）单击“拉伸”按钮或选择“菜单”→“插入”→“设计特征”→“拉伸”命令，打开“拉伸”对话框，选择如图 17-67 所示的多边形。

（2）在“拉伸”对话框中，在“布尔”下拉列表中选择“相交”选项。

（3）在“拉伸”对话框中，在“限制”选项组的“开始”的“距离”和“结束”的“距离”文本框中分别输入 0、8.4，其他保持默认设置。

（4）在“拉伸”对话框中，单击“确定”按钮，创建拉伸特征，如图 17-68 所示。

图 17-68　创建拉伸特征

6．创建简单孔

（1）单击“孔”按钮或选择“菜单”→“插入”→“设计特征”→“孔”命令，打开如图 17-69 所示的“孔”对话框。

（2）在“孔”对话框中，在“成形”下拉列表中选择“简单孔”选项，在“直径”文本框中输入 8.5，在“深度”文本框中输入 9。

（3）在视图中捕捉上表面圆弧圆心为孔中心位置，如图 17-70 所示。

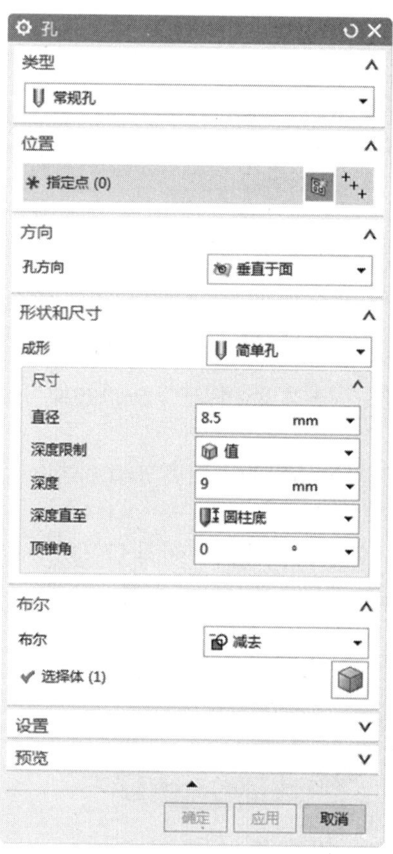

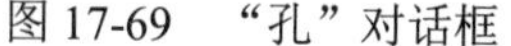

图 17-69　“孔”对话框

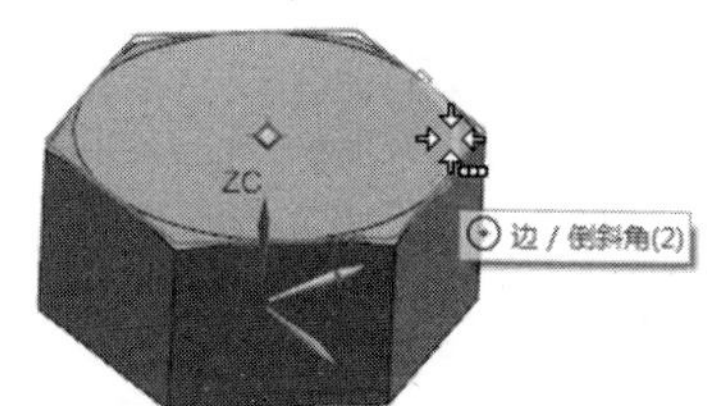

图 17-70　选择上表面圆弧圆心

（4）在“孔”对话框中，单击“确定”按钮，创建简单孔特征，如图 17-71 所示。

Note

7．创建螺纹特征

（1）单击“螺纹刀”按钮或选择“菜单”→“插入”→“设计特征”→“螺纹”命令，打开“螺纹切削”对话框。

（2）在“螺纹切削”对话框的“螺纹类型”选项组中选中“详细”单选按钮。

（3）在实体中选择创建螺纹的圆柱面，如图 17-72 所示。

（4）在“螺纹切削”对话框的所有文本框中采用默认设置。

（5）在“螺纹切削”对话框中，单击“确定”按钮，创建螺纹特征，如图 17-73 所示。

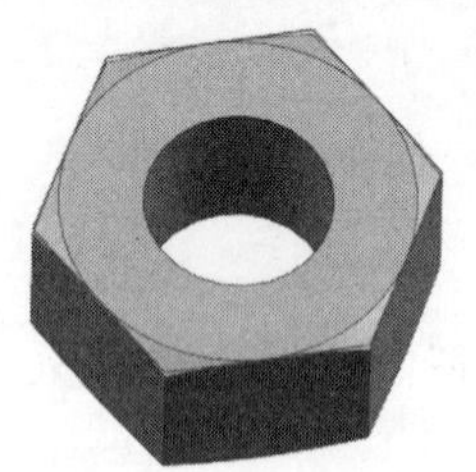

图 17-71　创建简单孔特征

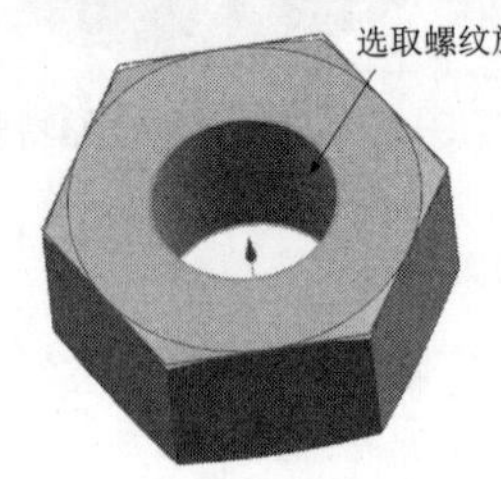

图 17-72　选择创建螺纹的圆柱面

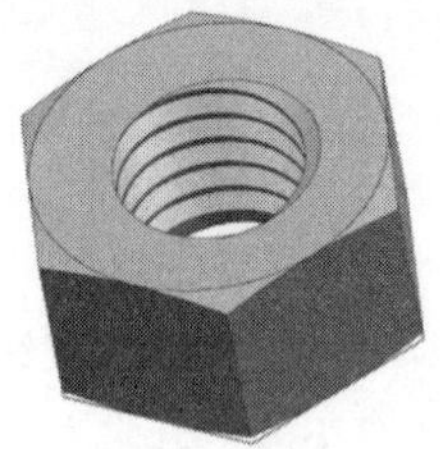

图 17-73　创建螺纹特征

17.1.7　垫圈 10

1．新建文件

单击“新建”按钮或选择“菜单”→“文件”→“新建”命令，打开“新建”对话框，在“模板”列表框中选择“模型”，输入 dianquan10，单击“确定”按钮，进入 UG 建模环境。

2．绘制草图

单击“草图”按钮或选择“菜单”→“插入”→“草图”命令，进入草图绘制界面，选择 XC-YC 平面为工作平面绘制草图，绘制后的草图如图 17-74 所示。

3．创建拉伸特征

（1）单击“拉伸”按钮或选择“菜单”→“插入”→“设计特征”→“拉伸”命令，打开“拉伸”对话框，选择如图 17-74 所示的草图。

（2）在“拉伸”对话框中，在“限制”选择组的“开始”的“距离”和“结束”的“距离”文本框中分别输入 0、2，其他保持默认设置。

（3）在“拉伸”对话框中，单击“确定”按钮，创建拉伸特征，如图 17-75 所示。

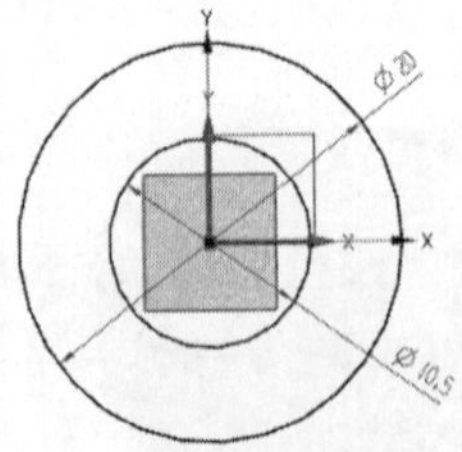

图 17-74　绘制草图

图 17-75　创建拉伸特征

4．创建倒角特征

（1）单击“倒斜角”按钮或选择“菜单”→“插入”→“细节特征”→“倒斜角”命令，打

开“倒斜角”对话框。

（2）在“倒斜角”对话框中，在“偏置”选项组的“横截面”下拉列表中选择“对称”选项，在该选项组的“距离”文本框中输入 0.8。

（3）在视图区选择倒角边，如图 17-76 所示。

（4）在“倒斜角”对话框中，单击“确定”按钮，创建倒斜角特征，如图 17-77 所示。

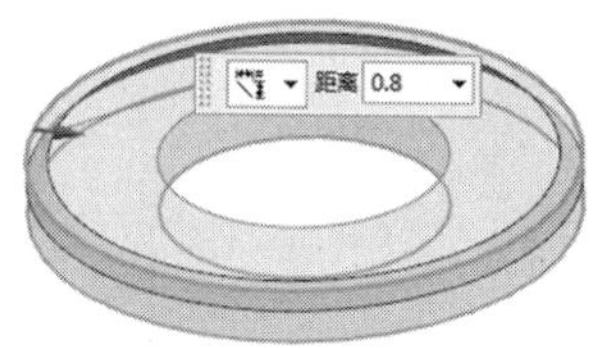

图 17-76　选择倒角边

图 17-77　创建倒斜角特征

17.1.8　螺杆

1．新建文件

单击“新建”按钮或选择“菜单”→“文件”→“新建”命令，打开“新建”对话框，在“模板”列表框中选择“模型”，输入 luogan，单击“确定”按钮，进入 UG 建模环境。

2．绘制草图 1

单击“草图”按钮或选择“菜单”→“插入”→“草图”命令，进入草图绘制界面，选择 XC-YC 平面为工作平面绘制草图，绘制后的草图如图 17-78 所示。

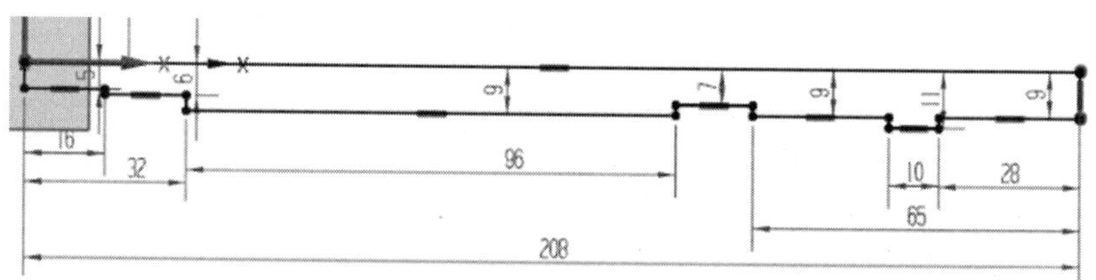

图 17-78　绘制草图 1

3．创建旋转特征

（1）单击“旋转”按钮或选择“菜单”→“插入”→“设计特征”→“旋转”命令，打开如图 17-79 所示的“旋转”对话框。

（2）在视图区选择如图 17-78 所示的草图，选择旋转轴方向和基点，如图 17-80 所示。

（3）在“旋转”对话框中，设置“限制”的“开始”选项为“值”，在其“角度”文本框中输入 0。同样设置“结束”选项为“值”，在其“角度”文本框中输入 360。

（4）在“旋转”对话框中，单击“确定”按钮，创建旋转特征，如图 17-81 所示。

4．创建倒斜角特征

（1）单击“倒斜角”按钮或选择“菜单”→“插入”→“细节特征”→“倒斜角”命令，打开“倒斜角”对话框。

（2）在“倒斜角”对话框“偏置”选项组的“横截面”下拉列表中选择“对称”选项，在该选项组的“距离”文本框中输入 1。

（3）在视图区选择倒角边，如图17-82所示。

（4）在“倒斜角”对话框中，单击“确定”按钮，创建倒斜角特征，如图17-83所示。

5．创建螺纹特征1

（1）单击“螺纹刀”按钮或选择“菜单”→“插入”→“设计特征”→“螺纹”命令，打开“螺纹切削”对话框。

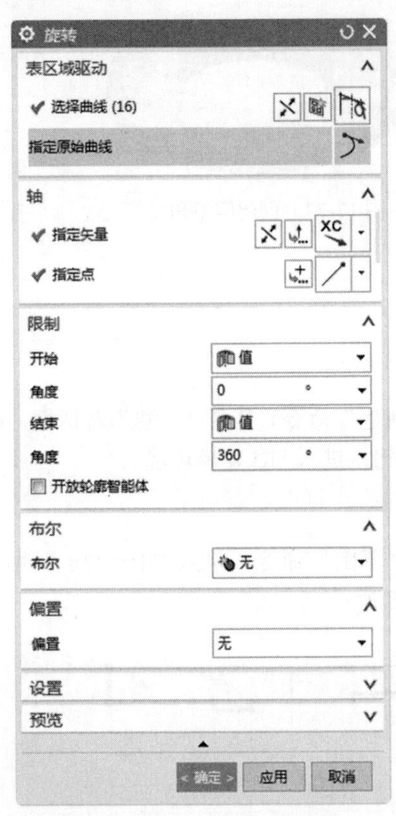

图17-79　“旋转”对话框

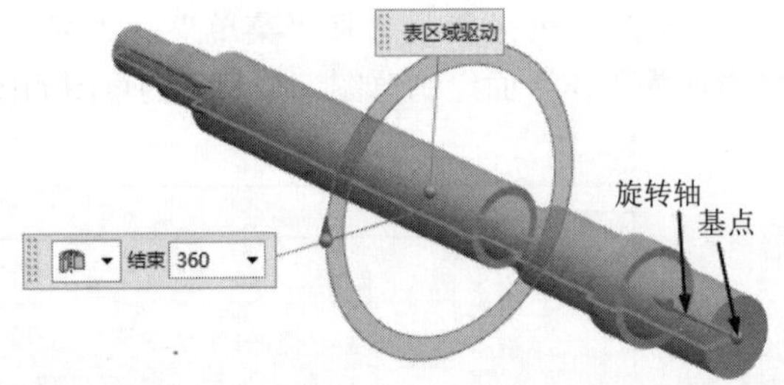

图17-80　选择旋转轴

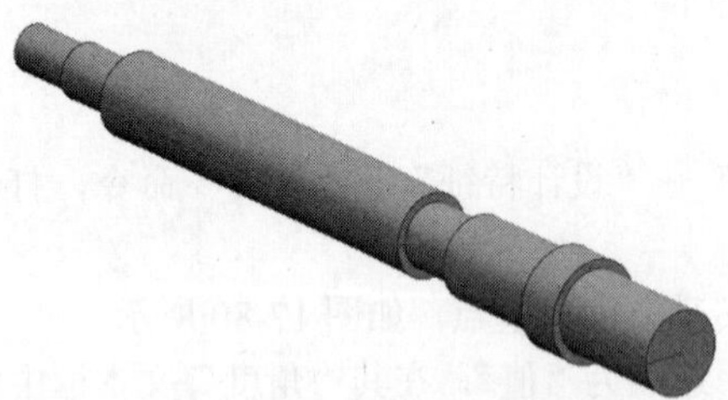

图17-81　创建旋转特征

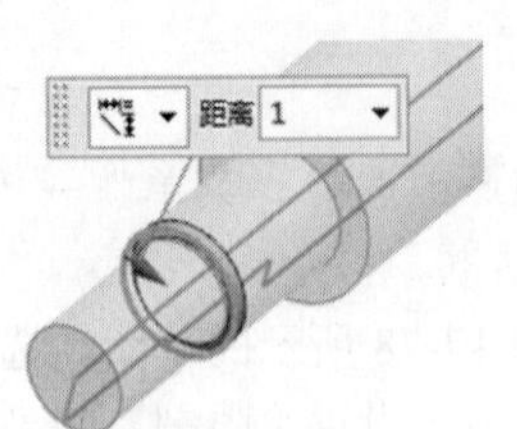

图17-82　选择倒角边

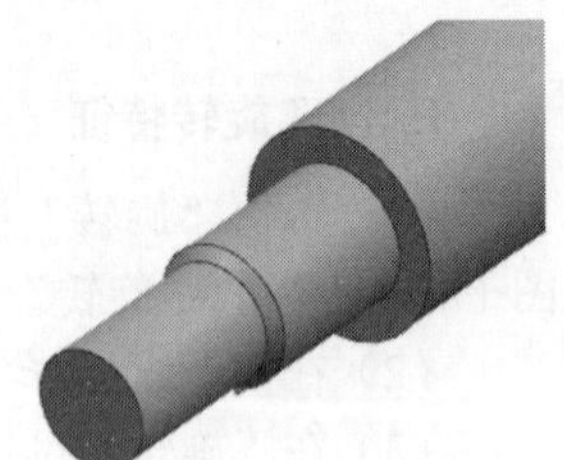

图17-83　创建倒斜角特征

（2）在“螺纹切削”对话框的“螺纹类型”选项组中选中“详细”单选按钮。

（3）在实体中选择创建螺纹的圆柱面，如图17-84所示。

（4）在“螺纹切削”对话框的所有文本框中采用默认设置。

（5）在“螺纹切削”对话框中，单击“确定”按钮，创建螺纹特征，如图17-85所示。

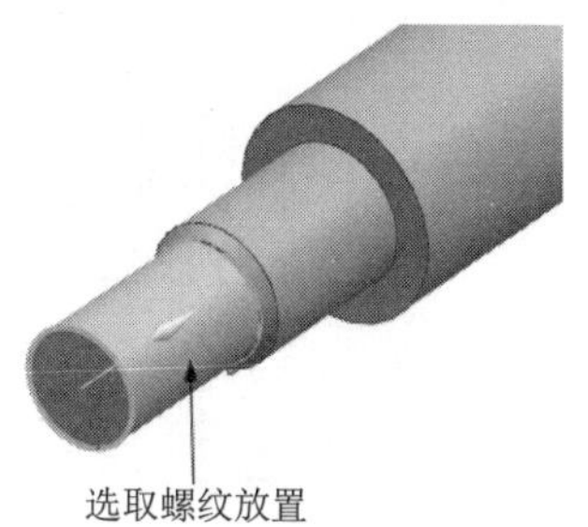

图 17-84　选择创建螺纹的圆柱面

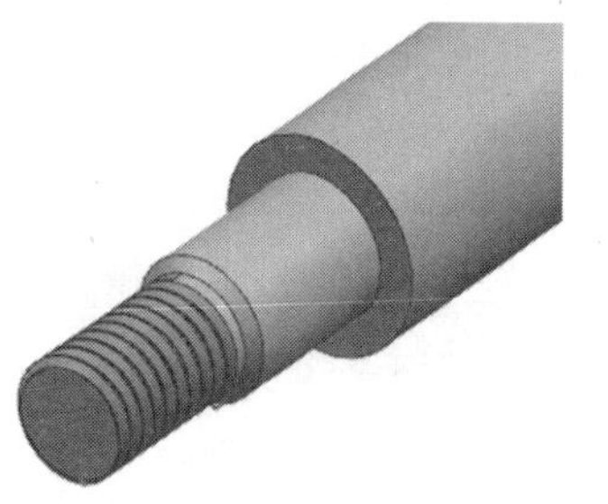

图 17-85 创建螺纹特征

6．创建螺纹特征 2

（1）单击“螺纹刀”按钮或选择“菜单”→“插入”→“设计特征”→“螺纹”命令，打开“螺纹切削”对话框。

（2）在“螺纹切削”对话框的“螺纹类型”选项组中选中“详细”单选按钮。

（3）在实体中选择创建螺纹的圆柱面。

（4）在“螺纹切削”对话框的“小径”“长度”和“螺距”文本框中分别输入 13.5、96 和 4，其他保持默认设置。

（5）在“螺纹切削”对话框中，单击“确定”按钮，创建螺纹特征，如图 17-86 所示。

图 17-86　创建螺纹特征

7．绘制草图 2

单击“草图”按钮或选择“菜单”→“插入”→“草图”命令，进入草图绘制界面，选择如图 17-87 所示的面 1 为工作平面绘制草图，绘制后的草图如图 17-88 所示。

8．创建拉伸特征 1

（1）单击“拉伸”按钮或选择“菜单”→“插入”→“设计特征”→“拉伸”命令，打开“拉伸”对话框，选择如图 17-88 所示的草图。

（2）在“拉伸”对话框中，在“指定矢量”下拉列表中选择“-XC 轴”选项为拉伸方向，在“布尔”的下拉列表中选择“减去”选项。

（3）在“拉伸”对话框中，在“限制”选项组的“开始”的“距离”和“结束”的“距离”文本框中分别输入 0、22，其他保持默认设置。

（4）在“拉伸”对话框中，单击“确定”按钮，创建拉伸特征 1，如图 17-89 所示。

Note

图 17-87 选择草图工作平面

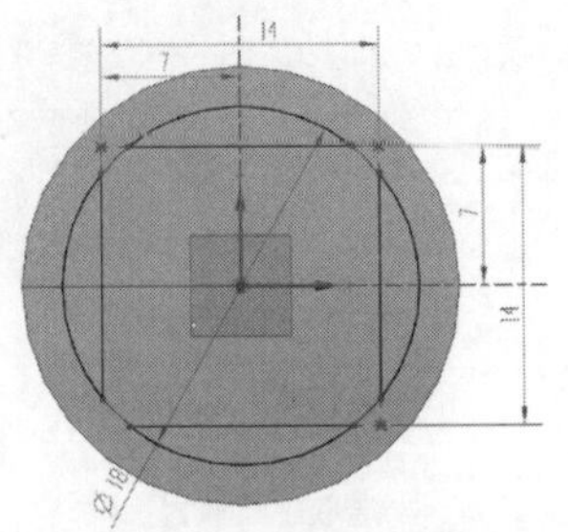

图 17-88 绘制草图 2

9．绘制草图 3

单击“草图”按钮或选择“菜单”→“插入”→“草图”命令，进入草图绘制界面，选择 XC-YC 平面为工作平面绘制草图，绘制后的草图如图 17-90 所示。

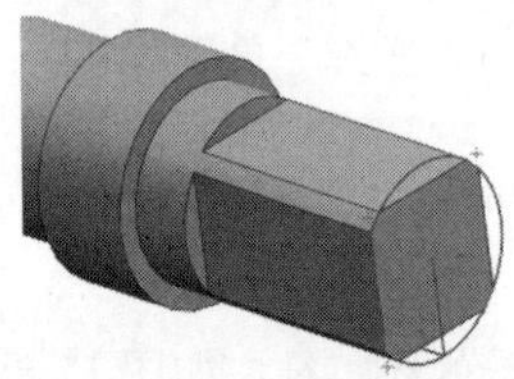

图 17-89 创建拉伸特征 1

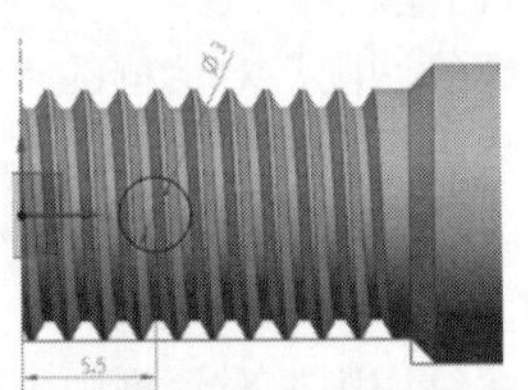

图 17-90 绘制草图 3

10．创建拉伸特征 2

（1）单击“拉伸”按钮或选择“菜单”→“插入”→“设计特征”→“拉伸”，打开“拉伸”对话框，选择如图 17-90 所示的草图。

（2）在“拉伸”对话框中，在“指定矢量”下拉列表中选择“ZC 轴”选项为拉伸方向，在“布尔”下拉列表中选择“减去”选项。

（3）在“拉伸”对话框中，在“限制”选项组的“开始”的“距离”和“结束”的“距离”文本框中分别输入-10、10，其他保持默认设置。

（4）在“拉伸”对话框中，单击“确定”按钮，创建拉伸特征 2，如图 17-91 所示。

图 17-91 创建拉伸特征 2

17.1.9 方块螺母

1．新建文件

单击“新建”按钮或选择“菜单”→“文件”→“新建”，打开“新建”对话框，在“模板”列表框中选择“模型”，输入 fangkuailuomu，单击“确定”按钮，进入 UG 建模环境。

2．绘制草图

单击“草图”按钮或选择“菜单”→“插入”→“草图”命令，进入草图绘制界面，选择 XC-YC 平面为工作平面绘制草图，绘制后的草图如图 17-92 所示。

3．创建拉伸特征

（1）单击“拉伸”按钮或选择“菜单”→“插入”→“设计特征”→“拉伸”命令，打开“拉

伸”对话框，选择如图 17-92 所示的草图。

（2）在“拉伸”对话框中，在“限制”选项组的“开始”的“距离”和“结束”的“距离”文本框中分别输入 0、8，其他保持默认设置。

（3）在“拉伸”对话框中，单击“确定”按钮，创建拉伸特征，如图 17-93 所示。

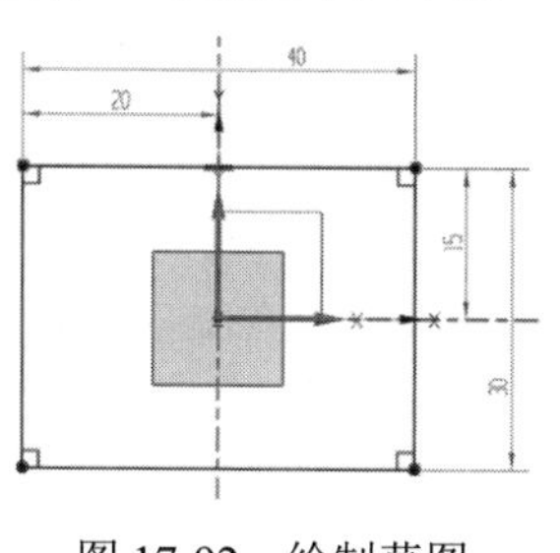

图 17-92 绘制草图

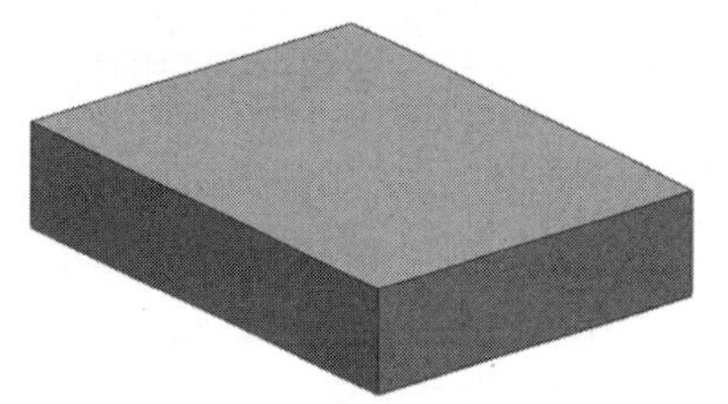
图 17-93 创建拉伸特征

4. 创建长方体

（1）单击“长方体”按钮或选择“菜单”→“插入”→“设计特征”→“长方体”命令，打开如图 17-94 所示的“长方体”对话框。

（2）选择“原点和边长”类型，单击“点对话框”按钮，打开“点”对话框。

（3）在“点”对话框的 X、Y 和 Z 文本框中分别输入−12、−15、8，单击“确定”按钮，返回“长方体”对话框。

（4）在“长方体”对话框的“长度(XC)”“宽度(YC)”和“高度(ZC)”文本框中分别输入 24、30、18。

（5）在“长方体”对话框中，单击“确定”按钮，创建长方体特征，如图 17-95 所示。

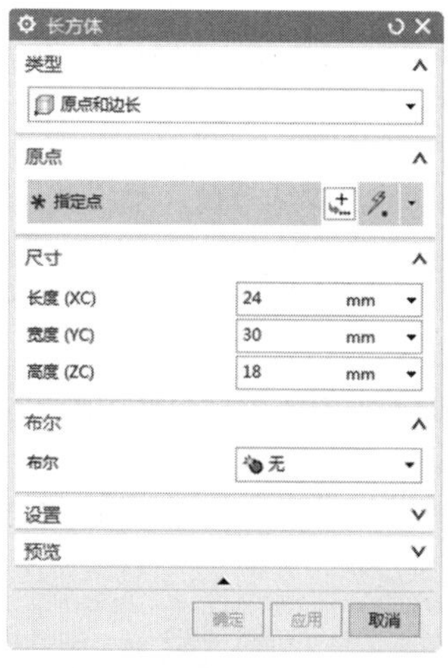

图 17-94 “长方体”对话框

图 17-95 创建长方体特征

5. 创建圆柱体特征

（1）单击“圆柱”按钮或选择“菜单”→“插入”→“设计特征”→“圆柱”命令，打开“圆柱”对话框。

（2）在“圆柱”对话框的“类型”下拉列表中选择“轴，直径和高度”选项。

（3）在“圆柱”对话框的“指定矢量”下拉列表中选择 ZC 选项为圆柱轴向。

（4）在“圆柱”对话框单击“点对话框”按钮，打开“点”对话框。

（5）在“点”对话框的XC、YC和ZC文本框中分别输入0、0、26。

（6）在“点”对话框中，单击“确定”按钮，返回“圆柱”对话框。

（7）在“圆柱”对话框的“直径”和“高度”文本框中分别输入20、20。

（8）在“圆柱”对话框的“布尔”下拉列表中选择“合并”选项，选择如图17-95所示的长方体为目标体，单击“确定”按钮，创建圆柱体，如图17-96所示。

Note

6．合并操作

（1）单击“合并”按钮或选择“菜单”→“插入”→“组合”→“合并”命令，打开如图17-97所示的“合并”对话框。

（2）选择拉伸特征为目标体，由长方体和圆柱体组成的实体为工具体。

（3）在“合并”对话框中，单击“确定”按钮，结果如图17-98所示。

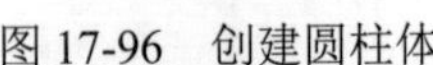

图17-96　创建圆柱体

图17-97　“合并”对话框

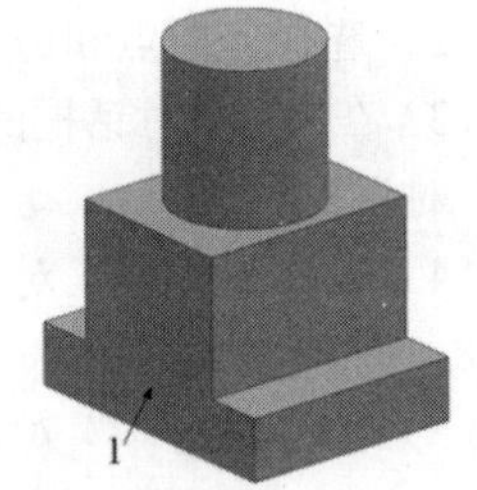

图17-98　布尔“求和”操作

7．创建简单孔1

（1）单击“孔”按钮或选择“菜单”→“插入”→“设计特征”→“孔”命令，打开“孔”对话框。

（2）在“孔”对话框的“类型”下拉列表中选择“常规孔”，在“成形”下拉列表中选择“简单孔”。

（3）选择如图17-98所示的面1为草图放置面，进入绘图环境，绘制如图17-99所示的草图。退出草图绘制环境。

（4）在“孔”对话框的“直径”和“深度”文本框中分别输入13.5、50，单击“确定”按钮，创建简单孔特征，如图17-100所示。

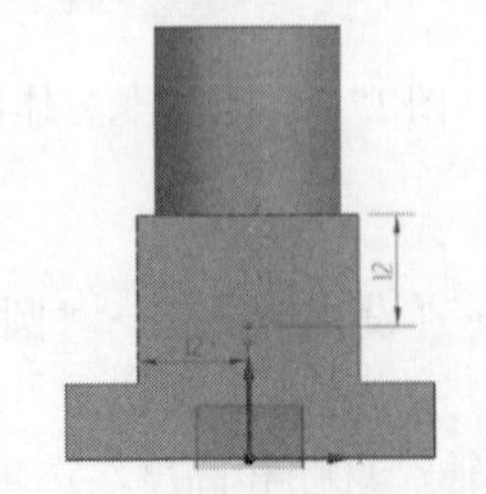

图17-99　定位后的尺寸示意

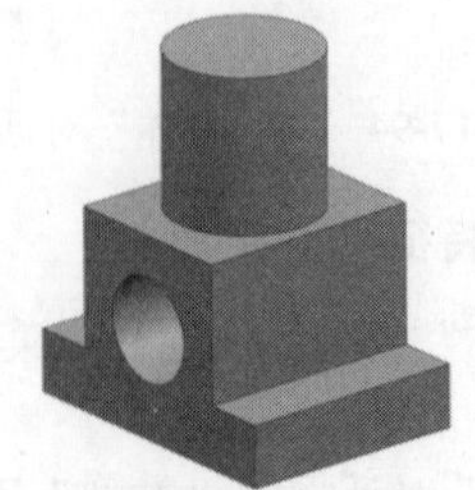

图17-100　创建简单孔1

8．创建简单孔 2

（1）单击“孔”按钮或选择“菜单”→“插入”→“设计特征”→“孔”命令，打开“孔”对话框。

（2）在“孔”对话框的“直径”和“深度”文本框中分别输入 8.5、18。

（3）捕捉圆柱体上表面圆的圆心为孔位置，如图 17-101 所示。

（4）在“孔”对话框中，单击“确定”按钮，创建简单孔特征，如图 17-102 所示。

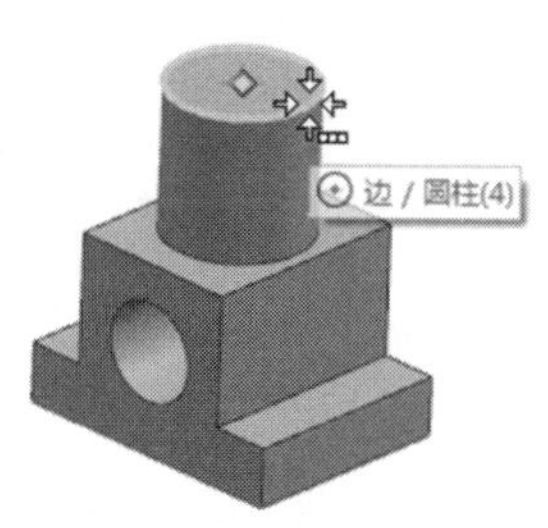

图 17-101 捕捉圆心

图 17-102 创建简单孔 2

9．创建螺纹特征 1

（1）单击“螺纹刀”按钮或选择“菜单”→“插入”→“设计特征”→“螺纹”命令，打开“螺纹切削”对话框。

（2）在“螺纹切削”对话框的“螺纹类型”选项组中选中“详细”单选按钮。

（3）在实体中选择简单孔 1 作为创建螺纹的圆柱面。

（4）在“螺纹切削”对话框的“大径”“长度”和“螺距”文本框中分别输入 18、30、4，其他保持默认设置。

（5）在“螺纹切削”对话框中，单击“确定”按钮，创建螺纹特征，如图 17-103 所示。

10．创建螺纹特征 2

（1）单击“螺纹刀”按钮或选择“菜单”→“插入”→“设计特征”→“螺纹”命令，打开“螺纹切削”对话框。

（2）在“螺纹切削”对话框的“螺纹类型”选项组中选中“详细”单选按钮。

（3）在实体中选择简单孔 2 作为创建螺纹的圆柱面。

（4）在“螺纹切削”对话框的“长度”文本框中输入 15，其他保持默认设置。

（5）在“螺纹切削”对话框中，单击“确定”按钮，创建螺纹特征，如图 17-104 所示。

图 17-103 创建螺纹特征 1

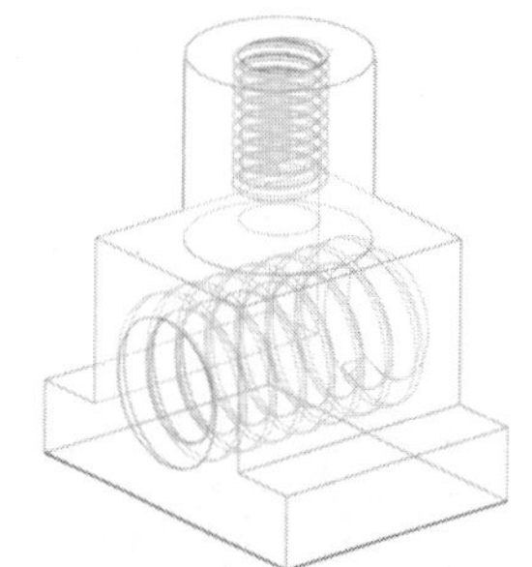

图 17-104 创建螺纹特征 2

Note

17.1.10 钳座

1. 新建文件

单击“新建”按钮或选择“菜单”→“文件”→“新建”命令，打开“新建”对话框，在“模板”列表框中选择“模型”，输入 qianzuo，单击“确定”按钮，进入 UG 建模环境。

2. 绘制草图 1

单击“草图”按钮或选择“菜单”→“插入”→“草图”命令，进入草图绘制界面，选择 XC-YC 平面为工作平面绘制草图，绘制后的草图如图 17-105 所示。

3. 创建拉伸特征 1

（1）单击“拉伸”按钮或选择“菜单”→“插入”→“设计特征”→“拉伸”命令，打开“拉伸”对话框，选择如图 17-105 所示的草图。

（2）在“限制”选项组的“开始”的“距离”和“结束”的“距离”文本框中分别输入 0、30，其他保持默认设置。

（3）在“拉伸”对话框中，单击“确定”按钮，创建拉伸特征，如图 17-106 所示。

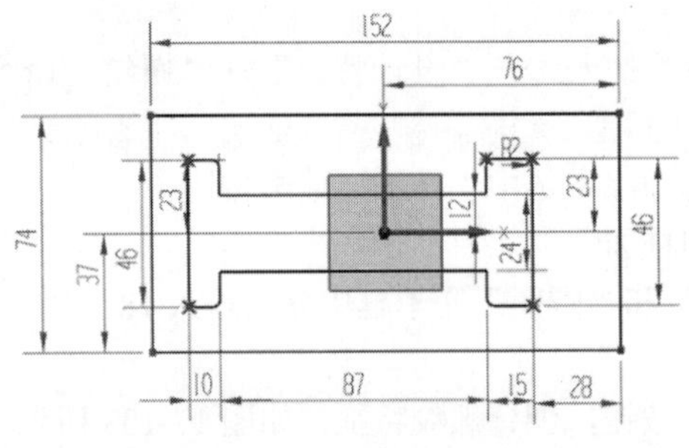

图 17-105 绘制草图 1

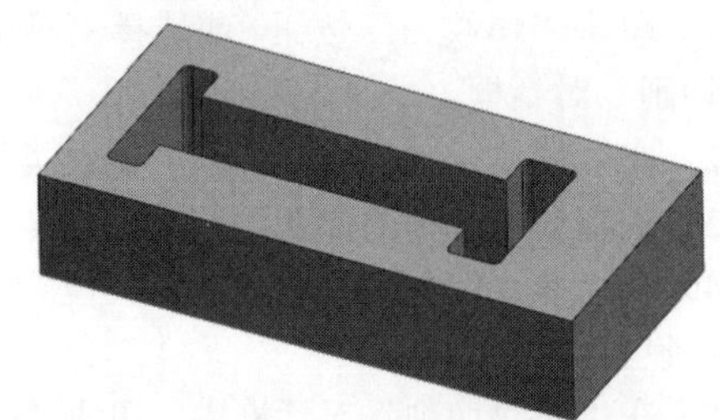

图 17-106 创建拉伸特征 1

4. 绘制草图 2

单击“草图”按钮或选择“菜单”→“插入”→“草图”命令，进入草图绘制界面，选择如图 17-107 所示的平面为工作平面绘制草图，绘制后的草图如图 17-108 所示。

5. 创建沿导线扫描特征

（1）选择“菜单”→“插入”→“扫掠”→“沿引导线扫掠”命令，打开“沿引导线扫掠”对话框。

（2）在视图区选择如图 17-108 所示的草图为截面。

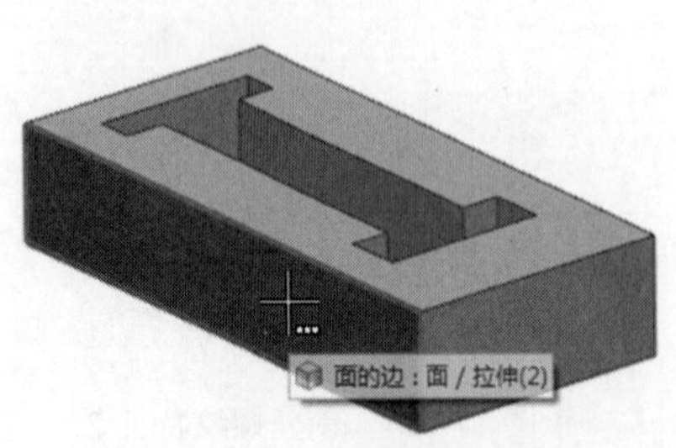

图 17-107 选择草图工作平面

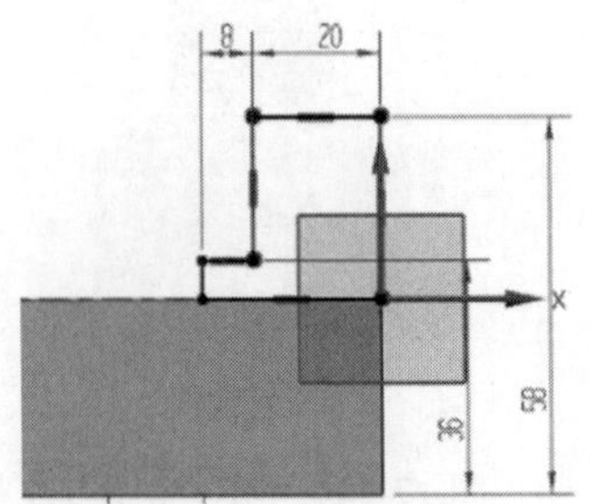

图 17-108 绘制草图 2

（3）在视图区选择引导线，如图 17-109 所示。

（4）在“沿引导线扫掠”对话框中的“第一偏置”和“第二偏置”文本框中均输入 0。

（5）在“布尔”下拉列表中选择“合并”选项，创建沿引导线扫掠特征，如图 17-110 所示。

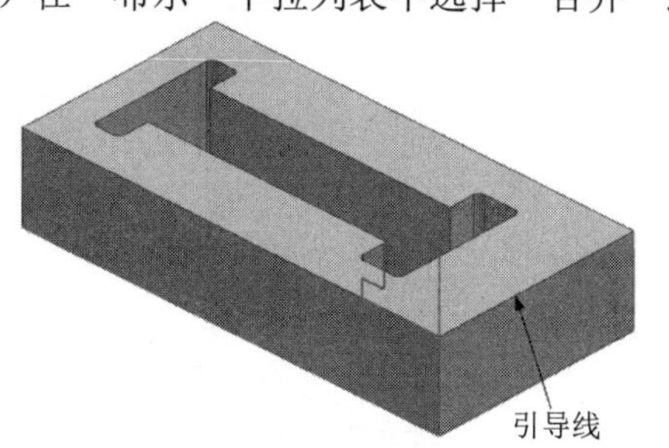

图 17-109　选择引导线

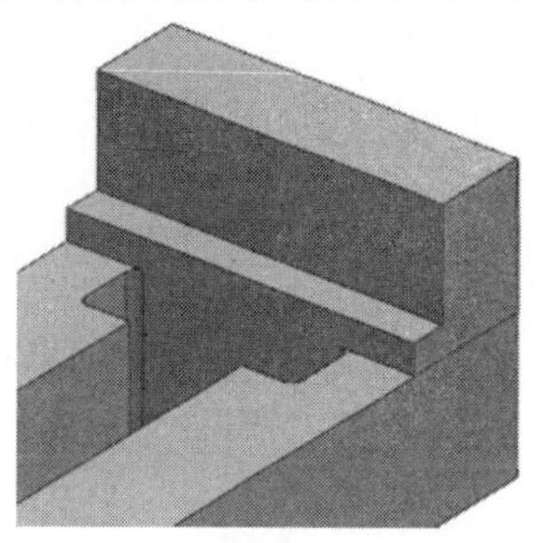

图 17-110　创建沿引导线扫掠特征

6. 绘制草图 3

单击“草图”按钮或选择“菜单”→“插入”→“草图”命令，进入草图绘制界面，选择 XC-YC 平面为工作平面绘制草图，绘制后的草图如图 17-111 所示。

7. 创建拉伸特征 2

（1）单击“拉伸”按钮或选择“菜单”→“插入”→“设计特征”→“拉伸”命令，打开“拉伸”对话框，选择如图 17-111 所示的草图。

（2）在“拉伸”对话框中，在“限制”选项组的“开始”的“距离”和“结束”的“距离”文本框中分别输入 0、14，在“布尔”下拉列表中选择“求和”选项。

（3）在“拉伸”对话框中，单击“确定”按钮，创建拉伸特征 2，如图 17-112 所示。

8. 创建圆柱体特征 1

（1）单击“圆柱”按钮或选择“菜单”→“插入”→“设计特征”→“圆柱”命令，打开“圆柱”对话框。

（2）在“圆柱”对话框的“类型”下拉列表中选择“轴，直径和高度”选项。

（3）在“圆柱”对话框的“指定矢量”下拉列表中选择 -ZC 选项为圆柱轴向。

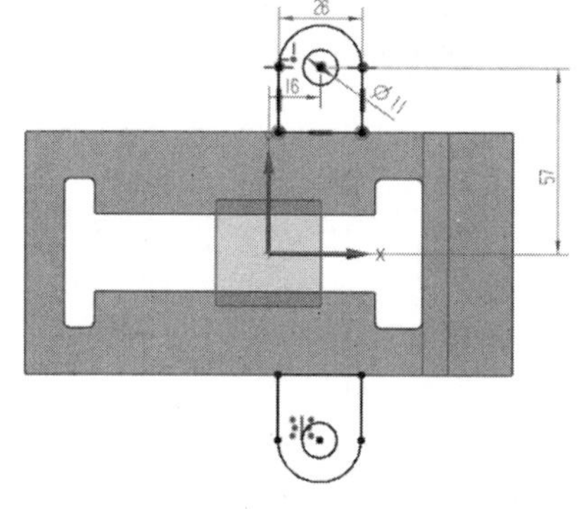

图 17-111　绘制草图 3

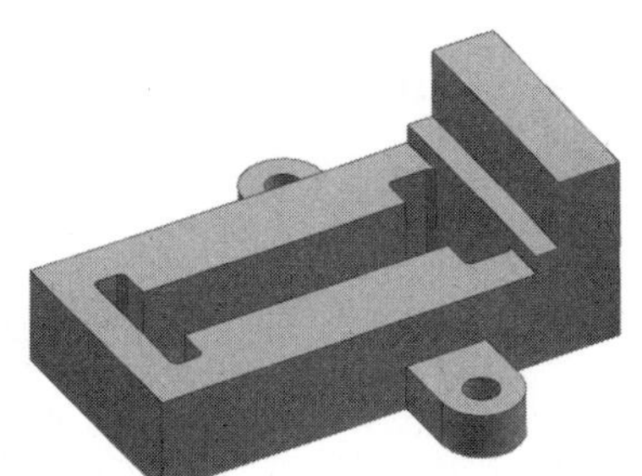

图 17-112　创建拉伸特征 2

（4）在“圆柱”对话框中单击“点对话框”按钮，打开“点”对话框。

（5）在“点”对话框的 XC、YC 和 ZC 文本框中分别输入 16、−57、14。

（6）在“点”对话框中，单击“确定”按钮，返回“圆柱”对话框。

（7）在“圆柱”对话框的“直径”和“高度”文本框中分别输入25、1。

（8）在“圆柱”对话框的“布尔”下拉列表中选择“减去”选项，单击“确定”按钮，创建圆柱体，如图17-113所示。

Note

（9）同步骤（8）在另一侧创建圆柱体，如图17-114所示。

图17-113 创建圆柱体特征1

图17-114 镜像圆柱体特征

9．绘制草图4

单击“草图”按钮或选择“菜单”→“插入”→“草图”命令，进入草图绘制界面，选择如图17-115所示的平面为工作平面绘制草图，绘制后的草图如图17-116所示。

10．创建拉伸特征3

（1）单击“拉伸”按钮或选择“菜单”→“插入”→“设计特征”→“拉伸”命令，打开“拉伸”对话框，选择如图17-116所示的草图。

（2）选择XC轴为拉伸方向，在“限制”选项组的“开始”的“距离”和“结束”的“距离”文本框中分别输入0、15，其他保持默认设置。

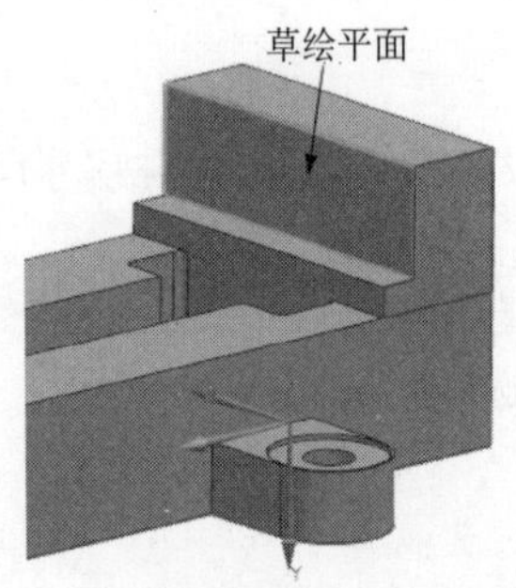

图17-115 选择草图工作平面

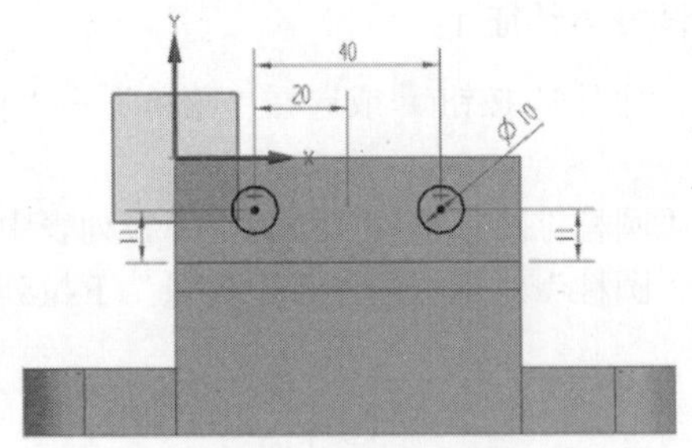

图17-116 绘制草图4

（3）在“布尔”下拉列表中选择“减去”选项，单击“确定”按钮，创建拉伸特征3，如图17-117所示。

图17-117 创建拉伸特征3

11. 创建简单孔特征 1

（1）单击“孔”按钮或选择“菜单”→“插入”→“设计特征”→“孔”命令，打开“孔”对话框。

（2）在“孔”对话框的“类型”下拉列表中选择“常规孔”选项，在“成形”下拉列表中选择“简单孔”。

（3）选择如图 17-118 所示的面 2 为草图放置面，进入绘图环境，绘制如图 17-119 所示的草图。退出草图绘制环境。

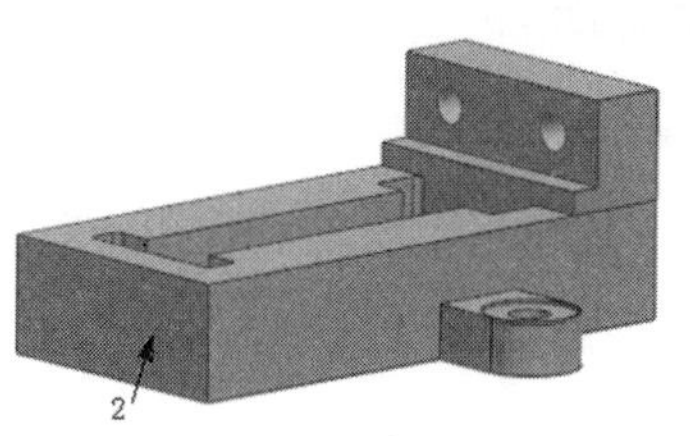

图 17-118　选择放置面

（4）在“孔”对话框的“直径”文本框中分别输入 12，在“深度限制”下拉列表中选择“直至下一个”选项，单击“确定”按钮，创建“简单孔”特征，如图 17-120 所示。

12. 创建圆柱体特征 2

（1）单击“圆柱”按钮或选择“菜单”→“插入”→“设计特征”→“圆柱”命令，打开“圆柱”对话框。

（2）在“圆柱”对话框的“类型”下拉列表中选择“轴、直径和高度”类型。

（3）在“圆柱”对话框的“指定矢量”下拉列表中选择选项为圆柱轴向。

（4）在“指定点”下拉列表中选中按钮，捕捉图 17-120 中所创建的简单孔的圆心。

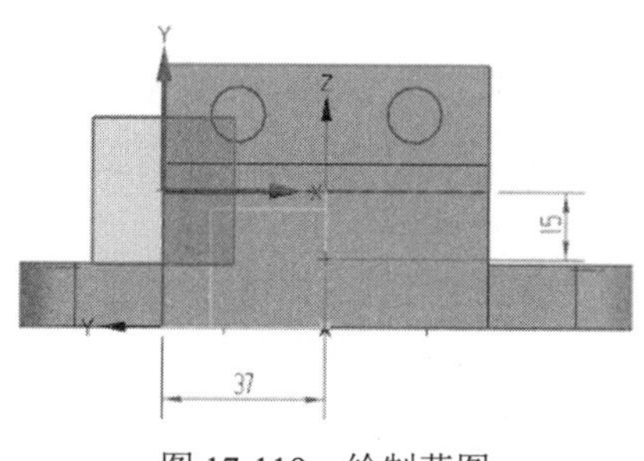

图 17-119　绘制草图

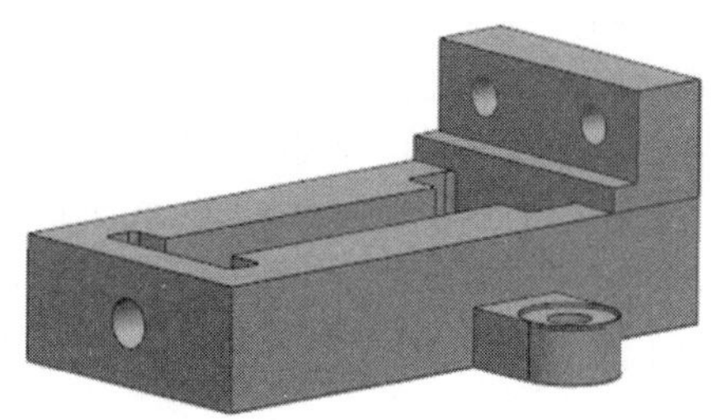

图 17-120　创建简单孔特征 1

（5）在“圆柱”对话框的“直径”和“高度”文本框中分别输入 25、1。

（6）在“圆柱”对话框的“布尔”下拉列表中选择“减去”选项，单击“确定”按钮，创建圆柱体，如图 17-121 所示。

13. 创建简单孔特征 2

（1）单击“孔”按钮或选择“菜单”→“插入”→“设计特征”→“孔”命令，打开“孔”对话框。

（2）在“孔”对话框的“类型”下拉列表中选择“常规孔”选项，在“成形”下拉列表中选择“简单孔”选项。

（3）选择如图 17-122 所示的面 3 为草图放置面，进入绘图环境，绘制如图 17-123 所示的草图。退出草图绘制环境。

Note

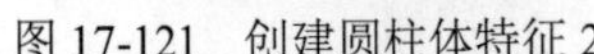

图 17-121　创建圆柱体特征 2

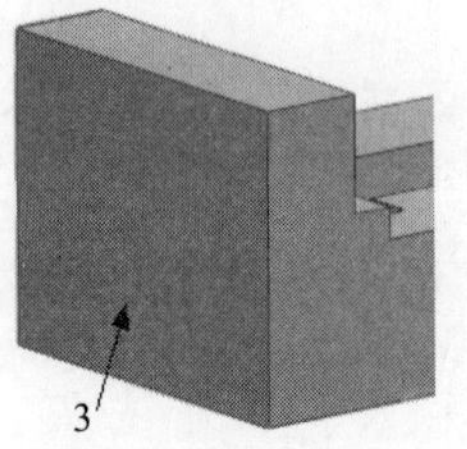

图 17-122　选择放置面

（4）在“孔”对话框的“直径”文本框中输入 18，在“深度限制”下拉列表中选择“直至下一个”选项，单击“确定”按钮，创建“简单孔”特征，如图 17-124 所示。

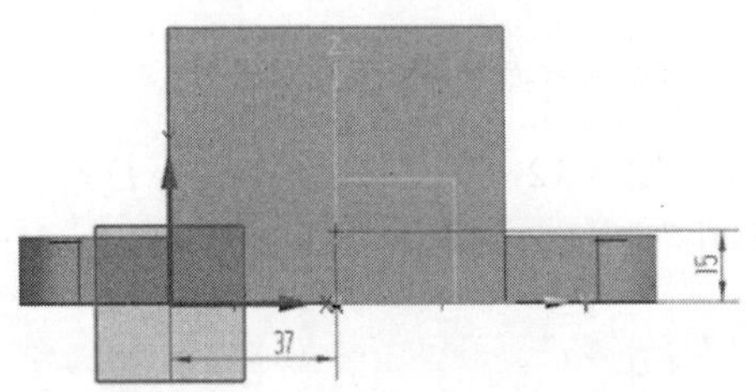

图 17-123　定位后的尺寸示意图

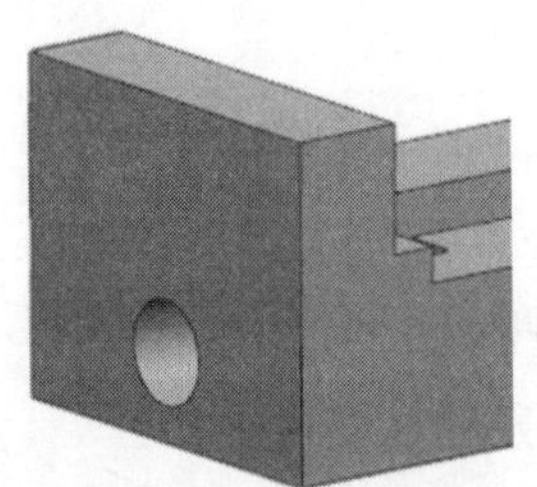

图 17-124　创建简单孔特征 2

14．创建圆柱体特征 3

（1）单击“圆柱”按钮或选择“菜单”→“插入”→“设计特征”→“圆柱”命令，打开“圆柱”对话框。

（2）在“圆柱”对话框的“类型”下拉列表中选择“轴，直径和高度”选项。

（3）在“圆柱”对话框的“指定矢量”下拉列表中选择-XC选项为圆柱轴向。

（4）在“指定点”下拉列表中选中图标，捕捉图 17-124 中所创建的简单孔的圆心。

（5）在“圆柱”对话框的“直径”和“高度”文本框中分别输入 28、1。

（6）在“圆柱”对话框的“布尔”下拉列表中选择“减去”选项，单击“确定”按钮，创建圆柱体，如图 17-125 所示。

15．创建螺纹特征

（1）单击“螺纹刀”按钮或选择“菜单”→“插入”→“设计特征”→“螺纹”命令，打开“螺纹切削”对话框。

（2）在“螺纹切削”对话框的“螺纹类型”选项组中选中“详细”单选按钮。

（3）在实体中选择创建螺纹的圆柱面，如图 17-126 所示。

（4）在“螺纹切削”对话框的文本框中的所有参数采用默认设置。

（5）在“螺纹切削”对话框中，单击“应用”按钮，创建螺纹特征 1。

（6）同理，按照上面的步骤和相同的参数，创建螺纹特征 2，结果如图 17-127 所示。

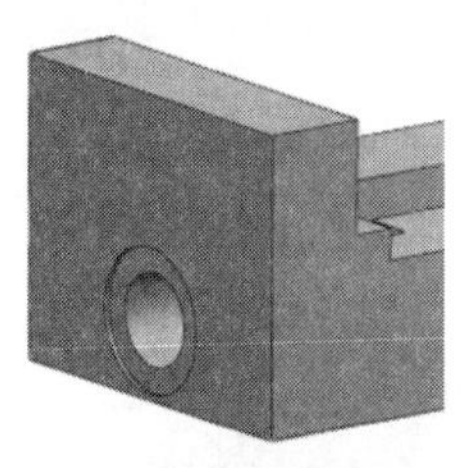

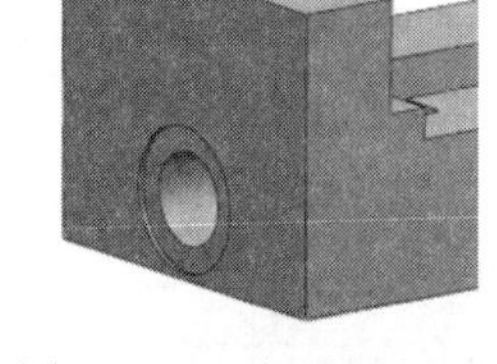

图 17-125　创建圆柱体　　图 17-126　选择创建螺纹的圆柱面　　图 17-127　创建螺纹特征

16．绘制草图 5

单击“草图”按钮或选择“菜单”→“插入”→“草图”命令，进入草图绘制界面，选择如图 17-128 所示的平面为工作平面绘制草图，绘制后的草图如图 17-129 所示。

17．创建拉伸特征 4

（1）单击“拉伸”按钮或选择“菜单”→“插入”→“设计特征”→“拉伸”命令，打开“拉伸”对话框，选择如图 17-129 所示的草图。

（2）在“拉伸”对话框中，在“限制”选项组的“开始”的“距离”和“结束”的“距离”文本框中分别输入 15、115，其他保持默认设置。

（3）在“拉伸”对话框的“布尔”下拉列表中选择“减去”选项，单击“确定”按钮，创建拉伸特征 3，如图 17-130 所示。

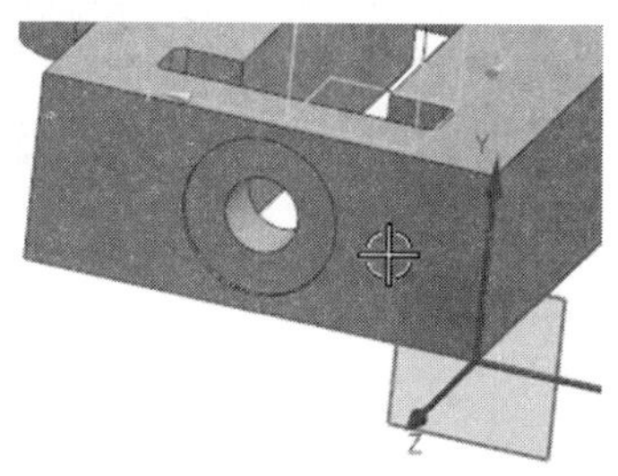

图 17-128　选择草图工作平面

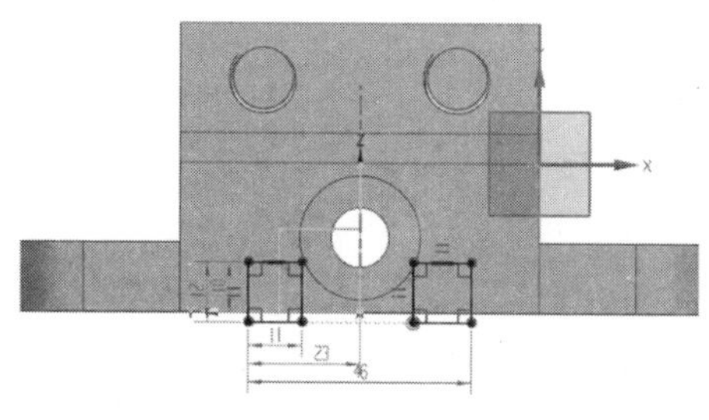

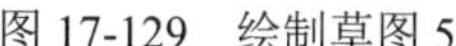

图 17-129　绘制草图 5

图 17-130　创建拉伸特征 3

18．创建边倒圆特征

（1）单击“边倒圆”按钮或选择“菜单”→“插入”→“细节特征”→“边倒圆”命令，打开“边倒圆”对话框。

（2）在视图区选择第一组边缘，如图 17-131 所示。

（3）在“边倒圆”对话框的“半径 1”文本框中输入 5。

（4）在“边倒圆”对话框中，单击“应用”按钮，创建边倒圆特征，如图 17-132 所示。

Note

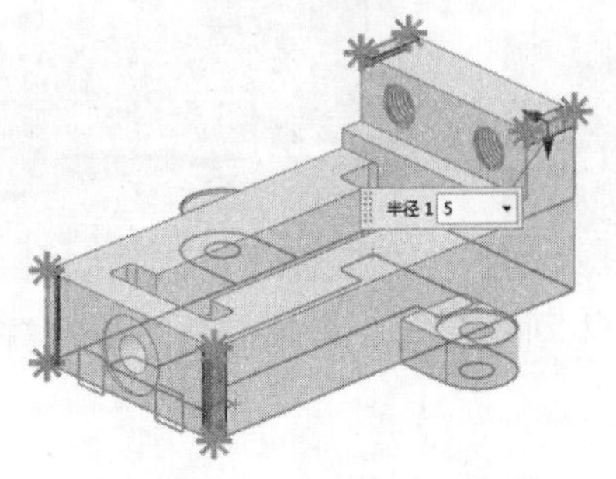

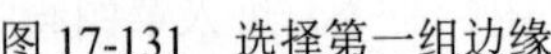
图 17-131 选择第一组边缘

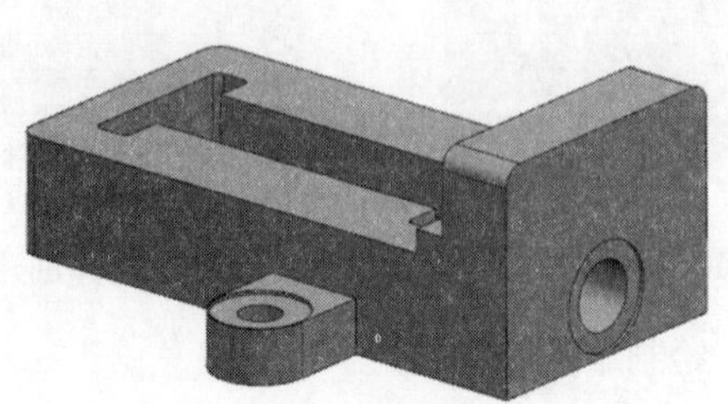
图 17-132 创建边倒圆特征

（5）在视图区选择第二组边缘，如图 17-133 所示。

（6）在“边倒圆”对话框的“半径 1”文本框中输入 2。

（7）在“边倒圆”对话框中，单击“确定”按钮，创建边倒圆特征，如图 17-134 所示。

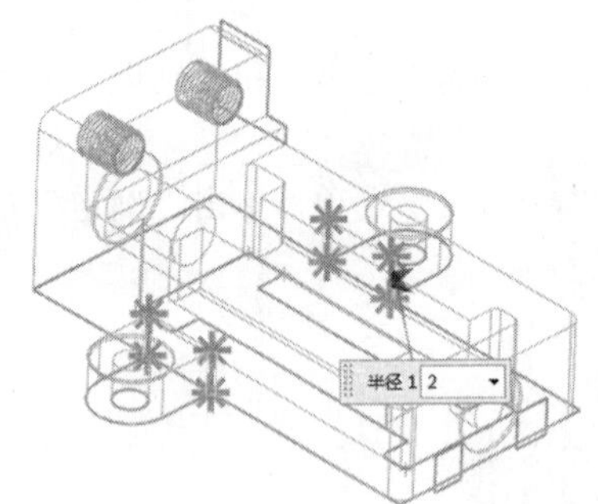

图 17-133 选择第二组边缘

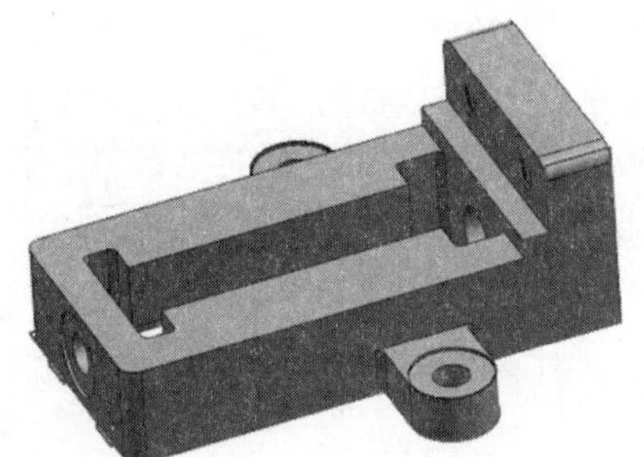
图 17-134 创建边倒圆特征

17.1.11 垫圈

1. 新建文件

单击“新建”按钮或选择“菜单”→“文件”→“新建”命令，打开“新建”对话框，在“模板”列表框中选择“模型”，输入 dianquan，单击“确定”按钮，进入 UG 建模环境。

2. 绘制草图

单击“草图”按钮或选择“菜单”→“插入”→“草图”命令，进入草图绘制界面，选择 XC-YC 平面为工作平面绘制草图，绘制后的草图如图 17-135 所示。

3. 创建拉伸特征

（1）单击“拉伸”按钮或选择“菜单”→“插入”→“设计特征”→“拉伸”命令，打开“拉伸”对话框，选择如图 17-135 所示的草图。

（2）在“指定矢量”下拉列表中选择 ZC 轴为拉伸方向，在“限制”选项组的“开始”的“距离”和“结束”的“距离”文本框中分别输入 0、3，其他保持默认设置。

（3）在“拉伸”对话框中，单击“确定”按钮，创建拉伸特征，如图 17-136 所示。

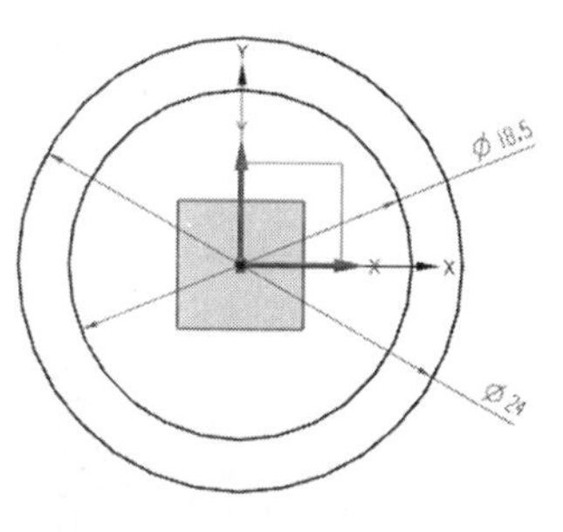

图 17-135　绘制草图

图 17-136　创建拉伸特征

17.2　绘制虎钳装配图

虎钳装配图如图 17-137 所示。

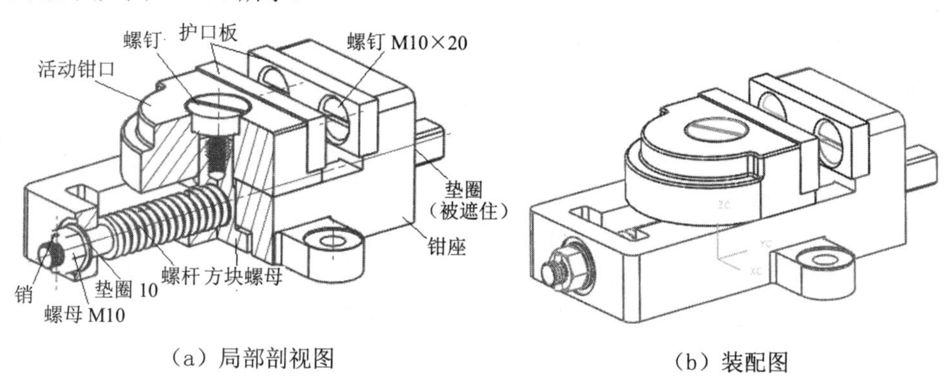

（a）局部剖视图　　（b）装配图

图 17-137　虎钳装配图

1. 打开部件文件

单击“打开”按钮，打开“打开”对话框，输入 qianzuo.prt，单击 OK 按钮，进入 UG 主界面。

2. 旋转钳座

（1）选择“菜单”→“编辑”→“移动对象”命令，打开如图 17-138 所示的“移动对象”对话框。

（2）在视图区选择钳座实体为移动对象。

（3）在“移动对象”对话框的“运动”下拉列表中选择“角度”选项。

（4）在“移动对象”对话框的“指定矢量”下拉列表中，单击“矢量对话框”按钮，打开“矢量”对话框，选择 ZC 轴正向作为矢量方向，单击“确定”按钮，返回“移动对象”对话框。在“指定轴点”下拉列表中，单击“点对话框”按钮，打开“点”对话框，选择原点为基点，单击“确定”按钮，返回“移动对象”对话框。

（5）在“移动对象”对话框的“角度”文本框中输入 90，在“结果”选项组中选中“移动原先的”单选按钮，单击“确定”按钮，完成旋转操作，如图 17-139 所示。

3. 另存文件

单击“另存为”按钮，打开“另存为”对话框，输入 huqian.prt，单击 OK 按钮。

Note

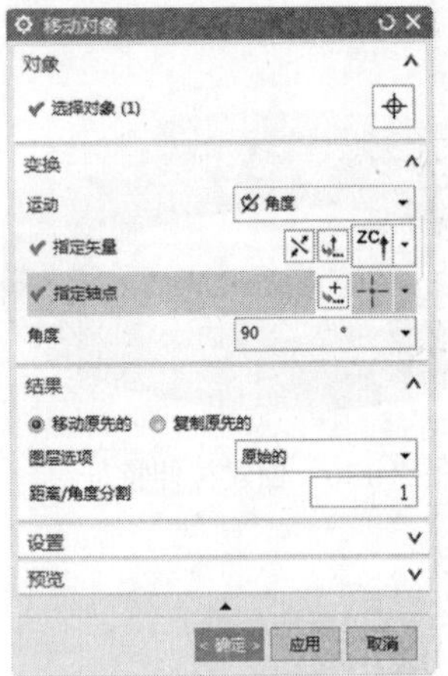

图 17-138 “移动对象”对话框

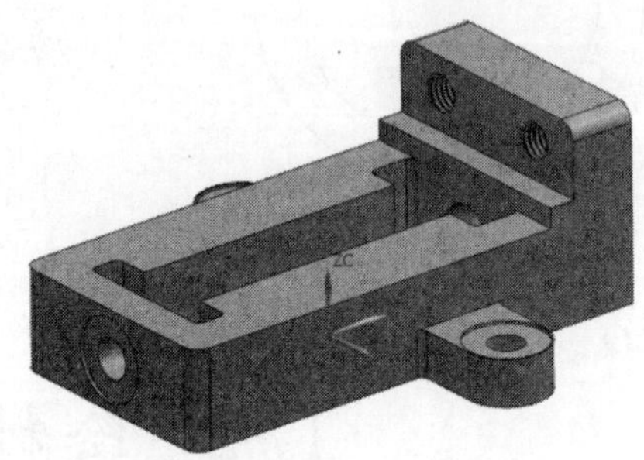

图 17-139 旋转后的钳座

4．安装方块螺母

（1）单击“装配”按钮或选择“菜单”→“应用模块”→“装配”命令，进入装配模式。单击“添加”按钮或选择“菜单”→“装配”→“组件”→“添加组件”命令，打开如图 17-140 所示的“添加组件”对话框。

（2）在“添加组件”对话框中单击“打开”按钮，打开“部件名”对话框，选择 fangkuailuomu.prt，单击 OK 按钮，载入该文件。

（3）返回“添加组件”对话框，在绘图区指定放置组件的位置，打开“组件预览”对话框。

（4）在“添加组件”对话框中，在“放置”选项组中选中“约束”单选按钮，在“约束类型”选项组中选择“接触对齐”选项，在“要约束的几何体”选项组的“方位”下拉列表中选择“接触”选项，在“引用集”下拉列表中选择“模型(" MODEL ")”选项，在“图层选项”下拉列表中选择“原始的”选项，“添加组件”对话框最后设置如图 17-141 所示。在视图区选择相配部件和基础部件的接触面，如图 17-142 和图 17-143 所示。

（5）在“约束类型”选项组中选择“接触对齐”选项，在视图区选择相配部件和基础部件，如图 17-144 和图 17-145 所示。

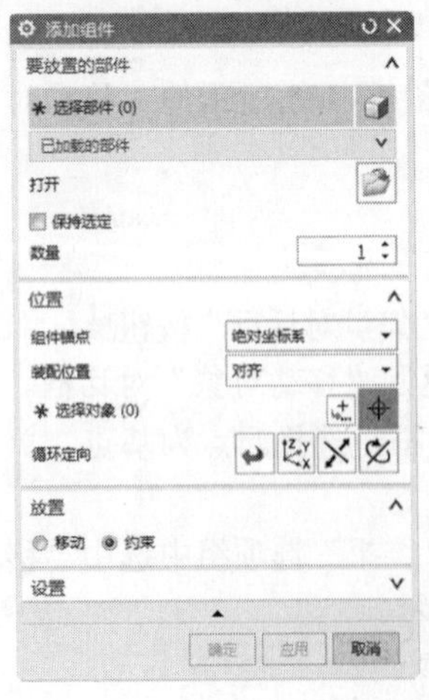

图 17-140 “添加组件”对话框

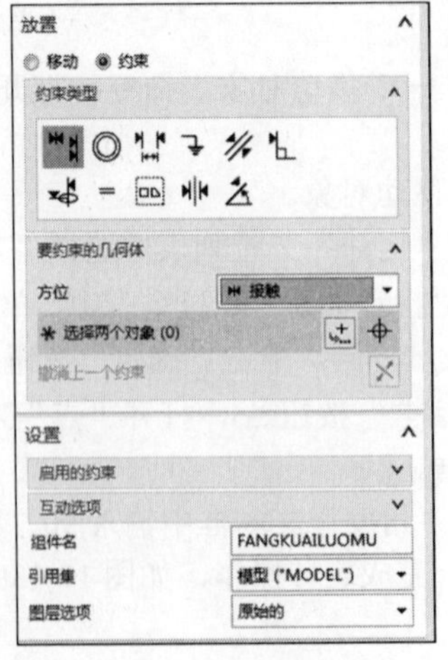

图 17-141 参数设置

图 17-142 相配部件

（6）在“约束类型”选项组中选择“距离”选项，在视图区选择相配部件和基础部件的接触面，如图 17-146 和图 17-147 所示。在“距离”文本框中输入 33。单击“确定”按钮，安装方块螺母，如图 17-148 所示。

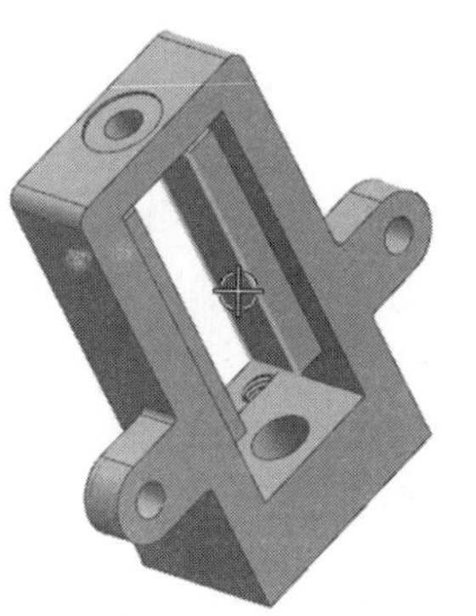

图 17-143　基础部件

图 17-144　相配部件

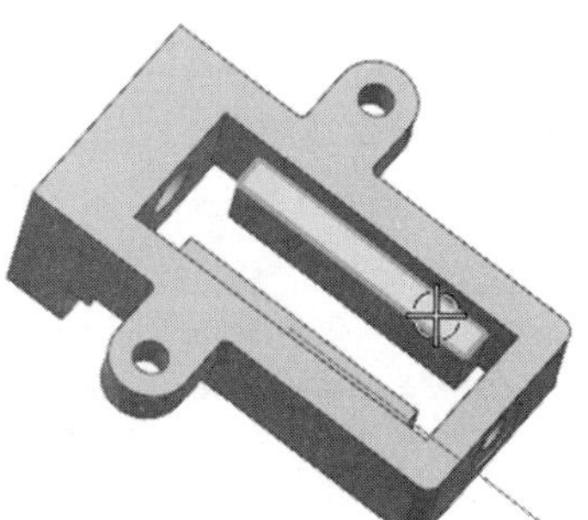

图 17-145　基础部件

图 17-146　相配部件

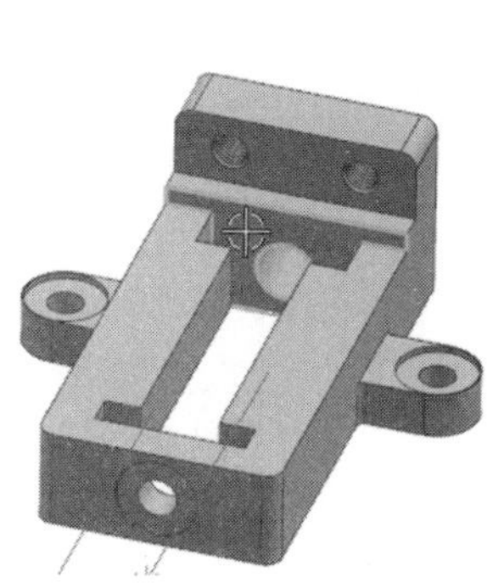

图 17-147　基础部件

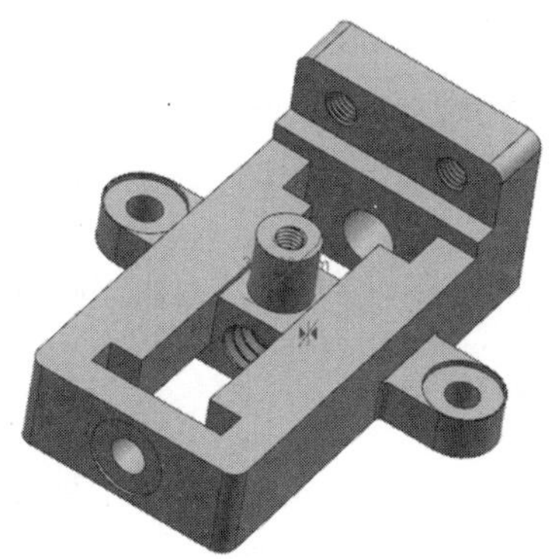

图 17-148　安装方块螺母

5. 安装活动钳口

（1）单击“添加”按钮或选择“菜单”→“装配”→“组件”→“添加组件”命令，打开“添加组件”对话框。

（2）在“添加组件”对话框中单击“打开”按钮，打开“部件名”对话框，选择 huodongqiankou.prt，单击 OK 按钮，载入该文件。

（3）返回“添加组件”对话框，在绘图区指定放置组件的位置，打开“组件预览”对话框。

Note

（4）在“添加组件”对话框中，在“放置”选项组中选中“约束”单选按钮，在“约束类型”选项组中选择“接触对齐”选项，在“要约束的几何体”选项组的“方位”下拉列表中选择“接触”选项，在视图区选择相配部件和基础部件的接触面，如图 17-149 和图 17-150 所示。

图 17-149 选择相配部件

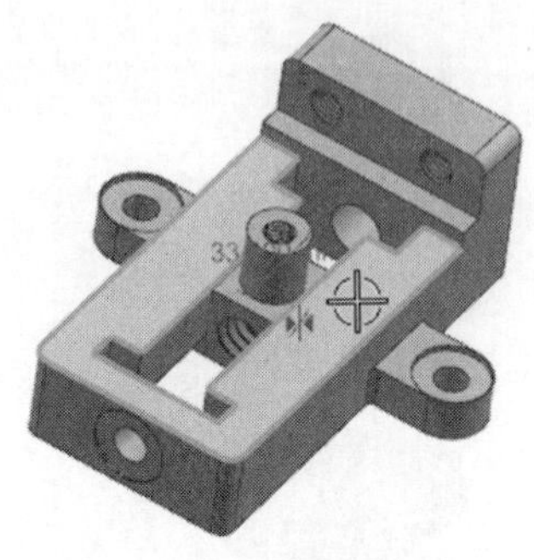

图 17-150 选择基础部件

（5）在“约束类型”选项组中选择“接触对齐”选项，在“方位”下拉列表中选择“自动判断中心/轴”选项，在视图区选择相配部件和基础部件的接触面，如图 17-151 所示。

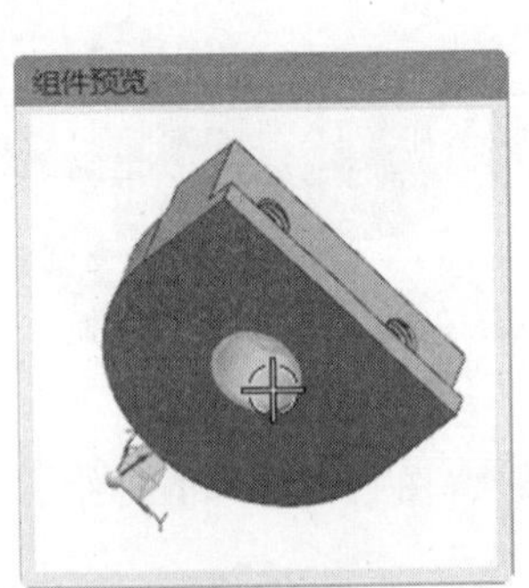

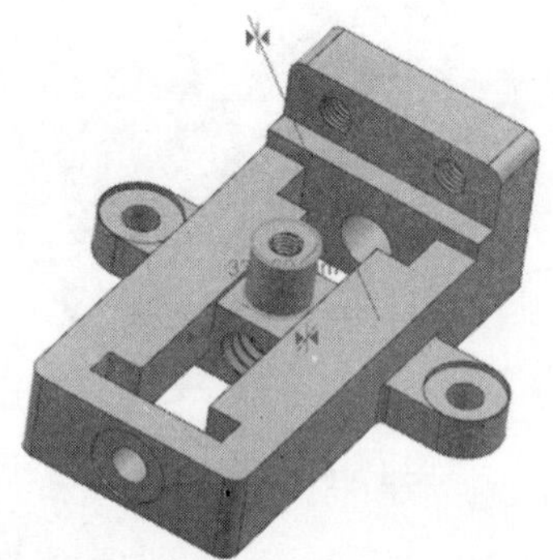

图 17-151 选择相配部件和基础部件

（6）在“约束类型”选项组中选择“平行”选项，在视图区选择相配部件和基础部件的接触面，如图 17-152 所示。

（7）在“添加组件”对话框中，单击“确定”按钮，安装活动钳口，如图 17-153 所示。

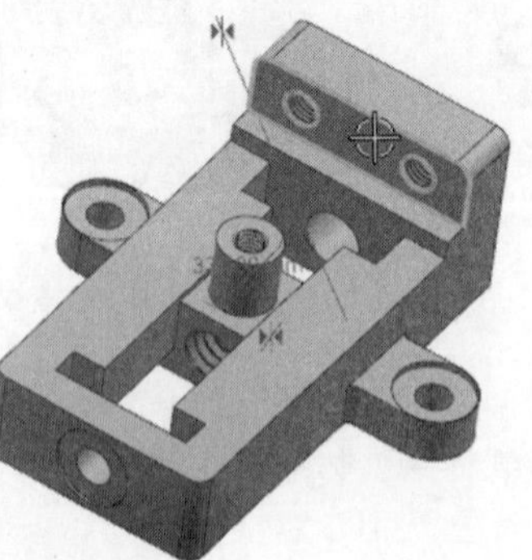

图 17-152 选择部件

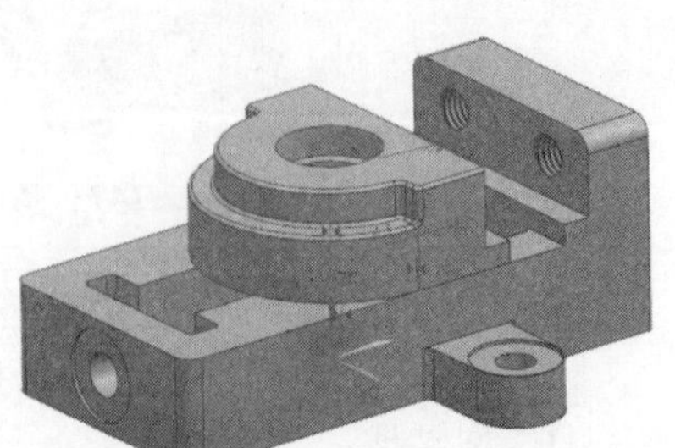

图 13-153 安装活动钳口

6．安装螺钉

（1）单击“添加”按钮或选择“菜单”→“装配”→“组件”→“添加组件”命令，打开“添加组件”对话框。

（2）在“添加组件”对话框中单击“打开”按钮，打开“部件名”对话框，选择 luoding.prt，单击 OK 按钮，载入该文件。

（3）返回“添加组件”对话框，在绘图区指定放置组件的位置，打开“组件预览”窗口。在“放置”选项组中选中“约束”单选按钮，在“约束类型”选项组中选择“接触对齐”选项，在“要约束的几何体”选项组的“方位”下拉列表中选择“接触”选项。在“引用集”下拉列表中选择“模型”选项，在“图层选项”下拉列表中选择“原始的”选项，在视图区选择相配部件和基础部件的接触面，如图 17-154 和图 17-155 所示。

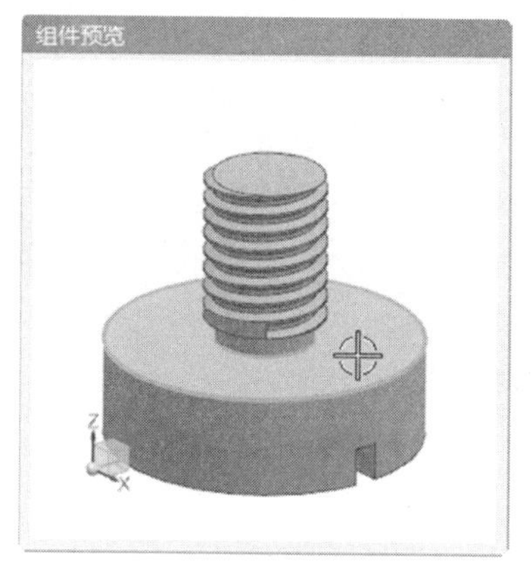

图 17-154　选择相配部件

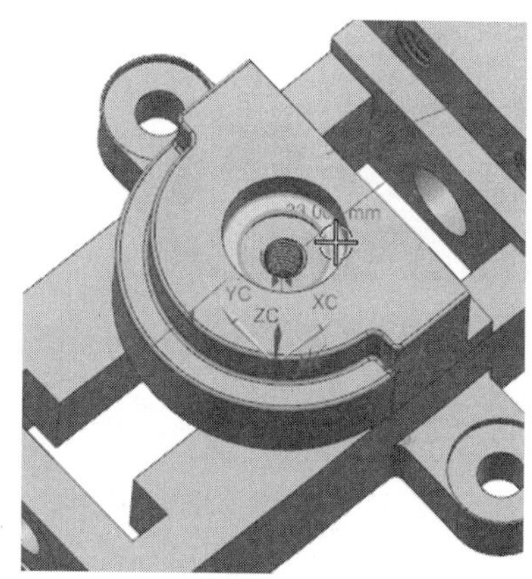

图 17-155　选择基础部件

（4）在“装配约束”对话框的“约束类型”选项组中选择“接触对齐”选项，在“方位”下拉列表中选择“自动判断中心/轴”选项，在视图区选择相配部件和基础部件的接触面，如图 17-156 所示。

（5）在“添加组件”对话框中，单击“确定”按钮，安装螺钉，如图 17-157 所示。

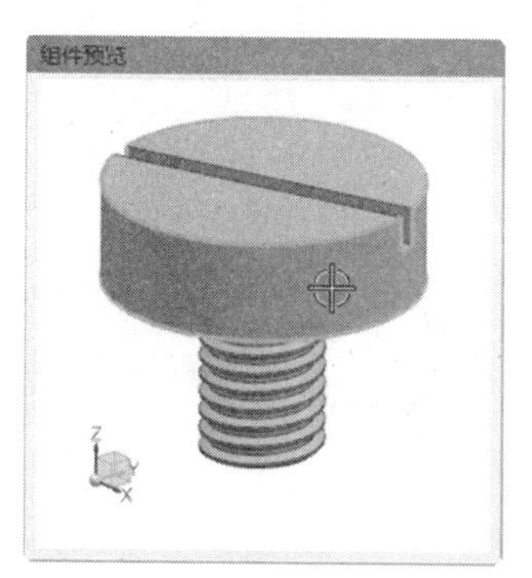

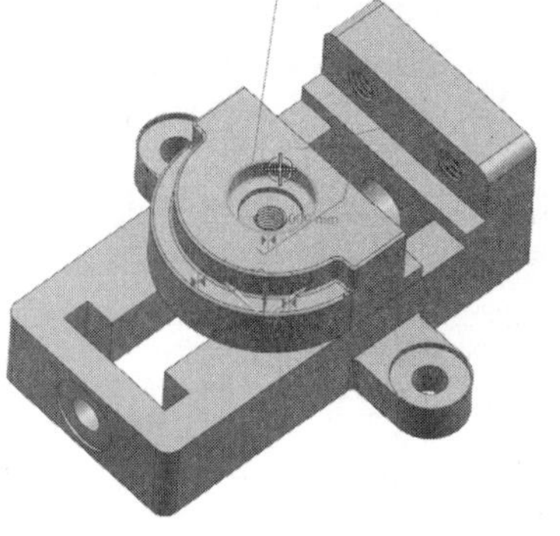

图 17-156　选择相配部件和基础部件

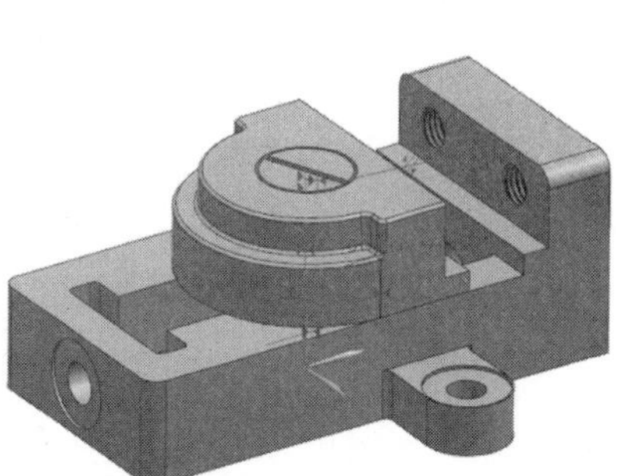

图 17-157　安装螺钉

Note

7. 安装垫圈

(1) 单击“添加”按钮或选择“菜单”→“装配”→“组件”→“添加组件”命令，打开“添加组件”对话框。

(2) 在“添加组件”对话框中单击“打开”按钮，打开“部件名”对话框，选择 dianquan.prt，单击 OK 按钮，载入该文件。

(3) 返回“添加组件”对话框，在绘图区指定放置组件的位置，打开“组件预览”窗口，在“放置”选项组中选中“约束”单选按钮，在“约束类型”选项组中选择“接触对齐”选项，在“要约束的几何体”选项组的“方位”下拉列表中选择“接触”选项，在视图区选择相配部件和基础部件的接触面，如图 17-158 和图 17-159 所示。

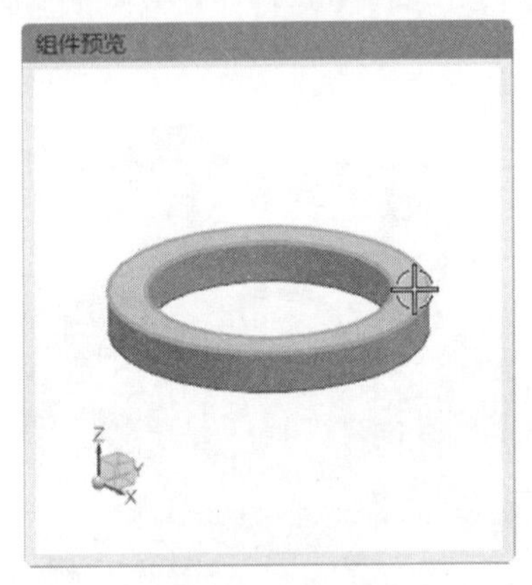

图 17-158　选择相配部件

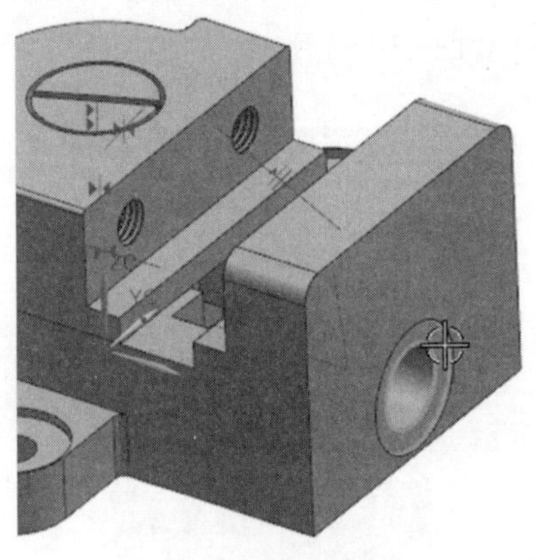

图 17-159　选择基础部件

(4) 在“添加组件”对话框中，在“约束类型”选项组中选择“接触对齐”选项，在“方位”下拉列表中选择“自动判断中心/轴”选项，在视图区选择相配部件和基础部件的接触面，如图 17-160 所示。

(5) 在“添加组件”对话框中，单击“确定”按钮，安装垫圈，如图 17-161 所示。

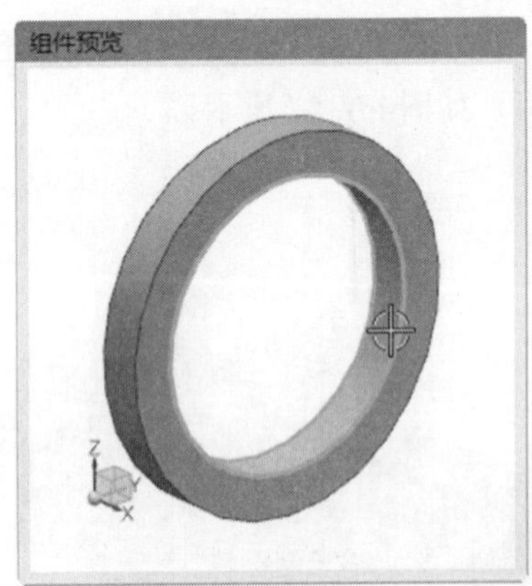

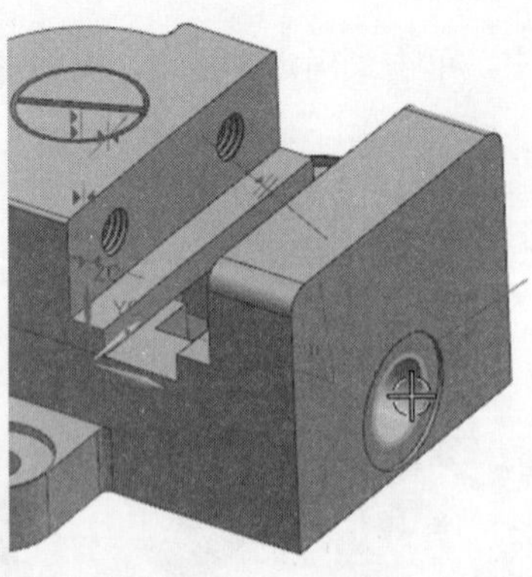

图 17-160　选择相配部件和基础部件

图 17-161　安装垫圈

8. 安装螺杆

(1) 单击“添加”按钮或选择“菜单”→“装配”→“组件”→“添加组件”命令，打开“添

加组件”对话框。

（2）在“添加组件”对话框中单击“打开”按钮，打开“部件名”对话框，选择 luogan.prt，单击 OK 按钮，载入该文件。

（3）返回“添加组件”对话框，在绘图区指定放置组件的位置，打开 “组件预览”窗口，在“放置”选项组中选中“约束”单选按钮，在“约束类型”选项组中选择“接触对齐”选项，在“要约束的几何体”选项组的“方位”下拉列表中选择“接触”选项，在视图区选择相配部件和基础部件的接触面，如图 17-162 和图 17-163 所示。

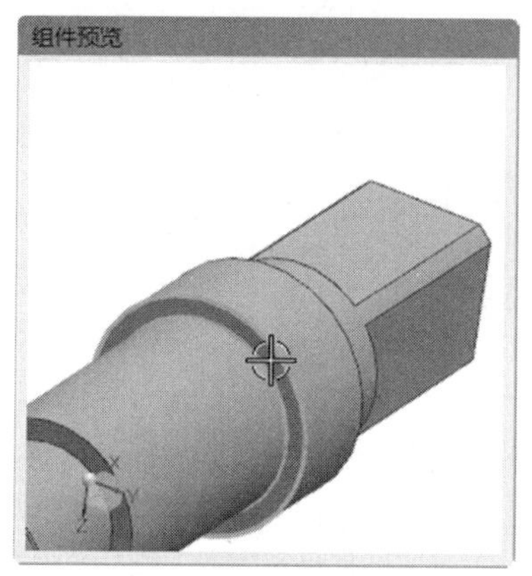

图 17-162　选择相配部件

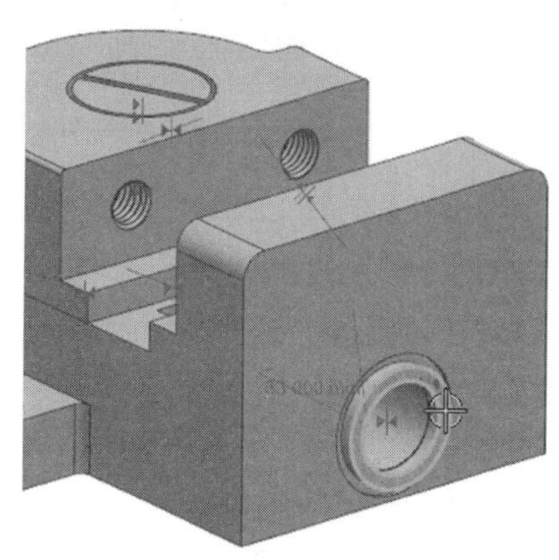

图 17-163　选择基础部件

（4）在“添加组件”对话框中，在“约束类型”选项组中选择“接触对齐”选项，在“方位”下拉列表中选择“自动判断中心/轴”选项，在视图区选择相配部件和基础部件的接触面，如图 17-164 和图 17-165 所示。

（5）在“添加组件”对话框中，单击“确定”按钮，安装螺杆，如图 17-166 所示。

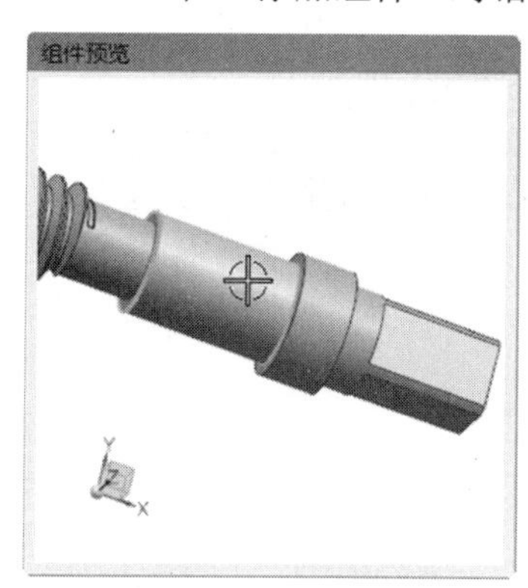

图 17-164　选择相配部件

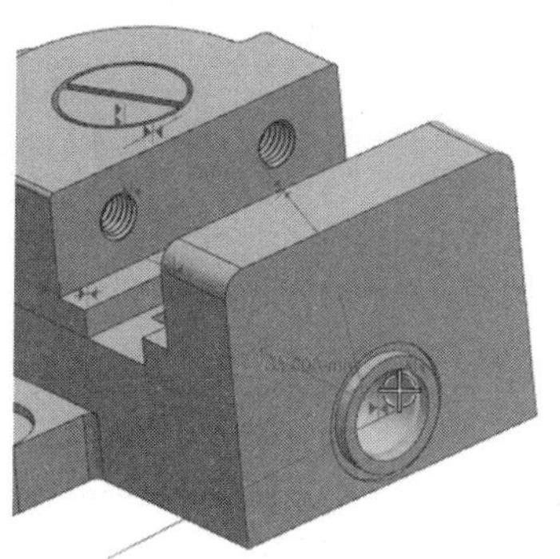

图 17-165　选择基础部件

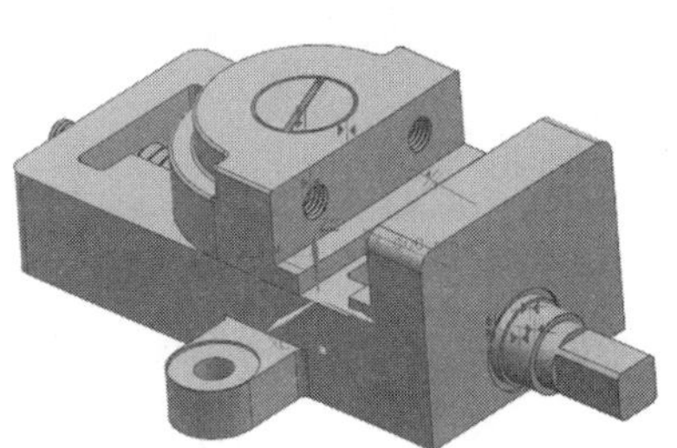

图 17-166　安装螺杆

9．安装垫圈 10

（1）单击“添加”按钮或选择“菜单”→“装配”→“组件”→“添加组件”命令，打开“添加组件”对话框。

（2）在“添加组件”对话框中单击“打开”按钮，打开“部件名”对话框，选择 dianquan10.prt，单击 OK 按钮，载入该文件。

（3）返回“添加组件”对话框，在绘图区指定放置组件的位置，打开 “组件预览”窗口，在“放置”选项组中选中“约束”单选按钮，在“约束类型”选项组中选择“接触对齐”选项，在“要约束的几何体”选项组的“方位”下拉列表中选择“接触”选项，在视图区选择相配部件和基础部件的接触面，如图 17-167 和图 17-168 所示。

Note

图 17-167 选择相配部件

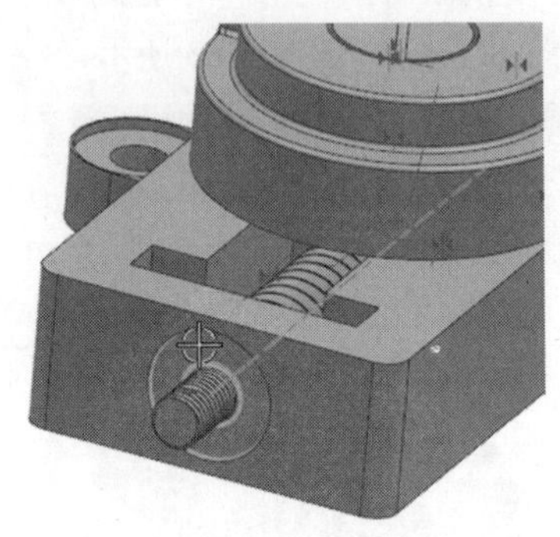

图 17-168 选择基础部件

（4）在“添加组件”对话框中，在“约束类型”选项组中选择“接触对齐”选项，在“方位”下拉列表中选择“自动判断中心/轴”选项，在视图区选择相配部件和基础部件的接触面，如图 17-169 和图 17-170 所示。

（5）在“添加组件”对话框中，单击“确定”按钮，安装垫圈 10，如图 17-171 所示。

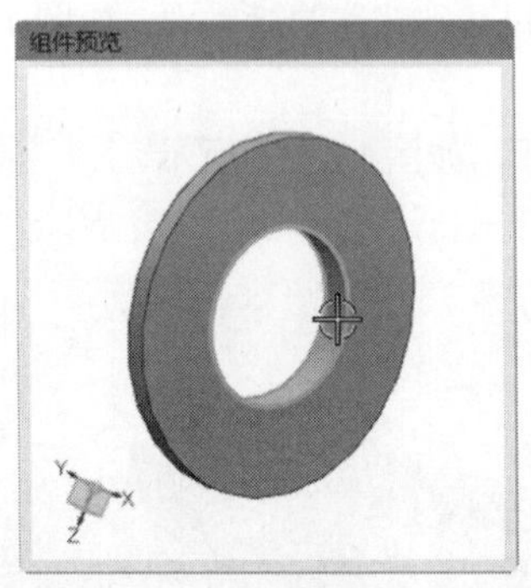

图 17-169 选择相配部件

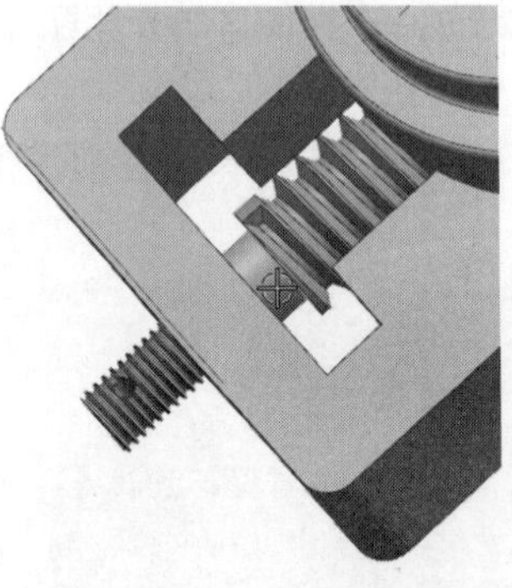

图 17-170 选择基础部件

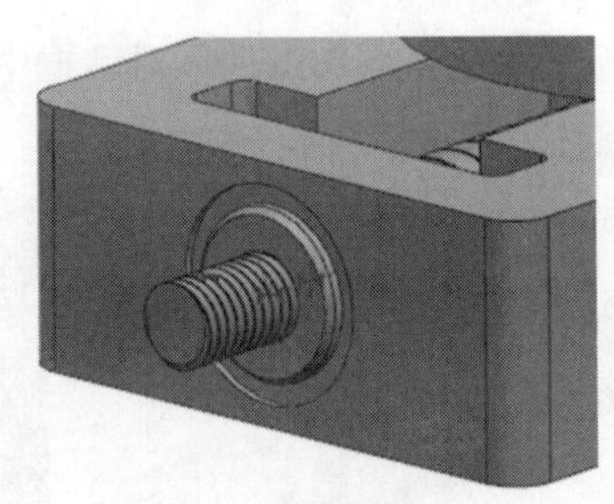

图 17-171 安装垫圈 10

10．安装螺母 M10

（1）单击“添加”按钮或选择“菜单”→“装配”→“组件”→“添加组件”命令，打开“添加组件”对话框。

（2）在“添加组件”对话框中单击“打开”按钮，打开“部件名”对话框，选择 luomuM10.prt，单击 OK 按钮，载入该文件。

（3）返回“添加组件”对话框，在绘图区指定放置组件的位置，打开“组件预览”窗口，在“放置”选项组中选中“约束”单选按钮，在“约束类型”选项组中选择“接触对齐”选项，在“要约束的几何体”选项组的“方位”下拉列表中选择“接触”选项，在视图区选择相配部件和基础部件的接触面，如图 17-172 和图 17-173 所示。

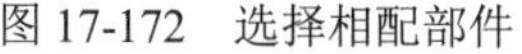

图 17-172　选择相配部件

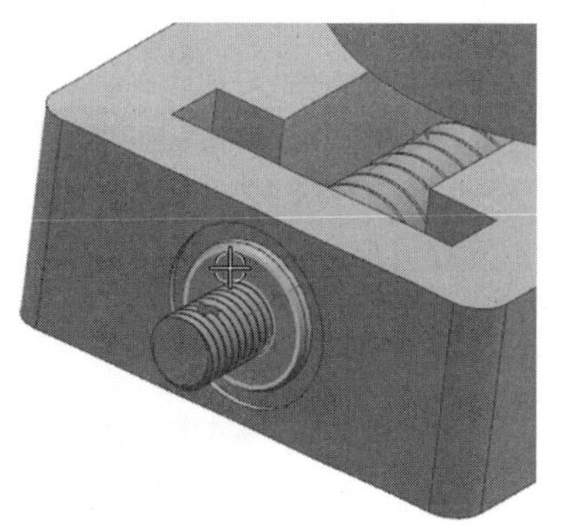

图 17-173　选择基础部件

（4）在“添加组件”对话框中，在“约束类型”选项组中选择“接触对齐”选项，在“方位”下拉列表中选择“自动判断中心/轴”选项，在视图区选择相配部件和基础部件的接触面，如图 17-174 和图 17-175 所示。

（5）在“添加组件”对话框中，单击“确定”按钮，安装螺母 M10，如图 17-176 所示。

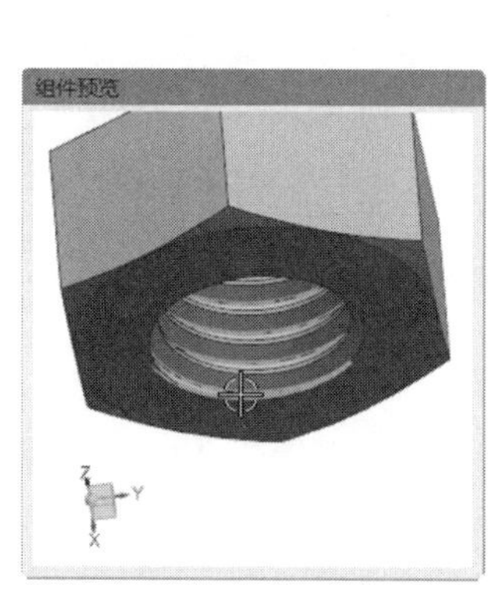

图 17-174　选择相配部件

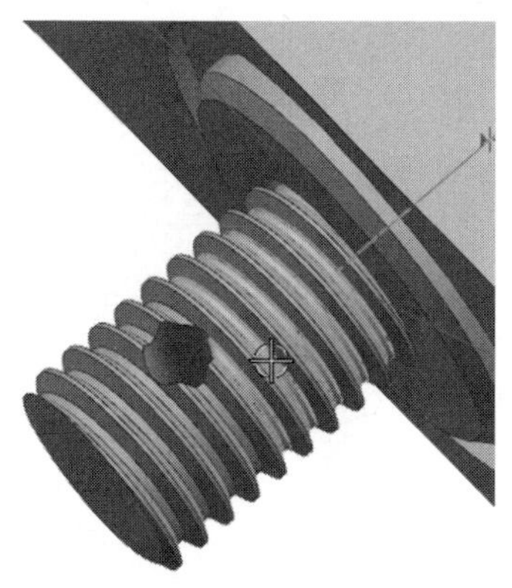

图 17-175　选择基础部件

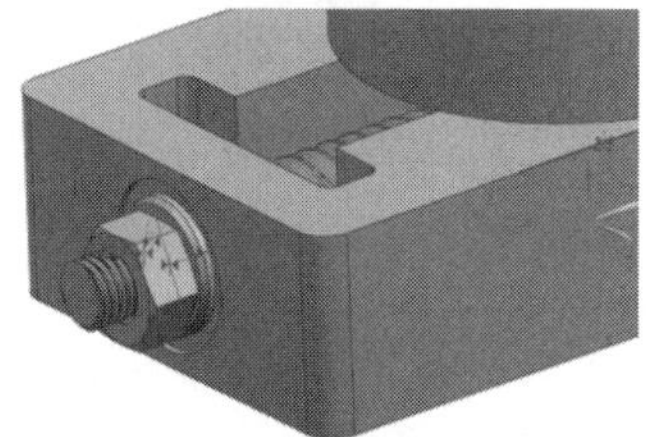

图 17-176　安装螺母 M10

11．安装销 3×16

（1）单击“添加”按钮或选择“菜单”→“装配”→“组件”→“添加组件”命令，打开“添加组件”对话框。

（2）在“添加组件”对话框中单击“打开”按钮，打开“部件名”对话框，选择 xiao3-16.prt，单击 OK 按钮，载入该文件。

（3）返回“添加组件”对话框，在绘图区指定放置组件的位置，打开 “组件预览”窗口，在“放置”选项组中选中“约束”单选按钮，在“约束类型”选项组中选择“接触对齐”选项，在“要约束的几何体”选项组的“方位”下拉列表中选择“自动判断中心/轴”选项，在视图区选择相配部件和基础部件的接触面，如图 17-177 所示。

（4）在“添加组件”对话框中，在“约束类型”选项组中选择“接触对齐”选项，在“方位”下拉列表中选择“对齐”选项，在视图区选择相配部件和基础部件的接触面，如图 17-178 所示。

（5）在“添加组件”对话框中，单击“确定”按钮，安装销 3×16，如图 17-179 所示。

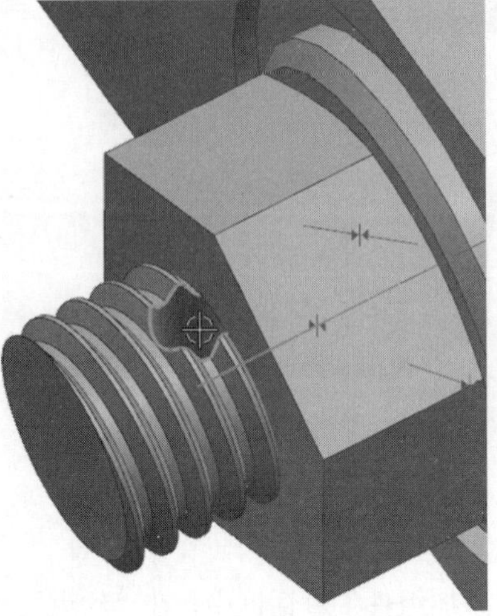

图 17-177　选择部件

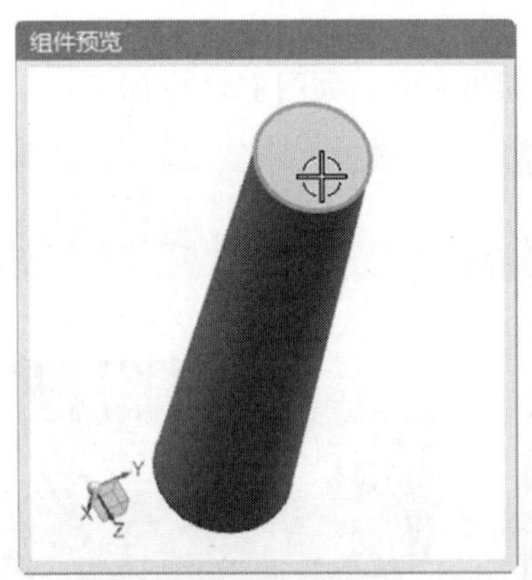

图 17-178　选择部件

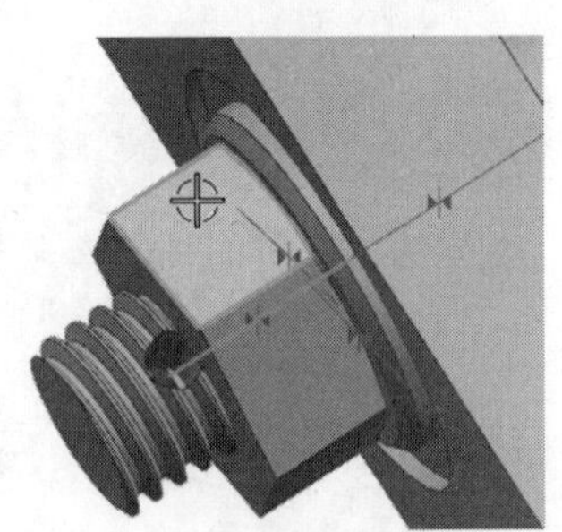

图 17-179　安装销 3-16

12．安装护口板

（1）单击“添加”按钮或选择“菜单”→“装配”→“组件”→“添加组件”命令，打开“添加组件”对话框。

（2）在“添加组件”对话框中单击“打开”按钮，打开“部件名”对话框，选择 hukouban.prt，单击 OK 按钮，载入该文件。

（3）返回“添加组件”对话框，在绘图区指定放置组件的位置，打开“组件预览”窗口，在“放置”选项组中选中“约束”单选按钮，在“约束类型”选项组中选择“接触对齐”选项，在“要约束的几何体”选项组的“方位”下拉列表中选择“接触”选项，在视图区选择相配部件和基础部件的接触面，如图 17-180 和图 17-181 所示。

（4）在“添加组件”对话框中，在“约束类型”选项组中选择“接触对齐”选项，在“方位”下拉列表中选择“自动判断中心/轴”选项，在视图区选择相配部件和基础部件的接触面，如图 17-182 和图 17-183 所示。

（5）在“添加组件”对话框中，单击“确定”按钮，安装护口板，如图 17-184 所示。

（6）同样，依据上面的步骤，安装另一侧的护口板，如图 17-185 所示。

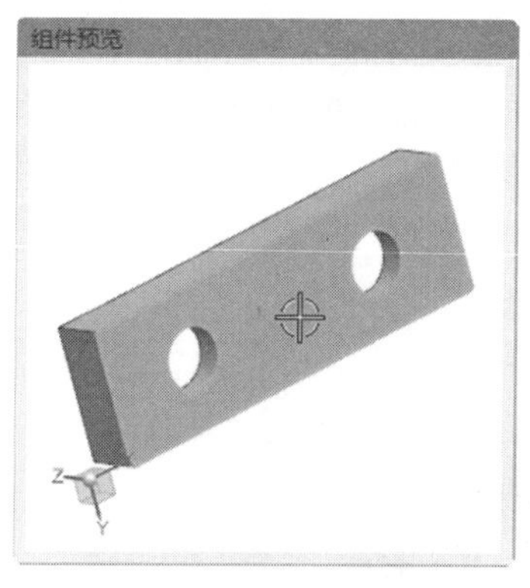

图 17-180 选择相配部件

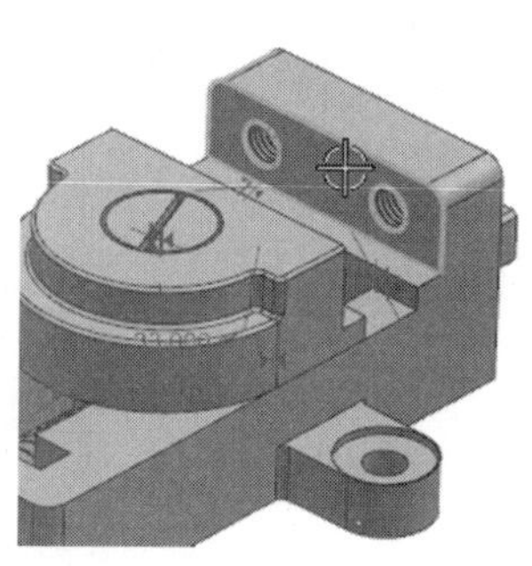

图 17-181 选择基础部件

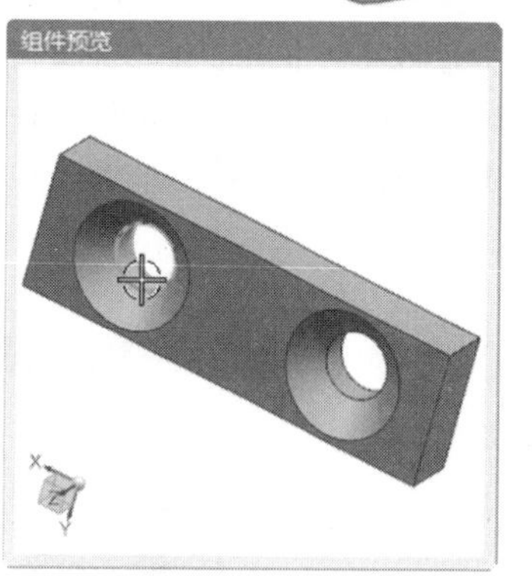

图 17-182 选择相配部件

图 17-183 选择基础部件

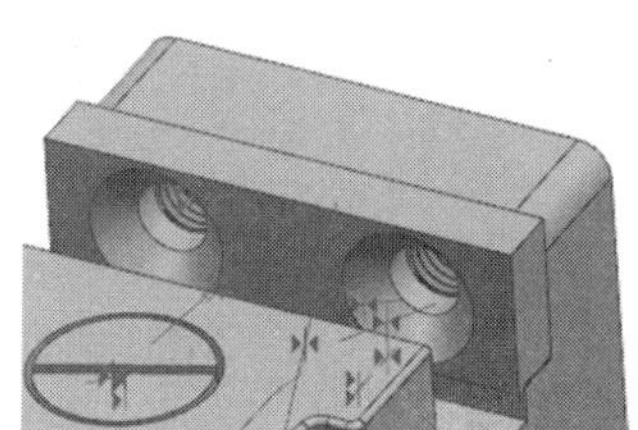

图 17-184 安装护口板

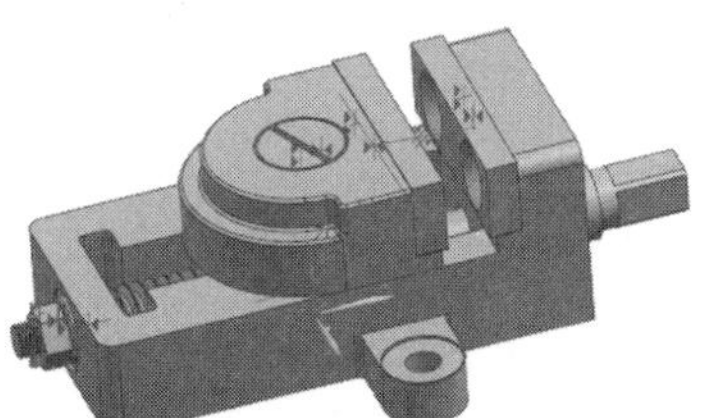

图 17-185 安装另一侧护口板

13. 安装螺钉 M10×20

（1）单击“添加”按钮或选择“菜单”→“装配”→“组件”→“添加组件”命令，打开“添加组件”对话框。

（2）在“添加组件”对话框中单击“打开”按钮，打开“部件名”对话框，选择 luodingM10-20.prt”，单击 OK 按钮，载入该文件。

（3）返回“添加组件”对话框，在绘图区指定放置组件的位置，打开 “组件预览”窗口，在“放置”选项组中选中“约束”单选按钮，在“约束类型”选项组中选择“接触对齐”选项，在“要约束的几何体”选项组的“方位”下拉列表中选择“接触”选项，在视图区选择相配部件和基础部件的接触面，如图 17-186 和图 17-187 所示。

图 17-186 选择相配部件

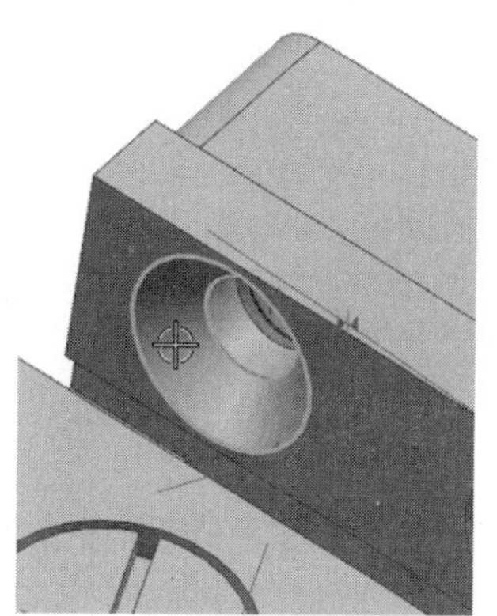

图 17-187 选择基础部件

（4）在“添加组件”对话框中，在“约束类型”选项组中选择“接触对齐”选项，在“方位”下拉列表中选择“自动判断中心/轴”选项，在视图区选择相配部件和基础部件的接触面，如图 17-188 和图 17-189 所示。

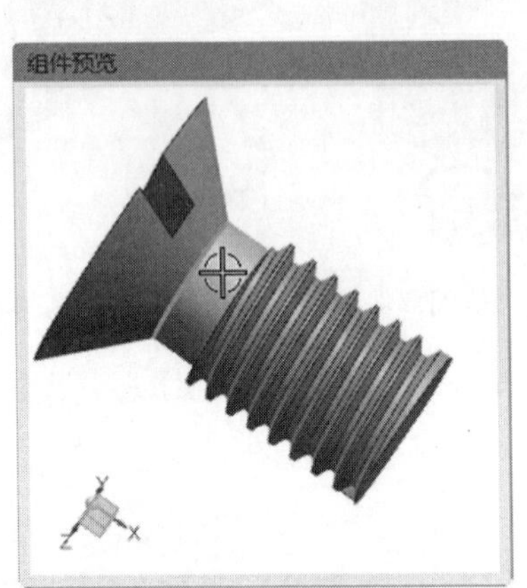

图 17-188　选择相配部件

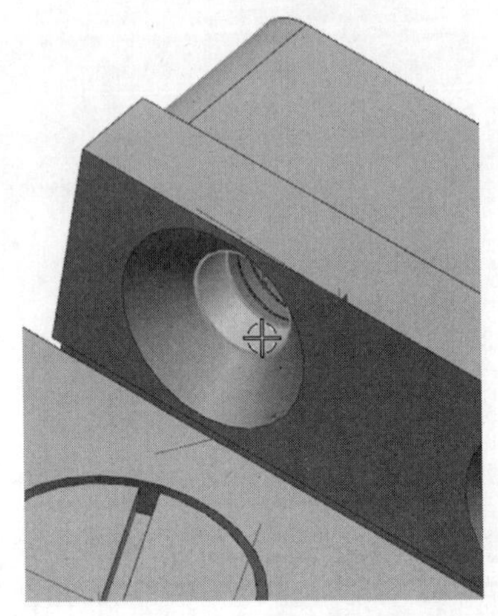

图 17-189　选择基础部件

（5）在“添加组件”对话框中，单击“确定”按钮，安装螺钉 M10×20，如图 17-190 所示。

（6）单击“阵列组件”按钮，打开如图 17-191 所示的“阵列组件”对话框。在“阵列组件”对话框的“布局”下拉列表中选择“线性”选项，在视图区选择如图 17-192 所示的边缘为方向 1。

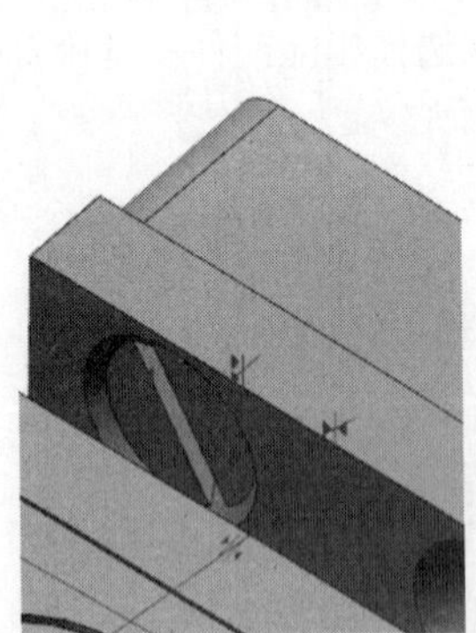

图 17-190　安装螺钉 M10×20

图 17-191　“阵列组件”对话框

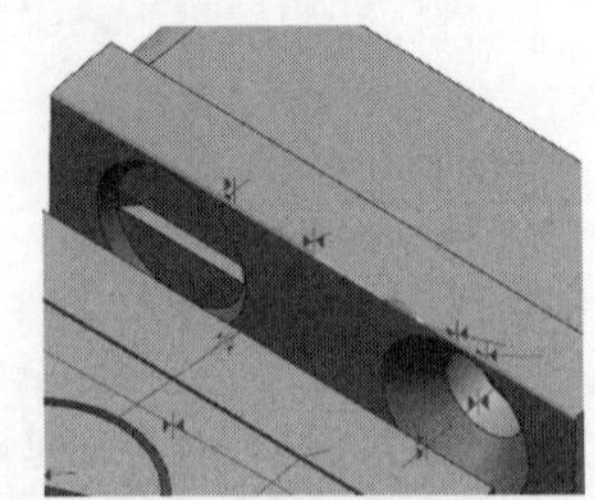

图 17-192　选择边缘

（7）在“数量”和“节距”文本框中分别输入为 2、40。

（8）在“阵列组件”对话框中，单击“确定”按钮，阵列螺钉 M10×20，如图 17-193 所示。

（9）同理，按照上面的步骤安装另一个护口板上的螺钉，如图 17-194 所示。

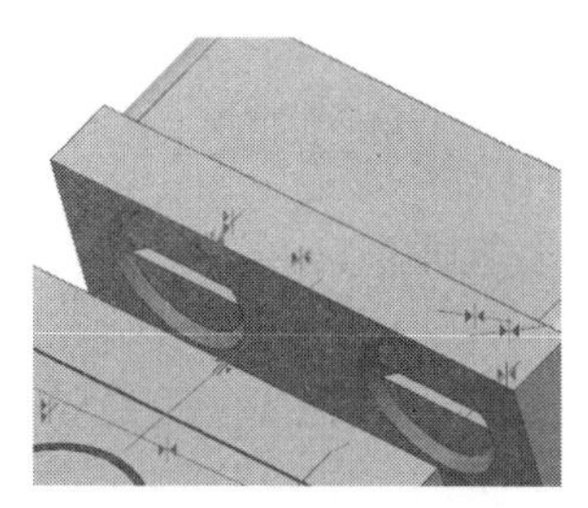

图 17-193　阵列螺钉 M10×20

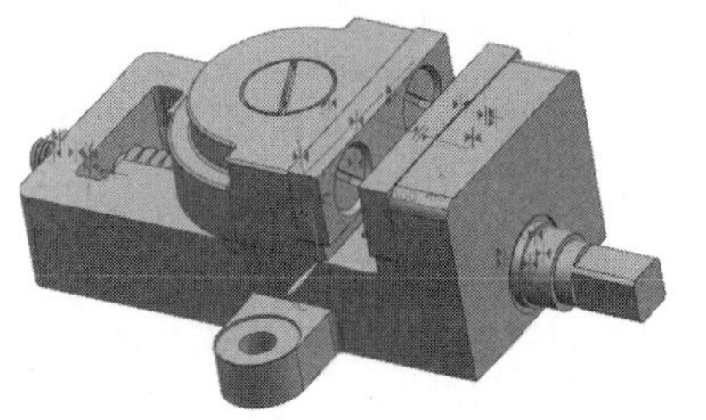

图 17-194　安装另一侧螺钉 M10×20

17.3　绘制虎钳爆炸图

1．打开装配文件

单击“打开”按钮，打开“打开”对话框，输入 huqian.prt，单击 OK 按钮，进入 UG 主界面。

2．另存文件

单击“另存为”按钮，打开“另存为”对话框，输入 huqianbaozha.prt，单击 OK 按钮。

3．创建爆炸图

（1）选择“菜单”→“装配”→“爆炸图”→“新建爆炸”命令，打开“新建爆炸”对话框。

（2）在“新建爆炸”对话框的“名称”文本框中输入 huqian，如图 17-195 所示。

图 17-195　“新建爆炸”对话框

（3）在“新建爆炸”对话框中，单击“确定”按钮，创建虎钳爆炸图。

4．爆炸组件

（1）选择“菜单”→“装配”→“爆炸图”→“自动爆炸组件”命令，打开“类选择”对话框，单击“全选”按钮，选中所有的组件。单击“确定”按钮，打开“自动爆炸组件”对话框。

（2）在“自动爆炸组件”对话框的“距离”文本框中输入 60，如图 19-196 所示。

（3）在“自动爆炸组件”对话框中，单击“确定”按钮，爆炸组件，如图 17-197 所示。

图 17-196　“自动爆炸组件”对话框

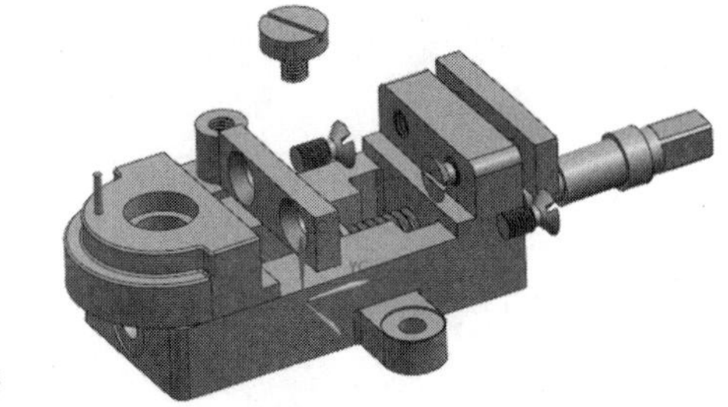

图 17-197　爆炸组件

Note

5. 编辑爆炸图

（1）选择“菜单”→“装配”→“爆炸图”→“编辑爆炸”命令，打开如图 17-198 所示的“编辑爆炸”对话框。

（2）在视图区选择组件“销”。

（3）在“编辑爆炸”对话框中选中“移动对象”单选按钮，拖曳手柄到合适的位置，如图 17-199 所示。

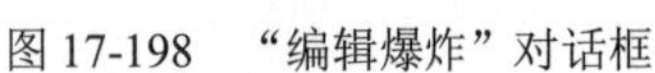

图 17-198 “编辑爆炸”对话框

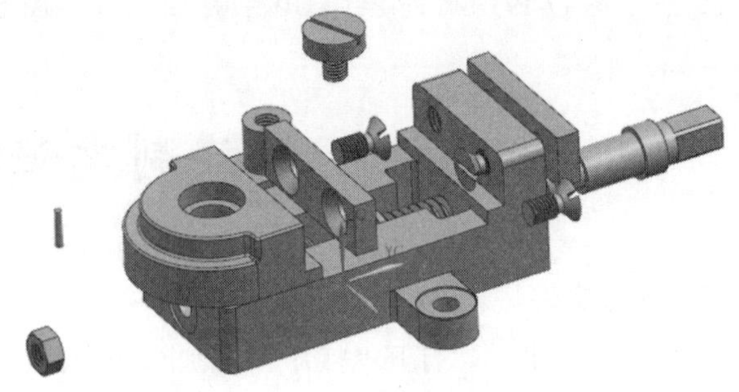

图 17-199 移动销 3-16

（4）在“编辑爆炸”对话框中，单击“应用”按钮，或者单击鼠标中键。

（5）同理，移动其他组件，编辑后的爆炸图如图 17-200 所示。

图 17-200 编辑后的爆炸图

6. 组件不爆炸

（1）选择“菜单”→“装配”→“爆炸图”→“取消爆炸组件”命令，打开“类选择”对话框。

（2）在视图区选择不进行爆炸的组件，如图 17-201 所示。单击“确定”按钮，使已爆炸的组件恢复到原来的位置，如图 17-202 所示。

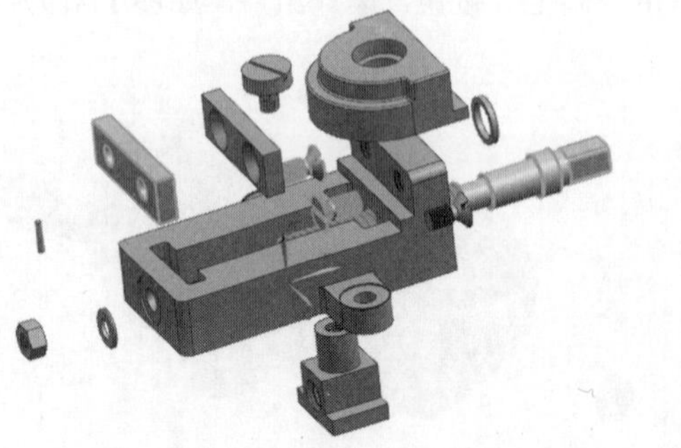

图 17-201 选择不进行爆炸的组件

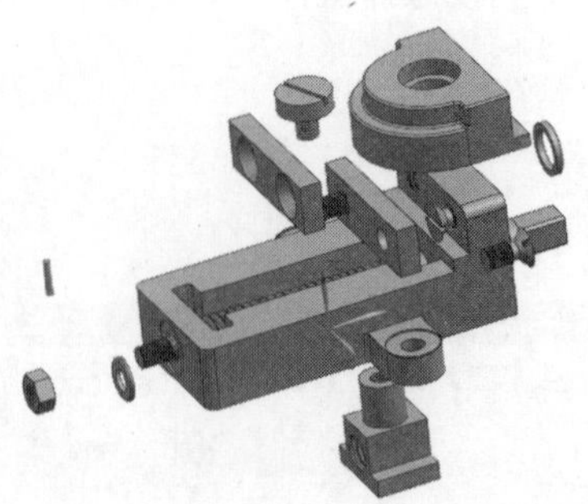

图 17-202 “组件不爆炸”后的爆炸图

7. 隐藏爆炸

选择“菜单”→“装配”→“爆炸图”→“隐藏爆炸”命令，则将当前爆炸图隐藏起来，使视图区中的组件恢复到爆炸前的状态。

17.4　绘制虎钳工程图

1. 新建文件

单击“新建”按钮或选择“菜单”→“文件”→“新建”命令，打开“新建”对话框，选择“图纸”模型中的“A2-无视图”模型，在“名称”文本框中输入 huqian_dwg.prt，在要创建图纸的部件栏中单击“打开”按钮，打开 huqian.prt 文件，单击“确定”按钮，进入 UG 主界面。

2. 添加基本视图

（1）单击“基本视图”按钮或选择“菜单”→“插入”→“视图”→“基本”命令，打开如图 17-203 所示的“基本视图”对话框。

（2）在“基本视图”对话框的“要使用的模型视图”下拉列表中选择“俯视图”选项。

（3）在“基本视图”对话框中，单击“定向视图工具”按钮，打开如图 17-204 所示的“定向视图”对话框和如图 17-205 所示的“定向视图工具”对话框。

图 17-203　“基本视图”对话框

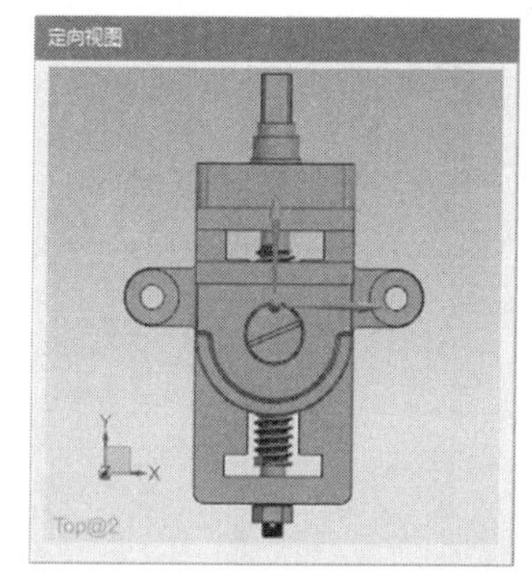

图 17-204　“定向视图”对话框

图 17-205　“定向视图工具”对话框

（4）在“定向视图工具”对话框，的“指定矢量”下拉列表中选择YC选项。单击“确定”按钮，旋转俯视图，如图 17-206 所示。

（5）在绘图区合适的位置处单击，放置视图。接着创建投影视图，如图 17-207 所示。然后单击鼠标中键关闭“投影视图”对话框。

Note

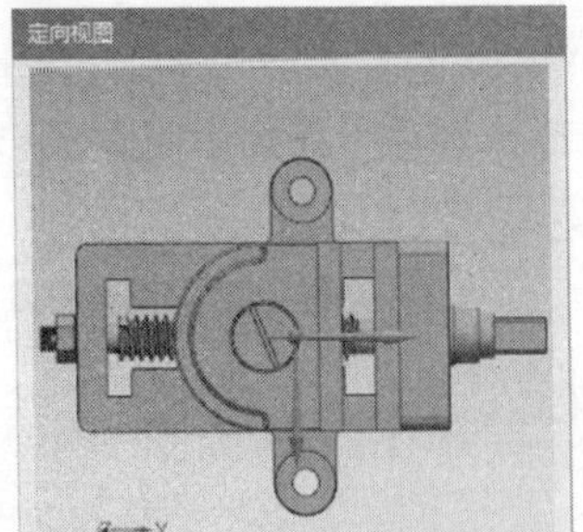

图 17-206 旋转俯视图

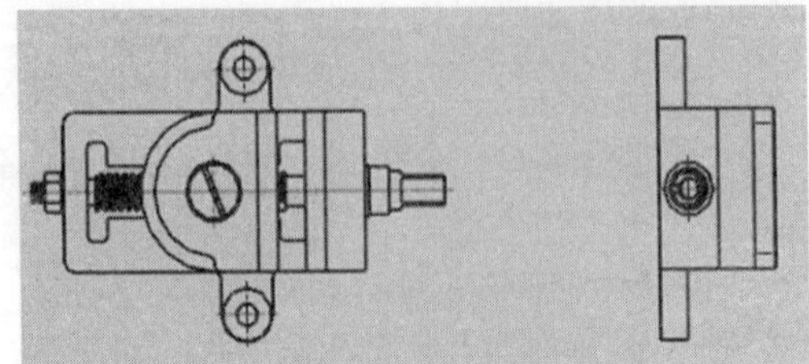

图 17-207 创建投影视图

3. 添加剖视图

（1）单击“剖视图”按钮或选择“菜单”→“插入”→“视图”→“剖视图”命令，打开如图 17-208 所示的“剖视图”对话框。

（2）在“定义”下拉列表中选择“动态”选项，在“方法”下拉列表中选择“简单剖/阶梯剖”选项。

（3）将截面线段放置在俯视图中螺钉的圆心位置，拖曳剖视图到俯视图上方适当位置，然后放置剖切视图，如图 17-209 所示。

图 17-208 “剖视图”对话框

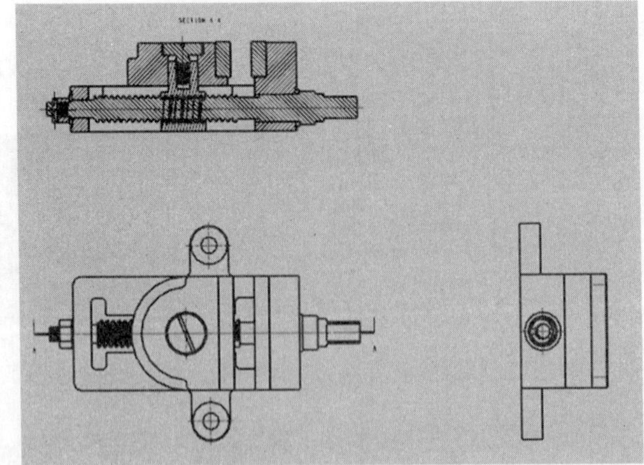

图 17-209 添加剖视图

4. 设置简单剖视图

（1）在部件导航器选择表区域视图，右击，在打开的快捷菜单中选择“编辑”命令，打开“剖视图”对话框。

（2）在“剖视图”对话框中，单击“设置”选项组“非剖切”中的“选择对象”按钮，如图 17-210

所示。在视图中选择“螺杆”和“螺母”为不剖切零件，如图 17-211 所示。

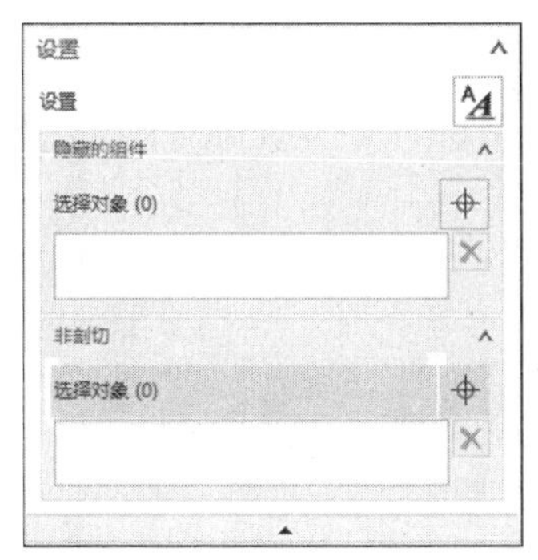

图 17-210　“设置”选项组

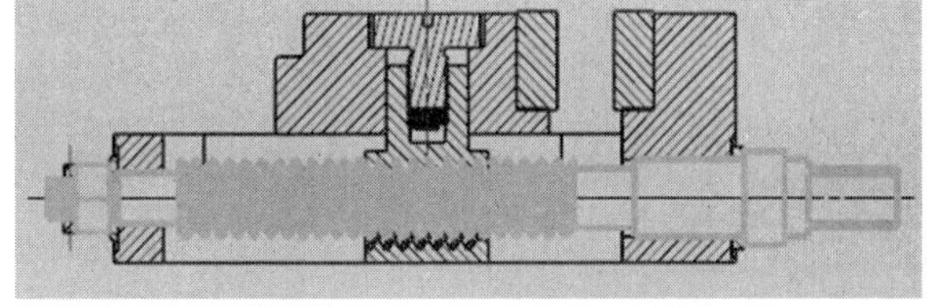

图 17-211　选择非剖切零件

（3）单击“关闭”按钮，剖视图中的螺杆和螺母零件将不被剖切，如图 17-212 所示。

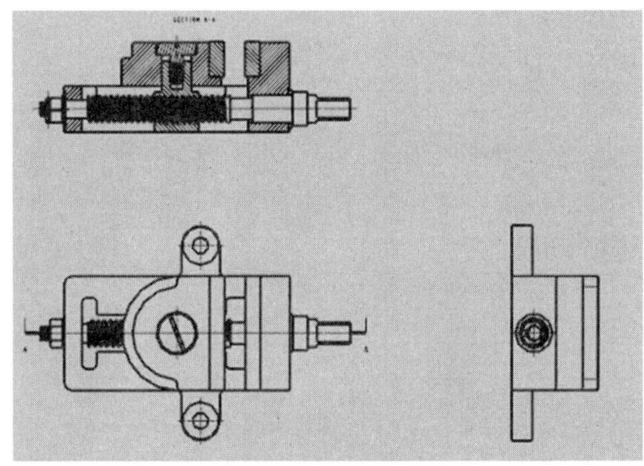

图 17-212　显示剖切图形

5．标注尺寸

（1）单击“快速”按钮，标注视图中的线性尺寸。

（2）在测量方法中选择“圆柱式”方法，在视图区选择要标注的圆柱尺寸，打开小工具栏，如图 17-213 所示，单击“编辑附加文本”按钮，打开如图 17-214 所示的“附加文本”对话框。

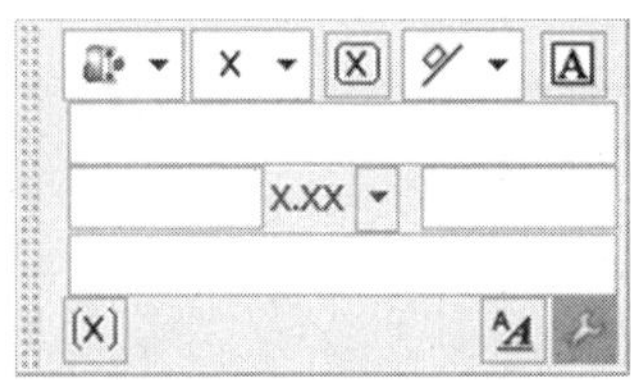

图 17-213　小工具栏

（3）在“附加文本”对话框的“文本位置”下拉列表中选择“之后”选项，在“文本输入”列表框中输入 H8/f7。

（4）在“附加文本”对话框中，单击“关闭”按钮，标注配合尺寸。

（5）标注尺寸后的工程图如图 17-215 所示。

图 17-214 “附加文本”对话框

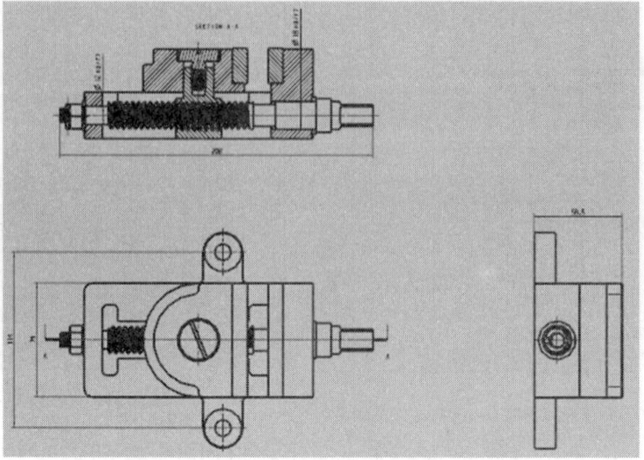

图 17-215 标注尺寸后的工程图

6. 插入明细表

（1）选择“菜单”→“插入”→“表”→“零件明细表”命令，在视图区插入明细表。

（2）在明细表中拖动光标，调整明细表大小，如图 17-216 所示。

（3）选中一个单元格，右击，打开如图 17-217 所示的快捷菜单，选择“编辑文本”命令。

10	FANGKUAILUOMU	1
9	HUODONGQIANKOU	1
8	LUODING	1
7	DIANQUAN	1
6	LUOGAN	1
5	DIANQUAN10	1
4	LUOMUM10	1
3	XIAO3-16	1
2	HUKOUBAN	2
1	LUODINGM10-20	4
PC NO	PART NAME	QTY

图 17-216 插入并调整明细表

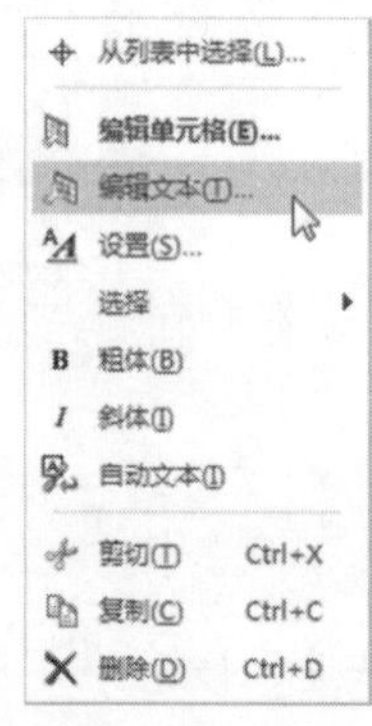

图 17-217 快捷菜单

（4）编辑表格字符。插入明细表后的工程图如图 17-218 所示。

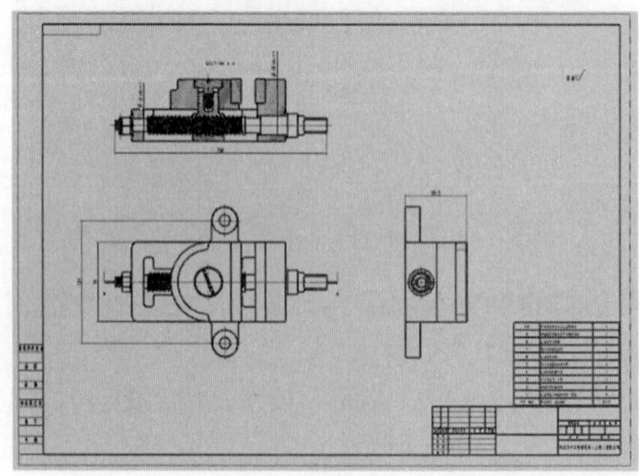

图 17-218 插入明细表后的工程图